배터리 관리 시스템 1

배터리 모델링

Battery Management Systems, Volume 1: Battery Modeling

한빛아카데미
Hanbit Academy, Inc.

지은이 **Gregory L. Plett**

미국 콜로라도 대학교 콜로라도 스프링스 캠퍼스(University of Colorado Colorado Springs, UCCS)의 전기 및 컴퓨터 공학 교수이다. 2001년부터 하이브리드 및 전기차와 같은 고용량 배터리 시스템의 관리 및 제어를 위한 제어 시스템 이론의 응용에 초점을 맞춘 연구를 진행했다. 현재 이상적인 리튬 이온 동역학의 물리 기반 축소 차수 모델링, 전류-전압 입출력 데이터만을 사용한 물리 기반 모델 파라미터의 시스템 식별, 전기화학 셀의 열화 매커니즘에 대한 물리 기반 축소 차수 모델링, 셀 내부 상태와 열화 상태 추정에 대한 연구 및 배터리의 충전 상태(SOC)와 성능 상태(SOH) 및 수명 상태(SOL) 추정, 수명 연장을 위한 전력 및 에너지 예측, 배터리 팩의 고속 충전 등을 연구하고 있다.

이론적이면서도 실험적인 성격의 연구를 위해 UCCS 고용량 배터리 연구 및 시험 연구소에 셀, 모듈, 배터리 팩을 테스트할 수 있는 장비를 갖추고 있으며, 실질적인 알고리즘 프로토타입을 개발하는 최첨단 연구가 가능한 맞춤형 배터리 관리 시스템 및 하드웨어 배터리 팩 시뮬레이터 프로젝트를 진행하고 있다. 또한 제어 시스템과 배터리 모델링 및 관리를 주제로 강의를 진행하고 있다. 캐나다 온타리오의 칼턴 대학교에서 컴퓨터 시스템 공학 학사 학위를, 미국 캘리포니아의 스탠포드 대학교에서 전기공학 석사 및 박사 학위를 받았다. 전기전자공학자협회(IEEE)의 시니어 회원이자 전기화학 학회의 종신 회원이다.

옮긴이 **김종훈** whdgns0422@cnu.ac.kr

서울대학교에서 전기컴퓨터공학부 박사 학위를 받았다. 삼성SDI와 조선대학교를 거쳐 2016년부터 충남대학교 전기공학과에서 전기회로, 신호 처리, 배터리공학개론/특론 등을 강의하고 있다. 주로 효율적인 배터리 운용을 위한 배터리 관리 시스템(BMS)과 전력전자 관련 연구를 하고 있으며, 최근 BMS 최적화 및 고도화를 위한 다양한 연구를 활발히 진행하고 있다.

배터리 관리 시스템 1 : 배터리 모델링

초판발행 2024년 12월 5일

지은이 Gregory L. Plett / **옮긴이** 김종훈 / **펴낸이** 전태호
펴낸곳 한빛아카데미(주) / **주소** 서울시 서대문구 연희로2길 62 한빛아카데미(주) 2층
전화 02-336-7112 / **팩스** 02-336-7199
등록 2013년 1월 14일 제2017-000063호 / **ISBN** 979-11-7340-011-7 93560

총괄 박현진 / **책임편집** 김평화 / **기획** 박현진 / **편집** 송유림
디자인 표지 김재석 내지 윤혜원 / **전산편집** 임희남 / **제작** 박성우, 김정우
영업 김태진, 김성삼, 이정훈, 임현기, 이성훈, 김주성 / **마케팅** 김호철, 심지연

이 책에 대한 의견이나 오탈자 및 잘못된 내용은 출판사 홈페이지나 아래 이메일로 알려주십시오.
파본은 구매처에서 교환하실 수 있습니다. 책값은 뒤표지에 표시되어 있습니다.

홈페이지 www.hanbit.co.kr / **이메일** question@hanbit.co.kr

지금 하지 않으면 할 수 없는 일이 있습니다.
책으로 펴내고 싶은 아이디어나 원고를 메일(writer@hanbit.co.kr)로 보내주세요.
한빛아카데미(주)는 여러분의 소중한 경험과 지식을 기다리고 있습니다.

옮긴이 머리말

전 세계적으로 환경 보호에 대한 필요성과 지속 가능한 에너지의 사용에 대한 관심이 증가하면서 배터리를 효율적으로 운용하기 위한 배터리 관리 시스템(BMS)의 중요성 역시 높아지고 있습니다. 전기차 및 에너지 저장장치와 같은 여러 전력 응용 분야에서 리튬 이온 배터리의 사용이 증가하면서 배터리를 조금 더 효율적으로 안전하게 사용하고자 하는 목소리가 커진 것입니다. 그러나 국내의 배터리 관련 연구 주제들이 대부분 소재에 편중되어 있다 보니 BMS를 전문적으로 다루는 국내 서적은 사실상 전무했습니다. 이런 상황에서 BMS 분야의 선구자인 Plett 교수의 번역판은 관련 지식을 습득하고자 하는 국내 독자들에게 매우 좋은 기회가 되리라 생각합니다.

이 책의 부제인 '배터리 모델링'에서 짐작할 수 있듯이, 이 책에서는 실제 배터리 충전 및 방전 거동과 유사한 결과를 모사하기 위해 다양한 수학적 방정식 기반의 모델링 방법을 사용합니다. 리튬 이온 배터리를 구성하는 기본 요소인 양극, 음극, 전해질 및 분리막을 바탕으로 배터리 내부에서 일어나는 여러 현상을 물리 모델로 설계하며, 각 요소에서 일어나는 반응을 단계적으로 살펴봅니다. 원서가 출간된지는 시간이 다소 흘렀으나 배터리 관리 시스템의 기본적인 단계를 체계적으로 학습함에 있어 이만한 책이 없다고 생각하는 이유가 바로 이것입니다. 만약 학습에 어려움이 있다면 저자의 홈페이지에서 도움이 되는 추가 자료를 다운로드하여 활용하기 바랍니다.

사실상 국내에서 BMS를 전문적으로 다루는 최초의 책인 만큼 원서의 내용을 조금이라도 더 쉽게, 그리고 명확하게 전달할 수 있도록 많은 공을 들였습니다. 모델 도출을 위한 수식과 이론적 오류를 최소화하고자 많은 검토와 수정을 거쳤습니다. 그럼에도 오류나 잘못된 부분이 있다면 지속적으로 수정하도록 하겠습니다.

마지막으로 이 책을 만드는 데 도움을 주신 가족과 연구실 제자들에게 감사의 마음을 전하며, 배터리 분야를 연구할 수 있도록 길을 터주신 은사 조보형 교수님께 감사드립니다. 이 책이 BMS 분야를 연구하고자 하는 모든 이들을 위한 초석이 되기를 바라며, 앞으로도 관련 연구와 학습에 큰 도움이 되기를 희망합니다.

옮긴이 **김종훈**

지은이 머리말

이 책은 배터리 관리 시스템을 설명하는 세 권의 시리즈 중 첫 번째 도서이다. 이 시리즈의 목표는 백과사전처럼 단순히 모든 내용을 다루기보다 현재 최선인 실습 방법을 충분한 이론적 배경을 바탕으로 이해할 수 있도록 제공하는 것이다. 물론 "최선의 실습 방법"이란 주관적인 개념으로, 이 책에서 다룬 것보다 특정 응용 분야에서 더 나은 접근 방식이나 방법론이 있을 수도 있다. 즉, 이 책에서 시도해본 응용 분야와 문제에서만 "최선"이라고 보는 것이 더 적절할 것이다.

1권에서는 배터리 셀의 내외부 동작 방식을 설명하는 수학적 방정식 또는 모델을 도출하는 데 집중한다. 2권에서는 등가회로 모델을 적용해 배터리 관리 및 제어 문제를 해결하는 방법을 다루며, 3권에서는 물리 기반 모델이 배터리 관리 및 제어 문제를 해결할 때 어떻게 사용될 수 있는지 설명하고 이를 통해 더 나은 결과를 도출하는 방법을 제시한다.

1권의 구성은 다음과 같다.

- **1장** : 배터리 시스템과 관련된 기본 개념들을 소개하고, 배터리 시스템의 동작 방식을 간략하게 설명한다.
- **2장** : 배터리 셀의 입출력 동작을 선형회로와 유사하게 모델링해 경험적 모델을 도출한다.
- **3장** : 물리 기반 배터리 셀의 내부 동작을 이해하는 데 필요한 기초 물리학을 소개하고, 이를 바탕으로 마이크로스케일 셀 모델을 도출한다.
- **4장** : 체적-평균을 통해 마이크로스케일 셀 모델을 연속체 스케일 모델로 변환하는 방법을 설명하고, 잘 알려진 의사 2차원 다공성 전극 모델을 도출한다.
- **5장** : 개발의 궁극적인 형태인 상태 공간 모델을 검토하고, 이를 위한 방법인 이산시간 구현 알고리즘(DRA)을 개발한다.
- **6장** : 2장의 회로 모델과 계산 복잡도가 비슷하지만 입출력 동작 외에도 셀 내부 동작을 예측할 수 있는, 셀 수준의 이산시간 물리학을 기반으로 한 상태 공간 모델을 도출한다.
- **7장** : 열발생 및 열유속에 대한 개념을 소개하며, 전기화학-열 모델을 결합하고 물리 기반 축소 차수 모델을 사용해 열적 효과를 설명하는 방법을 다룬다.
- **부록** : 3장부터 7장까지의 기법을 적용해 슈퍼커패시터의 이산시간 물리학을 기반으로 한 상태-공간 모델을 만든다.

이 책은 전기 또는 기계공학 전공자를 대상으로 한다. 관련 내용을 학습한 적이 있다면 이 책의 일부 자료가 너무 기초적이라고 생각할 수 있다. 반대로 배경지식이 부족하다면 이 책의 설명이 충분하지 않다고 느낄 수도 있다. 후자의 경우에는 낯선 분야에 익숙해지기 위한 배경 연구가 필요할 것이다.

특히 3장부터 7장에 걸쳐 다루는 주제들은 수학적인 강도가 높아 관련 배경지식을 가진 사람에게도 부담스러울 수 있다. 그러나 그간의 강의 경험에 비추어 볼 때 시간을 들여 도출 과정을 따라가며 방정식을 직접 풀어본다면 각 단계를 검증할 수 있고 내용도 완전히 이해할 수 있을 것이다. 만약 세부적인 도출 과정이나 계산 방식보다 도출 결과나 핵심만 파악하고자 한다면 주요 수학적 내용을 다루는 장(3장, 4장, 7장)에서는 서두에 이를 제시하고 있으므로 참고하면 된다. 도출 과정은 결과를 이해하는 데에는 도움을 주지만 시뮬레이션이나 다른 응용 프로그램에서 최종 방정식을 구현할 때 필수적인 것은 아니므로 처음 읽을 때는 간단히 훑어봐도 괜찮다.

이 책의 내용은 콜로라도 대학교의 콜로라도 스프링스 캠퍼스(UCCS)에서 'ECE5710 : 배터리 모델링, 시뮬레이션 및 식별'이라는 과목을 통해 학생들에게 여러 차례 강의한 내용이다. 강의 동영상은 〈http://mocha-java.uccs.edu/ECE5710/index.html〉에서 확인할 수 있다. 동영상에서는 때때로 이 책의 개념을 다소 다른 방식으로 설명하기도 하므로 추가적인 학습 관점을 제시할 수도 있다.

이 책에 제시된 이론과 방법을 이해하고 개발시키는 데 도움을 준 수많은 학생과 동료들에게 깊은 감사의 말을 전한다. 특히 3장의 도출 결과의 초안을 작성한 Kan-Hao Xue 박사에게 더욱 큰 감사를 표한다. Amit Gupta 박사와 Xiangchun Zhang 박사는 4장에서 다룬 체적-평균의 개념을 설명해 주었다. Mark Verbrugge 박사는 5장부터 7장에 소개된 연구의 기초가 된 Kandler Smith 박사의 선구적인 연구를 소개해 주었다(Smith 박사는 자신의 연구에 대한 질문에 친절히 답변해 주었다). Jim Lee 박사는 5장에서 소개한 이산시간 구현 알고리즘(DRA)를 개발했으며, 6장에서 소개한 것처럼 DRA를 사용해 셀 규모의 최적 축소 차수 모델을 최초로 구현했다. Matt Aldrich는 7장에서 다룬 축소 차수 열 모델을 개발했다. 마지막으로 Al Mundy 박사는 부록에서 다룬 DRA 기술을 사용해 축소 차수 슈퍼커패시터 모델을 최초로 구현했다. 동료이자 친구인 M. Scott Trimboli 박사는 이 작업 과정을 진심으로 격려해 주었으며, 함께 일할 수 있어 정말 즐거웠다.

최선을 다했음에도 불구하고 이 책에는 오류나 잘못된 표현이 있을 수 있다. 수정 사항이나 개선에 대한 의견이 있다면 언제든지 보내주기 바란다.

지은이 **Gregory L. Plett**

미리보기

들어가기 전에

이 책은 전기화학, 특히 리튬 이온 배터리 셀[1]이 어떻게 동작하는지에 대한 수학적 이해를 키우는 것을 목표로 한다. 이런 지식은 셀을 설계하거나 응용 분야에 사용될 셀을 선택하고 올바르게 사용하는 방법을 알 때 유용하다. 이런 작업 중 일부는 높은 수준의 정성적인 이해만으로도 충분하지만 다른 작업을 수행할 때는 셀 동작에 대한 상세한 정량적 인사이트가 필요하다. 여기서는 두 가지 수준을 모두 고려하며, 내외부 셀 운영 변수를 예측해 배터리 팩의 제어를 최적화하는 것을 최종적인 목표로 한다.

단일 셀이나 대형 배터리 팩을 활용하는 방법을 아는 것은 매우 중요하다. 이런 활용법은 배터리 팩의 수명을 연장하고 전체 시스템의 성능을 향상시킬 수 있어 개발할 모델의 복잡성과 모델을 사용하는 고급 제어 방법에 대한 투자를 모두 정당화할 수 있기 때문이다. 전기 및 하이브리드 자동차 또는 유틸리티 규모의 그리드 저장, 백업 및 주파수 조정용 배터리 시스템을 예로 들 수 있다. 그러나 이 책에서 다루는 소재의 대부분은 개인용 전자기기와 같은 소형 배터리 팩에도 적용되며, 대부분의 소재는 리튬 이온뿐만 아니라 다른 화학 물질에도 적용될 수 있다.

이 책의 세 가지 주요 관심사는 다음과 같다.

❶ **모델링**[modeling] : 배터리 셀이 내외부에서 동작하는 방식을 설명하는 수학적 표현을 도출한다. 여러 단계의 개발 과정을 거친 뒤 구성되는 최종 모델은 미지수이지만 측정 또는 식별할 수 있는 **매개변수**[parameter] 값의 함수인 이산시간 편미분 방정식(ODE)의 결합 집합이다. 모델에 대한 입력은 셀 전류가 되고 출력은 셀 전압이 된다. 셀 내부의 전기화학 상태도 출력이 될 수 있다.

❷ **시뮬레이션**[simulation] : 컴퓨터 도구를 사용해 배터리 셀이 입력 자극에 어떻게 반응할지 예측한다. 이때 배터리 셀 전압과 가능한 배터리 내부의 셀 상태를 예측하기 위해 배터리 모델 방정식이 사용된다. 서로 다른 셀 단위의 스케일[scale]에 적용되는 다양한 충실도를 포함한 시뮬레이션을 살펴보며, 유한 요소 소프트웨어 플랫폼인 COMSOL Multiphysics®을 사용한 시뮬레이션을 설명하고 MATLAB®에서 셀 모델을 구현하는 코드를 제공한다.[2]

❸ **식별**[identification] : 실험실 테스트를 통해 얻은 데이터로 모델 파라미터[parameter]의 값을 결정하고 이를 통해 모델 시뮬레이션 예측이 측정된 성능과 최대한 일치하게 한다.

이 장에서는 배터리의 용어와 기능 및 일반적인 응용 분야와 관련된 많은 배경 자료를 빠르게 다룬다.[3] 이어지는 다음 장에서는 다양한 종류의 응용 분야에 대해 다양한 단위의 스케일로 배터리 셀의 동적 상태 모델을 체계적으로 개발하는 방법을 학습하며, 해당 모델을 사용해 성능을 시뮬레이션하는 방법과 모델의 파라미터를 식별하는 방법을 배울 것이다.

---

1 **(옮긴이)** 단어 'cell'은 셀, 전지 등 다양하게 번역될 수 있다. 이 책에서는 전지의 일반적인 의미를 다룰 때는 '전지'로, 전지의 세부적인 내용을 다룰 때는 '셀'로 번역한다. 리튬 이온처럼 단독 요소만 다룰 때에도 '셀'로 표현한다.

2 COMSOL Multiphysics는 COMSOL Group에 등록된 상표이며, MATLAB은 MathWorks의 등록 상표이다. 이제부터는 각각 COMSOL과 MATLAB으로 지칭한다.

3 **(옮긴이)** 배터리에 대한 추가적인 정보를 알고 싶다면 〈https://batteryuniversity.com/articles〉를 참고하라.

들어가기 전에

해당 장에서 학습할 내용이 무엇인지 소개하고 관련된 내용을 제시합니다.

주요 용어

핵심이 되는 용어를 한눈에 파악할 수 있도록 강조하여 보여줍니다.

역자주 및 각주

생소한 용어나 본문의 이해를 돕기 위한 부가 설명을 제공합니다.

SECTION 1.1 서론

셀[cell]은 가장 작은 개별 전기화학 단위로, 셀을 만들기 위해 선택되는 화학 물질과 화합물의 조합에 따른 전압의 값을 반영한다.[4] 일회용 셀을 **1차 전지**[primary cell], 충전이 가능한 셀을 **2차 전지**[secondary cell]라고 하며, 배터리[battery] 또는 배터리 팩[battery pack]이 이런 셀 그룹으로 구성된다.[5] [그림 1-1]은 셀과 배터리의 기호를 나타낸 것이다.

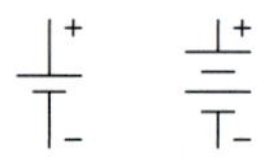

(a) 셀　(b) 배터리

[그림 1-1] 셀과 배터리의 기호

엄밀히 말하면 셀은 배터리와 다르다. 그러나 많은 사람이 전기화학 에너지원을 설명할 때 단일 셀에도 배터리[battery]라는 용어를 사용하기 때문에 혼란스러울 수 있다. 따라서 개별 전기화학 단위를 지칭할 때는 셀이나 배터리 셀이라는 용어를 사용하고 전기적으로 연결된 셀 그룹을 지칭할 때는 배터리[battery] 및 배터리 팩[battery pack]이라는 용어를 사용한다. 배터리가 하나의 물리적인 단위로 묶여 있는 경우도 있으므로 셀[cell]과 배터리[battery] 중 어느 것이 올바른 용어인지 항상 명확하지는 않다는 점에 유의해야 한다. 예를 들어 자동차의 12 V 납축 배터리(납축 전지)는 내부에서 직렬로 연결된 여섯 개의 2V 셀로 구성되며,[6] 고용량 리튬 이온 배터리는 단일 패키지에 병렬로 연결된 여러 개의 셀로 구성된다.

셀 전압은 여러 가지 요인에 의해 달라진다. 먼저 **공칭 전압**[nominal voltage]은 제조업체에서 지정한 전압으로, 편리한 설계를 위해 특정 전압 등급의 셀 또는 배터리에 할당된 값을 의미한다. 셀 또는 배터리의 동작 전압은 이 값보다 높거나 낮을 수 있다.[7] 납축(PbA)을 사용하는 셀의 공칭 전압은 2.1 V이고 니켈-카드뮴(NiCd) 셀의 공칭 전압은 1.35 V이며, 니켈-메탈-수소(NiMH) 셀의 공칭 전압은 1.2 V이다(표 1-1 참조). 대부분의 리튬 기반 셀의 공칭 전압은 3 V 이상이다.

---

4 미국 전기공사규정 문서 NFPA-70에서는 셀을 "전기 에너지를 수신, 저장 및 전달하는 데 사용되는, 양극과 음극으로 특징짓는 기본 전기화학 단위"로 정의한다.

5 IEEE 표준 446은 배터리를 "전기 에너지를 생산하기 위해 전기적으로 연결된 두 개 이상의 셀"로 정의한다.

6 셀은 온도 및 충전량 등의 조건에 따라 다양한 전압을 제공한다. [표 1-1]에는 단일 납축 전지의 전압이 2.1 V로 표시되어 있는데, 이는 일반적으로 인용되는 2 V보다 보통 더 정확하다. 그러나 더 구체적인 동작 조건이 지정되지 않는다면 대략적으로 정확할 뿐이다. 이 책에서 개발한 모델의 주요 목적은 매우 일반적인 동작 조건에서 셀 전압을 예측하는 것이다.

7 미국 전기 코드의 NFPA-70 문서를 참조하라.

코드 박스

본문의 내용을 실습해볼 수 있는 MATLAB 소스 코드를 제시합니다.

2.14.2 모델 사용

모델이 생성되었다면 이제 사용해보자. [그림 2-28]은 모델을 사용하는 과정을 나타낸 것으로, 먼저 셀 테스트 데이터에서 생성된 ESC 셀 모델이 로드된다. 초기 셀 충전 상태와 초기 저항 전류, 초기 정규화된 히스테리시스 값으로 구성된 초기 상태가 조립되면 시뮬레이션할 셀 전류 대 시간 프로파일과 함께 `simCell.m` 함수가 호출된다. 이 함수의 출력은 예측된 셀 전압과 내부 모델 상태를 시간의 함수로 구성한 것이다.

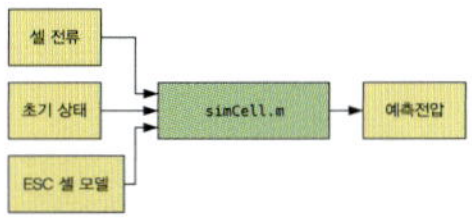

[그림 2-28] ESC 셀 모델을 사용해 셀 응답을 예측하는 과정

다음의 코드는 `simCell.m` 함수를 사용하는 방법을 설명한 것으로, [그림 2-29]에 이 코드의 출력이 나와 있다.

```
load DYN_Files/E2_DYN/E2_DYN_35_P25.mat % load data file
load DYN_Files/E2model.mat % load model file

time = DYNData.script1.time; % make variables easier to access
voltage = DYNData.script1.voltage;
current = DYNData.script1.current;

ind = find(diff(time)<=0); % get rid of duplicate time steps
time(ind+1)=[]; voltage(ind+1)=[]; current(ind+1)=[];

t1=time(1); t2=time(end); % make sure evenly sampled in time
deltaT = 1; t = (t1:deltaT:t2) - t1; % one-second sampling
current = interp1(time,current,t1:deltaT:t2);
voltage = interp1(time,voltage,t1:deltaT:t2);

% change [0;0] to have same number of zeros as you have R-C states in model
vest = simCell(current,25,deltaT,model,1,[0;0],0); % simulate cell

figure(1); clf; plot(t/60,voltage,t/60,vest); % plot some results
legend('Truth','Model','location','southwest');
xlabel('Time (min)'); ylabel('Voltage (V)');
title('Example of simCell.m');
```

종합 용어집 핵심 용어 및 개념

여기에서는 이 장에서 정의된 가장 중요한 변수에 대한 용어집을 제공한다. 단위도 함께 표기하며, 단위가 없는 수량은 [u/l]로 표기한다. 모든 변수는 적어도 잠재적으로 공간과 시간의 함수라는 점을 유의하자.

기호	의미	참고 페이지
α[u/l]	• 비대칭 전하 전달 계수 • 범위 : $0 \le \alpha \le 1$	143
a[mol m^{-3}]	• 종의 활성도	116
a_s[m^2 m^{-3}]	• 특정 계면 표면적	161
A[J]	• 헬름홀츠 자유에너지	107
A[m^2]	• 셀 전류 집전체 면적	157
c[mol m^{-3}]	• 특정 위치 인근의 리튬 농도 (c_s : 전극 내부의 농도 / c_e : 전해질 내부의 농도 / c_0 : 용매의 농도 / c_T : 총 농도 / $c_{s,e}$: 표면 농도 / $c_{s,\max}$: 이론적인 최대 리튬 농도)	123, 126, 157, 161
c_+[mol m^{-3}]	• 전해질 내부의 양이온 농도	118
c_-[mol m^{-3}]	• 전해질 내부의 음이온 농도	118
D[m^2 s^{-1}]	• 물질에 따른 확산도 (D_s : 전극에서의 확산도 / D_e : 전해질에서의 확산도)	100, 132
$\mathscr{D}$[m^2 s^{-1}]	• 농축 용액의 맥스웰-스테판 확산도	124, 128
ε_s[u/l]	• 전극 내부의 고체 체적 분율	157
$\mathbf{E}$[V m^{-1}]	• 한 지점에서의 (벡터) 전기장	94
$F = 96,485$[C mol^{-1}]	• 패러데이 상수	-
$f_\pm$[u/l]	• 평균 몰 활성화 계수	138
G[J]	• 시스템 또는 하위 시스템의 깁스 자유에너지	108
$\gamma_\pm$[u/l]	• 평균 몰랄 활성화 계수	131
H[J]	• 시스템의 엔탈피 (dH : 화학 반응에 의해 시스템에 추가되거나 시스템에서 다시 이동된 열)	107
η[V]	• 반응 과전위	144
$\mathbf{i}$[A m^{-2}]	• 주어진 위치를 중심으로 하나의 반복 단면적에 흐르는 (벡터) 전류 밀도 ($\mathbf{i}_s$: 전극 내부의 전류 밀도 / $\mathbf{i}_e$: 전해질 내부의 전류 밀도)	94, 119
i_0[A m^{-2}]	• 교환 전류 밀도	145

종합 용어집

각 장에서 다룬 중요한 개념을 요약하여 제공합니다.

이 책의 사용 설명서

• 강의 보조 자료

한빛아카데미 홈페이지에서 '교수회원'으로 가입하신 분은 인증 후 교수용 강의 보조 자료를 제공받을 수 있습니다. 한빛아카데미 홈페이지 상단의 〈교수전용공간〉 메뉴를 클릭하세요.

http://www.hanbit.co.kr/academy

• 동영상 강좌 안내

이 책의 내용과 관련된 영어 동영상 강좌를 다음 경로에서 확인할 수 있습니다.

http://mocha-java.uccs.edu/ECE5710/index.html

• 소스 코드

학습을 위한 다양한 소스 코드를 다음 경로에서 제공받을 수 있습니다.

http://mocha-java.uccs.edu/BMS1/

목차

CHAPTER 03 마이크로스케일 셀 모델

CHAPTER 04 연속체 스케일 셀 모델

목차

CHAPTER 05 상태 공간 모델과 이산시간 구현 알고리즘

CHAPTER 06 축소 차수 모델

CHAPTER 07 열적 모델링

APPENDIX 슈퍼커패시터

CHAPTER 01

배터리 부트 캠프

Battery Boot Camp

들어가기 전에

이 책은 전기화학, 특히 리튬 이온 배터리 셀[1]이 어떻게 동작하는지에 대한 수학적 이해를 키우는 것을 목표로 한다. 이런 지식은 셀을 설계하거나 응용 분야에 사용될 셀을 선택하고 올바르게 사용하는 방법을 알 때 유용하다. 이런 작업 중 일부는 높은 수준의 정성적인 이해만으로도 충분하지만 다른 작업을 수행할 때는 셀 동작에 대한 상세한 정량적 인사이트가 필요하다. 여기서는 두 가지 수준을 모두 고려하며, 내외부 셀 운영 변수를 예측해 배터리 팩의 제어를 최적화하는 것을 최종적인 목표로 한다.

단일 셀이나 대형 배터리 팩을 활용하는 방법을 아는 것은 매우 중요하다. 이런 활용법은 배터리 팩의 수명을 연장하고 전체 시스템의 성능을 향상시킬 수 있어 개발할 모델의 복잡성과 모델을 사용하는 고급 제어 방법에 대한 투자를 모두 정당화할 수 있기 때문이다. 전기 및 하이브리드 자동차 또는 유틸리티 규모의 그리드 저장, 백업 및 주파수 조정용 배터리 시스템을 예로 들 수 있다. 그러나 이 책에서 다루는 소재의 대부분은 개인용 전자기기와 같은 소형 배터리 팩에도 적용되며, 대부분의 소재는 리튬 이온뿐만 아니라 다른 화학 물질에도 적용될 수 있다.

이 책의 세 가지 주요 관심사는 다음과 같다.

❶ **모델링**modeling : 배터리 셀이 내외부에서 동작하는 방식을 설명하는 수학적 표현을 도출한다. 여러 단계의 개발 과정을 거친 뒤 구성되는 최종 모델은 미지수이지만 측정 또는 식별할 수 있는 **매개변수**parameter 값의 함수인 이산시간 편미분 방정식(ODE)의 결합 집합이다. 모델에 대한 입력은 셀 전류가 되고 출력은 셀 전압이 된다. 셀 내부의 전기화학 상태도 출력이 될 수 있다.

❷ **시뮬레이션**simulation : 컴퓨터 도구를 사용해 배터리 셀이 입력 자극에 어떻게 반응할지 예측한다. 이때 배터리 셀 전압과 가능한 배터리 내부의 셀 상태를 예측하기 위해 배터리 모델 방정식이 사용된다. 서로 다른 셀 단위의 스케일scale에 적용되는 다양한 충실도를 포함한 시뮬레이션을 살펴보며, 유한 요소 소프트웨어 플랫폼인 COMSOL Multiphysics®을 사용한 시뮬레이션을 설명하고 MATLAB®에서 셀 모델을 구현하는 코드를 제공한다.[2]

❸ **식별**identification : 실험실 테스트를 통해 얻은 데이터로 모델 파라미터parameter의 값을 결정하고 이를 통해 모델 시뮬레이션 예측이 측정된 성능과 최대한 일치하게 한다.

이 장에서는 배터리의 용어와 기능 및 일반적인 응용 분야와 관련된 많은 배경 자료를 빠르게 다룬다.[3] 이어지는 다음 장에서는 다양한 종류의 응용 분야에 대해 다양한 단위의 스케일로 배터리 셀의 동적 상태 모델을 체계적으로 개발하는 방법을 학습하며, 해당 모델을 사용해 성능을 시뮬레이션하는 방법과 모델의 파라미터를 식별하는 방법을 배울 것이다.

---

1 **(옮긴이)** 단어 'cell'은 셀, 전지 등 다양하게 번역될 수 있다. 이 책에서는 전지의 일반적인 의미를 다룰 때는 '전지'로, 전지의 세부적인 내용을 다룰 때는 '셀'로 번역한다. 리튬 이온처럼 단독 요소만 다룰 때에도 '셀'로 표현한다.

2 COMSOL Multiphysics는 COMSOL Group에 등록된 상표이며, MATLAB은 MathWorks의 등록 상표이다. 이제부터는 각각 COMSOL과 MATLAB으로 지칭한다.

3 **(옮긴이)** 배터리에 대한 추가적인 정보를 알고 싶다면 〈https://batteryuniversity.com/articles〉를 참고하라.

SECTION 1.1 서론

셀cell은 가장 작은 개별 전기화학 단위로, 셀을 만들기 위해 선택되는 화학 물질과 화합물의 조합에 따른 전압의 값을 반영한다.[4] 일회용 셀을 **1차 전지**primary cell, 충전이 가능한 셀을 **2차 전지**secondary cell라고 하며, 배터리battery 또는 배터리 팩battery pack이 이런 셀 그룹으로 구성된다.[5] [그림 1-1]은 셀과 배터리의 기호를 나타낸 것이다.

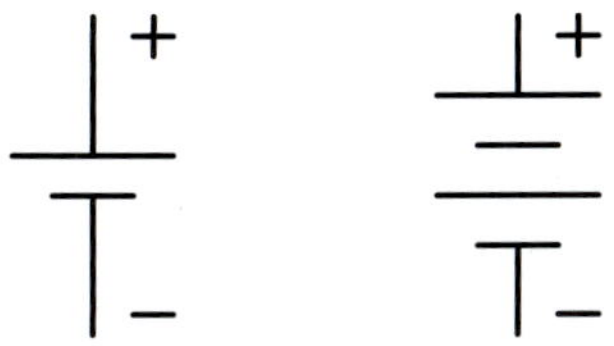

(a) 셀 (b) 배터리

[그림 1-1] 셀과 배터리의 기호

엄밀히 말하면 셀은 배터리와 다르다. 그러나 많은 사람이 전기화학 에너지원을 설명할 때 단일 셀에도 배터리battery라는 용어를 사용하기 때문에 혼란스러울 수 있다. 따라서 개별 전기화학 단위를 지칭할 때는 셀이나 배터리 셀이라는 용어를 사용하고 전기적으로 연결된 셀 그룹을 지칭할 때는 배터리battery 및 배터리 팩battery pack이라는 용어를 사용한다. 배터리가 하나의 물리적인 단위로 묶여 있는 경우도 있으므로 셀cell과 배터리battery 중 어느 것이 올바른 용어인지 항상 명확하지는 않다는 점에 유의해야 한다. 예를 들어 자동차의 12 V 납축 배터리(납축 전지)는 내부에서 직렬로 연결된 여섯 개의 2V 셀로 구성되며,[6] 고용량 리튬 이온 배터리는 단일 패키지에 병렬로 연결된 여러 개의 셀로 구성된다.

셀 전압은 여러 가지 요인에 의해 달라진다. 먼저 **공칭 전압**nominal voltage은 제조업체에서 지정한 전압으로, 편리한 설계를 위해 특정 전압 등급의 셀 또는 배터리에 할당된 값을 의미한다. 셀 또는 배터리의 동작 전압은 이 값보다 높거나 낮을 수 있다.[7] 납축(PbA)을 사용하는 셀의 공칭 전압은 2.1 V 이고 니켈-카드뮴(NiCd) 셀의 공칭 전압은 1.35 V 이며, 니켈-메탈-수소(NiMH) 셀의 공칭 전압은 1.2 V 이다([표 1-1] 참조). 대부분의 리튬 기반 셀의 공칭 전압은 3 V 이상이다.

---

4 미국 전기공사규정 문서 NFPA-70에서는 셀을 "전기 에너지를 수신, 저장 및 전달하는 데 사용되는, 양극과 음극으로 특징짓는 기본 전기화학 단위"로 정의한다.

5 IEEE 표준 446은 배터리를 "전기 에너지를 생산하기 위해 전기적으로 연결된 두 개 이상의 셀"로 정의한다.

6 셀은 온도 및 충전량 등의 조건에 따라 다양한 전압을 제공한다. [표 1-1]에는 단일 납축 전지의 전압이 2.1 V로 표시되어 있는데, 이는 일반적으로 인용되는 2 V 보다 보통 더 정확하다. 그러나 더 구체적인 동작 조건이 지정되지 않는다면 대략적으로 정확할 뿐이다. 이 책에서 개발한 모델의 주요 목적은 매우 일반적인 동작 조건에서 셀 전압을 예측하는 것이다.

7 미국 전기 코드의 NFPA-70 문서를 참조하라.

셀은 부하 회로에 전력을 공급하기 위해 전하를 저장하고 전달할 수 있다. 셀의 **공칭 충전 용량**nominal charge capacity은 셀이 보유할 수 있는 전하 용량을 암페어시(Ah) 또는 밀리암페어시(mAh)로 나타낸 것이다.[8] 셀의 공칭 충전 용량은 셀의 공칭 에너지 용량과는 다르며, 각각 장점이 있고 서로 계산될 수 있다. 그러나 이 책에서는 셀의 입력 전류, 즉 전하 변화율을 내부 전기화학 상태 및 출력 전압과 연관시키는 모델을 만드는 데 집중하므로 전하 용량이 더 적절한 개념이라고 볼 수 있다. 따라서 별도의 언급이 없다면 이 책에서 용량capacity은 에너지 용량이 아닌 **전하** 용량을 의미한다.

셀의 충전 용량과 관련된 **충·방전율**C-rate은 셀 전류의 상대적인 측정값이다. 이는 셀이 1시간 동안 유지할 수 있는 정전류 충전 또는 방전 속도로, $1\,h^{-1}$이 곱해진 공칭 암페어이다. 예를 들어 완전히 충전된 20 Ah 셀은 완전히 방전되기 전까지 1시간 동안 20 A(1C 속도) 또는 약 10시간 동안 2 A(C/10 속도)를 공급할 수 있어야 한다. 만약 셀이 10C 속도로 방전된다면 그 셀은 약 6분 내에 완전히 방전될 것이다. 이때 배터리 셀이 높은 속도로 동작한다면 충·방전율과 방전 시간은 활성 물질의 불완전한 반응과 배터리 셀의 내부 저항으로 인해 완전히 선형적인 관계가 되는 것은 아님에 유의해야 한다. 실제로 10C 속도로 방전된 셀은 6분이 지나기 전에 최소 전압에 도달하지만 C/10 속도로 방전된 셀은 최소 전압에 도달하기까지 10시간 이상 동작할 수 있다.

전지는 전기화학적 형태로 **에너지**energy를 저장하고 방출해 작업을 수행할 수 있다. 셀 **공칭 에너지 용량**nominal energy capacity은 셀의 공칭 전압에 공칭 충전 용량을 곱한 값으로, 와트시(Wh) 또는 킬로와트시(kWh) 단위로 계산되는 전기에너지의 양이다.[9] 예를 들어 2 V, 10 Ah 납축 전지의 에너지 저장 용량은 약 20 Wh이다. 에너지와 전력은 특정 방전 속도에 따라 다른 양이라는 점에 유의해야 한다. 전력은 와트(W) 또는 킬로와트(kW) 단위로 측정되며, 셀이 전달할 수 있는 최대 전력은 셀의 내부 저항에 의해 제한되고 정량화하기 쉽지 않다. 일반적으로 전력은 셀 단자 전압의 최소 및 최대 제한을 강제enforce해 조절한다.

셀이 **직렬**series로 연결되었다면 키르히호프의 전압 법칙에 따라 배터리의 전압은 개별 셀 전압의 합이 된다. 그러나 키르히호프의 전류 법칙에 따르면 직렬로 연결된 배터리의 충전 용량은 개별 셀의 충전 용량과 동일한데, 이는 동일한 전류가 모든 셀을 통과하기 때문이다. [그림 1-2]의 배터리는 직렬 연결된 2 V, 20 Ah 셀 세 개로 구성되어 있다. 이때 이 배터리의 전압은 6 V이고 충전 용량은 20 Ah이며, 에너지 용량은 120 Wh가 된다.

---

8 전하의 SI 단위는 쿨롱(C)으로, 1 Ah = 3,600 C이며, 꽤 많은 전하를 의미한다. 그러나 SI 단위는 대부분의 셀 용량에 비해 매우 적은 양의 전하이므로 자주 사용되지 않는다.

9 에너지의 SI 단위는 줄(J)로, 1 J = 1 Ws이다. 줄은 일반적인 배터리의 에너지에 비해 매우 작은 단위이므로 배터리로 작업할 때 SI 단위를 사용하지 않는 경우가 많다.

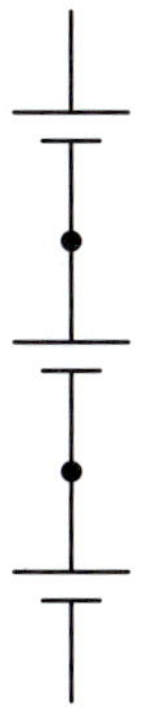

[그림 1-2] 직렬로 연결된 세 개의 셀

셀이 **병렬**parallel로 연결되었다면 키르히호프의 전압 법칙에 따라 배터리의 전압은 셀의 전압과 같다. 그러나 키르히호프의 전류 법칙에 따르면 배터리의 전류는 모든 셀 전류의 합이므로 배터리의 충전 용량은 셀의 충전 용량의 합이 된다. [그림 1-3]의 배터리는 병렬로 연결된 2 V, 20 Ah 셀 다섯 개로 구성되어 있다. 이때 이 배터리의 전압은 2 V이고 충전 용량은 100 Ah이며, 에너지 용량은 200 Wh가 된다.

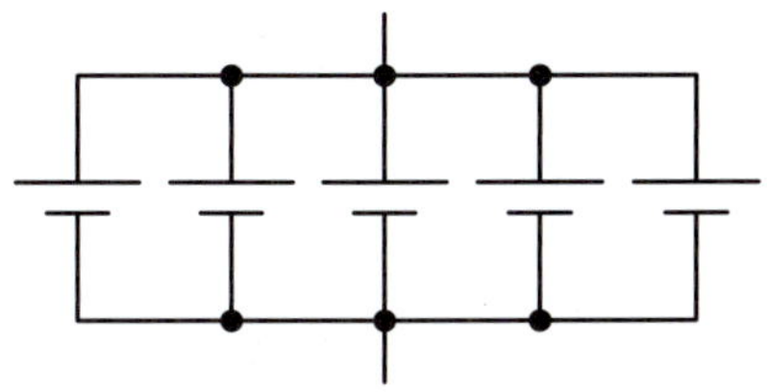

[그림 1-3] 병렬로 연결된 다섯 개의 셀

비에너지specific energy와 **에너지 밀도**energy density는 각각 단위 무게 또는 부피당 저장된 에너지의 최대량을 측정한 값이다. 주어진 무게에 대해 비에너지의 셀 설계가 높을수록 더 많은 에너지를 저장할 수 있고 주어진 저장 용량에 대해 비에너지의 셀이 높을수록 셀은 더 가벼워진다. 주어진 부피에 대해 에너지 밀도가 높은 전지는 더 많은 에너지를 저장하며, 주어진 저장 용량에 대해 에너지 밀도가 높은 전지는 더 적은 에너지를 저장한다.

일반적으로 반응성이 높은 화학 물질을 사용하면 더 높은 에너지 밀도와 비에너지를 얻을 수 있지만 이런 물질은 안정성이 낮아 특별한 안전 예방 조치가 필요할 수 있다. 셀 구성에 사용되는 활성 물질의 품질 역시 중요한 요소로, 불순물은 셀의 성능을 제한하므로 구성 결함으로 인해 안전성이 저하될 수 있다. 또한 유사한 셀 화학 물질과 구조를 가진 (여러 제조업체의) 셀은 서로 다른 성능을 낼 수 있는데, 패키징으로 인한 오버헤드는 에너지 밀도를 감소시키므로 셀 구조 역시 중요하게 고려해야 한다.

SECTION 1.2 셀의 동작 방식

셀은 음극, 양극, 전해질, 분리막 등 여러 가지 주요 구성 요소로 제작되며, 특정 유형의 셀은 전극 자체와 구별되는 집전체를 포함하기도 한다. [그림 1-4]는 리튬 이온 셀의 개략도로, 기본 개념은 다른 전지에도 일반적으로 적용된다.

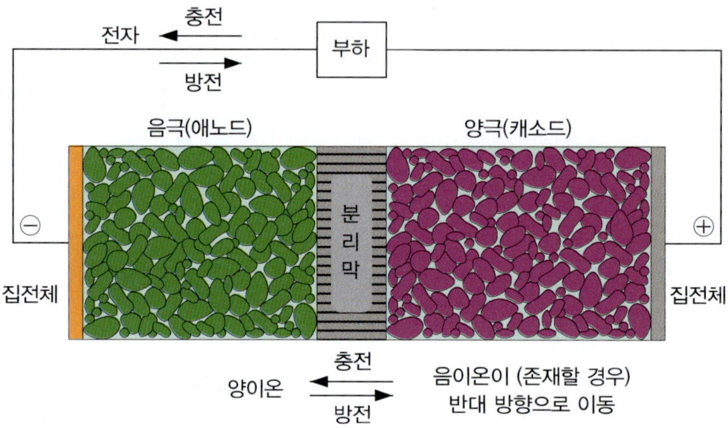

[그림 1-4] 리튬 이온 전지의 개략도[10]

전기화학 셀의 **음극**negative electrode은 보통 순수한 금속이나 합금 또는 수소로 구성된다. 예를 들어 납축 전지의 음극은 순수한 납이다.[11] [표 1-1]을 통해 일반적인 유형의 셀에 사용되는 음극 물질을 확인할 수 있다.

[표 1-1] 일부 전기화학 전지의 구성 요소[12]

전기화학	음극	양극	전해질	공칭 전압
납축 전지	Pb	PbO_2	H_2SO_4	2.1V
건식 전지	Zn	MnO_2	$ZnCl_2$	1.6V
알칼리	Zn	MnO_2	KOH	1.5V
니켈 카드뮴	Cd	NiOOH	KOH	1.35V
니켈 수소	H_2	NiOOH	KOH	1.5V
니켈 아연	Zn	NiOOH	KOH	1.73V
은 아연	Zn	Ag_2O	KOH	1.6V
아연 공기	Zn	O_2	KOH	1.65V

10 Stetzel, K., Aldrich, L., Trimboli, M.S. and Plett, G., "Electrochemical state and internal variables estimation using a reduced-order physics-based model of a lithium-ion cell and an extended Kalman filter", *Journal of Power Sources*, 278, 2015, pp. 490-505의 Fig. 1을 기반으로 했다.

11 실제 납축 전지 내 납-합금 그리드의 납 페이스트를 폄으로써 구현되었다.

12 Linden, D, *Handbook of Batteries*, Linden, D. and Reddy, T.B. eds, 3d, McGraw-Hill, 2002의 Table 1.2를 각색했다.

[표 1-1]의 공칭 전압은 대표 전압일 뿐이다. 예를 들어 납축 전지의 개방회로 전압open-circuit voltage, OCV은 전해질의 비중과 관련이 있다. 환기식 납축 전지의 비중은 대부분 1.215이고 개방회로 전압은 2.05 V 이며, 밸브 조절 납축 전지의 비중은 대부분 1.3이고 개방회로 전압은 2.15 V 이다.

방전 중일 때 음극은 전자를 외부 회로로 내보내고 이 과정에서 전극이 **산화**oxidized된다. 종species의 산화는 전자의 손실 또는 이에 상응하는 종의 산화 상태의 증가를 수반해 양전하를 더 가지게 된다. 반대로 충전 중일 때 음극은 외부 회로에서 전자를 받아들이고 **환원**reduced된다. 종의 환원은 전자의 이득 또는 이에 상응하는 종의 산화 상태의 감소를 수반해 음전하를 더 가지게 된다. 따라서 전기화학 셀에서 발생하는 화학 과정을 **산화-환원**reduction-oxidation, redox 반응이라고 한다.[13]

음극은 흔히 양극(애노드anode)이라고도 한다. 엄밀히 말하면 음극은 산화가 일어나는 전극이므로 음극은 셀이 방전 중일 때만 양극이 되고 충전 중일 때는 음극(캐소드cathode)이 된다. 이는 혼란스러울 수 있어 대부분의 사람들은 셀의 충·방전 여부와 관계없이 양극이라고 지칭한다. 이런 혼란을 최소화하기 위해 이 책에서는 양극(애노드anode)이라는 용어 대신 **음극**negative electrode이라는 용어를 사용한다.

전기화학 셀의 **양극**positive electrode은 보통 금속 산화물이나 황화물, 산소로 구성된다. 예를 들어 납축 전지의 양극은 순수한 이산화납으로 만들어지며, 납-합금 그리드에 납-산화물 페이스트paste를 도포해 형성되는 경우가 많다. [표 1-1]을 통해 일반적인 유형의 셀에 사용되는 양극 물질을 확인할 수 있다. 방전 중에 양극은 외부 회로에서 전자를 받아들이며, 이 과정에서 전극이 환원된다. 충전 중에는 양극이 외부 회로에 전자를 내보내고 산화된다.

마찬가지로 양극은 흔히 음극(캐소드cathode)이라고도 한다. 엄밀히 말하면 음극은 환원이 일어나는 전극이므로 양극은 셀이 방전 중일 때만 음극이 되고 셀이 충전 중일 때는 양극이 된다. 음극의 경우처럼 이 책에서는 혼동을 최소화하고자 음극(캐소드cathode)이라는 용어 대신 **양극**positive electrode이라는 용어를 사용한다.

전해질electrolyte은 전극 사이의 내부 이온 전하 전달을 위한 매질을 제공하는 이온 전도체이다.[14] 전해질은 대부분 이런 이온 전도성을 제공하는 용해된 화학 물질solute(용질)을 포함하는 액체 용매solvent로 구성되며, 고체 고분자 전해질도 전해질이 될 수 있다.

[표 1-1]의 화학 물질은 용매가 물인 수성aqueous 전해질을 사용하며, 이온의 전하 이동은 산acid(H_2SO_4)이나 염기base(KOH) 또는 염salt($ZnCl_2$) 중 하나를 통해 이루어진다. 수성 전해질을 사용하는 셀은 높은 전압이 존재하면 물 속의 산소와 수소가 해리dissociate되므로 단자 전압이 약 2 V 미만으로 제한된다. 따라서 리튬 이온 셀은 전체 전압이 2 V 보다 훨씬 높으므로 비수성 전해질을 사용해야 한다.

---

13 "산화는 전자의 손실이고 환원은 전자의 이득"이라는 뜻의 약어인 "OIL RIG(oxidation is loss (of electrons) and reduction is gain (of electrons))"가 이해에 도움이 될 수도 있다. 단, 이는 "친환경적인" 주제에 대한 "친환경적인" 약어는 아니다.

14 전해질은 반드시 전자 절연체여야 한다. 즉 전자를 전도할 수 없다. 만약 전자 전도체라면 셀 내부에 완전한 회로가 형성되어 셀이 **자가 방전**(self-discharge)되거나 **단락**(short-circuit)될 수 있다.

방전 중일 때는 양전하를 띤 이온 또는 양이온cation이 전해질을 통해 양극 쪽으로 이동하며, 음전하를 띤 이온 또는 음이온anion이 전해질을 통해 음극 쪽으로 이동한다. 반대로 충전 중일 때는 양이온이 음극 쪽으로 이동하고 음이온이 양극 쪽으로 이동한다.

분리막separator은 양극과 음극을 물리적으로 분리하며, 이온 전도체이지만 전자 절연체이다. 분리막은 두 전극 사이의 내부 단락을 방지해 셀이 급속히 자가 방전되어 사용할 수 없게 되는 것을 방지한다.

집전체current collector는 전극 재료가 부착되거나 전극 재료가 혼합된 전자 전도체이다. 집전체는 전지의 화학 반응에는 관여하지 않지만 전지의 단자에 연결하기 매우 어려운 물질을 간단하게 전자적으로 연결할 수 있도록 하거나 전극의 전자 저항을 줄여준다. 예를 들어 리튬 이온 전지에서 음극 집전체는 일반적으로 구리 포일foil로 만들어지며, 양극 집전체는 알루미늄 포일로 만들어진다. 건식 전지의 양극에 있는 집전체는 탄소이다.[15]

주의 깊은 독자라면 [표 1-1]에 중요한 두 화학 물질인 니켈-금속 수소화물(니켈-금속 전지)과 리튬 이온 전지가 빠져 있는 것을 눈치챘을 것이다. 두 전지의 동작 원리는 이 절에서 설명하는 화학 공정과 다소 다르므로 자세한 논의는 1.4절과 1.5절까지 유보할 것이다. 현재로서는 이런 전지도 양극과 음극, 전해질, 그리고 분리막을 가진다는 것을 알면 충분하다.

1.2.1 방전 프로세스

음극의 전기화학적 전위 에너지는 전자를 외부 회로로 방출하고 양전하를 띤 이온을 전해질로 방출하는 화학적 공정을 선호한다. 반대로 양극의 전기화학적 전위 에너지는 외부 회로에서 전자를 받아들이고 전해질에서 양전하를 띤 이온을 받아들이는 화학적 공정을 선호한다. 이런 셀 단자 간의 전위 차이 또는 전기적 압력의 결과를 **셀 전압**cell voltage 또는 **기전력**electromotive force, EMF이라고 한다.

이렇게 저장된 전위 에너지는 전자와 양전하를 띤 이온이 음극에서 양극으로 이동할 수 있는 경로가 있을 때만 방출되어 유용한 작업으로 전환될 수 있다. 단, 전해질은 양이온의 이동을 위해 항상 사용할 수 있는 매질을 제공하는 반면 분리막은 셀 내에서 전자의 이동을 막고 내부 단락을 막는다. 따라서 전자가 이동하려면 음극과 양극을 전자적으로 연결하는 외부 전기회로가 완성되어야 한다. 회로가 완성되면 셀은 회로 또는 부하load를 통해 방전discharges되고 저장된 전기화학 에너지를 전기 에너지로 변환한다.

15 건식 전지는 아연 탄소(zinc carbon) 전지라고도 한다. 건식 전지는 양극이 탄소로 식별되기도 하는데, 이는 사실과 다르다. 탄소는 화학 반응에 참여하지 않으며, 단지 전류를 모으고 이산화망가니즈 혼합물의 저항을 줄이는 역할을 한다.

1.2.2 충전 프로세스

1차 전지[primary cell]에서 전기화학 반응은 되돌릴 수 없다. 방전되는 동안 화학적 혼합물은 영구적으로 변화하며, 원래의 화학적 혼합물이 완전히 소진될 때까지 전기 에너지가 방출된다. 즉 1차 전지는 한 번만 사용할 수 있다.

반대로 2차 전지[secondary cell] 또는 충전식 전지[rechargeable cell]에서 전기화학 반응은 가역적이므로 전극에 셀 자체의 전위보다 높은 전위를 가하면 원래의 화학적 혼합물을 재구성할 수 있다. 이렇게 셀에 에너지를 주입하면 전자와 양이온이 양극에서 음극으로 다시 이동해 전하를 저장하므로 2차 전지는 여러 번 방전 및 재충전이 가능하다. 충전하는 동안 양이온은 전해질을 통해 양극에서 음극으로 이동하며, 전자는 외부 회로를 통해 양극에서 음극으로 이동한다. 셀에 주입된 에너지는 활성 화학 물질을 원래 상태로 변환한다.

SECTION 1.3 물질 선택

셀의 단자에서 생성되는 전압은 양극과 음극에 사용되는 물질 유형과 직접적인 관련이 있다. 때로는 셀을 설계하고 분석할 때 전극을 따로 분리해 고려하는 것이 편리하지만 전극의 전압 자체만 이야기하는 것은 의미가 없다. 전압은 전위의 **차이**[difference]이기 때문이다. 단일 전극을 다룰 때 차이가 나는 두 전위는 무엇일까?

이런 문제는 전기회로 분석 분야에도 비슷하게 적용된다. 이때 회로에서 전위가 0 V 또는 접지로 정의된 지점을 임의로 선택하고 이를 기준으로 회로의 다른 모든 전위를 측정하면 문제를 해결할 수 있다. 전기화학적 전극을 분석할 때도 동일한 기본 솔루션을 적용한다. 이때 연구 중인 전극과 (설계되고 분석된 실제 셀의 일부일 수도 있고 아닐 수도 있는) 가상의 기준 전극의 전위 차이를 고려해야 한다. 이 기준 전극은 표준 수소 전극[standard hydrogen electrode] 측면에서 선택되는 경우가 많으며, $2H^+ + 2e^-$에서의 전위는 자연스럽게 0 V로 정의되는 $H_{2(g)}$로 변환된다.[16]

[표 1-2]는 전기화학 계열[electrochemical series]로 알려진 몇 가지의 일반적인 전극 반[half] 반응의 전극 전위를 나타낸 것이다. 음극에는 음극 전위가 더 큰 전극을, 양극에는 양극 전위가 더 큰 전극을 사용한다. 음극과 양극의 전극 전위 차이가 클수록 셀 전압이 커진다.

16 리튬 이온 셀은 Li^+/Li와 관련된 기준이거나 $Li_{(s)}$로 자연스럽게 변환되는 $Li^+ + e^-$에서의 전위를 고려해야 한다.

[표 1-2] 25℃에서 전극 반응의 표준 전위[17]

음극(환원) 반(half) 반응	표준 전위 E^0(V)
$Li^+ + e^- \Rightarrow Li_{(s)}$	−3.04
$K^+ + e^- \Rightarrow K_{(s)}$	−2.92
$Ca^{2+} + 2e^- \Rightarrow Ca_{(s)}$	−2.84
$NA^+ + e^- \Rightarrow Na_{(s)}$	−2.71
$Zn^{2+} + 2e^- \Rightarrow Zn_{(s)}$	−0.76
$2H^+ + 2e^- \Rightarrow H_{2(g)}$	0.00
$Cu^{2+} + 2e^- \Rightarrow Cu_{(s)}$	0.34
$O_{3(g)} + 2H^+ + 2e^- \Rightarrow O_{2(g)} + H_2O_{(l)}$	2.07

[표 1-2]의 값은 환원 전위이다. 불소($F_{2(g)}$)는 표에서 값이 가장 양수인 물질로, 가장 쉽게 환원되므로 나열된 물질 중 가장 우수한 산화제이다. 반대로 리튬($Li_{(s)}$)은 표에서 값이 가장 음수인 물질로, 가장 쉽게 산화되므로 나열된 물질 중 가장 강력한 환원제라고 할 수 있다. 따라서 불소와 리튬의 반응을 결합한 전지를 만들면 전지 전압은 $2.87\,V - (-3.04\,V) = 5.91\,V$가 된다. 그러나 현재까지는 분해되지 않고 높은 전압을 견딜 수 있다고 알려진 전해질이 없으므로 이 전압은 얻을 수 없다.

전기화학 계열은 정량적인 분석에 적합하다. 그러나 가능한 모든 산화-환원 반응에 대한 표는 다루기 어렵고 직관적이지 않으므로 정성적인 분석을 위해 원소 주기율표를 고려해볼 수 있다. [그림 1-5]의 원소 주기율표에서는 원소의 상대적인 산화 및 환원 능력을 그림 하단의 화살표로 나타냈다.

주기율표의 각 항목은 특정 원소를 의미한다. 각 항목의 왼쪽 상단에 있는 숫자는 원소의 **원자 번호** atomic number, 즉 원자핵에 있는 양성자의 수를 의미하며, 왼쪽 하단의 숫자는 **원자량** atomic weight, 즉 원소의 원자당 평균 질량과 ^{12}C 원자 질량의 $\frac{1}{12}$의 비율을 나타낸 것이다. 각 항목의 오른쪽에 있는 숫자들은 보어 Bohr 또는 원자의 고전 모델 classical model 에서 전자가 궤도 또는 껍질에 있는 배열을 의미한다.[18] [그림 1-6]은 전자 궤도의 점유율에 대한 몇 가지 예이다.

---

17 Broadhead, J. and Kuo, H.C., *Handbook of Batteries*, D. Linden and T.B. Reddy, eds., 3d, McGraw-Hill 2022의 Table 2.2를 요약한 것이다.

18 전자의 양자역학적 특성에 대한 이해는 이전보다 발전했지만 여전히 껍질에 대해 이야기하는 것이 일반적이다. 단, 이 책의 목적을 위해서는 보어 모델에 대한 이해만으로도 충분하다.

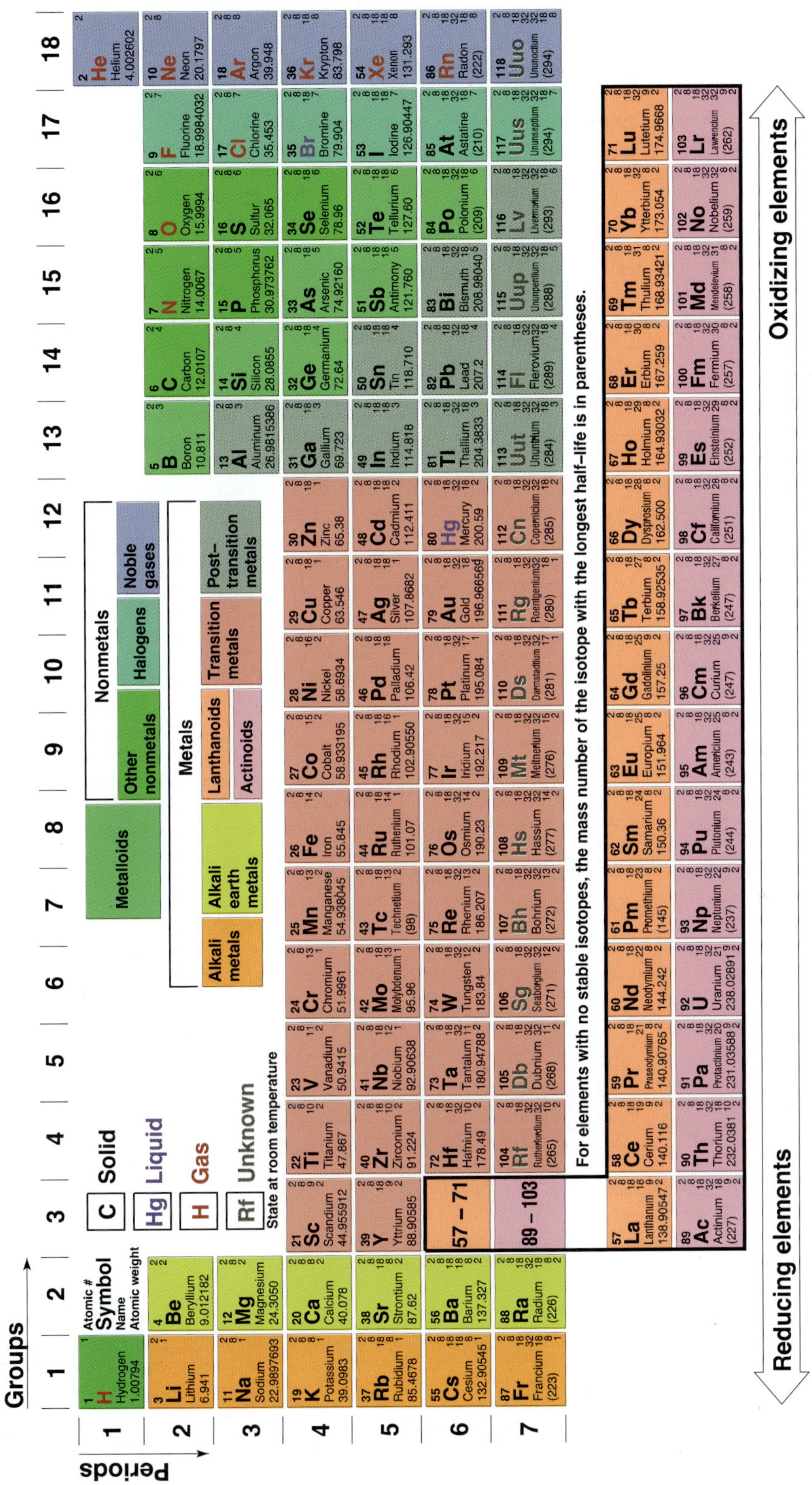
Groups
Periods
Atomic #
Symbol
Name
Atomic weight
C Solid
Hg Liquid
H Gas
Rf Unknown
State at room temperature
Metalloids
Nonmetals
Other nonmetals
Halogens
Noble gases
Metals
Alkali metals
Alkali earth metals
Lanthanoids
Actinoids
Transition metals
Post-transition metals
For elements with no stable isotopes, the mass number of the isotope with the longest half-life is in parentheses.
Reducing elements
Oxidizing elements

[그림 1-5] 원소 주기율표

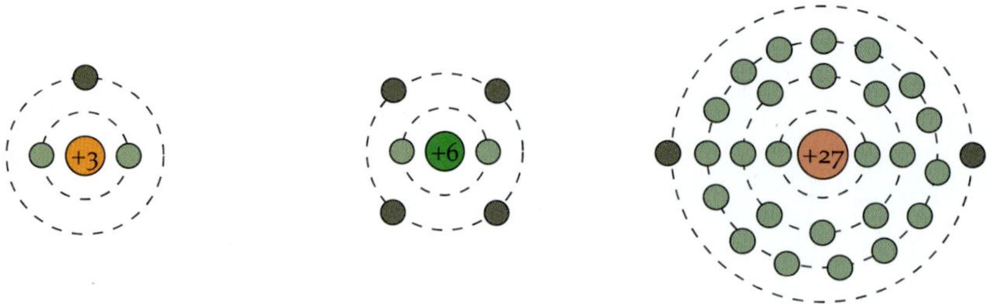

(a) 리튬(원자 가전자 한 개) (b) 탄소(원자 가전자 네 개) (c) 코발트(원자 가전자 두 개)

[그림 1-6] 껍질의 전자 구성과 원자 가전자 수를 표시한 원소의 모식도

[그림 1-5]의 원소들은 서로 비슷한 방식으로 동작하는 원소를 강조하기 위해 색상으로 구분되어 있다. 예를 들어 강한 환원 원소는 왼쪽에, 강한 산화 원소는 오른쪽에 그룹화되어 있다. 각 개별 그룹[group] 내의 원소는 일반적으로 원자 가전자[valence electrons] 수 또는 외부 원자 가껍질[valence shell]에 있는 전자의 수가 동일하다(전이 금속의 경우 조금 다르다).

원자 가전자의 수는 원자가 다른 원자와 화학적으로 반응하는 방식을 결정하므로 특정 그룹 내의 원소는 화학적 성질이 비슷한 경향이 있다. 한 주기율표[period]의 모든 원소는 동일한 수의 전자껍질 또는 궤도를 가지는데, 이는 원자 내 전자의 가능한 에너지 준위 수를 의미하며, 주기 번호는 전자껍질의 수를 의미한다.

닫힌 껍질보다 원자 가전자가 한 개 또는 두 개 더 많은 원자는 여분의 전자가 쉽게 제거되어 양이온을 형성하므로 반응성이 높다. 환원제는 산화-환원 반응에서 기증되는 여분의 가전자껍질 전자를 가지고 있어 산화된다. 1족 알칼리 금속[alkaline metal]은 한 개의 원자 가전자를 가지는데, 2족 알칼리 토금속[alkaline earth metal]은 두 개의 원자 가전자를 가지므로 이 그룹의 원소의 반응성이 더 높다.

반대로 닫힌 껍질보다 원자 가전자가 한 개 또는 두 개 적은 원자는 누락된 전자를 획득해 음이온을 형성하거나 전자를 공유해 공유 결합을 형성하므로 반응성이 높다. 산화제는 원자 가전자껍질 전자가 부족해 산화-환원 반응에서 전자를 받아들여 환원된다. 예를 들어 17족 할로겐[halogens]은 원자 가전자가 하나 부족하므로 반응성이 매우 높다. 반면 18족의 희귀 기체[noble gas]와 같이 외부 전자껍질이 가득 차면 화학 반응에 참여할 수 있는 "자유" 전자가 존재하지 않는다. 이는 종의 에너지가 가장 낮은 상태를 의미하므로 이런 원자는 화학적으로 반응하지 않거나 불활성[inert] 상태가 되는 경향이 있다.

SECTION 1.4 삽입 전극 셀

비교적 최근에 전통적인 산화-환원 방식에 대체 화학 반응을 사용하는 새로운 셀 화학 물질이 개발되었다. 니켈-금속 수소화물과 같은 금속 **수소화물**metal hydride 전지는 금속 자체의 구성을 화학적으로 변경하지 않고 (스펀지가 화학적 변화 없이 물을 흡수하는 것처럼) 대량의 수소를 흡수하는 일부 금속의 능력에 의존한다. **하이드라이드**hydride라고 하는 이런 금속 합금은 배터리 셀 화학에서 가역적으로 반응할 수 있는, 수소를 위한 저장소를 제공한다. 이런 금속 또는 합금은 음극에 사용되며, 양극은 니켈 카드뮴(NiCd) 배터리와 마찬가지로 수산화니켈(NiOOH)로 구성된다. 전해질은 수산화칼륨(KOH)과 같은 수소 흡수성 수용액 반응에는 참여하지 않지만 전극 사이에서 수소 H^+ 이온(양성자)을 운반하는 역할을 한다. 다음 절에서 살펴볼 리튬 이온 셀도 비슷한 방식으로 동작한다.

SECTION 1.5 리튬 이온 셀의 개요

이 책은 여러 화학 분야에 적용할 수 있는 보편적인 내용을 다루지만 주로 리튬 이온 셀에 집중한다. 리튬 이온 셀의 몇 가지 장점을 다른 전지와 비교해 살펴보자.

- **높은 전압 및 에너지 밀도** : 리튬 이온 전지는 약 3.7V에서 동작하지만 NiCd 또는 NiMH 전지는 1.2V에서 동작한다. 따라서 리튬 이온 전지의 에너지 밀도는 다른 전지보다 높다.
- **단일 셀 사용 가능** : 높은 전압은 특정 애플리케이션에서 여러 개의 NiMH 또는 NiCd 전지를 직렬 연결하는 대신 단일 전지를 사용할 수 있다는 것을 의미한다. NiCd와 NiMH 전지는 안전하게 동작하기 위해 배터리 관리 회로가 필요하지 않지만 모든 배터리 팩은 배터리 관리를 통해 잠재적인 이점을 누릴 수 있다. 리튬 이온 전지는 사용하는 셀 수를 줄임으로써 배터리 관리 회로를 간소화할 수 있다.
- **낮은 자가 방전율** : 리튬 이온 전지는 다른 유형의 충전식 전지보다 자가 방전율이 낮다. NiCd와 NiMH 전지는 기기에 장착되어 있지 않더라도 하루에 1~5% 정도의 충전량이 손실될 수 있지만 리튬 이온 전지는 수개월 동안 보관해도 충전량을 대부분 유지할 수 있다.

그러나 이런 장점이 있는 리튬 이온 전지도 다른 화학 전지보다 불리한 점이 있다.

- **비싼 가격** : 리튬 이온 전지는 현재 비슷한 용량의 NiMH 또는 NiCd 전지보다 훨씬 적게 제조되고 있어 가격이 더 비싸다. 다만 생산량이 증가하면 가격은 하락할 것으로 예측된다.

- **높은 제조 비용 및 복잡성** : 리튬 이온 전지는 과충전에 매우 민감하며, 설계 전압 범위를 넘어서서 동작되려 할 때 전지를 회로에서 분리해 손상을 방지하는 특수 회로가 내장된 경우가 많다. 이는 제조 과정에서의 비용과 복잡성, 그리고 배터리 충전기의 복잡성을 높인다. 보호 회로의 비용은 제조 공정 자체의 비용만큼 용량에 따라 유리하게 확장되지 않을 수 있으며, 회로 자체가 고장날 수 있어 전체 배터리 시스템의 신뢰성이 저하될 수 있다.
- **표준 전지 크기 미제공** : 리튬 이온 전지는 NiCd 및 NiMH 전지처럼 표준 셀 크기(AA, C, D)가 제공되지 않는다.[19] 비교적 일반적인 "18650" 또는 "26650" 형태 요소의 리튬 이온 전지는 내부적으로 서로 호환되지 않는 다른 유형의 리튬 이온 전기화학 물질로 구성될 수 있다. 따라서 모양과 크기, 내부 화학 물질이 달라 각 유형의 리튬 이온 전지는 이를 수용하기 위해 특정한 충전기가 필요하다. 즉 리튬 이온 배터리 충전기는 다른 배터리 충전기보다 가격이 더 비싸고 구하기 어렵다.[20]

리튬 이온 전지는 앞서 살펴본 전기화학 전지와는 다른 방식으로 동작한다. 기존의 전기화학 전지는 전극 표면에서 반응하는 종[species]을 화학적으로 변화시키는 산화-환원 반응에 의존한다. 납축 전지를 예로 들어보자. 납축 전지는 방전될 때 음극의 납(Pb)이 전해질 내 HSO_4^- 와 반응해 수소 이온(양성자)을 생성하며, 두 개의 전자를 외부 회로에 전달하고 음극 표면에 고체 납 황산염($PbSO_4$) 결정을 형성한다. 이를 식으로 쓰면 다음과 같다.

$$Pb_{(s)} + HSO^-_{4(aq)} \Rightarrow PbSO_{4(s)} + H^+_{(aq)} + 2e^-$$

양극에서는 납 산화물(PbO_2)과 전해질의 HSO_4^- 가 수소 이온과 반응하며, 전자를 소비하고 양극 표면에 고체 납 황산염 결정을 다음과 같이 형성한다.

$$PbO_{2(s)} + HSO^-_{4(aq)} + 3H^+_{(aq)} + 2e^- \Rightarrow PbSO_{4(s)} + 2H_2O_{(l)}$$

리튬 이온 전지는 납축 전지와 다르다. 리튬은 NiMH 셀처럼 삽입형 전극 셀이지만 전극 재료 자체와 반응하지 않는다. 대신 전류 흐름의 방향에 따라 전해질에서 흡수되어 전극 재료의 구조에 삽입[intercalation]되거나 전극 재료에서 전해질로 배출(탈삽입[deintercalation])된다.

리튬 이온 전지가 이처럼 동작하려면 전극에 두 가지 주요 속성이 충족되어야 한다. 먼저 리튬이 자유롭게 이동할 수 있을 만큼 충분히 큰 빈 통로 또는 "복도"가 형성된 개방형 결정 구조를 가져야 한다. 이를 통해 리튬은 전해질로부터 구조의 빈 공간으로 삽입되거나 제거될 수 있고 결정 구조 내의 빈 공간 사이를 자유롭게 이동할 수 있다. 또한 전극은 외부 회로에 전자를 전달하거나 외부 회로로부터 받아들일 수 있어야 한다.

---

19 Energizer® "e^2 리튬"은 리튬 이온 셀이 아니라 리튬/이황화철(Li/FeS_2) 화학 물질을 사용하는 표준 비충전식 1.5V 갈바닉(galvanic) 셀임을 유의하자.

20 통신 업계에서 고정된(stationary) 배터리 시스템과 같은 일부 응용 분야에서는 이런 단점을 완화시킬 수 있는 표준 충전기가 사양에 맞춰 제공된다.

리튬을 삽입하거나 제거해도 결정 구조 자체는 화학적으로 변하지 않지만 결정 격자의 구조적 변화는 발생할 수 있다. 예를 들어 일반적으로 리튬이 첨가되거나 제거될 때 약 10% 이하의 작은 체적 변화가 관찰된다. 리튬의 존재 자체가 결정 구조의 모양에 불균일한 변형을 일으킬 수 있는데, 이런 상전이phase transition는 때때로 재료에 영구적인 손상을 초래할 수 있다. 이를 보완하기 위해 셀은 이런 왜곡이 최소화되는 체제에서 동작하도록 설계된다.

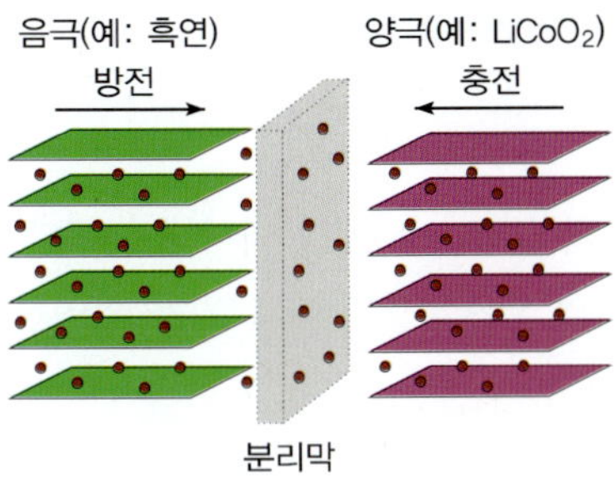

[그림 1-7] 리튬 이온 셀 동작의 단순화된 회로도

[그림 1-7]의 단순화된 도식을 사용하면 리튬 이온 전지의 동작을 설명할 수 있으며, 학습을 통해 이런 이해를 점점 구체화할 수 있다. 그림에서 음극과 양극은 전극 재료의 층으로 구성된 결정 구조로, 작은 구체로 그려진 리튬은 층 사이의 공간에 추가하거나 제거할 수 있다.

전극 내부에서 리튬은 독립적인 충전-중립 원자로 저장된다. 각 리튬 원자의 원자 가전자는 결정 구조 내의 이웃 원자와 매우 느슨하게 공유되므로 리튬은 한 곳에 단단히 결합되어 있지 않고 실제로는 매우 자유롭게 움직인다. 또한 리튬은 전극의 표면으로 들어오고 나가지만 층을 이룬 개방형 결정 구조 내에서 확산되어 전극의 빈 공간 내부의 리튬 농도를 균일화한다.

방전 중에 음극 표면의 리튬 원자는 외부 회로를 통해 이동하는 전자를 포기하고 전극의 결정 구조에서 빠져나와 전해질에 용해되는 양이온인 리튬 이온(Li^+)이 된다($Li \Rightarrow Li^+ + e^-$). 반대로 양극 표면에 근접한 리튬 이온은 외부 회로로부터 전자를 받아 충전-중립 리튬 원자가 전극의 결정 구조로 들어간다($Li^+ + e^- \Rightarrow Li$). 이 과정은 리튬 이온이 충전과 방전 중에 전극 사이를 왔다 갔다 하므로 반대로도 가능하다. 따라서 이런 리튬 이온 전지의 특성을 설명하기 위해 흔들 의자rocking chair, 그네swing, 셔틀콕shuttlecock 전지와 같은 용어가 만들어졌다. 추가적으로 리튬 이온 전지는 전기화학 반응보다 삽입 메커니즘이 훨씬 더 부드러워 다른 2차 전지보다 수명이 훨씬 길다.

지금까지 리튬 이온 전지 전극은 동종 결정 블록으로 취급되었다. 그러나 실제 전극은 수백만 개의 작은 전극 입자로 제조된다. 이는 전극의 표면적을 넓혀 리튬이 더 쉽게 유입되거나 유출되게 하고 전체 셀 저항을 줄이며, 전력 전달 능력을 높이기 위한 것이다. [그림 1-8]을 예로 들어 살펴보자. [그림 1-8]은 흑연 입자로 구성된 리튬 이온 전지 음극의 주사 전자 현미경(SEM) 이미지로, 동일한 소재를 다른 배율로 촬영한 것이다.

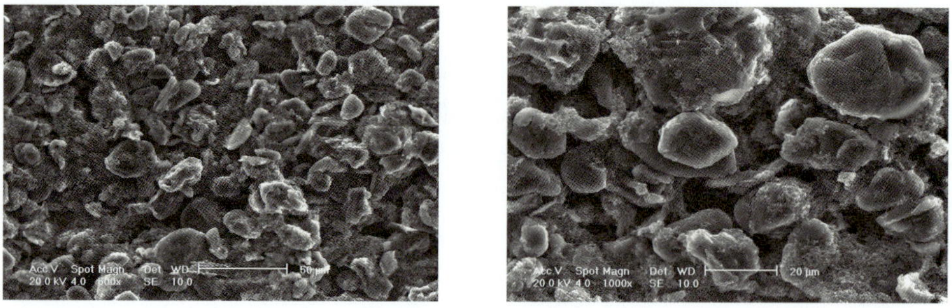

[그림 1-8] MTI사의 중간상 탄소질 구체(흑연)에 대한 SEM 이미지(제공 : 한상우)

다음으로 [그림 1-9]는 리튬 망가니즈 산화물 입자로 구성된 양극의 SEM 이미지를 나타낸 것이다. 두 이미지는 서로 다른 배율에서 동일한 물질을 촬영한 것으로, 흑연 입자의 모양과 크기가 확연히 다름을 알 수 있다.

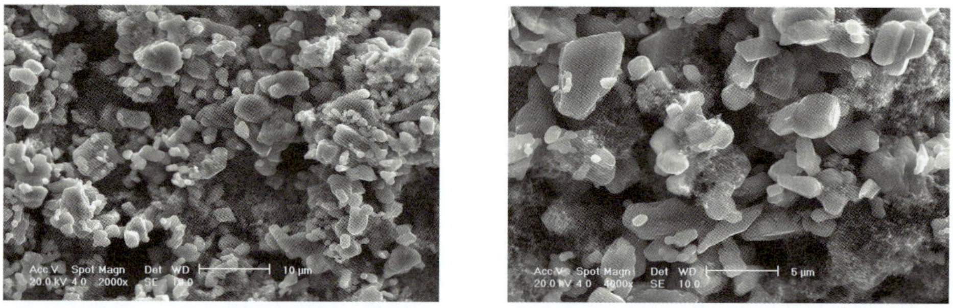

[그림 1-9] Aldrich사의 리튬 망가니즈 산화물(LMO)에 대한 SEM 이미지(제공 : 한상우)

마지막으로 [그림 1-10]은 전극의 단면을 나타낸 것이다. [그림 1-10(a)]는 면도날로 전극을 절단한 것이고 [그림 1-10(b)]는 접속 이온 빔(FIB)을 통해 더 정밀한 단면을 분쇄해 입자를 절단한 것이다. 전극은 다공성 구조이므로 전해질이 입자 사이의 기공pore을 채우는 것을 볼 수 있다.

(a) 면도날로 절단한 LMO 전극

(b) FIB로 분쇄해 절단한 LMO 전극

[그림 1-10] 전극의 단면(제공 : 한상우)

기본 전극 재료에는 폴리비닐리덴 플루오라이드(PVdF)과 같이 입자를 서로 접착시키기 위한 바인더와 카본 블랙과 같이 양극 물질의 열악한 전자 전도도를 향상시키기 위한 전도성 첨가제가 혼합되어 있다. 이런 첨가제는 셀 화학에서 "활성" 부분이 아니므로 리튬 이온 전지의 구성 요소를 논할 때 항상 언급되지는 않지만 늘 존재한다.[21]

1.5.1 음극

이제 일반적으로 리튬 이온 전지의 전극으로 사용되는 물질에 대해 알아보자. 대부분의 상용 리튬 이온 전지는 **음극**negative electrode 물질로 흑연(C_6)을 사용한다. 흑연은 육각형 C_6 구조가 서로 단단히 결합된 여러 개의 그래핀graphene 층으로 구성되어 있다. 그래핀 층은 서로 느슨하게 쌓여 있고 약한 반데르발스 힘Van der Waals force에 의해서만 상호 결합되며, 리튬은 이러한 층 사이에서 상호 결합한다. 이는 [그림 1-11]에서 탄소 원자가 그래핀 층에서 이웃 원자와 공유 결합으로 연결된 회색 구체로, 리튬 원자는 보라색 구체로 그려진 것을 통해 확인할 수 있다. 그래핀 층 사이에는 리튬 원자가 자유롭게 이동할 수 있는 충분한 공간이 있다.

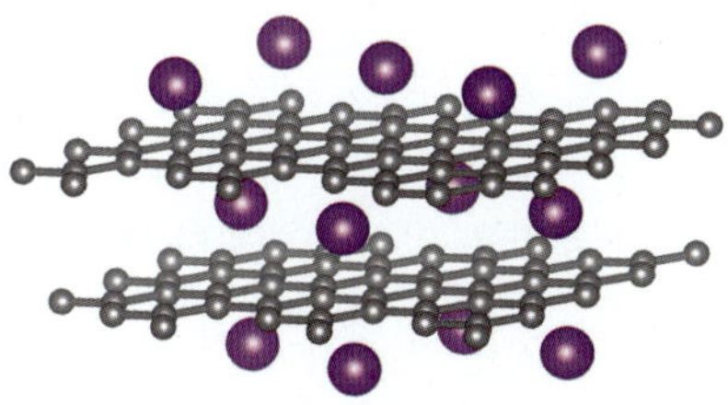

[그림 1-11] 석영 흑연의 원자 구조[22]

리튬 이온 전지에 사용되는 여러 가지 형태의 흑연의 예시를 [그림 1-12]를 통해 살펴보자. 그림에서 선은 그래핀 부분을 나타내며, 리튬은 그래핀 층 사이의 빈 공간에 존재할 수 있다. 두 흑연의 차이점은 입자의 미세 구조 내부에 있는 그래핀 층의 균일성 정도에 있다. 천연 및 합성 흑연은 가장 균일한 편이며, "단단"하거나 무질서한 천연 탄소는 무작위적으로 배열된 그래핀 층의 작은 주머니가 많아 균일하지 않다. 이처럼 흑연은 전압 특성과 용량, 노화 특성이 다르지만 본질적으로 동일한 방식으로 동작한다.

21 [그림 1-10]은 활성 물질과 카본 블랙, PVdF가 90:5:5 비율로 혼합된 전극이다.

22 VESTA로 그린 그림으로, Momma, K and Izumi, F., "VESTA 3 for three-dimensional visualization of crystal, volumetric and morphology data," *Journal of Applied Crystallography*, 44, 1272-1276 (2011)에서 찾아볼 수 있다.

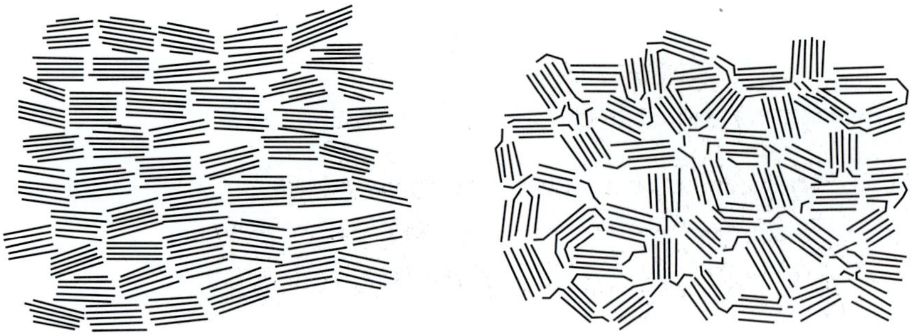
(a) 천연 흑연 (b) 경질 탄소

[그림 1-12] 천연 흑연과 경질 탄소의 미세 구조[23]

흑연에 저장할 수 있는 리튬의 최대량은 탄소 원자 여섯 개당 리튬 원자 한 개이며, 최소량은 0이다. 따라서 흑연 전극의 리튬화 정도에 대해 이야기할 때는 주로 Li_xC_6로 표기하며, x의 범위는 $0 \le x \le 1$이 된다. 원자 수준에서 볼 때 특정한 C_6 위치에는 분명히 리튬 원자가 하나이거나 전혀 없다. 그러나 전체 전극을 고려하면 리튬 원자는 C_6 위치 일부를 차지하며, 일부가 x의 값이 된다. 셀이 충전되면 음극은 고도로 리튬화되어 x의 값이 1에 가까워지며, 반대로 셀이 방전되면 음극의 리튬이 대부분 고갈되어 x의 값이 0에 가까워진다.

흑연 외에도 음극으로 사용하기 위한 대체 물질에 대한 연구가 진행되고 있다. 리튬 티타네이트 산화물lithium titanate oxide, LTO로 알려진 리튬 티타네이트($Li_4Ti_5O_{12}$)는 유해한 부반응 없이 흑연보다 훨씬 빠르게 셀을 충전할 수 있다. 부반응을 억제할 수 있다는 것은 수만 번의 충전 및 방전 주기에 달하는 셀 수명을 제공할 수 있음을 의미하므로 장점이 된다. 그러나 LTO를 사용하면 흑연 음극을 사용하는 동급 셀에 비해 셀 전압이 약 1.4V 감소하므로 에너지 밀도가 낮아진다는 단점이 있다.

실리콘 구조도 흑연의 대체제로 연구되고 있다. 실리콘은 원자 하나당 최대 네 개의 리튬 원자를 저장할 수 있어 흑연보다 에너지 밀도에 대한 잠재력이 훨씬 더 크다. 그러나 리튬이 삽입되면 실리콘 구조의 부피에 매우 큰 변화가 발생해 구조가 빠르게 파괴되고 셀 수명이 짧아진다는 한계가 있어 현 시점에서는 흑연 음극을 대체할 기술은 아직 미지수이다.

1.5.2 양극

리튬 이온 전지의 **양극**positivie electrode에 사용되는 물질은 음극보다 훨씬 다양하다. 1980년 미국의 물리학자인 존 굿이너프John B. Goodenough는 리튬 코발트 산화물(Li_xCoO_2, LCO)이 유효한 삽입intercalation 화합물임을 밝혀냈다.

23 Wakihara, M. "Recent developments in lithium ion batteries," *Materials Science and Engineering* R_{33}, 2001, 109–134의 Fig. 4를, 엘스비어(Elsevier)의 허가를 받아 수정했다.

[그림 1-13]은 LCO의 결정 구조로, 파란색 구체는 코발트 원자를 나타내며, 빨간색 구체는 산소 원자를, 보라색 구체는 리튬 원자를 나타낸다. 구조 내 리튬의 양은 가변적이지만 코발트-산소 구조는 고정되어 있다. 또한 코발트 산화물의 층도 변하지 않고 구조의 리튬화 정도만 변할 수 있다는 사실을 강조하기 위해 연결된 파란색 다면체(팔면체)로 표시되어 있다. 흑연의 그래핀처럼 동작하는 이런 층 때문에 이 물질을 종종 **층상 음극**^layered cathode^이라고 부른다. 흑연과 이 물질의 차이점은 LCO의 리튬 원자가 구조에서 기둥처럼 작용해 코발트 산화물 층을 분리한다는 것이다. 리튬이 너무 많이 제거되면 결정 구조가 무너지고 리튬이 더 이상 층 사이로 들어갈 수 없게 되는데, 이런 붕괴를 방지하기 위해 이론적인 용량의 절반 정도만 사용할 수 있다(Li 의 x 값은 이론적 범위인 0에서 1의 절반 정도만 사용하도록 허용됨).

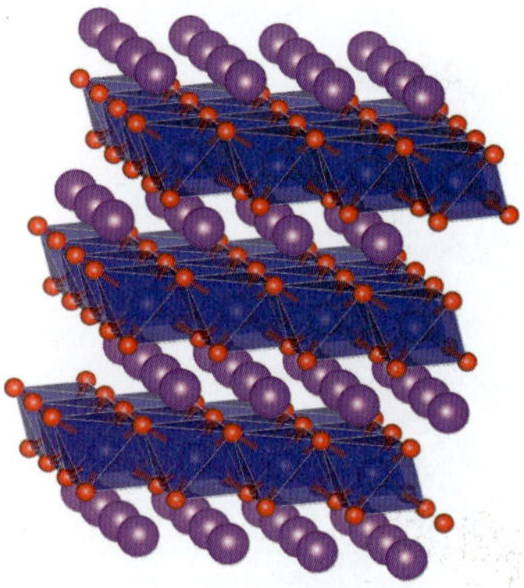

[그림 1-13] 리튬 코발트 산화물(LCO)의 결정 구조[24]

LCO는 일반적으로 휴대용 전자기기의 리튬 이온 전지에 사용되는데, 그리드 저장장치 및 차량과 관련해 응용하기 위해 더 큰 전지로 확장하려고 할 때 몇 가지 문제가 발생한다. 가장 큰 문제는 코발트가 희귀하고 독성이 있으며, 비싸다는 것이다. 코발트를 니켈로 대체하면 에너지 밀도(동일한 용량에서 더 높은 전압)를 높일 수 있지만 전지는 열적으로 매우 불안정해져 불이 붙기 쉬워진다. 알루미늄, 크롬, 망가니즈도 코발트를 대체할 수 있지만 코발트를 사용할 때와 다소 다른 특성이 나타난다. 예를 들어 리튬 니켈 망가니즈 코발트 산화물(NMC) 전극은 니켈, 망가니즈, 코발트의 혼합물로, 층상 구조를 유지하면서 세 금속의 특성을 모두 가지고 있다. 리튬 니켈 코발트 알루미늄 산화물(NCA) 전극은 니켈, 코발트, 알루미늄이 혼합된 전극이다.

1983년 굿이너프와 태커리^Michael M. Thackeray^는 대체 삽입 화합물로 [그림 1-14]와 같은 리튬 망가니즈 산화물($Li_xMn_2O_4$, LMO)을 제안했다. 망가니즈는 파란색 구체로 나타내며, 산소는 빨간색 구체로, 리튬은 보라색 구체로 나타낸다.

24 VESTA로 그린 그림으로, Momma, K. and Izumi, F., "VESTA 3 for three-dimensional visualization of crystal, volumetric and morphology data," *Journal of Applied Crystallography*, 44, 1272-1276 (2011)에서 찾아볼 수 있다.

산화망가니즈는 큐빅 스피넬cubic spinel 구조로 알려진 패턴으로, 팔면체 결정을 형성한다. 이는 2차원에서 투영해 보기에 매우 복잡하고 어렵다. 이 구조의 흥미로운 특징은 각 측면에 터널이 있어 리튬이 앞에서 뒤로, 왼쪽에서 오른쪽으로, 그리고 위에서 아래로 이동할 수 있다는 것이다.[25] 이런 자유도 덕분에 리튬이 구조 내에서 쉽게 이동해 전지의 저항을 줄일 수 있다.

$Li_xMn_2O_4$의 x 값은 일반적으로 0에서 1 사이이지만 2까지 올라갈 수도 있다. 다만 LMO의 구조가 높은 리튬 함량을 가진 산성 조건에서 불안정해지기 때문에, 즉 망가니즈가 산의 공격으로 전해질에 용해되면서 결정 구조가 붕괴되기 때문에 1보다 큰 x 값은 일반적으로 피해야 한다. 이를 막기 위해 전해질에 첨가제를 더해 중성화할 수 있지만 이는 "영업 비밀"로 여겨진다. 단, 이런 심각한 한계가 있음에도 불구하고 LMO는 LCO보다 저렴하고 안전하며, 에너지 저장 밀도가 비슷해 흔히 사용된다.

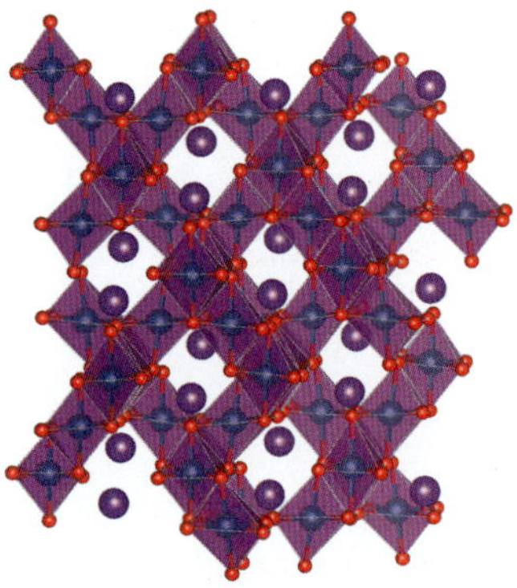

[그림 1-14] 리튬 망가니즈 산화물(LMO)의 결정 구조[26]

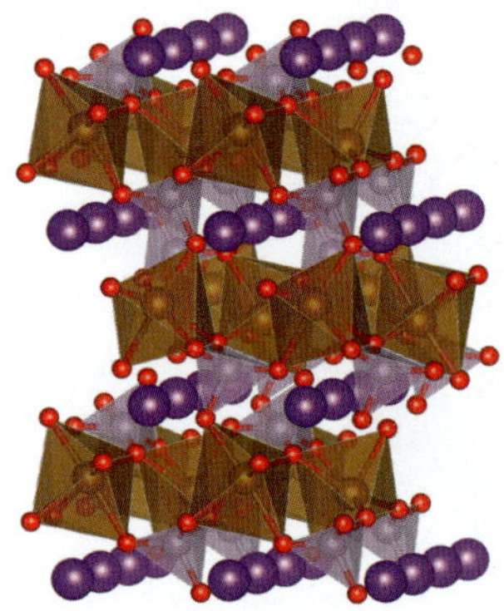

[그림 1-15] 리튬 인산철(LFP)의 결정 구조[27]

1997년에는 굿이너프가 감람석(올리빈olivine) 계열 인산염을 양극 물질의 세 번째 주요 카테고리로 제안했다. 이 계열에서 가장 일반적인 것이 리튬 인산철(Li_xFePO_4, LFP)이다. [그림 1-15]에서 철은 갈색 구체, 인은 회색 구체로 나타내며, 산소는 빨간색 구체로, 리튬은 보라색 구체로 나타낸다. 이 전체 결정 구조 내에서 FeO_6는 갈색 팔면체를, PO_4는 회색 사면체를 형성한다.

리튬은 1차원 선형 터널에서만 자유롭게 움직일 수 있으므로 저항이 매우 높다. 이런 높은 저항을 보완하기 위해 일반적으로 전극 입자의 크기를 매우 작게 선택해 확산 길이, 즉 저항을 최소화한다. LFP는 비용이 저렴하고 독성이 적으며, 매우 안정적인 전압 프로파일로 인해 인기가 있지만 다른 일반적인 양극 물질에 비해 셀 전압이 약 0.5 V 정도 낮아 에너지 밀도도 낮다. 또한 질량별 리튬양도 낮아 비에너지를 적게 얻게 된다.

---

25 이런 이유로 이 물질은 "3차원" 또는 3D 구조를 갖는다고 한다. [그림 1-13]을 통해 LCO가 2차원 구조임을, [그림 1-15]를 통해 LFP가 1차원 구조임을 알 수 있다.

26 VESTA로 그린 그림으로, Momma, K. and Izumi, F., "VESTA 3 for three-dimensional visualization of crystal, volumetric and morphology data," *Journal of Applied Crystallography*, 44, 1272-1276 (2011)에서 찾아볼 수 있다.

27 VESTA로 그린 그림으로, Momma, K. and Izumi, F., "VESTA 3 for three-dimensional visualization of crystal, volumetric and morphology data," *Journal of Applied Crystallography*, 44, 1272-1276 (2011)에서 찾아볼 수 있다.

음극과 마찬가지로 양극으로 사용하기 위한 대체 물질이 연구되고 있다. 이들 중 대부분의 물질에는 바나듐이 도핑되어 있어 더 높은 셀 전압을 생성하는 경향이 있다. 그러나 현재로서는 리튬 이온 전도체로 제대로 동작하면서도 더 높은 전압에서 분해되지 않는 전해질을 개발하는 것을 목표로 한다.

1.5.3 전해질 : 염과 용매

전해질은 전극 사이에 이온을 전도하는 매질로, 용매에 용해된 염, 산 또는 염기로 구성된다. 리튬 이온 전지의 전해질은 리튬이 물과 격렬하게 반응하기 때문에 비수성 유기 용매와 리튬 염으로 구성되며, 화학 반응에 참여하지 않고 순수하게 이온 전도 매체로만 작용한다. 가장 일반적으로 사용되는 염은 리튬 헥사플루오로인산염(LiPF)으로, 용매에서 Li^+ 및 PF_6^-로 분리된다. 이 외에도 $LiBF_4$와 $LiClO_4$가 사용된다.

일반적인 용매로는 에틸렌 카보네이트(EC), 프로필렌 카보네이트(PC), 디메틸 카보네이트(DMC), 에틸 메틸 카보네이트(EMC), 그리고 디에틸 카보네이트(DEC)가 있으며, 이들 각각의 화학 구조는 [표 1-3]에 나와 있다. 이 용매들의 특징은 분자 상단에 약간의 음전하를 띤, 이중 결합된 산소가 있다는 점이다. 이를 보완하기 위해 분자의 나머지 부분은 약간의 양전하를 띠고 있는데, 이런 분극은 용액에서 소금을 이온화하고 이온 전류를 전도하는 데 도움이 된다.

용매는 셀의 화학 공정에 관여하지 않으므로 일반적으로 모델에서 고려하지 않는다. 용매마다 노화, 저온 성능 등과 관련해 서로 다른 특성을 가지기 때문에 용매를 선택하는 것이 중요하지만 모델의 직접적인 고려 대상은 되지 않는다. 따라서 용매도 전해질에 포함되어 있음에도 불구하고 염을 전해질과 같은 것으로 이야기하는 경우가 많다.

[표 1-3] 리튬 이온 전지의 흔한 용매 배합

EC	PC	DMC	EMC	DEC
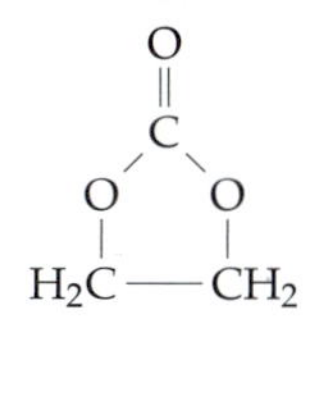	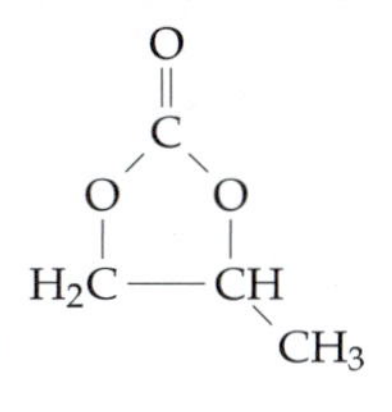	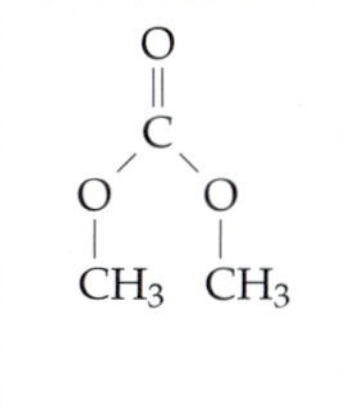	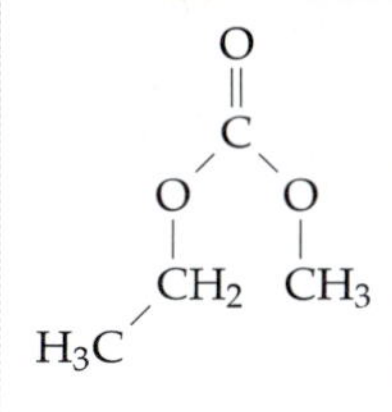	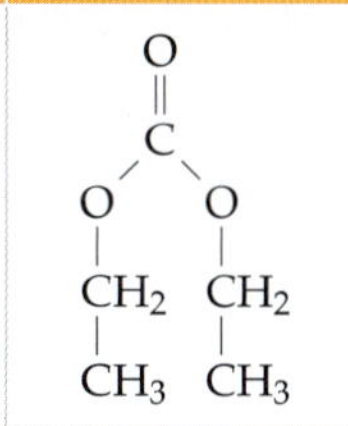

1.5.4 분리막

리튬 이온 전지의 **분리막**separator은 리튬 이온이 방해받지 않고 통과할 수 있는 홀hole을 가지는 투과성 막으로, 음극과 양극 입자가 (접촉할 경우 전지가 단락될 수 있는) 홀에 접촉하지 않을 정도로 작다. 전자 절연체 역할도 하는 분리막의 SEM 이미지는 [그림 1-16]과 같다.

활성 물질 입자와 비교해 분리막의 홀의 상대적인 크기를 파악하기 위한, 일반적인 분리막 물질 위에 있는 리튬 망가니즈 산화물 입자의 원자힘 현미경(AFM) 이미지는 [그림 1-17]과 같다. 이 특정 유형의 분리막의 섬유질 특성은 명확한데, 기공이 섬유 사이의 가장 뚜렷한 함몰 부위보다 작다. 분리막 물질의 입자 크기와 기공의 크기 사이의 막대한 스케일 차이도 매우 분명하다. 분리막의 두께는 일반적으로 20 μm 정도이고 기공의 크기는 50 Å 정도이며, 특정 입자의 직경은 약 5 μm 이다.

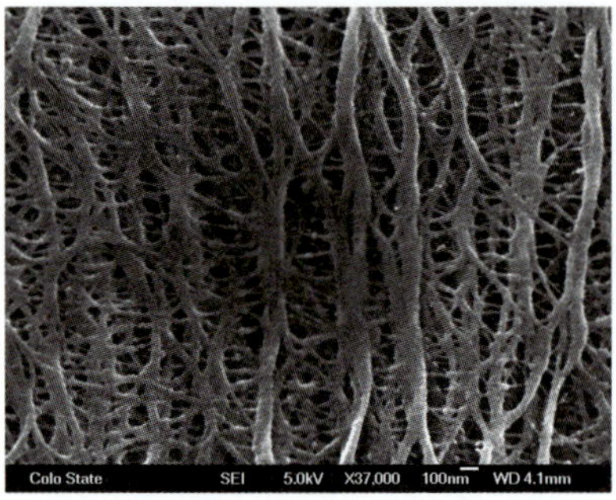

[그림 1-16] 분리막 재료의 SEM 이미지
(제공 : 콜로라도 주립대)

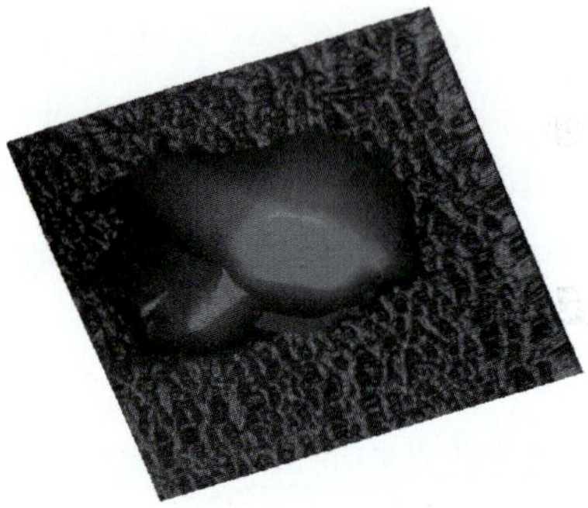

[그림 1-17] 분리막 재료 위에 있는 리튬 망가니즈 산화물 입자
(제공 : 한상우)

SECTION 1.6 제조

리튬 이온 셀이 어떻게 제조되는지 알면 리튬 이온 셀의 동작 원리를 이해하는 데 도움이 된다. 모든 종류의 리튬 이온 셀은 기본 요소는 동일하지만 형태에 따라 약간의 차이가 있다.

- **원통형**cylindrical **셀** : 원통 형태의 셀로, 금속 캔으로 둘러싸여 있다.
- **각형**prismatic **셀** : 각 형태의 셀로, 금속 캔으로 둘러싸여 있다.
- **파우치형**pouch **셀** : 평평한 형태의 셀로, 부드러운 파우치에 둘러싸여 있다.

[그림 1-18]은 리튬 이온 셀의 몇 가지 예시를 나타낸 것이다. 각각의 셀은 모두 하나 이상의 음극 및 양극, 분리막 및 전해질을 포함하며, 이때 음극 및 양극은 셀 내부에 전기적으로 연결되어 단일 음극과 양극을 형성한다. 역사적으로 가장 흔히 사용된 셀은 원통형 셀이지만 식사각형 형태일수록 쌓는 것이 쉬워 대용량 배터리 팩의 부피를 최적화하기 위해 각형 및 파우치형 셀이 대용량 배터리 응용 분야에서 많이 사용되고 있다.

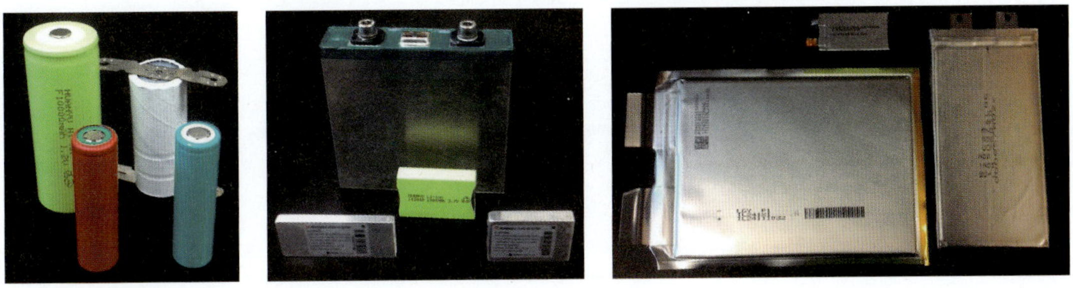

(a) 원통형　　(b) 각형　　(c) 파우치형

[그림 1-18] 다양한 형태의 리튬 이온 셀

1.6.1 전극 코팅

리튬 이온 셀의 음극과 양극은 형태가 유사하며, 비슷하거나 동일한 장비에서 유사한 공정으로 제작된다. 전극 활성 물질은 [그림 1-19]에 나타낸 것과 같이 집전체 역할을 수행하는 (두께가 20 μm 정도인) 얇은 금속 포일 양면에 코팅되어 전류를 셀 안팎으로 전도한다.

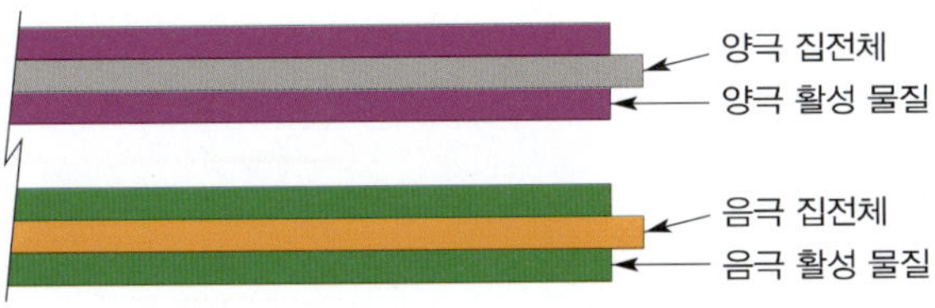

[그림 1-19] 금속 포일 집전체의 양면을 코팅한 전극 활성 물질

음극 및 양극 활성 물질은 모두 검은 분말 형태로 공장에 납품되는데,[28] 숙련되지 않은 사람의 눈으로는 이 물질을 거의 구별할 수 없다. 음극과 양극 물질이 서로 접촉하면 오염되어 셀을 망칠 수 있다. 따라서 물질이 셀에 들어온 뒤에는 서로 접촉하지 않도록 주의해야 하며, 일반적으로 서로 다른 공간에서 처리된다. 금속 전극 포일은 일반적으로 폭이 약 0.5 m인 대형 릴reel로 공급되며, 음극 집전체에는 구리가, 양극 집전체에는 알루미늄이 사용된다. 이 릴은 코팅 기계에 직접 장착되어 포일이 정밀 롤러를 통해 기계로 공급될 때 풀린다.

전극 활성 물질은 전도성 바인더 및 용매와 혼합되어 포일 표면에 퍼지는 슬러리slurry를 형성한다. 포일을 자르는 나이프 엣지knife edge는 포일 바로 위에 위치하며, 나이프 엣지와 포일 사이의 간격을 조정해 전극 코팅의 두께가 제어된다(일반적으로 물질의 체적 에너지 밀도가 다르므로 두 전극의 두께는 일반적으로 다르다). 양면을 코팅한 뒤 포일을 긴 건조 오븐에 바로 투입해 슬러리에서 용매를 증발시키고 전극 물질을 포일 위에 구운 뒤 코팅된 포일이 오븐에서 나오면 다시 릴링한다. 지금까지 설명한 공정은 [그림 1-20]과 같은 전극 코팅 기계를 통해 수행된다.

28 이 책에서 음극 및 양극 활성 물질을 나타낼 때 사용된 녹색과 보라색은 설명 목적으로만 사용된다. 주황색과 회색은 각각 구리 및 알루미늄 집전체를 재현하는 데 사용된다.

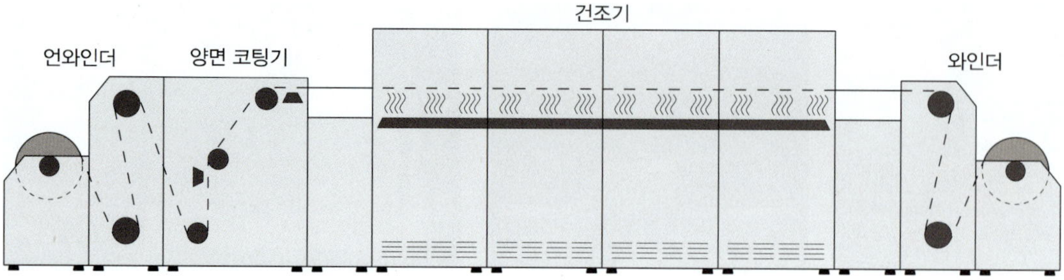

[그림 1-20] 전극 코팅기계

코팅된 포일은 캘린더링calendaring 및 슬리팅slitting 기계로 공급된다. 캘린더링은 전극 활성 물질을 압축해 입자 사이의 공간을 조밀하게 하고 다공성을 제거하기 위한 작업이고 슬리팅은 포일을 원하는 폭의 좁은 스트립으로 자른 뒤 길이에 맞게 절단하는 작업이다. 이때 포일 스트립 가장자리에 버burrs(돌출 또는 부스러기)가 있다면 셀에 내부 단락을 일으킬 수 있으므로 슬리팅 기계는 매우 정밀하게 제조되고 유지되어야 한다. 캘린더링과 슬리팅 작업은 [그림 1-21]과 같은 기계를 통해 수행된다.

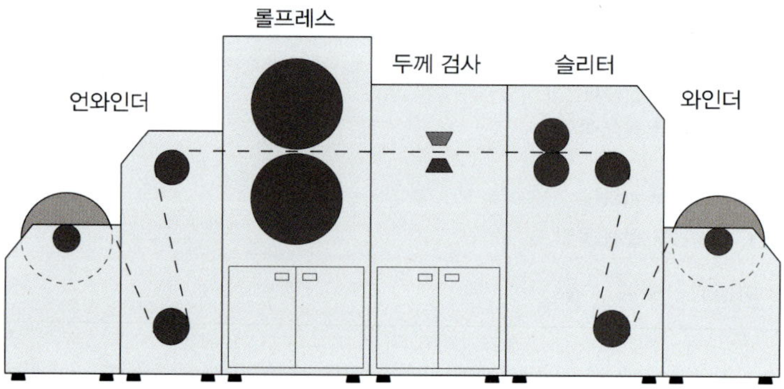

[그림 1-21] 캘린더링 및 슬리팅 기계

1.6.2 셀 어셈블리

이제 전극을 셀에 조립할 준비가 되었다. 원통형 셀은 음극 및 양극 포일을 두 개의 긴 스트립으로 절단해 두 포일 사이의 거리를 띄워두는 분리막과 함께 원통형 맨드릴mandrel에 감겨 젤리 롤jelly roll이라고 하는 구조를 형성한다. [그림 1-22]는 원통형 셀의 내부 단면cutaway 다이어그램으로, 여기에서 맨드릴은 양극 집전체에 직접 부착되어 셀의 양극 단자가 되며, 음극 집전체는 셀의 음극 단자에 부착된다.

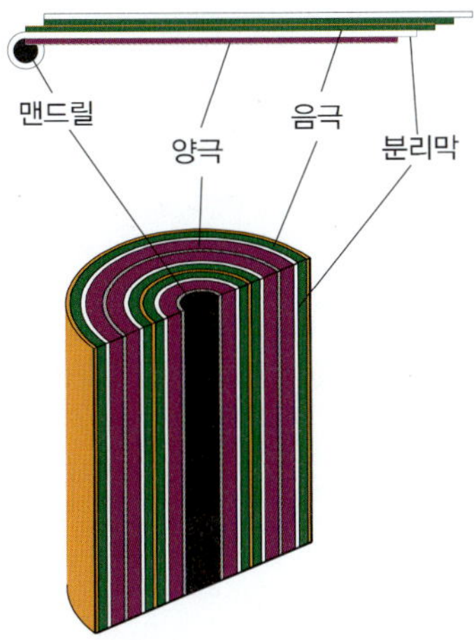

[그림 1-22] 원통형 셀 구성

각형 셀도 원통형 셀과 비슷하게 구성되지만 [그림 1-23]과 같이 전극 코팅된 집전체 포일을 원통형이 아닌 평평한 맨드릴에 감는다는 점에서 차이가 있다. 평평한 맨드릴은 젤리 롤 구조를 원통형보다 더 각진 형태로 만드는데, 캔에 삽입되면 외관의 형태가 각기둥 모양이 된다.

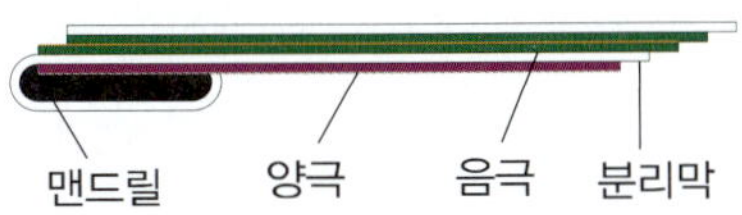

[그림 1-23] 각형 셀 구성

다음으로 전극 구조에 단자와 내부 전자 안전장치를 연결한 뒤 이 하위 어셈블리[subassembly]를 금속 캔에 삽입한다. 그런 다음 레이저 용접 또는 초음파 가열을 통해 작은 구멍을 남기고 캔을 밀봉한 다음 전해질을 주입하고 이 구멍을 봉한다. 전해질은 물과 반응하므로 전해질을 추가하는 작업은 건조한 공간[dry room]에서 수행해야 한다. 예를 들어 가장 일반적으로 사용되는 전해질 염 중 하나인 리튬 헥사플루오로인산염($LiPF_6$)은 물과 반응해 독성이 있는 불산(HF)을 형성하는데, 불산은 양극 활성 물질을 공격해 조기 셀 고장을 일으킬 수 있다. 마지막으로 셀에 일련번호를 라벨을 통해 붙이거나 케이스에 직접 배치 또는 인쇄해 부여한다. 최종 조립은 [그림 1-24]와 같은 기계를 통해 수행된다.

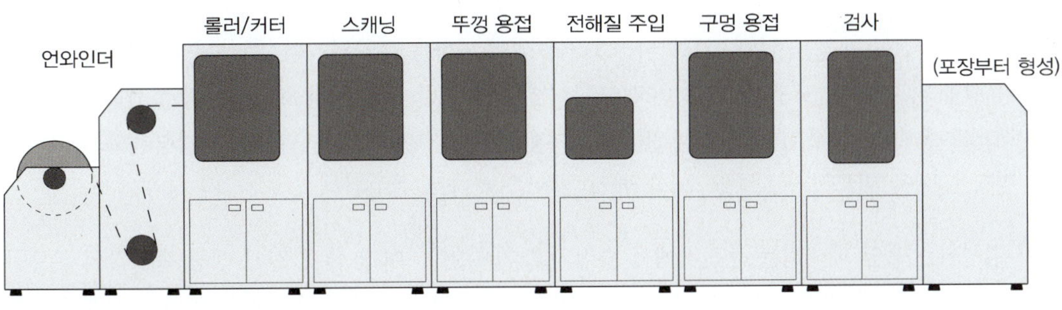

[그림 1-24] 셀 구성 기계

파우치형 셀을 만드는 방법은 앞선 작업과 다소 다른데, 맨드릴에 긴 전극 스트립을 감는 대신 전극 코팅 포일 릴에서 전극판을 스탬핑stamping 한다. [그림 1-25]는 이런 작업 과정을 나타낸 것으로, 음극판과 양극판이 교대로 쌓여 있으며, 분리막이 두 판 사이에 위치한다. 모든 음극 탭은 셀의 음극 단자에 병렬로 용접되며, 양극 탭은 셀의 양극 단자에 병렬로 용접된다.

[그림 1-25] 파우치형 셀의 적층 구조

1.6.3 형성(포메이션)

리튬 이온 셀은 완전히 방전된 상태, 즉 모든 리튬이 양극에 있을 때 제조된다. 따라서 셀 조립(어셈블리)가 완료되면 셀은 작업 재료를 사용할 수 있는 형태로 변환해 활성화하기 위해 정밀히 제어된 충전 주기를 적어도 한 번 이상 거쳐야 한다. 이 첫 번째 충전은 낮은 전압에서 시작해 셀이 완전히 충전될 때까지 서서히 축적되는데, 이를 **형성(포메이션) 과정**formation process이라고 한다.

대부분의 리튬 이온 셀에 사용되는 **유기 용매**organic solvent는 자연적으로 흑연 음극과 격렬하게 반응하는 경향이 있다. 이는 "다른 요소에 의해 중단deal breker"된 것으로 보일 수 있지만 실제로는 자체적으로 제한되는 것으로 밝혀졌다. 이 과정은 알루미늄이 공기 중에 노출되었을 때 일어나는 일과 비교할 수 있다. 알루미늄은 산소와 빠르게 반응해 표면에 알루미늄 산화막을 형성하며, 이렇게 형성된 알루미늄 산화물은 산소가 알루미늄 금속에 도달하는 것을 방지해 추가 반응을 억제한다. 리튬 이온 셀에서는 용매와 흑연 음극이 반응하면 흑연 표면에 **전극-전해질 계면**solid electrolyte interphase, SEI층으로 알려진 부동태 피막passivating film이 생성되는데, 이 층은 절연성이 있으면서도 리튬이 전극 입자에서 쉽게 삽입 및 배출될 수 있도록 충분한 이온 전도성을 제공한다. 이 SEI층은 용매가 산화막 아래의 흑연에 도달하는 것을 억제해 흑연이 더 이상 반응하지 않도록 보호한다.

SEI는 셀의 안전한 동작을 위해 필요하다. 그러나 셀의 저항을 증가시키며, 형성될 때 리튬을 소모해 셀의 용량을 감소시키기도 한다. 다행히도 SEI는 첫 번째 충전 주기 동안 SEI 필름이 형성되면 상당히 안정적으로 유지되며, 셀이 사용될 때만 천천히 성장하는 경향이 있다. 단, 이런 경향에도 불구하고 SEI 성장은 셀을 마모시키는 주요 노화 메커니즘 중 하나로 간주된다.

셀이 형성되는 동안 데이터는 충전기에서 수집되고 기록된다. 여러 셀에 걸친 성능 측정값의 분포를 통해 제조 공정이 잘 관리되고 있는지를 알 수 있다. 이는 이 공정의 주된 목적은 아니지만 제조 결함으로 인한 초기 셀 고장의 상당 부분이 고객의 제품이 아닌 제조업체의 공장에서 발생하게 한다.

제조 공정 전반에 걸쳐 엄격한 허용 오차 및 공정 제어는 필수적이다. 전극의 오염이나 물리적 손상, 버[burr]는 분리막을 관통해 셀의 내부 단락을 일으킬 수 있으므로 특히 위험하다. 단, 이를 방지하거나 제어할 수 있는 직접적인 방법은 없다. 오염을 방지하고 싶다면 청결이 필수적이며, 셀은 일반적으로 에어 샤워를 통해 조립 시설에 대한 접근이 통제된 청결한 조건에서 제조되어야 한다.

SECTION 1.7 고장 모드

이 책은 이상적인 셀의 동작에 초점을 맞추고 있으며, 배터리 제어를 궁극적인 목표로 한다. 최적의 배터리 제어를 위해서는 잠재적인 셀의 고장 모드에 대한 이해가 필요하다. 배터리 고장은 셀 설계 결함과 제대로 제어되지 않은 제조 공정 및 동작 노후화, 남용 등으로 인해 발생한다. 이런 원인들 중 제조 공정과 노후화는 설계 및 제조 단계에서 발생하므로 발견했을 때 대처하기에는 너무 늦어 배터리 제어를 위해 할 수 있는 것이 많지 않다. 그러나 다른 원인들은 몇 가지 대응책이 있는데, 이 절에서는 제조 후 셀 고장과 관련된 몇 가지 질적 측면을 간략하게 살펴볼 것이다.

1.7.1 정상 노화

셀 성능은 원치 않는 화학적 부작용과 활성 화학 물질의 물리적 변화로 시간이 지날수록 자연적으로 저하된다. 노화는 일반적으로 되돌릴 수 있는 요소가 아니며, 셀 고장을 초래한다. 모든 화학 물질이 이런 메커니즘에 취약한 것은 아님을 기억하면서 노화의 몇 가지 원인을 살펴보자.

부식

부식[corrosion]은 환경과의 화학적 상호 작용으로 인한 열화를 의미한다. 이는 셀 내부에서 발생할 수 있는 여러 바람직하지 않은 부반응을 포괄하는 용어로, 용매와 집전체 간의 반응, 용매와 전극 활성 및 비활성 물질 간의 반응 등이 있다. 때로는 이런 반응의 생성 자체가 다른 셀 구성 요소를 부식시킬 수 있다.

흑연 음극을 가진 리튬 이온 전지는 부동태화(**패시베이션**[passivation])라고 하는 특정 종류의 부식이 발생하기 쉽다. 전해질의 용매는 대부분의 리튬 이온 셀에서 볼 수 있는 높은 전압에서 화학적으로 안정적이지 않으며, 흑연 입자와 반응한다. 이렇게 하면 입자 표면에 반응 생성물의 부동태화층이 형성되는데, 이를 **전극-전해질 계면**[solid electrolyte interphase] 또는 **SEI 피막**이라고 한다. 이 피막은 추가 반응으로부터 흑연을 보호해 부동태화 과정을 크게 늦추지만 SEI는 셀의 수명 내내 느린 속도로 계속 증가한다.

가스 누출

일부 화학 물질은 충전 시 자연적으로 기체 생산물을 생성하며, 방전 시 수성aqueous 상태로 되돌아가는 것이 이상적이다. 그러나 셀 울타리enclosure에 구멍이 생겨 **가스가 누출**되면 용량이 손실된다. 이때 납축 전지가 과충전 시 산소와 수소를 방출하는 것처럼 일부 셀에서 방출되는 가스는 폭발성이 있어 위험하다. 밀폐된 셀에서는 가스가 빠져나갈 수 있는 배출구가 없다면 압력이 축적되었을 때 셀이 파열되거나 폭발할 수 있다.

결정화

화학 산화-환원 전지는 **결정화**crystal formation에 취약하다. 방전 중에 전극에서 물질이 제거되면 셀이 재충전될 때 같은 위치로 돌아가지 않고 전극 표면에 결정 구조가 형성된다. 이렇게 결정이 커지면 전극의 유효 표면적이 감소하며, 저항을 증가시켜 높은 전력(고전력) 전달 능력이 감소한다.

전극 표면에 금속 수상 **덴드라이트**dendrite가 형성되는 것은 결정이 커지는, 즉 성장하는 구체적인 예이다. 이런 나뭇가지 모양의 결정 구조는 분리막을 통해 성장해 셀의 자체 방전율을 높이거나 단락을 일으킬 수 있다. 예를 들어 리튬 이온 셀은 저온 동작이나 충전 중 과전류로 인해 음극 입자에 리튬 금속이 침착되면 리튬 덴드라이트가 성장할 수 있다.

삽입 기반 전극의 충전 및 방전

삽입 기반 전극을 충전 및 방전하면 부피 변화가 발생해 전극을 압박하고 활성 물질에 균열을 일으킬 수 있다. 일부 리튬 이온 양극 물질은 전극이 리튬을 삽입하거나 배출하는 것을 방해하며, 바인더 물질과 전도성 첨가제의 변형으로 입자 간의 접촉이 손실되어 저항이 증가한다.

이런 원인들로 인해 노화가 발생하면 다음과 같은 바람직하지 않은 결과가 하나 이상 일어날 수 있다.

- **내부 임피던스**internal impedance **증가** : 셀의 저항은 노화에 따라 증가하는 경향이 있다. 이는 셀이 전달할 수 있는 전력을 제한해 전력을 저하power fade시킨다.
- **용량 감소**capacity fade : 셀의 용량은 노화에 따라 감소하는 경향이 있다. 일부 화학 물질에서는 셀을 한 번 이상 심방전deep discharge시킴으로써 셀을 재생시켜reconditioning 일부 용량을 회복할 수 있지만 이런 방법은 잘 사용되지 않는다. 이렇게 시간이 지날수록 용량이 감소하는 것을 용량 감소라고 한다.
- **자가 방전**self-discharge **증가** : 셀이 노화되면 자가 방전율도 증가하는 경향이 있다. 이런 셀의 노화는 분리막에 압력을 가하는 전극 부종swelling 및 분리막을 관통하는 수지상 성장dendritic growth 또는 분리막을 녹이고 얇게 만드는 국소 과열local overheating로 인해 발생한다.

노화 과정은 일반적으로 온도가 높아질수록 가속화된다. 따라서 셀의 수명을 연장하는 가장 좋은 방법은 셀의 온도를 허용 가능한 범위로 유지하는 것이다.[29]

29 리튬 이온 화학에 대한 통상적인 좋은 규칙은 사용자가 특정 온도를 안정적이라고 느낀다면 셀도 해당 온도에서 "안정됨"을 느낀다는 것이다. 너무 뜨겁거나 차가우면 셀도 너무 뜨겁거나 차가울 수 있다.

1.7.2 통제되지 않은 운영 조건 및 남용

좋은 배터리 셀도 사용 또는 남용 방식에 따라 고장이 날 수 있다. 부적절한 충전 프로파일을 사용하거나 과충전할 때, 높은 주변 온도 또는 보관 온도에 노출될 때 등이 셀에 "나쁜 영향"을 미친다. 셀이 떨어지거나 짓눌릴 때, 구멍이 뚫리거나 충격을 받았을 때, 액체에 담그거나 얼리는 등의 물리적인 남용을 하거나 사고가 일어나 자동차 배터리에 화재가 발생하면 셀이 고장이 나기도 한다. 일반적으로 셀이 이런 모든 시련을 견딜 필요는 없지만 이런 상황에서 위험이나 안전 문제를 키워서는 안 된다.

셀의 완전한 고장과 관련해 몇 가지의 문제 상황이 있다. 그러나 어떤 상태가 발생할지 예측하는 것은 거의 불가능하며, 상황에 따라 크게 달라진다.

- **개방회로 오류**open-circuit failure : 셀에 대한 안전 모드이지만 셀의 응용 분야에는 적용되지 않을 수도 있다. 또한 전류 흐름이 차단되고 셀이 절연(격리)되면 셀의 추가적인 손상을 막을 수 있지만 사용자에게 적합한 방법은 아닐 수 있다. 직렬 연결된 다중 셀 배터리의 한 셀이 개방회로에서 고장 나면 배터리 전체가 동작하지 않게 된다.
- **단락 고장**short-circuit failure : 직렬 연결된 배터리의 한 셀에 대해 단락이 일어나 고장이 나면 나머지 셀에도 약간의 과부하가 걸릴 수 있다. 그러나 이 상황에서도 배터리는 계속해서 부하에 전원을 공급하는데, 이는 긴급한 상황에서 문제가 될 수 있다. 단락은 셀 외부 또는 내부에서 발생할 수 있는데, **배터리 관리 시스템**Battery Management System, BMS은 외부 단락 상황에서는 셀을 분리할 수 있어도 내부 단락 상황에서는 할 수 있는 일이 많지 않다. 그러나 BMS와 팩 설계는 단일 셀의 고장이 다른 셀로 확산되는 것을 방지할 수 있어야 하며, 신중한 퓨징fusing, 접촉기 제어 및 환기 등의 예방 조치가 필요하다.

셀 내부에서 발생하는 고장 상황에 대해서도 살펴보자.

- **하드 단락**hard short circuit : 전극이 단단하게 연결되면 매우 높은 전류가 흐르고 완전히 방전되어 셀이 영구적으로 손상될 수 있다. 셀 전압은 0 V로 떨어지고 셀이 전체 회로에서 저항 역할을 효과적으로 수행한다.
- **소프트 단락**soft short circuit : 전극 사이의 국부적인 작은 접촉으로 인해 발생한다. 높은 전류 흐름으로 접촉된 작은 영역이 녹아 국부적인 퓨즈 역할을 해 단락 전류를 차단하므로 자체적으로 수정(조정)될 수 있다. 소프트 단락이 있는 셀은 여전히 동작하기는 하지만 자가 방전율이 높다.
- **폭발 또는 화재**explosion and/or fire : 화학 반응 속도는 온도가 10℃ 상승할 때마다 두 배로 증가하는 경향이 있다. 이런 반응에 의해 생성된 열은 생성되는 즉시 제거할 수 없으므로 온도가 더 상승하며, 자생적이고 제어할 수 없는 피드백인 열폭주thermal runaway가 발생해 파괴적인 결과(화재나 폭발)를 초래할 수 있다. 이는 어떤 대가를 치르더라도 피해야 하므로 배터리 팩에 보호 회로 또는 장치를 포함해야 한다.

SECTION 1.8 결론 및 향후 방향

이 장에서는 전기화학 전지, 특히 리튬 이온 전지가 화학 수준에서 동작하는 방식과 관련된 기본적인 배경 주제에 대해 배웠다.[30] 이제 전지가 전기적으로 어떻게 동작하는지 살펴보고 입력 전류에 대한 전지(셀)의 전압 반응을 예측할 수 있는 수학적 모델을 만들 준비가 되었다.

앞으로 살펴볼 첫 번째 모델은 전기회로 소자를 셀의 관찰된 동작에 대한 유사체로 사용하는 현상학적 관점에서 설계되었다. 두 번째 모델은 내부 전기화학에 대한 정교한 분석을 사용해 셀 내부를 "들여다보고" 내부 및 외부 동작을 모두 예측할 수 있다.

두 모델 모두 유용하지만 전기화학 모델은 회로 모델보다 더 많은 물리적 통찰력을 제공한다. 또한 고급 배터리 제어 방법에서 셀이 제공하는 성능과 이 과정에서 셀이 경험하는 내적 성능 저하 사이의 최적의 절충점을 도출하는 데 사용할 수 있다. 그러나 전기화학 모델은 계산적인 측면에서 매우 복잡한 면이 있다. 이런 한계를 극복하기 위해 전기화학 모델 예측에 매우 근접하지만 회로 모델과 유사한 계산 복잡성을 갖는 축소 차수 물리 기반 셀 모델을 배울 것이다.

셀에서 열은 어떻게 생성되고 가라앉는가? 시간이 지날수록 셀의 온도는 어떻게 변화하는가? 이 책의 마지막 장에서는 열적 측면을 살펴보고 이 질문에 대한 답을 생각해볼 것이다. 이 책을 다 읽고 나면 높은 정확도를 바탕으로 배터리 셀 동작을 모델링하는 방법에 대해 확실히 이해할 수 있을 것이다.

---

30 일반적인 모든 화학 분야에 대해 설명하는 것은 이 책의 의도가 아니다. 다만 2장에서 배울 현상학적 모델은 대부분의 화학 분야에 쉽게 적용할 수 있다. 마찬가지로 3장의 마이크로스케일 모델은 삽입 전극이 없는 셀을 모델링할 때 삽입 화합물을 설명하는 방정식이 필요하지 않다는 점을 이해하면 가능하다. 4장의 연속체 스케일 모델과 7장의 열 모델은 NiMH를 포함한 모든 다공성 전극 유형 셀에 적용할 수 있으며, 모델 차수의 복잡성을 줄이기 위해 5장과 6장에서 다룰 방법은 다른 유사한 화학 방정식 세트에도 사용할 수 있다. 부록에서는 이 책의 방법을 사용해 슈퍼커패시터의 동작을 모델링하는 방법을 살펴볼 수 있다. 앞으로 배울 요소들이 많은 분야에서 적용할 수 있다는 점 정도만 알아두자.

CHAPTER 02

등가회로 모델

Equivalent-Circuit Models

들어가기 전에

이 책에서는 근본적인 차이가 있는 두 종류의 셀 모델을 연구한다. 첫 번째 모델은 3장에서 살펴볼 물리 기반 모델로, 셀의 동작을 지배하는 기본 물리학을 이해하고 내부에서 외부로 셀의 역학 모델을 구축한다. 이 장에서 다룰 두 번째 모델은 셀의 동작 모델링 접근 방식에 대해 살펴보는 모델로, 첫 번째 모델보다 더 간단하다. 이 모델은 전기회로 아날로그를 사용해 셀의 전압이 다양한 입력 전류 자극에 반응하는 방식에 대한 **동작**behavioral 또는 **현상학적**phenomenological 근사치를 세분화한다. 즉 일반적인 전자 소자에 대한 지식을 활용해 관찰된 배터리 셀의 동작과 거의 일치하는 동작을 갖는 회로를 정의하므로 회로를 설명하는 방정식은 셀의 관찰된 동작과도 밀접하게 일치한다.

등가회로 모델equivalent-circuit models이라고 하는 이 모델의 회로 요소는 셀의 구조를 설명하기 위한 것이 아니다. 따라서 셀을 분석하기 위해 열었을 때는 전압원, 저항, 커패시터 등을 찾는 것을 기대해서는 안 된다. 회로는 셀의 동작을 설명하는 역할을 하며, 다양한 회로 요소는 내부 프로세스의 일부에 대한 아날로그 역할을 수행한다. 회로 소자의 동작 방식과 관련된 다양한 지식을 통해 회로 모델은 셀이 다양한 사용 시나리오에 어떻게 반응하는지에 대한 더 나은 "감각"을 제공한다.

현재 대형 배터리 팩에 활용되는 대부분의 배터리 관리 시스템은 셀의 적절한 동작 경계를 유지하고 내부 셀 상태를 추정하기 위한 기초로 등가회로 셀 모델을 일부 사용한다. 단순하면서도 견고해 주로 사용되는 등가회로 셀 모델은 물리 기반 모델의 모든 기능을 갖추고 있지는 않더라도 대부분의 응용 분야에 활용하기 좋다. 이 장에서는 이러한 등가회로 모델에 대해 배운다.

SECTION 2.1 개방회로 전압

이 장에서는 회로 모델에서 관찰된 주요 동작에 대한 설명부터 시작해 요소별로 회로 모델을 구축하는 접근 방식을 취한다. 따라서 회로 모델에 의한 예측과 실제로 관찰된 셀 동작 간의 차이는 **모델링 오류** modeling error라고 간주된다. 모델링 오류는 "충분히 양호하다"라고 인정될 만큼 작은 수준의 오류만 남을 때까지 분석되며, 회로 요소를 제안하고 활용해 모델을 개선한다.

먼저 배터리 셀에서 가장 기본적으로 관찰되는 동작인 셀의 단자에 전압을 전달하는 동작부터 살펴보자. 셀의 단자에 전압계를 가져다 대면 값이 기록되며, 이렇게 구축된 첫 모델은 이상적인 전압원으로서의 셀을 나타낸다. [그림 2-1]은 이 모델의 회로도로, 셀 단자 전압 $v(t)$는 부하 전류 $i(t)$의 함수도 아니고 과거 셀 사용량의 함수도 아니다. 전압은 사실 일정하다.

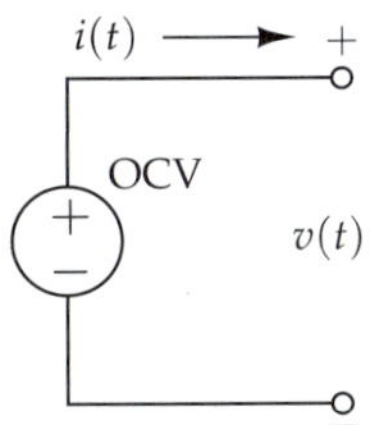

[그림 2-1] 출력 전압이 일정한 간단한 셀 모델

실제 셀의 단자 전압은 부하 전류와 최근 사용량, 기타 여러 요인에 따라 달라진다. 따라서 이 모델은 매우 부실한 배터리 셀 모델이지만 앞으로 개발할 모델들의 초석이 된다. 셀은 부하에 전압을 공급하며, **셀이 무부하 상태이고 완전한 평형 상태**, 즉 **개방회로** open circuit일 때 셀의 전압은 상당히 예측 가능해진다. 따라서 모델에서 전압원은 OCV(개방회로 전압)로 표시된다. 이상적인 전압원은 최종 등가회로 모델의 구성 요소로 남게 됨을 곧 알게 될 것이다.

SECTION 2.2 충전 상태 의존성

단순한 셀 모델에 대한 첫 번째 개선 사항은 일반적으로 완전히 충전된 셀의 전압이 방전된 셀의 전압보다 높다는 점을 인식한 결과이다. 단, 이 요소는 셀의 단자 전압이 셀이 최근 어떻게 사용되었는지와 관련된 동적 요인에 따라 달라지므로 항상 동일한 것은 아니다. 그러나 완전히 충전된 셀의 평형 무부하 상태 전압 또는 개방회로 전압은 방전된 셀의 전압보다 높다고 볼 수 있다.

따라서 개방회로 전압과 셀의 충전 상태 사이의 관계를 포함시키면 앞서 살펴본 모델을 개선할 수 있다. 이를 위해서는 먼저 "충전 상태"를 명확하게 정의해야 한다. 셀의 **충전 상태**state of charge, SOC는 셀이 완전히 충전되었다면 100% 또는 1.0으로 정의하며, 셀이 완전히 방전되었다면 0% 또는 0.0으로 정의할 수 있다. 만약 셀이 완전히 충전된 상태와 완전히 방전된 상태의 중간에 위치한다면 충전 상태는 0%에서 100% 사이가 된다. 충전 상태는 단위가 없는 양으로, 이 책에서는 기호 z로 표시한다.

충전 상태를 정량화하려면 셀이 완전히 충전되었을 때와 완전히 방전되었을 때 각각 전하를 얼마나 가지고 있는지 알아야 한다.[1] 셀의 **총 충전 용량**total charge capacity 또는 **총 용량**total capacity은 셀이 $z=$ 100%에서 $z=$ 0%로 방전될 때 제거되는 총 전하량으로 정의한다. 이는 1장에서 다룬 셀의 총 에너지energy 용량과는 다른 개념이다. 총 용량은 일반적으로 암페어시(Ah) 또는 밀리암페어시(mAh)로 측정되며, 기호 Q로 표시한다. 이때 총 용량의 값은 셀 모델의 파라미터parameter로, 셀마다 다를 수 있는 상수를 의미한다. 총 용량은 온도나 전류에 대한 함수가 아니지만 원치 않는 기생 화학 부반응 및 셀 전극 물질의 구조적인 파괴로 인해 셀의 노화에 따라 매우 점진적으로 감소하는 경향이 있다.[2] 상미분 방정식을 사용하면 다음과 같이 충전 상태의 변화를 모델링할 수 있다.

$$\dot{z}(t) = -\frac{\eta(t)i(t)}{Q} \tag{2.1}$$

이때 기호 "·"은 시간 도함수를 나타내기 위해 사용되며(예 $\dot{z}(t) = \mathrm{d}z(t)/\mathrm{d}t$), $i(t)$의 부호는 방전 상태에서 양수가 된다. 따라서 양(방전) 전류는 셀의 충전 상태를 낮추고 음(충전) 전류는 셀의 충전 상태를 높인다. 이때 $i(t)$는 암페어 단위로 측정되며, 호환성을 유지하려면 Q를 암페어-초(쿨롱) 단위로 변환해야 하므로 단위 사용에 유의해야 한다. $z(t)$와 $\eta(t)$는 모두 단위가 없다.

$\eta(t)$는 셀의 **쿨롱 효율**coulombic efficiency 또는 **전하 효율**charge efficiency을 의미한다.[3] 전류의 부호가 양이라면 방전 상태를 의미하므로 $\eta(t) = 1$로 모델링하지만 전류의 부호가 음이라면 충전 상태를 의미하므로 $\eta(t) \leq 1$로 모델링한다.

대부분의 전하는 셀이 충전될 때 셀을 통과하며, 셀의 전하 상태를 증가시킬 수 있는 원하는 화학 반응에 참여한다. 그러나 일부 전하는 셀을 통과할 때 원치 않는 부반응에 참여해 셀의 전하 상태를 증가시키지 않고 종종 셀에 비가역적인 성능 저하를 초래한다.

---

1 "완전히 방전된" 셀에도 여전히 전하가 남아 있다. 그러나 특정 지점 이상으로 셀을 방전시키면 셀이 손상되고 안전 문제가 발생할 수 있으므로 (의도적으로) 방전시켜서는 안 된다.

2 총 용량(total capacity)은 셀의 방전 용량(discharge capacity)과는 다르다. 방전 용량은 셀 단자 전압이 최소 컷오프(cutoff) 전압에 도달할 때까지 $z=$ 100%에서 일정한 속도로 셀을 방전시킬 때 제거되는 총 전하량이다. 실제 셀에는 내부 저항과 내부 저항을 가로지르는 전압 강하가 있어 $z=$ 0% 이전에 발생한다. 따라서 셀의 방전 용량은 무한히 느린 속도로 방전이 발생하지 않는 한 항상 총 용량보다 낮다.

3 쿨롱 효율은 셀의 에너지 효율과는 다르다. 일반적인 리튬 이온 셀의 쿨롱 효율은 약 99% 이상이며, 전하 유출을 전하 유입으로 나눈 값과 같다. 반면에 에너지 효율은 95%에 가까우며, 에너지 출력을 에너지 입력으로 나눈 값과 같다. 저항 가열로 인해 에너지는 충전과 방전 상태에서 모두 손실된다.

쿨롱 효율 모델의 값은 충전 상태와 속도, 온도 및 셀의 내부 전기화학 상태에 따라 달라지므로 정확한 모델을 만드는 것은 매우 까다롭다. 그러나 리튬 이온 셀은 쿨롱 효율이 높아 η가 항상 1이라는 1차 가정을 사용하면 전반적으로 합리적인 모델 충실도를 제공한다.

식 (2.1)의 순간 관계를 통합하면 총합을 얻는 방정식을 구할 수 있다. 이 방정식은 일정한 시간 간격에 따른 전하의 상태 변화에 대한 것으로, 초기 시간 $t_0 < t$에 알려진 전하 상태와 시간 t_0와 t 사이의 알려진 전류가 주어졌을 때 다음과 같이 계산할 수 있다.

$$z(t) = z(t_0) - \frac{1}{Q}\int_{t_0}^{t} \eta(\tau)i(\tau)\,d\tau \tag{2.2}$$

이 방정식에서는 적분이 수행될 때 최종 결과에서 배제되어야 하는 적분의 더미 변수와 유지되어야 하는 적분 상한을 혼동하지 않도록 적분 내부의 시간 변수에 대한 자리 표시자[placeholder]로 τ를 사용한다.

대부분의 연구자들은 연속시간 모델보다 이산시간 모델에 더 관심이 있다. 이산시간 모델은 셀 입력 및 출력이 Δt초의 주기와 $\frac{1}{\Delta t}$ Hz의 주파수에서 규칙적인 속도로 측정 또는 샘플링[sampled]된다고 예측한다. 이런 모델은 배터리 관리 시스템의 저렴한 마이크로컨트롤러 내부에서 바로 사용할 수 있다.

식 (2.2)를 이산시간 모델로 변환하려면 먼저 t_0와 t를 각각 $t_0 = k\Delta t$와 $t = (k+1)\Delta t$로 정의한다. 그런 다음 셀의 입력 전류가 샘플링 간격 Δt 동안 일정하다고 가정하면 다음과 같은 식을 얻을 수 있다.[4]

$$z((k+1)\Delta t) = z(k\Delta t) - \frac{\Delta t}{Q}\eta(k\Delta t)i(k\Delta t) \tag{2.3}$$

모델의 시간 인덱스에 Δt를 넣는 것이 번거롭다면 다른 표기법을 쓸 수 있다. 대괄호 $[\cdot]$는 불연속시간 샘플 번호를 나타낼 때 사용되며, 괄호 $(\cdot)$는 실제 시간을 나타낼 때 사용된다. 예를 들어 $[k]$는 $(k\Delta t)$와 같다. 이 표기법을 사용해 식 (2.3)을 다시 작성하면 다음과 같다.

$$z[k+1] = z[k] - \frac{\Delta t}{Q}\eta[k]i[k] \tag{2.4}$$

이제 전하 상태에 대한 수학적 모델을 구했으므로 회로 모델을 수정할 준비가 되었다. 셀의 개방회로 전압이 전하 상태의 함수임을 기억하면서 [그림 2-2]를 통해 몇 가지 예시를 살펴보자. [그림 2-2]의 곡선은 실온(25℃)일 때 그려진 것으로, 개방회로 전압과 충전 상태 함수는 약간의 온도 의존성을 가진다.

---

4 샘플링 간격 Δt가 짧다면 이는 종종 합리적인 가정이라고 할 수 있다. 만약 평균을 사용해 샘플링 간격에 대한 평균 전류 $\bar{i}(k\Delta t)$를 측정할 수 있다면 $i(k\Delta t)$를 $\bar{i}(k\Delta t)$로 대체해야 방정식이 정확해진다.

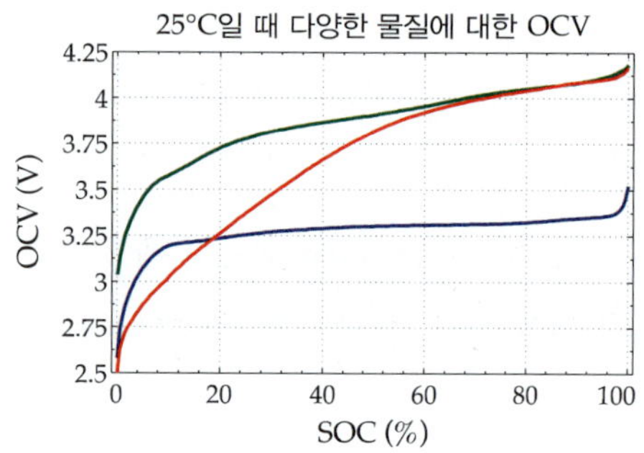

[그림 2-2] 일반적인 리튬 이온 셀 화학 물질에 대한 충전 상태 함수로서의 개방회로 전압

셀의 충전 상태 함수로 표현되는 이 곡선은 셀의 **방전 상태**depth of discharge, DOD로 표현되기도 한다. 방전 상태는 충전 상태의 반대 개념으로, 분수 또는 암페어시(Ah)로 나타낸다. 분수로 표현하면 $\mathrm{DOD} = 1 - z(t)$이고 암페어시(Ah)로 표현하면 $\mathrm{DOD} = Q(1 - z(t))$가 된다.

[그림 2-3]은 셀의 충전 상태에 따라 달라지는 개방회로 전압을 포함한 개선된 셀 모델이다. 이상적인 전압원은 $\mathrm{OCV}(z(t))$와 동일한 값을 갖는 제어 전압원으로 대체된다. 만약 온도 의존성이 필요하다면 $\mathrm{OCV}(z(t), T(t))$를 대신 사용하면 된다. 이때 $T(t)$는 t 시점에서의 셀 내부 온도를 뜻한다.

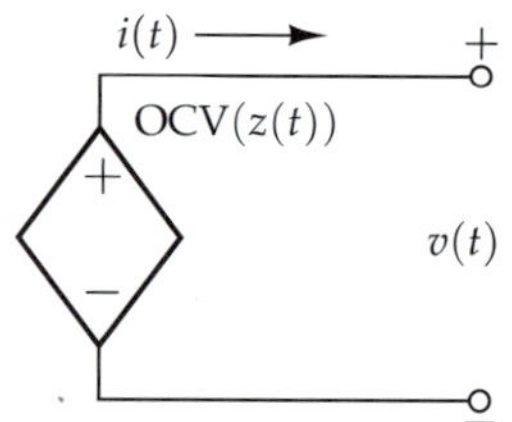

[그림 2-3] SOC 종속 전압이 포함된 개선된 셀 모델

셀의 OCV 값은 2.10절에서 배울 실험실 절차를 통해 수많은 SOC 지점에서 경험적으로 결정된다. 이 값은 룩업look-up 테이블에 저장되며, OCV 함수는 테이블 항목 간의 보간interpolation을 통해 평가된다. 또한 회귀 기법을 사용해 다항식과 같은 분석 함수를 데이터에 맞출 수 있고 그런 다음 이런 분석 함수를 평가해 특정 SOC 지점의 OCV를 계산할 수 있다.

SECTION 2.3 등가 직렬 저항

지금까지 개발한 셀 모델은 본질적으로 정적static인 모델로, 셀의 나머지 동작을 설명한다. 이제 모델에 동적dynamic 기능을 추가해 셀이 시간에 따라 변하는 입력 전류를 받을 때 어떤 일이 발생하는지 살펴볼 것이다.

이 모델에서 다루는 첫 번째 특징은 셀의 단자 전압은 셀에 부하가 걸리면 개방회로 전압 아래로 떨어지며, 셀이 충전 중이면 개방회로 전압 위로 올라간다는 것이다. 이 현상은 제어된 전압원과 함께 저항을 배치함으로써 부분적으로 설명할 수 있다. 이렇게 수정된 모델은 [그림 2–4]와 같으며, [그림 2–3]과 비교했을 때 추가된 회로 구성 요소는 셀의 **등가 직렬 저항**equivalent series resistance, ESR을 나타낸다.

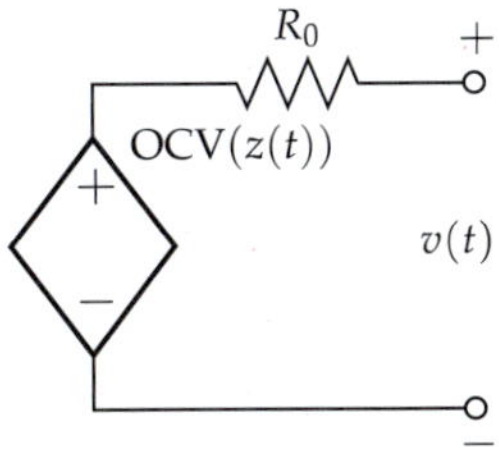

[그림 2-4] SOC 종속 전압 및 등가 직렬 저항 R_0 를 갖춘 개선된 셀 모델

개선된 모델에서 충전 상태 방정식은 앞선 모델과 비교했을 때 변경된 부분이 없다. 이제 단자 전압을 계산하는 방법을 설명하기 위해 모델에 두 번째 방정식을 추가할 것이다.[5] 그러면 연속시간에서 두 방정식은 다음과 같이 쓸 수 있다.

$$\dot{z}(t) = -\frac{\eta(t)i(t)}{Q}$$

$$v(t) = \text{OCV}\,(z(t)) - i(t)R_0$$

이 모델을 사용하면 충전 중일 때, 즉 $i(t) < 0$일 때 $v(t) > \text{OCV}\ z(t)$이며, 방전 중일 때, 즉 $i(t) > 0$일 때 $v(t) < \text{OCV}\ z(t)$임을 확인할 수 있다. 이는 실제 셀 성능에서 관찰한 결과와 일치한다. 반대로 이산시간에서 등가 모델에 대한 방정식은 다음과 같이 쓸 수 있다.

$$z[k+1] = z[k] - \frac{\Delta t}{Q}\eta[k]i[k]$$

$$v[k] = \text{OCV}\,(z[k]) - i[k]R_0$$

5 이 모델은 하나의 독립된 방정식이 아니며, 두 가지 방정식을 함께 구성한다는 점을 이해하는 것이 중요하다.

모델에 이런 직렬 저항이 존재한다는 것은 셀의 내부 저항에 의해 전력이 열로 소실되므로 셀의 에너지 효율이 완벽하지 않다는 것을 의미한다. 등가 직렬 저항에 의해 손실되는 전력은 $i^2(t) \times R_0$로 표현할 수 있다. 셀의 저항은 종종 셀의 충전 상태의 함수이며, 항상 셀의 내부 온도에 따라 달라진다는 점에 유의해야 한다. R_0에서 이런 종속성이 고려되면 모델 예측의 충실도가 향상된다.

이 셀 모델은 대부분의 간단한 전자회로를 설계할 때 활용하기 충분하다. 그러나 해결이 필요한 몇 가지 동적 특징이 있어 전기 구동 자동차 및 그리드 저장 시스템과 같은 대규모 배터리 팩 등에 사용하기에는 아직 적합하지 않다.

SECTION 2.4 확산 전압

분극polarization은 셀을 통하는 전류의 흐름에 의해 셀의 단자 전압이 개방회로 전압에서 벗어나는 어떤 변화를 의미한다. 지금까지 개발한 등가회로 모델은 $i(t) \times R_0$ 항을 통해 순간적인 분극을 모델링한 것이다. 그러나 실제 셀은 더 복잡하게 동작한다. 셀에 전류가 요구되면 전압 분극이 시간이 지날수록 서서히 발생하며, 반대로 셀이 휴식rest(휴지)을 취하면 시간이 지날수록 서서히 감소한다. [그림 2-5]는 이런 느린 동작을 나타낸 것으로, 그림에 표시된 전압은 다음과 같은 세 가지 시나리오에 해당한다.

❶ 셀이 처음 5분 동안 정지 상태이고 전압이 일정한 경우
❷ 셀이 $t=5$분에서 $t=20$분까지일 때 일정한 크기의 방전 전류 펄스를 받는 경우
❸ 부하가 제거되고 남은 테스트 기간 동안 셀이 휴식을 취하는 경우

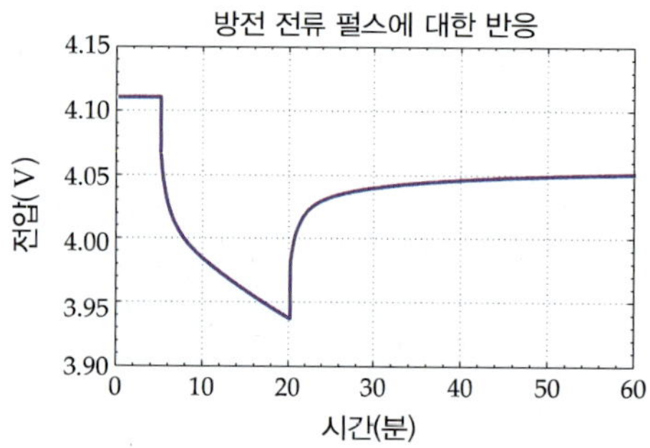

[그림 2-5] 셀에 방전 전류 펄스를 가한 뒤 휴식(휴지)을 취하면 분극이 분명하게 나타난다.

지금까지 개발한 모델은 초기의 휴식 기간 동안의 셀 동작에 대해 설명한다. 또한 전류가 인가될 때의 즉각적인 전압 강하와 전류가 제거될 때의 즉각적인 전압 회복을 다룬다. 충전 상태 및 개방회로 전압이 감소하고 있다는 것을 알고 있으므로 추가적인 분석 없이 셀 모델이 방전 간격 동안 전압을 정확하게 예측하는지를 예측하는 것은 어렵지만 테스트의 세 번째 단계가 제대로 모델링되고 있지 않다는 것은 확실하다. 이 절에서는 전압이 지속적으로 변하고 있지만 전류가 0이므로 셀의 충전 상태는 변하지 않는다는 것을 알 수 있다. 즉, 아직 모델에 포함되지 않은 "어떤 일"이 일어나고 있는 것이다.

손전등을 가지고 놀아본 적이 있다면 이 현상을 실제로 겪어본 적이 있을 것이다. 손전등의 배터리가 거의 다 떨어졌을 때를 생각해보자. 이때 손전등에서 나오는 빛은 점점 줄어들어 주변을 식별할 수 없게 될 것이다. 그러나 손전등을 끄고 1~2분 정도 기다린 뒤 다시 켜면 손전등의 빛이 다시 밝아질 것이다. 마술처럼 배터리가 재충전된 것일까? 아니다. [그림 2-5]와 같이 분극이 느리게 감소하자 전압이 약간 회복되어 배터리가 거의 방전된 손전등으로부터 더 많은 빛을 얻게 된 것이다.

이 현상은 리튬 이온 셀에서 리튬의 느린 확산 과정으로 인해 발생한다. 이렇게 천천히 변화하는 전압을 **확산 전압**diffusion voltage이라고 하며, 하나 이상의 병렬로 연결된 저항-커패시터 서브회로를 사용하는 회로에서 그 효과를 근사화할 수 있다. [그림 2-6]에서는 R_1과 C_1의 결합이 이 기능을 수행한다.

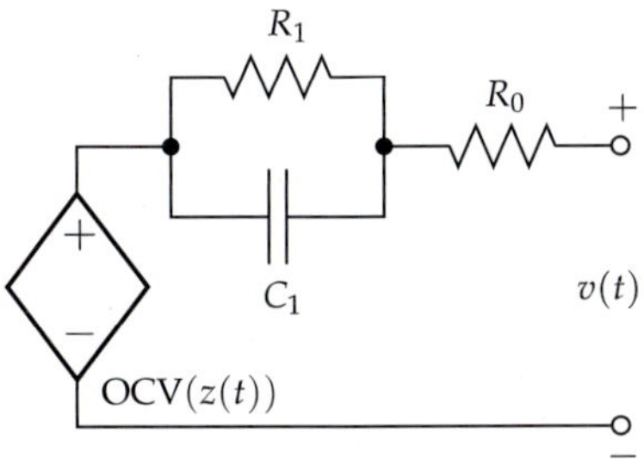

[그림 2-6] 확산 전압을 모델링하는 회로

모델에서의 충전 상태 방정식은 앞서 배운 것과 동일하다. 그러나 연속시간 모델과 이산시간 모델에서의 전압 방정식은 다음과 같이 변경된다.

$$v(t) = \mathrm{OCV}(z(t)) - v_{C_1}(t) - v_{R_0}(t)$$

$$v[k] = \mathrm{OCV}(z(k)) - v_{C_1}[k] - v_{R_0}[k]$$

데이터를 사용해 모델 매개변수를 식별할 때 이 식을 전류의 관점에서 작성하면 다음과 같이 더 간단하게 작성할 수 있다.

$$v(t) = \mathrm{OCV}(z(t)) - R_1 i_{R_1}(t) - R_0 i(t)$$

$$v[k] = \mathrm{OCV}(z[k]) - R_1 i_{R_1}[k] - R_0 i[k]$$

저항 전류 $i_{R_1}(t)$에 대한 식은 다음과 같이 구할 수 있다. 이를 통해 R_1을 통과하는 전류와 C_1을 통과하는 전류의 합은 $i(t)$와 같아야 한다는 것을 알 수 있다. 또한 $i_{C_1}(t) = C_1 \dot{v}_{C_1}(t)$이므로 정리하면 다음과 같다.

$$i_{R_1}(t) + C_1 \dot{v}_{C_1}(t) = i(t)$$

$v_{C_1}(t) = R_1 i_{R_1}(t)$이므로 이 식은 다음과 같이 쓸 수 있다.

$$i_{R_1}(t) + R_1 C_1 \frac{\mathrm{d}i_{R_1}(t)}{\mathrm{d}t} = i(t)$$

$$\frac{\mathrm{d}i_{R_1}(t)}{\mathrm{d}t} = -\frac{1}{R_1 C_1} i_{R_1}(t) + \frac{1}{R_1 C_1} i(t) \tag{2.5}$$

이 미분 방정식을 그대로 시뮬레이션하면 $i_{R_1}(t)$를 구하거나 이산시간 형식으로 변환할 수 있다. 다음 절에서도 비슷한 변환을 해야 하므로 보통 두 가지 경우를 모두 포괄하기 위해 일반적인 보통 미분 방정식을 연속시간에서 이산시간으로 변환하는 것을 고려할 수 있다. 먼저 다음과 같이 정의하자.

$$\dot{x}(t) = ax(t) + bu(t) \tag{2.6}$$

그런 다음 $x[k] = x(k\Delta t)$일 때 이산시간 $t = k\Delta t$에서 $x(t)$를 평가해보자. 입력 $u(t)$가 샘플링 간격에 대해 일정하다고 가정했을 때 식 (2.6)의 일반적인 해는 다음과 같다.

$$x(t) = e^{at}x(0) + \underbrace{\int_0^t e^{a(t-\tau)} bu(\tau)\,\mathrm{d}\tau}_{\text{convolution}} \tag{2.7}$$

이는 일반적인 미분 방정식의 시간 응답이 초기 조건 $x(0)$에 따라 달라지는 부분과 입력 신호 $u(t)$에 따라 달라지는 다른 부분으로 구성됨을 의미한다. 일반적인 미분 방정식이 안정적이면 $a < 0$이고 초기 조건의 기여도는 감소한다. 이처럼 입력 신호로 인한 기여도는 정상 상태일 때 지배적이다. 이 기여도를 계산하는 적분을 **컨볼루션 적분**[convolution integral]이라고 한다.

그렇다면 식 (2.7)은 어떻게 도출된 것일까? 먼저 식 (2.6)을 다음과 같이 재정렬해보자.

$$\dot{x}(t) - ax(t) = bu(t)$$

그런 다음 이 방정식의 양변에 e^{-at}를 곱한다.[6]

$$e^{-at}\left(\dot{x}(t) - ax(t)\right) = e^{-at}bu(t)$$

6 이렇게 곱하는 이유는 명확하지 않지만 이 과정을 통해 우리가 원하는 최종 형태에 빠르게 도달할 수 있다.

이 방정식의 좌변은 다음과 같이 쓸 수 있다.

$$e^{-at}\left(\dot{x}(t) - ax(t)\right) = \frac{\mathrm{d}}{\mathrm{d}t}\left[e^{-at}x(t)\right]$$

이를 좌변에 대입해 방정식을 다시 작성하면 다음과 같다.

$$\frac{\mathrm{d}}{\mathrm{d}t}\left[e^{-at}x(t)\right] = e^{-at}bu(t)$$

이제 적분 내부의 t를 적분 τ의 더미 변수로 바꾸는 것에 유의해 방정식의 양변을 시간 0과 t 사이에서 다음과 같이 적분한다.

$$\int_0^t \frac{\mathrm{d}}{\mathrm{d}t}\left[e^{-a\tau}x(\tau)\right]\mathrm{d}\tau = \int_0^t e^{-a\tau}bu(\tau)\,\mathrm{d}\tau$$

$$\int_0^t \mathrm{d}\left[e^{-a\tau}x(\tau)\right] = \int_0^t e^{-a\tau}bu(\tau)\,\mathrm{d}\tau$$

이 방정식의 좌변은 다음과 같이 쓸 수 있다.

$$e^{-a\tau}x(\tau)\Big|_0^t = e^{-at}x(t) - x(0)$$

따라서 다음과 같은 식을 얻을 수 있다.

$$e^{-at}x(t) - x(0) = \int_0^t e^{-a\tau}bu(\tau)\,\mathrm{d}\tau$$

좌변의 $x(0)$을 우변으로 이동하고 양쪽에 e^{at}를 곱하면 식 (2.7)에서 원하는 결과를 얻을 수 있다. 이제 이 결과로부터 이산시간 관계를 구하기 위해 다음과 같이 작성한다.

$$\begin{aligned} x[k+1] &= x((k+1)\Delta t) \\ &= e^{a(k+1)\Delta t}x(0) + \int_0^{(k+1)\Delta t} e^{a((k+1)\Delta t - \tau)}bu(\tau)\,\mathrm{d}\tau \end{aligned}$$

앞서 계획했던 것처럼 적분을 두 부분으로 나눈다.

$$\begin{aligned} x[k+1] = e^{a(k+1)\Delta t}x(0) &+ \int_0^{k\Delta t} e^{a((k+1)\Delta t - \tau)}bu(\tau)\mathrm{d}\tau \\ &+ \int_{k\Delta t}^{(k+1)\Delta t} e^{a((k+1)\Delta t - \tau)}bu(\tau)\mathrm{d}\tau \end{aligned}$$

이제 우변의 처음 두 항에 $e^{a\Delta t}$를 곱한다.

$$x[k+1] = e^{a\Delta t} e^{ak\Delta t} x(0) + e^{a\Delta t} \int_0^{k\Delta t} e^{a(k\Delta t - \tau)} bu(\tau) \mathrm{d}\tau + \int_{k\Delta t}^{(k+1)\Delta t} e^{a((k+1)\Delta t - \tau)} bu(\tau) \mathrm{d}\tau$$

그러면 다음과 같이 식을 전개할 수 있다.

$$\begin{aligned} x[k+1] &= e^{a\Delta t} \left(e^{ak\Delta t} x(0) + \int_0^{k\Delta t} e^{a(k\Delta t - \tau)} bu(\tau) \mathrm{d}\tau \right) + \int_{k\Delta t}^{(k+1)\Delta t} e^{a((k+1)\Delta t - \tau)} bu(\tau) \mathrm{d}\tau \\ &= e^{a\Delta t} x(k\Delta t) + \int_{k\Delta t}^{(k+1)\Delta t} e^{a((k+1)\Delta t - \tau)} bu(\tau) \mathrm{d}\tau \end{aligned}$$

마지막으로 이산시간 표기법을 사용해 결과를 작성한다.

$$x[k+1] = e^{a\Delta t} x[k] + e^{a(k+1)\Delta t} \int_{k\Delta t}^{(k+1)\Delta t} e^{-a\tau} bu(\tau) \mathrm{d}\tau$$

남은 적분에서 $u(t)$는 $k\Delta t$에서 $(k+1)\Delta t$까지 일정하고 $u(k\Delta t)$와 같다고 가정한다.

$$\begin{aligned} x[k+1] &= e^{a\Delta t} x[k] + e^{a(k+1)\Delta t} \left(\int_{k\Delta t}^{(k+1)\Delta t} e^{-a\tau} \mathrm{d}\tau \right) bu[k] \\ &= e^{a\Delta t} x[k] + e^{a(k+1)\Delta t} \left(-\frac{1}{a} e^{-a\tau} \Big|_{k\Delta t}^{(k+1)\Delta t} \right) bu[k] \\ &= e^{a\Delta t} x[k] + \frac{1}{a} e^{a(k+1)\Delta t} \left(e^{-ak\Delta t} - e^{-a(k+1)\Delta t} \right) bu[k] \\ &= e^{a\Delta t} x[k] + \frac{1}{a} \left(e^{a\Delta t} - 1 \right) bu[k] \end{aligned}$$

이것은 식 (2.6)의 연속시간 상미분 방정식과 동일한 이산시간 **상미분 방정식**ordinary difference equation, ODE 이다.[7,8] 이 결과를 배터리 셀 모델에 사용하려면 식 (2.5)와 식 (2.6)의 상수 간 대응 관계와 신호 간 대응 관계에 주목해야 한다.

7 연속시간 상미분 방정식과 이산시간 상미분 방정식은 모두 ODE라는 약어를 갖는다. 이 책에서는 이 용어를 이산시간 방정식만 설명하기 위한 용도로 사용한다.

8 기본 절차는 벡터 신호에도 동일하게 적용된다. 그러나 솔루션의 지수 연산자는 스칼라 지수함수와는 다른 행렬 지수함수가 된다.

$$a = \frac{-1}{R_1 C_1}, \quad b = \frac{1}{B_1 C_1}$$

$$x[k] = i_{R_1}[k], \quad u[k] = i[k]$$

이 값을 일반적인 결과에 대입하면 저항 전류에 대한 이산시간 방정식을 다음과 같이 구할 수 있다.

$$\begin{aligned} i_{R_1}[k+1] &= \exp\left(-\frac{\Delta t}{R_1 C_1}\right) i_{R_1}[k] \\ &\quad + (-R_1 C_1)\left(\exp\left(-\frac{\Delta t}{R_1 C_1}\right) - 1\right)\left(\frac{1}{R_1 C_1}\right) i[k] \\ &= \exp\left(-\frac{\Delta t}{R_1 C_1}\right) i_{R_1}[k] + \left(1 - \exp\left(-\frac{\Delta t}{R_1 C_1}\right)\right) i[k] \end{aligned}$$

지금까지 정리한 것을 요약하면 [그림 2-6]의 회로를 설명하는 연속시간 모델을 다음과 같이 정의할 수 있다.

$$\dot{z}(t) = -\frac{\eta(t) i(t)}{Q}$$

$$\frac{d i_{R_1}(t)}{dt} = -\frac{1}{R_1 C_1} i_{R_1}(t) + \frac{1}{R_1 C_1} i(t)$$

$$v(t) = \mathrm{OCV}(z(t)) - R_1 i_{R_1}(t) - R_0 i(t)$$

회로를 구성하는 이산시간 모델은 다음과 같은 세 가지 결합 방정식으로 구성된다.

$$z[k+1] = z[k] - \frac{\Delta t}{Q} \eta[k] i[k]$$

$$i_{R_1}[k+1] = \exp\left(-\frac{\Delta t}{R_1 C_1}\right) i_{R_1}[k] + \left(1 - \exp\left(-\frac{\Delta t}{R_1 C_1}\right)\right) i[k]$$

$$v[k] = \mathrm{OCV}(z[k]) - R_1 i_{R_1}[k] - R_0 i[k] \tag{2.8}$$

마지막으로 셀의 확산 전압 응답이 일반적으로 셀의 충전 상태와 내부 온도의 함수라는 점에 주목하자. R_1과 C_1이 $z(t)$ 및 $T(t)$의 함수로 모델링되었다면 모델을 예측하는 것을 개선할 수 있다.

SECTION 2.5 대략적인 파라미터 값

리튬 이온 전지의 최종 등가회로 모델은 아직 개발되지 않았다. 계속 진행하기 전에 모델 방정식에서 미지의 상수에 대한 매개변수parameter[9] 값을 어떻게 식별할 수 있는지에 대해 잠시 논의해보자. 나중에 보다 일반적인 절차에 대해 설명하겠지만 지금은 방정식의 매개변수가 셀 반응을 설명하는 방식을 이해하는 데 도움이 되는 간단한 방법을 소개한다.

이 절에서는 [그림 2-6]에 정확히 나타낸 단일 병렬 저항-커패시터 서브회로를 갖춘, 지금까지 개발된 종류의 모델 유형을 가정한다. 모델 파라미터를 식별하기 위해 셀에 정전류 방전 펄스를 가한 뒤 [그림 2-7]과 같이 셀의 전압 응답을 기록하는 동안 셀을 쉬게 한다.

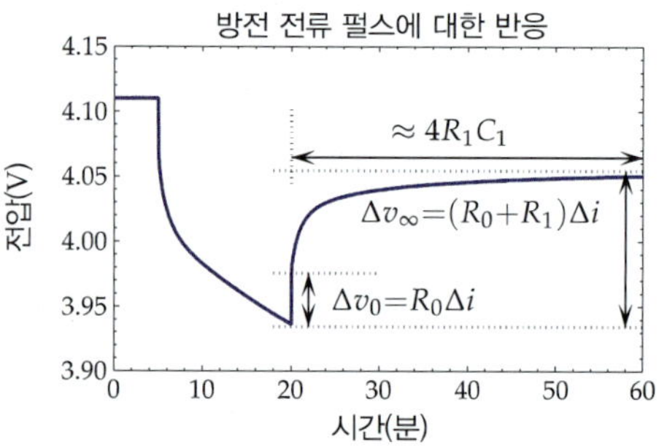

[그림 2-7] 방전 전류 펄스 응답에서의 파라미터 값 측정

[그림 2-7]에서 20분에 방전 전류 펄스가 제거되는 순간 식 (2.8)을 고려하면 전압의 순간 변화는 직렬 저항 R_0에 의해 곱해진 전류의 순간 변화와 같아야 한다. 커패시터 전압은 순간적으로 변할 수 없으며, 전류가 0일 때 전하의 상태는 변하지 않기 때문이다. 이렇게 하면 $\Delta v_0 = R_0 \Delta i$($R_0$가 양수일 때 계산된 부호)가 된다. 테스트 중에 값을 제어했으므로 전류 Δi의 변화를 알고 있으며, 따라서 전압의 변화를 측정하면 $R_0 = |\Delta v_0 / \Delta i|$의 값을 계산할 수 있다.

그런 다음 전압의 정상 상태 변화를 살펴보면 60분 전후의 값으로 대략적인 값을 구할 수 있다. 전체 정상 상태 전압 변화는 식 (2.8)에서 $\Delta v_\infty = (R_0 + R_1)\Delta i$가 되며, 여기서도 부호를 계산해 R_0와 R_1을 양으로 설정하면 커패시터 전압이 정상 상태에서 0으로 수렴한다는 것을 알 수 있다. 마찬가지로 Δi를 알고 있으므로(R_0를 입력할 때와 동일) 새로운 값인 Δv와 이미 계산한 R_0를 계산하면 $R_1 = |\Delta_{v\infty} / \Delta i| - R_0$를 계산할 수 있다.

9 (옮긴이) 영단어 'parameter'에 대해 배터리 모델에서는 '파라미터'라고 그대로 번역한다. 단, 방정식에서 해당 단어를 사용할 때는 '매개변수'라고 번역했다.

[그림 2-7]에 표시된 데이터를 수집하기 위해 수행된 셀 테스트인 $\Delta i = 5\,\text{A}$에서 20분일 때의 전압 변화는 $|\Delta v| = 41\,\text{mV}$이고 60분일 때의 전압 변화는 $|\Delta v| = 120\,\text{mV}$이다. 이 값으로부터 $R_0 \approx 8.2\,\text{m}\Omega$ 및 $R_1 \approx 15.8\,\text{m}\Omega$을 계산할 수 있다.

마지막으로 펄스 응답은 $R-C$ 회로의 약 네 번째 시정수[time constant](시간 상수)에서 정상 상태에 가까운 값으로 수렴한다. 여기서 지수적 감쇠의 시정수는 $\tau = R_1 C_1$이고 이 예제에서 수렴까지 걸리는 시간은 대략 60분에서 20분을 뺀 40분, 즉 2,400초이다. 따라서 이 예제에서는 다음과 같이 추정할 수 있다.

$$4\tau \approx 2{,}400\,\text{s}, \quad C_1 \approx \frac{2{,}400}{4R_1}$$

앞서 구한 R_1 값을 사용하면 $C_1 \approx 38\,\text{kF}$임을 알 수 있다.

이 방법은 매개변수의 대략적인 추정치를 제공하기 위해 고안되었으며, 2.11절에서 설명할 방법을 사용해 미세한 조정을 할 수 있다. 모델이 직렬로 연결된 여러 개의 병렬 저항-커패시터 서브회로를 사용한다면 이 간단한 방법은 동작하지 않으므로 2.11절의 방법을 사용해야 한다.

SECTION 2.6 와버그 임피던스

문헌에서 **와버그 임피던스**[Warburg impedance]라는 소자를 포함하는 등가회로 모델을 보는 것은 드문 일이 아니다. 예를 들어 [그림 2-8]의 **랜들스 회로**[Randles circuit]는 앞으로 살펴볼 전기화학적 원리에 영감을 받은 셀의 등가회로 모델로 자주 볼 수 있다(단, 개방회로 전압은 제외한다).[10]

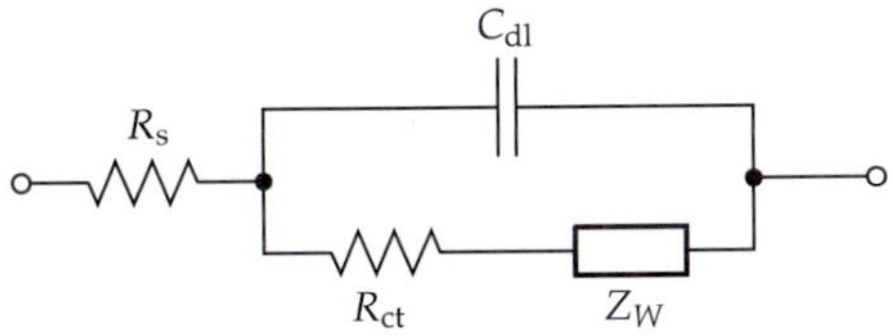

[그림 2-8] 랜들스 회로

회로에서 R_s는 전해질 저항을 모델링하며, R_{ct}는 부하로 인한 전극-전해질 계면의 전압 강하를 모델링하는 **전하 전달 저항**[charge-transfer resistance]을 모델링한다. C_{dl}은 전극 표면에서 전해질에 전하가 쌓이는 효과를 모델링하는 **이중층 커패시턴스**[double-layer capacitance]를, Z_W는 와버그 임피던스를 모델링한다.

10 Randles, J.E.B., "Kinetics of rapid electrode reactions", *Discussions of the Faraday Society*, 1, 1947, pp. 11–19.

와버그 임피던스는 전극 내부의 리튬 이온의 확산을 모델링한다. 이 값은 주파수에 따라 달라지며, $Z_W = A_W / \sqrt{jw}$ 로 모델링된다. 이때 상수 A_W를 와버그 계수($j = \sqrt{-1}$)라고 하며, 와버그 임피던스를 정의하는 요소 중 하나인 ω는 초당 라디안 단위의 적용 주파수를 의미한다. 이 요소가 회로에 기여하는 위상은 45°로, 이는 저주파에서 45°의 직선으로 나타나는, 셀의 전기화학적 임피던스 스펙트럼의 나이키스트Nyquist 플롯에서 가장 쉽게 관찰된다. [그림 2-9]는 실제 셀을 나타내는 시뮬레이션된 전기화학적 임피던스 스펙트럼을 나타낸 것이다. 이 셀의 등가 직렬 저항 R_0는 대략 1.5 mΩ으로, 곡선과 실수축의 교차점에서 구할 수 있고 이 지점이 무한 주파수 임피던스가 된다. 이때 저주파 임피던스는 45°의 직선으로 표시되고 전극 확산을 모델링한다. 중간 주파수에서 반원형 루프는 등가회로에서 단일 저항-커패시터 쌍으로 모델링되는 전하 전달 역학에 의해 반영된다.

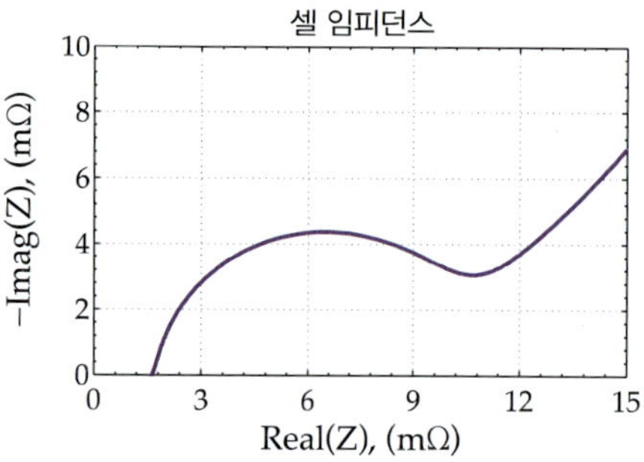

[그림 2-9] 셀 임피던스의 나이키스트 플롯

와버그 임피던스에 대한 간단한 상미분 방정식은 없다. 따라서 정밀한 회로 시뮬레이션을 하는 것은 어렵지만 [그림 2-10]과 같이 직렬로 연결된 여러 저항-커패시터 네트워크를 통해 그 효과를 근사화할 수는 있다.

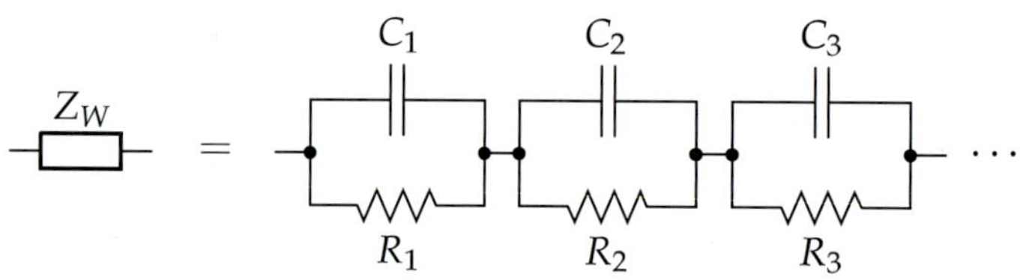

[그림 2-10] 다중 저항-커패시터 서브회로를 사용한 와버그 임피던스 근사화

만약 이 효과를 정확하게 같게 하고 싶다면 무한대의 저항-커패시터 네트워크가 필요하다. 그러나 적은 수의 저항-커패시터 쌍으로도 관심 있는 일부 주파수 범위에서 회로를 매우 잘 모델링할 수 있다. 이중층 커패시턴스는 매우 높은 주파수를 제외하고는 랜들스 회로 성능에 거의 영향을 미치지 않으므로 종종 생략되기도 한다. 회로에서 이중층 커패시터를 제거하고 와버그 임피던스를 직렬로 연결된 작은 유한한 수의 병렬 저항-커패시터 회로로 대체하면 셀 모델은 [그림 2-6]의 셀 모델로 축소되며, 저항-커패시터 쌍이 추가된다.

앞으로 물리 기반 모델을 구현하는 방법에 대해 논의할 때 와버그형 임피던스 관계를 내장한 모델에 대해서는 확산을 매우 정확하게 모델링하는 상미분 방정식을 자동으로 생성하는 방법을 살펴볼 것이다.

SECTION 2.7 히스테리시스 전압

지금까지 개발한 모델을 사용해 셀 전류를 0으로 설정하면 R_0의 전압 강하는 즉시 0으로 떨어지며, 커패시터가 R_1을 통해 방전될수록 커패시터 C_1의 전압 강하는 0을 향해 점차 감소한다. 즉 셀 단자 전압은 개방회로 전압으로 수렴한다.

그러나 실제로 보는 셀 단자 전압은 이와 다르다. 셀 전압은 OCV와 다소 다른 값으로 감소하며, 최근 셀 사용 이력에 따라 차이가 난다. 예를 들어 셀을 SOC가 50%가 되도록 방전시킨 뒤 쉬게 하면 평형 전압은 OCV보다 낮아지며, 셀의 SOC를 50%까지 충전시킨 뒤 쉬게 하면 평형 전압은 OCV보다 높아진다. 이런 관찰은 셀 단자 전압에 히스테리시스가 있음을 의미한다.

[그림 2-11]은 이런 히스테리시스의 특성을 파악하기 위해 설계된 실험실 실험에서 수집한 데이터를 보여준다. 셀은 테스트가 시작되기 전에 먼저 완전히 충전된 뒤 $C/30$의 속도로 0%까지 매우 느리게 방전된다. 이 느린 속도에서 $i(t) \times R_0$ 및 확산 전압이 매우 작으므로 기록된 전압은 셀의 평형 안정 전압에 매우 가깝다. 이런 전압 추적은 [그림 2-11]의 가장 낮은 선으로 나타난다.

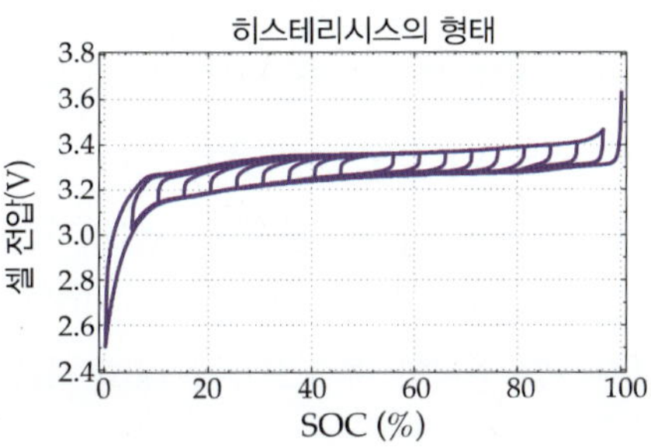

[그림 2-11] 히스테리시스를 보여주는 셀 테스트 데이터

그런 다음 셀은 $C/30$의 속도로 매우 천천히 충전되어 95%까지 충전된 뒤 5%까지 방전되는 식으로 진행된다. 그래프의 각 점은 (적어도 대략적으로) 평형점을 나타낸다. 아래쪽 곡선과 위쪽 곡선 사이의 공간으로 인해 모든 SOC에 대해 가능한 안정된 휴지[rest] 전압 값의 범위가 있음을 알 수 있다.

『배터리 관리 시스템 2』에서는 등가회로 셀 모델을 사용해 셀의 충전 상태를 추정하는 방법을 배운다. 이를 잘 수행하려면 셀 모델이 가능한 한 정확해야 한다. 만약 [그림 2-11]의 셀 모델에서 히스테리시스를 생략하면 SOC 추정 오류가 크게 발생할 것이다.

예를 들어 완전히 안정된 단자 전압을 3.3 V 로 측정하면 이는 약 20% 에서 90% 사이의 모든 SOC가 될 수도 있다. 따라서 완전히 안정된 단자 전압이 개방회로 전압과 어떻게 다른지 알기 위해서는 좋은 히스테리시스 모델이 필요하다.[11]

히스테리시스와 확산 전압의 차이점에 유의하자. 확산 전압은 시간에 따라 변하지만 히스테리시스 전압은 SOC가 변경될 때만 변한다. 즉 히스테리시스 전압은 시간의 직접적인 함수가 아니다. 또한 셀이 쉬게 되면 확산 전압은 0 으로 감소하지만 히스테리시스 전압은 전혀 변하지 않는다. 모든 히스테리시스 모델은 이 점을 유의해야 한다.

히스테리시스를 모델링할 때 어려운 점은 히스테리시스를 이해하는 것이 까다롭다는 것이다. 간단한 모델은 전류가 방전에서 충전으로 변화할 때 [그림 2-11]의 아래쪽 곡선에서 위쪽 곡선으로 즉시 점프한다. 다소 향상된 모델은 SOC의 변화에 따라 히스테리시스 전압이 선형적으로 변화하기도 한다. 여기에서는 이 두 가지 접근 방식의 조합을 소개하고 있지만 결과 모델은 여전히 히스테리시스를 정확하게 설명하는 데 어려움이 있다.

2.7.1 SOC에 따른 히스테리시스

동적 히스테리시스 전압을 SOC와 시간의 함수인 $h(z,t)$로 설정하고 $\dot{z} = \mathrm{d}z/\mathrm{d}t$로 설정한다. 그런 다음 히스테리시스 전압의 변화를 SOC 변화의 함수로 모델링하면 다음과 같다.

$$\frac{\mathrm{d}h(z,t)}{\mathrm{d}z} = \gamma\,\mathrm{sgn}(\dot{z})\,(M(z,\dot{z}) - h(z,t))$$

여기서 $M(z,\dot{z})$는 SOC와 SOC의 변화율에 따른 히스테리시스로, 최대 분극을 제공하는 함수이다. 특히 $M(z,\dot{z})$는 충전될 때는($\dot{z} > 0$) 양수여야 하고 방전될 때는($\dot{z} < 0$) 음수여야 한다. 미분 방정식의 $M(z,\dot{z}) - h(z,t)$ 항은 히스테리시스 전압의 변화율로, 주요 히스테리시스 루프에서 멀어지는 현재 히스테리시스 값의 거리에 비례한다. 이는 주요 루프에 대한 일종의 지수적 전압 감소로 이어진다. 방정식 우변의 첫 번째 항은 감쇠 속도를 조정하는 양의 상수 γ와 충전과 방전 모두에 대해 식을 안정적으로 유지하도록 강제하는 $\mathrm{sgn}(\dot{z})$를 갖는다.

$h(z,t)$에 대한 미분 방정식을 모델에 맞추려면 SOC에 대한 미분 방정식이 아니라 시간에 대한 미분 방정식이 되도록 조정해야 한다. 이를 위해 방정식의 양쪽에 $\mathrm{d}z/\mathrm{d}t$를 곱한다.

$$\frac{\mathrm{d}h(z,t)}{\mathrm{d}z}\frac{\mathrm{d}z}{\mathrm{d}t} = \gamma\,\mathrm{sgn}(\dot{z})\,(M(z,\dot{z}) - h(z,t))\frac{\mathrm{d}z}{\mathrm{d}t}$$

11 이 특정 셀은 인산철 양극을 가진 리튬 이온 화학 전지이다. 이런 전지의 매우 평평한 OCV 특성은 유용한 히스테리시스 모델의 중요성을 증가시킨다. 다른 리튬 이온 화학도 히스테리시스를 갖지만 OCV 관계의 기울기가 클수록 잘못된 히스테리시스 모델로 인해 발생하는 오류가 줄어든다.

연쇄 규칙을 사용해 방정식의 좌변을 $\mathrm{d}h(z,t)/\mathrm{d}t$로 나타내고 $\dot{z}\,\mathrm{sgn}(\dot{z}) = |\dot{z}|$임을 생각해 우변을 $\mathrm{d}z/\mathrm{d}t = -\eta(t)i(t)/Q$로 교체한다. 이를 정리하면 다음과 같다.

$$\dot{h}(t) = -\left|\frac{\eta(t)i(t)\gamma}{Q}\right|h(t) + \left|\frac{\eta(t)i(t)\gamma}{Q}\right|M(z,\dot{z})$$

이는 $i(t)$와 $M(z,\dot{z})$가 샘플 기간 동안 일정하다고 가정하고 2.4절의 기법을 사용한 이산시간 적용에 대한 차등 방정식으로, 다음과 같이 변환할 수 있다.

$$h[k+1] = \exp\left(-\left|\frac{\eta[k]i[k]\gamma\Delta t}{Q}\right|\right)h[k] + \left(1 - \exp\left(-\left|\frac{\eta[k]i[k]\gamma\Delta t}{Q}\right|\right)\right)M(z,\dot{z})$$

상태와 입력을 곱하는 요소가 $i[k]$에 따라 변화하는 비선형 시변 시스템이라는 것에 주목하자. 가장 간단한 표현은 $M(z,\dot{z}) = -M\,\mathrm{sgn}(i[k])$로, 다음과 같다.

$$h[k+1] = \exp\left(-\left|\frac{\eta[k]i[k]\gamma\Delta t}{Q}\right|\right)h[k] - \left(1 - \exp\left(-\left|\frac{\eta[k]i[k]\gamma\Delta t}{Q}\right|\right)\right)M\,\mathrm{sgn}(i[k])$$

이 표현을 사용하면 항상 $h[k]$는 $-M \leq h[k] \leq M$이고 볼트(V) 단위를 갖는다. 모델 매개변수 [parameter]를 찾기 위해서는 이 매개변수를 동등하지만 약간 다른, 단위가 없는 히스테리시스 상태, 즉 $-1 \leq h[k] \leq 1$로 다시 작성하는 것이 유용하다.

$$h[k+1] = \exp\left(-\left|\frac{\eta[k]i[k]\gamma\Delta t}{Q}\right|\right)h[k] - \left(1 - \exp\left(-\left|\frac{\eta[k]i[k]\gamma\Delta t}{Q}\right|\right)\right)\mathrm{sgn}(i[k])$$

이때 히스테리시스 전압은 $Mh[k]$이다. 이렇게 하면 출력 방정식이 M에서 선형화되므로 실험실 테스트 데이터에서 M을 더 쉽게 추정할 수 있다.

2.7.2 순간 히스테리시스

SOC가 달라지면 변화하는 동적 히스테리시스 유형 외에도 전류의 부호가 변경될 때 히스테리시스 전압의 순간적인 변화를 모델링해 이점을 얻을 수 있다. 이를 위해 먼저 다음과 같이 정의한다.

$$s[k] = \begin{cases} \mathrm{sgn}(i[k]), & |i[k]| > 0 \\ s[k-1], & \text{그 외} \end{cases}$$

그런 다음 순간 히스테리시스 전압과 전체 히스테리시스 전압을 다음과 같이 모델링한다.

$$\begin{aligned} \text{순간 히스테리시스 전압} &= M_0 s[k] \\ \text{히스테리시스 전압} &= M_0 s[k] + Mh[k] \end{aligned}$$

SECTION 2.8 향상된 자가 교정 셀 모델

향상된 자가 교정enhanced self-correcting, ESC 셀 모델은 앞서 언급한 모든 요소를 결합한 것이다. 이 모델은 일부 이전 모델과 달리 히스테리시스에 대한 설명을 포함하므로 **향상된**enhanced 모델이라고 한다. 이 모델은 셀이 휴지 상태일 때 모델의 예측 단자 전압이 OCV에 히스테리시스를 더한 값으로 수렴하며, 정전류 조건에서 OCV에 히스테리시스를 더한 뒤 전류와 저항을 곱한 모든 값을 뺀 값으로 수렴하므로 **자가 교정**self-correcting 모델이라고도 한다. [그림 2-12]는 이 모델의 최종 회로도이다.

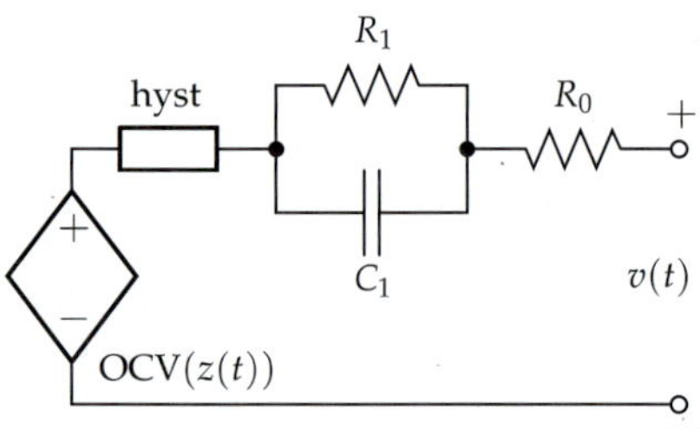

[그림 2-12] ESC 셀 모델 등가회로

그림에서는 단일 병렬 저항-커패시터 쌍을 사용했지만 이 모델은 여러 개의 평행 저항-커패시터 쌍도 쉽게 수용할 수 있다. 표기법을 간소화하기 위해 저항과 커패시터의 서브회로 속도 계수 $F_j = \exp\left(\frac{-\Delta t}{R_j C_j}\right)$로 정의하면 다음과 같다.

$$i_R[k+1] = \underbrace{\begin{bmatrix} F_1 & 0 & \cdots \\ 0 & F_2 & \\ \vdots & & \ddots \end{bmatrix}}_{A_{RC}} i_R[k] + \underbrace{\begin{bmatrix} (1-F_1) \\ (1-F_2) \\ \vdots \end{bmatrix}}_{B_{RC}} i[k]$$

그런 다음 $A_H[k] = \exp\left(-\left|\frac{\eta[k]i[k]\gamma\Delta t}{Q}\right|\right)$를 정의하면 행렬-벡터 관계로 설명되는 모델의 동적 측면을 다음과 같이 구할 수 있다.

$$\begin{bmatrix} z[k+1] \\ i_R[k+1] \\ h[k+1] \end{bmatrix} = \begin{bmatrix} 1 & 0 & 0 \\ 0 & A_{RC} & 0 \\ 0 & 0 & A_H[k] \end{bmatrix} \begin{bmatrix} z[k] \\ i_R[k] \\ h[k] \end{bmatrix} + \begin{bmatrix} -\frac{\eta[k]\Delta t}{Q} & 0 \\ B_{RC} & 0 \\ 0 & (A_H[k]-1) \end{bmatrix} \begin{bmatrix} i[k] \\ \operatorname{sgn}(i[k]) \end{bmatrix}$$

이 식을 ESC 모델 **상태 방정식**state equation이라고 한다. 모델의 **출력 방정식**output equation은 다음과 같다.

$$v[k] = \text{OCV}(z[k], T[k]) + M_0 s[k] + Mh[k] - \sum_j R_j i_{R_j}[k] - R_0 i[k]$$

이처럼 ESC 모델은 관련 파라미터 값이 채워진 두 개의 방정식으로 구성된다. 이때 모든 모델 파라미터는 음수가 아니어야 한다.

SECTION 2.9 셀 데이터 수집을 위한 실험실 장비

ESC 모델의 파라미터 값은 관심 있는 셀에서 수행한 실험을 통해 수집한 데이터에 모델 방정식을 대입해 구한다. 이런 실험은 **배터리 셀 충방전기**battery-cell cyclers 또는 **배터리 셀 테스트 장비**battery-cell test equipment라고 하는 특수 설계된 실험실 장비의 도움을 받아 수행된다.

[그림 2-13]은 Arbin Instruments사에서 제조하고 콜로라도 대학교의 콜로라도 스프링스의 고용량 배터리 연구 및 테스트 랩의 셀 충방전기이다. 이 특정 장비는 최대 12개의 서로 다른 셀에 대해 동시에 독립적인 실험을 수행할 수 있다. 또한 사용자가 지정한 요구 전류 대 시간 프로파일에 따라 각 셀의 전류를 제어하고 실제 셀 전류와 전압 및 온도를 기록한다.

[그림 2-13]에서 열 개의 두꺼운 흰색 케이블은 각각 독립적인 테스트를 수행하도록 설계된 전력전자 장치인 단일 **테스트 채널**test channel이다. 각 케이블은 네 개의 전선(두 개는 전류 전달용, 두 개는 켈빈 연결Kelvin connection을 통한 전압 측정용)을 가지며, 테스트 채널당 최대 ±20 A 의 전류를 명령할 수 있는 0 V 부터 5 V 의 단일 셀에 연결할 수 있다. 더 얇은 흰색 케이블은 서미스터thermistors에 연결되어 셀 온도를 측정하며, 두 쌍의 두꺼운 검은색 케이블은 최대 ±200 A 의 전류를 지시할 수 있는 두 개의 고전류 테스트에 해당한다. 만약 단일 채널에서 공급할 수 있는 것보다 더 많은 전류가 필요하다면 테스트 채널을 병렬로 연결할 수 있다.

배터리 셀 테스트 장비는 일반적으로 사용자의 사양에 맞춰 설계되므로 [그림 2-13]에 표시된 충방전기는 대표적인 예시일 뿐이다. 더 많거나 적은 독립 테스트 채널, 더 높거나 낮은 최대 전류, 3단자 셀 또는 임피던스-분광학 측정을 위한 특수한 측정회로 등 다양한 기능을 제공하도록 시스템을 구성할 수 있다.

또한 대부분의 테스트는 통제된 온도에서 수행해야 한다. [그림 2-14]는 Cincinnati Sub-Zero사에서 제조한 **환경 챔버**environmental chamber 장비이다. 이 특정 장치의 내부 공간의 크기는 8ft^{3}이며, −45℃에서 190℃ 사이의 일정한 온도를 유지할 수 있고 온도 대 시간 프로파일을 명령할 수 있다. 또한 습도 제어, 더 넓은 온도 범위, 열충격 테스트를 위한 빠른 냉각 등으로 시스템을 구성할 수 있다.

[그림 2-13] 셀 테스트 장비 샘플

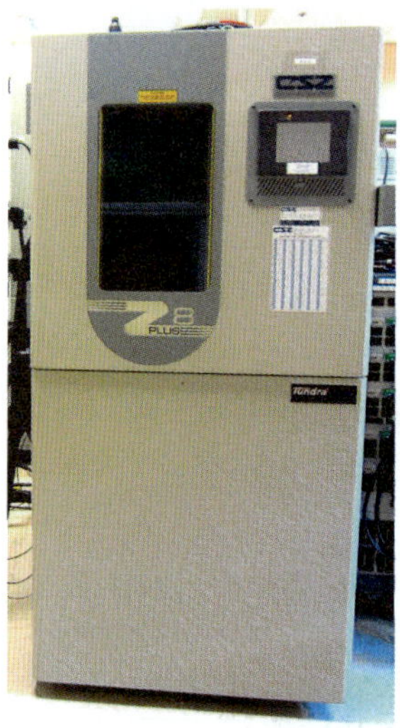

[그림 2-14] 환경 챔버 샘플

SECTION 2.10 OCV 관계를 확인하기 위한 실험실 테스트

셀의 개방회로 전압은 충전 상태와 온도에 따른 정적 함수로, 셀 성능의 다른 측면은 어떤 의미에서는 동적 영역이라고 볼 수 있다. 따라서 OCV 대 SOC 관계와 동적 관계에 대한 데이터를 수집하기 위해 별도의 실험을 수행해야 한다. 먼저 OCV 관계를 결정하기 위한 실험에 대해 살펴보자.

일반적인 실험 방식에서는 셀 테스트를 시작하기 전에 셀은 완전히 충전되어야 한다. 그때 셀을 최소 동작 전압으로 매우 천천히 방전시키면서 셀 전압 및 누적 방전 암페어시를 지속적으로 측정한다. 또한 셀은 셀 전압과 누적 충전 암페어시를 지속적으로 측정하면서 최대 동작 전압까지 매우 느리게 충전된다.

이처럼 충전이 느리게 진행되는 것은 셀 모델의 동적 부분의 자극을 최소화하기 위함이다. 사용자는 셀을 항상 준평형 상태로 유지하고자 하므로 일반적으로 C / 30 속도를 사용한다. 이는 진정한 평형을 이루려면 전류가 0이어야 한다는 요구와 C / 30만큼 방전시킨 뒤 C / 30만큼 충전시켜 테스트를 완료하는 데 약 60시간이 소요된다는 현실적 상황 사이에서 타협한 결과이다.

수집된 데이터를 통해 '방전 OCV 대 방전 암페어시 곡선'과 '충전 OCV 대 충전 암페어시 곡선'을 만들 수 있다. 암페어시와 충전 상태를 적절하게 변환하면 방전 OCV 및 충전 OCV 대 SOC를 구할 수 있다. 이런 곡선들은 각각 다른 형태로 나타난다. 영전류에서 전도가 되지 않으므로 여전히 약간의 오믹ohmic 및 확산 분극이 존재하며, 셀 전압 응답에 히스테리시스가 존재하기 때문이다. 실제 OCV에서 방전 OCV 및 충전 OCV 곡선까지의 편차는 크기가 같다고 가정하므로 이 두 값의 평균으로 셀의 실제 OCV를 근사화한다.

여러 온도를 고려할 때 해결해야 하는 몇 가지 중요하지만 미묘한 문제가 있는데, 이로 인해 데이터 수집 및 처리 방식이 다소 변경된다. 첫 번째는 셀을 완전히 충전하는 초기 단계가 일반적으로 특정 온도에서만 유효한 프로세스에 의해 정의된다는 것이다. 종종 제조업체는 셀이 특정 전압 $v_{\max}$ 에 도달할 때까지 특정 정전류율(예 1 C)에서 반드시 25 ℃, 즉 상온의 온도로 충전되어야 한다고 한다. 그런 다음 충전 전류가 특정 임계값(예 C / 30) 이하로 떨어질 때까지 $v_{\max}$ 로 유지해야 한다고 한다.

따라서 셀을 충전하려면 먼저 셀 전체에 균일한 온도를 보장하기 위해 셀을 25 ℃ 에서 두 시간 이상 보관해야 한다. 그런 다음 제조업체의 사양에 따라 C / 30의 컷오프cutoff 전류를 사용해 셀을 충전한다. 셀은 25 ℃ 에서 100% 충전되었다면 다양한 온도에서 셀의 동작 범위에 대한 실험을 진행하면 되는데, 이런 실험은 단계가 있는 네 개의 하위 실험으로 나뉜다. (다른 테스트 프로그램 및 스크립트가 전체 실험 내 서로 다른 조건에서 수행되어야 하므로) 이를 **테스트 스크립트**test scripts라고 한다.

OCV 테스트 스크립트 1 (테스트 온도에서)

① 완전히 충전된 셀을 테스트 온도에서 최소 2시간 이상 보관해 셀 전체에 균일한 온도가 유지되도록 한다.
② 셀 단자 전압이 제조업체에서 지정한 $v_{\min}$ 이 될 때까지 C/30의 정전류율로 셀을 방전시킨다.

OCV 테스트 스크립트 2 (25℃에서)

③ 셀 전체에 균일한 온도가 유지되도록 25℃에서 최소 2시간 이상 셀을 보관한다.
④ 셀 전압이 $v_{\min}$ 미만이라면 전압이 $v_{\min}$ 이 될 때까지 C/30의 속도로 셀을 충전한다. 만약 셀 전압이 $v_{\min}$ 을 초과했다면 전압이 $v_{\min}$ 이 될 때까지 C/30의 속도로 셀을 방전시킨다.

OCV 테스트 스크립트 3 (테스트 온도에서)

⑤ 셀 전체에 균일한 온도가 유지되도록 테스트 온도에서 최소 2시간 이상 셀을 보관한다.
⑥ 셀 단자 전압이 $v_{\max}$ 가 될 때까지 C/30의 정전류율로 셀을 충전한다.

OCV 테스트 스크립트 4 (25℃에서)

⑦ 셀 전체에 균일한 온도가 유지되도록 25℃에서 최소 2시간 이상 셀을 보관한다.
⑧ 셀 전압이 $v_{\max}$ 미만이라면 전압이 $v_{\max}$ 가 될 때까지 C/30의 속도로 셀을 충전한다. 만약 셀 전압이 $v_{\max}$ 를 초과했다면 전압이 $v_{\max}$ 가 될 때까지 C/30의 속도로 셀을 방전시킨다.

전압과 누적 방전된 암페어시, 누적 충전된 암페어시는 모든 단계에서 주기적으로(예 초당 1회) 기록된다. 매우 낮은 전류 속도가 사용되므로 셀에서 발생하는 열은 무시할 수 있으며, 모든 데이터 포인트는 모든 스크립트의 주변 테스트 온도에서 수집되는 것으로 고려할 수 있다(온도 데이터를 측정해 이 가정을 검증할 수 있다).

[그림 2-15]는 리튬 망가니즈 산화물 양극을 갖는 리튬 이온 전지에 대한 테스트 스크립트 1과 3의 샘플 측정 데이터를 나타낸 것이다. 이 데이터는 -15℃ 에서 수집되었으며, 이때 셀의 저항은 매우 높다. 이 저항은 상당한 오믹 전압 강하를 유발하므로 셀이 완전히 방전되거나 충전되기 훨씬 전에 테스트 스크립트 1과 3이 끝나면 각각 컷오프 전압에 도달한다(이 때문에 C / 30 의 속도가 사용되었지만 테스트는 30시간 미만으로 지속된다). 데이터 처리 방법은 이 점을 고려해 진행되어야 한다.

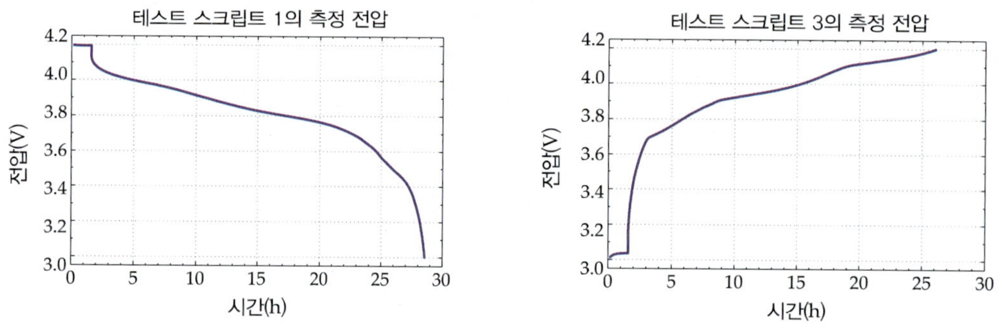

[그림 2-15] OCV를 결정하는 데 사용되는 저속 방전과 저속 충전 테스트의 처리되지 않은 전압 데이터 그래프

만약 테스트 온도가 25 ℃ 가 아니라면 살펴봐야 할 미묘한 점이 몇 가지 있다. 테스트 스크립트에서 ② 전에는 셀의 SOC는 여전히 100% 이지만 OCV는 온도에 따라 달라지므로 전압은 더 이상 $v_{\max}$ 와 같지 않다. ②가 끝나면 셀의 SOC는 테스트 온도가 25 ℃ 일 때만 0% 가 된다. 즉 OCV는 온도에 따라 달라지며, $v_{\min}$ 의 사양은 온도가 25 ℃ 일 때만 SOC가 0% 가 된다.

25 ℃ 가 아닌 다른 온도에서는 ②가 끝날 때 실제 SOC가 0% 보다 많거나 적을 수 있다. 마찬가지로 ⑥ 이후에 셀의 SOC는 테스트 온도가 25 ℃ 일 때만 100% 가 되며, 다른 온도에서는 100% 보다 높거나 낮을 수 있다. 이것이 바로 셀이 완전히 방전 및 충전되었는지 확인하기 위해 테스트 스크립트 2와 4를 실행해야 하는 이유이다. 이 작업은 테스트할 다음 온도를 위해 테스트 스크립트 3과 1을 시작하기 전에 실행해야 한다.

2.10.1 쿨롱 효율 결정

앞서 다룬 이런 사항들은 데이터를 매우 신중하게 처리해야 한다. 먼저 테스트 온도가 25℃ 일 때의 데이터 처리를 고려해보자. 이는 네 개의 스크립트가 모두 온도가 25℃ 일 때 실행되며, 다른 온도는 관여하지 않으므로 가장 쉽다. 또한 전압 $v_{\max}$ 및 $v_{\min}$ 은 25℃ 로 보정되므로 모든 단계에서 방전된 순 암페어시는 셀의 총 용량 Q와 같다.

모든 단계에서 충전된 순 암페어시 수는 셀의 쿨롱 효율이 완벽하지 않으므로 Q보다 약간 더 높다. 즉 25℃ 에서 쿨롱 효율은 다음과 같이 계산한다.

$$\eta(25℃) = \frac{25℃ \text{ 일 때 모든 단계에서 방전된 총 암페어시}}{25℃ \text{ 일 때 모든 단계에서 충전된 총 암페어시}}$$

25℃ 가 아닌 다른 테스트 온도 T에서는 다소 다른 접근 방식을 사용해 계산해야 한다. 테스트 스크립트에서 ②와 ⑥이 끝날 때 셀의 충전 상태를 미리 알 수 있는 방법은 없다. 그러나 ④가 끝날 때 셀의 SOC가 0% 이고 ⑧이 끝날 때 100% 라는 것은 알고 있다. 이를 바탕으로 먼저 테스트 온도 T에서 쿨롱 효율을 다음과 같이 계산해보자.

$$\begin{aligned}\eta(T) &= \frac{\text{방전된 총 암페어시}}{\text{온도 } T\text{에서 방전된 총 암페어시}} \\ &= -\eta(25℃)\frac{25℃ \text{ 에서 방전된 총 암페어시}}{\text{온도 } T\text{에서 충전된 총 암페어시}}\end{aligned}$$

[그림 2-16]은 온도에 따른 여섯 가지 리튬 이온 셀의 쿨롱 효율 계산을 나타낸 것이다. 효율은 항상 1보다 작아야 하지만 누적된 암페어시의 실험 정확도는 정확하지 않은데, 이런 계산은 실험 오차 범위 내에서는 합리적이다. 이 그림은 다양한 리튬 이온 셀의 제조 품질이 결코 같지 않다는 것을 보여준다. 즉 어떤 리튬 이온 셀은 99.5% 이상의 효율을 일관되게 유지하지만 다른 리튬 이온 셀은 효율이 98%가 될 수도 있다.

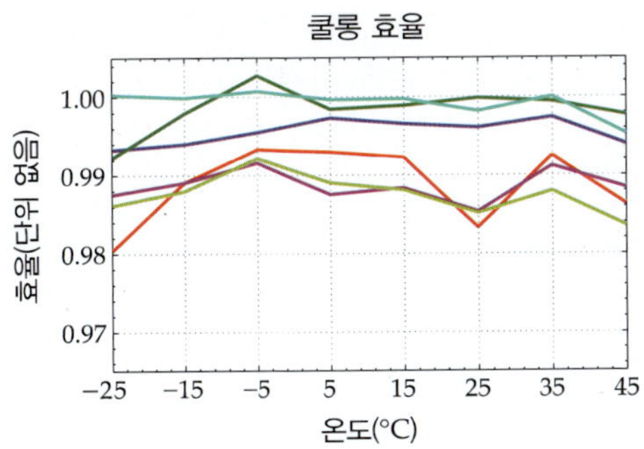

[그림 2-16] 여섯 가지 리튬 이온 셀에 대한 샘플 쿨롱 효율

2.10.2 SOC 대비 충전 및 방전 전압 결정

이제 모든 테스트에서 수집한 모든 데이터 샘플의 충전 상태(SOC)를 계산할 수 있다. 모든 시점의 방전 심도(암페어시)는 다음과 같이 계산된다.

$$\begin{aligned}\text{방전 심도}(t) &= t\text{까지 방전된 총 암페어시}\\ &\quad -\eta(25℃)\times 25℃\text{에서 }t\text{까지 충전된 총 암페어시}\\ &\quad -\eta(T)\times \text{온도 }T\text{에서 }t\text{까지 충전된 총 암페어시}\end{aligned}$$

이 메트릭metric을 사용하면 (온도 T에서 측정된) 셀 용량 Q는 앞선 테스트 스크립트에서 ④가 끝날 때의 방전 심도와 같다. 마찬가지로 모든 데이터 샘플에 해당하는 충전 상태는 다음과 같다.

$$\text{충전 상태 }(t) = 1 - \frac{\text{방전 심도}(t)}{Q}$$

확인을 위해 ④가 끝났을 때의 충전 상태는 0% 여야 하며, ⑧이 끝났을 때의 충전 상태는 100% 여야 한다.

[그림 2-17]은 ②에서의 충전 상태에 따른 방전 전압(파란색 곡선)과 ⑥에서의 충전 상태에 따른 충전 전압(초록색 곡선)을 나타낸 것이다. 이는 [그림 2-15]에 표시된 것과 같지만 테스트 시간이 아닌 충전 상태의 함수로 표시된다. 이 예는 모든 충전 상태에서의 개방회로-전압 관계를 결정하는 데 어려움이 있음을 보여준다. 즉 테스트에서는 0% 충전 상태에 도달하기 전에 ②에서 컷오프 전압 $v_{\min}$이 발생했으므로 낮은 충전 상태에서는 방전 전압이 없다. 또한 100% 충전 상태에 도달하기 전에 ⑥에서 컷오프 전압 $v_{\max}$가 발생했으므로 높은 충전 상태에서는 충전 전압이 없다.

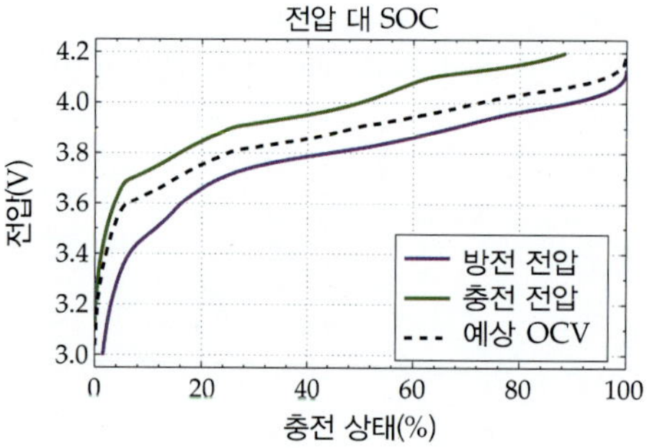

[그림 2-17] 충전 상태에 따른 테스트 스크립트 ②와 ⑥의 방전 및 충전 전압

2.10.3 특정 온도에서 대략적인 OCV 결정

사용 가능한 데이터를 활용해 대략적인 개방회로-전압 관계를 생성하는 방법에는 여러 가지가 있을 수 있다. 여기서는 다양한 리튬 이온 화학 물질을 가지는 여러 셀에서 잘 동작하는 방법을 제시한다. 먼저 충전 전압에 대한 정보가 없으므로 높은 충전 상태의 방전 전압 곡선을 기준으로 개방회로 전압을 추정해야 한다. 낮은 충전 상태에서는 방전 전압에 대한 정보가 없으므로 충전 전압 곡선을 기반으로 추정해야 하며, 중간 충전 상태에서는 두 곡선을 모두 사용할 수 있다. 단, 방전 또는 충전 전압 곡선 모두 급격한 전환이 없어야 한다.

테스트가 ①에서 ②로 진행될 때 순간적인 전압 변화를 살펴보면 높은 충전 상태에서의 셀의 오믹 저항 R_0를 추정할 수 있으며, ⑤에서 ⑥으로 진행될 때의 전압 변화를 보면 낮은 충전 상태에서의 셀의 오믹 저항을 추정할 수 있다. 또한 50% 충전 상태 지점에서의 방전 전압 곡선과 충전 전압 곡선 사이의 전압 변화를 고려하면 50% 충전 상태에서의 정상 상태 저항을 근사화할 수 있다. 그런 다음 저항이 0% 충전 상태 값에서 50% 충전 상태 값으로 선형적으로 변화하며, 50% 충전 상태 값에서 100% 충전 상태 값으로 선형적으로 변화한다고 가정한다. 이때 50%보다 낮은 충전 상태에서의 대략적인 개방회로 전압은 충전 전압에 충전 전류와 저항을 곱한 값의 합으로 추정된다. 반대로 50% 이상의 충전 상태에서의 대략적인 개방회로 전압은 방전 전압에 방전 전류와 저항을 곱한 값의 합을 곱한 값으로 추정된다.

[그림 2-17]의 점선은 대략적인 개방회로 전압 추정치를 나타낸 것이다. 이 값은 충전 전압과 방전 전압 사이에 있고 설계된 대로 50% 충전 상태에서 이 곡선의 중간 지점을 정확히 통과한다. [그림 2-17]의 곡선은 따뜻한 온도에서 볼 수 있는 것보다 더 넓게 분리되어 있는데, 이는 저온에서의 셀 저항이 고온에서의 셀 저항보다 훨씬 더 높아 해당 효과가 일반적인 것보다 과장되어 있기 때문임을 유의하자.

2.10.4 최종 개방회로-전압 관계 결정

모든 테스트 온도에서 대략적인 개방회로-전압 관계를 설정한 뒤에는 이런 결과를 추가로 처리해 다음과 같은 형태의 최종 모델을 만든다.

$$\mathrm{OCV}\,(z(t),\,T(t)) = \mathrm{OCV}\,0(z(t)) + T(t) \times \mathrm{OCV}\,\mathrm{rel}(z(t))$$

이때 $\mathrm{OCV}\,(z(t),\,T(t))$는 현재 충전 상태와 온도에 따른 개방회로-전압 관계이며, $\mathrm{OCV}\,0(z(t))$는 0℃ 에서의 개방회로-전압 관계, $\mathrm{OCVrel}(z(t))$ (V / ℃)는 각 충전 상태에서의 선형 온도 보정 계수^temperature-correction factor^이다. $\mathrm{OCV}\,0(z(t))$와 $\mathrm{OCVrel}(z(t))$가 결정되면 두 개의 **1차원 룩업 테이블**(선형 보간법)을 통해 $\mathrm{OCV}\,(z(t),\,T(t))$를 계산할 수 있으므로 효율적으로 계산할 수 있다.

OCV 0($z(t)$) 및 OCVrel($z(t)$)를 만들기 위해서는 모든 전하 상태 z에서 다음과 같이 작성한다.

$$\underbrace{\begin{bmatrix} \text{SOCz와 } T_1\text{에 대한 예상 OCV} \\ \text{SOCz와 } T_2\text{에 대한 예상 OCV} \\ \vdots \\ \text{SOCz와 } T_n\text{에 대한 예상 OCV} \end{bmatrix}}_{Y} = \underbrace{\begin{bmatrix} 1 & T_1 \\ 1 & T_2 \\ \vdots & \vdots \\ 1 & T_n \end{bmatrix}}_{A} \underbrace{\begin{bmatrix} \text{OCV 0}(z) \\ \text{OCV rel}(z) \end{bmatrix}}_{X}$$

Y와 A의 모든 값을 이미 계산했으므로 X의 값만 결정하면 된다. 이를 위한 한 가지 방법은 다음과 같이 수학적으로 작성되는 최소 제곱 해를 사용하는 것이다.

$$X = A^{\dagger} Y$$

여기서 단검 기호(†)는 의사 역행렬matrix pseudo-inverse을 의미하며, MATLAB에서는 다음과 같이 계산한다. 대략적인 개방회로-전압 관계는 약 0℃ 이상의 온도에서 더 신뢰할 수 있으므로 OCV0(z)와 OCVrel(z)의 계산에 해당 온도의 데이터만 포함하는 경향이 있음을 알아두자.

```
X=A\Y;
```

[그림 2-18]은 여섯 개의 서로 다른 리튬 이온 셀에 대한 전체 프로세스의 결과로, [그림 2-18(a)]는 OCV0(z) 관계를, [그림 2-18(b)]는 OCVrel(z) 관계를 나타낸다. 만약 셀의 활성 물질을 다르게 선택한다면 유의미하게 다른 형태의 OCV 곡선을 생성할 수 있다. 두 개의 저전압 셀의 양극은 리튬 인산철(LFP)로 만들어진다. 고전압 셀의 양극은 리튬 망가니즈 산화물(LMO)과 리튬 코발트 산화물(LCO), 리튬 니켈 망가니즈 코발트 산화물(NMC)을 서로 다른 조합으로 만들어 구성된다. 이런 전지들의 음극은 합성 흑연과 천연 흑연의 다양한 혼합물이다.

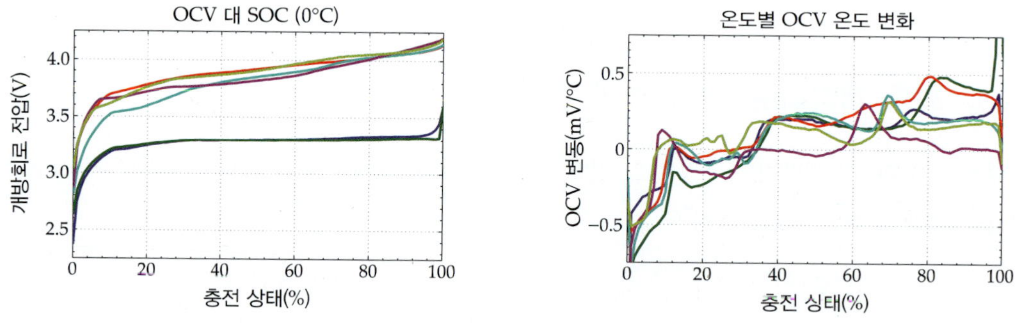

(a) OCV0(z) 관계 (b) OCVrel(z) 관계

[그림 2-18] 내부 화학적 특성이 다른 여섯 개의 리튬 이온 셀의 최종 OCV 관계. 이 관계는 두 개의 룩업 테이블 함수로 각각 제작되었다.

2.10.5 히스테리시스의 영향을 최소화하기 위한 수정 사항

이처럼 주어진 데이터를 수집하고 분석하는 절차는 매우 정확한 개방회로 전압 곡선을 생성할 수 있다. 그러나 이는 히스테리시스 전압이 존재한다는 사실을 고려하지 않은 것으로, 히스테리시스 전압이 취소되지 않는 한 테스트 스크립트에서 ②가 끝났을 때의 충전 상태는 정확히 0%가 되지 않는다. 또한 ⑥이 끝났을 때의 충전 상태 역시 정확히 100%가 되지 않는다.

히스테리시스의 메커니즘은 잘 알려져 있지 않으며, 리튬 이온 전극의 화학적 특성에 따라 다를 수 있다. 그러나 자기[magnetic] 히스테리시스를 기반으로 테스트 방법론을 수정하면 히스테리시스 전압을 크게 낮출 수 있는 것으로 나타났다. 자성 물질이 주파수 스윕[sweep]을 받으면 히스테리시스 프로파일은 0으로 수렴하는 나선형 붕괴를 따라 자성을 잃는다. 마찬가지로 리튬 이온 셀의 히스테리시스 현상에 주파수 스윕을 가하면 히스테리시스 전압은 감소하거나 제거된다.

[그림 2-19]는 $v_{\min} = 3\,\text{V}$ 주변의 샘플 주파수 스윕을 보여준다. 이는 테스트 스크립트에서 ④가 끝났을 때 실행해 셀이 ⑤를 시작하기 전에 완전히 방전되었는지를 확인할 수 있다. 이런 주파수 스윕은 ⑧이 끝난 뒤 ①에서 다음 테스트를 시작하기 전에 $v_{\max}$에서 유사하게 실행할 수 있다.

이 주파수 스윕은 신호 처리에서는 **처프**[chirp] 신호라고 하며, 제어 시스템에서는 **디더**[dither] 신호라고도 한다. 이 신호는 셀의 규정된 전압 제한을 약간 초과해도 셀에 손상이 발생하지 않을 정도로 진폭이 낮아야 하고 원하는 충전 상태를 달성하기 위해 프로파일을 여러 번 반복해 실행해야 할 수도 있다. 프로파일이 완료되면 나머지 전압은 원하는 전압에 매우 근접(예 약 $1\,\text{mV}$ 이내)하게 안정화되어야 한다. 앞서 다룬 모든 예제에는 테스트 절차에 이런 디더링 접근 방식이 포함되어 있다.

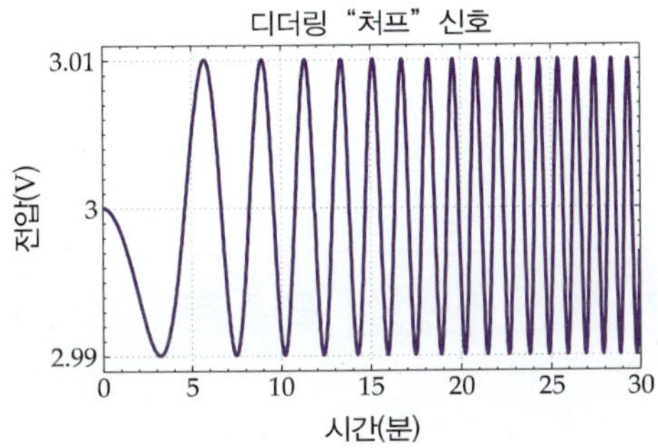

[그림 2-19] 테스트 스크립트 ④에 추가된 $v_{\min}$ 주변의 주파수 스윕 샘플

2.10.6 방전량과 총 용량의 차이

이 절을 마치기 전에 용량의 다양한 측정에 대해 간단히 살펴보자. [그림 2-20]은 이 장에 설명된 여섯 개의 셀에 대한 세 가지의 용량 측정값을 나타낸 것이다. 파란색 실선은 여섯 개 셀에 대해 C/30 속도에서의 방전 용량을 나타낸 것으로, 셀의 평균 총 용량 추정치인 Q로 나눠 정규화한 것이다. 이는 ②에서 방전된 암페어시의 정규화 수와 같지만 ④에서 추가 암페어시가 방전되므로 셀의 총 용량과는 같지 않다. 반대로 녹색 점선은 여섯 개의 셀에 대해 C/30 속도로 정규화된 충전 용량으로, ⑥에서 충전된 암페어시의 정규화 수와 같다. 그러나 ⑧에서 추가 암페어시가 충전되므로 이 역시 셀의 총 용량과는 같지 않다. 셀 저항이 온도의 함수이므로 방전 및 충전 용량도 온도의 함수라는 점을 유의하자.

마지막으로 셀의 총 용량은 빨간색 선으로 표시된다. 총 용량 Q는 단계 ②와 단계 ④에서 방전된 순 암페어시로 계산된다. 이를 통해 (실험 오차 범위 내에서) 총 용량은 온도의 함수가 아님을 알 수 있다. 대부분의 셀 데이터 시트는 다양한 방전 속도에서 방전 용량을 제공하지만 총 용량은 제공하지 않는다. 그러나 ESC 모델에서는 총 용량 Q를 필요로 하므로 여기서 차이를 확인할 수 있다.

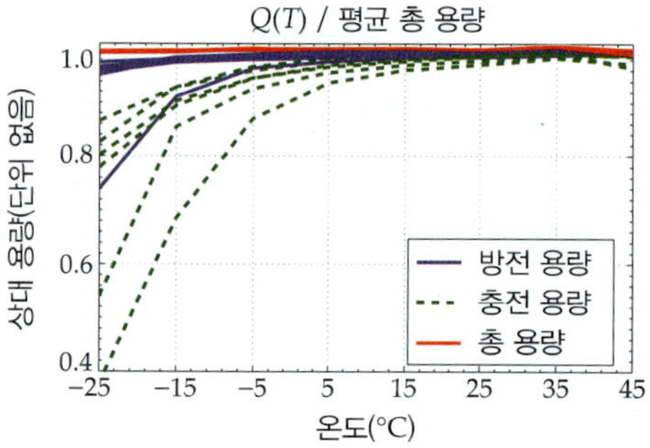

[그림 2-20] 용량에 대한 다양한 측정값 예시

SECTION 2.11 동적 관계를 결정하기 위한 실험실 테스트

셀의 OCV 관계를 결정했으므로 이제 ESC 셀 모델의 동적 부분의 파라미터를 찾아보자. 동적 파라미터를 결정하는 데 사용할 데이터를 수집하기 위해 다양한 셀 테스트가 수행된다. 결과 모델이 해당 응용 분야에서 가장 잘 동작하려면 최종 응용 분야를 대표하는 전류 대 시간 프로파일로 셀을 테스트해야 한다. [그림 2-21]은 자동차 분야에 대한 정규화된 프로파일 샘플인 도시 동력계 주행 스케줄 urban dynamometer drive schedule, UDDS이다. 실제로 이 프로파일은 셀의 충·방전율 C-rate을 곱해 암페어 단위의 전류로 변환한다.

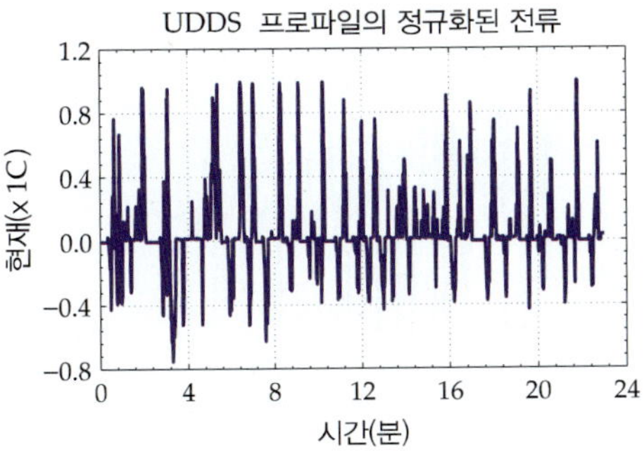

[그림 2-21] 자동차에 대해 정규화된 UDDS 사이클을 나타내는 전류 대 시간 프로파일

동적 테스트를 수행하기 전에 먼저 25℃에서 충전 상태(SOC)가 100%가 될 때까지 셀을 완전히 충전한다. 그런 다음 셀의 동작 범위에 걸쳐 다양한 온도에서 동적 테스트를 실행한다. 이런 실험은 세 가지의 하위 실험으로 나뉘며, (서로 다른 테스트 프로그램 또는 스크립트script를 전체 실험에서 다른 조건에서 구현해야 하므로) 테스트 스크립트test scripts라고 한다.

동적 테스트 스크립트 1(테스트 온도에서)

① 완전히 충전된 셀을 테스트 온도에서 최소 2시간 이상 보관해 셀 전체에 균일한 온도가 유지되게 한다.
② 용량의 약 10%를 방전시킬 수 있을 만큼 충분히 긴 $C/1$ 속도의 정전류를 사용해 셀을 방전시킨다.
(동적 프로파일의 무작위적인 충전 상황에서 과전압을 방지하는 데 도움이 된다.)
③ 관심 있는 SOC 범위에 대해 동적 프로파일을 실행한다(일반적으로 SOC가 90%에서 10%가 될 때까지 실행).

동적 테스트 스크립트 2(25℃에서)

④ 셀을 25℃에서 최소 2시간 이상 보관해 셀 전체에 균일한 온도가 유지되게 한다.
⑤ 셀 전압이 $v_{\min}$ 미만이라면 $v_{\min}$이 될 때까지 $C/30$의 속도로 셀을 충전한다. 셀 전압이 $v_{\min}$을 초과했다면 $v_{\min}$이 될 때까지 $C/30$의 속도로 셀을 방전시킨다. 후속 디더링 프로파일을 사용하면 히스테리시스를 최대한 제거할 수 있다.

동적 테스트 스크립트 3(25℃에서)

⑥ 전압이 $v_{\max}$가 될 때까지 $C/1$의 속도로 정전류를 사용해 셀을 충전한다. 그런 다음 전류의 속도가 $C/30$ 이하로 떨어질 때까지 전압을 $v_{\max}$로 일정하게 유지한다. 후속 디더링 프로파일을 사용하면 히스테리시스 제거에 도움이 될 수 있다.

테스트 스크립트에서 전압, 전류, 온도, 충전된 암페어시, 방전된 암페어시는 초 단위로 기록된다. 이런 데이터는 이미 설명한 OCV 대 SOC 관계를 제외한 모든 ESC 모델 파라미터를 식별하는 데 사용된다.

[그림 2-22]는 이런 프로세스의 출력 샘플을 나타낸 것이다. [그림 2-22(a)]는 UDDS 프로파일을 19회 반복한 전압 대 시간이며(중간의 휴지 기간을 포함), [그림 2-22(b)]는 이런 프로파일 중 하나를 확대한 것이다. [그림 2-22(c)]는 (디더링 프로파일을 6회 반복한) 테스트 스크립트 2의 출력이고, 마지막으로 [그림 2-22(d)]는 (디더링 프로파일을 6회 반복한) 테스트 스크립트 3의 출력을 나타낸 것이다.

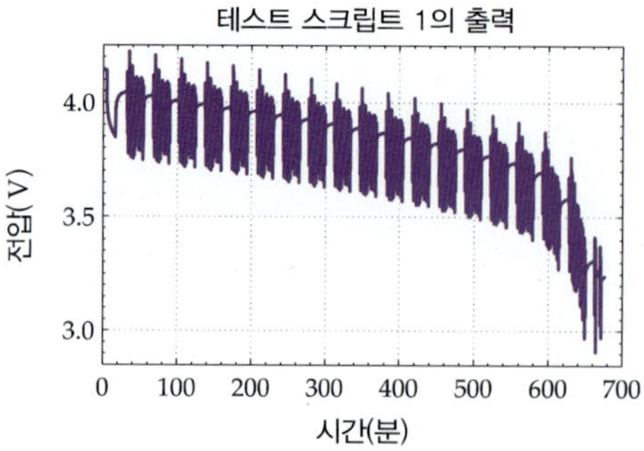

(a) UDDS 프로파일을 19번 반복한 전압 대 시간

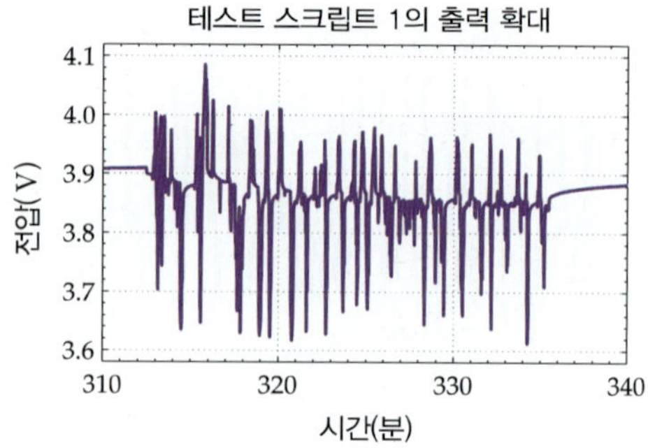

(b) (a)의 프로파일 중 하나를 확대한 플롯

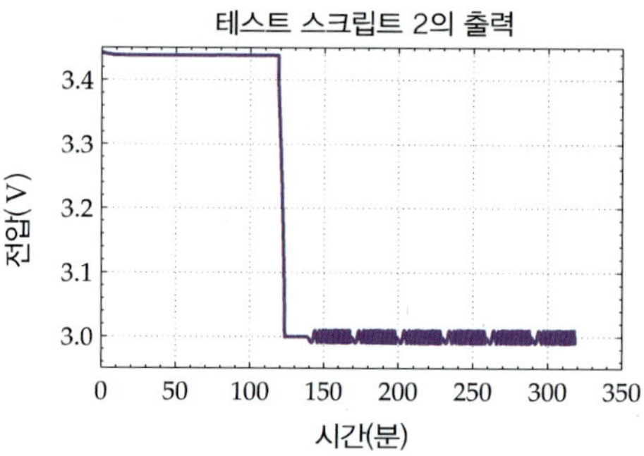

(c) 테스트 스크립트 2의 출력

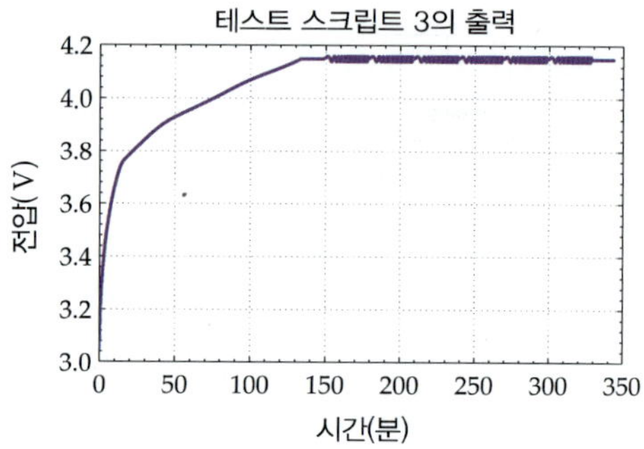

(d) 테스트 스크립트 3의 출력

[그림 2-22] 동적 테스트 데이터

이런 데이터를 사용해 셀 커패시턴스 Q, 쿨롱 효율 η, 히스테리시스 속도 상수 γ, 히스테리시스 파라미터 M_0와 M, 등가 직렬 저항 R_0, 그리고 한 개 이상의 병렬 저항-커패시터 서브 서킷subcircuit의 저항-커패시터 값에 대한 파라미터 값을 찾고자 한다. 대부분의 파라미터는 측정된 데이터에서 직접 계산할 수 없고 일종의 최적화 접근 방식을 사용해 값을 찾아야 한다. 일반적으로 이런 프로세스를 **시스템 식별**system identification이라고 한다. 시스템 식별의 기본 아이디어는 다음과 같다.

❶ 파라미터 값의 집합 선택하기

❷ 셀 테스트 중 측정된 것과 동일한 입력 전류로 파라미터 값을 사용해 ESC 모델을 시뮬레이션하기

❸ 측정된 전압 프로파일과 예측된 ESC 모델 전압을 비교하기

❹ 최적화가 완료되었다고 간주될 때까지 ❷로 돌아가 파라미터 값을 수정, 예측된 모델을 개선하기

2.11.1 시뮬링크 설계 최적화

최적화를 위한 접근 방식 중 하나는 상용화된 최적화 툴박스를 사용하는 것으로, 그 예로 MathWorks 사의 Simulink 설계 최적화 툴박스가 있다.[12] 이런 자동화된 접근 방식을 사용하려면 먼저 모델 방정식을 구현하기 위한 블록 다이어그램을 생성해야 한다. [그림 2-23]은 두 개의 병렬 저항-커패시터회로와 $\eta = 1$, $\gamma = 3{,}600$, $M_0 = 0$을 가정해 ESC 모델 상태와 출력 방정식을 계산하는 서브 시스템을 나타낸 것이다(가정에 따라 다른 블록 다이어그램을 생성할 수도 있다).

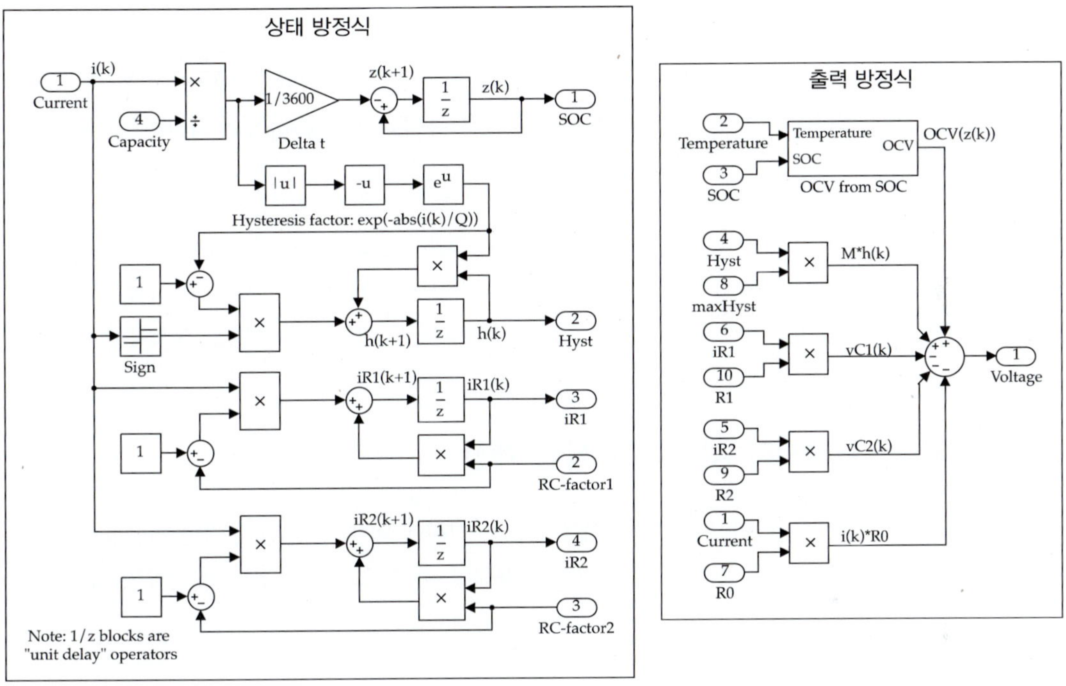

[그림 2-23] ESC 모델의 시뮬링크 구현

툴박스는 셀의 용량 저항-커패시터 시정수(시간 상수), 저항 값, 그리고 최대 히스테리시스 값에 대한 값을 자동으로 생성한 뒤 모델을 실행한다. 이를 통해 전압 예측이 측정된 데이터와 얼마나 잘 일치하는지 확인하고 파라미터 추정치를 업데이트한 뒤 솔루션에 수렴할 때까지 이 과정을 반복한다.

시뮬링크 설계 최적화 툴박스에서 구현되는 비선형 시스템 식별은 매우 강력하지만 매우 신중하게 사용해야 한다. "전역적으로 최적"인 솔루션에 도달한다는 보장이 없고 최종 파라미터 값이 "국지적으로 최적"일 수 있기 때문이다. 즉 파라미터 값을 조금 수정하면 측정된 전압과 예측 전압이 더 잘 일치하지는 않지만 크게 수정한다면 일치할 수 있다. 따라서 이미 제법 좋은 것으로 보이는 파라미터 값으로 최적화를 초기화하는 것이 중요하다.

---

12 Jackey, R., Plett, G.L., and Klein, M., "Parameterization of a Battery Simulation Model Using Numerical Optimization Methods", in CD-ROM Proc. *SAE World Congress 2009*, Detroit, MI (April 2009).

파라미터 값에 대한 좋은 초기 추측을 어떻게 찾을 수 있을까? 이는 어려운 질문이다. 그러나 다음 절에서 제시하는 몇 가지 지침을 통해 최종 해답을 얻을 수 있을 것이다. 비선형 최적화를 사용하면 항상 개선이 가능하다.

2.11.2 용량 직접 측정

시스템 식별의 원칙은 "이미 알고 있는 것을 추정하지 말라"는 것이다. 이는 부분적으로 효율성과 관련된 문제로, 추정해야 하는 새로운 파라미터가 추가될 때마다 계산이 늘어난다는 것이다. 이는 정확도와 관련된 문제이기도 한데, 시스템 식별은 모델을 입출력 데이터 세트에 일치시키려고 하지만 모델의 내부 상태가 합리적이라고 보장할 수는 없다. 이때 파라미터의 실제 값을 알고 있다면 추정 중인 파라미터 목록에서 해당 파라미터를 제거해 프로세스의 속도를 높이고 적어도 하나의 파라미터 값이 정확한지 확인할 수 있다.

동적 테스트에서 셀 쿨롱 효율 및 용량은 2.10.1절 및 2.10.2절과 동일한 접근 방식으로 계산할 수 있다. 또한 동적 테스트는 테스트 스크립트 2가 완료된 뒤 SOC가 100%에서 시작해 0%에서 끝나야 한다. 이렇게 하면 알 수 없는 파라미터 목록에서 두 개의 변수가 제거되어 남은 계산을 간소화할 수 있다.

2.11.3 저항-커패시터 시정수의 직접 계산

셀 쿨롱 효율과 용량을 알고 나면 식 (2.4)를 사용해 모든 시점에 대해 셀 충전 상태를 계산할 수 있다. 이렇게 하면 모든 지점에 대한 셀 개방회로 전압을 계산할 수 있으므로 측정된 셀 전압에서 다음과 같은 설명할 수 없는 부분이 남는다.

$$\begin{aligned}\tilde{v}[k] &= v[k] - \mathrm{OCV}(z[k],\, T[k]) \\ &= Mh[k] + M_0 s[k] - \sum_j R_j i_{R_j}[k] - R_0 i[k]\end{aligned} \tag{2.9}$$

지금 $s[k]$는 직접 계산할 수 없다. $h[k]$를 계산하려면 γ도 필요한데, 먼저 γ의 값을 알고 있다고 가정하고 나중에 그 값을 최적화하는 방법을 찾을 것이다. 전압의 설명할 수 없는 부분은 입력 신호 $h[k]$, $s[k]$, $i[k]$가 있는 시불변 시스템이며, 나머지 파라미터를 구하는 방법도 존재한다. 가장 까다로운 부분은 저항-커패시디회로의 시정수를 결정하는 것이다. **부분공간 시스템 식별**subspace system identification이라고 하는 방법은 푸는 방법이 매우 빠르고 고유한 선형 대수 기법만을 사용할 수 있다.[13] 여기서 방법을 자세히 설명하는 것은 이 책에서 다루는 범위를 넘어선다. 필요한 것을 구현하는 코드를 MathWorks 웹 사이트에서 찾을 수 있음을 알아두자.[14]

---

13 van Overschee, P., and De Moor, B., *Subspace Identification for Linear Systems- Theory, Implementation, Applications*, Springer(softcover reprint of the original 1st ed. 1996 edition), 2011

14 특히 함수 `subid.m`을 찾을 수 있다. 이 함수는 P. Van Overschee의 자료를 참고하자("Subspace Identification for Linear Systems" toolbox on MATLAB CENTRAL file exchange, by P. Van Overschee, 1995).

2.11.4 M, M_0, R_0 및 R의 직접 계산

시정수를 알면 $i_{R_j}[k]$를 계산할 수 있다. 그러면 식 (2.9)는 매개변수에서 선형이 되며, 다음과 같이 행렬을 조합할 수 있다.

$$\underbrace{[\tilde{v}[k]]}_{Y} = \underbrace{\begin{bmatrix} h[k] & s[k] & -k[k] & i_{R_j}[k] \end{bmatrix}}_{A} \underbrace{\begin{bmatrix} M \\ M_0 \\ R_0 \\ R_j \end{bmatrix}}_{X}$$

그런 다음 미지의 매개변수 벡터를 최소 제곱 해법 $X = A^{\dagger}Y$를 통해 구할 수 있다.

2.11.5 γ 최적화

데이터에서 실제로 계산하지 않은 유일한 매개변수는 히스테리시스 속도 상수 γ이다. 2.11.3절에서는 이 값을 알고 있다고 가정했지만 실제로는 그렇지 않다. 여기서 할 수 있는 일은 γ를 특정 범위로 제한한 뒤 해당 범위의 모든 γ에 최적화된 모형에 대한 적합도를 계산해 가장 적합한 모델만 유지하는 것이다. [그림 2-24]는 특정 셀 테스트에 대해 γ의 다양한 시도 값으로 인해 발생하는 평균 제곱근 모델링 오류의 예이다. 1에서 250까지의 γ 값을 시도한 뒤 해당 γ 값을 기반으로 다른 모든 모델 파라미터를 최적화하고 모델링 오차를 계산해 구한 것으로, 이때 $\gamma \approx 90$의 값은 최상의 모델링 결과를 제공한다.

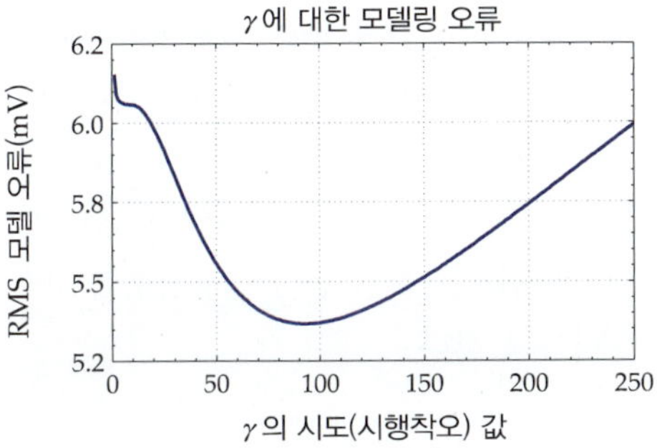

[그림 2-24] 히스테리시스 파라미터 γ의 최적값 찾기

2.11.1절에서 최적화된 결과 γ, M_0, M, R_0 및 R_j를 언급한 것처럼 이 변수들은 비선형 최적화를 위한 좋은 초기 추측으로 사용할 수 있다. 이는 히스테리시스 모델의 비선형성 때문이며, 부분공간 subspace 시스템 식별이 (매우 좋은 결과를 제공하지만) 반드시 평균 제곱근 오차를 최적화하는 결과를 제공하는 것은 아니기 때문이다.

SECTION 2.12 모델링 결과 예시

이 절에서는 등가회로 타입 모델의 기능을 더 잘 이해할 수 있도록 몇 가지 모델링 결과를 제시한다. 앞서 이 장에서 설명한 절차를 사용해 25 Ah 자동차 배터리 셀에서 데이터를 수집하고 (모델에서 하나의 저항-커패시터 서브회로를 사용해) 데이터에서 개방회로 전압 및 동적 모델링 파라미터를 추정했다. 여기서는 최적화된 모델을 개루프로 시뮬레이션하고 25℃ 에서 수행한 테스트의 측정 전압 데이터와 예측값을 비교하는 데 집중한다.

[그림 2-25(a)]는 전체 10시간 테스트에 대한 실제 전압과 예측 모델 전압을 동시에 비교한 결과[overlay]를 나타낸 것으로, 실제 결과와 모델 결과 간의 평균 제곱근 차이는 5.37 mV 이다. [그림 2-25(b)]는 하나의 UDDS 사이클을 확대해 회로 모델이 셀의 성능을 매우 잘 반영하고 있음을 더 명확하게 보여준다.

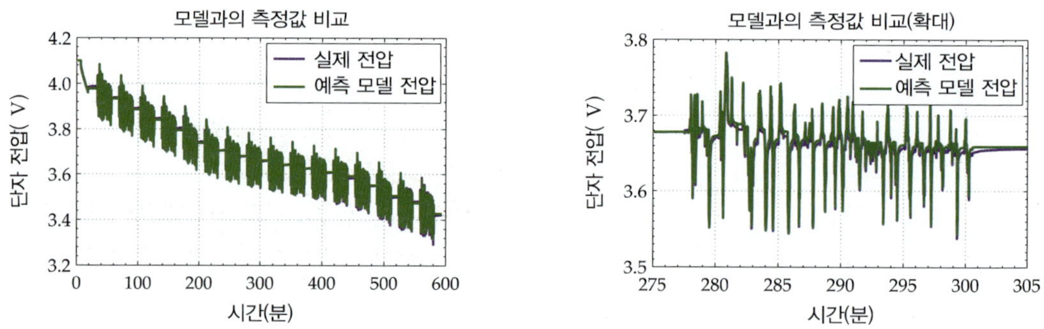

(a) 실제 전압과 예측 모델 전압의 비교

(b) 실제 전압과 예측 모델 전압의 비교(확대)

[그림 2-25] 25℃ 에서 25 Ah 자동차용 배터리 셀에 대한 ESC 모델과 측정된 전압의 비교

[그림 2-26]은 이 셀을 포함한 여섯 개의 셀에 대해 최적화된 파라미터 값을 테스트 온도의 함수로 나타낸 것이다. 테스트는 − 25℃ 에서 시작해 45℃ 까지 10℃ 단위로 온도를 증가시켜 진행했으며, 이 셀들의 크기와 제조사는 모두 다르다. 이 결과의 특징은 다음과 같다.

- 등가 직렬 저항 R_0는 온도가 증가하면 기하급수적으로 감소한다. 이는 거의 보편적인 결과로, 이 기능이 없다면 모델을 의심해봐야 한다.
- 저항-커패시터저항 R_j 도 온도가 증가하면 대략적이지만 기하급수적으로 감소한다. 이 역시 흔히 예상되는 현상이다.
- 저항-커패시터 시정수는 온도에 따라 증가하는 경향이 있다. 온도가 높을수록 셀 역학(동적[dynamic] 특성)이 빨라질 것으로 예상되므로 의외의 결과처럼 보일 수 있다. 그러나 물리학 모델에 기반해 리[James L. Lee] 등이 발표한 결과에 따르면 일부 충전 상태에서는 셀의 속도가 빨라지지만 다른 충전 상태에서는 전반적으로 느려진다. [그림 2-26]에 따른 결과는 모든 SOC에 대해 최적화된 단일 시정수를

보여주므로 반드시 놀라운 결과는 아니며, 리James L. Lee의 결과는 이 관계가 단조롭지 않다고 예상해서는 안 된다는 것을 깨닫게 해준다.[15]

- 히스테리시스는 일반적으로 온도가 증가하면 속도가 증가하고, 즉 히스테리시스 상태의 큰 변화를 일으키려면 SOC의 작은 변화가 필요하고 크기는 감소한다. 일반적으로 히스테리시스 수준은 온도가 증가하면 감소한다.
- 측정된 용량은 온도에 따라 거의 일정하게 유지된다(이는 당연한 현상이다).

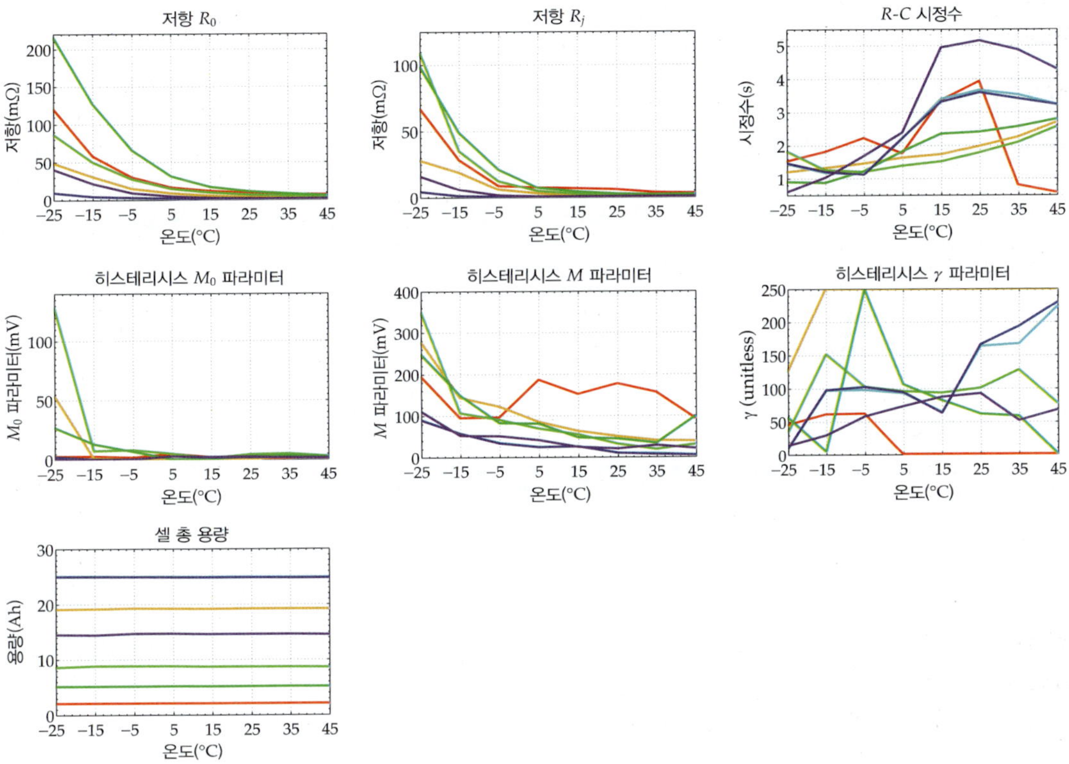

[그림 2-26] 샘플 셀에 대해 식별된 온도 의존적 ESC 모델 파라미터 값

실제 상황에서는 테스트 프로토콜에 포함되지 않은 온도에서 모델을 평가해야 한다. 중간 온도에서 파라미터를 조회하려면 시스템 식별 프로세스를 통해 생성된 테이블에 대한 선형 보간interpolation을 파라미터 값을 근사화하는 데 사용할 수 있다.

여기서는 온도 변화에 따라 함수가 평활화된다고 가정한다. 이는 초기 시스템 식별 출력에서 항상 볼 수 있는 것은 아니며, 실제로 파라미터 관계를 수작업으로 조정한다면 측정된 데이터와 자동 튜닝된 버전이 거의 일치한다. 그러나 중간 온도에서 더 잘 동작하는 모델을 만드는 데 이 가정이 필요하다.

15 Lee, J.L., Aldrich, L., Stetzel, K. and Plett, G.L., "Extended Operating Range for Reduced-Order Model of Lithium-Ion Cells", *Journal of Power Sources*, 255, 2014, pp. 85-100.

SECTION 2.13 결론 및 향후 방향

이 장에서는 배터리 셀의 등가회로 모델을 살펴보았다. 최적화된 파라미터 값을 사용하면 동일한 입력 자극(전류)에 대해 측정된 셀 전압과 예측된 셀 전압이 매우 잘 일치할 수 있음을 확인했으므로 이 모델은 많은 회로 설계와 제어 알고리즘 개발에 활용하기 좋다.

그렇다면 이제 끝난 것일까? 아니다. 회로 모델은 장기적인 예측력이 부족하다. "셀은 모델 학습 중에 사용된 것과는 전혀 다른 자극(전류)을 받으면 어떻게 행동할까?", "셀은 노화하면 어떻게 행동할까?", "셀이 노화하거나 고장이 임박했을 때 이를 예측할 수 있을까?", "어떻게 하면 셀의 수명을 최대화하면서 효용을 극대화하도록 셀을 제어할 수 있을까?" 회로 모델은 이런 질문에 대한 답을 제시하지 못한다.

따라서 이제 모델의 예측력을 높일 수 있는 물리 기반 셀 모델을 살펴볼 것이다. 이런 물리 기반 모델은 수학적으로 매우 복잡하지만 궁극적으로 이 장에서 공부한 등가회로 모델과 계산 복잡도가 유사한 모델로 축소할 수 있다.

SECTION 2.14 MATLAB ESC 모델 툴박스

2.10절에서는 셀에 대한 개방회로-전압 관계를 만들기 위해 셀 테스트 데이터를 수집하고 처리하는 방법에 대해 설명했다. 그 다음 절인 2.11절에서는 완전한 동적 ESC 모델의 나머지 파라미터 결정을 위한 셀 테스트 데이터를 수집하고 처리하는 방법에 대해 논의했다.

이런 단계를 구현하는 코드와 여러 셀에서 수집한 동반 셀 테스트 데이터로 구성된 MATLAB 툴박스 및 데이터 세트는 웹 사이트(`http://mocha-java.uccs.edu/BMS1/CH02/ESCtoolbox.zip`)를 통해 다운로드할 수 있다. 이 절에서는 툴박스의 주요 코드 구성 요소를 간략히 소개한다. 코드 자체를 꼼꼼히 살펴보고 단계가 어떻게 구현되는지 확인하면 많은 것을 배울 수 있을 것이다.

2.14.1 모델 만들기

[그림 2-27]은 향상된 자가 교정(ESC) 셀 모델을 생성하는 전체 프로세스를 보여준다. 보라색 박스는 실험실 프로세스를 나타내며, 노란색 박스는 데이터 파일을, 녹색 박스는 MATLAB 함수에 의한 처리를 나타낸다. OCV 테스트 박스는 2.10절에서 다룬 셀 테스트로, 다양한 온도에서 실행된다. OCV 테스트 하단의 동적 테스트 박스는 2.11절에서 학습한 종류의 셀 테스트로, 역시 여러 온도에서 실행된다. 앞으로 다룰 프로세스에서 두 경우 모두 25℃ 중 한 테스트의 실행 온도여야 한다.

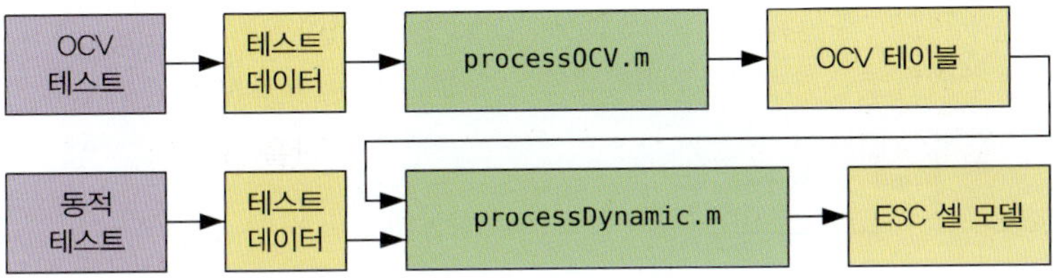

[그림 2-27] 셀 테스트 데이터에서 ESC 셀 모델을 생성하는 프로세스

테스트 데이터 박스는 실험실 테스트의 결과를 추상적으로 낸 것으로, 효율성을 높이려면 일부 형식의 변환이 필요하다. 예를 들어 Arbin Instruments사의 셀 테스트 장비는 출력으로 `.res` 파일을 생성한다. 또한 Arbin사는 `.res` 형식을 `.xlsx` 형식으로 변환하는 Microsoft Excel 매크로를 제공한다. 웹 사이트의 (OCV 및 동적 처리를 위한 각각의 스크립트인) `makeMATfiles.m` 코드는 `.xlsx` 형식을 MATLAB의 `.mat` 파일로 변환한다. `.mat` 파일에는 추가적인 처리를 위해 변수가 적절하게 설정되어 있다.[16]

`processOCV.m` 함수는 초기 셀-테스트 데이터를 처리해 OCV 관계를 생성한다. 툴박스에서 `processOCV.m`은 초기 셀-테스트 데이터를 로드하고 규정된 형식으로 구성한 뒤 `processOCV.m`을 호출해 결과를 파일에 저장하는 래퍼 함수 `runProcessOCV.m`에 의해 호출된다.

`processDynamic.m` 함수도 마찬가지로 초기 셀 테스트 데이터를 사용해 최종 ESC 셀 모델을 생성한다. 툴박스에서 `processDynamic.m`은 래퍼 함수 `runProcessDynamic.m`에 의해 호출되며, 이 래퍼 함수는 OCV 관계와 원 셀 테스트 데이터를 미리 지정된 형식으로 구성한 뒤 `processDynamic.m`을 호출하고 결과를 파일에 저장한다. `processDynamic.m`에는 MATLAB의 최적화 툴박스가 필요한데, 이 툴박스를 사용할 수 없다면 `fminbnd.m`에서 수행하는 라인 검색 기능을 사용자가 다시 작성해야 한다.

16 다른 브랜드의 셀 검사 장비를 사용한다면 사용자는 검사 출력을 처리 매크로와 호환할 수 있는 형식으로 변환하기 위해 새로운 코드를 구현해야 한다. 이때 웹 사이트의 코드와 데이터는 이를 수행하는 방법에 대한 양식과 예제를 제공해야 한다.

2.14.2 모델 사용

모델이 생성되었다면 이제 사용해보자. [그림 2-28]은 모델을 사용하는 과정을 나타낸 것으로, 먼저 셀 테스트 데이터에서 생성된 ESC 셀 모델이 로드된다. 초기 셀 충전 상태와 초기 저항 전류, 초기 정규화된 히스테리시스 값으로 구성된 초기 상태가 조립되면 시뮬레이션할 셀 전류 대 시간 프로파일과 함께 **simCell.m** 함수가 호출된다. 이 함수의 출력은 예측된 셀 전압과 내부 모델 상태를 시간의 함수로 구성한 것이다.

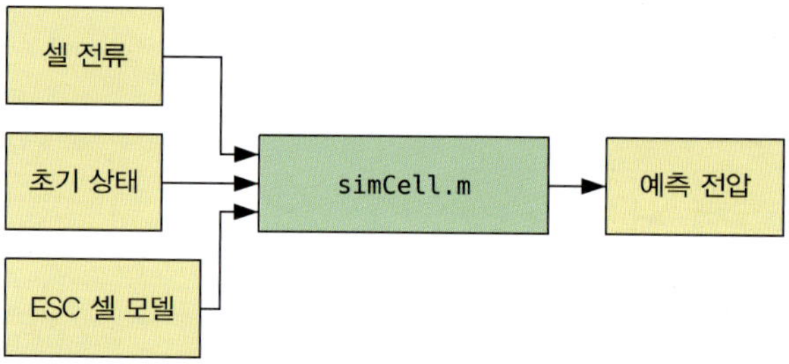

[그림 2-28] ESC 셀 모델을 사용해 셀 응답을 예측하는 과정

다음의 코드는 **simCell.m** 함수를 사용하는 방법을 설명한 것으로, [그림 2-29]에 이 코드의 출력이 나와 있다.

```
load DYN_Files/E2_DYN/E2_DYN_35_P25.mat % load data file
load DYN_Files/E2model.mat % load model file

time = DYNData.script1.time; % make variables easier to access
voltage = DYNData.script1.voltage;
current = DYNData.script1.current;

ind = find(diff(time)<=0); % get rid of duplicate time steps
time(ind+1)=[]; voltage(ind+1)=[]; current(ind+1)=[];

t1=time(1); t2=time(end); % make sure evenly sampled in time
deltaT = 1; t = (t1:deltaT:t2) - t1; % one-second sampling
current = interp1(time,current,t1:deltaT:t2);
voltage = interp1(time,voltage,t1:deltaT:t2);

% change [0;0] to have same number of zeros as you have R-C states in model
vest = simCell(current,25,deltaT,model,1,[0;0],0); % simulate cell

figure(1); clf; plot(t/60,voltage,t/60,vest); % plot some results
legend('Truth','Model','location','southwest');
xlabel('Time (min)'); ylabel('Voltage (V)');
title('Example of simCell.m');
```

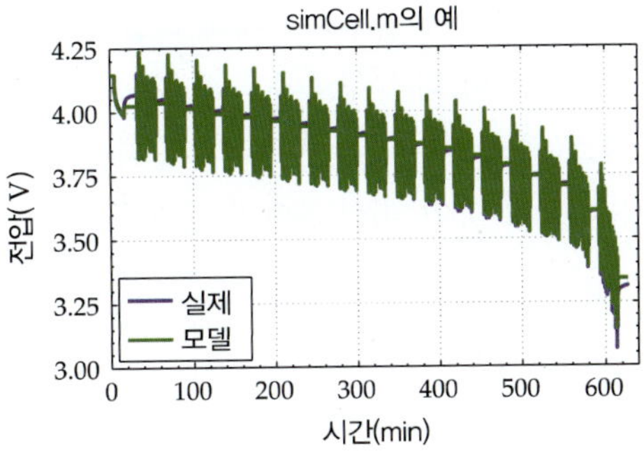

[그림 2-29] simCell.m의 출력 예

2.14.3 모델 내부

때로는 모델의 파라미터를 문의query하는 것이 중요할 수 있다. 이 작업은 MATLAB 구조 `model` 필드에 직접 접근access해 수행할 수 있다. 그러나 이는 일반적으로 좋은 프로그래밍 관행으로 여겨지지 않는다. 보통의 경우 툴박스에서 이 작업을 대신 수행하는 데이터 액세스(접근) 함수를 제공한다.

하나 이상의 충전 상태에서의 개방회로 전압을 결정할 때 `OCVfromSOCtemp.m` 함수를 사용할 수 있다. 이 함수의 입력은 전압이 필요한 충전 상태벡터, 온도 변수(모든 출력에 적용되는 스칼라 또는 각 출력에 다른 온도가 적용되는 충전 상태 입력 벡터와 동일한 크기의 벡터) 및 모델 데이터 구조이다. 예를 들어 이 함수는 다음과 같이 나타낼 수 있다.

```
load DYN_Files/E2model.mat % load model file
z = 0:0.01:1; % make SOC input vector
T = 25; % set temperature value
plot(z,OCVfromSOCtemp(z,T,model));
```

하나 이상의 휴지 개방회로 전압 값에서 충전 상태를 확인할 때는 `SOCfromOCVtemp.m` 함수를 사용할 수 있다. 이 함수의 호출 파라미터는 `OCVfromSOCtemp.m`에 사용되는 것과 유사하며, 다음과 같다.

```
load DYN_Files/E2model.mat % load model file
v = 2.5:0.01:4.2; % make voltage input vector
T = 25; % set temperature value
plot(v,SOCfromOCVtemp(v,T,model));
```

마지막으로 모델 동적 파라미터 값을 결정하기 위해서는 getParamESC.m 함수를 사용해 다음과 같이 나타낼 수 있다. 이러한 작업을 하려면 사용자가 model 데이터 구조의 내부 구조에 대한 지식을 가지고 있어야 한다. 사용자가 이 데이터 구조의 필드에 직접 액세스(접근)하는 것은 권장하지 않지만 필드 이름은 getParamESC.m 함수에 대해 입력하기 위해 필요하다. [표 2-1]은 이런 데이터 구조의 필드를 정리한 것이다.

```
load DYN_Files/E2model.mat % load model file
T = 25; % set temperature value
gamma = getParamESC('GParam',T,model); % hysteresis rate factor
```

[표 2-1] model 데이터 구조의 필드

구분	식별자 필드
name	셀 유형의 이름을 저장하는 식별 문자열
구분	**OCV 대 SOC 관계와 관련된 필드**
OCV0	0℃[V]에서 OCV 대 SOC의 벡터
OCVrel	℃[V/℃]당 OCV 대 SOC의 변화벡터
SOC	OCV0과 OCVrel이 저장되는 SOC 벡터
SOC0	0℃(단위 없음)에서 SOC 대 OCV의 벡터
SOCrel	℃[1/℃]당 SOC 대 OCV의 변화벡터
OCV	SOC0과 SOCrel이 저장되는 OCV 벡터
구분	**동적 관계와 관련된 필드**
temps	동적 파라미터가 저장되는 온도[℃]
QParam	각 온도[Ah]에서의 용량 Q
etaParam	각 온도(단위 없음)에서의 쿨롱 효율 η
GParam	히스테리시스 "감마" 파라미터 η(단위 없음)
MParam	히스테리시스 M 파라미터[V]
M0Param	히스테리시스 M_0 파라미터[V]
R0Param	직렬 저항 파라미터 R_0[Ω]
RCParam	$R-C$ 시정수 파라미터 $R_jC_j[s]$
RParam	$R-C$ 파라미터[Ω]의 저항 R_j

CHAPTER 03

마이크로스케일 셀 모델

Microscale Cell Models

들어가기 전에

이 책은 리튬 이온 셀의 수학적 모델을 만들고 모델에서 파라미터 값을 찾은 뒤 모델을 시뮬레이션해 셀의 성능을 예측하는 것을 목표로 한다. 앞서 모델링에 대한 현상학적phenomenological(등가회로) 접근법을 이미 살펴봤으므로 이제 물리학 기반 모델을 살펴볼 것이다. [그림 3-1]은 모델링에 대한 두 가지 접근 방식을 보여준다.

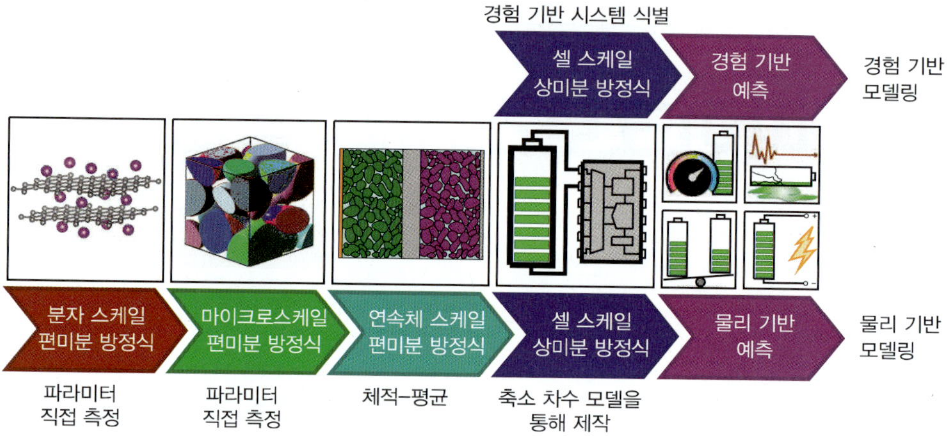

[그림 3-1] 리튬 이온 셀 모델 제작을 위한 다양한 접근 방식

2장에서 살펴본 등가회로 모델은 **경험적 모델**empirical models로, [그림 3-1]의 상단에 표시되어 있다. 이런 모델은 셀 스케일 상미분 방정식(ODE)의 간단한 시스템으로 구성되며, 저렴한 마이크로프로세서에서 쉽게 구현할 수 있다. 이 방정식은 배터리 관리 시스템의 배터리 상태 추정 및 제어 알고리즘에 쉽게 통합할 수 있고 셀 입력 전류의 측정값으로부터 셀 전압을 정확하게 예측할 수 있다. 또한 셀의 노화에 따라 변화하는 셀의 특성에 맞게 모델의 파라미터를 조정할 수 있다.

그러나 경험적 모델에는 여러 한계가 있다. 먼저 셀의 동적 특성을 예측할 수 없다. 이는 셀의 노화 방식을 예측하며, 배터리 제어 알고리즘을 구축할 때 필요한 중요 요소이다. 이 알고리즘은 셀 내부 상태의 범위를 벗어나 발생하는 셀 노화를 최소화할 수 있으므로 셀의 동적 특성을 예측할 수 없다는 것은 경험적 모델의 큰 한계로 작용한다. 또한 경험적 셀 모델의 파라미터 값을 결정하는 과정은 본질적으로 커브-피팅curve-fitting 과정인 경험적 시스템 식별을 사용하므로 자체적인 한계가 있다. 특히 결과 모델은 데이터를 수집해 모델 파라미터 값을 조정하는 시나리오와 매우 다른 시나리오에 사용해서는 안 된다.[1]

물리 기반 모델physics-based models은 경험적 모델보다 구축하는 것이 더 어렵지만 셀 내부의 개별 메커니즘을 더욱 정교하게 모니터링하고 예측할 수 있다. 또한 뉴턴의 운동 법칙을 통해 질량mass 측정

---

1 커브-피팅은 데이터 생성 테스트의 운영 체제와 유사하거나 유사한 운영 시나리오에서 데이터를 보간해 성능을 예측하는 때는 유용하게 활용할 수 있다. 그러나 이 과정은 모델 생성에 사용된 시나리오의 범위를 벗어난 상황에서 데이터를 예측할 때는 불리하다. 즉 외삽(extrapolating)이 어렵다.

값만 주어져도 매우 넓은 범위의 초기 속도에서 물체의 가속도를 정확하게 예측할 수 있는 것처럼 물리 기반 셀 역학 모델을 사용하면 측정된 소수의 물리적 셀 파라미터만 사용해 셀 동작을 정확하게 예측할 수 있다. 즉 경험적 모델처럼 '외삽 대 보간'의 문제를 고민하지 않아도 된다. [그림 3-1] 하단의 설명은 물리 기반 모델을 생성하고 사용하는 과정을 나타낸 것으로, 이를 통해 매우 짧은 길이의 스케일에서 시작해 최종 셀 스케일 모델까지 점진적으로 올라가는 여러 단계가 있음을 알 수 있다.

일부 물리 기반 모델은 분자 스케일에 대한 과정을 설명한다.[2] 이 모델에서는 방정식의 매개변수 값을 직접 측정할 수 있으므로 경험적 시스템 식별이 필요하지 않다. 또한 전극 활성 물질을 구성하는 전극 입자의 결정 구조에서 리튬의 확산 속도를 예측하고 이런 물질들의 개방회로 전위 관계를 추측하는 데 유용하다. 그러나 분자 스케일 모델 없이도 확산도와 개방회로 전위를 직접 측정하는 실험실 기술이 있으므로 이 스케일에서의 셀 동적 특성 모델링에 대한 추가적인 논의는 생략한다.

분자 스케일 모델보다 높은, 즉 상위의 스케일은 입자 스케일 또는 마이크로스케일로, 균질적인 물질을 살펴보는 모델이다. 이 모델은 고체 전극 입자 내부의 결합과 전해질에서 어떤 일이 일어나는지를 개별적으로 고려해 예측한다. 이 스케일은 불순물과 불균일한 물질이 혼합되어 균일한 물질을 만드는 분자 스케일의 체적-평균으로 생각할 수 있다. 모델 매개변수도 이 스케일에서 실험실 테스트를 통해 직접 측정된다.

그 다음 스케일 모델은 전극과 전해질을 더 이상 별도로 고려하지 않는 연속체 스케일로, 마이크로스케일을 체적-평균으로 단순화하며, 각 샘플의 체적은 일부 전극 물질과 전해질을 포함한다고 가정한다. 전극과 전해질에서의 활성은 여전히 별개의 것으로 생각되지만 등식은 두 영역 간의 상호작용을 고려한다.

최종 스케일은 연속체 스케일의 편미분 방정식을 셀 스케일의 상미분 방정식 집합으로 변환한 것으로, 신속한 시뮬레이션 및 제어에 활용하기 적합하다. 이런 셀 스케일 ODE의 최종 복잡도는 경험적 모델링을 통해 생성된 것과 유사하지만 예측력은 훨씬 더 크다.[3] 이런 물리 기반 경로는 개발하고 이해하기가 훨씬 어렵지만 최종적으로 그만한 가치가 있는 결과를 얻을 수 있다.

[그림 3-1]은 이 책의 흐름을 보여주는 로드맵이다. 2장에서 등가회로 유형의 경험적 모델을 고려했다면 3장에서는 마이크로스케일 모델 개발에 집중한다. 이어지는 4장에서는 체적-평균 기법을 사용해 연속체 스케일 모델을 만드는 방법을 설명하며, 5장과 6장에서는 이런 연속체 규모 모델을 복잡도가 낮은 셀 스케일 모델로 자동 변환하는 배경과 방법을 살펴볼 것이다. 마지막 장에서는 물리 기반 모델에 열적 효과를 통합하는 방법을 배울 것이다.

---

2 이런 모델은 "마이크로스케일"이라고 부르기도 하지만 원자 수준에서 동작하므로 "나노(nano)스케일"이라고 부르는 것이 더 적절할 수 있다. 이 책에서는 이런 논쟁을 피하기 위해 "분자(modecular)스케일"이라고 부른다.

3 이 방정식을 통해 물리학이 허용하는 한 모델을 만드는 데 사용된 데이터보다 더 많이 외삽할 수 있고 외부 셀 전압뿐만 아니라 내부 셀 동적 특성도 예측할 수 있다.

SECTION 3.1 장 목표 : 마이크로스케일 모델 방정식 도출

3장에서 다루는 벡터 미적분학과 열역학, 물리화학의 개념은 모든 학습자에게 익숙하지 않을 수 있다. 만약 이런 분야에 대한 사전 지식을 쌓는다면 마이크로스케일 모델의 방정식을 도출할 수 있지만 이는 시간이 오래 걸리고 세부 사항에 빠져 주요 결과를 놓치기 쉽다. 따라서 이 절에서는 본격적인 학습 전에 개발하고자 하는 주요 결과를 요약해 제시한다.[4] 학습자는 이런 결과를 3장의 이정표로 삼아 진행 상황을 파악할 수 있을 것이다.

이 장에서는 다음과 같이 다섯 개의 결합된 방정식 세트로 구성된 마이크로스케일 모델을 개발하는 것을 목표로 한다.

❶ 균일한 전극 내부의 전하 보존

$$\nabla \cdot \mathbf{i}_s = \nabla \cdot (-\sigma \nabla \phi_s) = 0 \tag{3.1}$$

❷ 균일한 전극 내부의 질량 보존

$$\frac{\partial c_s}{\partial t} = \nabla \cdot (D_s \nabla c_s) \tag{3.2}$$

❸ 균일한 전해질 내부의 질량 보존

$$\frac{\partial c_e}{\partial t} = \nabla \cdot (D_e \nabla c_e) - \frac{\mathbf{i}_e \cdot \nabla t_+^0}{F} - \nabla \cdot (c_e \mathbf{v}_0) \tag{3.3}$$

❹ 균일한 전해질 내부의 전하 보존

$$\nabla \cdot \mathbf{i}_e = \nabla \cdot \left(-\kappa \nabla \phi_e - \frac{2\kappa RT}{F} \left(1 + \frac{\partial \ln f_\pm}{\partial \ln c_e} \right) (t_+^0 - 1) \nabla \ln c_e \right) = 0 \tag{3.4}$$

❺ 전극과 전해질 단계 사이의 리튬 이동

$$j = \frac{i_0}{F} \left\{ \exp\left(\frac{(1-\alpha)F}{RT} \eta \right) - \exp\left(-\frac{\alpha F}{RT} \eta \right) \right\} \tag{3.5}$$

이 시점에서 방정식의 변수는 학습자에게 아직 의미가 없다. 이 장에서 가장 중요하게 사용되는 변수들은 이 장의 마지막 페이지에서 확인할 수 있다. 벡터 미적분 기울기(∇) 및 발산 연산자($\nabla \cdot$) 역시 식을 유도할 때 다룰 것이다.

---

4 이 장에 제시된 방정식의 많은 증명을 도출하는 데 도움을 준 칸하오 쉬에(Dr. Kan-Hao Xue) 박사에게 특별한 감사를 표한다.

SECTION 3.2 전극 내부의 전하 보존

먼저 전극의 전하와 질량mass 보존을 설명하는 리튬 이온 전지에 대한 미시적 방정식인 식 (3.1)과 식 (3.2)를 구해보자. 이런 유도식은 기본 물리학 법칙에서 시작하며, 매우 간단하지만 앞으로 살펴볼 벡터 미적분학에 대한 몇 가지 지식이 필요하다. 그런 다음 나머지 모델 방정식을 구하기 전에 열역학 및 물리화학의 몇 가지 개념을 살펴볼 필요가 있다.

[그림 3-2]는 전극 활성 물질의 전극 입자에서의 활성도를 나타낸 것이다. 총 두 가지의 이동을 설명하는 최종 모델에서 첫 번째 이동은 전위의 국부적 차이로 인한 전도를 통한 전자 이동이며, 두 번째 이동은 (전극-전해질 사이의) 농도의 국부적 차이로 확산을 통한 활성 물질의 결정 구조 내 빈 공간 사이의 리튬 원자 이동이다. 물질과 전하를 정량화할 수 있는 용어를 먼저 정의한 뒤 물질의 이동을 수학적으로 어떻게 설명할지 논의해야 한다.

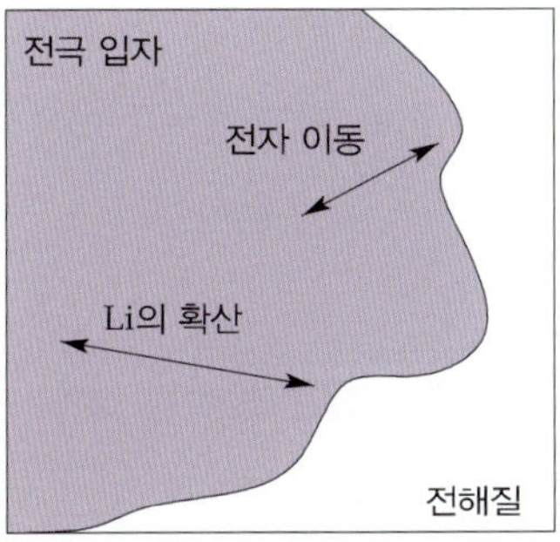

[그림 3-2] 전극의 동적 특성

3.2.1 몰과 쿨롱

배터리 셀에 상당한 양의 전류가 흐르려면 **많은** 양의 리튬이 이동해야 한다. 따라서 개별 리튬 원자를 세는 대신 리튬의 **몰**mole을 세는 것이 일반적이다. 몰은 화학에서 화학 물질의 양을 표현하기 위해 사용되는 측정 단위로, $N_A = 6.02214 \times 10^{23}$이다.[5]

몰은 국제 단위계의 기본 단위 중 하나이며, 몰(mol)이라고 표현한다. 몰의 분자 수는 그램(g)으로 표시된 물질 1몰의 질량이 물질의 평균 분자량과 정확히 같도록 정의된다. 예를 들어 천연수의 평균 분자량(H_2O)은 약 18.015이므로 1몰은 약 18.015 g이다.

5 N_A은 아보가드로(Avogadro)의 수이다.

몰은 질량이나 체적 단위 대신 화학 반응의 반응물과 생성물의 양을 표현하기 편리해 화학에서 널리 사용된다. 예를 들어 반응 $2H_2 + O_2 \rightarrow 2H_2O$는 2몰의 수소와 1몰의 산소가 반응해 2몰의 물을 형성한다는 것을 의미한다. 이뿐만 아니라 몰은 샘플sample에 포함된 원자, 이온 또는 다른 기본 개체의 수를 표현하는 데에도 사용할 수 있다.

배터리 셀도 상당한 양의 전류가 흐르려면 많은 전자가 움직여야 한다. 따라서 개별 전자를 세는 대신 전자의 몰을 세기도 하지만 일반적으로 연구자들은 전자의 이동량보다 전하의 이동량에 더 관심이 있다. 이런 전하는 쿨롱(C)으로 표현하며, 기본 전하 몰당 $F = 96,485\,\mathrm{C}$으로 나타낸다.[6] 전기적 전류는 암페어(A) 단위로 측정되는 전하의 흐름으로, 1암페어는 초당 1쿨롱, 즉 $1\,\mathrm{A} = 1\,\mathrm{Cs}^{-1}$이다.

3.2.2 선속 밀도

이제 전자와 리튬 원자, 이온의 움직임, 즉 **선속**flux을 살펴볼 것이다. 선속은 어떤 물체가 표면을 가로지르는 속도로, 단위시간당 총량이라는 점에 유의하자. 전자의 움직임을 고려한다면 선속은 쿨롱(C) 또는 암페어(A) 단위로 측정된다. 만약 리튬 이온 또는 원자의 이동을 고려한다면 선속은 초당 몰 또는 $\mathrm{mol\,s}^{-1}$로 측정된다. 나중에는 단위면적 또는 부피당 선속을 정규화한 **선속 밀도**flux density에 더 관심을 갖게 될 텐데,[7] 전하를 고려할 때는 선속 밀도를 Am^{-2}로 측정하고 리튬을 고려할 때는 선속 밀도를 $\mathrm{m}^{-2}\mathrm{s}^{-1}$로 측정한다.

움직임이 발생하는 표면은 전극 입자와 전해질 사이의 리튬 이동을 고려할 때와 같은 물리적 경계가 될 수 있지만 (x, y, z)와 $(x + \delta x, y, z)$를 분리하는 개념적 평면과 같은 비물리적 경계일 수도 있다. 비물리적 경계라면 점 (x, y, z) 근처에서 얼마나 많은 리튬이 x 방향으로 이동하고 있는지 고려해야 한다.

표면을 통과하는 전자 또는 리튬의 선속을 측정하려면 다음 두 가지 요소를 알아야 한다.

- 표면의 모양, 크기 및 방향
- 공간의 어떤 지점에서의 흐름의 강도와 방향

두 번째 요소는 **벡터장**vector field으로, 모든 (x, y, z) 위치에서 벡터 값을 계산하는 공간의 함수이다. 각 벡터에는 해당 지점에서 물질이 얼마나 빨리 흐르는지를 나타내는 길이와 물질이 어느 방향으로 흐르는지를 나타내는 방향이 있다. [그림 3-3]은 벡터장을 2차원으로 그리는 방법을 나타낸 것으로, 모든 점 (x, y)는 흐름의 속도와 방향을 나타내는 벡터와 연관되어 있다.

---

6 F는 패러데이 상수이다.

7 여러 문헌에서 선속 밀도는 일반적으로 선속이라고 표현한다. 핵심은 그 문헌의 저자가 실제로 무엇을 고려하는지 알기 위해 단위를 살펴보는 것이다.

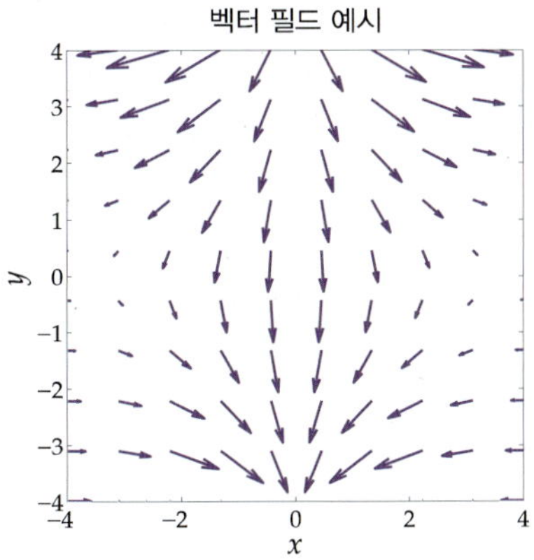

[그림 3-3] 2차원의 일반 벡터 벡터장

벡터장의 국부적 강도는 선속에 직접적인 영향을 미친다. 만약 강도를 두 배로 늘리면 표면을 통과하는 선속도 두 배가 된다. 선속은 필드와 표면의 방향에 따라서도 달라진다. 필드가 표면을 직접 통과할 때, 즉 표면과 직각일 때 선속은 최대가 된다. 반대로 표면이 필드에서 멀어지면 표면을 통과하는 선속은 점점 감소한다. 결국 원천[source]과 표면이 평행할 때, 즉 플럭스가 경계를 지나치지만 통과하지는 않을 때 선속은 0이 된다.

창틀(표면)을 지나가는 바람(선속의 원천)을 생각해보자. 바람이 창문을 향해 똑바로 향하면 창틀을 통과하는 공기의 흐름은 최대가 된다. 그러나 바람이 창문과 비스듬히 향하면 창틀을 통과하는 공기의 흐름이 감소한다. 마지막으로 바람이 창을 가로질러 불면 창틀을 통과하는 공기의 흐름은 없다. 즉 0이 된다. [그림 3-4]는 이런 선속의 방향을 나타낸 것으로, 벡터장 $\mathbf{F}(x, y, z)$는 파란색 선으로, 표면은 녹색으로 표시되어 있으며, 표면에 법선(정규화된[normal])인 벡터는 $\hat{\mathbf{n}}$으로 표시된다. 선속을 구성하는 벡터장의 구성 요소는 주황색 선으로 표시되어 있는데, 이는 $\mathbf{F}$에서 $\hat{\mathbf{n}}$에 평행하고 표면에 수직인 부분이다.

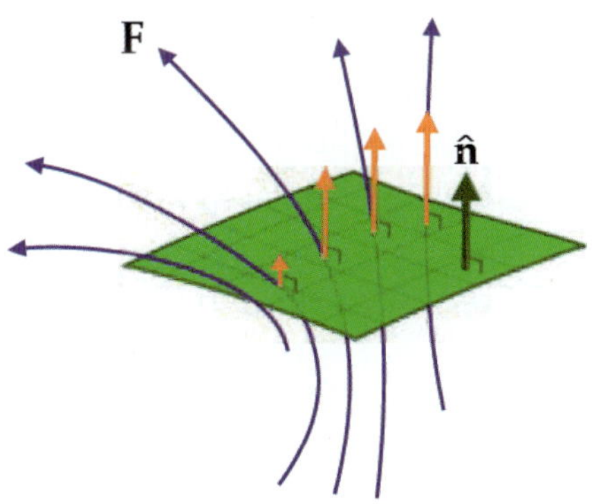

[그림 3-4] 선속의 방향 의존성[8]

8 http://en.wikipedia.org/wiki/File:General_flux_diagram.svg.

이 예에서 선속은 $\hat{\mathbf{n}}$과 같은 방향이므로 양(+)이며, 반대 방향이면 음(−)이다. 표면이 물리적일 때 이런 정의는 의미가 있다. 물체에서 **바깥쪽**을 가리키는 법선벡터 $\hat{\mathbf{n}}$을 정의하면 양의 선속은 흐름이 물체에서 빠져나가며, 물체가 선속의 원천임을 의미한다. 음의 선속은 흐름이 물체 안으로 들어오며, 물체가 선속의 싱크sink임을, 즉 선속의 원천이 아님을 의미한다.

이를 수학적으로 표현해보자. $\mathbf{F}(x, y, z)$가 벡터장이고 $\hat{\mathbf{n}}$이 표면에 대한 법선 벡터라면 이 두 벡터의 내적 $\mathbf{F}(x, y, z) \cdot \hat{\mathbf{n}}$은 표면에 수직인 벡터장의 성분을 제공한다. 총 선속은 표면에서의 이런 내적의 적분으로, 다음과 같이 정의한다.

$$\text{flux} = \iint_S \mathbf{F}(x, y, z) \cdot \hat{\mathbf{n}} \, \mathrm{d}S$$

여기서 $\iint_S$는 전체(일반적인) 표면 S에 대해 적분함을 의미한다. 특정 계산에서 적분의 한계를 명시적으로 제공해야 적분을 평가할 수 있으며, $\mathrm{d}S$는 표면을 설명하는 기하학적 변수(예 $\mathrm{d}x$ 및 $\mathrm{d}y$)의 관점에서 작성해야 한다.

때때로 열린 표면open surface와 닫힌 표면close surface을 구분하기도 한다. 열린 표면은 체적을 완전히 둘러싸고 있지 않으므로 뚜렷한 가장자리나 경계가 있으며, 닫힌 표면은 일부 체적(예 정육면체나 구의 바깥쪽 표면)을 완전히 둘러싸고 있다. 닫힌 표면에 대해 이야기할 때는 선속을 다음과 같이 쓰는 것이 더 정확하다.

$$\text{flux} = \oint\!\!\oint_S \mathbf{F}(x, y, z) \cdot \hat{\mathbf{n}} \, \mathrm{d}S$$

여기서 $\oint\!\!\oint_S$는 닫힌 표면 S 전체에 대해 통합하고 있음을 의미한다. 만약 고려 중인 표면이 열려 있거나 닫혀 있을 수 있다면 $\iint_S$를 사용한다.

3.2.3 옴의 법칙의 점 형태

이제 전극의 균일한 전극 결정 구조를 통한 전하 이동을 모델링하는 관계를 도출할 준비가 되었다. 전자의 이동은 옴의 법칙Ohm's law이 적용되는 선형 매질에서 전하가 서서히 이동하는drift 운동으로 인해 발생한다고 가정한다. 이 시나리오에서 전류 밀도는 다음과 같이 적용된 전기장에 비례한다.

$$\mathbf{i} = \sigma \mathbf{E}$$

- $\mathbf{i}(x, y, z, t)\,[\mathrm{Am}^{-2}]$: 주어진 위치를 중심으로 한 대표적인 단면적을 통해 흐르는 (벡터) 전류 밀도이다. 일반적으로 $\mathbf{i}$는 양전하의 흐름을 나타내며, 음전하를 띤 전자는 $\mathbf{i}$와 반대 방향으로 흐른다.
- $\sigma(x, y, z, t)\,[\mathrm{Sm}^{-1}]$: 물질에 따라 달라지는 전도도conductivity의 값으로, σ 값이 높으면 전류가 흐르기 쉽고 σ 값이 낮으면 전류가 흐르기 어렵다. 전도도는 저항률에 반비례한다.
- $\mathbf{E}(x, y, z, t)\,[\mathrm{Vm}^{-1}]$: 해당 위치의 (벡터) 전기장이다.

자기 효과가 무시할 수 있는 수준이라고 가정하면 전기장은 전위의 국부적 기울기로 다음과 같이 표현할 수 있다.[9]

$$\mathbf{E} = -\nabla\phi$$

여기서 $\phi(x, y, z, t)[\mathrm{V}]$는 각 지점의 전위를 나타내는 스칼라 필드, 즉 공간의 스칼라 함수로, 대입하면 다음과 같다.

$$\mathbf{i} = -\sigma\nabla\phi \tag{3.6}$$

이 관계는 균일한 선형 매체에 대해 $I = \Delta V/R$이라는 옴의 법칙을 미시적인(점 형태) 버전으로 표현한 것이다. 여기서는 기울기 연산자 $\nabla\phi$와 차동 연산자 ΔV의 서로 다른 부호 규칙을 일치시키기 위해 음의 부호를 도입했다.

이 작업의 예로 [그림 3-5]에 표시된 시나리오를 생각해보자. [그림 3-5(a)]는 공간 좌표 x와 y의 함수인 국부 전위 ϕ와 같은 스칼라 필드의 예이다. [그림 3-5(b)]는 동일한 함수 값의 윤곽을 원으로 표시하고 국부 기울기 값을 벡터 기호로 표시한 것으로, 다이어그램의 중앙에서 피크를 향해 위쪽을 가리키는 기울기(그라디언트[gradient])를 확인할 수 있다. 중심에서 벗어나 골짜기에 도달하면 기울기벡터는 함수의 아래쪽 능선을 가리킨다. 즉 기울기가 전역적으로 최대 함수값을 가리키는 것이 아니라 국부적인 의미로만 위쪽을 가리킨다. 마지막으로 [그림 3-5(c)]는 선속 밀도벡터로, 선속 밀도는 기울기와 반대의 부호를 가지고 이동이 "내리막길"임을 의미한다. 즉 양전하가 전기장의 영향을 받아 높은 전위에서 낮은 전위로 이동한다.

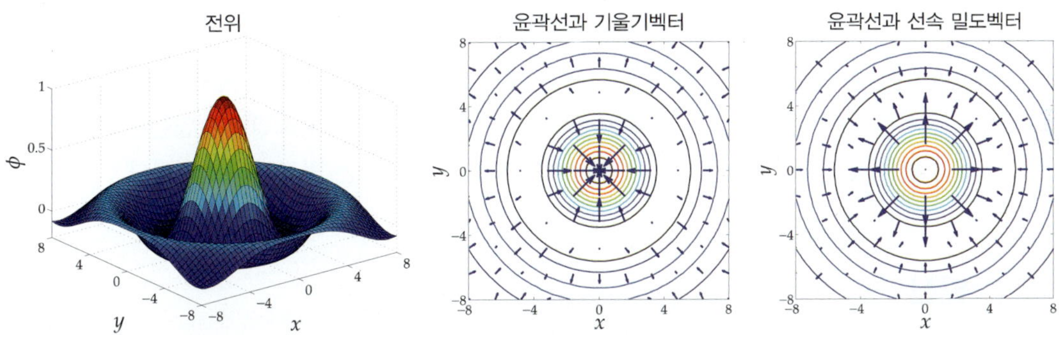

(a) 전위 (b) 기울기벡터 (c) 선속 밀도벡터

[그림 3-5] 기울기(그라디언트)와 선속 밀도의 예시

9 기울기(gradient)는 공간에 대한 함수의 변화 속도를 나타내며, 국부적으로 간주되는 함수가 가장 크게 증가하는 방향을 가리키는 벡터이다. 수학적으로 그라디언트 기호는 거꾸로 된 델타(∇) 형태로, "델"이라고 한다. 함수 $F(x, y, z)$의 기울기는 $\nabla F = \frac{\partial F}{\partial x}\hat{\mathbf{i}} + \frac{\partial F}{\partial y}\hat{\mathbf{j}} + \frac{\partial F}{\partial z}\hat{\mathbf{k}}$로 쓸 수 있다. 이때 $\hat{\mathbf{i}}$, $\hat{\mathbf{j}}$, $\hat{\mathbf{k}}$는 각각 x, y, z 방향의 표준 단위벡터이다.

3.2.4 연속 방정식(키르히호프의 전류 법칙)

이제 식 (3.6)과 식 (3.1)을 비교해보자. 첫 번째 마이크로스케일 모델 방정식에 필요한 용어를 개발하기 시작했지만 원하는 최종 형태는 아직 갖추지 못했다. 지금까지 한 것은 전하의 흐름을 표현하는 방법을 계산한 것일 뿐 전하 보존을 강제한 것이 아니다.

전극 입자를 여러 개의 작은 체적으로 표현한다고 가정할 때 체적 내의 재료 특성이 균일하며, 체적이 닫힌 경계면 S를 가지고 전류 밀도 $\mathbf{i}$가 바로 체적 내부로 향하는 체적 V 중 하나를 생각해보자. 이때 해당 영역으로 유입되는 순 전류 i [A]는 다음과 같다. 이때 마이너스 기호(−)는 정규화된 $\hat{\mathbf{n}}$이 체적을 나타내는 일반적인 관습 때문에 발생한다.

$$i = -\oiint_S \mathbf{i} \cdot \hat{\mathbf{n}} \, \mathrm{d}S$$

순 전하 $\mathrm{d}Q$ [C]는 시간 $\mathrm{d}t$ 내의 전류에 의해 체적 V에 공급되므로 다음과 같이 쓸 수 있다.

$$i = \frac{\mathrm{d}Q}{\mathrm{d}t}$$

따라서 체적의 순 전하가 시간 $\mathrm{d}t$에 따라 변화하는 양은 $\mathrm{d}Q = \mathrm{d} \iiint_V \rho_V \, \mathrm{d}V$이며, 이때 ρ_V [Cm^{-3}]는 체적 V 내부에 있는 (양전하의) **전하 밀도**charge density이므로 다음과 같다.

$$\oiint_S \mathbf{i} \cdot \hat{\mathbf{n}} \, \mathrm{d}S = -\frac{\mathrm{d}}{\mathrm{d}t} \iiint_V \rho_V \, \mathrm{d}V \tag{3.7}$$

V 내부의 전하는 경계를 통해 들어오고 나가는 것을 **반드시** 허용해야 변경할 수 있다고 암시적으로 가정했음을 유의하자. 이 과정에서 V에 이미 포함된 전하는 생성되거나 소멸되지 않는다. 따라서 식 (3.7)은 소위 **연속 방정식**equation of continuity(적분 형태)으로, 전하 보존 방정식과 동일하다.

3.2.5 발산

이 절의 궁극적인 목표는 전하 보존 관계의 적분 형태를 (미분) 점 형태로 변환하는 것이다. 이처럼 점 형태로 변환하려면 체적 V가 매우 작아졌을 때 식 (3.7)의 극한을 구할 수 있어야 한다. 이를 위해 벡터장 $\mathbf{F}$의 발산은 다음과 같이 정의된다.

$$\nabla \cdot \mathbf{F} = \lim_{\Delta V \to 0} \frac{1}{\Delta V} \oiint_S \mathbf{F} \cdot \hat{\mathbf{n}} \, \mathrm{d}S \tag{3.8}$$

발산divergence을 표현하는 데 사용되는 표기법 $\nabla \cdot \mathbf{F}$를 $\mathbf{F} = F_x \hat{\mathbf{i}} + F_y \hat{\mathbf{j}} + F_z \hat{\mathbf{k}}$라고 할 때 F_x는 $\mathbf{F}$의 x 구성 요소, F_y는 y 구성 요소, F_z는 z 구성 요소이다.

F의 값이 각 면에 대해 일정할 때(다른 면에서는 다를 수 있음) $\triangle V$의 체적을 무한소수 정육면체로 축소하면 식 (3.8)은 정육면체의 여섯 개의 다른 면에 대한 $\mathbf{F} \cdot \hat{\mathbf{n}}$의 정규화된 합계에 각 면적을 곱한 값이 된다. 이를 정리하면 다음과 같다.

$$\nabla \cdot \mathbf{F} = \lim_{\triangle V \to 0} \frac{1}{\triangle V} \Big[(F_x(x + \triangle x) - F_x(x)) A_{yz} + (F_y(y + \delta y) - F_y(y)) A_{xz} + (F_z(z + \delta z) - F_z(z)) A_{xy} \Big]$$

여기서 A_{yz}는 정육면체의 $y-z$ 면의 면적, A_{xz}는 $x-z$ 면의 면적, A_{xy}는 $x-y$ 면의 면적이다. 이를 통해 $\triangle V = A_{yz}\delta x = A_{xz}\delta y = A_{xy}\delta z$를 다음과 같이 구할 수 있다.

$$\nabla \cdot \mathbf{F} = \lim_{\delta x,\, \delta y,\, \delta z \to 0} \left[\frac{F_x(x + \delta x) - F_x(x)}{\delta x} + \frac{F_y(y + \delta y) - F_y(y)}{\delta y} + \frac{F_z(z + \delta z) - F_z(z)}{\delta z} \right]$$

$$= \frac{\partial F_x}{\partial x} + \frac{\partial F_y}{\partial y} + \frac{\partial F_z}{\partial z}$$

이는 실제로 직사각형 직교 좌표계에서 발산이 계산되는 방식이다. 발산에 대한 표기법은 기울기와 내적의 아이디어를 결합한 것으로, 다음과 같다.

$$\nabla \cdot \mathbf{F} = \left(\frac{\partial}{\partial x}\hat{\mathbf{i}} + \frac{\partial}{\partial y}\hat{\mathbf{j}} + \frac{\partial}{\partial z}\hat{\mathbf{k}} \right) \cdot (F_x\hat{\mathbf{i}} + F_y\hat{\mathbf{j}} + F_z\hat{\mathbf{k}})$$

$$= \frac{\partial F_x}{\partial x} + \frac{\partial F_y}{\partial y} + \frac{\partial F_z}{\partial z}$$

신중하게 변수를 변경하면 다른 좌표계에서도 발산을 표현할 수 있다. 예를 들어 원통 (ρ, ϕ, z) 좌표계에서의 발산은 다음과 같이 쓸 수 있다.

$$\nabla \cdot \mathbf{F} = \frac{1}{\rho}\frac{\partial(\rho F_\rho)}{\partial \rho} + \frac{1}{\rho}\frac{\partial F_\phi}{\partial \phi} + \frac{\partial F_z}{\partial z}$$

구형 (r, θ, ϕ) 좌표에서의 발산은 다음과 같다.

$$\nabla \cdot \mathbf{F} = \frac{1}{r^2}\frac{\partial(r^2 F_r)}{\partial r} + \frac{1}{r\sin\theta}\frac{\partial(\sin\theta F_\theta)}{\partial \theta} + \frac{1}{r\sin\theta}\frac{\partial F_\phi}{\partial \phi}$$

식 (3.8)을 살펴보면 발산의 의미를 직관적으로 파악할 수 있다. 벡터장의 발산은 둘러싸고 있는 표면을 통해 체적에서 나오는 순 선속 밀도를 나타내는 스칼라양이다. 양의 발산은 점 소스[source] 지점이 있음을 의미하며, 음의 발산은 점 싱크[sink] 지점이 있음을 의미한다. "발산하다"라는 용어가 "멀어진다"는 의미임을 고려할 때 이런 수학적 정의는 다른 문맥에서도 이 단어가 어떻게 사용되는지에 대한 표준 이해와 일치한다. 즉 양의 발산은 물질이 한 지점에서 멀어지는 것을, 반대로 음의 발산은 물질이 한 지점을 향해 이동하는 것을 의미한다.

[그림 3-6]은 이 개념을 나타낸 것으로, 벡터장과 세 개의 서로 다른 영역(2차원 "체적")이 강조 표시되어 있다. 먼저 빨간색 체적을 살펴보면 안으로 들어가는 화살표보다 나오는 화살표가 많은데, 이를 통해 이 체적이 순 소스 역할을 하고 있고 발산은 양수임을 알 수 있다. 파란색 체적은 들어오는 화살표와 나가는 화살표의 수가 같으므로 이 체적이 소스도 싱크도 아니며, 발산은 0임을 확인할 수 있다. 마지막으로 녹색 체적은 안으로 들어가는 화살표가 나가는 화살표보다 많으므로 이 체적이 순 싱크 역할을 하고 있음을 알 수 있다.

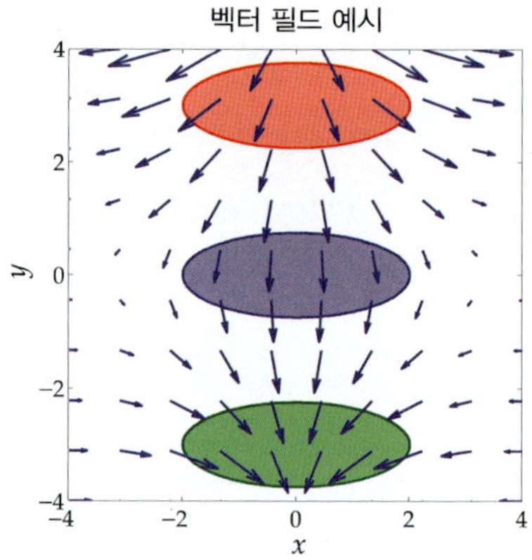

[그림 3-6] 벡터 필드에서의 발산 예시 (빨간색 : 양수, 파란색 : 0, 녹색 : 음수)

3.2.6 점 형태의 전하 보존

이제 전하 연속 방정식의 적분 형태를 점 형태로 변환할 준비가 되었다. 적분 형태부터 시작해보자.

$$\oint\!\!\!\oint_S \mathrm{i} \cdot \hat{\mathrm{n}}\, \mathrm{d}S = -\frac{\mathrm{d}}{\mathrm{d}t} \iiint_V \rho_V \, \mathrm{d}V$$

적분을 미분하기 위해 라이프니츠의 정리Liebniz's rule를 사용해 전하 밀도가 연속적이고 체적 V가 시간에 따라 변하지 않는다고 가정한다.[10]

$$\oint\!\!\!\oint_S \mathrm{i} \cdot \hat{\mathrm{n}}\, \mathrm{d}S = -\iiint_V \left(\frac{\partial \rho_V}{\partial t} \right) dV$$

그런 다음 방정식의 양쪽을 영역의 체적으로 나누고 체적이 0으로 줄어들 때 극한을 다음과 같이 구한다.

10 적분을 미분하는 라이프니츠 정리는 $f(x, \theta)$가 연속적이며, 적분이 존재한다고 가정할 때 $\frac{\mathrm{d}}{\mathrm{d}\theta} \int_{a(\theta)}^{b\theta} f(x, \theta)\, dx = \int_{a(\theta)}^{b\theta} \frac{\partial f(x, \theta)}{\partial \theta} dx + f(b(\theta), \theta) \frac{\partial b(\theta)}{\partial \theta} - f(a(\theta), \theta) \frac{\partial a(\theta)}{\partial \theta}$이다.

$$\lim_{V\to 0}\frac{1}{V}\oiint_S \mathbf{i}\cdot\hat{\mathbf{n}}\,\mathrm{d}S = \lim_{V\to 0} -\frac{1}{V}\iiint_V\left(\frac{\partial\rho_V}{\partial t}\right)dV$$

$$\nabla\cdot\mathbf{i} = -\frac{\partial\rho_V}{\partial t}$$

이런 유사성에 옴의 법칙을 적용하면 다음과 같은 결과를 얻을 수 있다.

$$\nabla\cdot\mathbf{i} = \nabla\cdot(-\sigma\nabla\phi) = -\frac{\partial\rho_V}{\partial t}$$

이때 전극 격자에서 전자의 이동 속도가 전기화학 전지의 다른 공정 속도보다 훨씬 빠르다고 가정한다. 따라서 ρ_V는 상대적으로 빠르게 평형 상태에 도달하며, 다른 과정의 시간 척도 동안 본질적으로 일정하다고 할 수 있다. 따라서 $\partial\rho_V/\partial t \approx 0$이 되므로 $\nabla\cdot(-\sigma\nabla\phi)=0$이 된다. 이 관계가 전해질이 아닌 셀의 전극 입자에 적용된다는 점을 강조하기 위해 $\mathbf{i}$와 ϕ에 아래 첨자 "s"를 사용한다.[11]

$$\nabla\cdot\mathbf{i}_s = \nabla\cdot(-\sigma\nabla\phi_s) = 0$$

앞선 식은 균일한 전극 내의 모든 샘플 체적에서 전류 밀도의 발산이 0임을 의미한다. 즉 균일한 전극의 샘플 체적 내에서 전하가 생성 또는 파괴, 저장되지 않고 동일한 양으로 체적에서 빠져나가야 한다. 이제 식 (3.1)을 도출했으므로 다음 절에서 새로운 식을 살펴보자.

SECTION 3.3 전극 내부의 질량 보존

이제 식 (3.2)를 유도해 균질 고체 전극 물질에서 질량 보존을 정의하는 방정식을 개발해보자. 여러 면에서 이 도출은 앞선 절에서 방금 완료한 것과 유사하다.

관심 있는 양의 움직임을 모델링하는 관계부터 다시 시작해보자. 이번에는 전하의 움직임 대신 음극 또는 양극 활성 물질 결정 구조 내 리튬 원자의 움직임에 집중할 것이다. 선형 매질에서만 간극 확산으로 인해 움직임이 발생한다고 가정했을 때 **몰 선속 밀도**[molar flux density]는 픽의 제1법칙[Fick's first law]에 의해 농도의 기울기에 다음과 같이 비례한다.

$$\mathbf{N} = -D\nabla c \tag{3.9}$$

11 이 책에서는 전극을 나타낼 때는 "s"를 사용하고 전해질을 나타낼 때는 "e"를 사용하는데, 문헌에서는 일반적으로 전극에 "1", 전해질에 "2"라는 기호를 사용한다. 두 방법을 모두 다루는 방법을 알아두는 게 좋다.

- $\mathbf{N}(x, y, z, t)\,[\mathrm{mol\,m^{-2}s^{-1}}]$: 주어진 위치에서 중심을 이루는 전극의 대표 단면적에 흐르는 리튬의 (벡터) 몰 선속 밀도molar flux density이다.
- $D(x, y, z, t)\,[\mathrm{m^2s^{-1}}]$: 확산도diffusivity에 따라 달라지는 매개변수이다. D 값이 크면 리튬이 쉽게 이동할 수 있고 D 값이 작으면 리튬이 이동하기 어렵다.
- $c(x, y, z, t)\,[\mathrm{mol\,m^{-3}}]$: 주어진 위치의 주변 리튬 농도이다.

[그림 3-7]은 이 개념을 나타낸 것이다. [그림 3-7(a)]는 농도 대 공간의 예이며, [그림 3-7(b)]는 농도의 기울기 벡터장으로, 농도가 증가하는 방향을 국부적으로 나타낸 것이다. 리튬이 고농도에서 저농도 영역으로 이동함에 따라 물질 선속 밀도는 [그림 3-7(c)]처럼 기울기와 반대 방향을 가리킨다.

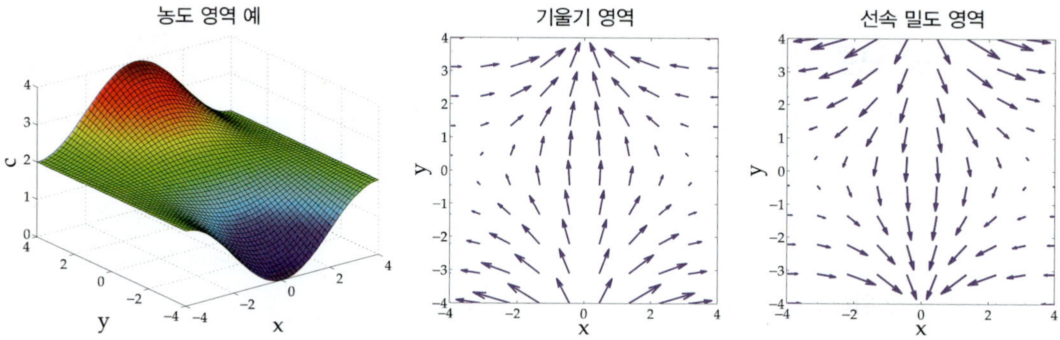

(a) 농도 대 공간 예 (b) 농도의 기울기 벡터장 (c) 농도의 선속 밀도 영역

[그림 3-7] 농도 기울기에 따른 리튬 원자의 움직임

3.3.1 연속 방정식

앞서 다룬 식 (3.9)는 리튬의 흐름을 설명한다. 이제 이 방정식으로부터 질량mass 보존을 강제하는 관계를 도출해보자. 먼저 전극 입자를 여러 개의 작은 체적으로 표현하는 것을 고려한 뒤 경계면 S와 그 안으로 향하는 리튬 몰 선속 밀도 $\mathbf{N}$을 가지는 대표적인 균일 체적 V를 다음과 같이 살펴보자. 이 영역으로의 순 몰 선속 $j\,[\mathrm{mol\,s^{-1}}]$는 다음과 같다.

$$j = -\oiint_S \mathbf{N} \cdot \hat{\mathbf{n}}\,\mathrm{d}S$$

여기서 마이너스(−) 기호는 정규화된 $\hat{\mathbf{n}}$이 영역을 나타내는 관습으로 인해 발생한다. 선속 j는 다음과 같이 쓸 수도 있다.

$$j = \frac{\mathrm{d}n}{\mathrm{d}t}$$

여기서 n 은 체적 V에 있는 리튬 몰의 수[number]이다. 따라서 $\mathrm{d}t$의 시간 동안 몰 선속 j 에 의한 순량[net quantity]의 리튬 $\mathrm{d}n$이 체적 V에 공급된다. 이는 $\mathrm{d}n = \mathrm{d}\iiint_V c\,\mathrm{d}V$라고 쓸 수 있는데, 이때 c는 세제곱미터당 몰 단위로 측정되는 체적 V 내의 리튬 농도이다. 정리하면 다음과 같다.

$$\oiint_S \mathbf{N}\cdot\hat{\mathbf{n}}\,\mathrm{d}S = -\frac{\mathrm{d}}{\mathrm{d}t}\iiint_V c\,\mathrm{d}V$$

이는 **연속 방정식**[equation of continuity]**의 적분** 형태로, 질량 보존 방정식과 동일하다. 앞서 정의했던 동일한 가정, 즉 체적 V 내의 질량은 경계를 통해 들어오고 나가야만 변경될 수 있다는 가정을 암시적으로 적용했다는 점에 유의하자. 이 과정에서 이미 V에 포함된 질량은 생성되거나 소멸되지 않는다.

3.3.2 질량 보존의 점 형태

이제 연속 방정식의 적분 형태를 점 형태로 변환할 준비가 되었다. 적분 형태 정의부터 시작해보자.

$$\oiint_S \mathbf{N}\cdot\hat{\mathbf{n}}\,\mathrm{d}S = -\frac{\mathrm{d}}{\mathrm{d}t}\iiint_V c\,\mathrm{d}V$$

적분을 미분하기 위해 라이프니츠의 정리를 사용하면 다음과 같은 식을 얻을 수 있다. 이때 농도는 연속적이고 체적 V는 시간에 따라 변하지 않는다고 가정한다.

$$\oiint_S \mathbf{N}\cdot\hat{\mathbf{n}}\,\mathrm{d}S = -\iiint_V \left(\frac{\partial c}{\partial t}\right)\mathrm{d}V$$

그런 다음 방정식의 양변을 영역의 체적으로 나눈 뒤 체적이 0으로 줄어드는 것에 따라 극한을 다음과 같이 구한다.

$$\lim_{V\to 0}\frac{1}{V}\oiint_S \mathbf{N}\cdot\hat{\mathbf{n}}\,\mathrm{d}S = \lim_{V\to 0} -\frac{1}{V}\iiint_V \left(\frac{\partial c}{\partial t}\right)\mathrm{d}V$$

$$\nabla\cdot\mathbf{N} = -\frac{\partial c}{\partial t}$$

이런 유사성[identity]에 픽의 제1법칙을 적용하면 다음과 같다.

$$\frac{\partial c}{\partial t} = \nabla\cdot(D\nabla c)$$

이를 픽의 제2법칙[Fick's second law]이라고 한다. 마지막으로 이 변수가 전극 상태임을 나타내기 위해 아래첨자 "s"를 c와 D에 사용하면 다음과 같은 결과를 얻을 수 있다.

$$\frac{\partial c_s}{\partial t} = \nabla\cdot(D_s\nabla c_s)$$

즉, 균일 전극 내의 샘플 체적에 대한 총 리튬 선속 밀도는 해당 체적의 리튬 농도 변화율과 같다.[12] 따라서 샘플 체적에 유입되는 리튬은 해당 체적에서 빠져나가는 리튬 또는 해당 체적의 리튬 농도 증가로 보정compensated되어야 한다. 이를 통해 리튬은 균일 전극의 샘플 체적 내에서 생성되거나 파괴되지 않음을 알 수 있다. 이 과정을 통해 식 (3.2)를 도출했다.

3.3.3 선형 확산의 1차원 예시

식 (3.1)과 식 (3.2)는 확산 방정식diffusion equation이며, 식 (3.3)은 주요dominant 확산 성분을 가지고 있다. 따라서 리튬 이온 전지의 동작을 이해하려면 확산이 어떻게 동작하는지에 대한 직관을 갖는 것이 매우 중요하다.

확산을 시각화하기 위해 상수 D_s를 갖는 1차원 확산의 특수한 경우에 대한 시뮬레이터를 생성한다. 이때 확산 PDE는 다음과 같이 감소한다.

$$\frac{\partial c_s(x,t)}{\partial t} = D_s \frac{\partial^2 c_s(x,t)}{\partial x^2}$$

시간과 공간을 작은 균일 분할로 나눈 뒤 **유한차분법**finite-difference method을 사용해 방정식의 동적 특성을 시뮬레이션한다. 먼저 오일러의 순방향 규칙을 사용해 시간 미분을 근사화한다.

$$\frac{\partial c_s(x,t)}{\partial t} \approx \frac{c_s(x,t+\Delta t) - c_s(x,t)}{\Delta t}$$

순방향 또는 역방향 규칙을 반복하거나 또는 중앙-차분central-difference, CD 규칙을 사용하면 두 번째 공간 도함수를 근사화할 수 있다.

$$\frac{\partial c_s(x,t)}{\partial x} \approx \frac{c_s(x+\Delta x,t) - c_s(x,t)}{\Delta x} \qquad \text{(순방향 규칙)}$$

$$\frac{\partial c_s(x,t)}{\partial x} \approx \frac{c_s(x,t) - c_s(x-\Delta x,t)}{\Delta x} \qquad \text{(역방향 규칙)}$$

$$\frac{\partial^2 c_s(x,t)}{\partial^2 x} \approx \frac{c_s(x+\Delta x,t) - 2c_s(x,t) + c_s(x-\Delta x,t)}{(\Delta x)^2} \qquad \text{(중앙-차분 규칙)}$$

12 이를 더 명확하게 보려면 $\frac{\partial c_s}{\partial t} = -\nabla \cdot (-D_s \nabla c_s)$로 쓸 수 있고 이때 $-D_s \nabla c_s$는 선속 밀도이다. 따라서 $-\nabla \cdot$(선속)은 음의 발산이며, 실제로는 **점으로부터의** 선속 밀도가 아닌 **점으로의** 순 선속 밀도를 나타낸다.

중앙-차분 규칙을 사용해 이 방정식들을 합치면 다음과 같다.

$$c_s(x, t+\Delta t) = c_s(x, t) + D_s \Delta t \frac{c_s(x+\Delta x, t) - 2c_s(x, t) + c_s(x-\Delta x, t)}{(\Delta x)^2} \tag{3.10}$$

이 방법을 구현하려면 Δt초의 시간 단계를 적용해야 한다. 즉 모든 시간 단계마다 이 관계식을 사용해 모든 x 위치에서 c_s를 계산한다. 이 방법은 Δt와 Δx의 특정 조합에 대해서만 안정적이므로 Δt와 Δx를 임의로 선택할 수 없지만 이산시간과 공간에서 PDE를 근사화하는 가장 간단한 방법으로, 가장 먼저 실행해야 할 방법이다. 방정식을 시뮬레이션하는 방법에는 유한차분법뿐만 아니라 **유한체적법**finite-volume과 **유한요소법**finite-element이 있다. 이는 각각 이 장의 뒷부분과 4장에서 다룰 방법으로, 안정성과 정확성 측면에서 일반적으로 유한차분법보다 선호되지만 설명하기가 더 복잡하다.

다음 MATLAB 코드는 가장자리에서 미러링한 중앙-차분 방법을 구현한 것이다.

```
D = 2;          % diffusivity (m^2/s)
dt = 0.1;       % time step (s)
dx = 1;         % x step (m)
c = 1:32;       % initial concentration profile (mol/(m^3))

figure(1); clf; colormap(jet(31));
for k = 0:1000,
    % implement finite-difference diffusion equation using
    % explicit method and central differences
    c = c + D*dt/(dx^2)*([c(2:end),c(end)] - 2*c + [c(1),c(1:end-1)]);

  if mod(k,100) == 0, % plot a snapshot
    subplot(11,1,k/100+1); image(c); grid on
    set(gca,'ytick',[],'xticklabel',[],'ticklength',[0 0]);
    set(gca,'xtick',1.5:1:100,'gridlinestyle','-','linewidth',4);
    h = ylabel(sprintf('t = %g (s)',k*dt));
    set(h,'rotation',0,'horizontal','right','vertical','middle')
  end
end
xlabel('x location');
text(16,-14.25,'Diffusion example','horizontal','center');
```

코드에서 처음 세 줄은 시뮬레이션 상수를 설정하고 네 번째 줄은 이 특정 시점의 다른 공간 지점에서 c_s를 나타내는 벡터 `c`를 생성한다. 이 벡터는 1에서 32 mol m^{-3} 범위의 농도 프로파일로 초기화된다. 즉 시뮬레이션 중인 32개의 공간 포인트 중 가장 왼쪽의 농도는 1 mol m^{-3}이며, 가장 오른쪽의 농도는 32 mol m^{-3}이다. 이 공간 사이의 점은 선형적으로 변화한다.

나머지 코드의 대부분은 다른 시점의 농도 벡터를 플롯(시각화)하는 것과 관련이 있으며, 이를 통해 [그림 3-8]이 생성된다. 이 코드는 벡터를 플롯하는 것 외에도 0번째 시간 단계에서 1,000번째 시간 단계로 단계적으로 이동하는 "`for`" 루프와 농도 업데이트 방정식을 구현한다.

```
c = c + D*dt/(dx^2)*([c(2:end),c(end)] - 2*c + [c(1),c(1:end-1)]);
```

이 MATLAB 벡터 방정식에서 `[c(2:end),c(end)]`는 "미러링된" $c_s(31\Delta x, t)$를 미지의 $c_s(32\Delta x, t)$로 대체하는 $c_s(x+\Delta x, t)$ 항을 구현하고 `[c(1),c(1:end-1)]`은 "미러링된" $c_s(0, t)$를 미지의 $c_s(-\Delta x, t)$로 대체하는 $c_s(x-\Delta x, t)$를 구현한다. 전반적으로 이 줄은 시간 반복마다 식 (3.10)을 한 번씩 구현한다.

[그림 3-8]은 이 코드를 실행한 결과로, 시간에 따른 동작의 차이를 나타낸 것이다. 시간이 $t=0$일 때 그림은 1 mol m^{-3}부터 32 mol m^{-3} 범위의 공간 x에 대한 농도 프로파일을 보여준다. 이때 진한 파란색은 저농도를, 진한 빨간색은 고농도를 의미한다. 시간이 $t=10$이 되더라도 어둡지 않은 파란색과 빨간색 영역은 확산을 통해 고농도 영역에서 저농도 영역으로 물질 선속이 이동했음을 나타내는데, 그 결과 공간에 대한 농도 프로파일이 더욱 균일해지고 있음을 확인할 수 있다.

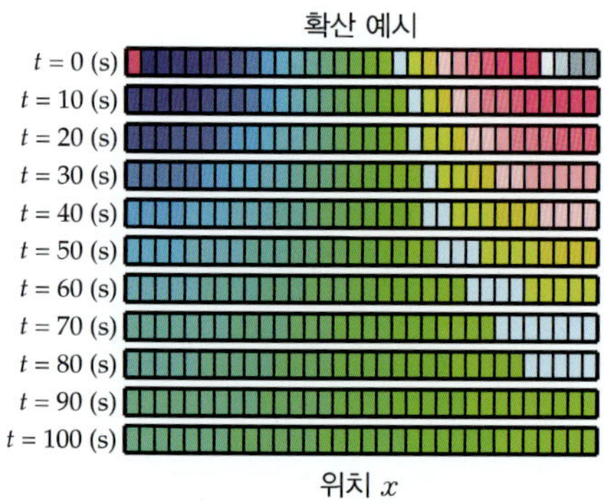

[그림 3-8] 유한차분법을 사용한 확산 예제

시간이 $t=100$이 되면 색상은 거의 일정한 녹색으로 표시되는데, 이는 시뮬레이션된 공간의 폭에 걸쳐 농도가 거의 완전히 균일해졌음을 의미한다. 확산은 농도 기울기로 인해 물질이 어떻게 흐르는지를 설명하는 매우 간단한 개념이지만 처음 접하면 PDE가 어렵게 보일 수 있다. 그러나 곧 다음과 같은 방정식을 이해할 수 있을 것이다.

$$\frac{\partial c(x,t)}{\partial t} = \nabla \cdot (D \nabla c(x,t)) + r(x,t)$$

그리고 이는 단순한 확산 방정식뿐임을 인식한 뒤 다음의 두 가지를 준수하면 된다.

- 무엇을 다루고 있는지 잘 알기
- 아주 간단하다고 생각하기

좋은 소식은 배터리의 물리 방정식은 주로 확산 방정식이라는 점이다. 따라서 최종 형태와 내부 셀의 과정을 이 예제에서 본 것처럼 유사한 확산 효과에 의해 지배되는 것으로 볼 수 있다.

SECTION 3.4 열역학

이제 전극 활성 물질의 전극 입자에서 전하 및 질량 보존을 다루었으므로 다음 단계로 이동해 전해질을 위해 전하 및 질량 보존 관계를 병렬로 설정할 것이다. [그림 3-9]는 새로운 관점을 보여주는데, 양전하를 띤 리튬 이온이 확산diffusion, 이동migration 및 대류convection로 인해 전해질을 통해 이동한다. 이 과정에서 이온 전류가 형성되어 전해질의 전위에 영향을 미친다.

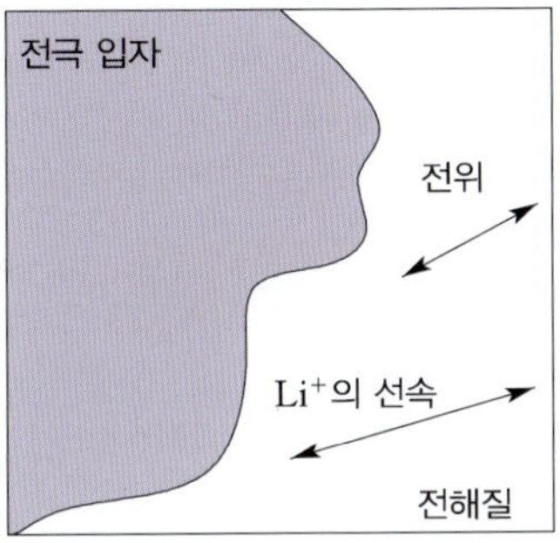

[그림 3-9] 전해질의 동적 특성

전해질 방정식을 유도할 때는 **농축 용액 이론**concentrated solution theory으로 알려진 연구 주제가 포함된다. 뉴먼John Newman의 책의 일반적인 개요[13]를 따르면 방정식 단계 사이에 남겨진 몇 가지 공백을 메울 수 있다. 그러나 유도법을 바로 시작하기 전에 먼저 몇 가지의 중요한 기초 주제를 다뤄야 한다.

먼저 살펴볼 광범위한 주제는 **열역학**thermodynamics으로 알려진 영역으로, 열 및 온도 측면을 포함한 시스템의 에너지 관계를 살펴본다. 열역학은 추정되는 반응 전후의 에너지 상태를 살펴봄으로써 어떤 과정이나 반응이 일어날 수 있는지를 알려주며, 안정 또는 준안정 평형 상태의 시스템에 적용할 수 있다.

화학 반응 속도와 관련된 **동역학**kinetics에 대해서도 살펴볼 것이다. 반응은 얼마나 빠르거나 느리게 일어날까? 동역학은 비평형에서 평형으로, 또는 두 평형 상태 사이에서 전환하는 시스템에 적용할 수 있고 에너지 장벽을 극복해 시작(반응물) 상태에서 최종(생성물) 상태로의 전환을 완료하는 방법을 다룬다. 동역학에 대한 더 자세한 논의는 3.9절에서 식 (3.5)의 도출을 고려할 때까지 잠시 미뤄두자.

---

13 Newman, J. and Thomas-Alyea, K.E., *Electrochemical Systems*, 3d, Chapter 12, Wiley-Interscience, 2004.

3.4.1 에너지

열역학에서는 **시스템**system을 연구의 대상으로 선택한 우주의 어떤 부분으로 정의한다. **환경**environment은 시스템과 인접해 있으므로 열역학은 시스템과 환경 사이의 에너지 관계에 관한 학문이라고 할 수 있다.

시스템의 에너지는 다양한 방식으로 생각할 수 있다. 그중 유용한 것은 **열역학적 전위**thermodynamic potentials라고 하는 네 가지 양이다. 열역학적 전위의 구성 요소는 **내부에너지**internal energy U, **엔탈피**enthalpy H, **헬름홀츠 자유에너지**Helmholtz free energy A, **깁스 자유에너지**Gibbs free energy G로, 모두 줄(J) 단위를 사용한다. 이들 사이의 관계는 [표 3-1]과 같다.

[표 3-1] 시스템의 에너지 관계[14]

		➡ $-TS$
	내부에너지 U • 시스템을 생성하기 위해 필요한 에너지	**헬름홀츠 자유에너지 $A = U - TS$** • 시스템을 생성하기 위해 필요한 에너지 − 환경으로부터 얻을 수 있는 에너지
⬇ $+pV$	**엔탈피 $H = U + pV$** • 시스템을 생성하기 위해 필요한 에너지 + 에너지를 위해 공간을 만드는 데 필요한 작업	**깁스 자유에너지 $G = U + pV - TS$** • 시스템을 생성하기 위해 필요한 에너지 + 에너지를 위해 공간을 만드는 데 필요한 작업 − 환경으로부터 얻을 수 있는 에너지

내부에너지 U

내부에너지 U는 가장 기본적인 에너지로, 분자의 무작위적이고 무질서한 운동과 관련된 에너지로 정의된다. 물체의 움직임과 관련된 거시적인 질서에너지와 규모 면에서 구분되며, 원자 및 분자 규모의 눈에 보이지 않는 미시적인 에너지를 의미한다. 원자와 분자의 병진, 회전, 진동 운동에너지와 물질 구성 성분의 정적 휴지에너지와 관련된 전위에너지, 분자나 결정 내부 원자의 정전기에너지, 그리고 화학 결합의 정적에너지가 포함된다.

내부에너지는 시스템을 생성하는 데 필요한 에너지이다. 단, 시스템의 주변 환경을 변위displace하는 데 필요한 에너지, 전체적인 이동과 관련된 에너지 또는 외부 힘의 장으로 인한 에너지는 제외된다.

시스템을 내부에너지 U로 가져오기 위해 0에서 시작할 필요는 없다. 예를 들어 시스템이 온도 T의 환경에서 생성되었다면 에너지의 일부는 환경에서 시스템으로 자발적인 열전달을 통해 얻을 수 있다.[15] 이 자발적인 에너지 전달의 양은 TS로 나타내며, 이때 S는 시스템의 (3.4.3절에서 정의할) 최종 엔트로피entropy이다.

---

14 Schroeder, D.V., *An Introduction to Thermal Physics*, Chapter 5, AddisonWesley, 2000에서 발췌했다.

15 이 문단과 이 책의 나머지 부분에서 T는 켈빈(K) 단위로 측정되는 절대 온도이다.

헬름홀츠 자유에너지 A

여기서 중요한 점은 시스템을 만들 때 환경으로부터 에너지를 받아들이면 그렇지 않을 때만큼 많은 에너지를 투입할 필요가 없다는 것이다. 더 무질서한, 즉 엔트로피가 높은 최종 상태가 만들어지면 시스템을 만드는 데 필요한 작업량이 줄어든다. $A = U - TS$로 계산되는 헬름홀츠 자유에너지는 환경으로부터 시스템으로의 자발적인 에너지 전달을 고려한 뒤 시스템을 생성하기 위해 투입해야 하는 에너지의 양을 측정하는 것이다(A는 독일어 arbeit 또는 작업에서 유래). 시스템이 외부 힘의 장(예 전기장)을 받는다면 해당 장으로부터 받는 모든 에너지는 A의 일부로 간주된다. 헬름홀츠 자유에너지를 생각하는 가장 좋은 방법은 시스템이 일정한 온도에서 수행할 수 있는 최대 일의 양이라고 생각하는 것이다.

엔탈피 H

엔탈피를 이해하기 위해 먼저 [그림 3-10]을 살펴보자. [그림 3-10]에서 대기의 일정한 기압 p는 시스템의 표면적 A에 $F = pA$의 힘으로 작용하며, 관심 있는 시스템의 체적 V를 압축하고 있다. 실린더[cylinder] 시스템에 적용되는 대기 작업은 다음과 같다. 이때 $\Delta V < 0$와 $\Delta w > 0$임을 유의하자.

$$\Delta w = F\Delta x = (pA)\Delta x = p(A\Delta x) = p(-\Delta V) = -p\Delta V$$

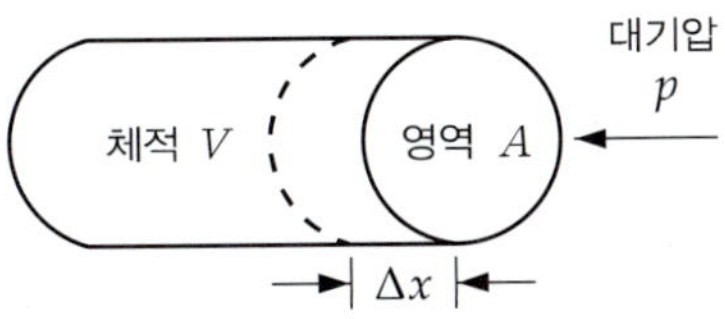

[그림 3-10] 대기 작업

엔탈피[enthalpy]는 $H = U + pV$로 정의된다. 내부에너지 U는 온도나 체적의 변화가 없는 상태에서 시스템을 생성하는 데 필요한 에너지로 생각될 수 있다. 그러나 기체 생성물을 생성하는 화학 반응에서와 같이 공정에서 체적이 변화한다면 이런 체적 변화를 생성하기 위해 작업을 수행해야 한다.

기압이 일정한 공정에서 체적 변화 ΔV를 생성하기 위해 수행해야 하는 작업은 $p\Delta V$이다. 이때 pV라는 용어는 시스템이 체적 0에서 시작되었다고 가정할 때 시스템을 위한 "공간을 만들기 위해" 반드시 수행해야 하는 추가 작업으로 볼 수 있다. 열과 일이 내부에너지를 동등하게 변화시키므로(3.4.2절 참조) 엔탈피는 열로 방출될 수 있는 시스템에 저장된 에너지의 총량이라고 생각할 수도 있다. 7장에서 열 효과를 고려하는 방법을 학습할 때 이런 엔탈피의 개념이 중요하다는 것을 알게 될 것이다.

깁스 자유에너지 G

깁스 자유에너지 Gibbs free energy는 $G = U + pV - TS$로 정의된다. 이것은 무시할 수 있는 초기 체적에서 시작해 온도가 T인 환경에서 시스템을 생성하는 데 필요한 순 에너지이다. 또한 일정한 온도 및 일정한 체적의 시나리오를 통한 반응에서 얻을 수 있는 최대 일의 양으로 정의되기도 한다.[16] 반응에서 깁스 자유에너지 $\triangle G$의 변화는 화학 반응이 자발적으로 진행되는 방향을 예측하는 매우 유용한 매개변수이다.

3.4.2 열역학 제1법칙

열역학 제1법칙first law of thermodynamics은 시스템의 내부에너지를 다룬다. 이런 내부에너지의 중요한 특성은 **상태함수**state function이다. 상태함수는 온도와 같이 정확하게 측정할 수 있는 물리적 속성으로, 시스템이 해당 상태에 도달한 방법과 무관하게 시스템의 상태를 특징짓는다.[17] 예를 들어 마찰을 통해 물체의 온도를 높이고 작업을 수행하거나 따뜻한 환경에 노출시킴으로써 열을 추가해 동일한 최종 온도에 도달할 수 있다. 여기서 중요한 것은 시스템 상태의 함수인 최종 온도이다.

이제 상태함수가 무엇을 의미하는지 수학적으로 정의해보자. 시스템의 상태를 매개변수의 벡터 $\mathbf{x}$로 정의하고 $f(\mathbf{x})$를 어떤 상태함수라고 할 때 매개변수의 변화가 초기 상태 $\mathbf{x}_i$에서 최종 상태 $\mathbf{x}_f$로의 변화라면 f의 변화는 다음과 같다.

$$\triangle f = \int_{\mathbf{x}_i}^{\mathbf{x}_f} \mathrm{d}f = f(\mathbf{x}_f) - f(\mathbf{x}_i)$$

이 관계는 초기 지점 $\mathbf{x}_i$와 최종 지점 $\mathbf{x}_f$에만 의존하며, 끝점 간 경로에는 의존하지 않는다. 이때 $\mathrm{d}f$를 **완전 미분**exact differential이라고 한다. **불완전 미분**inexact differential으로 표현되는 양은 상태함수가 아니다.

완전 미분의 간단한 예는 함수 $f = xy$로,[18] $\mathrm{d}f = \mathrm{d}(xy) = y\,\mathrm{d}x + x\,\mathrm{d}y$가 된다. 임의의 초기 지점 $(x_i,\ y_i)$에서 최종 지점 $(x_f,\ y_f)$까지 $\mathrm{d}f$를 적분하면 이동 경로와 관계없이 $(x_f \times y_f) - (x_i \times y_i)$의 동일한 답이 주어진다.

불완전 미분의 간단한 예로는 함수 $đg = y\,\mathrm{d}x$가 있다(좌변 d의 취소선은 부정확 미분임을 나타내기 위해 사용됨). 예를 들어 $(0,\ 0)$에서 $(1,\ 1)$까지 직선을 따라 $y = x$를 적분하면 다음과 같다.

$$\triangle g_1 = \int_{(0,0)}^{(1,1)} y\,\mathrm{d}x = \int_0^1 x\,\mathrm{d}x = 1$$

---

16 시스템이 외부 힘의 장(예 전기장)을 받을 때 해당 장에서 받는 모든 에너지는 G의 일부로 간주된다.

17 상태함수의 다른 일반적인 예에는 압력(p), 체적(V), 엔탈피(H), 헬름홀츠 자유에너지(A), 엔트로피(S), 깁스 자유에너지(G) 등이 있다.

18 Blundell, S.J. and Blundell, K.M., *Concepts in Thermal Physics*, Chapter 11, Oxford University Press, 2009.

그러나 $y=0$을 따라 $(0, 0)$에서 $(1, 1)$까지 적분한 뒤 $x=1$을 따라 $(0, 0)$에서 $(1, 1)$까지 적분하면 다음과 같다.

$$\Delta g_2 = \int_{(0,0)}^{(1,0)} y\,\mathrm{d}x = \int_{(1,0)}^{(1,1)} y\,\mathrm{d}x = 0$$

Δg_1과 Δg_2의 계산은 초기 지점과 최종 지점이 동일하지만 다른 결과를 산출한다.

열역학 제1법칙에 따르면 $\mathrm{d}U = \text{đ}q + \text{đ}w$이며, 여기서 $\text{đ}q$는 시스템에 추가되는 열의 양이고 $\text{đ}w$는 무한히 작은^infinitesimal 변화 절차 중 시스템에서 수행되는 일의 양이다. $\mathrm{d}q$와 $\mathrm{d}w$가 완전한 미분이 아니라 단지 무한히 작은 양을 나타내는 것으로 밝혀졌으므로 $\text{đ}q$와 $\text{đ}w$를 사용한다.

따라서 시스템에 추가되는 열과 시스템에서 수행되는 기계적인 일은 내부에너지를 증가시키는 두 가지의 동등한 방법이며, 총 에너지는 보존된다. 만약 시스템이 주변 환경으로부터 격리되어 있으면 내부에너지는 변하지 않고 열과 일 모두 에너지의 한 형태가 된다. 예를 들어 지금 거시적인 변화가 아닌 무한히 작은 변화를 고려하면 [그림 3-10]의 실린더 시스템에 대기가 한 일의 양은 다음과 같다.

$$\text{đ}w = F\,\mathrm{d}x = (pA)\mathrm{d}x = p(A\,\mathrm{d}x) = p(-\mathrm{d}V) = -p\,\mathrm{d}V$$

3.4.3 열역학 제2법칙

열역학 제2법칙^second law of thermodynamics^은 **엔트로피**^entropy^라는 개념을 사용해 화학 반응의 자발적인^spontaneous^ 방향을 설명한다. 엔트로피 S를 이해하는 가장 쉬운 방법은 다음과 같이 정의하는 것이다.

$$\text{đ}q = T\mathrm{d}S$$

이때 S는 등온 **가역적**^reversible^ (무한히 느린) 과정 동안 다음과 같은 상태함수이며, 온도 T는 일정하게 유지된다. 따라서 등온 가역적 과정이 진행되는 동안 $\mathrm{d}S = \text{đ}q/T$이다.

열역학 제2법칙은 모든 시스템에 대해 다음과 같이 간단히 설명한다. 등가성은 가역적인 과정에서만 가능하다.

$$\mathrm{d}S \geq \frac{\text{đ}q}{T}$$

엔트로피를 직관적으로 이해하면 **시스템의 무질서 양**이라고 할 수 있다.[19] 시스템에 열을 가하고 온도를 일정하게 유지하면 엔트로피가 증가한다. 반대로 온도가 일정할 때 시스템에서 열을 제거하면 엔트로피가 감소할 수 있다.

---

19 이런 이해는 지나치게 단순화되었지만 이 책에서 우리의 목적을 위해서는 충분하다.

열역학 제2법칙은 시스템(아래 첨자 1로 표시)과 환경(아래 첨자 2로 표시)을 함께 고려할 수 있다. 둘 다 온도 T에 있다고 가정하며, 1에서 2 또는 그 반대로의 열전달 과정은 $đq_1 = -đq_2$일 때 열역학 제2법칙에 따르면 다음과 같다.

$$\mathrm{d}S_1 \geq \frac{đq_1}{T}, \quad \mathrm{d}S_2 \geq \frac{đq_2}{T}$$

따라서 $\mathrm{d}S_1 + \mathrm{d}S_2 \geq \dfrac{(đq_1 + đq_2)}{2} = 0$이고 $\mathrm{d}S = \mathrm{d}S_1 + \mathrm{d}S_2 \geq 0$이다. 이 방정식은 닫힌closed 시스템의 엔트로피는 절대 감소하지 않는다는 열역학 제2법칙의 또 다른 형태이다.

3.4.4 깁스 자유에너지

이제 모델링 목적에 가장 중요한 에너지 척도인 깁스 자유에너지에 대해 살펴보자. **깁스함수**Gibbs function는 $G = U + pV - TS$로 정의된다. **자유에너지**free energy는 시스템에서 작업을 수행하기 위해 활용할 수 있는 에너지의 양으로, 에너지를 항상 0으로 낮출 수는 없다.

3.4.1절과 다른 에너지에 대한 정의를 고려하면 이 개념을 이해하는 것은 어렵지 않다. 시스템의 체적을 0으로 축소시킬 수 있다면 G의 pV 성분을 방출해 유용한 작업을 수행할 수 있다. 그러나 시스템에서 헬름홀츠 자유에너지 이상을 제거할 수는 없다. 만약 내부에너지 U를 0으로 낮추려고 한다면 환경은 TS 기여도를 더하기 위해 대응할 것이다. 따라서 시스템의 최소 에너지 상태는 $U = TS$이고 G는 시스템에서 제거할 수 있는 최대 에너지양을 알려준다.

절벽 꼭대기에 있는 바위를 예로 들어보자.[20] 이 바위는 (도르래를 통해) 유용한 일을 제공할 수 있는 잠재력을 의미한다. 기초 물리학에서 중력 위치 에너지는 '질량 × 중력 가속도 × 높이'로 계산한다. 그러나 높이는 절대로 0, 즉 지구의 중심이 될 수 없다. 또 바위는 절벽의 바닥에 닿을 때까지만 아래로 내릴 수 있으며, 아직 지구의 중심이 아니므로 에너지가 아직 0이 아니다. 환경은 얼마나 많은 에너지가 자유롭고 이용 가능한지에 대해 제약을 가한다.

압력과 온도가 일정하게 유지될 때 깁스 함수는 깁스 자유에너지로 해석할 수 있다. 이때 G의 부호는 반응이 어느 방향을 향해 자발적으로 진행되는지를 나타낸다. 자발적인 반응은 $\mathrm{d}G < 0$와 같이 항상 G를 감소시킨다. $\mathrm{d}G > 0$의 반응이 일어나려면 에너지를 시스템에 추가해야 한다.

G의 자발적인 감소 경향은 시스템과 환경의 총 엔트로피가 증가하는 것에서 기인한다. 이를 보여주기 위해 아래 첨자 "1"을 사용해 G와 관련된 엔트로피가 오직 시스템의 엔트로피인 S_1임을 강조하는

20 이 예시는 내부에너지가 아닌 거시적 에너지를 다루고 있지만 동일한 개념이 적용된다.

$G = U_1 + pV_1 - TS_1$을 작성할 필요가 있다. 환경의 엔트로피는 S_2를 의미하므로 시스템 1은 다음과 같다.

$$\begin{aligned} \mathrm{d}G &= \mathrm{d}U_1 + p\mathrm{d}V_1 - T\mathrm{d}S_1 \\ &= \text{đ}q_1 + \text{đ}w_1 + p\mathrm{d}V_1 - T\mathrm{d}S_1 \\ &= \text{đ}q_1 - p\mathrm{d}V_1 + p\mathrm{d}V_1 - T\mathrm{d}S_1 \\ &= \text{đ}q_1 - T\mathrm{d}S_1 \end{aligned}$$

환경이 가역적인 프로세스 $\text{đ}q_2 = T\mathrm{d}S_2$를 가지고 있고 $\text{đ}q_1 = -\text{đ}q_2$를 호출한다고 가정했을 때 $\mathrm{d}G$는 다음과 같다.

$$\mathrm{d}G = -\text{đ}q_2 - T\mathrm{d}S_1 = -T\mathrm{d}S_2 - T\mathrm{d}S_1 = -T\mathrm{d}S \le 0$$

이것이 우리가 깁스 자유에너지를 사용하는 방식이다. 깁스 자유에너지는 한 평형 상태에서 다른 평형 상태로 화학 반응의 자발적인 방향을 이해하는 도구가 될 것이다.

SECTION 3.5 물리화학

이제 열 물리학에서 검토한 배경 주제를 화학과 연결해 일반적으로 물리화학 영역에 속하는 것으로 간주되는 결과를 도출한다. 이를 통해 전해질 용액, 특히 농축 용액 이론에 대해 이야기할 수 있다.

먼저 열역학을 고려할 때 직면했던, 물리적 매개변수의 일부는 동일하고 그 외에는 다른 속성에 대해 생각해보자. 구체적으로 말하면 일부 매개변수는 정규화되거나 상대적인 양이고 다른 매개변수는 총량 또는 절대적인 양이다.

어떤 속성이 정규화된 양이면 그 속성이 **집약적**intensive이라고 한다. 만약 시스템의 모든 요소가 두 배가 되더라도 집약적 속성의 값은 변하지 않는다. 집약적인 속성에는 압력, 온도, 농도, 밀도 등이 있다. 반대로 어떤 속성이 총량이면 그 속성이 **광범위**extensive하다고 한다. 만약 시스템의 모든 요소가 두 배가 되면 광범위한 속성의 값도 두 배가 된다. 광범위한 속성에는 내부에너지, 깁스 자유에너지, 체적, 질량 등이 있다.

작업할 때는 가능하면 집약적인 속성을 활용하는 것이 좋다. 그러면 시스템의 절대적인 크기가 모델의 요소가 아니게 되며, 방정식이 모든 스케일에 직접 적용된다. 이렇게 하려면 체적이나 질량으로 나눠 광범위한 속성을 정규화해야 한다.

3.5.1 몰 농도와 몰랄 농도

전해질은 용액, 즉 용매에 용질을 녹여 만든 혼합물이다. 용액에 포함된 용질의 양으로 집약적인 특성을 만드는 데는 크게 두 가지 방법이 있다.

- **몰 농도**molarity : 용액의 농도는 일반적으로 용액 1리터당 용해된 용질의 몰 수인 몰 농도로 표현한다. 용액의 몰 농도는 다음과 같이 정의된다.

$$c_i = \frac{n_{\text{solute } i}}{V_{\text{solution}}} \tag{3.11}$$

  농도를 설명할 때는 mol m^{-3} 단위를 사용하지만 mol L^{-1} 단위도 흔히 볼 수 있다. 어떤 단위 시스템에서 다른 단위 시스템으로 변환하려면 $1\,\text{mol L}^{-1} = 1{,}000\,\text{mol m}^{-3}$이어야 함을 유의하자.

- **몰랄 농도**molality : 몰 농도를 용매 1킬로그램당 용해된 용질의 몰 수인 몰랄 농도와 혼동하면 안 된다. 몰랄 농도는 다음과 같이 mol kg^{-1} 단위로 계산한다.

$$m_i = \frac{n_{\text{solute } i}}{m_{\text{solvent}}} \tag{3.12}$$

전해질 모델을 도출할 때는 몰 농도와 몰랄 농도를 모두 이해해야 한다. 몰 농도는 개념적 틀을 더 쉽게 이해할 수 있지만 몰랄 농도는 더 쉬운 실험적 접근 방식을 제공한다. 혼합한 뒤에 질량과 체적을 측정하는 것보다 혼합 전에 용질과 용매의 질량을 측정하는 것이 더 쉽기 때문이다. 적절한 시기가 되면 몰 농도와 몰랄 농도를 변환하는 방법에 대해 논의할 것이다.

3.5.2 전기화학적 전위

물질의 광범위한 특성을 집약적인 특성으로 변환하려면 광범위한 특성이 물질의 총 몰 양에 비례해야 한다는 것을 알고 있다. 그러나 용액에 여러 종의 물질이 있다면 광범위한 특성과 개별 집약적인 특성 간의 관계가 바로 명확하게 드러나는 것은 아니다.

예를 들어 용액에 종-1 물질이 n_1몰, 종-2 물질이 n_2몰 있다고 가정하자. 이 양 중 하나의 양만 두 배로 늘리면 시스템의 깁스 자유에너지가 두 배가 될까? 아니다. 시스템의 깁스 자유에너지가 두 배가 되려면 시스템에 있는 모든 종의 양을 두 배로 늘려야 한다. 따라서 다종multispecies 시스템에서는 부분 몰 수량을 정의해야 한다. 부분 몰 수량은 한 종의 1몰이 시스템 또는 용액에 추가될 때 광범위한 속성이 얼마나 변하는지를 나타낸다.

전기화학적 전위 $\bar{\mu}$는 다종 시스템에서 부분 몰 깁스 자유에너지로 정의된다. 종 i에 대해서는 다음과 같이 정의한다.

$$\bar{\mu}_i = \left(\frac{\partial G}{\partial n_i}\right)_{T,\, p,\, n_j(j \neq i)}$$

여기서 n_i는 종 i의 몰 양이며, 아래 첨자는 온도, 압력 및 다른 모든 종의 몰 양을 일정하게 유지한다는 것을 나타낸다. 전기화학적 전위는 이 특정 위치에서 종 i를 추가하는 것이 얼마나 쉽거나 어려운지를 나타낸다. 만약 종 i를 추가하는 것이 쉽다면 $\bar{\mu}_i$는 작거나 음수가 될 것이다. 추가할 때 소량의 에너지만 필요하거나 실제로 그렇게 함으로써 에너지가 방출되기 때문이다. 만약 종 i를 추가하는 것이 어렵다면 $\bar{\mu}_i$는 클 것이고 상당한 에너지가 필요하다. $\bar{\mu}_i$의 단위는 $\mathrm{J\ mol^{-1}}$이다.

전기화학적 전위 $\bar{\mu}_i$는 다음과 같이 정의할 수 있다.

$$\bar{\mu}_i = \bar{\mu}_{i,\ \mathrm{internal}} + \bar{\mu}_{i,\,\mathrm{external}}$$

여기서 외부 전위($\bar{\mu}_{i,\,\mathrm{external}}$)는 전기 전위, 자기 전위, 중력 전위 및 외부장으로부터의 기타 힘의 합을 의미하며, 내부 전위($\bar{\mu}_{i,\,\mathrm{internal}}$)는 밀도, 온도, 엔탈피 등 다른 모든 것을 포함한다. 전기화학에서는 (오버라인을 제외한) **화학적 전위**[chemical potential] $\bar{\mu}_i$를 내부 구성물[portion]과 동일하게 표시한다. **전기화학적 전위** $\bar{\mu}_i$는 외부 전계로부터의 영향을 포함한 총량으로 정의한다.[21]

중력 전위와 자기 전위가 무시할 수 있다고 가정했을 때 화학적 전위와 전기화학적 전위의 관계는 다음과 같다. z_i는 종의 원자가[valency](전하 수),[22] F는 패러데이 상수, ϕ는 국소 정전기학적[electrostatic] 전위이다.

$$\bar{\mu}_i = \mu_i + z_i F\phi \tag{3.13}$$

따라서 시스템의 깁스 자유에너지로부터 종의 전기화학적 전위를 표현할 수 있다. 그러나 시스템의 깁스 자유에너지를 모든 종의 전기화학적 전위로 표현할 수 있을까? 이때는 깁스 함수 G가 n_i의 일차 동질 함수인지, 즉 벡터 $\mathbf{n}$에 대해 $G(\alpha\mathbf{n}) = \alpha G(\mathbf{n})$인지가 핵심 요소로 작용한다. 온도와 압력이 일정하게 유지되면 열역학에서 깁스 자유에너지의 양은 광범위하다. 예를 들어 오직 두 종만 존재한다면 $G(2n_1,\, 2n_2) = 2G(n_1,\, n_2)$이다. 따라서 온도와 압력이 일정할 때 깁스 자유에너지는 n_i의 일차 동질 함수이다.

21 물리학, 전기화학, 반도체 물리학, 고체물리학 간에 일관성 없는 용어가 사용되고 있다는 점에 유의하자. 일부 분야에서는 $\bar{\mu}_i$로 계산한 양을 화학적 전위(chemical potential) 또는 총(total) 화학적 전위로 명명하기도 한다. 이 책에서는 전기화학의 개념을 사용해 이 용어를 전기화학적 전위로 표시하고 내부의 화학적 전위에 대해 화학적 전위라는 용어를 유보할 것이다.

22 예를 들어 전자는 $z = -1$이고 Cu^{2+}는 $z = +2$이다.

동질 함수에 대한 오일러의 정리에 따르면 다음과 같이 정의할 수 있다.

$$G(\mathbf{n}) = \mathbf{n} \cdot \nabla G(\mathbf{n}) = \sum_i n_i \frac{\partial G}{\partial n_i}$$

여기서 $\mathbf{n} = (n_1, n_2, \cdots)$은 편의상 벡터로 취급한다. 전기화학적 전위의 정의를 적용하면 다음과 같은 식을 얻을 수 있다.

$$G = \sum_i n_i \bar{\mu}_i \tag{3.14}$$

3.5.3 깁스-듀헴 방정식

용액의 집약적인 수량이 모두 독립적인 것은 아니다. 다른 용액에서 파생될 수 있으며, 이는 나중에 다룰 연립방정식 집합에서 하나의 방정식을 제거할 수 있으므로 유용하다. 먼저 깁스 함수의 정의부터 시작하자.

$$\begin{aligned} G &= U + pV - TS \\ \mathrm{d}G &= \mathrm{d}U + \mathrm{d}(pV) - \mathrm{d}(TS) \\ &= \text{đ}q + \text{đ}w + p\mathrm{d}V + V\mathrm{d}p - T\mathrm{d}S - S\mathrm{d}T \end{aligned}$$

$\text{đ}w = -p\mathrm{d}V$를 알고 있고 가역적reversible 과정을 선택하면 $\text{đ}q = T\mathrm{d}S$이다. 이를 정리하면 다음과 같다.

$$\begin{aligned} \mathrm{d}G &= V\mathrm{d}p - S\mathrm{d}T \\ \sum_{i=1}^{r} n_i \mathrm{d}\bar{\mu}_i &= V\mathrm{d}P - S\mathrm{d}T \end{aligned}$$

이를 깁스-듀헴 방정식Gibbs-Duhem equation으로 재구성하면 다음과 같다.

$$S\mathrm{d}T - V\mathrm{d}p + \sum_{i=1}^{r} n_i \mathrm{d}\bar{\mu}_i = 0 \tag{3.15}$$

깁스-듀헴 방정식을 이해하려면 가장 간단한 경우를 고려하는 것이 가장 쉽다. 온도와 압력이 일정하고 오직 두 종만 존재한다고 가정하면 다음과 같다.

$$n_1 \mathrm{d}\bar{\mu}_1 + n_2 \mathrm{d}\bar{\mu}_2 = 0$$

깁스-듀헴 방정식에 따르면 등온 및 일정한 압력의 두 종 용액에서 한 종의 전기화학적 전위가 증가하면 다른 종의 전위는 감소해야 한다. 일정한 온도와 압력에서 다종 용액에 깁스-듀헴 방정식을 사용하면 이 결과는 다음과 같이 작성할 수 있다.

$$\sum_{i=1}^{r} n_i \mathrm{d}\bar{\mu}_i = 0$$

이 방정식의 양쪽을 체적으로 나누면 다음과 같은 등식 관계를 얻을 수 있다.

$$\sum_{i=1}^{r} c_i \mathrm{d}\bar{\mu}_i = 0 \tag{3.16}$$

여기서 기억해야 하는 것은 $i = 1 \ldots r$에 대해 c_i를 알고 $i = 1 \ldots r-1$에 대해 $\mathrm{d}\bar{\mu}_i$를 알고 있다면 이 정보로부터 $\mathrm{d}\bar{\mu}_r$을 계산할 수 있다는 것이다. 이렇게 하면 풀어야 하는 방정식 집합에서 하나의 방정식이 제거된다.

3.5.4 활성도

용액에서 양이온과 음이온은 완전히 무작위로 위치하는 것이 아니다. 양이온의 양전하는 주변의 음이온을 끌어당기고 다른 양이온을 밀어내는 경향이 있으며, 음이온의 음전하는 주변의 양이온을 끌어당기고 다른 음이온을 밀어내는 경향이 있다. [그림 3-11]은 이런 현상을 시각화한 것이다.

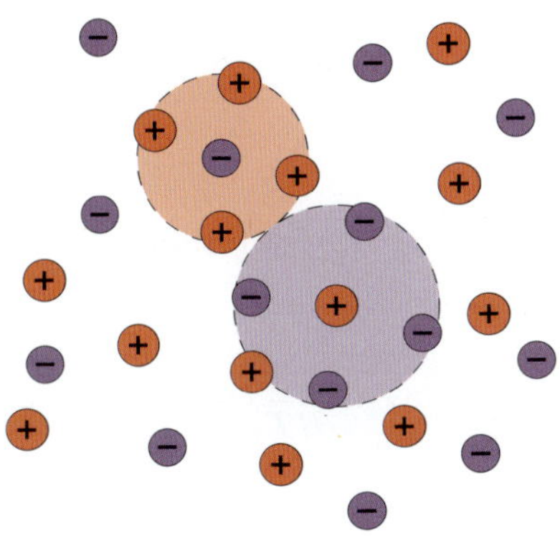

[그림 3-11] 용액에서 음이온과 양이온의 비임의적 그룹화

결과적으로 이온이 용액 안을 이동하는 것은 전하를 띠지 않은 입자가 이동하는 것만큼 쉬운 일이 아니다. 이온은 다른 이온을 끌어당기고 방해가 되는 다른 하전 입자 그룹을 밀어내려고 하기 때문에 실제보다 더 크기가 커보인다. 따라서 용액의 이온 전도도를 살펴보면 예상보다 낮은 것을 확인할 수 있다. 이온은 단순한 모델에서 예측한 것처럼 고농도 영역에서 저농도 영역으로 빠르게 이동하지 않는데, 이는 마치 용질의 농도 기울기가 줄어든 것과 같다.

이 현상을 반영하기 위해 각 종 i 에 대해 "효과적인 농도" 또는 **활성도**activity $a_i < c_i$를 도입할 수 있다. 이때 특정한 위치에서의 종의 활성도는 그 위치의 "불안정성"이라고 생각할 수 있다. 즉 활성도가 높을수록 그 종은 본래의 위치에서 벗어나고 싶어한다.[23]

몰 활성도 계수molar activity coefficient f_i를 정의하면 종 i에 대한 활성도를 다음과 같이 정의할 수 있다.

$$a_i = c_i f_i$$

f_i의 범위는 $0 \le f_i \le 1$으로, 이 범위는 활성도가 농도와 어떻게 다른지 나타낸다. 여기서 사용되는 농도는 몰 농도 c_i이므로 이를 "몰" 활성도 계수라고 한다.

3.5.5 몰 농도에 따른 절대 활성도

종 i의 활성도는 해당 종의 화학적 전위 μ_i와도 관련이 있다. 구겐하임Guggenheim은 종 i에 대한 **절대**absolute 활성도 λ_i를 다음과 같이 정의했다.

$$\lambda_i = \exp\left(\frac{\mu_i}{RT}\right)$$

우리는 이와 반대로 다음과 같이 정의한다.

$$\mu_i = RT \ln \lambda_i \tag{3.17}$$

이는 다음의 식을 통한 활성도의 사전prior 정의와 관련이 있다.

$$\lambda_i = a_i a_i^{\ominus}$$

이때 $a_i^{\ominus}$는 농도나 전기적 전위와는 관련이 없지만 용질과 용매의 물질 유형, 온도와 (가스가 있을 때의) 압력에 따라 달라질 수 있다. 따라서 **표준 온도 및 압력**standard temperature and pressure, STP $T = 0℃$ 및 $p = 100\,\text{kPa}$로 정의된다. 이를 통해 다음과 같이 상대 활성도를 $a_i^{\ominus} = \exp\left(\frac{\mu_i^{\ominus}}{RT}\right)$으로 정의할 수 있으며, 이는 다음과 같다.

$$a_i = \exp\left(\frac{\mu_i - \mu_i^{\ominus}}{RT}\right)$$

---

23 Oldham, K. Myland, J., and Bond, A., *Electrochemical Science and Technology : Fundamental and Applications*, Wiley, 2011.

이렇게 도출한 결과를 결합하면 λ_i를 세 개의 항으로 나눌 수 있다.

$$\lambda_i = c_i f_i a_i^{\ominus} \tag{3.18}$$

따라서 다음과 같이 정리할 수 있다.

$$\mu_i = RT\ln(a_i a_i^{\ominus}) = RT\ln(c_i f_i a_i^{\ominus})$$

3.5.6 몰랄 농도에 기반한 절대 활성도

절대 활성도를 정의할 때는 종의 농도(몰랄 농도) c_i를 기준으로 사용한다. 몰랄 농도 m_i로 절대 활성도를 정의할 수도 있는데, 이렇게 하려면 γ_i로 표시되는 차원이 없는 "몰랄" 활성도 계수를 사용해야 한다. 다음과 같이 관계를 새롭게 정의한다.

$$\lambda_i = m_i \gamma_i \lambda_i^{\ominus} \tag{3.19}$$

$\lambda_i^{\ominus}$는 단위가 kg mol^{-1}인 비례 상수이다. 몰 농도와 몰랄 농도 중 무엇을 사용하든 계산은 정확히 동일한 값인 λ_i(무차원)을 제공한다.

SECTION 3.6 이원 전해질의 기본 특성

전해질의 질량과 전하 보존 방정식을 도출하기 전에 다룰 중요한 주제는 전해질에 대한 이해이다. **이원 전해질**binary electrolyte, 즉 정확히 두 개의 전하를 띤 구성 성분을 가진 전해질의 특성에 집중해 살펴보자. 전해질은 용매와 양전하를 띤 이온(양이온), 음전하를 띤 이온(음이온)으로 구성된다.

3.6.1 화학량론 계수 ν

전해질은 전하 중성 산, 염기base 또는 염을 전하 중성 용매에 용해해 제조한다. 용질의 선택과 관계없이 완성된 용액은 원래 용질의 비율에 해당하는 음이온과 양이온의 고정된 비율을 가지며, 이 비율은 이온의 **화학량론 계수**stoichiometric coefficient가 지정한다.

Na_2SO_4와 같은 염은 두 종(Na^+ 및 SO_4^{2-})에 대해 부호가 없는 (양의) 정수 화학량론 계수 ν를 정의한다. Na_2SO_4는 $2Na^+ + SO_4^{2-}$ 이므로 $\nu_{NA^+} = 2$이고 $\nu_{SO_4^{2-}} = 1$가 된다. $LiPF_6$도 마찬가지로 $Li^+ + PF_6^-$ 라면 $\nu_{Li^+} = 1$이고 $\nu_{PF_6^-} = 1$이 된다. ν를 정의할 때는 $v = \Sigma_i v_i$를 사용하기도 한다.

기호 "ν"는 문자 "v"가 아닌 그리스 문자 "누(nu)"이다. 쉽게 기억하고 싶다면 "n"이 (각 종의) "수"를 의미한다고 생각하면 된다. 즉 여기서 ν는 "n"의 그리스어에 해당한다.

3.6.2 전하 수 z

이온이 운반하는 **전하 수**charge number는 부호가 있는 정수 z로 나타낸다. Na_2SO_4에서 나트륨 이온의 전하가 $+1$이고 황산염 이온의 전하가 -2이므로 정리하면 각각 $z_{NA^+} = 1$, $z_{SO_4^{2-}} = -2$가 된다. 마찬가지로 $LiPF_6$도 $z_{Li^+} = 1$, $z_{PF_6^-} = -1$이다. 이때 양이온은 $z > 0$, 음이온은 $z < 0$이다.

3.6.3 이원 전해질의 전기적 중성

전해질은 전하 중성 용질과 전하 중성 용매를 결합해 제조되므로 거시적 용액은 전기 중성 조건인 $q = 0$(여기서 q는 총 전하)을 만족해야 한다. 전해질에는 다음 조건이 반드시 포함되어야 한다.

$$\sum_i z_i \nu_i = 0 \tag{3.20}$$

만약 이원 전해질이라면 양이온은 "+", 음이온은 "−", 용매는 "0"을 각각 아래 첨자로 기입한다.

$$z_+ \nu_+ + z_- \nu_- + z_0 \nu_0 = 0$$

그러나 용매는 충전되지 않으므로 이 표현식은 다음과 같이 축소된다.

$$z_+ \nu_+ + z_- \nu_- = 0 \tag{3.21}$$

이원 전해질에는 식 (3.21)뿐만 아니라 같은 개념을 표현하는 또 다른 방법이 있다. 이원 전해질에서 이온의 농도는 화학량론 계수에 비례한다. 이는 $c_i \propto \nu_i$이며, 양이온에 "+"를, 음이온에 "−"를 사용하면 다음과 같이 표현할 수 있다.

$$\frac{c_+}{\nu_+} = \frac{c_-}{\nu_-}$$

비율은 용질의 농도로, 특히 이 비율에 아래 첨자가 없는 기호 c를 사용하면 다음과 같은 결과를 얻을 수 있다. 이때 c는 전해질 내 용질의 농도이다.

$$c = \frac{c_+}{\nu_+} = \frac{c_-}{\nu_-} \tag{3.22}$$

확장을 통해 식 (3.20)을 $\sum_i z_i c_i = 0$과 같이 작성할 수 있으며, 이원 전해질은 다음과 같다.

$$z_+ c_+ + z_- c_- = 0 \tag{3.23}$$

이 절의 전하 중성 및 용질 농도에 대한 식 (3.21), 식 (3.22), 그리고 식 (3.23)은 이원 전해질의 특성 방정식이며, 앞으로의 추론에서 자주 사용될 것이다.

3.6.4 전류 표현식

특정 지점에서 무한한 단면적에 대한 선속 밀도 $\mathbf{N}$은 속도 $\mathbf{v}$에 농도 c를 곱한 값으로, 다음과 같이 표현할 수 있다.

$$\mathbf{N} = c\mathbf{v} \ \mathrm{mol\ m^{-2}s^{-1}}$$

이 책에서는 전류의 이동을 지원하는 하전 입자의 선속 밀도를 집중해서 다룬다. 전해질은 양전하를 띤 양이온과 음전하를 띤 음이온을 모두 포함하며, 총 전류에는 다음과 같은 두 기여도가 포함된다.

$$\mathbf{i} = \mathbf{i}_+ + \mathbf{i}_-$$

$\mathbf{i}_+$와 $\mathbf{i}_-$는 각각 양이온과 음이온의 기여도로, 이를 통해 전류에 대한 식을 작성할 수 있다.

$$\mathbf{i}_+ = z_+ F \mathbf{N}_+ = z_+ F c_+ \mathbf{v}_+$$

$$\mathbf{i}_- = z_- F \mathbf{N}_- = z_- F c_- \mathbf{v}_-$$

이를 정리하면 다음과 같다.

$$\begin{aligned} \mathbf{i} &= z_+ F c_+ \mathbf{v}_+ + z_- F c_- \mathbf{v}_- \\ &= F \sum_i z_i \mathbf{N}_i \end{aligned} \tag{3.24}$$

3.6.5 질량 및 전하에 대한 연속 방정식

질량 연속 방정식에 따르면 용액의 어느 지점에서든 다음과 같이 질량 연속성이 유지된다.

$$\frac{\partial c_i}{\partial t} = -\nabla \cdot \mathbf{N}_i + R_i \tag{3.25}$$

여기서 R_i는 특정 지점의 종 i의 생성률이다. 참고로 $\nabla \cdot \mathbf{N}_i$는 지점 바깥의 순 선속 밀도이므로 마이너스(−) 기호로 표시해 특정 지점에서 농도 순 증가에 대한 기여도를 나타낸다.

앞선 방정식은 한 종에 대해서만 작성되었으므로 먼저 양쪽에 $z_i F$를 곱한다.

$$F\frac{\partial z_i c_i}{\partial t} = -\nabla \cdot (z_i F \mathbf{N}_i) + z_i F R_i$$

그리고 모든 종을 합산해 다음과 같은 식을 구한다.

$$\frac{\partial}{\partial t} F \sum_i z_i c_i = -\nabla \cdot \left(F \sum_i z_i \mathbf{N}_i \right) + F \sum_i z_i R_i$$

여기서는 화학 반응이 새로운 종을 생성할 수 있으므로 "생성"을 허용한다. 그러나 생성된 종은 전하 균형을 유지한다. 즉 양이온이 생성되면 균형을 맞추기 위해 일정한 수의 음이온이 생성된다. 따라서 $R_i \neq 0$이라고 해도 항상 $\sum_i z_i R_i = 0$이다. 따라서 이 방정식은 다음과 같이 단순화할 수 있다.

$$\frac{\partial}{\partial t} F \sum_i z_i c_i = -\nabla \cdot \left(F \sum_i z_i \mathbf{N}_i \right)$$

사실 이 방정식의 양변은 0이다. 좌변은 $\sum_i z_i c_i = 0$이므로 식 (3.23)에 따라 이미 살펴본 것처럼 0이다. 우변은 $-\nabla \cdot \mathbf{i}$로 인식하므로 이를 정리하면 다음과 같다.

$$\nabla \cdot \mathbf{i} = 0 \tag{3.26}$$

이 방정식은 전해질 용액에서 전하를 저장하거나 생성, 파괴할 수 없음을 의미하므로 전하 연속 방정식이라고 할 수 있다.

SECTION 3.7 농축 용액 이론 : 전해질 질량 보존

이 절의 목표는 다음과 같은 전해질 내부의 질량-균형 방정식을 도출하는 것이다.

$$\frac{\partial c}{\partial t} = \nabla \cdot \left[D\left(1 - \frac{\mathrm{d}\ln c_0}{\mathrm{d}\ln c}\right)\nabla c \right] - \frac{\mathbf{i} \cdot \nabla t_+^0}{z_+ v_+ F} - \nabla \cdot (c\mathbf{v}_0)$$

이 방정식에 따르면 농도는 세 가지 요인에 의해 변화한다.

- **확산**diffusion : 식 우변의 첫 번째 항인 확산 항은 농도 기울기로 인해 이동하는 이온을 모델링한다.
- **이동**migration : 식 우변의 두 번째 항인 이동 항은 전기장의 효과로 인한 이온의 이동을 모델링한다.
- **대류**convection : 식 우변의 세 번째 항인 대류 항은 용매의 움직임에 따라 용질 이온이 당겨지는 압력 기울기로 인한 움직임을 모델링한다.

열역학과 물리화학, 이원 전해질 관계에서 발전한 배경을 고려하더라도 추론은 상당히 길어지겠지만 인내심을 가지고 시도해보자. 이 과정에서 용액 이론의 몇 가지 중요한 주제, 그중에서도 단순한 **희석 용액 이론**dilute solution theory 접근법보다 리튬 이온 셀의 전해질을 더 잘 설명하는 **농축 용액 이론**concentrated solution theory에 대해 학습할 것이다. 진행 상황을 기록하기 위한 이정표로서 다음과 같은 단계를 거쳐 진행할 것임을 미리 알아두면 도움이 될 수 있다.

❶ 전해질 내부 종 사이의 충돌 합력net force을 살펴본다. 이 결과는 맥스웰-스테판 관계로 설명된다.
❷ 충돌의 합력과 종의 전기화학적 전위를 연결해 다성분multicomponent 확산 방정식을 도출한다.
❸ 이온 선속을 전해질의 화학적 전위 기울기로 표현할 수 있는 방법을 설명한다.
❹ 측정 가능한 관심 수량의 관점에서 화학적 전위의 기울기에 대한 표현을 찾는다.
❺ 선속 밀도의 발산divergence을 통해 질량 균형의 최종 관계를 도출한다.

3.7.1 1단계 : 맥스웰-스테판 관계

먼저 맥스웰-스테판 이론Maxwell-Stefan theory을 살펴보자. 이 이론은 다종 시스템을 구성하는 입자들의 충돌로 발생하는 다종 시스템의 운동량momentum, 즉 속도의 변화에 대해 설명한다. 이 이론을 통해 이상적인 기체, 고밀도 기체, 액체 및 고분자polymer에 대해 동일한 기본 결과를 다르게 도출할 수 있다.[24] 리튬 이온 셀의 전해질은 대부분 액체 또는 젤이며, 때로는 고체 고분자이다. 그러나 이보다는 이상적인 기체에 대한 증명이 더 명확하고 간단하므로 이와 관련된 방식으로 증명을 진행할 것이다.

---

24 고밀도 기체, 액체 및 고분자의 경우 농도 의존적 확산도는 이상 기체 정의에 대한 이원 확산도와 다르다. 다음을 참고하라.
- Curtiss, C.F. and Bird, R.B., "Multicomponent diffusion," *Industrial Engineering Chemical Research*, 38, 1999, pp. 2,515-2,522; (40, 2001, 1,791쪽이 수정됨)
- Curtiss, C.F., Bird, R.B., "Diffusion-stress relations in polymer mixtures", *Journal of Chemical Physics*, 111, 1999, pp. 10,362-10,370

먼저 두 종의 시스템에서 입자의 충돌을 고려한 뒤 결과를 다종 시스템으로 확장한다. 특히 두 종의 기체가 포함된 단위체적을 고려한다. 즉 질량이 m_1이고 원래의 속도가 $\mathbf{v}_{m1}$인 단일 종-1 분자가 질량이 m_2이고 원래의 속도가 $\mathbf{v}_{m2}$인 단일 종-2 분자와 충돌한다고 가정했을 때 충돌 후 입자의 속도 벡터는 어떻게 될지 생각해보자.[25]

먼저 입자 질량은 충돌의 영향을 받지 않는다고 가정하고 종-1 분자의 충돌 후 속도를 $\mathbf{v}'_{m1}$, 종-2 분자의 충돌 후 속도를 $\mathbf{v}'_{m2}$로 나타낸다. 총 운동량을 보존해야 함을 알고 있으므로 다음과 같이 쓸 수 있다.

$$m_1\mathbf{v}_{m_1} + m_2\mathbf{v}_{m_2} = m_1\mathbf{v}'_{m_1} + m_2\mathbf{v}'_{m_2}$$

종-1 분자만 고려할 때 종-1 분자의 운동량 손실은 다음과 같다.

$$\Delta(m_1\mathbf{v}_{m_1}) = m_1(\mathbf{v}_{m1} - \mathbf{v}'_{m_1})$$

무작위성 때문에 $\mathbf{v}'_{m_1}$이 정확히 어떻게 될지는 예측할 수 없다. 만약 입자가 "정면으로" 충돌하면 충돌 후 양이온 속도 벡터는 한 입자가 다른 입자를 비스듬하게 타격할 때와 상당히 다를 것이다. 따라서 개별 입자 충돌을 고려하는 경로로 진행하는 것은 어려워 보인다.

그러나 이런 하위 시스템 내의 개별 입자 속도 대신 종-1과 종-2 입자를 구성하는 하위 시스템의 **평균**average 속도를 고려하면 운동량 손실에 대한 진전을 볼 수 있다. 따라서 표기를 약간 변경해 $\mathbf{v}_1$을 종-1의 모든 입자에 대한 질량 중심의 충돌 전precollision 속도로, $\mathbf{v}'_1$을 종-1의 모든 입자에 대한 질량 중심의 충돌 후postcollision 속도로 나타낸다. 종-2 입자 역시 비슷한 방식으로 $\mathbf{v}_2$와 $\mathbf{v}'_2$를 사용한다.

이제 충돌에 **탄성**elastic이 있다고 가정한다. 즉 충돌 전후에 운동 에너지가 보존되어 열에 의한 파손이나 변형, 에너지 손실이 없다고 생각해보자. 이는 대부분의 상황에서 기체 분자 간의 충돌에 대한 합리적인 가정으로 밝혀졌다. 이를 통해 다음과 같은 관계를 도출할 수 있다.[26]

$$\mathbf{v}'_1 = \frac{m_1\mathbf{v}_1 + m_2\mathbf{v}_2}{m_1 + m_2}$$

그러면 종-1 분자의 평균 운동량 손실은 다음과 같다.

25 번외로, 맥스웰은 다음과 같은 노래를 작곡하고 노래하는 것으로 유명하다. "몸과 몸이 만나 공중을 날아다니고, 몸과 몸이 부딪히기도 합니다, 날아갈 수 있을까요? 어디로 날아갈까요?" (http://www.haverford.edu/astronomy/songs/rigid.htm)

26 Present, R.D., *Kinetic Theory of Gases*, Section 8.2, McGraw-Hill, 1958.

$$
\begin{aligned}
\triangle(m_1\mathbf{v}_1) &= m_1(\mathbf{v}_1 - \mathbf{v}'_1) \\
&= m_1\left(\mathbf{v}_1 - \frac{m_1\mathbf{v}_1 + m_2\mathbf{v}_2}{m_1 + m_2}\right) \\
&= m_1\frac{m_2\mathbf{v}_1 - m_2\mathbf{v}_2}{m_1 + m_2} \\
&= \frac{m_1 m_2}{m_1 + m_2}(\mathbf{v}_1 - \mathbf{v}_2)
\end{aligned}
$$

이 결과는 충돌 중의 평균 운동량 전달이 두 분자의 하위 시스템 사이의 원래 평균 속도 차이에 비례한다는 것을 알려준다. 종-1 분자나 종-2 분자의 하위 시스템만 고려한다면 운동량 보존으로 인해 두 하위 시스템 내의 충돌은 해당 하위 시스템의 총 운동량에 변화를 일으키지 않음을 알 수 있다. 따라서 하위 시스템-1을 고려할 때 전체 운동량을 변경할 수 있는 유일한 가능성은 하나 이상의 분자가 하나 이상의 종-2 분자와 충돌할 때뿐이다. 즉 하위 시스템 간의 충돌만이 종-1에서 종-2 또는 그 반대로 운동량을 전달한다.

운동량 변화율

단위체적의 운동량 변화율은 **충돌에 따른 운동량의 변화**와 **충돌 빈도**에 따라 달라진다. 충돌에 따른 운동량의 변화는 조금 전 살펴봤으므로 이제 충돌 빈도와 관련해 살펴보자. 이 빈도는 종-1의 농도와 종-2의 농도에 비례해야 하므로 종-1^species-1^의 운동량 변화율은 다음과 같이 쓸 수 있다.

$$
\left(\frac{\mathrm{d}\mathbf{p}}{\mathrm{d}t}\right)_V^{\mathrm{species}\,-\,1} \propto c_1 c_2(\mathbf{v}_1 - \mathbf{v}_2) \tag{3.27}
$$

이때 c_1과 c_2는 각각 종-1과 종-2의 농도를 나타내며, $\mathbf{p}$는 운동량을[27], 방정식 좌변의 아래 첨자 V는 "단위체적당"을 의미한다. 이 값은 $c_1 = n_1/V$와 $c_2 = n_2/V$로 정의되며, n_1과 n_2는 각각 종-1과 종-2의 몰 수이고 V는 시스템의 체적이다.

다음으로 종-i의 **몰 분율**^mole fraction^을 $x_i = n_i/n$으로 정의한다. 따라서 $x_1 = n_1/n$이고 $x_2 = n_2/n$이다. 두 종^two-species^ 시스템일 때는 $x_1 + x_2 = 1$, 다종 시스템일 때는 $\sum_i x_i = 1$이 된다. 또한 **총 농도**^total concentration^라는 새로운 양을 다음과 같이 정의한다. 두 종 시스템일 때 $c_T = c_1 + c_2$이다.

$$
c_T = \sum_i c_i \tag{3.28}
$$

총 농도는 모든 종의 몰 수의 합을 체적(n/V)으로 나눈 값이다. 이제 종-i의 몰 분율을 다음과 같이 작성할 수 있다.

---

27 $\mathbf{p}$는 벡터량 운동량을 나타내지만 p는 스칼라량 압력을 의미한다. 표기를 헷갈리지 않도록 주의하자.

$$x_i = \frac{n_i}{n} = \frac{n_i / V}{n / V} = \frac{c_i}{c_T}$$

예를 들어 $x_1 = c_1 / c_T$이고 $x_2 = c_2 / c_T$일 때 이 둘을 결합하면 식 (3.27)을 다음과 같이 수정할 수 있다.

$$\left(\frac{\mathrm{d}\mathbf{p}}{\mathrm{d}t}\right)_V^{\text{species}-1} \propto x_1 x_2 (\mathbf{v}_1 - \mathbf{v}_2)$$

뉴턴의 제2법칙Newton's second law에 따라 $\mathbf{F} = \mathrm{d}\mathbf{p}/\mathrm{d}t$는 다음과 같다. 이때 첨자 V는 앞서 설명한 것처럼 "단위체적당"을 의미하며, $\mathbf{F}_{1,V}$의 단위는 세제곱미터당 뉴턴($\mathrm{N/m^3}$)이다

$$\mathbf{F}_{1,V} \propto x_1 x_2 (\mathbf{v}_1 - \mathbf{v}_2)$$

이제 남은 문제는 '비례계수는 무엇인가?'이다 앞선 결과를 보면 $\mathbf{F}_{1,V}$는 두 속도의 차이에 비례하므로 마찰력의 일종이라고 이야기할 수 있다. 따라서 **맥스웰-스테판 마찰 계수**Maxwell-Stefan friction coefficient K_{12}를 정의하면 $\mathbf{F}_{1,V} = K_{12}(\mathbf{v}_1 - \mathbf{v}_2)$이다.

앞으로 K_{ij}로 작성된 방정식을 활용하는 것은 복잡하지 않음을 알게 될 것이다. 그러나 K_{ij}로 작성된 최종 모델은 그렇지 않다. 이는 새로운 비례 "상수"가 일정하지 않고 x_1과 x_2의 특정 값에 의존하기 때문이다. 즉 K_{12} = 상수 × $x_1 x_2$에 따라 값이 달라지는데, 이 식의 문제점은 방정식이 (측정 가능한) 고유의intrinsic 물성(물질 특성)이 아니라 물질의 양에 가중된 물성으로 표현되었다는 것이다.

따라서 **맥스웰-스테판 확산 계수**Maxwell-Stefan diffusion coefficient 또는 **맥스웰-스테판 확산도**Maxwell-Stefan diffusivity를 다음과 같이 정의해 x_1과 x_2를 궁극적으로 제거한다.

$$\mathscr{D}_{ij} = \frac{x_i x_j}{K_{ij}} p$$

이때 $\mathscr{D}_{ij}$는 마찰 계수 K_{ij}에 반비례한다. K_{ij}는 (항력drag force으로 인해) 종의 확산이 얼마나 어려운지를 나타내므로 $\mathscr{D}_{ij}$는 종의 확산이 얼마나 쉬운지를 나타내야 한다. K_{12}를 $\mathscr{D}_{12}$로 풀면 다음과 같다. 이때 **이상 기체 법칙**ideal gas law인 $pV = nRT$를 사용한다.

$$K_{12} = \frac{x_1 x_2}{\mathscr{D}_{12}} p = \frac{n}{V} \frac{RT x_1 x_2}{\mathscr{D}_{12}}$$

$c_T = n/V$, $x_1 = c_1/c_T$, $x_2 = c_2/c_T$이므로 정리하면 다음과 같이 쓸 수 있다.

$$K_{12} = c_T \frac{RT \dfrac{c_1}{c_T} \dfrac{c_2}{c_T}}{\mathscr{D}_{12}} = \frac{RT c_1 c_2}{c_T \mathscr{D}_{12}}$$

만약 종 수가 두 개 이상이라면 아래 첨자 i와 j를 추가해 다음과 같이 나타내면 된다.

$$K_{ij} = \frac{RTc_i c_j}{c_T \mathscr{D}_{ij}} \tag{3.29}$$

식 (3.29)는 **이상 기체 법칙**ideal gas law을 사용하고 있지만 전기화학적 전위를 사용해도 액체에 대해 동일한 결과를 도출할 수 있다.

뉴턴의 제3법칙Newton's third law에 따르면 마찰력은 상호적인 것으로, $K_{ij} = K_{ji}$이므로 $\mathscr{D}_{ij} = \mathscr{D}_{ji}$여야 한다. 마지막으로 식 (3.29)에 K_{12}를 대입해 단위체적당 힘을 다음과 같이 힘force 방정식으로 작성한다. 식 (3.30)은 힘 방정식이지만 종-1의 운동량 변화율을 나타내는 식이기도 하다.

$$\mathbf{F}_{1,V} = \frac{RTc_1 c_2}{c_T \mathscr{D}_{12}} (\mathbf{v}_1 - \mathbf{v}_2) \tag{3.30}$$

전체 맥스웰-스테판 관계 $\nabla x_i = -\sum_j \frac{x_i x_j}{\mathscr{D}_{ij}}(\mathbf{v}_i - \mathbf{v}_j)$를 실제로 도출하지는 못했다. 이 방정식은 앞으로의 개발에서 필요하지는 않지만 여전히 흥미롭다. 정리하면 종-i의 속도는 다른 종의 속도와 양의 관계이고 종-i의 방향으로 밀어주며, 종-i의 농도 기울기와 음의 관계이고 종 자체의 농도는 자가 확산self-diffusion으로 인해 균등해지는 경향을 보인다.

3.7.2 2단계 : 다성분 확산 방정식

맥스웰-스테판 관계를 도출할 때 종-1의 운동량 변화율(종-1이 경험하는 합력)이 다른 종과의 충돌로 인한 것이라고 가정한 것을 떠올려보자. 이는 미시적 수준에서는 사실이다. 이제 이 힘을 전하를 가진 종에 대한 전기화학적 전위의 기울기와 연관시켜 거시적 수준에서 설명해보자. 먼저 힘은 깁스 자유에너지의 음의 기울기와 같으므로 다음과 같이 쓸 수 있다.[28]

$$\mathbf{F}_1 = -\nabla G_1 = -\frac{\partial G_1}{\partial \bar{\mu}_1} \nabla \bar{\mu}_1 = -n_1 \nabla \bar{\mu}_1$$

이때 $n_i = \partial G / \partial \bar{\mu}_i$는 식 (3.14)를 함축한 것이다. 단위체적당 힘은 다음과 같이 작성한다.

$$\mathbf{F}_{1,V} = \frac{\mathbf{F}_1}{V} = -\frac{n_1}{V} \nabla \bar{\mu}_1 = -c_1 \nabla \bar{\mu}_1$$

---

28 계산의 곱셈 규칙 $\frac{\partial G_1}{\partial x} = \frac{\partial G_1}{\partial \bar{\mu}_1}\frac{\partial \bar{\mu}_1}{\partial x}$, $\frac{\partial G_1}{\partial y} = \frac{\partial G_1}{\partial \bar{\mu}_1}\frac{\partial \bar{\mu}_1}{\partial y}$, $\frac{\partial G_1}{\partial z} = \frac{\partial G_1}{\partial \bar{\mu}_1}\frac{\partial \bar{\mu}_1}{\partial z}$을 사용한다. 따라서 $\nabla G_1 = \frac{\partial G_1}{\partial \bar{\mu}_1} \nabla \bar{\mu}_1$과 같은 결론을 내릴 수 있다.

이를 식 (3.30)과 결합하면 다음과 같다.

$$c_1 \nabla \bar{\mu}_1 = RT \frac{c_1 c_2}{c_T \mathscr{D}_{12}} (\mathbf{v}_2 - \mathbf{v}_1)$$

다성분 사례로 일반화하면 다음과 같은 결과를 얻을 수 있다.

$$c_1 \nabla \bar{\mu}_1 = RT \sum_j \frac{c_i c_j}{c_T \mathscr{D}_{ij}} (\mathbf{v}_j - \mathbf{v}_i) = \sum_j K_{ij} (\mathbf{v}_j - \mathbf{v}_i) \tag{3.31}$$

앞선 식들을 바탕으로 모든 종의 합을 구하는 식을 정리하면 다음과 같다.

$$\sum_i c_i \nabla \bar{\mu}_1 = \sum_i \sum_j K_{ij} (\mathbf{v}_j - \mathbf{v}_i)$$

3.7.3 3단계 : 농축 이원 전해질 이론(이온 선속)

다음 목표는 양이온 및 음이온의 선속 밀도에 관한 다음 관계를 증명하는 것이다. 여기서 c_0는 용매의 농도이다.

$$\mathbf{N}_+ = c_+ \mathbf{v}_+ = -\frac{\nu_+ \mathscr{D}}{\nu RT} \frac{c_T}{c_0} c \nabla \mu_e + \frac{\mathbf{i} t_+^0}{z_+ F} + c_+ \mathbf{v}_0 \tag{3.32}$$

이 방정식에는 다음과 같은 세 가지의 새로운 기호가 사용된다.

- 전해질의 화학적 전위 μ_e
- 전해질의 평균 확산도 $\mathscr{D}$
- 전달률 t_+^0

다음 하위 절에서는 이 요소들을 정의한 뒤 궁극적으로 전해질의 Li^+와 연관시킬 선속 밀도의 방정식인 식 (3.32)를 증명할 것이다.

전해질의 화학적 전위

이원 전해질의 화학적 전위는 1몰의 염을 첨가했을 때 깁스 자유에너지가 얼마나 변화하는지를 의미한다. 전해질의 화학적 전위는 다음과 같이 정의한다.

$$\mu_e = \nu_+ \bar{\mu}_+ + \nu_- \bar{\mu}_- \tag{3.33}$$

이때 $(+)$는 양전하를 띠는 종을, $(-)$는 음전하를 띠는 종을 나타낸다. 이때 **전기화학적 전위**^electrochemical potentia^가 아닌 전해질의 **화학적 전위**^chemical potential^임을 유의해야 한다. 염은 전체적으로 중성인 만큼 동등하게 측정될 수 있으므로 오인해서는 안 된다. 앞서 살펴본 식 (3.13)과 식 (3.21)을 통해 화학적 전위를 다음과 같이 구한다.

$$\begin{aligned}
\mu_e &= \nu_+ \bar{\mu}_+ + \nu_- \bar{\mu}_- \\
&= \nu_+ (\mu_+ + z_+ F\phi) + \nu_- (\mu_- + z_- F\phi) \\
&= \nu_+ \mu_+ + \nu_- \mu_- + (\nu_+ z_+ + \nu_- z_-) F\phi \\
&= \nu_+ \mu_+ + \nu_- \mu_-
\end{aligned} \tag{3.34}$$

화학적 전위 μ_e의 의미를 예를 들어 살펴보자. 먼저 용매와 염 NA_2SO_4로 구성된 전해질이 있다고 가정하자. 이때 염 NA_2SO_4는 $\nu_+ = 2$, $\nu_- = 1$을 가진다. 전기화학적 정의에 따르면 Na^+가 1몰 추가되면 시스템의 깁스 자유에너지는 $\bar{\mu}_+$만큼 증가한다. 반대로 SO^{2}_{-4}가 1몰 추가되면 시스템의 깁스 자유에너지는 $\bar{\mu}_-$만큼 증가한다. 따라서 전체 염 Na_2SO_4가 1몰 추가되면 시스템의 깁스 자유에너지는 $2\bar{\mu}_+ + \bar{\mu}_-$ 또는 $\nu_+ \bar{\mu}_+ + \nu_- \bar{\mu}_-$만큼 증가한다.

앞서 살펴본 식 (3.32)는 μ_e의 기울기를 필요로 하며, 식 (3.33)으로부터 다음과 같이 계산할 수 있다.

$$\nabla \mu_e = \nu_+ \nabla \bar{\mu}_+ + \nu_- \nabla \bar{\mu}_-$$

$c\nu_+ \nabla \bar{\mu}_+ = c_+ \nabla \bar{\mu}_+$와 $c\nu_- \nabla \bar{\mu}_- = c_- \nabla \bar{\mu}_-$를 계산할 수 있다면 식 (3.32)의 $c \nabla \mu_e$ 항을 계산할 수 있다. 식 (3.31)의 조건을 고려해 화학 전위를 다음과 같이 구한다.

$$\begin{aligned}
c_+ \nabla \bar{\mu}_+ &= K_{+0} (\mathbf{v}_0 - \mathbf{v}_+) + K_{+-} (\mathbf{v}_- - \mathbf{v}_+) \\
c_- \nabla \bar{\mu}_- &= K_{-0} (\mathbf{v}_0 - \mathbf{v}_-) + K_{-+} (\mathbf{v}_+ - \mathbf{v}_-)
\end{aligned}$$

두 방정식을 더한 뒤 식 (3.22)를 사용하면 다음과 같다. 이 결과는 나중에 사용할 것이다.

$$\begin{aligned}
c \nabla \mu_e &= [K_{0+} (\mathbf{v}_0 - \mathbf{v}_+) + K_{+-} (\mathbf{v}_- - \mathbf{v}_+)] \\
&\quad + [K_{0-} (\mathbf{v}_0 - \mathbf{v}_-) + K_{+-} (\mathbf{v}_+ - \mathbf{v}_-)] \\
&= K_{0+} (\mathbf{v}_0 - \mathbf{v}_+) + K_{0-} (\mathbf{v}_0 - \mathbf{v}_-)
\end{aligned} \tag{3.35}$$

전해질의 평균 확산도

전해질의 **평균 확산도**average diffusivity $\mathscr{D}$는 용매에 대한 음이온과 양이온의 확산도의 가중 평균이다. 이 평균 확산도를 맥스웰-스테판 마찰 계수로 표현하면 편리한데, 정의 시 확산도가 전도도처럼, 즉 상호적인reciprocal 형태로 추가됨을 인식하는 것이 중요하다. 따라서 다음과 같은 관계를 통해 화학량론 계수의 측면에서 가중 평균 확산 계수 $\mathscr{D}$를 정의한다.

$$\frac{\nu}{\mathscr{D}} = \frac{\nu_+}{\mathscr{D}_{0+}} + \frac{\nu_-}{\mathscr{D}_{0-}}$$

이때 $\nu = \nu_+ + \nu_-$ 임을 기억하자. c를 앞선 식의 양변에 곱하고 식 (3.22)를 떠올리면 농도에 대한 전해질의 평균 확산도 $\mathscr{D}$를 구할 수 있다. 이는 식 (3.29)를 통해 맥스웰-스테판 마찰 계수와 관련해서도 사용할 수 있다.

$$\begin{aligned}
\mathscr{D} &= \frac{\nu c}{\dfrac{c_+}{\mathscr{D}_{0+}} + \dfrac{c_-}{\mathscr{D}_{0-}}} \\
&= \frac{RTc_0}{c_T}\left(\frac{\nu c}{\dfrac{RTc_0 c_+}{c_T \mathscr{D}_{0+}} + \dfrac{RTc_0 c_-}{c_T \mathscr{D}_{0-}}}\right) \\
&= \frac{RTc_0}{c_T}\left(\frac{\nu c}{K_{0+} + K_{0-}}\right) \\
&= \frac{\nu RTc_0 c}{c_T(K_{0+} + K_{0-})}
\end{aligned} \tag{3.36}$$

전달률

전달률transference number은 **화학적 전위의 기울기가 없을 때** 특정한 종에 의해 운반되는 이온 전류 **i**의 비율로, 용매에 대한 양이온의 전달률을 나타내는 기호 t_+^0 와 음이온의 전달률을 나타내는 기호 t_-^0 를 사용한다. 이원 전해질에 대해 살펴보고 있으므로 양이온의 전달률은 다음과 같이 음이온에 의한 항력에 비례하며, 반대의 경우도 마찬가지이다.

$$t_+^0 \propto K_{0-}, \quad t_-^0 \propto K_{0+}$$

비례 상수를 구하려면 전달률이 반드시 1로 더해져야 하므로 다음과 같이 전달률을 구한다.

$$t_+^0 = \frac{K_{0-}}{K_{0-} + K_{0+}}, \quad t_-^0 = \frac{K_{0+}}{K_{0-} + K_{0+}} \tag{3.37}$$

선속 방정식의 증명

이제 식 (3.32)를 증명할 준비가 되었다. 방정식의 각 부분을 묶은 뒤 차례로 고려한다.

$$\mathbf{N}_+ = c_+\mathbf{v}_+ = \underbrace{-\frac{\nu_+\mathscr{D}}{\nu RT}\frac{c_T}{c_0}}_{A}\underbrace{c\nabla\mu_e}_{B} + \underbrace{\frac{\mathbf{i}t_+^0}{z_+F}}_{C} + \underbrace{c_+\mathbf{v}_0}_{D}$$

먼저 "A"로 식별되는 항에 식 (3.36)을 대입한다.

$$\begin{aligned}
-\frac{\nu_+\mathscr{D}c_T}{\nu RTc_0} &= -\frac{\nu_+c_T}{\nu RTc_0}\frac{\nu RTc_0c}{c_T(K_{0+}+K_{0-})} \\
&= -\frac{c\nu_+}{K_{0+}+K_{0-}} \\
&= -\frac{c_+}{K_{0+}+K_{0-}}
\end{aligned}$$

이제 "B"로 식별된 항의 값을 식 (3.35)에서 떠올려보자.

$$c\nabla\mu_e = K_{0+}(\mathbf{v}_0-\mathbf{v}_+) + K_{0-}(\mathbf{v}_0-\mathbf{v}_-)$$

"A"와 "B" 항을 곱하면 다음과 같다.

$$\begin{aligned}
-\frac{\nu_+\mathscr{D}c_T}{\nu RTc_0}c\nabla\mu_e &= -\frac{c_+}{K_{0+}+K_{0-}}(K_{0+}(\mathbf{v}_0-\mathbf{v}_+) + (K_{0-}(\mathbf{v}_0-\mathbf{v}_-)) \\
&= -c_+\mathbf{v}_0 + \frac{c+}{K_{0+}+K_{0-}}(K_{0+}\mathbf{v}_+ + K_{0-}\mathbf{v}_-)
\end{aligned}$$

여기에 "D" 항을 더하면 다음과 같다.

$$-\frac{\nu_+\mathscr{D}c_T}{\nu RTc_0}c\nabla\mu_e + c_+\mathbf{v}_0 = -\frac{c_+}{K_{0+}+K_{0-}}(K_{0+}\mathbf{v}_+ + K_{0-}\mathbf{v}_-)$$

식 (3.37)을 사용하면 "C" 항을 다음과 같이 구할 수 있다.

$$\begin{aligned}
\frac{\mathbf{i}t_+^0}{z_+F} &= \frac{z_+Fc_+\mathbf{v}_+ + z_-Fc_-\mathbf{v}_-}{z_+F}\frac{K_{0-}}{K_{0-}+K_{0+}} \\
&= \frac{z_+c_+\mathbf{v}_+ - z_+c_+\mathbf{v}_-}{z_+}\frac{K_{0-}}{K_{0-}+K_{0+}} \\
&= \frac{c_+}{K_{0+}+K_{0-}}(K_{0-}\mathbf{v}_+ - K_{0-}\mathbf{v}_-)
\end{aligned}$$

앞선 결과에 이 항을 더하면 다음과 같다.

$$\begin{aligned}-\frac{\nu_+\mathscr{D}}{\nu RT}\frac{c_T}{c_0}c\nabla\mu_e+\frac{\mathbf{i}t_+^0}{z_+F}+c_+\mathbf{v}_0 &= \frac{c_+}{K_{0+}+K_{0-}}(K_{0+}\mathbf{v}_+ + K_{0-}\mathbf{v}_-) \\ &\quad + \frac{c_+}{K_{0+}+K_{0-}}(K_{0-}\mathbf{v}_+ - K_{0-}\mathbf{v}_-) \\ &= c_+\mathbf{v}_+\end{aligned}$$

정리하면 식 (3.38)과 같이 양이온의 선속 밀도를 구할 수 있으며, 같은 방법으로 음이온의 선속 밀도도 식 (3.39)와 같이 구할 수 있다.

$$\mathbf{N}_+ = c_+\mathbf{v}_+ = -\frac{\nu_+\mathscr{D}}{\nu RT}\frac{c_T}{c_0}c\nabla\mu_e+\frac{\mathbf{i}t_+^0}{z_+F}+c_+\mathbf{v}_0 \tag{3.38}$$

$$\mathbf{N}_- = c_-\mathbf{v}_- = -\frac{\nu_-\mathscr{D}}{\nu RT}\frac{c_T}{c_0}c\nabla\mu_e+\frac{\mathbf{i}t_-^0}{z_-F}+c_-\mathbf{v}_0 \tag{3.39}$$

3.7.4 4단계 : 화학적 전위의 기울기에 대한 표현식

이제 목표로 하던 식 (3.3)의 유도에 거의 도달했다. 그러나 마무리하기 전에 $\nabla\mu_e$를 농도의 관점에서 표현할 필요가 있다. 미적분학의 연쇄[chain] 법칙에 따르면 $\nabla\mu_e = \frac{\partial\mu_e}{\partial c}\nabla c$라는 것을 기억하자. 결과의 표준 형태를 얻기 위해 이 방정식의 우변 첫 번째 항을 더 세분화한다.

$$\frac{\partial\mu_e}{\partial c} = \frac{\partial\mu_e}{\partial\ln m}\frac{\partial\ln m}{\partial c}$$

이때 m은 용액의 몰랄 농도를 의미한다. $m = \frac{m_+}{\nu_+} = \frac{m_-}{\nu_-}$인 것과 몰랄 농도 $m_i = \frac{c_i}{c_0M_0}$를 통해 몰 농도와 관련이 있음을 참고해두면 좋다. 이때 M_0은 용매의 몰 질량이다.

식 (3.17) 및 식 (3.19)를 통해 살펴본 절대 활성도를 생각해보자. $\lambda_i - m_i\gamma_i\lambda_i^\ominus$일 때 $\mu_i = RT\ln(\lambda_i)$로 쓸 수 있고 식 (3.34)에서 전해질의 화학 전위는 $\mu_e = \nu_+\mu_+ + \nu_-\mu_-$로 쓸 수 있으므로 다음과 같이 구할 수 있다.

$$\begin{aligned}
\mu_e &= \nu_+ RT\ln(m_+\gamma_+\lambda_+^{\ominus}) + \nu_- RT\ln(m_-\gamma_-\lambda_-^{\ominus}) \\
&= \nu_+ RT\ln(m\nu_+\gamma_+\lambda_+^{\ominus}) + \nu_- RT\ln(m\nu_-\gamma_-\lambda_-^{\ominus}) \\
&= \nu_+ RT(\ln m + \ln\gamma_+ + \ln(\nu_+\lambda_+^{\ominus})) + \nu_- RT(\ln m + \ln\gamma_- + \ln(\nu_-\lambda_-^{\ominus})) \\
&= (\nu_+ + \nu_-)RT\ln m + RT(\ln\gamma_+^{\nu+} + \ln\gamma_-^{\nu-}) + \nu_+ RT\ln(\nu_+\lambda_+^{\ominus}) + \nu_- RT\ln(\nu_-\lambda_-^{\ominus}) \\
&= \nu RT(\ln m + \ln\gamma_\pm) + \nu_+ RT\ln(\nu_+\lambda_+^{\ominus}) + \nu_- RT\ln(\nu_-\lambda_-^{\ominus})
\end{aligned}$$

이때 $\gamma_\pm^{\nu} = \gamma_+^{\nu+}\gamma_-^{\nu-}$ 라고 정의했으며, $\gamma_\pm$ 가 **평균 몰랄 활성화 계수**mean molal activity coefficient임을 알고 있다. 따라서 앞서 세분화했던 방정식의 다른 항은 m 의 함수가 아니므로 우변 첫 번째 항을 다음과 같이 계산한다.

$$\frac{\partial\mu_e}{\partial\ln m} = \nu RT\left(1 + \frac{\partial\ln\gamma_\pm}{\partial\ln m}\right)$$

이제 두 번째 항을 구하기 위해 다음과 같이 순차적으로 계산한다.

$$m = \frac{m_+}{\nu+} = \frac{c_+}{\nu_+ c_0 M_0} = \frac{c}{c_0 M_0}$$

$$\ln m = \ln c - \ln c_0 - \ln M_0$$

$$\frac{\partial\ln m}{\partial\ln c} = 1 - \frac{\partial\ln c_0}{\partial\ln c}$$

$$\frac{\partial\ln m}{\partial c} = \frac{1}{c}\left(1 - \frac{\partial\ln c_0}{\partial\ln c}\right)$$

이렇게 계산한 두 항을 합치면 다음과 같은 결과를 얻을 수 있다.

$$\nabla\mu_e = \frac{\nu RT}{c}\left(1 + \frac{d\ln\gamma_\pm}{d\ln m}\right)\left(1 - \frac{d\ln c_0}{d\ln c}\right)\nabla c \tag{3.40}$$

3.7.5 5단계 : 질량 균형 방정식

이제 식 (3.3)을 증명할 준비가 되었다. 식 (3.32)를 다시 떠올려보자.

$$\mathbf{N}_+ = -\frac{\nu_+\mathscr{D}}{\nu RT}\frac{c_T}{c_0}c\nabla\mu_e + \frac{\mathbf{i}t_+^0}{z_+F} + c_+\mathbf{v}_0 \tag{3.32}$$

여기에 식 (3.40)에서 구한 $\nabla \mu_e$ 값을 대입한다.

$$\mathbf{N}_+ = -\frac{\nu_+ \mathscr{D}}{\nu RT}\frac{c_T c}{c_0}\frac{\nu RT}{c}\left(1+\frac{d\ln\gamma_\pm}{d\ln m}\right)\left(1-\frac{d\ln c_0}{d\ln c}\right)\nabla c+\frac{\mathbf{i}t_+^0}{z_+F}+c_+\mathbf{v}_0$$

$$= -\nu + \frac{\mathscr{D}c_T}{c_0}\left(1+\frac{d\ln\gamma_\pm}{d\ln m}\right)\left(1-\frac{d\ln c_0}{d\ln c}\right)\nabla c+\frac{\mathbf{i}t_+^0}{z_+F}+c_+\mathbf{v}_0$$

뉴먼은 맥스웰-스테판 확산도("열역학적 확산 계수thermodynamic diffusion coefficient"라고 지칭함)는 일반적으로 실험실 테스트에서 측정되는 것이 아니며, 오히려 $\mathscr{D}$가 주로 측정되는 값이라고 주장한다.[29]

$$D = \mathscr{D}\frac{c_T}{c_0}\left(1+\frac{d\ln\gamma_\pm}{d\ln m}\right)$$

이때 D와 $\mathscr{D}$는 두 용어의 정의로부터 구동력과 기준 속도의 선택에 따라 차이가 난다. 따라서 다음과 같이 쓸 수 있다.

$$\mathbf{N}_+ = -\nu_+ D\left(1-\frac{d\ln c_0}{d\ln c}\right)\nabla c+\frac{\mathbf{i}t_+^0}{z_+F}+c_+\mathbf{v}_0$$

이를 연속 방정식인 식 (3.25)에 다음과 같이 대입할 수 있다.

$$\frac{\partial c_+}{\partial t} = -\nabla\cdot\mathbf{N}_+$$

생성되는 종이 없고 질량이 보존된다는 가정하에 다음과 같은 식을 얻을 수 있다.

$$\frac{\partial c_+}{\partial t} = \nabla\cdot\left[\nu_+ D\left(1-\frac{d\ln c_0}{d\ln c}\right)\nabla c\right]-\nabla\cdot\left(\frac{\mathbf{i}t_+^0}{z_+F}\right)-\nabla\cdot(c_+\mathbf{v}_0)$$

여기에 $c_+ = c\nu_+$의 항등식을 적용하면 다음과 같다.

$$\nu_+\frac{\partial c}{\partial t} = \nu_+\nabla\cdot\left[D\left(1-\frac{d\ln c_0}{d\ln c}\right)\nabla c\right]-\nu_+\frac{\nabla\cdot(\mathbf{i}t_+^0)}{z_+\nu_+F}-\nu_+\nabla\cdot(c\mathbf{v}_0)$$

이는 다음과 같이 재배열할 수 있다.

$$\frac{\partial c}{\partial t} = \nabla\cdot\left[D\left(1-\frac{d\ln c_0}{d\ln c}\right)\nabla c\right]-\frac{\nabla\cdot(\mathbf{i}t_+^0)}{z_+\nu_+F}-\nabla\cdot(c\mathbf{v}_0)$$

29 Newman, J., Bennion, D. and Tobias, C.W., "Mass Transfer in Concentrated Binary Electrolytes", *Berichte der Bunsengesellschaft*, 69, 1965, pp. 608–612. (Corrections, ibid, 70, 1966, p. 493.)

이때 $\nabla \cdot (\mathbf{i}t_+^0) = \mathbf{i} \cdot \nabla (t_+^0) + t_+^0 \nabla \cdot \mathbf{i}$ 임을 유의하고 전하 연속 방정식 $\nabla \cdot \mathbf{i} = 0$에 따르면 다음과 같이 계산할 수 있다.

$$\nabla \cdot (\mathbf{i}t_+^0) = \mathbf{i} \cdot \nabla t_+^0$$

이를 마지막으로 정리하면 다음과 같다. 이 식을 물질-균형matarial-balance 방정식이라고 한다.

$$\frac{\partial c}{\partial t} = \nabla \cdot \left[D \left(1 - \frac{\mathrm{d} \ln c_0}{\mathrm{d} \ln c} \right) \nabla c \right] - \frac{\mathbf{i} \cdot \nabla t_+^0}{z_+ \nu_+ F} - \nabla \cdot (c \mathbf{v}_0)$$

실제로 용매의 농도는 일반적으로 염의 농도에 민감하지 않다고 가정하므로[30] 다음과 같다.

$$\frac{\mathrm{d} \ln c_0}{\mathrm{d} \ln c} \approx 0$$

이 식은 다음과 같이 전개할 수 있다.

$$\frac{\partial c}{\partial t} = \nabla \cdot (D \nabla c) - \frac{\mathbf{i} \cdot \nabla t_+^0}{z_+ \nu + F} - \nabla \cdot (c \mathbf{v}_0)$$

리튬 이온 셀에 특화된 전해질의 염은 일반적으로 $\mathrm{LiPF_6}$이다. $\mathrm{LiPF_6}$는 $\mathrm{Li^+}$와 $\mathrm{PF_6^-}$로 분해되므로 $\nu_+ = z_+ = 1$이다(염이 $\mathrm{LiPF_6}$가 아닐 때도 마찬가지임). 또한 질량 보존 방정식을 제공하는 전극과 전해질 상phase을 구분하기 위해 아래 첨자 "e"를 사용해 다음과 같이 식 (3.3)을 도출한다.

$$\frac{\partial c_e}{\partial t} = \nabla \cdot (D_e \nabla c_e) - \frac{\mathbf{i}_e \cdot \nabla t_+^0}{F} - \nabla \cdot (c_e \mathbf{v}_0)$$

SECTION 3.8 농축 용액 이론 : 전해질 전하 보존

이제 전해질에서의 전하 보존에 대한 식을 만들어보자. 앞선 과정을 통해 대부분의 사전 작업이 완료되었으므로 전해질의 전하 보존에 대한 도출은 훨씬 더 빠르게 진행될 것이다. 전해질의 전류 $\mathbf{i}$에 대한 식을 구한 뒤 전하 보존을 강제하기 위해 식 (3.26)의 $\nabla \cdot \mathbf{i} = 0$을 적용한다. 그리고 몇 가지의 치환을 통해 방정식을 식 (3.4)의 최종 형태로 변환할 것이다.

30 이 내용을 확인하고 싶다면 문헌(Doyle, M., Fuller, T.F. and Newman, J., "Modeling the Galvanostatic Charge and Discharge of Lithium/Polymer/Insertion Cell", *Journal of the Electrochemical Society*, 140, 1993, pp. 1526-1533)을 참고하면 된다. 그러나 이런 가정은 염의 부분 몰 체적이 0이라는 것을 의미하며, 묽은 용액에만 해당되고 농축된 용액에는 해당하지 않는다. 농축된 용액에 대해 이 용어를 다른 방식으로 처리하는 방법을 알아보려고 싶다면 문헌(Xue, K-H and Plett, G.L., "A convective transport theory for high rate discharge in lithium ion batteries" *Electrochimica Acta*, 87, 2013, pp. 575-590)을 참고하라.

먼저 다음의 식을 증명해보자.

$$\mathbf{i} = -\kappa \nabla \phi - \frac{\kappa}{F}\left(\frac{s_+}{n\nu_+} + \frac{t_+^0}{z_+\nu_+} - \frac{s_0 c}{nc_0}\right)\nabla \mu_e \tag{3.41}$$

여기서 매개변수 s_i는 다음과 같은 전극 반응에서 종 i의 **부호화된**signed 화학량론 계수를 나타낸다.

$$s_- M_-^{z_-} + s_- M_+^{z_+} + s_0 M_0 \rightleftharpoons ne^- \tag{3.42}$$

이때 $M_i^{Z_i}$는 반응을 통해 일어나는 어떤 "물질"이며, 일반적으로 용매가 전극 반응에 참여할 수 있다고 가정한다. 매개변수 s_i는 ν_i와 다르다는 것에 유의하자. 예를 들어 리튬 이온 셀로 구체화했을 때 음극 반응은 다음과 같다.

$$\mathrm{LiC_6} \rightleftharpoons \mathrm{C_6} + \mathrm{Li^+} + e^-$$

이 반응을 식 (3.42)의 형태로 바꾸면 다음과 같다.

$$\mathrm{LiC_6} - \mathrm{C_6} - \mathrm{Li^+} \rightleftharpoons e^-$$

이를 통해 음전하를 띤 종이 반응에 참여하지 않으므로 $s_- = 0$이고 $\mathrm{Li^+}$ 계수가 -1이므로 $s_+ = -1$, 용매가 반응에 참여하지 않으므로 $s_0 = 0$, 그리고 하나의 전자가 생성되므로 $n = 1$이라는 결론을 내릴 수 있다.

리튬 이온 셀의 양극 반응은 다음과 같다. 이때 LiM의 "M"은 양극 활성 물질의 일부 금속 산화물을 나타낸다.

$$\mathrm{M} + \mathrm{Li^+} + e^- \rightleftharpoons \mathrm{LiM}$$

이 반응을 식 (3.42)와 같은 형태로 표현하면 다음과 같다. 앞서 설명한 것처럼 $s_- = 0$, $s_+ = -1$, $s_0 = 0$, $n = 1$이다.

$$\mathrm{LiM} - \mathrm{M} - \mathrm{Li^+} \rightleftharpoons e^-$$

전위는 식 (3.42)의 우변의 n몰 전자의 깁스 자유에너지가 $-nF\phi$와 같고 ϕ는 전기적 전위와 같다는 것을 인식함으로써 도입된다. 생성된 전자의 에너지는 반응물의 에너지와 같아야 하므로 다음과 같은 에너지 균형식을 갖는다.

$$\sum_i s_i \bar{\mu}_i = -nF\phi$$

총 합은 용액도 포함해야 하므로 다음과 같다.

$$\sum_i s_i \nabla \bar{\mu}_i = -nF \nabla \phi$$

앞서 $\overline{\mu}_-$와 $\overline{\mu}_+$와 관련된 식은 본 적이 있지만 $\overline{\mu}_0$와 관련된 식은 본 적이 없다. 식 (3.16)의 깁스–듀헴 관계를 떠올리며 $\overline{\mu}_0$와 관련된 식을 만들어보자.

$$c_+\nabla\overline{\mu}_+ + c_-\nabla\overline{\mu}_- + c_0\nabla\overline{\mu}_0 = 0$$

$$\begin{aligned}\nabla\overline{\mu}_0 &= -\frac{1}{c_0}(c_+\nabla\overline{\mu}_+ + c_-\nabla\overline{\mu}_-)\\ &= -\frac{c}{c_0}(\nu_+\nabla\overline{\mu}_+ + \nu_-\nabla\overline{\mu}_-)\\ &= -\frac{c}{c_0}\nabla\mu_e\end{aligned}$$

이를 통해 다음과 같은 식을 얻을 수 있다.

$$s_+\nabla\overline{\mu}_+ + s_-\nabla\overline{\mu}_- - s_0\frac{c}{c_0}\nabla\mu_e = -nF\nabla\phi \tag{3.43}$$

원래의 반응에서 전하의 균형을 유지하려면 다음의 관계가 필요하다.

$$s_+z_+ + s_-z_- = -n$$

$$s_- = -\left(\frac{z_+}{z_-}s_+ + \frac{n}{z_-}\right)$$

따라서 식 (3.43)의 좌변 첫 번째 항은 다음과 같이 구할 수 있다.

$$\begin{aligned}s_+\nabla\overline{\mu}_+ + s_-\nabla\overline{\mu}_- &= s_+\nabla\overline{\mu}_+ - \frac{z_+}{z_-}s_+\nabla\overline{\mu}_- - \frac{n}{z_-}\nabla\overline{\mu}_-\\ &= \frac{s_+}{\nu_+}\left(\nu_+\nabla\overline{\mu}_+ - \frac{z_+\nu_+}{z_-}\nabla\overline{\mu}_-\right) - \frac{n}{z_-}\nabla\overline{\mu}_-\\ &= \frac{s_+}{\nu_+}(\nu_+\nabla\overline{\mu}_+ + \nu_-\nabla\overline{\mu}_-) - \frac{n}{z_-}\nabla\overline{\mu}_-\\ &= \frac{s_+}{\nu_+}\nabla\mu_e - \frac{n}{z_-}\nabla\overline{\mu}_-\end{aligned}$$

이를 종합하면 다음과 같다.

$$\frac{s_+}{\nu_+}\nabla\mu_e - \frac{n}{z_-}\nabla\overline{\mu}_- - s_0\frac{c}{c_0}\nabla\mu_e = -nF\nabla\phi$$

$$\left(\frac{s_+}{n\nu_+} - \frac{s_0c}{nc_0}\right)\nabla\mu_e - \frac{1}{z_-}\nabla\overline{\mu}_- = -F\nabla\phi \tag{3.44}$$

$\nabla \bar{\mu}_-$에 대한 관계를 $\nabla \mu_e$와 $\mathbf{i}$의 관점에서 찾아보자. 식 (3.31)을 통해 익숙한 결과부터 시작한다.

$$c_- \nabla \bar{\mu}_- = K_{0-}(\mathbf{v}_0 - \mathbf{v}_-) + K_{+-}(\mathbf{v}_+ - \mathbf{v}_-)$$

$(\mathbf{v}_0 - \mathbf{v}_-)$와 $(\mathbf{v}_+ - \mathbf{v}_-)$를 구하기 위해 (약간 재배열된) 선속 밀도 방정식인 식 (3.38)과 식 (3.39)를 살펴보자.

$$c_+(\mathbf{v}_+ - \mathbf{v}_0) = -\frac{\nu_+ \mathscr{D}}{\nu RT} \frac{c_T}{c_0} c \nabla \mu_e + \frac{\mathbf{i} t_+^0}{z_+ F}$$

$$c_-(\mathbf{v}_- - \mathbf{v}_0) = -\frac{\nu_- \mathscr{D}}{\nu RT} \frac{c_T}{c_0} c \nabla \mu_e + \frac{\mathbf{i} t_-^0}{z_- F}$$

이를 대체하기 전에 식 (3.36)에서 $\mathscr{D}$를 구하는 식을 다음과 같이 단순화한다.

$$\mathscr{D} = \frac{\nu RT c_0 c}{c_T(K_{0+} + K_{0-})} \tag{3.36}$$

이 식은 수정되었지만 동등한 방정식을 제공하므로 다음과 같이 쓸 수 있다.

$$\mathbf{v}_+ - \mathbf{v}_0 = -\frac{c}{K_{0+} + K_{0-}} \nabla \mu_e + \frac{\mathbf{i} t_+^0}{c_+ z_+ F}$$

$$\mathbf{v}_- - \mathbf{v}_0 = -\frac{c}{K_{0+} + K_{0-}} \nabla \mu_e + \frac{\mathbf{i} t_-^0}{c_- z_- F}$$

첫 번째 방정식에서 두 번째 방정식을 빼면 다음과 같다.

$$\begin{aligned} \mathbf{v}_+ - \mathbf{v}_- &= \frac{\mathbf{i}}{F}\left(\frac{t_+^0}{c_+ z_+} - \frac{t_-^0}{c_- z_-}\right) \\ &= \frac{\mathbf{i}}{c_+ z_+ F}(t_+^0 + (1 - t_+^0)) = \frac{\mathbf{i}}{c_+ z_+ F} \end{aligned}$$

이제 $\nabla \bar{\mu}_- / z_-$에 대한 식을 다음과 같이 구할 수 있다.

$$
\begin{aligned}
\frac{1}{z_-}\nabla\bar{\mu}_- &= \frac{1}{c_-z_-}\left[K_{0-}(\mathbf{v}_0-\mathbf{v}_-)+K_{+-}(\mathbf{v}_+-\mathbf{v}_-)\right] \\
&= \frac{1}{c_-z_-}\left[K_{0-}\left(\frac{c}{K_{0+}+K_{0-}}\nabla\mu_e+\frac{\mathbf{i}t_-^0}{c_+z_+F}\right)+K_{+-}\left(\frac{\mathbf{i}}{c_+z_+F}\right)\right] \\
&= \frac{c}{c_-z_-}\frac{K_{0-}}{K_{0+}+K_{0-}}\nabla\mu_e+\mathbf{i}\left(\frac{K_{0-}t_-^0}{c_-z_-c_+z_+F}+\frac{K_{+-}}{c_-z_-c_+z_+F}\right) \\
&= -\frac{c_+}{\nu_+c_+z_+}t_+^0\nabla\mu_e-F\mathbf{i}\left(\frac{-K_{0-}t_-^0-K_{+-}}{c_-z_-c_+z_+F^2}\right) \\
&= -\frac{t_+^0}{\nu_+z_+}\nabla\mu_e-\frac{F\mathbf{i}}{\kappa}
\end{aligned}
$$

이때 곱해지는 $\mathbf{i}$ 항에 대해 단위가 몰 전도도에 대한 역수 단위임을 인식하고 다음과 같이 정의한다. 이때 κ는 전해질의 **이온 전도도**ionic conductivity이며, Sm^{-1} 단위를 사용한다.

$$
\frac{1}{\kappa}=\frac{-K_{0-}t_-^0-K_{+-}}{c_-z_-c_+z_+F^2}
$$

이 결과를 식 (3.44)의 $\dfrac{\nabla\bar{\mu}_-}{z_-}$에 대입하면 다음과 같다.

$$
-F\nabla\phi=\left(\frac{s_+}{n\nu_+}-\frac{s_0c}{nc_0}\right)\nabla\mu_e-\frac{1}{z_-}\nabla\bar{\mu}_-
$$

$$
-F\nabla\phi=\left(\frac{s_+}{n\nu_+}-\frac{s_0c}{nc_0}+\frac{t_+^0}{\nu_+z_+}\right)\nabla\mu_e+\frac{F\mathbf{i}}{\kappa}
$$

$$
\mathbf{i}=-\kappa\nabla\phi-\frac{\kappa}{F}\left(\frac{s_+}{n\nu_+}-\frac{s_0c}{nc_0}+\frac{t_+^0}{\nu_+z_+}\right)\nabla\mu_e
$$

이제 식 (3.41)을 도출했다. 그러나 문헌에서 이 방정식은 일반적으로 $\nabla\mu_e$ 대신 $\nabla\ln c$로 표현되므로 다음과 같이 진행한다.

$$
\nabla\mu_e=\frac{\partial\mu_e}{\partial\ln c}\nabla\ln c
$$

$\mu_e=\nu_+\bar{\mu}_++\nu_-\bar{\mu}_-$이기도 하므로 화학적 전위를 절대 활성도와 연결하는 식 (3.17)과 식 (3.18)에 따르면 μ_+를 다음과 같이 쓸 수 있다.

$$\mu_+ = RT\ln(c_+ f_+ a_+^\ominus) = RT\ln(\nu_+ c f_+ a_+^\ominus)$$

$$= RT\ln(\nu_+) + RT\ln(c) + RT\ln(f_+) + RT\ln(a_+^\ominus)$$

또한 $\overline{\mu}_+ = \mu_+ + z_+ F\phi$이므로 다음과 같으며, 마찬가지로 나머지 항은 c의 함수가 아니므로 다음과 같이 쓸 수 있다.

$$\frac{\partial\overline{\mu}_+}{\partial\ln c} = RT + RT\frac{\partial\ln f_+}{\partial\ln c} + z_+ F\frac{\partial\phi}{\partial\ln c}$$

$$\frac{\partial\overline{\mu}_-}{\partial\ln c} = RT + RT\frac{\partial\ln f_+}{\partial\ln c} + z_+ F\frac{\partial\phi}{\partial\ln c}$$

따라서 $\frac{\partial\mu_e}{\partial\ln c}$는 다음과 같다.

$$\frac{\partial\mu_e}{\partial\ln c} = \nu_+\frac{\partial\overline{\mu}_+}{\partial\ln c} + \nu_-\frac{\partial\overline{\mu}}{\partial\ln c}$$

$$= (\nu_+ + \nu_-)RT + RT\frac{\partial\ln(f_+^{\nu_+}f_-^{\nu_-})}{\partial\ln c} + \underbrace{(\nu_+ z_+ + \nu_- z_-)}_{0}F\frac{\partial\phi}{\partial\ln c}$$

평균 몰 활성화 계수mean molar activity coefficient로 알려져 있는 $f_\pm$에 대해 $f_+^{\nu_+}f_-^{\nu_-} = f_\pm^{\nu}$를 정의하고 $\nu = \nu_+ + \nu_-$를 떠올리면 다음과 같다.

$$\frac{\partial\mu_e}{\partial\ln c} = \nu RT + RT\frac{\partial\ln f_\pm^{\nu}}{\partial\ln c}$$

$$= \nu RT\left(1 + \frac{\partial\ln f_\pm}{\partial\ln c}\right)$$

따라서 이온 전류에 대한 식 (3.41)을 다음과 같이 쓸 수 있다.

$$\mathbf{i} = -\kappa\nabla\phi - \frac{\nu\kappa RT}{F}\left(\frac{s_+}{n\nu_+} - \frac{s_0 c}{nc_0} + \frac{t_+^0}{\nu_+ z_+}\right)\left(1 + \frac{\partial\ln f_\pm}{\partial\ln c}\right)\nabla\ln c$$

전하 보존 방정식에 따르면 $\nabla\cdot\mathbf{i} = 0$이므로 이 식에 앞서 정의한 $\mathbf{i}$를 대입하면 다음과 같다.

$$\nabla\cdot\left(-\kappa\nabla\phi - \frac{\nu\kappa RT}{F}\left(\frac{s_+}{n\nu_+} - \frac{s_0 c}{nc_0} + \frac{t_+^0}{\nu_+ z_+}\right)\left(1 + \frac{\partial\ln f_\pm}{\partial\ln c}\right)\nabla\ln c\right) = 0$$

앞서 살펴본 내용들을 통해 리튬 이온 셀로 구체화하면 $s_- = 0$, $s_+ = -1$, $s_0 = 0$, $n = 1$임을 알고 있다. 또한 대부분의 전해질 염에 대해 $\nu_+ = \nu_- = z_+ = 1$이므로 리튬 이온 셀의 전하 보존 방정식은 다음과 같다. 전해질을 표현하기 위해 아래 첨자 "e"를 추가했음을 확인할 수 있다.

$$\nabla \cdot \mathrm{i}_e = \nabla \cdot \left(-\kappa \nabla \phi_e - \frac{2\kappa RT}{F} \left(1 + \frac{\partial \ln f_\pm}{\partial \ln c_e} \right) (t_+^0 - 1) \nabla \ln c_e \right) = 0$$

이제 식 (3.4)를 도출했다. 일반적으로 $\partial \ln f_\pm / \partial \ln c_e$이라고 가정하고 $\kappa_D = 2\kappa RT(t_+^0 - 1)/F$로 묶어서 다음과 같이 정의한다.

$$\nabla \cdot (-\kappa \nabla \phi_e - \kappa_D \nabla \ln c_e) = 0$$

SECTION 3.9 버틀러-볼머 방정식

이제 리튬 이온 셀의 동적 상태를 설명하는 네 가지 마이크로스케일 모델 편미분 방정식을 개발했다. 이제 이 편미분 방정식들을 결합하는 마지막 방정식을 개발해보자. 이 최종 모델 방정식은 리튬이 전극와 전해질 사이에서 이동하는 속도를 계산하며, 반응 속도를 다루기 때문에 종종 모델의 동역학kinetics 방정식이라고도 한다.

[그림 3-12]는 입자 표면에서의 활성도를 나타낸 것이다. 전해질에서 양전하를 띤 리튬 이온은 전극 활성화 물질의 결정 구조로 삽입되는, 전하를 띠지 않은 리튬이 되기 위해 전자와 결합한다. 반대로 충전되지 않은 리튬은 전극 활성 물질에서 불순물을 제거하며, 외부 회로로 전자를 방출하여 전해질 내에서 양전하를 띤 리튬이 된다.

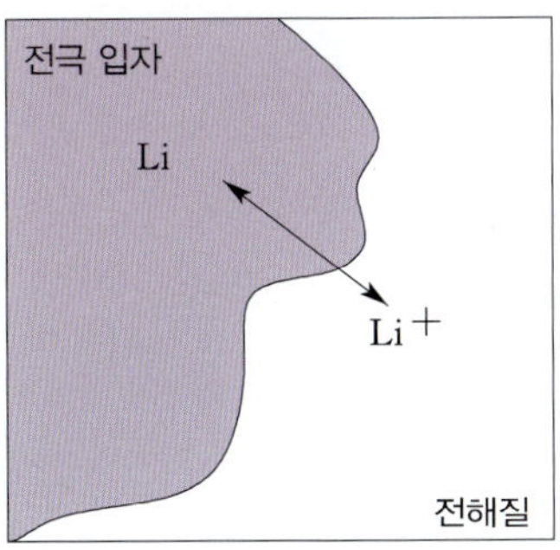

[그림 3-12] 입자 표면에서의 동적 특성

3.9.1 반응 속도

화학 반응에서 반응물 ⇌ 생성물product일 때 **반응 속도**reaction rate는 전체적인 생성물의 농도 변화율을 사용해 다음과 같이 정의할 수 있다.

$$r = \frac{\mathrm{d}\Pi_i c_{\text{product},i}}{\mathrm{d}t}$$

이때 Π_i 연산은 모든 반응 생성물 농도를 함께 곱한다. 단일 단계에서 발생하는 과정인 "1차" 과정은 다음과 같이 모델링할 수 있다. k는 이 화학 반응reaction의 반응 속도 상수reaction rate constant이다.

$$r = k\prod_i c_{\text{reaction},i}$$

지금은 단일 반응물 종과 단일 생성물 종을 먼저 고려하며, 다중 종에 대해서는 나중에 일반화할 것이므로 먼저 다음과 같이 정의한다.

$$r = \frac{\mathrm{d}c_{\text{product}}}{\mathrm{d}t} = kc_{\text{reactant}}$$

일반적으로 반응 속도 "상수" k는 온도에 따라 달라지며, 이런 온도 의존성은 주로 **아레니우스 관계**Arrhenius relationship를 통해 다음과 같이 모델링된다.

$$k = k_f^0 \exp\left(-\frac{E_a}{RT}\right) \text{ 또는 } r = k_f^0 c_{\text{reactant}} \exp\left(-\frac{E_a}{RT}\right)$$

이때 E_a는 순방향 반응의 **활성화 에너지**activation energy이고 E_a와 k_f^0는 실험을 통해 결정되는 상수이다.

3.9.2 활성화 착물 이론

반응 동역학은 비평형 동적 상태를 다룬다. 생성물의 깁스 자유에너지 수치가 반응물의 깁스 자유에너지 수치보다 낮다면 반응물에서 생성물로 반응이 순방향으로 진행되는 것이 유용하다. 그러나 일반적으로 반응이 실제로 일어나기 위해 먼저 극복해야 하는 에너지 장벽이 있는데, 이 에너지 장벽은 화학 반응의 활성화 에너지 E_a와 같다. [그림 3-13]은 반응의 진행 방향을 개략적으로 나타낸 것이다.

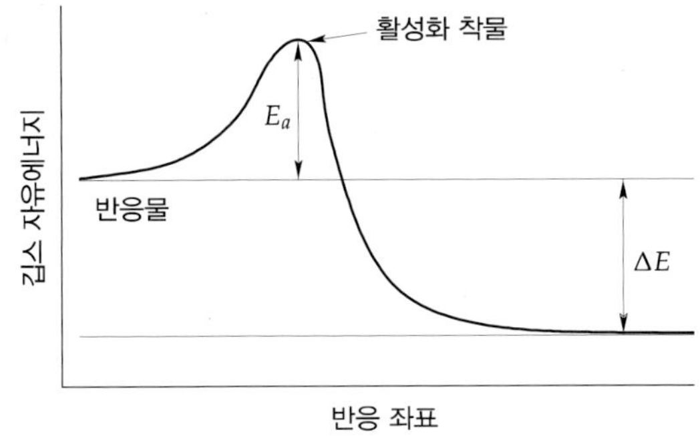

[그림 3-13] 에너지 측면에서의 화학 물질의 진행 상황

활성화 착물 이론에 따르면 화학 반응에는 전이 상태(활성화 착물activated complex이라고도 함)가 존재하며, 이는 반응물과 생성물 모두와 동일하지도 않다. 예를 들어 반응물 A와 B, 생성물 C와 D의 반응에서 순방향 및 역방향 활성화 에너지 $E_{a,1}$과 $E_{a,2}$에 대해 다음과 같은 관계가 성립한다.

$$A + B \underset{E_{a,2}}{\overset{E_{a,1}}{\rightleftharpoons}} C + D$$

여기에는 다음과 같은 관계에 대한 전이 상태$(AB)^{\ddagger}$도 성립한다.

$$A + B \underset{E_{a,4}}{\overset{E_{a,3}}{\rightleftharpoons}} (AB)^{\ddagger} \underset{E_{a,6}}{\overset{E_{a,5}}{\rightleftharpoons}} C + D$$

이는 반응물 사이의 모든 충돌이 원래의 화학 결합을 끊고 반응이 일어나도록 충분한 에너지를 가지고 있는 것은 아님을 의미한다. 대부분의 충돌은 탄성 산란 현상을 일으키며, 충분한 에너지가 있을 때만 전이 상태가 형성되고 반응이 계속된다.

이런 현상은 [그림 3-14]와 같다. 그림 상단의 파란색과 빨간색 반응물은 낮은 운동 에너지로 느리게 서로에게 접근하다 충돌한다. 그러나 화학 결합을 끊기에는 에너지가 충분하지 않으므로 반응물은 화학 성분의 변화 없이 단순히 "튕겨져" 나간다. 반대로 그림 하단의 반응물은 높은 운동 에너지로 빠르게 서로에게 접근하다 충돌한다. 이때 에너지는 활성화 착물을 형성하기 충분하므로 화학 결합이 끊어지고 생성물 종으로 재형성된다. 즉 분자가 분리되면 분자는 화학적으로 변경된다.

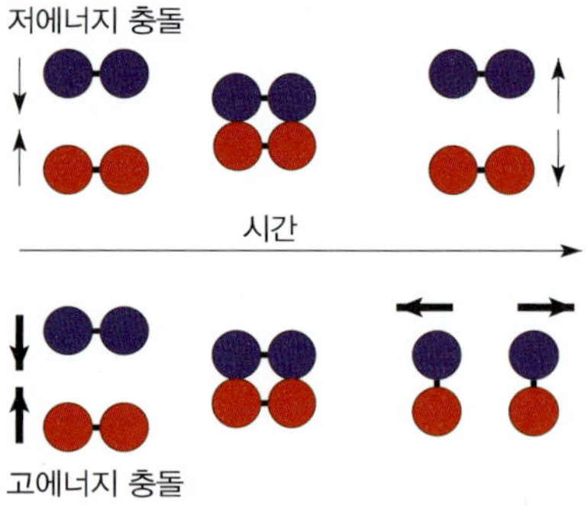

[그림 3-14] 저에너지와 고에너지의 각 충돌 결과

3.9.3 전극 반응의 에너지 관계

전극 반응은 전자를 생산하거나 소비하므로 표준 화학 반응과 다르다. 전극 반응의 형태는 다음과 같다.

$$o + ne^- \underset{\text{oxidization}}{\overset{\text{reduction}}{\rightleftharpoons}} r \tag{3.45}$$

이때 순방향 반응이라면 산화제 o와 전자가 생성물 r을 형성하며, 역방향 반응이라면 환원제 r이 생성물 o와 생성물 전자를 형성한다.

외부 전기장을 적용하면 전자의 에너지 상태가 바뀔 수 있어 반응이 더 많이 일어나거나 덜 일어난다. [그림 3-15]는 전극에 임의의 원래 전위 ϕ_0와 두 번째 전위 $\phi < \phi_0$가 가해지는 전극 반응의 진행을 나타낸 것으로, 원래 진행 플롯[plot]은 하단의 초록색 그래프로, 두 번째 진행 플롯은 상단의 보라색 그래프로 그려져 있다.

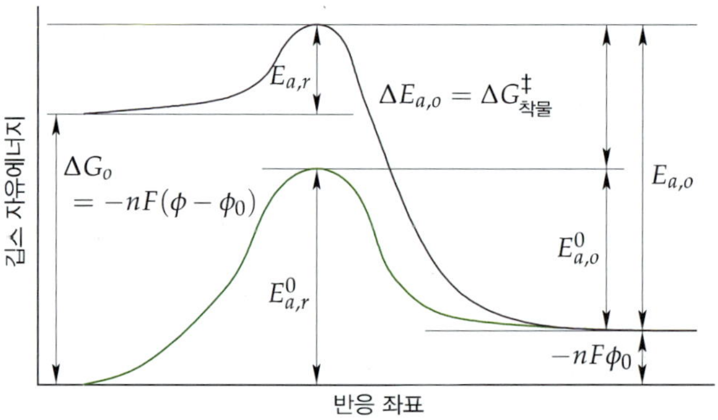

[그림 3-15] 전위 ϕ가 ϕ_0보다 작은 전극 반응의 에너지 관계

그림에서 원래 전위 ϕ_0 아래에서 환원 및 산화에 대한 활성화 에너지는 각각 $E^0_{a,r}$ 과 $E^0_{a,o}$ 로 표시되며, 낮은 전위 ϕ에서 수정된 활성화 에너지는 각각 $E_{a,r}$ 및 $E_{a,o}$로 표시된다. 그림과 같이 반응의 활성화 에너지는 전극에 대한 전위의 함수임을 알 수 있다.

전극의 전위가 ϕ_0에서 ϕ로 변경되면 식 (3.45) 좌변의 깁스 자유에너지는 좌변에 전자가 있으므로 변화하며, 우변의 총 깁스 자유에너지는 전자가 없으므로 변하지 않는다. 산화제의 깁스 자유에너지의 변화는 다음과 같다. 이때 $-nF$는 전자의 총 전하이다.

$$\Delta G_o = -nF(\phi - \phi_0)$$

활성화 착물에서의 깁스 자유에너지도 다음과 같이 변화한다. 그러나 변화하는 정도는 산화제에서의 ΔG_o보다 낮다.

$$0 < \left|\Delta^{\ddagger}_{\text{complex}}\right| < \left|\Delta_o\right|$$

[그림 3-15]에서 $\Delta G_o + E_{a,r}$은 $\Delta G^{\ddagger}_{\text{complex}} + E^0_{a,r} = \Delta E_{a,o} + E^0_{a,r}$ 이거나 다음과 같다.

$$\begin{aligned}\Delta_{a,o} &= E_{a,r} - E^0_{a,r} - nF(\phi - \phi_0)\\ &= \Delta_{a,r} - nF(\phi - \phi_0)\end{aligned}$$

이때 $\Delta E_{a,r} = E_{a,r} - E^0_{a,r}$ 로 정의한다. 전극 전위가 ϕ_0에서 $\phi < \phi_0$로 **감소**[decreasing]하는 것은 $\Delta E_{a,r}$의 변화보다 $\Delta E_{a,o}$의 변화에 의해 발생한다고 추론할 수 있으며, [그림 3-15]를 통해 이를 확인할 수 있다. 실제로 $E_{a,o}$는 증가하고 $E_{a,r}$은 감소하는데, 이렇게 하면 순방향 반응이 전보다 훨씬 더 유리해진다.

$\Delta E_{a,o}$와 $\Delta E_{a,r}$의 특정 값을 풀이할 때 문제가 발생하면 결과를 재정렬해 $\Delta E_{a,o} - E_{a,r} = -nF(\phi - \phi_0) = \Delta G_o$라는 결과를 도출할 수 있다. 이는 어떤 양도 $(\phi - \phi_0)$에서만 고유하게 발견되는 것이 아님을 의미한다.

이제 에너지 변화 중 얼마나 많은 양이 $E_{a,r}$을 감소시키는 데 소비되며, 남은 양 중 얼마나 많은 양이 $E_{a,o}$를 증가시키는 데 소비되는지 지정할 수 있도록 $0 < \alpha < 1$인 **비대칭 전하 전달 계수**[asymmetric charge-transfer coefficient]를 다음과 같이 정의한다.

$$\alpha = \left|\frac{\Delta_{a,r}}{\Delta_o}\right|,\quad 1 - \alpha = \left|\frac{\Delta_{a,o}}{\Delta_o}\right|$$

그러면 $\Delta E_{a,r} = \alpha nF(\phi - \phi_0)$ 및 $\Delta E_{a,o} = -(1-\alpha)nF(\phi - \phi_0)$가 된다. 지금까지의 모든 결과를 종합하면 다음과 같다.

❶ **환원 속도** : $r_r = k_o^0 c_o \exp\left(-\frac{E_{a,r}}{RT}\right) = k_o^0 c_o \exp\left(-\frac{E_{a,r}^0 + \alpha nF(\phi - \phi_0)}{RT}\right)$

❷ **산화 속도** : $r_o = k_r^0 c_r \exp\left(-\frac{E_{a,o}}{RT}\right) = k_r^0 c_r \exp\left(-\frac{E_{a,o}^0 - (1-\alpha)nF(\phi - \phi_0)}{RT}\right)$

전하 균형 반응charge-balanced reaction에서 e^-의 생성 속도는 양전하의 생성 속도와 동일하므로 $i_r = -nFr_r$ 및 $i_o = nFr_o$이다. 이를 정리하면 다음과 같다.

$$i_r = -nFk_o^0 c_o \exp\left(-\frac{E_{a,r}^0 + \alpha nF(\phi - \phi_0)}{RT}\right)$$

$$i_o = nFk_r^0 c_r \exp\left(-\frac{E_{a,o}^0 - (1-\alpha)nF(\phi - \phi_0)}{RT}\right)$$

3.9.4 중립 전위 구체화

지금까지는 초기 전위 ϕ_0가 임의의arbitrary 값이라고 가정했다. 이제 $\phi_0 = 0$으로 설정해 표기법을 정리하자. $E_{a,r}^0$ 및 $E_{a,o}^0$는 구체적으로 $\phi_0 = 0$에 해당하므로 다음과 같이 쓸 수 있다.

$$i_r = -nFk_o^0 c_o \exp\left(-\frac{E_{a,r}^0 + \alpha nF\phi}{RT}\right)$$

$$i_o = nFk_r^0 c_r \exp\left(-\frac{E_{a,o}^0 - (1-\alpha)nF\phi}{RT}\right)$$

평형 상태에서 $\phi = \phi_{\text{rest}}$ 임을 기억하자. 새로운 양인 **과전위**overpotential $\eta = \phi - \phi_{\text{rest}}$를 정의하면 다음과 같이 작성할 수 있다.

$$i_r = -nFk_o^0 c_o \exp\left(-\frac{E_{a,r}^0 + \alpha nF(\phi_{\text{rest}} + \eta)}{RT}\right)$$

$$i_o = nFk_r^0 c_r \exp\left(-\frac{E_{a,o}^0 - (1-\alpha)nF(\phi_{\text{rest}} + \eta)}{RT}\right)$$

평형 상태에서 $\eta = 0$이므로 다음과 같다.

$$i_r = -nFk_o^0 c_o \exp\left(-\frac{E_{a,r}^0}{RT}\right)\exp\left(-\frac{\alpha nF\phi_{\text{rest}}}{RT}\right)$$

$$i_o = -nFk_r^0 c_r \exp\left(-\frac{E_{a,o}^0}{RT}\right)\exp\left(\frac{(1-\alpha)nF\phi_{\text{rest}}}{RT}\right)$$

또한 $i = i_o + i_r = 0$이므로 이를 통해 양 i_0(아래 첨자는 문자 "o"가 아니라 숫자 "0"임)를 다음과 같이 정의할 수 있다.

$$i_0 = nFk_o^0 c_o \exp\left(-\frac{E_{a,r}^0}{RT}\right)\exp\left(-\frac{\alpha nF\phi_{\mathrm{rest}}}{RT}\right)$$
$$= nFk_r^0 c_r \exp\left(-\frac{E_{a,o}^0}{RT}\right)\exp\left(\frac{(1-\alpha)nF\phi_{\mathrm{rest}}}{RT}\right)$$

이는 평형 상태가 아닐 때도 마찬가지이다. 평형이 아닌 상태에서는 다음과 같이 정의할 수 있다.

$$i_r = -i_0 \exp\left(-\frac{\alpha nF\eta}{RT}\right), \quad i_o = -i_0 \exp\left(\frac{(1-\alpha)nF\eta}{RT}\right)$$

따라서 총 전극 전류 밀도는 다음과 같다. 이것이 **버틀러-볼머 방정식**Butler-Volmer equation이다.

$$i = i_o + i_r = i_0 \left\{\exp\left(\frac{(1-\alpha)nF\eta}{RT}\right) - \exp\left(-\frac{\alpha nF\eta}{RT}\right)\right\}$$

패러데이 상수로 양변을 나누어 전류 i의 단위를 $\mathrm{Am^{-2}}$에서 $\mathrm{mol\ m^{-2}s^{-1}}$로 변환하면 다음과 같다.

$$j = \frac{i_0}{F}\left\{\exp\left(\frac{(1-\alpha)nF\eta}{RT}\right) - \exp\left(-\frac{\alpha nF\eta}{RT}\right)\right\}$$

이제 방정식 (3.5)를 도출했다. 그러나 아직 끝난 것이 아니다.

3.9.5 교환 전류 밀도

양 i_0는 **교환 전류 밀도**exchange current density이다. 이는 전극이 평형rest 상태일 때의 산화 및 환원 전류의 값, 즉 전자가 동적 평형 상태에서 지속적으로 앞뒤로 교환되는 속도이다. 화학 반응에 관여하는 다양한 종의 농도에 따라 그 값이 달라짐을 유의했을 때 양 i_0는 다음과 같이 쓸 수 있다.

$$i_0 = nFk_o^0 c_o \exp\left(-\frac{E_{a,r}^0}{RT}\right)\exp\left(-\frac{\alpha nF\phi_{\mathrm{rest}}}{RT}\right)$$
$$= nFk_r^0 c_r \exp\left(-\frac{E_{a,o}^0}{RT}\right)\exp\left(\frac{(1-\alpha)nF\phi_{\mathrm{rest}}}{RT}\right)$$

$\mathscr{E}_{a,r}^0 = \exp\left(-\frac{E_{a,r}^0}{RT}\right)$, $\mathscr{E}_{a,o}^0 = \exp\left(-\frac{E_{a,o}}{RT}\right)$일 때 i_0에 동등한 형태로 방정식을 나타내면 다음과 같다.

$$k_r^0 c_r \mathscr{E}_{a,r}^0 \exp\left(\frac{(1-\alpha)nF\phi_{\text{rest}}}{RT}\right) = k_o^0 c_o \mathscr{E}_{a,r}^0 \exp\left(-\frac{\alpha nF\phi_{\text{rest}}}{RT}\right)$$

$$\frac{\exp\left(\frac{(1-\alpha)nF\phi_{\text{rest}}}{RT}\right)}{\exp\left(-\frac{\alpha nF\phi_{\text{rest}}}{RT}\right)} = \frac{k_o^0 c_o \mathscr{E}_{a,r}^0}{k_r^0 c_r \mathscr{E}_{a,o}^0}$$

$$\frac{(1-\alpha)nF\phi_{\text{rest}}}{RT} + \frac{\alpha nF\phi_{\text{rest}}}{RT} = \ln\left(\frac{k_o^0 c_o \mathscr{E}_{a,r}^0}{k_r^0 c_r \mathscr{E}_{a,o}^0}\right) + \ln\frac{c_o}{c_r}$$

$$\phi_{\text{rest}} = \underbrace{\frac{RT}{nF}\ln\left(\frac{k_o^0 c_o \mathscr{E}_{a,r}^0}{k_r^0 c_r \mathscr{E}_{a,o}^0}\right)}_{\phi^\Theta} + \frac{RT}{nF}\ln\frac{c_o}{c_r}$$

$$\phi_{\text{rest}} = \phi^\Theta + \frac{RT}{nF}\ln\frac{c_o}{c_r}$$

이는 **넌스트 방정식**Nernst equation으로, 나머지 전위의 농도 의존성을 설명한다. ϕ_{rest}를 다시 i_0에 대입하면 다음과 같다.

$$\begin{aligned} i_0 &= nFk_o^0 c_o \mathscr{E}_{a,r}^0 \exp\left(-\frac{\alpha nF}{RT}\left(\phi^\Theta + \frac{RT}{nF}\ln\frac{c_o}{c_r}\right)\right) \\ &= nFk_o^0 c_o \mathscr{E}_{a,r}^0 \exp\left(-\frac{\alpha nF\phi^\Theta}{RT}\right) c_r^\alpha c_o^{-\alpha} \\ &= nFk_o^0 c_o^{1-\alpha} c_r^\alpha \mathscr{E}_{a,r}^0 \exp\left(-\frac{\alpha nF\phi^\Theta}{RT}\right) \end{aligned}$$

앞선 식을 정리하면 다음과 같이 쓸 수 있다.

$$\begin{aligned} i_0 &= nFk_r^0 c_r \mathscr{E}_{a,o}^0 \exp\left(\frac{(1-\alpha)nF}{RT}\left(\phi^\Theta + \frac{RT}{nF}\ln\frac{c_o}{c_r}\right)\right) \\ &= nFk_r^0 c_r \mathscr{E}_{a,o}^0 \exp\left(\frac{(1-\alpha)nF\phi^\Theta}{RT}\right) c_o^{1-\alpha} c_r^{\alpha-1} \\ &= nFk_r^0 c_o^{1-\alpha} c_r^\alpha \mathscr{E}_{a,o}^0 \exp\left(\frac{(1-\alpha)nF\phi^\Theta}{RT}\right) \end{aligned}$$

이 두 방정식은 동일하므로 유효 반응 속도 상수를 다음과 같이 정의할 수 있다.

$$k_0 = k_o^0 \mathscr{E}_{a,r}^0 \exp\left(-\frac{\alpha n F \phi^\Theta}{RT}\right) = k_r^0 \mathscr{E}_{a,o}^0 \exp\left(\frac{(1-\alpha) n F \phi^\Theta}{RT}\right)$$

따라서 i_0를 정리한 최종 결과는 다음과 같다.

$$i_0 = nFk_0 c_o^{1-\alpha} c_r^\alpha \tag{3.46}$$

방정식의 양변에서 시작해 k_0의 형태를 더 고민해보는 것은 흥미롭다. 예를 들어보자.

$$\begin{aligned} k_0 &= k_o^0 \mathscr{E}_{a,r}^0 \exp\left(-\frac{\alpha n F \phi^\Theta}{RT}\right) \\ &= k_o^0 \exp\left(\frac{-E_{a,r}^0}{RT} - \frac{\alpha n F \phi^\Theta}{RT}\right) \\ &= k_o^0 \exp\left(\frac{-E_{a,r}^0}{RT} - \frac{\alpha n F}{RT}\left(\frac{RT}{nF}\left(\ln\left(\frac{k_o^0}{k_r^0}\right) + \ln \mathscr{E}_{a,r}^0 - \ln \mathscr{E}_{a,r}^0\right)\right)\right) \\ &= k_o^0 \exp\left(\frac{-E_{a,r}^0}{RT} - \alpha\left(\ln\left(\frac{k_o^0}{k_r^0}\right) - \frac{E_{a,r}^0}{RT} + \frac{E_{a,o}^0}{RT}\right)\right) \\ &= k_o^0 \left(\frac{k_o^0}{k_r^0}\right)^{-\alpha} \exp\left(-\frac{1}{RT}\left((1-\alpha)E_{a,r}^0 + \alpha E_{a,o}^0\right)\right) \\ &= \left(k_o^0\right)^{1-\alpha} \left(k_r^0\right)^\alpha \exp\left(-\frac{1}{RT}\left((1-\alpha)E_{a,r}^0 + \alpha E_{a,o}^0\right)\right) \end{aligned}$$

따라서 반응 속도 “상수”는 전하 전달 계수 α의 함수이며, 더 나아가 온도의 함수임을 알 수 있다. 이는 온도 독립 속도 상수 $(k_o^0)^{1-\alpha}(k_r^0)^\alpha$와 활성화 에너지 $(1-\alpha)E_{a,r}^0 + \alpha E_{a,o}^0$인 아레니우스 관계를 따른다.

식 (3.46)을 여러 반응물과 생성물이 있는 경우로 일반화하면 다음과 같다.

$$i_0 = nFk_0 \left(\prod_i c_{o,i}\right)^{1-\alpha} \left(\prod_i c_{r,i}\right)^\alpha$$

리튬 이온 셀에서 $n = 1$이다. 전해질의 리튬 이온은 환원되면 전극에 리튬 원자가 생기는데, 그러면 다음과 같아진다.

$$\left(\prod_i c_{o,i}\right) = c_e \left(c_{s,\max} - c_{s,e}\right)$$

이때 c_e는 전해질 내 리튬 농도를, $c_{s,\max}$는 전극 내 리튬의 최대 농도를, $c_{s,e}$는 전극 내 리튬의 표면 농도를 나타낸다. 따라서 $(c_{s,\max} - c_{s,e})$는 리튬 원자가 들어갈 수 있는 공간의 농도이다. 또한 리튬 이온 셀에서 $c_r = c_{s,e}$이며, 일반적으로 ϕ_{rest}를 U_{ocp}로 표시한다. 여기서 아래첨자 “ocp”는

"개방회로 전위open-circuit potential"이다.[31] 리튬 선속의 방향은 전극과 전해질 사이의 전위 차이가 U_{ocp}보다 높아지거나 낮아지는 것에 의존한다. 이를 정의하면 다음과 같다.

$$\eta = (\phi_s - \phi_e) - U_{\text{ocp}}$$

따라서 Am^{-2} 단위에 따른 리튬 이온 셀의 최종 버틀러-볼머 관계는 다음과 같다.

$$i = Fk_0 c_e^{1-\alpha}(c_{s,\max} - c_{s,e})^{1-\alpha} c_{s,e}^{\alpha}\left\{\exp\left(\frac{(1-\alpha)F}{RT}\eta\right) - \exp\left(-\frac{\alpha F}{RT}\eta\right)\right\}$$

Am^{-2} 단위 대신 $\text{mol}\,\text{m}^{-2}\text{s}^{-1}$ 단위를 사용하면 다음과 같이 쓸 수 있다.

$$j = k_0 c_e^{1-\alpha}(c_{s,\max} - c_{s,e})^{1-\alpha} c_{s,e}^{\alpha}\left\{\exp\left(\frac{(1-\alpha)F}{RT}\eta\right) - \exp\left(-\frac{\alpha F}{RT}\eta\right)\right\}$$

j의 부호는 리튬이 전극에서 전해질로 이동할 때는 양수이고 전해질에서 전극으로 이동할 때는 음수임을 유의하자.

3.9.6 k_0 단위 정규화

앞선 내용들을 살펴보면서 k_0의 단위가 다소 어색하다는 것을 알아챘을지도 모른다. 버틀러-볼머 방정식의 지수 항은 단위가 없고 j의 단위는 $\text{mol}\,\text{m}^{-2}\text{s}^{-1}$이다. 따라서 k_0는 $\text{mol}^{\alpha-1}\,\text{m}^{4-3\alpha}\text{s}^{-1}$의 단위를 가져야 한다.

일부 컴퓨팅 플랫폼은 정수가 아닌 단위로 어려움을 겪으며, 여기서 문제가 발생한다. 이 문제의 해결 방법은 교환 전류 밀도의 정규화된 형태 i_0를 정의하는 것이다.

$$\begin{aligned} i_0 &= Fk_0 c_e^{1-\alpha}(c_{s,\max} - c_{s,e})^{1-\alpha} c_{s,e}^{\alpha} \\ &= F\underbrace{k_0 c_{e,0}^{1-\alpha} c_{s,\max}}_{k_0^{\text{norm}}}\left(\frac{c_e}{c_{e,0}}\right)^{1-\alpha}\left(\frac{c_{s,\max} - c_{s,e}}{c_{s,\max}}\right)^{1-\alpha}\left(\frac{c_{s,e}}{c_{s,\max}}\right)^{\alpha} \end{aligned}$$

이때 $c_{e,0}$는 전해질 내 리튬의 정지 평형 농도이다. 이 형태로 교환 전류 밀도를 재배열하면 자체적인 단위가 없는, 정수가 아닌 항이 되며, 훨씬 쉬운 $\text{mol}\,\text{m}^{-2}\text{s}^{-1}$의 k_0^{norm} 단위를 쓸 수 있다. 이를 통해 버틀러-볼머 방정식을 다음과 같이 다시 작성할 수 있다.

---

31 대칭이라면 $c_r = c_{s,e}(c_{e,\max} - c_e)$이라고 예상할 수도 있다. 이는 전해질 염 농도가 포화 상태에 가까워지면 사용할 수도 있지만 이 형태는 문헌에서 거의 찾아볼 수 없다.

$$j = k_0^{\text{norm}} \left(\left(\frac{c_e}{c_{e,0}} \right) \left(\frac{c_{s,\max} - c_{s,e}}{c_{s,\max}} \right) \right)^{1-\alpha} \left(\frac{c_{s,e}}{c_{s,\max}} \right)^{\alpha}$$

$$\times \left\{ \exp\left(\frac{(1-\alpha)F}{RT} \eta \right) - \exp\left(-\frac{\alpha F}{RT} \eta \right) \right\}$$

리튬 이온 셀의 시뮬레이션에 대해 다루고 있는 대부분의 문헌에서는 k_0 값이 아닌 시뮬레이션을 시작할 때 적용하는 i_0 값을 제공한다. 이 값에서 k_0 또는 k_0^{norm} 을 도출해야 한다.

SECTION 3.10 모델 구현

이제 전극과 전해질의 질량 및 전하 보존, 전극과 전해질 사이의 리튬 선속 밀도를 설명하는 다섯 가지 방정식을 개발했다. 이 식들은 리튬 이온 셀 내에서 발생하는 마이크로스케일의 동적 상태에 해당한다.[32]

현재로서는 이 방정식들로 전체 셀을 시뮬레이션하기에는 지나치게 복잡하고 계산이 어려우므로 대신 [그림 3-16]과 같이 입자와 전해질을 모두 포함하는 작은 체적에서 시뮬레이션한다. 그림에서는 전극 입자가 그려져 있고 전해질이 입자 사이의 빈 공간을 채운다고 가정한다.

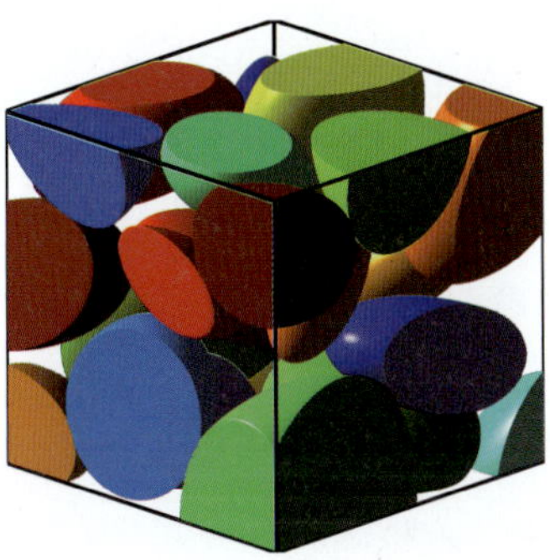

[그림 3-16] 작은 체적의 입자 형상 예시(색상은 설명용으로만 사용)

이런 형상을 시뮬레이션하려면 PDE 솔버^{solver}가 필요하다. 자세한 시뮬레이션 과정은 다음 장에서 살펴볼 것이므로 여기서는 간단하게 살펴보자. 일반적인 프로세스는 다음과 같다.

❶ 모든 전극 입자와 전해질, 그리고 전체 시스템의 3차원 형상을 정의한다. 만약 쉽고 단순한 형태만 사용한다면 매우 어려워진다. [그림 3-16]처럼 비교적 단순한 잘린 타원체를 설명하는 것도 쉽지 않다. 보통 CAD를 사용해 기하학적 구조를 그리며, 이런 구조를 PDE 솔버로 가져온다.

---

32 이 방정식은 모든 화학에 적용할 수 있다. 삽입(intercalation) 전극이 없는 순수한 화학적 셀을 모델링할 때 삽입 화합물 내의 전극 확산을 설명하는 방정식이 필요하지 않음을 이해하면 된다.

❷ 각 형상에서 동작하는 PDE와 대수 방정식을 구체화한다. 식 (3.1)과 식 (3.2)는 전극 입자의 내부를, 식 (3.3)과 식 (3.4)는 전해질로 채워진 입자 사이의 공극을 설명하는 부분에 적용된다.
❸ 각 형상에 대한 모든 매개변수(예 전도도, 확산도 등)와 함수(예 개방회로 전위 함수)를 입력한다.
❹ 초기 조건initial condition과 강제 함수forcing function, 그리고 경계 조건boundary condition을 정의한다.

경계 조건에 대해서는 아직 살펴보지 않았지만 이는 시스템을 시뮬레이션하는 데 매우 중요한 요소이다. 경계 조건은 전극과 전해질 사이의 계면interface에서 농도와 전위를 지정하는 방정식으로, 시뮬레이션 체적의 가장자리에 위치한다. 이 방정식은 다음 세 가지의 일반적인 유형 중 하나일 수 있다.

- **디리클레Dirichlet 경계 조건** : 경계상의 위치와 연관된 상수값 또는 시간 함수를 지정한다.
- **노이만Neumann 경계 조건** : 경계의 위치에서 문제의 정규 도함수에 값을 지정한다.
- **코시Cauchy 경계 조건** : 디리클레 경계 조건과 노이만 경계 조건의 조합이다.

앞으로 구할 마이크로스케일 모델을 구성하는 PDE의 네 가지 경계 조건은 모두 노이만 유형이라는 것이 밝혀졌다. 이 절에서는 다음 장에서도 유용하게 활용될 이 경계 조건들을 도출할 것이다.

3.10.1 전극 내부의 전하 보존을 위한 경계 조건

식 (3.6)의 전극 내부의 전류에 대한 식부터 시작해 전하 보존 방정식에 대한 경계 조건을 구해보자.

$$\sigma \nabla \phi_s = -\mathbf{i}_s$$

이 식의 좌변이 도함수derivative이므로 이는 노이만 경계 조건일 것이다. 따라서 전극에서 전해질을 가리키는 법선벡터 방정식 양변의 내적을 구한다.

$$\hat{\mathbf{n}}_s \cdot \nabla \phi_s = -\frac{\mathbf{i}_s \cdot \hat{\mathbf{n}}}{\sigma}$$

$$\hat{\mathbf{n}}_s \cdot \nabla \phi_s = -\frac{Fj}{\sigma} \tag{3.47}$$

이렇게 전극 내부의 전하 보존을 설명하는 PDE에 적용된 노이만 경계 조건을 구했다.

3.10.2 전극 내부의 질량 보존을 위한 경계 조건

질량 보존 방정식에 대한 경계 조건도 3.10.1절에서 구했던 것과 매우 유사한 방식으로 구할 수 있다. 식 (3.9)의 전극 내부의 리튬 선속 밀도에 대한 식부터 시작해보자.

$$D_s \nabla c_s = -\mathbf{N}$$

전극에서 전해질을 가리키는 법선 벡터와 방정식 양변의 내적을 구한다.

$$\hat{\mathbf{n}}_s \cdot \nabla c_s = -\frac{\mathbf{N} \cdot \hat{\mathbf{n}}_s}{D_s}$$

$$\hat{\mathbf{n}}_s \cdot \nabla c_s = \frac{-j}{D_s}$$

이렇게 전극 내부의 질량 보존을 설명하는 PDE에 적용되는 노이만 경계 조건을 구했다.

3.10.3 전해질에서 질량 보존을 위한 경계 조건

전해질 PDE의 경계 조건을 찾는 것은 앞서 구한 조건들보다 조금 더 복잡하지만 여전히 관리하기 쉽다. 입자로 들어오고 나가는 물질 선속은 경계의 양쪽에서 동일해야 하므로 입자와 전해질 사이의 경계에서 양이온과 음이온, 용매의 선속 밀도는 다음과 같다.

$$\mathbf{N}_+ \cdot \hat{\mathbf{n}}_e = c\mathbf{v}_+ \cdot \hat{\mathbf{n}}_e = -j$$

$$\mathbf{N}_- \cdot \hat{\mathbf{n}}_e = c\mathbf{v}_- \cdot \hat{\mathbf{n}}_e = 0$$

$$\mathbf{N}_0 \cdot \hat{\mathbf{n}}_e = c\mathbf{v}_0 \cdot \hat{\mathbf{n}}_e = 0$$

이때 $\mathbf{N}_+ \cdot \hat{\mathbf{n}}_e = -j$에서 j는 전극에서 전해질로의 선속 밀도이고 $\hat{\mathbf{n}}_e$는 전해질에서 전극으로의 바깥쪽($\hat{\mathbf{n}}_s$와 반대 방향)을 가리키므로 부호는 음수이다. $\mathbf{N}_+$에 대해 식 (3.32)를 사용해 이 방정식을 평가하면, 즉 N_-에 대한 결과를 고려하면 다음과 같다.

$$-j = -\nu_+ D_e \left(1 - \frac{d\ln c_0}{d\ln c_e}\right) \nabla c_e \cdot \hat{\mathbf{n}}_e + \frac{\mathbf{i}_e \cdot \hat{\mathbf{n}}_e t_+^0}{z_+ F} + \nu_+ c_e \mathbf{v}_0 \cdot \hat{\mathbf{n}}_e$$

$$0 = -\nu_- D_e \left(1 - \frac{d\ln c_0}{d\ln c_e}\right) \nabla c_e \cdot \hat{\mathbf{n}}_e + \frac{\mathbf{i}_e \cdot \hat{\mathbf{n}}_e t_-^0}{z_- F} + \nu_- c_e \mathbf{v}_0 \cdot \hat{\mathbf{n}}_e$$

리튬 이온으로 구체화하면 $\nu_+ = \nu_- = 1$, $z_+ = -z_- = 1$이며, 용매 속도 $\mathbf{v}_0 = 0$이라고 가정하고 다음과 같이 정의한다.

$$-j = -D_e \left(1 - \frac{d\ln c_0}{d\ln c_e}\right) \nabla c_e \cdot \hat{\mathbf{n}}_e + \frac{\mathbf{i}_e \cdot \hat{\mathbf{n}}_e t_+^0}{F}$$

$$0 = -D_e \left(1 - \frac{d\ln c_0}{d\ln c_e}\right) \nabla c_e \cdot \hat{\mathbf{n}}_e - \frac{\mathbf{i}_e \cdot \hat{\mathbf{n}}_e t_-^0}{F}$$

$\mathbf{i}_e$를 제거하려면 첫 번째 방정식에 두 번째 방정식의 $\dfrac{t_+^0}{t_-^0}$배를 곱한 뒤 더한다.

$$-j = -D_e\left(1 - \frac{\mathrm{d}\ln c_0}{\mathrm{d}\ln c_e}\right)\left(1 + \frac{t_+^0}{t_-^0}\right)\nabla c_e \cdot \hat{\mathbf{n}}_e$$

$$-t_-^0 j = -D_e\left(1 - \frac{\mathrm{d}\ln c_0}{\mathrm{d}\ln c_e}\right)\nabla c_e \cdot \hat{\mathbf{n}}_e$$

이렇게 하면 ∇c_e에 대한 노이만 경계 조건을 다음과 같이 구할 수 있다.

$$\hat{\mathbf{n}}_e \cdot \nabla c_e = \frac{1 - t_+^0}{D_e\left(1 - \frac{\mathrm{d}\ln c_0}{\mathrm{d}\ln c_e}\right)} j \tag{3.48}$$

3.10.4 전해질에서 전하 보존을 위한 경계 조건

최종 경계 조건을 찾으려면 $\hat{\mathbf{n}}_e \cdot \nabla c_e$를 선속 밀도 방정식에 대입해 경계에서 $\mathbf{i}_e$를 구한다.

$$-j = -D_e\left(1 - \frac{\mathrm{d}\ln c_0}{\mathrm{d}\ln c_e}\right)\frac{(1 - t_+^0)j}{D_e\left(1 - \frac{\mathrm{d}\ln c_0}{\mathrm{d}\ln c_e}\right)} + \frac{\mathbf{i}_e \cdot \hat{\mathbf{n}}_e t_+^0}{F}$$

$$0 = -D_e\left(1 - \frac{\mathrm{d}\ln c_0}{\mathrm{d}\ln c_e}\right)\frac{t_-^0 j}{D_e\left(1 - \frac{\mathrm{d}\ln c_0}{\mathrm{d}\ln c_e}\right)} - \frac{\mathbf{i}_e \cdot \hat{\mathbf{n}}_e t_-^0}{F}$$

앞선 두 표현식 모두 다음과 같은 동일한 결과가 도출된다.

$$\mathbf{i}_e \cdot \hat{\mathbf{n}}_e = -jF \tag{3.49}$$

이 조건과 앞선 경계 조건에 $\mathbf{i}_e$ 방정식을 대입하면 다음과 같다. 이 식들은 입자와 전해질 사이의 계면에 위치한다.

$$-\kappa \nabla \phi_e = \kappa_D \nabla \ln c_e = \mathbf{i}_e$$

$$\hat{\mathbf{n}}_e \cdot \left(-\kappa \nabla \phi_e - \frac{\kappa_D}{c_e}\nabla c_e\right) = \hat{\mathbf{n}}_e \cdot \mathbf{i}_e$$

$$\nabla \phi_e \cdot \hat{\mathbf{n}}_e = \left(\frac{F}{\kappa} - \frac{\kappa_D}{\kappa c_e}\frac{t^{0-}}{D_e\left(1 - \frac{\mathrm{d}\ln c_0}{\mathrm{d}\ln c_e}\right)}\right) j$$

추가로 셀의 외부 경계에서 이온 선속 밀도는 0이다.

SECTION 3.11 셀 수준의 양(정보)

현재의 컴퓨팅 성능을 고려했을 때 이 장에서 개발한 방정식으로 전체 셀을 시뮬레이션하는 것은 비합리적이다. 대신 이런 하위 수준 방정식에서 아주 쉽게 이해할 수 있는 몇 가지 셀 수준 변수가 있다. 다음 절에서 이 변수들을 다룰 것이다.

3.11.1 셀의 개방회로 전압

2장에서 배운 것처럼 셀의 **개방회로 전압** open-circuit voltage 은 셀이 휴지 rest 일 때의 정상 상태 단자 전압이다. 지금까지 살펴본 모델 방정식의 관점에서 이 정상 상태 조건은 양쪽 전극의 모든 전극 입자에서 리튬 농도가 균일하며, 전해질에서 리튬 농도도 균일하다는 것을 의미한다.

이제 셀 개방회로 전압을 다음과 같이 두 전극의 개방회로 전위와 연관시킬 수 있다.[33]

$$U_{\mathrm{ocv}}^{\mathrm{cell}} = U_{\mathrm{ocp}}^{\mathrm{pos}} - U_{\mathrm{ocp}}^{\mathrm{neg}}$$

(높은 에너지 밀도를 위해) 높은 셀 전압을 개발하고 싶다면 양극 활물질은 리튬 금속 기준 대비 높은 전위를 갖도록 선택하고 음극 활물질은 낮은 전위를 갖도록 선택해야 한다. [그림 3-17]은 음극에 일반적으로 사용되는 네 가지 물질의 개방회로 전위 관계를 나타낸 것이다.

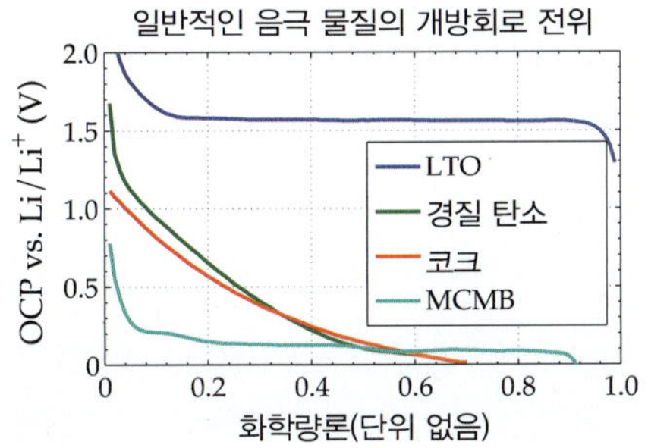

[그림 3-17] 두 음극 재료의 개방회로 전위

리튬화된 흑연($\mathrm{Li}_x\mathrm{C}_6$)은 현재 대부분의 모든 리튬 이온 전지에서 사용되고 있다. 이때 x는 전극 내 리튬의 화학량론을 나타내는 0과 1 사이의 값으로, $x = c_s^{\mathrm{neg}}/c_{s,\max}^{\mathrm{neg}}$와 같이 계산한다. $c_{s,\max}^{\mathrm{neg}}$는 결정 격자 구조가 리튬으로 완전히 가득 차 있을 때의 전극 물질의 총 저장 용량이다.

33 명명 규칙은 다소 임의적이지만 전압(voltage)은 두 전위 사이의 차이를 의미하므로 셀 수준 수량에 개방회로 **전압**이라는 용어를 사용한다. 또한 실제로 전극 재료의 전위(potential)는 셀을 구성해 결정되므로 셀 수준의 양을 지칭하기 위해 개방회로 **전위**라는 용어를 사용한다. 이때 음극은 리튬 금속이며, 양극은 고려 중인 전극 물질이다. 따라서 개방회로 전위는 고려 중인 최종 셀에 사용되는 전극일 수도 있고 아닐 수도 있는 리튬 금속 전극에 대한 전위차이다.

MCMB는 메소카본 마이크로 비드[meso-carbon micro-beads] 또는 거의 구형[spherical]에 가까운 흑연 입자에 대한 것이다. 그러나 동일한 일반적인 화학적 성분의 연질 탄소 또는 경질 탄소와 다양한 종류의 석탄(천연, 합성) 간에는 층의 상대적인 순서나 무질서에 따라 개방회로 전위 관계에 차이가 있다. [그림 3-17]은 이를 설명하기 위해 석유[petroleum] 코크스[coke]와 경질 탄소(Li_xC_6)의 개방회로 전위 그래프도 포함해 나타냈다.

[그림 3-17]에 표시된 다른 물질은 리튬 티타네이트 산화물[lithium-titanate oxide, LTO]($Li_{4+3x}Ti_5O_{12}$)이다. LTO는 전위가 높아 음극 활성 물질 측면에서는 덜 매력적인 물질이지만 상대적으로 파손되는 정도가 적다. 흑연 전극은 전극-전해질 계면[solid electrolyte interphase, SEI]으로 알려진 피막의 형성 때문에 상대적으로 빠르게 열화[degrade](약화)되는 경향이 있으나 LTO 전극은 이와 같은 현상이 나타나지 않고 수만 번을 순환할 수 있다.

[그림 3-18]은 양극에서 일반적으로 사용되는 여러 물질의 개방회로 전위 관계를 나타낸 것이다. 리튬-인산철[lithium-iron phosphate, LFP](Li_yFePO_4)은 전압이 낮지만 수명이 길다. 이때 y는 전극에서 리튬의 화학량론을 나타내는 0과 1 사이의 값으로, $y = c_s^{pos}/c_{s,\max}^{pos}$와 같이 계산한다.

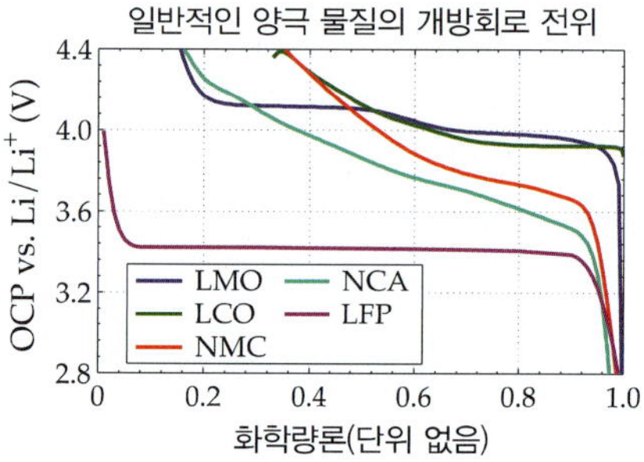

[그림 3-18] 일반적인 양극 재료의 개방회로 전위

리튬 망가니즈 산화물[lithium-manganese oxide, LMO]($Li_yMn_2O_4$)은 LFP보다 전압이 높다. 그러나 망가니즈가 전해질에 용해되는 경향이 있어 고온에서 용량이 빠르게 저하된다. 리튬 코발트 산화물[lithium-cobalt oxide, LCO](Li_yCoO_2)은 LMO보다 견고하고 LFP보다 에너지 정도가 높지만 코발트의 가격이 비싸 주로 휴대용 전자제품에 활용되는 작은 셀에 사용된다.

산화물 중에는 비용을 절감하기 위해 LCO의 코발트 일부를 다른 전이 금속으로 대체하는 물질도 있다. 그러나 그런 산화물들도 LCO의 필요한 특성은 그대로 유지한다. 예를 들어 NCA 셀은 코발트의 일부를 (전지의 전압은 높지만 열 안정성이 떨어지는) 니켈이나 알루미늄 또는 망가니즈로 대체한다. 이 셀의 일반적인 식은 $Li_yNi_{0.8}Co_{0.15}Al_{0.05}O_2$이다. 또한 NMC 셀은 코발트의 일부를 니켈과 망가니즈로 대체한다. 이때 사용되는 니켈과 망가니즈의 상대적인 양은 다를 수 있지만 일반적으로 사용되는 비율은 $Li_yNi_{1/3}Mn_{1/3}Co_{1/3}O_2$이다.

전극 물질의 개방회로 전위는 음극을 리튬 금속으로, 양극 재료는 고려 중인 물질로 하는 테스트용 셀을 구성해 측정한다. 테스트용 셀은 알려진 물질의 양에 따라 화학량론을 신중하게 고려해 매우 천천히 충전 및 방전되고 전압이 기록된다. 이 프로세스는 2장에서 설명한 전체 셀의 개방회로 전압을 측정하는 것과 거의 동일하다.

이렇게 구한 데이터는 룩업 테이블table lookup을 활용해 저장할 수 있지만 대부분의 논문에서는 다양한 함수를 사용한 데이터를 근사화해 폐쇄형closed-form 분석 곡선 적합도를 다룬다. 이는 지수 및 쌍곡선 탄젠트를 사용할 수 있고 다항식 또는 입방 스플라인cubic spline을 기반으로 널리 사용된다. 그러나 이런 적합도는 데이터를 수학적으로 잘 설명할 수는 있어도 근본적인 현상을 설명하지는 못한다. 아마도 이론적인 해석을 통해 일반적인 적합 함수를 제안한 최초의 논문은 카르티케얀Karthikeyan의 논문일 것이다.[34]

이 작업에서는 레드리히-키스터Redlich-Kister라고 부르는 확장을 사용해 피팅fitting 함수를 생성한다. 여기서는 경험적 왜곡skew 계수 K를 확장에 포함시켜 작업을 일반화한다.[35] 이 수정을 통해 셀 개방회로 전위는 다음과 같이 계산된다.

$$\begin{aligned} U(x) = U^0 + \frac{RT}{F}\ln\left(\frac{1-x}{x}\right) + \frac{1}{(K(2x-1)+1)^2} \\ \times \left[\sum_{k=0}^{N}\frac{A_k}{F}\left((2x-1)^{k+1} - \frac{2kx(1-x)}{(2x-1)^{1-k}}\right)\right. \\ \left. + K\sum_{k=0}^{N}\frac{A_k}{F}(2x-1)^k - \left(2(k+1)x^2 - 2(k+1)x+1\right)\right] \end{aligned}$$

이 방정식에서 $k = 0 \cdots N$에 대한 U^0와 K, A_k는 자유 피팅 매개변수로, 일반적으로 발견되는 여러 전극에 대한 곡선 적합도(피팅)가 [표 3-2]에 정리되어 있다. 이런 계수는 피팅 함수와 3.13절에서 인용된 여러 출처의 데이터 사이의 최소 제곱의 합을 최소화하기 위해 레벤버그-마쿼트Levenberg- Marquardt 방법을 사용해 구한다.

---

34 Karthikeyan, D.K., Sikha, G., and White, R.E., "Thermodynamic model development for lithium intercalation electrodes", *Journal of Power Sources*, 185, 2008, pp. 1,398–1,407.

35 Prausnitz, J.M., *Molecular Thermodynamics of Fluid Phase Equilibria*, Prentice Hall, NJ, 3d, 1999.

[표 3-2] 일반적으로 사용되는 전극 재료의 OCP 피팅에 대한 조정된 레드리히-키스터 팽창 계수

구분	MCMB	석유 코크	경질 탄소	LTO	LFP	LCO	LMO	NCA	NMC
K	1.000052×10^{0}	1.015189×10^{-5}	9.896854×10^{-1}	1.291628×10^{-1}	3.932999×10^{-2}	-2.369024×10^{-4}	-9.996536×10^{-1}	1.046644×10^{-4}	-6.359610×10^{-1}
U^0	-4.894122×10^{-1}	1.737471×10^{1}	5.839445×10^{-1}	1.596152×10^{0}	3.407141×10^{0}	-2.276828×10^{1}	4.004463×10^{0}	-4.419803×10^{0}	3.755472×10^{0}
A_1	1.115732×10^{3}	3.257341×10^{6}	6.433323×10^{2}	-2.730278×10^{3}	-2.244923×10^{3}	5.166082×10^{6}	2.888073×10^{1}	1.545979×10^{6}	-1.306411×10^{3}
A_2	-1.144052×10^{5}	3.324795×10^{6}	9.277734×10^{4}	5.232911×10^{3}	-2.090675×10^{3}	-5.191279×10^{6}	-1.928965×10^{4}	-1.598187×10^{6}	-5.799521×10^{4}
A_3	-9.895551×10^{4}	3.293786×10^{6}	1.208039×10^{5}	-8.075451×10^{3}	-6.045274×10^{3}	5.232986×10^{6}	2.751693×10^{4}	1.595170×10^{6}	1.285906×10^{5}
A_4	-8.472647×10^{4}	3.305070×10^{6}	3.909709×10^{4}	-4.993786×10^{3}	-6.046354×10^{3}	-5.257083×10^{6}	2.599759×10^{4}	-1.605545×10^{6}	-1.418605×10^{5}
A_5	-2.676083×10^{5}	3.341687×10^{6}	7.042733×10^{4}	3.643875×10^{4}	-1.395210×10^{4}	5.010583×10^{6}	4.795929×10^{4}	1.521194×10^{6}	1.281969×10^{5}
A_6	-4.761692×10^{5}	3.285297×10^{6}	4.527821×10^{5}	1.105087×10^{5}	4.928595×10^{4}	-4.520614×10^{6}	-2.773488×10^{5}	-1.645695×10^{6}	-3.281283×10^{5}
A_7	6.032508×10^{5}	2.785389×10^{6}	9.259981×10^{5}	-3.613702×10^{5}	5.768895×10^{4}	7.306952×10^{6}	-3.211625×10^{5}	1.809373×10^{6}	8.176398×10^{2}
A_8	1.867866×10^{6}	2.943793×10^{6}	1.111642×10^{2}	-5.025253×10^{5}	-2.706196×10^{5}	-1.463426×10^{7}	9.984391×10^{5}	-1.578053×10^{6}	1.373879×10^{6}
A_9	-1.698309×10^{6}	6.028857×10^{6}	-1.853447×10^{6}	1.401392×10^{6}	-2.623973×10^{5}	6.705611×10^{6}	1.227530×10^{6}	2.032672×10^{6}	6.511414×10^{5}
A_{10}	-5.707850×10^{6}	8.242393×10^{6}	-3.232663×10^{5}	1.148841×10^{6}	6.954912×10^{5}	3.389416×10^{7}	-2.722189×10^{6}	-2.281842×10^{6}	-7.315831×10^{6}
A_{11}	8.739993×10^{5}	1.365959×10^{6}	3.899277×10^{6}	-2.857197×10^{6}	4.805390×10^{5}	-6.352811×10^{7}	-1.973511×10^{6}	-1.678912×10^{6}	4.983891×10^{6}
A_{12}	7.780654×10^{6}	-1.036909×10^{7}	2.862780×10^{6}	-1.211581×10^{6}	-8.818037×10^{5}	3.048793×10^{7}	4.613775×10^{6}	2.858489×10^{6}	6.925178×10^{6}
A_{13}	1.486486×10^{6}	-1.328733×10^{7}	-2.837527×10^{6}	2.819998×10^{6}	-4.500675×10^{5}	2.144002×10^{7}	8.188394×10^{5}	5.443521×10^{6}	-6.123714×10^{6}
A_{14}	-4.703010×10^{6}	-6.890890×10^{6}	-4.199996×10^{6}	4.791029×10^{5}	4.255778×10^{5}	-2.773199×10^{7}	-4.157314×10^{6}	-9.459781×10^{6}	-3.595215×10^{6}
A_{15}	-2.275145×10^{6}	-1.366119×10^{6}	-1.406372×10^{6}	-1.091785×10^{6}	1.278146×10^{5}	8.206452×10^{6}	1.709075×10^{6}	3.600413×10^{6}	3.340694×10^{6}

3.11.2 셀 총 용량

셀의 암페어시(Ah) 총 용량은 셀 수준에서 빠르게 설명할 수 있다. 각 전극의 용량에 대한 표현부터 시작해 일련의 단계를 거쳐 이 수량을 계산할 수 있는 관계를 개발해보자.

전극의 암페어시 용량을 계산하려면 먼저 전극의 용량을 단위체적당 리튬 몰 단위로 결정해야 한다. 극단적인 경우 이는 $c_{s,\max}$ 일 수도 있지만 실제 셀에서는 셀의 성능 저하나 전력 고갈을 초래하는 경계를 피하기 위해 이런 전체 용량을 사용하지 않는다. 즉 음극에서는 $x_{0\%}$에서 $x_{100\%}$, 양극에서는 $y_{0\%}$에서 $y_{100\%}$까지만 사용한다. 예를 들어 x는 Li_xC_6에서 0과 1 사이의 값이며, y는 Li_yCoO_2에서 0과 1 사이의 값이다. $c_{s,\max}$와 $x_{0\%}$, $x_{100\%}$, $y_{0\%}$, $y_{100\%}$의 값을 결합하면 음극과 양극의 총 사용 용량을 다음과 같이 체적 몰 단위로 구할 수 있다.

$$Q_V^{\text{neg}} = c_{s,\max}^{\text{neg}} |x_{100\%} - x_{0\%}| \, \text{mol m}^{-3}$$

$$Q_V^{\text{pos}} = c_{s,\max}^{\text{pos}} |y_{100\%} - y_{0\%}| \, \text{mol m}^{-3}$$

이제 각 전극에 있는 전극 물질의 총 체적을 결정해야 한다. 전극의 총 체적은 전극판 면적 A에 전극의 두께 L을 곱한 값과 같다. 그러나 이 체적이 모두 전극으로 구성되는 것은 아니다. 일부는 전해질로 채워지고 일부는 필러filler, 바인더binder 또는 기타 비활성 물질로 채워진다. ε_s 값은 고체 전극 물질이 차지하는 총 전극 체적의 비율로, 이 비율을 알면 각 전극의 총 사용 용량을 다음과 같이 몰 단위로 계산할 수 있다.

$$Q^{\text{neg}} = AL^{\text{neg}} \varepsilon_s^{\text{neg}} c_{s,\max}^{\text{neg}} |x_{100\%} - x_{0\%}| \, \text{mol}$$

$$Q^{\text{pos}} = AL^{\text{pos}} \varepsilon_s^{\text{pos}} c_{s,\max}^{\text{pos}} |y_{100\%} - y_{0\%}| \, \text{mol}$$

마지막으로 패러데이 상수를 활용하고 1시간이 3,600초라는 것을 알면 암페어시의 용량을 다음과 같이 구할 수 있다.

$$Q^{\text{neg}} = \frac{AFL^{\text{neg}} \varepsilon_s^{\text{neg}} c_{s,\max}^{\text{neg}} |x_{100\%} - x_{0\%}|}{3600 \, \text{Ah}} \tag{3.50}$$

$$Q^{\text{pos}} = \frac{AFL^{\text{pos}} \varepsilon_s^{\text{pos}} c_{s,\max}^{\text{pos}} |y_{100\%} - y_{0\%}|}{3600 \, \text{Ah}} \tag{3.51}$$

주로 한 전극의 용량이 다른 전극보다 다소 큰 경우가 많은데, 이는 셀 성능의 저하를 유발하는 메커니즘의 발생을 최소화하기 위함이다. 전체 셀 용량은 두 전극 용량의 최소값으로, 다음과 같이 쓸 수 있다.

$$Q = \min(Q^{\text{neg}}, \, Q^{\text{pos}}) \, \text{Ah} \tag{3.52}$$

3.11.3 셀 충전 상태

셀 충전 상태는 음극의 총 리튬 양 또는 양극의 총 리튬 양과 연관시킬 수 있다. 마찬가지로 리튬의 총량을 해당 전극의 활성 물질의 총 체적으로 나누면 충전 상태를 음극 또는 양극에서의 리튬 충전 농도와 연관지을 수 있다. 이때 평균은 전극 전체를 기준으로 계산된다.

셀이 완전히 충전되면 음극의 리튬 양은 최대 허용 수준에 도달하고 양극의 리튬 양은 최소 허용 수준에 도달한다. 이를 화학량론의 관점에서 보면 각각 $c_{s,\mathrm{avg}}^{\mathrm{neg}}/c_{s,\max}^{\mathrm{neg}} = x_{100\%}$, $c_{s,\mathrm{avg}}^{\mathrm{pos}}/c_{s,\max}^{\mathrm{pos}} = y_{100\%}$로 쓸 수 있다. 마찬가지로 셀이 완전히 방전되면 음극의 리튬 양은 최소 허용 수준이 되고 양극의 리튬 양은 최대 허용 수준에 도달한다. 이를 화학량론의 관점에서 보면 $x_{0\%} < x_{100\%}$일 때 $c_{s,\mathrm{avg}}^{\mathrm{neg}}/c_{s,\max}^{\mathrm{neg}} = x_{0\%}$이고 $y_{0\%} > y_{100\%}$일 때 $c_{s,\mathrm{avg}}^{\mathrm{pos}}/c_{s,\max}^{\mathrm{pos}} = y_{0\%}$이다.

셀 충전 상태는 $x_{0\%}$와 $x_{100\%}$ 사이에서 음극의 화학량론의 변화 또는 $y_{0\%}$와 $y_{100\%}$ 사이에서 양극의 화학량론의 변화에 따라 선형적으로 변화한다. 따라서 셀 수준의 충전 상태를 다음과 같이 계산할 수 있다.

$$z = \frac{c_{s,\mathrm{avg}}^{\mathrm{neg}}/c_{s,\max}^{\mathrm{neg}} - x_{0\%}}{x_{100\%} - x_{0\%}} \tag{3.53}$$

$$= \frac{c_{s,\mathrm{avg}}^{\mathrm{pos}}/c_{s,\max}^{\mathrm{pos}} - y_{0\%}}{y_{100\%} - y_{0\%}} \tag{3.54}$$

3.11.4 단일 입자 모델

지금까지 배운 것을 종합하면 마이크로스케일 셀 모델에는 다섯 개의 결합 방정식이 있다. 이 방정식은 전극과 전해질에서 리튬의 이동, 전극과 전해질의 전압(전위), 셀의 여러 지점에서의 전극-전해질 경계에서의 반응 속도를 설명한다.

전극 입자 내부의 리튬 확산이 가장 느리므로 다른 과정보다 동적 기여도가 우세하다는 것이 밝혀졌으므로 셀의 단일 입자 모델^single-particle model, SPM^을 고려할 수 있다. 이 모델은 각 전극을 전극 내의 일반적인 입자를 나타내는 활성화 물질의 구형^spherical^ 입자를 모델링해 단순화하며, 이때 전해질 농도와 전위의 동적 상태는 무시된다. 조잡하긴 하지만 SPM은 리튬 이온 셀이 다양한 입력 자극에 어떻게 반응해야 하는지 이해하는 데 좋은 학습 도구이며, 제어 설계 내에서 사용해 충전 상태를 정확하게 예측할 수 있다.

단일 전극 입자 내에서 리튬의 확산을 시뮬레이션하려면 여러 가지의 서로 다른 접근 방식을 시도할 수 있다. 이 절에서는 확산 방정식을 이산화하는 유한체적^finite-volume^ 방법을 다룬다.

단일 전극 입자는 (이상적인 양파처럼) 동일한 두께의 구형 껍질로 나뉘며, 각 시간 단계에서 한 껍질에서 다른 껍질로 이동하는 리튬의 총 선속이 계산되고 각 껍질 내의 리튬 농도가 업데이트된다. 리튬은 적용된 셀 전류를 통해 가장 바깥쪽의 껍질 안 또는 바깥쪽으로 강제로 이동한다.

단일 입자가 방전, 충전, 휴지 중일 때 이런 단일 입자를 시뮬레이션하는 다음 코드를 고려해보자. 이 코드의 출력은 [그림 3-19]에 표시되어 있다.

```
% Replace constants below with relevant values for your problem
R = 10e-6;      % particle radius [m]
Cmax = 12000;   % [mol/m^3]
c0 = 9500;      % initial concentration [mol/m^3]
j0 = 5000*R/3/1800; % lithium flux [mol/m^2/sec]
D = 1e-14;      % solid diffusivity, [m^2/s]

jk = [j0*ones(1,1800), zeros(1,3600)]; % discharge and rest
jk = [jk -jk]; % discharge and rest, then charge and rest

% Simulation control
Nr = 20;    % number of "shells" radially
dR = R/Nr; % width of each "shell"
Sa = 4*pi*(R*(1:Nr)/Nr).^2; % outer surface area of each shell
dV = (4/3)*pi*((R*(1:Nr)/Nr).^3-(R*(0:Nr-1)/Nr).^3); % vol. of ea. shell
dt = 1;     % time steps of 1 second

c = c0*ones(1,Nr);        % concentration profile versus "r" dimension
cse = zeros(size(jk)); % concentration at surface
cse(1) = c0;

for timestep = 1:length(jk),
  N = -D*diff(c)/dR;  % flux density at surfaces between "bins"
  M = N.*Sa(1:end-1); % total moles crossing surface between bins
  c = c + ([0 M] - [M 0])*dt./dV; % conc. change via diffusion
  c(end) = c(end) - jk(timestep)*Sa(end)*dt/dV(end); % at boundary
  cse(timestep+1) = c(end);
end

figure(1); clf; plot((0:length(jk))/3600,cse/1000);
title('Surface concentration of particle')
xlabel('Time (h)'); ylabel('Concentration (kmol m^{-3})')
```

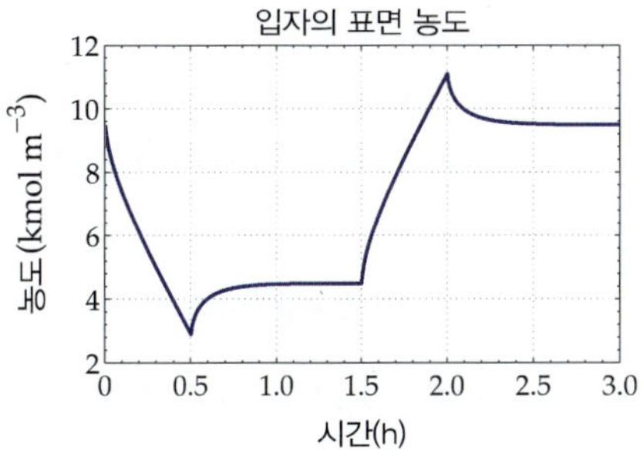

[그림 3-19] 단일 입자를 시뮬레이션하는 코드 출력

코드에서 구형 입자는 두께가 동일한 양파 모양의 "껍질"이 N_r 개 있다고 가정한다. 따라서 주어진 껍질의 두께는 $\mathrm{d}R = R_s / N_r$ 이다. 각 껍질의 외부 표면적과 체적은 다음과 같다.

- 가장 안쪽 껍질의 체적 $\mathrm{d}V_1 = \frac{4}{3}\pi(\mathrm{d}R)^3$ 이며, 바깥쪽의 표면적 $Sa_1 = 4\pi(\mathrm{d}R)^2$ 이다.
- 그다음 껍질의 체적 $\mathrm{d}V_2 = \frac{4}{3}\pi(2\mathrm{d}R)^3 - \mathrm{d}V_1$ 이며, 바깥쪽의 표면적 $Sa_2 = 4\pi(2\mathrm{d}R)^2$ 이다.
- 이렇게 확장하면 n 번째 껍질의 체적 $\mathrm{d}V_n = \frac{4}{3}\pi(n\mathrm{d}R)^3 - \frac{4}{3}\pi((n-1)\mathrm{d}R)^3$ 이며, 표면적 $Sa_n = 4\pi(n\mathrm{d}R)^2$ 이다.

코드의 변수 **dV**와 **Sa**는 각각 모든 껍질의 체적과 외부 표면적을 포함하는 벡터이다. 이제 몰 선속 밀도를 거리 r의 연속함수로부터 껍질 경계에서의 이산함수로 변환하는 것을 고려해야 한다.

$$N = -D_s \nabla c_s = -D_s \frac{\partial c_s}{\partial r} \approx -D_s \frac{\Delta c_s}{\Delta r}$$

그러면 껍질 n과 껍질 $n+1$ 사이의 n번째 경계에서의 선속 밀도를 다음과 같이 쓸 수 있다.

$$N_n \approx -D_s \frac{c_{n+1} - c_n}{\mathrm{d}R}$$

N_n의 부호가 음수이면 선속이 $(n+1)$번째 껍질에서 n번째 껍질로 들어가며, 부호가 양수이면 선속이 n번째 껍질에서 $(n+1)$번째 껍질로 나간다. 코드의 벡터 **N**은 입자의 외부 표면을 제외한 모든 껍질의 경계에서 이 선속 밀도를 별도로 계산하고 단위로 $\mathrm{mol\,m^{-2}s^{-1}}$을 사용한다. 코드에서는 선속이 통과하는 껍질의 표면적에 벡터 **N**을 곱해 물질의 전달 속도를 구한다. 이는 코드의 **M** 변수로, 단위는 $\mathrm{mol\,s^{-1}}$이다.

임의의 껍질을 고려할 때 내부 및 외부 표면은 선속이 통과할 수 있는 두 가지의 경계이다. n번째 껍질에서 몰 수의 총 증가는 $Sa_n N_n - Sa_{n-1} N_{n-1}$ 이며, 단위는 $\mathrm{mol\,s^{-1}}$이다. 이때 농도를 변화시키려면 초 단위로 Δt를 곱하고 n번째 껍질의 체적으로 나눠야 한다. 농도 개선(업데이트) 방정식은 이 규칙을 사용해 확산을 구현한다.

이제 경계 조건을 살펴보자. 적용된 선속 밀도 j는 $\mathrm{mol\,m^{-2}s^{-1}}$ 단위를 사용한다. j에 $Sa_n \Delta t / V_n$를 곱하면 Δt마다 적용된 선속으로 인한 외부 껍질의 농도 변화를 알 수 있다.

주어진 셀 전류(A)에서 단위가 $\mathrm{mol\,m^{-2}s^{-1}}$인 평균 계면[interphase] 리튬 선속 밀도를 구하려면 먼저 셀 전류의 측정 단위를 A 에서 $\mathrm{mol\,s^{-1}}$로 변환해야 한다(패러데이 상수가 도움이 될 것이다). 다음으로 각 전극에서 몇 제곱미터의 계면 면적을 찾을 수 있는지 알아야 하는데, 이를 위해서는 먼저 특정 계면 면적을 $\mathrm{m^2 m^{-3}}$ 단위로 계산해야 한다. 모든 전극 입자가 반경 R_s의 구형이며, 전극 상의 분율(체적 비율) ε_s이 있다고 가정하면 계면 면적을 구하는 식을 다음과 같이 정의할 수 있다.

$$a_s = \frac{\text{전체 표면적}}{\text{총 체적}} = \underbrace{\frac{\text{전극의 제적}}{\text{총 체적}}}_{\varepsilon_s} \frac{\text{전체 표면적/입자}}{\text{전극의 체적/입자}}$$

$$= \varepsilon_s \frac{4\pi R_s^2}{\frac{4}{3}\pi R_s^3} = \frac{3\varepsilon_s}{R_s}$$

이 결과는 총 전극 체적의 세제곱미터당 입자 표면적이 몇 제곱미터인지 계산한다. 따라서 $a_s AL$은 전극의 입자 표면적의 총 제곱미터를 의미한다. 이때 아래첨자 "app"은 적용되는 응용 분야를 뜻한다.

$$j = \frac{i_{\text{app}}}{a_s FAL} \,\text{mol m}^{-2}\text{s}^{-1}$$

마지막으로 충전 상태는 전극 내 리튬의 평균 농도에 따라 달라지지만 전압은 리튬의 **표면**surface 농도, 즉 전극과 전해질 사이의 계면에 따라 달라진다. 이 코드는 다른 곳에서는 $c_{s,e}$로 표시하는 cse 변수를 정의한다.

단일 입자 방법을 사용해 전체 셀을 시뮬레이션할 때 한 입자는 음극을 모델링하고 두 번째 입자(앞선 코드의 사본을 사용)는 양극을 모델링한다. 이때 셀 전압은 양극 전위에서 음극 전위를 뺀 값과 같다. 양극 전위는 $y = \frac{c_{s,e}}{c_{s,\max}}$일 때 양극 입자의 현재 리튬 표면 농도에 해당하는 y 값에서 $U_{\text{ocp}}^{\text{pos}}(y)$ 함수를 평가해 결정된다. 음극 전위도 $x = \frac{c_{s,e}}{c_{s,\max}}$일 때 음극 입자의 현재 리튬 표면 농도에 해당하는 x 값에서 $U_{\text{ocp}}^{\text{neg}}(x)$ 함수를 평가해 결정된다.

SECTION 3.12 결론 및 향후 방향

이제 이 책에서 가장 어려운 도출을 마쳤다. 이제부터는 열역학, 물리화학, 전기화학의 주제에서 벗어나 지금 개발한 모델에서 작업하며, 정상 미분 방정식ordinary-difference equations에 도달할 때까지 모델의 규모를 계속 키울 것이다. 그러나 마이크로스케일 모델은 이 책에서 다룰 모델 방정식 중 가장 정확한 모델 집합이다. 이제 이런 방정식을 구현하기 더 쉬운 형태로 대략적으로 결합하고 동시에 근사치를 통해 모델에 도입하는 오류를 최소화하는 것을 목표로 한다.

SECTION 3.13 OCP 소스

이 절에서는 [표 3-2]를 구성하고 [그림 3-17]과 [그림 3-18] 데이터의 원본 출처를 제시한다.

- **MCMB 데이터** : S. Santhanagopalan, Q. Guo, and R.E. White, "Parameter Estimation and Model Discrimination for a Lithium-Ion Cell," *Journal of the Electrochemical Society*, 154(3), 2007, pp. A198-A206의 [그림 A-1]에서 디지털화했다.

- **석유-코크스 데이터** : M. Doyle, J. Newman, A.S. Gozdz, C.N. Schmutz, and J-M Tarascon, "Comparison of Modeling Predictions with Experimental Data from Plastic Lithium Ion Cells", *Journal of the Electrochemical Society*, 143(6), 1996, pp. 1,890-1,903의 [그림 B-2]에서 디지털화했다.

- **경질 탄소 데이터** : D.K. Karthikeyan, G. Sikha, R.E. White, "Thermodynamic Model Development for Lithium Intercalation Electrodes", *Journal of Power Sources*, 185, 2008, pp. 1,398-1,407의 [그림 1]에서 디지털화했다.

- **LTO 데이터** : S. Stewart, P. Albertus, V. Srinivasan, I. Plitz, N. Pereira, G. Amatucci, and J. Newman, "Optimizing the Performance of Lithium Titanate Spinel Paired with Activated Carbon or Iron Phosphate", *Journal of the Electrochemical Society*, 155(3), 2008, pp. A253-A261의 [그림 4]에서 디지털화했다.

- **LFP 데이터** : M. Safari and C. Delacourt, "Modeling of a Commercial Graphite $LiFePO_4$ Cell", *Journal of the Electrochemical Society*, 158(5), 2011, pp. A562-A571의 [그림 3]에서 디지털화했다. 단, 이런 (방전 깊이) 데이터만으로는 화학량론 계수 y를 구할 수 없다. 방전 곡선을 다음과 같은 사파리[Safari]의 자체 곡선 피팅에 대해 보정함으로써 방전 곡선에 해당하는 y의 올바른 화학량론적 범위를 결정한다.

$$\begin{aligned} U_{\text{ocp}}^{\text{LFP}} = \; & 3.4323 - 0.8428\exp(-80.2493(1-y)^{1.3198}) \\ & - 3.2474\times 10^{-6}\exp(20.2645(1-y)^{3.8003}) \\ & + 3.2482\times 10^{-6}\exp(20.2646(1-y)^{3.7995}) \end{aligned}$$

- **LCO 데이터** : S. Santhanagopalan, Q. Guo and R.E. White, "Parameter Estimation and Model Discrimination for a Lithium-Ion Cell," *Journal of the Electrochemical Society*, 154(3), 2007, pp. A198-A206의 [그림 A-2]에서 디지털화했다.

- **LMO 데이터** : M. Doyle, J. Newman, A.S. Gozdz, C.N. Schmutz and J–M Tarascon, "Comparison of Modeling Predictions with Experimental Data from Plasic Lithium Ion Cells)", *Journal of the Electrochemical Society*, 143(6), 1996, pp. 1,890–1,903의 [그림 B–1]에서 디지털화했다.

- **NCA 데이터** : D.K. Karthikeyan, G. Sikha, R.E. White, "Thermodynamic Model Development for Lithium Intercalation Electrodes", *Journal of Power Sources*, 185, 2008, pp.1,398–1,407의 [그림 2]에서 디지털화했다.

- **NMC 데이터** : S.G. Stewart, V. Srinivasan and J. Newman, "Modeling the Performance of Lithium–Ion Batteries and Capacitors during Hybrid–Electric–Vehicle Operation", Journal of the Electrochemical Society, 155(9), 2008, pp. A664–A671의 [그림 6]에서 디지털화했다. 단, 이런 (방전 깊이) 데이터만으로는 화학량론 계수 y를 구할 수 없다. 방전 곡선을 다음과 같은 종이의 자체 곡선 피팅에 대해 보정함으로써 방전 곡선에 해당하는 y의 올바른 화학량론적 범위를 결정한다.

$$\begin{aligned}U_{\text{ocp}}^{\text{NMC}} = {} & 6.0826 - 6.9922y + 7.1062y^2 \\ & - 0.54549 \times 10^{-4} \exp(124.23y - 114.2593) - 2.5947y^3\end{aligned}$$

종합 용어집 핵심 용어 및 개념

여기에서는 이 장에서 정의된 가장 중요한 변수에 대한 용어집을 제공한다. 단위도 함께 표기하며, 단위가 없는 수량은 [u/l]로 표기한다. 모든 변수는 적어도 잠재적으로 공간과 시간의 함수라는 점을 유의하자.

기호	의미	참고 페이지
α[u/l]	• 비대칭 전하 전달 계수 • 범위 : $0 \le \alpha \le 1$	143
a[mol m^{-3}]	• 종의 활성도	116
a_s[m^2 m^{-3}]	• 특정 계면 표면적	161
A[J]	• 헬름홀츠 자유에너지	107
A[m^2]	• 셀 전류 집전체 면적	157
c[mol m^{-3}]	• 특정 위치 인근의 리튬 농도 (c_s : 전극 내부의 농도 / c_e : 전해질 내부의 농도 / c_0 : 용매의 농도 / c_T : 총 농도 / $c_{s,e}$: 표면 농도 / $c_{s,\max}$: 이론적인 최대 리튬 농도)	123, 126, 157, 161
c_+[mol m^{-3}]	• 전해질 내부의 양이온 농도	118
c_-[mol m^{-3}]	• 전해질 내부의 음이온 농도	118
D[m^2 s^{-1}]	• 물질에 따른 확산도 (D_s : 전극에서의 확산도 / D_e : 전해질에서의 확산도)	100, 132
$\mathscr{D}$[m^2 s^{-1}]	• 농축 용액의 맥스웰-스테판 확산도	124, 128
ε_s[u/l]	• 전극 내부의 고체 체적 분율	157
$\mathbf{E}$[V m^{-1}]	• 한 지점에서의 (벡터) 전기장	94
$F = 96,485$[C mol^{-1}]	• 패러데이 상수	–
$f_\pm$[u/l]	• 평균 몰 활성화 계수	138
G[J]	• 시스템 또는 하위 시스템의 깁스 자유에너지	108
$\gamma_\pm$[u/l]	• 평균 몰랄 활성화 계수	131
H[J]	• 시스템의 엔탈피 (dH : 화학 반응에 의해 시스템에 추가되거나 시스템에서 다시 이동된 열)	107
η[V]	• 반응 과전위	144
$\mathbf{i}$[A m^{-2}]	• 주어진 위치를 중심으로 하나의 반복 단면적에 흐르는 (벡터) 전류 밀도 ($\mathbf{i}_s$: 전극 내부의 전류 밀도 / $\mathbf{i}_e$: 전해질 내부의 전류 밀도)	94, 119
i_0[A m^{-2}]	• 교환 전류 밀도	145

종합 용어집 핵심 용어 및 개념

기호	의미	참고 페이지
$j\,[\mathrm{mol\,m^{-2}s^{-1}}]$	• 전극과 전해질 사이의 경계를 가로질러 입자에서 양전하가 흘러나오는 속도	149
$k_0\,[\mathrm{mol^{\alpha-1}\,m^{4-3\alpha}\,s^{-1}}]$	• 유효 반응 속도 상수	147
$k_0^{\mathrm{norm}}\,[\mathrm{mol\,m^{-2}\,s^{-1}}]$	• 친숙한 단위로 정규화한 유효 반응 속도 상수	148
$K_{ab}\,[\mathrm{J\,s\,m^{-4}}]$	• 종-a와 종-b 사이의 맥스웰-스테판 마찰 계수	124
$\kappa\,[\mathrm{S\,m^{-1}}]$	• 이온 전도도	137
$\kappa_D\,[\mathrm{V}]$	• 전해질 전위 방정식 $\kappa_D = 2RT\kappa(t_+^0 - 1)/F$ 일부의 약자	139
$\lambda\,[\mathrm{u/l}]$	• 종의 절대 활성도로, 몰 농도와 몰랄 농도로 표기할 수 있음	116, 117
$L\,[\mathrm{m}]$	• 전극의 두께	157
$\mu\,[\mathrm{J mol^{-1}}]$	• 시스템의 화학적 전위	113
$\bar{\mu}\,[\mathrm{J mol^{-1}}]$	• 시스템의 전기화학적 전위	113
$m\,[\mathrm{kg}]$	• 종의 질량	112
$n\,[\mathrm{u/l}]$	• 종의 몰 수	112
$\hat{\mathbf{n}}\,[\mathrm{u/l}]$	• 관심 있는 위상으로부터 멀어지는 표면에서 바깥쪽을 가리키는 단위벡터	–
$\mathbf{N}(x, y, z, t)\,[\mathrm{mol\,m^{-2}s^{-1}}]$	• 주어진 위치에서 중심을 이루는 전극 대표 단면적에 흐르는 리튬의 (벡터) 몰 선속 밀도	100, 119
$N_A = 6.02214\times10^{23}\,[\mathrm{mol^{-1}}]$	• 아보가드로의 수	–
$v_+\,[\mathrm{u/l}]$	• 양이온의 부호 없는 화학량론 계수	117, 118
$v_-\,[\mathrm{u/l}]$	• 음이온의 부호 없는 화학량론 계수	117, 118
$\mathbf{p}(t)\,[\mathrm{kg\,m s^{-1}}]$	• 물체의 (벡터) 운동량	–
$p\,[\mathrm{Pa}]$	• 시스템에서 발생하는 압력	–
$\phi[\mathrm{V}]$	• 주어진 지점에서의 정전기 전위를 나타내는 스칼라 필드 (ϕ_s : 전극 내의 전위 / ϕ_e : 전해질 내의 전기장)	95, 113
$Q\,[\mathrm{C}]$	• 주어진 점 부근의 전하	96
$Q\,[\mathrm{Ah}]$	• 배터리 셀의 총 용량	157
$q\,[\mathrm{J}]$	• 일반적으로 시스템에 추가 또는 재이동된 열의 델타 $đq$로 간주되는 열	109
$R = 8.314\,[\mathrm{J\,mol^{-1}\,K^{-1}}]$	• 보편적인 기체 상수	–
$R_s\,[\mathrm{m}]$	• 전극 입자의 평균 반경	160
$\rho_V(x, y, z, t)\,[\mathrm{C/m^3}]$	• 특정 지점 부근의 (양전하) 전하 밀도	96
$S\,[\mathrm{JK^{-1}}]$	• 시스템의 엔트로피	109

종합 용어집 핵심 용어 및 개념

기호	의미	참고 페이지
s_+ [u/l]	• 양이온의 부호화된 화학량론 계수	134
s_- [u/l]	• 음이온의 부호화된 화학량론 계수	134
s_0 [u/l]	• 용매의 부호화된 화학량론 계수	134
σ [$\mathrm{Sm^{-1}}$]	• 특정 지점 부근에 삽입물(내포물)이 없는 균질한 재료의 물질 종속 파라미터 • 벌크 전도도라고도 함	94
T [K]	• 한 지점의 온도	–
t_+^0 [u/l]	• 용매에 대한 양이온의 전이 수	128
t_-^0 [u/l]	• 용매에 대한 음이온의 전이 수	128
U [J]	• 시스템의 내부에너지	106
$\mathbf{v}$ [$\mathrm{ms^{-1}}$]	• 종의 (벡터) 속도	–
V [$\mathrm{m^3}$]	• 체적	–
w [J]	• 시스템에서 또는 시스템에 의해 수행되는 작업의 델타 $\text{đ}w$로 간주되는 작업	109
x [u/l]	• 종의 몰 분율	123
z_+ [u/l]	• 양이온의 부호화된 전하 수	118
z_- [u/l]	• 음이온의 부호화된 전하 수	118
z [u/l]	• 셀 충전 상태	158

CHAPTER 04

연속체 스케일 셀 모델

Continuum-Scale Cell Models

들어가기 전에

물리적 현상에 대한 수학적 모델은 미시적인 스케일scale에서 가장 쉽게 표현된다. 3장에서는 리튬 이온 셀의 동적 상태에 대한 마이크로스케일 모델이 전극 입자와 전해질 내부의 전하, 질량 균형을 3차원으로 각각 설명한다는 것을 살펴봤다. 이런 모델은 작은 입자 집합cluster으로 구성된 전극 내부의 작은 체적을 시뮬레이션하는 데 사용할 수 있으며, 이를 통해 입자의 크기와 기하학적 구조의 혼합이 어떻게 상호 작용하는지 알 수 있다. 그러나 현재의 기술로는 마이크로스케일 모델을 사용해 전체 셀을 시뮬레이션하는 것은 불가능하다. 셀 수준의 모델에는 마이크로스케일의 주요한 물리학을 포함하는, 복잡성이 줄어든 매크로스케일macroscale 모델이 필요하다.

앞서 살펴본 [그림 3-1]을 참고하면 모델 개발의 진척도를 가늠할 수 있다. 3장에서 리튬 이온에 대한 동적 상태의 마이크로스케일 PDE 모델 도출을 완료했으므로 4장에서는 그보다 한 단계 더 높은 스케일인 **연속체 스케일**continuum-scale PDE 모델을 도출할 것이다.

유한하지만 작은 체적 단위로 미시적 양을 체적-평균화하면 매크로스케일 모델을 만들 수 있다. 이렇게 만들어진 모델은 **연속체 모델**continuum model이라고 하며, 물체를 연속체로 모델링할 때 물체의 물질이 그 물체가 차지하는 공간을 완전히 채운다고 가정한다. 따라서 이런 방식으로 전극의 입자를 모델링하면 입자 사이에 있는 기공의 디테일이 무시되어 비연속적인 전극 물질이 되고 전해질을 모델링하면 전해질을 채우는 입자의 기하학적인 디테일이 무시된다. 이런 모델은 입자의 반경보다 훨씬 큰 길이의 스케일에서는 매우 정확할 수 있다.

전극 내부의 특정 좌표 (x, y, z)는 전극 입자나 전해질 내부의 위치 또는 전도성 첨가제나 바인더 같은 일부 비활성화 물질 내부에 해당하지만 전극과 전해질 모두에 해당하는 지점이 될 수는 없다. 이는 [그림 4-1]에서 인위적으로 색이 칠해진, 잘린 타원 형태의 입자 사이의 공간을 전해질이 채우는 것과 같다.

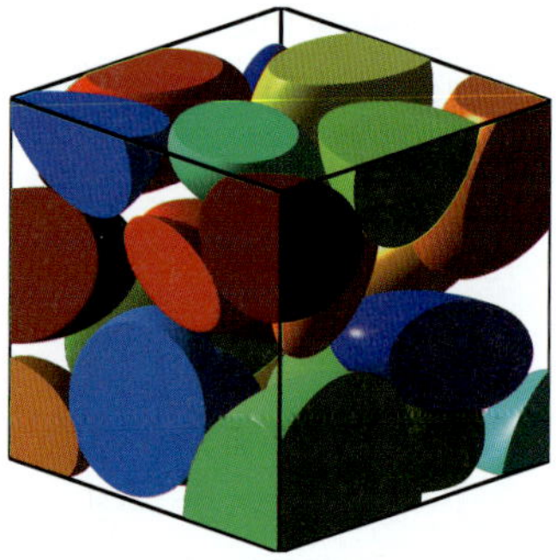

[그림 4-1] 전극 내부의 작은 체적

리튬 이온 셀의 전극 부분을 가장 정확하게 시뮬레이션하려면 3장의 마이크로스케일 모델을 사용하면 된다. 이를 위해서는 전극의 복잡한 기하학적 맵을 통해 어느 지점이 전극이고 어느 지점이 전해질인지를 결정할 수 있어야 한다. 전극의 동적 상태에서 질량 및 전하 보존 방정식은 전극 영역에 적용되고 전해질의 동적 상태에서 질량 및 전하 보존 방정식은 전해질 영역에 적용된다. 버틀러–볼머 방정식이 이런 영역 간 경계에 적용된다.

연속체 모델은 마이크로스케일 모델과는 다르게 동작한다. 따라서 연속체 스케일 모델을 개발하기 위해 수행되는 체적–평균화를 통해 방정식은 전극 내부의 모든 좌표 (x, y, z)가 어떤 의미에서는 전극과 전해질의 한 지점에 모두 반응한다고 가정한다. 즉 연속체 모델은 특정 지점 근처에서 전극과 전해질 내부의 일반적이거나 평균적인 거동이 무엇인지 알려준다. 이때 전극과 전해질의 **위상**phase은 여전히 개별적으로 고려되지만 체적 내에서의 상호 작용도 고려해야 한다. 이 과정에서 미시적인 수준이 아닌 평균 수준의 기하학을 가정해 진행한다.

[그림 4-1]을 다시 살펴보자. $\phi_s(x, y, z, t)$를 정의하는 전극 전위 방정식은 더 이상 좌표 (x, y, z)가 전극의 한 점과 상관관계가 있는지에 관심이 없으며, 단순히 좌표 (x, y, z) 근처에 있는 입자의 전극 전위를 예측한다. 마찬가지로 전극 리튬 농도와 전해질 전위, 전해질 리튬 농도, 전극–전해질 선속 밀도를 정의하는 방정식은 특정 지점 근처에서 실제 변수를 나타내는 양을 설명한다. 이 장에서는 연속체 스케일 모델에 대해 배울 것이다.

SECTION 4.1 장 목표 : 연속체 스케일 셀 모델 방정식 도출

이 장의 목표는 이미 개발된 마이크로스케일 모델에서 연속체 스케일 셀 모델을 도출하는 것이다. 이를 위해서는 먼저 체적-평균화와 관련된 세 가지 정리를 도출해야 한다.[1]

❶ 스칼라장 ψ에 대한 체적-평균 정리 I

$$\varepsilon_\alpha \overline{\nabla \psi_\alpha} = \nabla\left(\varepsilon_\alpha \overline{\psi}_\alpha\right) + \frac{1}{V}\iint_{A_{\alpha,\beta}(\mathbf{x},\,t)} \psi_\alpha \hat{\mathbf{n}}_\alpha \mathrm{d}A \tag{4.1}$$

❷ 벡터장 ψ에 대한 체적-평균 정리 II

$$\varepsilon_\alpha \overline{\nabla \cdot \boldsymbol{\psi}_\alpha} = \nabla\cdot\left(\varepsilon_\alpha \overline{\boldsymbol{\psi}}_\alpha\right) + \frac{1}{V}\iint_{A_{\alpha,\beta}(\mathbf{x},\,t)} \boldsymbol{\psi}_\alpha \cdot \hat{\mathbf{n}}_\alpha \mathrm{d}A \tag{4.2}$$

❸ 스칼라장 ψ에 대한 체적-평균 정리 III

$$\varepsilon_\alpha \overline{\left[\frac{\partial \psi_\alpha}{\partial t}\right]} = \frac{\partial\left(\varepsilon_\alpha \overline{\psi}_\alpha\right)}{\partial t} - \frac{1}{V}\iint_{A_{\alpha,\beta}(\mathbf{x},\,t)} \psi_\alpha \mathbf{v}_{\alpha\beta} \cdot \hat{\mathbf{n}}_\alpha \mathrm{d}A \tag{4.3}$$

변수 $\bar{x}$ 위에 표기되는 오버라인[overline]은 아래 첨자 α, β와 마찬가지로 적절한 시점에 다룰 것이다. 이렇게 체적-평균 정리를 도출했다면 3장의 마이크로스케일 방정식에 적용해 다음과 같은 결과를 구한다.

❶ 다공성[porous] 전극의, 전극 상에서의 전하 보존을 위한 체적-평균 근사치

$$\nabla\cdot\left(\sigma_{\mathrm{eff}} \nabla \overline{\phi}_s\right) = a_s F \overline{j} \tag{4.4}$$

❷ 전극 상에서의 질량 보존 방정식

$$\frac{\partial c_s}{\partial t} = \frac{1}{r^2}\frac{\partial}{\partial r}\left(D_s r^2 \frac{\partial c_s}{\partial r}\right) \tag{4.5}$$

❸ 다공성 전극의, 전해질 상에서의 전히 보존을 위한 체적-평균 근사치

$$\nabla\cdot\left(\kappa_{\mathrm{eff}} \nabla \overline{\phi}_e + \kappa_{D,\mathrm{eff}} \nabla \ln \overline{c}_e\right) + a_s F \overline{j} = 0 \tag{4.6}$$

---

1 이 도출은 Gray와 Lee의 논문에 크게 의존한다(Gray, W.G., and Lee, P.C.Y., "On the Theorems for Local Volume Averaging of Multiphase Systems," *International Journal on Multiphase Flow*, 3, 1977, pp. 333–40).

❹ 다공성 전극의, 전해질 상에서의 질량 보존을 위한 체적-평균 근사치

$$\frac{\partial(\varepsilon_e \bar{c}_e)}{\partial t} = \nabla \cdot (D_{e,\mathrm{eff}} \nabla \bar{c}_e) + a_s(1 - t_+^0)\bar{j} \tag{4.7}$$

❺ 미시적 버틀러-볼머 동적 관계에 대한 체적-평균 근사치

$$\bar{j} = j(\bar{c}_{s,e}, \bar{c}_e, \bar{\phi}_s, \bar{\phi}_e) \tag{4.8}$$

SECTION 4.2 서론

우리의 첫 번째 목표는 식 (4.1)부터 식 (4.3)까지의 체적-평균 정리를 도출하는 것이다. 이를 위해 필요한 몇 가지 개념을 알아보자.

4.2.1 α 상과 β 상

샘플 체적에서 관심 있는 위상은 α로, 그 외의 위상은 β로 표시해 나누면 개념을 추상화하는 데 유용하다. 예를 들어 전극 질량 및 전하 보존 방정식을 고려할 때 전극은 α상으로 표시하고 그 외의 모든 상은 β상으로 표시한다. 전해질 질량 및 전하 보존 방정식에서는 전해질을 α상으로, 그 외의 모든 것은 β상으로 표시한다.

4.2.2 지시함수

이제 우리의 관심은 α상에서 어떤 양의 평균값을 구하는 것이다. 쉽게 표기하기 위해 α상의 **지시함수** indicator function를 다음과 같이 정의한다.

$$\gamma_\alpha(x, y, z, t) = \begin{cases} 1, & \text{점 } (x, y, z)\text{가 시간 } t\text{에서 } \alpha\text{상에 있을 때} \\ 0, & \text{그 외} \end{cases}$$

이제 α상과 β상 사이의 경계를 제외한 모든 곳에서 0이라고 생각할 수 있는 도함수를 구해야 한다. 그러나 경계 바로 위에서 도함수의 값은 무엇일까? 이 답을 구할 수 있을지 차차 살펴보자.

4.2.3 디랙 델타함수

지시함수의 도함수는 **디랙 델타함수**Dirac delta function $\delta(x,\ y,\ z,\ t)$로 알려져 있다. 이 함수의 특이한 점은 값value을 정확히 명시하지 않고 **속성**property으로 정의한다는 것이다. 이런 속성을 식으로 나타내면 다음과 같다.

$$\delta(x,\ y,\ z,\ t) = 0, \quad (x,\ y,\ z) \neq 0, \quad \iiint_V \delta(x,\ y,\ z,\ t)\,\mathrm{d}V = 1$$

이를 통해 이 함수는 단위체적을 갖지만 범위는 0이어야 함을 알 수 있다. 이는 보통ordinary의 함수가 아닌 **일반화된**generalized 함수로, 이를 설명하는 다양하지만 동등한equivalent 방정식을 가질 수 있다.

[그림 4-2]는 1차원에서의 디랙 델타함수의 예로, 디랙 델타함수는 다음과 같이 정의된다.

$$\delta(x) = \lim_{\epsilon \to 0} \begin{cases} \dfrac{1}{\epsilon}, & |x| \leq \dfrac{\epsilon}{2} \\ 0, & \text{그 외} \end{cases} \tag{4.9}$$

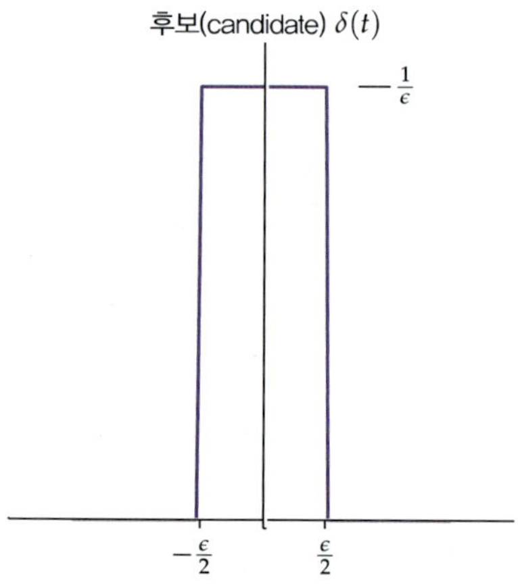

[그림 4-2] 1차원 디랙 델타 후보함수 예시

이는 ϵ의 모든 값에 대해 1의 적분을 가지며, ϵ이 0에 가까워지면 폭width이 0이 된다. 이를 바탕으로 "펄스함수pulse function"를 정의하면 더 간결하게 표기할 수 있다.

$$\Pi(x) = \begin{cases} 1, & |x| < \dfrac{1}{2} \\ 0, & \text{그 외} \end{cases}$$

이제 다음과 같이 작성할 수 있다.

$$\delta(x) = \lim_{\epsilon \to 0} \frac{1}{\epsilon} \Pi\left(\frac{x}{\epsilon}\right)$$

$\delta(x, y, z, t)$의 선별 속성

디랙 델타함수에는 몇 가지 중요한 속성이 있다. 가장 먼저 살펴볼 속성은 1차원의 **선별 속성**sifting property으로, 다음과 같다.

$$\int_{-\infty}^{\infty} f(x, t)\,\delta(x - x_0, t)\,\mathrm{d}x = f(x_0, t)$$

디랙 델타의 위치에서 함수의 값은 "시프트shift"되며, 함수의 적분은 특정 지점에서 해당 함수의 값으로 대체된다. 만약 3차원에서 벡터 형식을 사용해 $\mathbf{x} = (x, y, z)$이고 $\mathbf{x}_0 = (x_0, y_0, z_0)$라면 다음과 같이 쓸 수 있다.

$$\iiint_V f(\mathbf{x}, t)\,\delta(\mathbf{x} - \mathbf{x}_0, t)\,\mathrm{d}V = \begin{cases} f(\mathbf{x}_0, t), & \mathbf{x}_0\text{가 } V \text{ 내부에 있을 때} \\ 0, & \text{그 외} \end{cases}$$

$x_0 = 0$의 이 관계를 1차원으로 증명하기 위해 다음과 같이 스케치해보자. 식 (4.9)를 후보 디랙 델타 함수로 사용하고 [그림 4-3]도 고려하면 다음과 같이 작성할 수 있다. 이 식은 [그림 4-3]과 같다.

$$\int_{-\infty}^{\infty} f(x)\,\delta(x)\,\mathrm{d}x = \lim_{\epsilon \to 0} \int_{-\infty}^{\infty} \frac{1}{\epsilon}\,\Pi\left(\frac{x}{\epsilon}\right) f(x)\,\mathrm{d}x$$

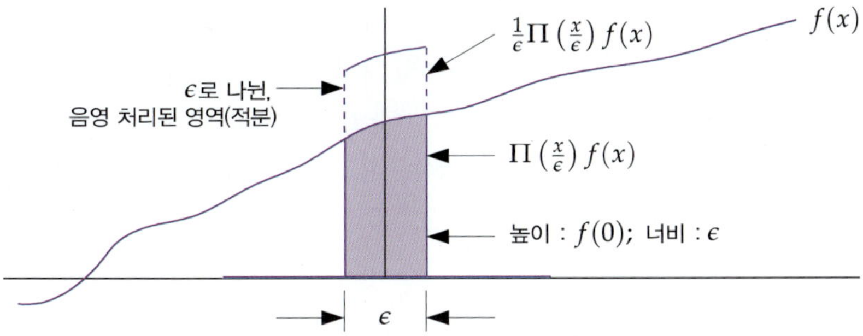

[그림 4-3] 디랙 델타함수의 선별 속성 예시

그림에서 적분 내부의 거의 모든 지점에서 $f(x)$에 0이 곱해지고 있지만 $x = 0$의 ϵ 부근에서는 $\frac{1}{\epsilon}$이 곱해지고 있다. $f(x)$가 $x_0 = 0$ 주변에서 연속적이라면 $-\frac{\epsilon}{2}$에서 $\frac{\epsilon}{2}$ 간격에 걸쳐 일정한 값에 가까워지고 값은 $f(0)$이 된다. 따라서 적분은 $f(0)$와 디랙 델타의 ϵ 너비에 디랙 델타의 $\frac{1}{\epsilon}$ 높이를 곱한 값으로, 다음과 같다.

$$\int_{-\infty}^{\infty} f(x)\,\delta(x)\,\mathrm{d}x = \frac{1}{\epsilon}\epsilon f(0) = f(0)$$

이 증명 스케치는 $x_0 \neq 0$과 고차원에서 매우 쉽게 일반화할 수 있다.

디랙 델타 적분

1차원 디랙 델타를 $-\infty$에서 x까지 다음과 같이 적분한다고 가정해보자.

$$\int_{-\infty}^{x} \delta(x)\,\mathrm{d}x$$

이는 [그림 4-4]와 같다. [그림 4-4(a)]는 크기가 작고 폭이 넓은 함수로 시작해 크기가 크고 폭이 좁은 함수로 끝나는 세 가지의 디랙 델타함수 후보를 서로 다른 색상으로 나타낸 것이다. 근사치의 크기가 크고 폭이 좁을수록 세 후보 함수는 실제 디랙 델타함수에 더 가깝게 근사화된다.

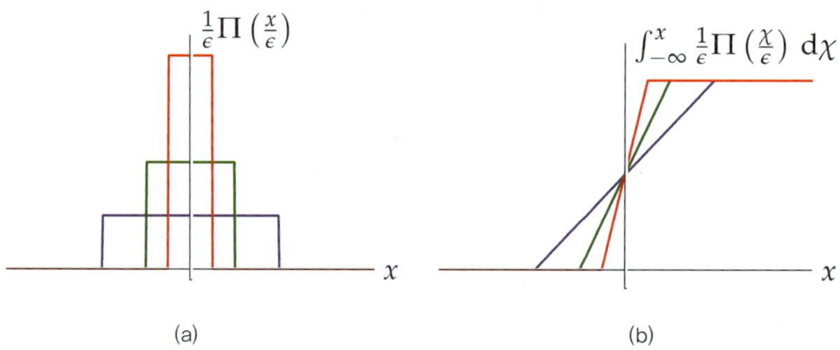

[그림 4-4] 줄어드는 폭을 나타내는 근사 디랙 델타함수 적분

적분에서 점 x가 직사각형의 왼쪽에 있으면 적분은 많은 0 값을 더하고 있으므로 결과는 0이 된다. 반대로 점 x가 직사각형의 오른쪽에 있으면 적분은 극한 내부의 전체 디랙 델타함수를 포함하므로 1이 된다. 마지막으로 점 x가 직사각형의 중앙에 있다면 결과는 0과 1 사이의 값이 된다.[2] 이는 [그림 4-4(b)]와 같으며, 여기에서 적분된 근사 디랙 델타함수의 색상은 [그림 4-4(a)]의 입력함수에 해당한다. 이를 통해 근사 디랙 델타함수가 실제 디랙 델타에 가까울수록 적분이 계단^{step}함수에 더 가까워지는 것을 알 수 있다. 극한에서는 다음과 같이 나타낸다.

$$\int_{-\infty}^{x} \delta(x)\,dx = \begin{cases} 0, & x < 0 \\ 1, & x > 0 \end{cases}$$

이는 디랙 델타함수의 적분이 계단함수이며, 계단함수의 미분은 디랙 델타함수임을 의미한다.

4.2.4 지시함수의 기울기

지시함수가 계단식의 함수라는 점을 생각했을 때 그 기울기[gradient]는 디랙 델타함수를 포함할 것으로 예상할 수 있다.

---

2 단, 다른 디랙 델타함수 후보도 반드시 그런 것은 아니다. 따라서 적분은 거의 정의되지 않았지만 $x = 0$에서 유한하다.

[그림 4-5]와 같은 간단한 1차원 예시를 생각해보자. 그림 상단에는 각각 샘플 체적의 구획^segment^이 나타나 있다. 음영 처리된 구획은 β상이고 그렇지 않은 구획은 α상이다. 지시함수 γ_α는 α상에 해당하는 x_1 값에 대해 1이고 그렇지 않으면 0의 값을 갖는다. 이는 [그림 4-5(a)]와 같다.

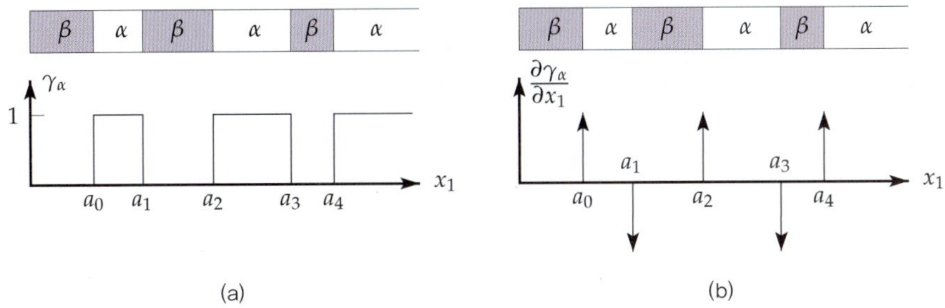

[그림 4-5] 2상 체적의 1차원 예시[3]

[그림 4-5(b)]는 지시함수의 기울기를 고려한 것이다. 구체적으로 표현하면 공간 도함수 $\dfrac{\partial\gamma_\alpha}{\partial x_1}$는 [그림 4-5(b)]에서 화살표로 표시된 디랙 델타함수로 구성된다.

$$\begin{aligned}\frac{\partial\gamma_\alpha(x_1,t)}{\partial x_1} &= \delta(x_1-a_0(t))-\delta(x_1-a_1(t))+\delta(x_1-a_2(t))\\ &\quad-\delta(x_1-a_3(t))+\delta(x_1-a_4(t))\end{aligned}$$

이제 모든 $\alpha-\beta$ 상호 작용에서 α상으로부터 β상으로 **향하는**^outward^ 방향을 가리키는 단위 법선벡터 $\hat{\mathbf{n}}_\alpha$를 정의한다. 이를 통해 다음과 같이 간결한 표기법을 작성할 수 있다. 이때 $\hat{\mathbf{i}}$는 양의 x_1 방향의 단위벡터이다.

$$\frac{\partial\gamma_\alpha(x_1,t)}{\partial x_1} = -\sum_{k=0}^{4}\hat{\mathbf{n}}_\alpha\cdot\hat{\mathbf{i}}\,\delta(x_1-a_k(t))$$

이제 [그림 4-6]과 같은 2차원 예시를 생각해보자. [그림 4-6(a)]에서 α상은 음영 처리되지 않았고 β상은 음영 처리되어 있다. 이때 x_1과 x_2 방향의 공간^spatial^ 도함수는 다음과 같다.

$$\frac{\partial\gamma_\alpha(x_1,\ x_2,\ t)}{\partial x_1} = -\hat{\mathbf{n}}_\alpha\cdot\hat{\mathbf{i}}\,\delta(\mathbf{x}-\mathbf{x}_{\alpha\beta},\ t)$$

$$\frac{\partial\gamma_\alpha(x_1,\ x_2,\ t)}{\partial x_2} = -\hat{\mathbf{n}}_\alpha\cdot\hat{\mathbf{j}}\,\delta(\mathbf{x}-\mathbf{x}_{\alpha\beta},\ t)$$

이때 $\mathbf{x}$는 위치벡터, $\hat{\mathbf{j}}$는 양의 x_2 방향의 단위벡터, $\mathbf{x}_{\alpha\beta}$는 $\alpha-\beta$ 상호 작용에 대한 위치벡터이다. [그림 4-6(b)], [그림 4-6(c)]는 각각 x_1와 x_2 방향의 부분 도함수를 나타낸다.

3 Gray, W.G., and Lee, P.C.Y., "On the Theorems for Local Volume Averaging of Multiphase Systems," *International Journal on Multiphase Flow*, 3, 1977, pp. 333–40의 Fig. 1을 엘스비어(Elsevier)의 허가를 받아 수정했다.

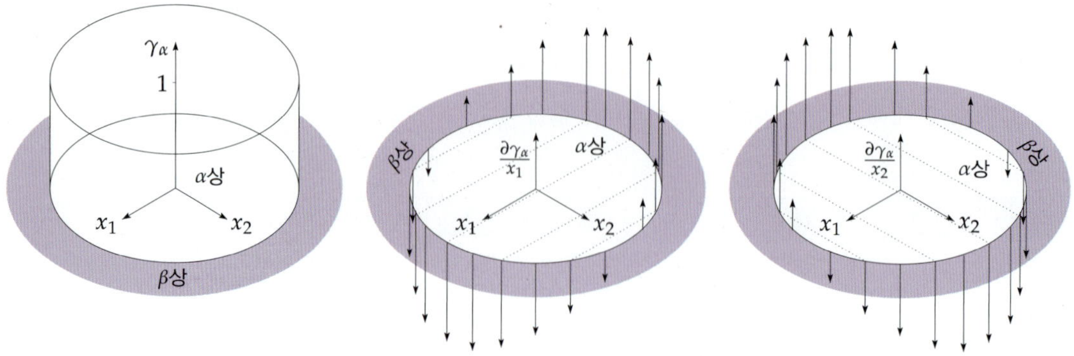

(a) 2차원에서의 상 음영 처리 (b) x_1 방향의 부분 도함수 (c) x_2 방향의 부분 도함수

[그림 4-6] 2상 체적의 2차원 예시[4]

[그림 4-6]에서 임펄스 함수의 높이가 달라지는 것은 $\hat{\mathbf{n}}_\alpha$와 $\hat{\mathbf{i}}$ 또는 $\hat{\mathbf{j}}$ 사이의 내적 때문임을 기억하자. 이 벡터의 내적은 벡터가 정렬되면 1이 되고 벡터가 직각이면 0이 되며, 그렇지 않으면 코사인의 법칙에 따라 그 사이 어딘가에 위치한다.

이번에는 일부 스칼라장 $\psi(x,\ y,\ z,\ t)$에 대한 기울기 연산자를 다음과 같이 정의해 3차원으로 일반화해보자.

$$\nabla\psi(x,\ y,\ z,\ t) \triangleq \frac{\partial\psi}{\partial x}\hat{\mathbf{i}} + \frac{\partial\psi}{\partial y}\hat{\mathbf{j}} + \frac{\partial\psi}{\partial z}\hat{\mathbf{k}}$$

그러면 $\nabla\gamma_\alpha(\mathbf{x},\ t) = -\hat{\mathbf{n}}_\alpha\delta(\mathbf{x}-\mathbf{x}_{\alpha\beta},\ t)$가 된다.

4.2.5 평균화 정의

평균화 기법을 적용해 다공성 매질에 대한 연속 방정식을 구할 때는 의미 있는 평균을 얻을 수 있는 평균 체적을 선택해야 한다. 평균 체적의 특성 길이가 매질의 (입자 사이의) 기공 개구부의 크기보다 훨씬 크지만 매질의 특성 길이보다는 훨씬 작다면 이 조건이 충족될 수 있다. 또한 평균 체적의 모양과 크기 및 정위orientatin는 공간과 시간에 독립적이어야 한다.

먼저 축이 있는 위치local 좌표계 ξ_1, ξ_2, ξ_3를 정의한다. 이 축은 시스템 x_1, x_2, x_3와 평행하지만 원점은 $\mathbf{x}$에 위치한다. 위치 좌표계 x_1, x_2, x_3는 고려 중인 전극의 고정된 참조 프레임이고 벡터 $\mathbf{x}$는 고려 중인 평균 체적의 위치를 결정한다. 위치 좌표계는 $\mathbf{x}$에 따라 원점을 이동하며, ξ_1, ξ_2, ξ_3는 해당 평균 체적 내의 위치를 나타낸다. [그림 4-7]은 이를 나타낸 것으로, 이런 이중 좌표계 표현을 사용하면 $\mathbf{x}$와 독립적으로 평균 체적 내부의 점을 좌표계 $\boldsymbol{\xi}$에 대해 정의할 수 있다. 예를 들어 평균 체적의 중심을 시스템 $\boldsymbol{\xi}$의 원점으로 설정할 수 있다.

4 Gray, W.G., and Lee, P.C.Y., "On the Theorems for Local Volume Averaging of Multiphase Systems," *International Journal on Multiphase Flow*, 3, 1977, pp. 333–40의 Fig. 2를 엘스비어의 허가를 받아 수정했다.

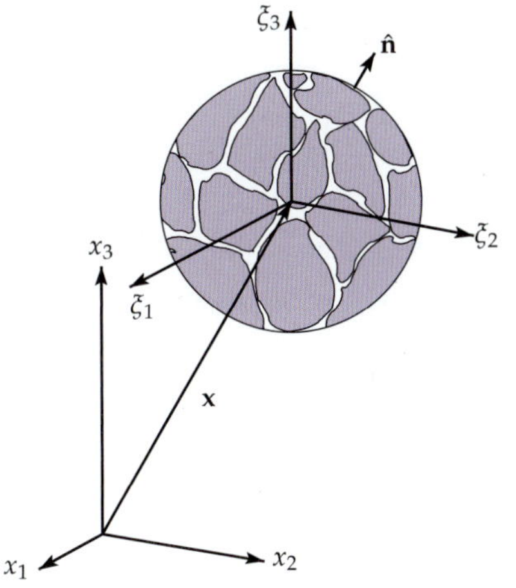

[그림 4-7] 체적-평균 정리를 위한 좌표계[5]

이를 염두에 두고 두 종류의 체적-평균을 정의해보자. α상에 대한 속성 θ의 **위상 평균**phase average $\langle \theta_\alpha \rangle$는 다음과 같이 정의된다.

$$\langle \theta_\alpha(\mathbf{x},\ t) \rangle = \frac{1}{V} \iiint_V \theta(\mathbf{x} + \boldsymbol{\xi},\ t)\, \gamma_\alpha(\mathbf{x} + \boldsymbol{\xi},\ t)\, \mathrm{d}V_\xi$$

여기서 체적 $V = V_\alpha + V_\beta$는 공간과 시간에 독립적이다. 그러나 V_α와 V_β는 $\mathbf{x}$에 따라 달라지며, 매질이 변형 가능하다면, 즉 상 경계가 이동한다면 t에 따라서도 달라진다.

물리적으로 위상 평균은 평균 체적에서 α상과 β상이 모두 차지하는 전체 체적에 대해 평균화된 α상만의 속성이다. 이 적분은 다음과 같이 쓸 수 있다.

$$\langle \theta_\alpha(\mathbf{x},\ t) \rangle = \frac{1}{V} \iiint_{V_\alpha(\mathbf{x},\ t)} \theta(\mathbf{x} + \boldsymbol{\xi},\ t)\, \mathrm{d}V_\xi$$

그러나 이 식은 매질이 변형되면 공간적 위치와 시간에 따라 적분의 한계가 달라지므로 유용성이 떨어진다. 한편 α상에 대한 일부 속성 θ의 **고유 위상 평균**intrinsic phase average $\overline{\theta}_\alpha$는 다음과 같다.

$$\overline{\theta}_\alpha(\mathbf{x},\ t) = \frac{1}{V_\alpha(\mathbf{x},\ t)} \iiint_{V_\alpha(\mathbf{x},\ t)} \theta(\mathbf{x} + \boldsymbol{\xi},\ t)\, \mathrm{d}V_\xi$$

이 평균 유형은 해당 위상이 차지하는 체적에 대해서만 평균을 낸 α상의 속성을 설명한다. 이렇게 구한 두 유형의 위상 평균을 비교하면 다음과 같다.

$$\langle \theta_\alpha(\mathbf{x},\ t) \rangle = \varepsilon_\alpha(\mathbf{x},\ t)\, \overline{\theta}_\alpha(\mathbf{x},\ t) \quad \text{또는} \quad \overline{\theta}_\alpha(\mathbf{x},\ t) = \frac{1}{\varepsilon_\alpha(\mathbf{x},\ t)} \langle \theta_\alpha(\mathbf{x},\ t) \rangle \tag{4.10}$$

5 Gray, W.G., and Lee, P.C.Y., "On the Theorems for Local Volume Averaging of Multiphase Systems," *International Journal on Multiphase Flow*, 3, 1977, pp. 333-40의 Fig. 3을 엘스비어의 허가를 받아 수정했다.

이때 매질에서 α상의 **체적 분율**volume fraction은 다음과 같이 정의된다.

$$\varepsilon_\alpha(\mathbf{x},\ t) = \frac{V_\alpha(\mathbf{x},\ t)}{V} = \frac{1}{V}\iiint_V \gamma_\alpha(\mathbf{x}+\boldsymbol{\xi},\ t)\,\mathrm{d}V_\xi$$

위상 평균 $\langle \theta_\alpha \rangle$와 고유 위상 평균 $\overline{\theta}_\alpha$의 차이를 예를 통해 살펴보자. 다공성 $\varepsilon_s = 0.5$인 바위로 채워진 첫 번째 비커와 염 농도가 $1{,}000\ \mathrm{mol\ m^{-3}}$인 전해질 용액으로 채워진 두 번째 비커가 있다. 이 첫 번째 비커가 가득 찰 때까지 용액을 부어 $\varepsilon_s = 0.5$가 되도록 한다고 가정하자. 먼저 다공성 매질에서 염 농도의 위상 평균을 구해보자.

$$\begin{aligned}\langle c_e \rangle &= \frac{1}{V}\iiint_{V_e} c_e(\mathbf{x}+\boldsymbol{\xi},\ t)\,\mathrm{d}V_\xi \\ &= c_e\frac{V_e}{V} = 0.5\,c_e = 500\ \mathrm{mol\ m^{-3}}\end{aligned}$$

염 농도의 본질적인 위상 평균을 대신 취하면 다음과 같다.

$$\begin{aligned}\bar{c}_e &= \frac{1}{V_e}\iiint_{V_e} c_e(\mathbf{x}+\boldsymbol{\xi},\ t)\,\mathrm{d}V_\xi \\ &= c_e\frac{V_e}{V_e} = c_e = 1{,}000\ \mathrm{mol\ m^{-3}}\end{aligned}$$

위상 평균은 전체 체적의 관점에서 체적의 염 농도(전체 염의 몰 수를 총 체적으로 나눈 값)가 얼마인지 알려준다. 또한 본질적인 위상 평균은 체적 내의 용액에 대한 관점에서 용액 내 염의 농도(전체 염의 몰 수를 용액의 체적으로 나눈 값)가 얼마인지 알려준다.

본질적인 위상 평균은 위상 평균보다 물리적 측정이 이루어지는 마이크로스케일 모델과 더 쉽게 연관되므로 이 모델을 사용할 것이다. 단, 더 쉬운 위상 평균으로 방정식을 먼저 도출한 뒤 도출이 완료되면 본질적인 위상 평균으로 변환할 것이다.

4.2.6 동등한 형태의 두 기울기 연산자

앞서 두 개의 좌표계를 정의했으므로 둘 중 하나에 대한 양의 기울기를 취할 수 있다. ξ_1, ξ_2, ξ_3를 일정하게 유지하면서 좌표 $\mathbf{x}$에 대해 취한 기울기를 나타내는 $\nabla_\mathbf{x}$를 정의한 뒤 x_1, x_2, x_3를 일정하게 유지하면서 좌표 $\boldsymbol{\xi}$에 대해 취한 기울기를 나타내는 ∇_ξ를 정의하고 $\nabla_\mathbf{x}$ 또는 ∇_ξ를 참조하도록 ∇를 정의한다.

함수가 $\mathbf{x}$와 $\boldsymbol{\xi}$에 대칭적으로 의존한다면, 즉 $\mathbf{x}$와 $\boldsymbol{\xi}$를 개별 또는 다른 조합으로 의존하는 것이 아니라 $\boldsymbol{x}+\boldsymbol{\xi}$의 합에 의존한다면 좌표계 $\mathbf{x}$의 기울기는 좌표계 $\boldsymbol{\xi}$의 기울기와 동일하다. 이것이 우리가 구하고자 하는 결과로, 정리하면 다음과 같다.

$$\nabla_{\mathbf{x}}\theta(\mathbf{x}+\boldsymbol{\xi},\ t)=\nabla_{\boldsymbol{\xi}}\theta(\mathbf{x}+\boldsymbol{\xi},\ t)=\nabla\theta(\mathbf{x}+\boldsymbol{\xi},\ t) \tag{4.11}$$

$$\nabla_{\mathbf{x}}\gamma_{\alpha}(\mathbf{x}+\boldsymbol{\xi},\ t)=\nabla_{\boldsymbol{\xi}}\gamma_{\alpha}(\mathbf{x}+\boldsymbol{\xi},\ t)=\nabla\gamma_{\alpha}(\mathbf{x}+\boldsymbol{\xi},\ t) \tag{4.12}$$

이 결과를 증명하기 위해 먼저 좌표계 $\mathbf{x}$의 기울기를 다음과 같이 정의한다.

$$\begin{aligned}\nabla_{\mathbf{x}}\theta(\mathbf{x}+\boldsymbol{\xi},\ t) &= \nabla_{\mathbf{x}}\theta(x_1+\xi_1,\ x_2+\xi_2,\ x_3+\xi_3,\ t)\\ &= \frac{\partial\theta(x_1+\xi_1,\ x_2+\xi_2,\ x_3+\xi_3,\ t)}{\partial x_1}\hat{\mathbf{i}}\\ &\quad+\frac{\partial\theta(x_1+\xi_1,\ x_2+\xi_2,\ x_3+\xi_3,\ t)}{\partial x_2}\hat{\mathbf{j}}\\ &\quad+\frac{\partial\theta(x_1+\xi_1,\ x_2+\xi_2,\ x_3+\xi_3,\ t)}{\partial x_3}\hat{\mathbf{k}}\end{aligned}$$

이제 미적분학의 연쇄 규칙을 호출해 대칭 종속성 $(x_1+\xi_1)$, $(x_2+\xi_2)$, $(x_3+\xi_3)$에 대한 부분을 도입해 작성한다.

$$\begin{aligned}\nabla_{\mathbf{x}}\theta(\mathbf{x}+\boldsymbol{\xi},\ t) &= \frac{\partial\theta(x_1+\xi_1,\ x_2+\xi_2,\ x_3+\xi_3,\ t)}{\partial(x_1+\xi_1)}\underbrace{\frac{\partial(x_1+\xi_1)}{\partial x_1}}_{1}\hat{\mathbf{i}}\\ &\quad+\frac{\partial\theta(x_1+\xi_1,\ x_2+\xi_2,\ x_3+\xi_3,\ t)}{\partial(x_2+\xi_2)}\underbrace{\frac{\partial(x_2+\xi_2)}{\partial x_2}}_{1}\hat{\mathbf{j}}\\ &\quad+\frac{\partial\theta(x_1+\xi_1,\ x_2+\xi_2,\ x_3+\xi_3,\ t)}{\partial(x_3+\xi_3)}\underbrace{\frac{\partial(x_3+\xi_3)}{\partial x_3}}_{1}\hat{\mathbf{k}}\end{aligned}$$

이는 다음과 같이 단순화할 수 있다.

$$\begin{aligned}\nabla_{\mathbf{x}}\theta(\mathbf{x}+\boldsymbol{\xi},\ t) &= \frac{\partial\theta(x_1+\xi_1,\ x_2+\xi_2,\ x_3+\xi_3,\ t)}{\partial(x_1+\xi_1)}\hat{\mathbf{i}}\\ &\quad+\frac{\partial\theta(x_1+\xi_1,\ x_2+\xi_2,\ x_3+\xi_3,\ t)}{\partial(x_2+\xi_2)}\hat{\mathbf{j}}\\ &\quad+\frac{\partial\theta(x_1+\xi_1,\ x_2+\xi_2,\ x_3+\xi_3,\ t)}{\partial(x_3+\xi_3)}\hat{\mathbf{k}}\end{aligned}$$

그런 다음 좌표계 ξ에 대한 기울기부터 시작해 앞서 진행한 것과 동일한 절차를 반복한다. 먼저 ξ에 대한 기울기를 구한다.

$$
\begin{aligned}
\nabla_{\xi}\theta(\mathbf{x}+\boldsymbol{\xi},\ t) &= \nabla_{\xi}\theta(x_1+\xi_1,\ x_2+\xi_2,\ x_3+\xi_3,\ t) \\
&= \frac{\partial\theta(x_1+\xi_1,\ x_2+\xi_2,\ x_3+\xi_3,\ t)}{\partial\xi_1}\hat{\mathbf{i}} \\
&\quad + \frac{\partial\theta(x_1+\xi_1,\ x_2+\xi_2, x_3+\xi_3,\ t)}{\partial\xi_2}\hat{\mathbf{j}} \\
&\quad + \frac{\partial\theta(x_1+\xi_1,\ x_2+\xi_2,\ x_3+\xi_3,\ t)}{\partial\xi_3}\hat{\mathbf{k}}
\end{aligned}
$$

그런 다음 앞선 식을 다음과 같이 확장한다.

$$
\begin{aligned}
\nabla_{\xi}\theta(\mathbf{x}+\boldsymbol{\xi},\ t) = &\ \frac{\partial\theta(x_1+\xi_1,\ x_2+\xi_2,\ x_3+\xi_3, t)}{\partial(x_1+\xi_1)}\underbrace{\frac{\partial(x_1+\xi_1)}{\partial\xi_1}}_{1}\hat{\mathbf{i}} \\
&+ \frac{\partial\theta(x_1+\xi_1,\ x_2+\xi_2,\ x_3+\xi_3,\ t)}{\partial(x_2+\xi_2)}\underbrace{\frac{\partial(x_2+\xi_2)}{\partial\xi_2}}_{1}\hat{\mathbf{j}} \\
&+ \frac{\partial\theta(x_1+\xi_1,\ x_2+\xi_2,\ x_3+\xi_3,\ t)}{\partial(x_3+\xi_3)}\underbrace{\frac{\partial(x_3+\xi_3)}{\partial\xi_3}}_{1}\hat{\mathbf{k}}
\end{aligned}
$$

이는 다음과 같이 단순화할 수 있다.

$$
\begin{aligned}
\nabla_{\xi}\theta(\mathbf{x}+\boldsymbol{\xi},\ t) &= \frac{\partial\theta(x_1+\xi_1,\ x_2+\xi_2,\ x_3+\xi_3,\ t)}{\partial(x_1+\xi_1)}\hat{\mathbf{i}} \\
&\quad + \frac{\partial\theta(x_1+\xi_1,\ x_2+\xi_2,\ x_3+\xi_3,\ t)}{\partial(x_2+\xi_2)}\hat{\mathbf{j}} \\
&\quad + \frac{\partial\theta(x_1+\xi_1,\ x_2+\xi_2,\ x_3+\xi_3,\ t)}{\partial(x_3+\xi_3)}\hat{\mathbf{k}}
\end{aligned}
$$

$\nabla_{\mathbf{x}}\theta(\mathbf{x}+\boldsymbol{\xi})$와 $\nabla_{\xi}\theta(\mathbf{x}+\boldsymbol{\xi})$의 최종 형태를 비교하면 두 식의 형태가 동일함을 알 수 있다. 마찬가지로 $\nabla_{\mathbf{x}}\gamma_{\alpha}(\mathbf{x}+\boldsymbol{\xi}) = \nabla_{\xi}\gamma_{\alpha}(\mathbf{x}+\boldsymbol{\xi})$이며, $\nabla_{x}\cdot\boldsymbol{\psi}(\mathbf{x}+\boldsymbol{\xi},\ t) = \nabla_{\xi}\cdot\boldsymbol{\psi}(\mathbf{x}+\boldsymbol{\xi},\ t) = \nabla\cdot\boldsymbol{\psi}(\mathbf{x}+\boldsymbol{\xi},\ t)$이다.

SECTION 4.3 체적-평균 정리 I

이제 세 가지의 체적-평균 정리를 증명할 준비가 되었다. 앞서 살펴본 식 (4.1)을 유도하는 것부터 시작하자. 이 식은 스칼라장 ψ가 α상에서 연속적일 때 성립한다.

$$\varepsilon_\alpha \overline{\nabla \psi_\alpha} = \nabla(\varepsilon_\alpha \overline{\psi}_\alpha) + \frac{1}{V} \iint_{A_{\alpha\beta}(\mathbf{x},\, t)} \psi_\alpha \hat{\mathbf{n}}_\alpha \mathrm{d}A \tag{4.1}$$

먼저 일반적인 양 θ에 대한 위상 평균에 대해 다음과 같이 정의한다.

$$\langle \theta_\alpha(\mathbf{x}, t) \rangle = \frac{1}{V} \iiint_V \theta(\mathbf{x} + \boldsymbol{\xi},\, t) \gamma_\alpha(\mathbf{x} + \boldsymbol{\xi},\, t) \mathrm{d}V_\xi$$

기울기의 위상 평균은 $\theta_\alpha = \nabla \psi_\alpha$와 같이 직접 치환되어야 한다. 이를 정리하면 다음과 같다.

$$\langle \nabla \psi_\alpha(\mathbf{x},\, t) \rangle = \frac{1}{V} \iiint_V [\nabla \psi(\mathbf{x} + \boldsymbol{\xi},\, t)] \gamma_\alpha(\mathbf{x} + \boldsymbol{\xi},\, t) \mathrm{d}V_\xi$$

미적분학의 곱셈 규칙 $\nabla(AB) = (\nabla A)B + A(\nabla B)$를 통해 각각 $A = \psi(\mathbf{x} + \boldsymbol{\xi},\, t)$, $B = \gamma_\alpha(\mathbf{x} + \boldsymbol{\xi},\, t)$로 설정한다. 적분 형식이 $(\nabla A)B$임을 알면 다음과 같이 쓸 수 있다.

$$\begin{aligned}\langle \nabla \psi_\alpha(\mathbf{x}, t) \rangle &= \frac{1}{V} \iiint_V \nabla [\psi(\mathbf{x} + \boldsymbol{\xi},\, t) \gamma_\alpha(\mathbf{x} + \boldsymbol{\xi},\, t)] \mathrm{d}V_\xi \\ &\quad - \frac{1}{V} \iiint_V \psi(\mathbf{x} + \boldsymbol{\xi},\, t) [\nabla \gamma_\alpha(\mathbf{x} + \boldsymbol{\xi},\, t)] \mathrm{d}V_\xi\end{aligned}$$

앞선 식에 지시함수의 알려진 기울기인 $\nabla \gamma_\alpha(\mathbf{x},\, t) = -\hat{\mathbf{n}}_\alpha \delta(\mathbf{x} - \mathbf{x}_{\alpha\beta},\, t)$를 대입하면 다음과 같다.

$$\begin{aligned}\langle \nabla \psi_\alpha(\mathbf{x},\, t) \rangle &= \frac{1}{V} \iiint_V \nabla [\psi(\mathbf{x} + \boldsymbol{\xi},\, t) \gamma_\alpha(\mathbf{x} + \boldsymbol{\xi},\, t)] \mathrm{d}V_\xi \\ &\quad + \frac{1}{V} \iiint_V \psi(\mathbf{x} + \boldsymbol{\xi},\, t) \hat{\mathbf{n}}_\alpha \boldsymbol{\xi}(\mathbf{x} + \boldsymbol{\xi} - \mathbf{x}_{\alpha\beta},\, t)] \mathrm{d}V_\xi\end{aligned}$$

두 번째 적분은 $\alpha-\beta$상 인터페이스를 제외한 모든 곳에서 0이 되는 디랙 델타함수를 포함한다. 디랙 델타함수의 선별 속성에 따라 이 체적 적분은 다음과 같이 $\alpha-\beta$상 인터페이스에 대한 표면 적분으로 떨어진다.

$$\frac{1}{V} \iiint_V \psi(\mathbf{x} + \boldsymbol{\xi},\, t) \hat{\mathbf{n}}_\alpha \xi(\mathbf{x} + \boldsymbol{\xi} - \mathbf{x}_{\alpha\beta},\, t)] \mathrm{d}V_\xi = \frac{1}{V} \iint_{A_{\alpha\beta}(\mathbf{x},\, t)} \psi_\alpha(\mathbf{x} + \boldsymbol{\xi},\, t) \hat{\mathbf{n}}_\alpha \mathrm{d}A$$

그러면 다음과 같은 식을 얻을 수 있다.

$$\langle \nabla \psi_\alpha(\mathbf{x},\ t) \rangle = \frac{1}{V} \iiint_V \nabla [\psi(\mathbf{x}+\boldsymbol{\xi},\ t)\gamma_\alpha(\mathbf{x}+\boldsymbol{\xi},\ t)]\,\mathrm{d}V_\xi$$

$$+ \frac{1}{V} \iint_{A_{\alpha\beta}(\mathbf{x},\ t)} \psi_\alpha(\mathbf{x}+\boldsymbol{\xi},\ t)\,\hat{\mathbf{n}}_\alpha \mathrm{d}A$$

식 (4.11)과 식 (4.12)를 통해 기울기 연산자를 $\nabla = \nabla_x$ 또는 $\nabla = \nabla_\xi$로 자유롭게 고려할 수 있다는 것을 알 수 있다. 적분의 체적이 $\mathbf{x}$에 독립적이도록 지정되었으므로 이 방정식의 우변 첫 번째 적분에 대해 $\nabla = \nabla_x$를 사용하면 적분에서 기울기 연산자를 제거할 수 있다. 따라서 다음과 같은 결과를 얻을 수 있다.

$$\langle \nabla \psi_\alpha \rangle = \nabla \left[\frac{1}{V} \iiint_V \nabla [\psi(\mathbf{x}+\boldsymbol{\xi},\ t)\gamma_\alpha(\mathbf{x}+\boldsymbol{\xi},\ t)]\,\mathrm{d}V_\xi \right]$$

$$+ \frac{1}{V} \iint_{A_{\alpha\beta}(\mathbf{x},\ t)} \psi_\alpha(\mathbf{x}+\boldsymbol{\xi},\ t)\,\hat{\mathbf{n}}_\alpha \mathrm{d}A$$

$$\langle \nabla \psi_\alpha \rangle = \nabla \langle \psi_\alpha \rangle + \frac{1}{V} \iint_{A_{\alpha\beta}(\mathbf{x},\ t)} \psi_\alpha \hat{\mathbf{n}}_\alpha \mathrm{d}A$$

즉 기울기의 위상 평균은 위상 평균의 기울기에 보정correction 항을 더한 값과 같다. 보정 항은 $\alpha - \beta$ 인터페이스의 모든 위치에서 α상에서 β상으로 향하는 벡터를 합산해 해당 지점에서 장 ψ_α의 크기에 따라 벡터의 스케일을 조정한다. 일반적으로 보정 항은 가장 큰 표면장의 방향을 의미한다.

더 나아가 식 (4.10)을 사용하면 고유 위상 평균을 다음과 같이 구할 수 있다.

$$\begin{aligned}
\overline{\nabla \psi_\alpha} &= \frac{1}{\varepsilon_\alpha} \langle \nabla \psi_\alpha \rangle \\
&= \frac{1}{\varepsilon_\alpha} \left[\nabla \langle \psi_\alpha \rangle + \frac{1}{V} \iint_{A_{\alpha\beta}(\mathbf{x},\ t)} \psi_\alpha \hat{\mathbf{n}}_\alpha \mathrm{d}A \right] \\
&= \frac{1}{\varepsilon_\alpha} \left[\nabla \langle \varepsilon_\alpha \overline{\psi}_\alpha \rangle + \frac{1}{V} \iint_{A_{\alpha\beta}(\mathbf{x},\ t)} \psi_\alpha \hat{\mathbf{n}}_\alpha \mathrm{d}A \right]
\end{aligned}$$

이 식을 재배치하면 다음과 같다.

$$\varepsilon_\alpha \overline{\nabla \psi_\alpha} = \nabla (\varepsilon_\alpha \overline{\psi}_\alpha) + = \frac{1}{V} \iint_{A_{\alpha\beta}(\mathbf{x},\ t)} \psi_\alpha \hat{\mathbf{n}}_\alpha \mathrm{d}A$$

이는 체적-평균 정리 I인 식 (4.1)로, 도출을 통해 이 식을 증명했다. ε_α가 방정식 우변의 기울기 연산자 내부에 있으며, 이 사실은 ε_α가 $\mathbf{x}$의 함수일 때 중요하다는 점에 유의하자.

SECTION 4.4 체적-평균 정리 II

두 번째 체적-평균 정리인 식 (4.2)는 첫 번째 정리와 매우 유사하지만 평균은 스칼라장의 기울기가 아닌 벡터장의 발산에 대해 동작한다. 여기서는 벡터장 $\boldsymbol{\psi}$에 대해 $\boldsymbol{\psi}$가 α상에서 연속적일 때 평균을 구하고자 한다. 식 (4.2)를 다시 떠올려보자.

$$\varepsilon_\alpha \overline{\nabla \cdot \boldsymbol{\psi}_\alpha} = \nabla \cdot (\varepsilon_\alpha \overline{\boldsymbol{\psi}}_\alpha) + \frac{1}{V} \iint_{A_{\alpha\beta}(\mathbf{x},\, t)} \boldsymbol{\psi}_\alpha \cdot \hat{\mathbf{n}}_\alpha \mathrm{d}A \tag{4.2}$$

이 식을 증명하는 방법은 첫 번째 체적-평균 정리를 도출하는 방법과 유사하다. 위상 평균의 일반적인 정의부터 시작해보자.

$$\langle \theta_\alpha(\mathbf{x};\, t) \rangle = \frac{1}{V} \iiint_V \theta(\mathbf{x} + \boldsymbol{\xi},\, t) \gamma_\alpha(\mathbf{x} + \boldsymbol{\xi},\, t) \mathrm{d}V_\xi$$

그런 다음 $\theta_\alpha = \nabla \cdot \boldsymbol{\psi}_\alpha$로 대체해 발산 연산의 위상 평균을 구한다.

$$\langle \nabla \cdot \boldsymbol{\psi}_\alpha(\mathbf{x},\, t) \rangle = \frac{1}{V} \iiint_V \nabla \cdot \boldsymbol{\psi}(\mathbf{x} + \boldsymbol{\xi},\, t) \gamma_\alpha(\mathbf{x} + \boldsymbol{\xi},\, t) \mathrm{d}V_\xi$$

발산 연산자가 곱셈 규칙 $\nabla \cdot (\gamma \mathbf{F}) = (\nabla \gamma) \cdot \mathbf{F} + \gamma(\nabla \cdot \mathbf{F})$를 만족하며, 각각 $\mathbf{F} = \boldsymbol{\psi}(\mathbf{x} + \boldsymbol{\xi},\, t)$, $\gamma = \gamma_\alpha(\mathbf{x} + \boldsymbol{\xi},\, t)$라고 가정해보자. 적분 형식이 $\gamma(\nabla \cdot \mathbf{F})$임을 알면 다음과 같이 쓸 수 있다.

$$\begin{aligned}\langle \nabla \cdot \boldsymbol{\psi}_\alpha(\mathbf{x},\, t) \rangle = & \frac{1}{V} \iiint_V \nabla \cdot [\boldsymbol{\psi}(\mathbf{x} + \boldsymbol{\xi},\, t) \gamma_\alpha(\mathbf{x} + \boldsymbol{\xi},\, t)] \mathrm{d}V_\xi \\ & - \frac{1}{V} \iiint_V \boldsymbol{\psi}(\mathbf{x} + \boldsymbol{\xi},\, t) \cdot [\nabla \gamma_\alpha(\mathbf{x} + \boldsymbol{\xi},\, t)] \mathrm{d}V_\xi\end{aligned}$$

앞선 식에 지시함수의 알려진 기울기인 $\nabla \gamma_\alpha(\mathbf{x},\, t) = -\hat{\mathbf{n}}_\alpha \delta(\mathbf{x} - \mathbf{x}_{\alpha\beta},\, t)$를 대입하면 다음과 같다.

$$\begin{aligned}\langle \nabla \cdot \boldsymbol{\psi}_\alpha(\mathbf{x},\, t) \rangle = & \frac{1}{V} \iiint_V \nabla \cdot [\boldsymbol{\psi}(\mathbf{x} + \boldsymbol{\xi},\, t) \gamma_\alpha(\mathbf{x} + \boldsymbol{\xi},\, t)] \mathrm{d}V_\xi \\ & + \frac{1}{V} \iiint_V \boldsymbol{\psi}(\mathbf{x} + \boldsymbol{\xi},\, t) \cdot \hat{\mathbf{n}}_\alpha \xi(\mathbf{x} + \boldsymbol{\xi} - \mathbf{x}_{\alpha\beta},\, t) \mathrm{d}V_\xi\end{aligned}$$

첫 번째 체적-평균 정리를 구할 때와 마찬가지로 두 번째 체적분은 $\alpha - \beta$상 인터페이스에 대한 표면 적분으로 떨어진다.

$$\frac{1}{V} \iiint_V \boldsymbol{\psi}(\mathbf{x} + \boldsymbol{\xi},\, t)\, \hat{\mathbf{n}}_\alpha \xi(\mathbf{x} + \boldsymbol{\xi} - \mathbf{x}_{\alpha\beta},\, t)] \mathrm{d}V_\xi = \frac{1}{V} \iint_{A_{\alpha\beta}(\mathbf{x},\, t)} \boldsymbol{\psi}_\alpha(\mathbf{x} + \boldsymbol{\xi},\, t) \cdot \hat{\mathbf{n}}_\alpha \mathrm{d}A$$

그러면 다음과 같은 식을 얻을 수 있다.

$$\langle \nabla \cdot \psi_\alpha(\mathbf{x}, t) \rangle = \frac{1}{V} \iiint_V \nabla \cdot [\psi(\mathbf{x} + \boldsymbol{\xi}, t) \gamma_\alpha(\mathbf{x} + \boldsymbol{\xi}, t)] \, \mathrm{d} V_\xi$$

$$+ \frac{1}{V} \iint_{A_{\alpha\beta}(\mathbf{x}, t)} \psi_\alpha(\mathbf{x} + \boldsymbol{\xi}, t) \cdot \hat{\mathbf{n}}_\alpha \, \mathrm{d}A$$

식 (4.11)과 식 (4.12)를 확장하면 발산 연산자를 $\nabla \cdot = \nabla_x \cdot$ 또는 $\nabla = \nabla_\xi \cdot$ 으로 자유롭게 고려할 수 있다. 방정식 우변에 $\nabla \cdot = \nabla_x \cdot$ 를 사용하면 발산 연산자가 적분에서 제거될 수 있는데, 적분의 체적이 $\mathbf{x}$에 독립적이도록 지정되기 때문이다. 따라서 다음과 같은 결과를 얻을 수 있다.

$$\langle \nabla \cdot \psi_\alpha \rangle = \nabla \cdot \left[\frac{1}{V} \iiint_V \psi(\mathbf{x} + \boldsymbol{\xi}, t) \gamma_\alpha(\mathbf{x} + \boldsymbol{\xi}, t) \, \mathrm{d} V_\xi \right]$$

$$+ \frac{1}{V} \iint_{A_{\alpha\beta}(\mathbf{x}, t)} \psi_\alpha(\mathbf{x} + \boldsymbol{\xi}, t) \cdot \hat{\mathbf{n}}_\alpha \, \mathrm{d}A$$

$$\langle \nabla \cdot \psi_\alpha \rangle = \nabla \cdot \langle \psi_\alpha \rangle + \frac{1}{V} \iint_{A_{\alpha\beta}(\mathbf{x}, t)} \psi_\alpha \cdot \hat{\mathbf{n}}_\alpha \, \mathrm{d}A$$

즉 발산의 위상 평균은 위상 평균의 발산에 보정 항을 더한 값과 같다. 보정 항은 체적 V 내에서 α상의 표면으로부터 β상으로 나가는 체적-평균 총 선속이다. 따라서 발산은 체적 내의 α상에서 무언가가 빠져나가는 속도를 나타내므로 V의 표면을 통과하는 선속뿐만 아니라 V 내부의 $\alpha - \beta$상 경계에서 발생하는, V 내의 α상에서 β상으로의 선속도 고려해야 한다.

식 (4.10)을 사용하면 고유 위상 평균을 다음과 같이 구할 수 있다.

$$\varepsilon_\alpha \overline{\nabla \cdot \psi_\alpha} = \nabla \cdot (\varepsilon_\alpha \overline{\psi}_\alpha) + \frac{1}{V} \iint_{A_{\alpha\beta}(\mathbf{x}, t)} \psi_\alpha \cdot \hat{\mathbf{n}}_\alpha \, \mathrm{d}A$$

이제 체적-평균 정리 Ⅱ를 증명했다.

SECTION 4.5 체적-평균 정리 Ⅲ

세 번째 체적-평균 정리인 식 (4.3)을 도출하는 것은 어느 정도까지는 앞선 두 정리와 비슷하게 진행된다. 그러나 보정 항은 다르게 처리되므로 신중하게 고려해야 한다. 세 번째 정리에서는 스칼라장 ψ에 대해 ψ가 α상에서 다음과 같이 연속적이라는 것을 보여주고자 한다.

$$\varepsilon_\alpha \overline{\left[\frac{\partial \psi_\alpha}{\partial t}\right]} = \frac{\partial (\varepsilon_\alpha \overline{\psi}_\alpha)}{\partial t} - \frac{1}{V} \iint_{A_{\alpha\beta}(\mathbf{x},\ t)} \psi_\alpha \mathbf{v}_{\alpha\beta} \cdot \hat{\mathbf{n}}_\alpha \mathrm{d}A \tag{4.3}$$

이때 $\mathbf{v}_{\alpha\beta}$는 $\alpha - \beta$ 인터페이스의 변위 속도이다. 위상 평균을 정의하는 것부터 시작해보자.

$$\langle \theta_\alpha(\mathbf{x},\ t) \rangle = \frac{1}{V} \iiint_V \theta(\mathbf{x} + \boldsymbol{\xi},\ t) \gamma_\alpha(\mathbf{x} + \boldsymbol{\xi},\ t) \mathrm{d} V_\xi$$

그런 다음 평균을 내고자 하는 시간 도함수를 정의 $\theta_\alpha = \partial \psi_\alpha / \partial t$에 대입해 다음과 같이 작성한다.

$$\left\langle \frac{\partial \psi_\alpha}{\partial t} \right\rangle = \frac{1}{V} \iiint_V [\partial \psi_\alpha(\mathbf{x} + \boldsymbol{\xi},\ t) / \partial t]\, \gamma_\alpha(\mathbf{x} + \boldsymbol{\xi},\ t) \mathrm{d} V_\xi$$

미적분학의 곱셈 규칙인 $\partial(AB)/\partial t = (\partial A / \partial t) B + A(\partial B / \partial t)$를 생각하고 $A = \psi(\mathbf{x} + \boldsymbol{\xi}, t)$, $B = \gamma_\alpha(\mathbf{x} + \boldsymbol{\xi}, t)$라고 가정해보자. 적분 형식이 $(\partial A / \partial t) B$임을 알면 다음과 같이 쓸 수 있다.

$$\left\langle \frac{\partial \psi_\alpha}{\partial t} \right\rangle = \frac{1}{V} \iiint_V \partial [\psi_\alpha(\mathbf{x} + \boldsymbol{\xi},\ t) \gamma_\alpha(\mathbf{x} + \boldsymbol{\xi},\ t)] / \partial t \, \mathrm{d} V_\xi$$

$$- \frac{1}{V} \iiint_V \psi_\alpha(\mathbf{x} + \boldsymbol{\xi},\ t) \left[\partial \gamma_\alpha(\mathbf{x} + \boldsymbol{\xi},\ t) / \partial t\right] \mathrm{d} V_\xi$$

V는 시간에 대해 독립적이므로 첫 번째 항의 미분 또는 적분의 순서가 뒤바뀔 수 있으며, 다음과 같은 식을 구할 수 있다.

$$\left\langle \frac{\partial \psi_\alpha}{\partial t} \right\rangle = \frac{\partial \langle \psi_\alpha \rangle}{\partial t} - \frac{1}{V} \iiint_V \psi_\alpha(\mathbf{x} + \boldsymbol{\xi},\ t) \left[\partial \gamma_\alpha(\mathbf{x} + \boldsymbol{\xi}, t) / \partial t\right] \mathrm{d} V_\xi$$

이제 보정 항, 즉 나머지 적분을 고려한다. α상이 **변형되지 않는다면** 지시함수의 편미분^partial derivative^과 적분 항은 0이 된다. 그러나 완전성을 위해 α상이 **변형되는** 더 일반적인 경우도 고려해야 한다. 그러면 γ_α는 시간의 함수가 되며, 적분 항은 일반적으로 0이 아닌 항이 된다.

γ_α의 총 도함수의 연쇄 규칙을 사용해 다음과 같이 작성한다.

$$\frac{\mathrm{d}\gamma_\alpha}{dt} = \frac{\partial \gamma_\alpha}{\partial t} + \frac{\mathrm{d}x_1}{\mathrm{d}t} \frac{\partial \gamma_\alpha}{\partial x_1} + \frac{\mathrm{d}x_2}{\mathrm{d}t} \frac{\partial \gamma_\alpha}{\partial x_2} + \frac{\mathrm{d}x_3}{\mathrm{d}t} \frac{\partial \gamma_\alpha}{\partial x_3} \tag{4.13}$$

$$= \frac{\partial \gamma_\alpha}{\partial t} + \frac{\mathrm{d}\mathbf{x}}{\mathrm{d}t} \cdot \nabla \gamma_\alpha$$

이 방정식에서 $\frac{\partial \gamma_\alpha}{\partial t}$는 지시함수가 시간의 함수에 한해 어떻게 변화하는지를 나타낸다. 대신 $\frac{\mathrm{d}\gamma_\alpha}{\mathrm{d}t}$는 지시함수에 대한 측정값이 관측자 자신의 속도 $\frac{\mathrm{d}\mathbf{x}}{\mathrm{d}t}$를 포함한 모든 변수의 함수로써 어떻게 변화하는지를 나타낸다.

이를 이해하려면 먼저 $\frac{\partial \gamma_\alpha}{\partial t} = 0$이라고 가정해야 한다. 이는 γ_α 함수가 시간의 함수로 변하지 않음을 의미한다. 관찰자가 체적 V 내의 정지된 지점 (x_1, x_2, x_3)에 있다면 속도 $\frac{\mathrm{d}\mathbf{x}}{\mathrm{d}t}$는 0이며, 주위를 둘러봤을 때 아무것도 변하지 않으므로 (총) 미분도 0이 된다.

그러나 함수 주위를 0이 아닌 속도 $\frac{\mathrm{d}\mathbf{x}}{\mathrm{d}t}$로 이동한다면 함수 자체는 변하지 않더라도 다른 지점에서 평가하게 되므로 측정하는 γ_α 값에 변화가 생긴다. 따라서 $\frac{\partial \gamma_\alpha}{\partial t} = 0$이더라도 일반적으로 $\frac{\mathrm{d}\gamma_\alpha}{dt} \neq 0$이 되며, 다른 속도 $\frac{\mathrm{d}\mathbf{x}}{\mathrm{d}t}$로 공간을 이동할 때 $\frac{\mathrm{d}\gamma_\alpha}{dt}$에 대해 다른 값을 얻게 된다.

여기서는 $\alpha - \beta$상 경계 운동과 동일한 속도 $\frac{\mathrm{d}\mathbf{x}}{\mathrm{d}t} = \mathbf{v}_{\alpha\beta}$로 관측점을 이동하기로 선택했으므로 식 (4.13)을 재배열해 편미분을 구하면 다음과 같다.

$$\frac{\partial \gamma_\alpha}{\partial t} = \frac{\mathrm{d}\gamma_\alpha}{\mathrm{d}t} - \mathbf{v}_{\alpha\beta} \cdot \nabla \gamma_\alpha$$

속도 $\frac{\mathrm{d}\mathbf{x}}{\mathrm{d}t}$를 선택한다면 총 도함수는 인터페이스와 함께 움직이는 **실질적인 도함수**[substantial derivative]라고 알려진 도함수가 된다.

이런 속도 선택은 문제를 단순화하는 특수한 경우이다. [그림 4-8]과 같이 인터페이스 경계를 타고 ("서핑[surfing on]") 경계 이동과 동일한 속도로 이동하는 관찰자는 시간에 따른 γ_α의 변화를 느끼지 못할 것이다. 이 함수는 움직이는 경계에 따라 이동하는 계단함수로 남으며, $\mathbf{v}_{\alpha\beta}$의 속도로 이동하는 관찰자가 측정한 함수의 값은 시간에 따라 변하지 않는다.

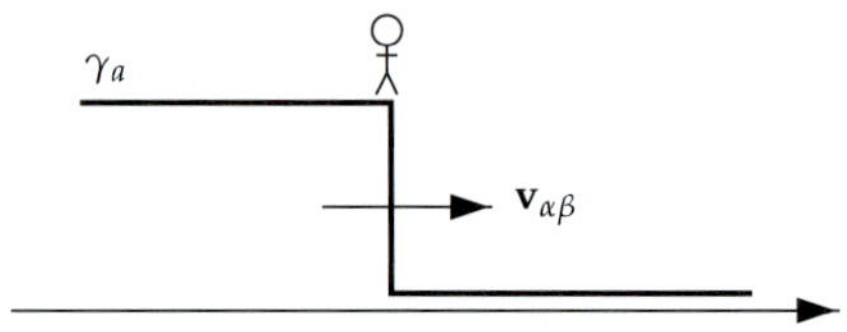

[그림 4-8] 위상 경계 인터페이스를 "서핑"하는 관찰자는 관찰자가 지시함수의 경계가 움직이는 속도와 동일한 속도로 움직이므로 지시함수에 변화가 없다고 생각할 것이다.

따라서 $\frac{\mathrm{d}\mathbf{x}}{\mathrm{d}t} = \mathbf{v}_{\alpha\beta}$일 때 총 미분은 0이고 다음과 같이 쓸 수 있다.

$$\frac{\partial \gamma_\alpha}{\partial t} = -\mathbf{v}_{\alpha\beta} \cdot \nabla \gamma_\alpha$$

$\frac{\partial \gamma_\alpha}{\partial t}$에 앞서 구한 $-\mathbf{v}_{\alpha\beta} \cdot \nabla \gamma_\alpha$를 대입하면 다음과 같다.

$$\begin{aligned}\left\langle \frac{\partial \psi_\alpha}{\partial t} \right\rangle &= \frac{\partial \langle \psi_\alpha \rangle}{\partial t} - \frac{1}{V} \iiint_V \psi_\alpha(\mathbf{x}+\boldsymbol{\xi},\ t)\left[\partial \gamma_\alpha(\mathbf{x}+\boldsymbol{\xi},\ t)/\partial t\right] \mathrm{d}V_\xi \\ &= \frac{\partial \langle \psi_\alpha \rangle}{\partial t} + \frac{1}{V} \iiint_V \psi_\alpha(\mathbf{x}+\boldsymbol{\xi},\ t)\mathbf{v}_{\alpha\beta}(\mathbf{x}+\boldsymbol{\xi},\ t) \cdot \nabla \gamma_\alpha(\mathbf{x}+\boldsymbol{\xi},\ t) \mathrm{d}V_\xi \\ &= \frac{\partial \langle \psi_\alpha \rangle}{\partial t} + \frac{1}{V} \iiint_V \psi_\alpha(\mathbf{x}+\boldsymbol{\xi},\ t)\mathbf{v}_{\alpha\beta}(\mathbf{x}+\boldsymbol{\xi},\ t) \cdot (-\hat{\mathbf{n}}_\alpha \delta(\mathbf{x}+\boldsymbol{\xi}-\mathbf{x}_{\alpha\beta})) \mathrm{d}V_\xi\end{aligned}$$

$$\left\langle \frac{\partial \psi_\alpha}{\partial t} \right\rangle = \frac{\partial \langle \psi_\alpha \rangle}{\partial t} - \frac{1}{V} \iint_{A_{\alpha\beta}(\mathbf{x},\ t)} \psi_\alpha \mathbf{v}_{\alpha\beta} \cdot \hat{\mathbf{n}}_\alpha \mathrm{d}A$$

즉, 시간 도함수의 위상 평균은 위상 평균의 시간 도함수에 보정 항을 더한 값과 같다. 보정 항은 체적이 팽창, 즉 위상 인터페이스가 $\hat{\mathbf{n}}_\alpha$와 같은 방향으로 이동한다면 장 ψ_α의 순 희석을 다룬다. 반대로 체적이 수축, 즉 위상 인터페이스가 $\hat{\mathbf{n}}_\alpha$와 반대 방향으로 이동한다면 장 ψ_α의 농도를 설명한다.

이제 식 (4.10)을 사용해 체적-평균 정리 Ⅲ를 증명할 수 있다.

$$\varepsilon_\alpha \overline{\left| \frac{\partial \psi_\alpha}{\partial t} \right|} = \frac{\partial(\varepsilon_\alpha \overline{\psi}_\alpha)}{\partial t} - \frac{1}{V} \iint_{A_{\alpha\beta}(\mathbf{x},\ t)} \psi_\alpha \mathbf{v}_{\alpha\beta} \cdot \hat{\mathbf{n}}_\alpha \mathrm{d}A$$

만약 $\mathbf{v}_{\alpha\beta} \neq 0$이라면 ε_α는 시간에 따라 달라지므로 방정식 우변에 있는 시간 도함수에 대입할 때 매우 주의해야 한다.

SECTION 4.6 전극 내부의 전하 보존

이제 체적-평균 연속체 스케일의 리튬 이온 셀 모델을 개발할 준비가 되었다. 이 모델은 3차원에서도 사용할 수 있지만 전극 내부의 리튬 농도를 설명하는 “의사^pseudo 차원”을 추가해 셀의 동적 상태에 대한 1차원 설명에 구체화할 것이다. 따라서 이 모델은 종종 **의사 2차원 모델**^pseudo-two-dimensional model이라고 한다.

[그림 4-9]는 이 개념을 설명하는 데 도움이 되는 다이어그램으로, 리튬 이온 셀 단면의 실제 기하학적 구조를 대략적인 스케일로 보여준다. 이제 공간 좌표 x, y, z를 사용하는 대신 좌표 x로만 구체화해 x가 음극 집전체에서는 0이 되고 양극 집전체에서는 최대값을 갖게 해보자.

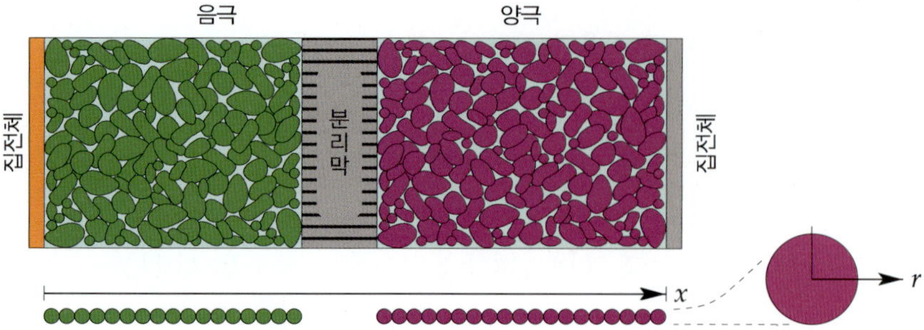

[그림 4-9] 연속체 모델 관점에서 본 셀의 모식도[6]

1장의 [그림 1-8] ~ [그림 1-10]에서 살펴본 전극의 SEM 및 FIB 이미지처럼 실제 입자 기하학은 매우 복잡하다. 그러나 여기서는 모든 입자를 반경이 모두 같은 완벽한 구체라고 가정해 단순화한다. 이는 불완전한 추상이지만 추적할 수 있는tracable 모델을 만드는 데 도움이 된다. 이 추상에서 음극 또는 양극에서 하나의 지점으로 대응하는 모든 위치 x는 반경 R_s의 구형 입자 중심으로 모델링된다. $0 \leq r \leq R_s$이 좌표인 변수 r은 구체 내부에 있으며, 이를 모델의 **의사 차원**pseudo-dimension이라고 한다.

[그림 4-9]는 음극 영역에 여러 개의 원형 입자를 나란히 배치하고 양극 영역에 또 다른 수의 원형 입자를 나란히 배치한 것이다. 이렇게 하면 불연속적인 수의 입자가 모델링되고 있다고 오해할 수 있지만 이는 사실이 아니며, 양극 또는 음극의 위치에 해당하는 모든 실수값 x에 대해 입자가 하나씩 있다고 가정한다. 원형 입자는 모델에서 무한히 겹쳐지는데, 이는 모든 위치 x가 샘플-체적 중심을 식별하는 연속체 모델링의 개념에 해당한다. 즉 모델은 해당 절대 위치의 정확한 동적 상태가 아닌 해당 위치 x의 샘플-체적 인근의 평균 동적 상태를 예측한다.

이제 체적-평균 정리를 적용해 다섯 가지 마이크로스케일 모델 방정식의 연속체 모델 등가성을 도출할 것이다. 전극의 전하 보존에 대한 마이크로스케일 모델인 식 (3.1)부터 시작해보자.

$$\nabla \cdot \mathbf{i}_s = \nabla \cdot (-\sigma \nabla \phi_s) = 0 \tag{3.1}$$

기본적인 평균과 $\nabla \cdot (-\sigma \nabla \phi_s)$의 체적-평균 정리 Ⅱ를 사용해 다음과 같이 정리한다.[7] 이때 $\nabla \cdot \mathbf{i}_s = 0$이므로 $\overline{\nabla \cdot \mathbf{i}_s} = 0$이어야 한다.

$$\varepsilon_s \overline{\nabla \cdot (-\sigma \nabla \phi_s)} = \nabla \cdot \left(\varepsilon_s \overline{(-\sigma \nabla \phi_s)}\right) + \frac{1}{V} \iint_{A_{se}} (-\sigma \nabla \phi_s) \cdot \hat{\mathbf{n}}_s \, dA$$

6 Stetzel, K., Aldrich, L., Trimboli, M.S. and Plett, G., "Electrochemical State and Internal Variables Estimation using a Reduced-Order Physics-Based Model of a Lithium-Ion Cell and an Extended Kalman Filter," *Journal of Power Sources*, 278, 2015, pp. 490-505의 Fig. 1을 재구성했다.

7 여기서 주의할 점은 α상이 전극, β상이 그 외의 모든 것에 해당한다고 표시했다는 것이다. β로 표시한 '전극 외의 모든 것'에는 전해질과 비활성 물질이 포함되지만 전극(electrolyte)은 β상에 대한 주요한 요소로서 전해질을 나타내므로 이를 의미하는 "e"로 β를 표시한다.

앞선 식에서 적분 항을 먼저 살펴보자. 표면 적분이 전극의 입자와 전해질 사이의 경계에 걸쳐 있으므로 적분은 3장에서 구현한 ϕ_s 방정식 경계 조건에서 찾을 수 있다. 구체적으로 살펴보면 식 (3.47)에서 다음과 같은 사실을 발견할 수 있다.

$$\hat{\mathbf{n}}_s \cdot \sigma \nabla \phi_s = -Fj$$

버틀러-볼머 선속 밀도 j는 입자 표면에서 c_s, c_e, ϕ_s, ϕ_e의 함수이다. 샘플 체적 V가 충분히 작아서 c_e, ϕ_s, ϕ_e가 비교적 균일하고 V의 입자 표면에서 c_s가 상대적으로 균일하다고 가정하면 다음과 같이 쓸 수 있다.

$$\frac{1}{V}\iint_{A_{se}}(-\sigma\nabla\phi_s)\cdot\hat{\mathbf{n}}_s\,\mathrm{d}A \approx \frac{1}{V}\iint_{A_{se}} Fj(\bar{c}_{s,e},\bar{c}_e,\bar{\phi}_s,\bar{\phi}_e)\,\mathrm{d}A$$

이때 $c_{s,e}$는 전극, 즉 전극-전해질 계면에서 리튬의 **표면**surface 농도이고 "s, e"라고 표기한다. 이제 j는 체적-평균 입력을 사용하므로 샘플 체적에 따라 값이 일정하며, 다음과 같다. 이때 $\bar{j}=j(\bar{c}_{s,e}$, $\bar{c}_e,\bar{\phi}_s,\bar{\phi}_e)$이다.

$$\frac{1}{V}\iint_{A_{se}}(-\sigma\nabla\phi_s)\cdot\hat{\mathbf{n}}_s\,\mathrm{d}A \approx \frac{1}{V}\iint_{A_{se}} Fj(\bar{c}_{s,e},\bar{c}_e,\bar{\phi}_s,\bar{\phi}_s)\,\mathrm{d}A$$

또한 a_s는 입자의 **특정 계면 표면적**specific interfacial surface area으로 정의하며, 체적 V 내부 전극 입자들의 전체 표면적을 V로 나눈 것과 같다고 표현한다. a_s의 단위는 $\mathrm{m}^2\,\mathrm{m}^{-3}$으로, m^{-1}로 줄일 수 있지만 축소된 형태는 변수의 직관적인 의미를 잃게 됨에 유의하자.

한편 반경이 R_s이고 체적 비율이 ε_s인 구형 입자는 a_s를 다음과 같이 계산할 수 있다.

$$\begin{aligned} a_s &= \frac{\text{전체 표면적}}{\text{전체 체적}} = \underbrace{\frac{\text{전극의 체적}}{\text{전체 체적}}}_{\varepsilon_s}\frac{\text{전체 표면적/입자}}{\text{전극의 체적/입자}} \\ &= \varepsilon_s\frac{4\pi R_s^2}{\frac{4}{3}\pi R_s^3} = \frac{3\varepsilon_s}{R_s} \end{aligned}$$

이를 바탕으로 다음과 같은 결과를 얻을 수 있다.

$$\begin{aligned} 0 &= \nabla\cdot\left(\varepsilon_s\overline{(-\sigma\nabla\phi_s)}\right) + a_s F\bar{j} \\ \nabla\cdot\left(\varepsilon_s\overline{(-\sigma\nabla\phi_s)}\right) &= -a_s F\bar{j} \end{aligned}$$

항 $\overline{(-\sigma \nabla \phi_s)}$는 어떻게 해야 할까? 체적-평균 정리 I을 사용하는 것을 고려할 수도 있지만 경계에서 $\phi_s \hat{\mathbf{n}}_s$가 무엇인지 알 수 없으므로 식 (4.1)의 보정 항을 평가할 수 없다는 점에 유의해야 한다.

따라서 이를 대신하는 일반적인 접근 방식은 $\varepsilon_s \overline{(-\sigma \nabla \phi_s)} \approx -\sigma_{\mathrm{eff}} \nabla \bar{\phi}_s$를 모델링하는 것이다. **유효 전도도**effective conductivity σ_{eff}는 $\sigma_{\mathrm{eff}} = \dfrac{\varepsilon_s \sigma \delta}{\tau}$의 형태로 모델링되며, $\delta < 1$은 매질의 수축성constrictivity을, $\tau \geq 1$은 매질의 비틀림tortuosity을 의미한다. 즉, σ는 내포물(삽입물)이 없는 균일한 물질의 벌크bulk 전도도이고 σ_{eff}는 다공성 매질에서 전극 매트릭스의 유효effective 전도도이다.

전류의 흐름에 제한이 있으므로 $\sigma_{\mathrm{eff}} < \sigma$임을 유의하자. 수축성 δ는 전체 체적에 전류가 흐를 수 없다는 사실을 모델링한다. 대신 일부 지점에서의 전류는 반드시 매질의 다공성으로 인해 제한된 경로를 통해 흘러야 하며, 비다공성 매질에 비해 δ의 계수만큼 제한된다. 비틀림은 체적의 한쪽에서 다른 쪽으로의 경로가 직접적이지 않고 체적의 치수보다 τ만큼 긴 구불구불한 경로를 따라야 한다는 사실을 모델링한다.

δ와 τ의 값이 정확하게 알려진 경우는 드물다. 주로 다양한 다공성 매질에 대한 실험 결과를 바탕으로 $\sigma_{\mathrm{eff}} = \sigma \varepsilon_s^{\mathrm{brug}}$라고 가정하는 경우가 많은데, 이때 위 첨자 "brug"는 **브루그만 지수**Bruggeman's exponent이다. 이 계수의 값은 실제 전극 물질에서는 상당히 부정확할 수 있지만 일반적으로 1.5라고 가정한다. "brug"에 대한 더 나은 값을 얻으려면 실제 입자 기하학[8]을 활용해 마이크로스케일 시뮬레이션을 수행하거나 직접 값을 측정하는 실험을 만들어야 한다.

앞서 다뤘던 결과를 합산하면 전극에서 전하 보존에 대한 최종 연속체 모델을 구할 수 있다.

$$\nabla \cdot (-\sigma_{\mathrm{eff}} \nabla \bar{\phi}_s) = -\mathrm{a}_s F \bar{j}$$

나중에 참조할 수 있도록 다음 식을 기억해두자.

$$\varepsilon_s \bar{\mathbf{i}}_s = \varepsilon_s \overline{(-\sigma \nabla \phi_s)} = -\sigma_{\mathrm{eff}} \nabla \bar{\phi}_s \tag{4.14}$$

8 Gupta, A., Seo, J.H., Zhang, X., Du, W., Sastry, A.M., and Shyy, W., "Effective Transport Properties of $LiMn_2O_4$ Electrode via Particle-Scale Modeling", *Journal of the Electrochemical Society*, 158(5), 2011, pp. A487-A497에서 관련된 예를 찾을 수 있다.

4.6.1 브루그만 관계는 얼마나 잘 적용되는가?

이제 예를 통해 체적-평균 방정식의 유효 속성이 마이크로스케일 방정식의 본질적인 속성의 효과를 얼마나 잘 나타낼 수 있는지 설명할 것이다. 여기서는 결과를 찾는 데 도움이 되는 PDE 시뮬레이션 소프트웨어 시스템 COMSOL을 사용하며, COMSOL 문서에서 예를 가져온다.

이 예에서는 전극과 전해질 사이에 선속 j가 없을 때 식 (4.7)과 거의 일치하는 농도 모델을 사용할 것이다. 마이크로스케일을 모델링하는 방정식은 식 (3.3)으로, 이동 및 대류 항을 무시하면 다음과 같이 정의할 수 있다.

$$\frac{\partial c}{\partial t} + \nabla \cdot (-D \nabla c) = 0$$

여기에서 고려하고자 하는 기하학적 구조는 [그림 4-10]과 같다. 직사각형 물체는 전극의 입자와 비슷하다는 맥락에서 장애물이라고 생각할 수 있으며, 직사각형 물체 사이의 공간은 개방되어 있고, 이 빈 공간을 통해 물질이 흐를 수 있다. 이 공간은 전해질이 이동할 수 있는 전극의 기공과 유사하다.

[그림 4-10(a)]와 같이 시뮬레이션이 시작될 때 물질의 농도는 다공성 격자의 왼쪽 영역에서는 높지만 다른 곳에서는 0이다. [그림 4-10(b)]는 0.1초의 시간별로 색이 있는 음영으로 표시된 것처럼 다공성 구조를 통해 설정된 균일한 농도 기울기를 나타낸다. 이 책에서는 [그림 4-10]의 구조의 우측 가장자리에서 나오는 물질의 선속 밀도를 모델링하는 것에 관심이 있는데, 이 밀도는 시간 $t=0$일 때 0이고 시간이 지날수록 일정한 정상 상태 값으로 증가한다. 이를 통해 복잡한 기하학에 대해 정밀도가 높은 PDE 모델을 시뮬레이션할 수 있고 다음의 식을 통해 1차원 연속체 모델을 만들 수 있다.

$$\varepsilon \frac{\partial \bar{c}}{\partial t} + \nabla \cdot (-D_{\mathrm{eff}} \nabla \bar{c}) = 0$$

이때 $D_{\mathrm{eff}} = D\varepsilon^{\mathrm{brug}}$이다(만약 반응 선속 j가 없다면 식 (4.17)을 참고하라).

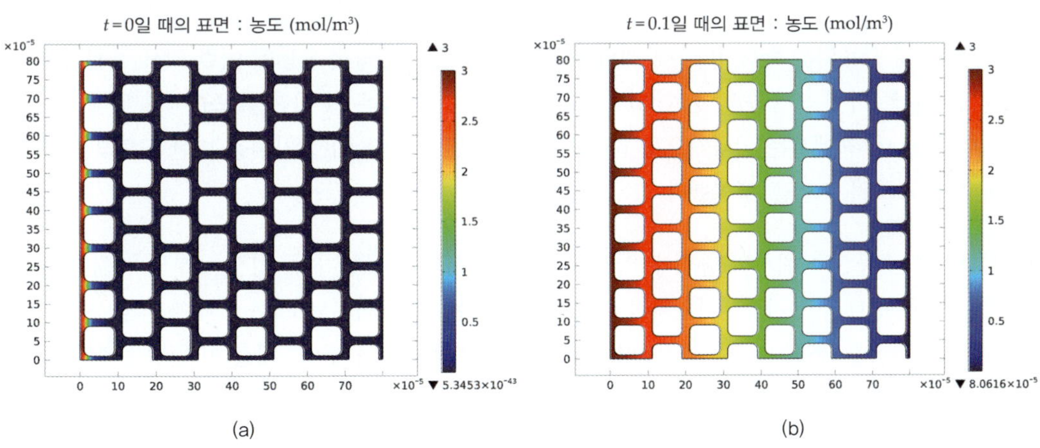

[그림 4-10] 다공성 매질을 통한 확산의 마이크로스케일 시뮬레이션

앞선 식의 결과는 [그림 4-11]과 같다. 마이크로스케일의 솔루션^solution^은 파란색 실선으로 나타내며, brug = 1.58과 brug = 1.60에 대한 연속체 모델의 솔루션은 각각 초록색 파선과 빨간색 쇄선으로 나타낸다. 브루그만 상수를 올바르게 선택하면 연속체 모델이 실제 솔루션에 매우 근접한 예측을 제공한다는 것을 알 수 있다. 예를 들어 [그림 4-11]에서 브루그만 상수가 1.59일 때 두 모델의 결과는 거의 구별할 수 없다.

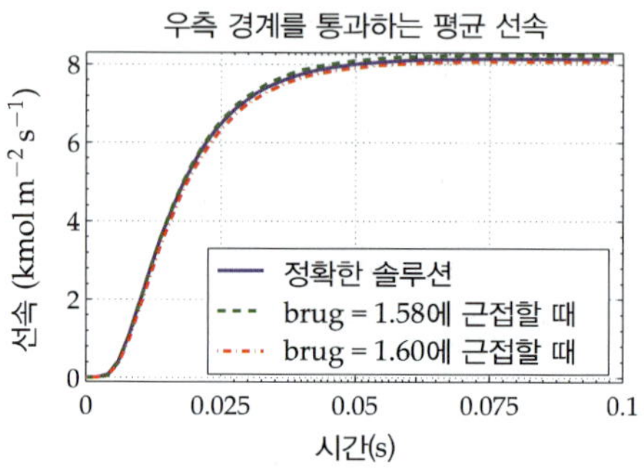

[그림 4-11] 마이크로스케일 모델과 연속체 모델 간의 선속 밀도 비교

따라서 이 예제는 효과적인 속성을 본질적인 속성의 상수 배로 나타내면 매우 좋은 결과를 얻을 수 있음을 의미한다. 단, 브루그만 상수를 가장 잘 일치시키려면 일반적으로 사용되는 값인 1.5와 다르게 설정해야 할 수도 있다.

SECTION 4.7 전극 내부의 질량 보존

앞서 언급했듯 연속체 스케일 셀 모델에는 공간 차원에 의사 차원 r이 **더해진다**^plus^. 이 의사 차원은 전극의 질량 보존 방정식에서 특정한 공간 위치에 있는 것으로 추정되는 전극 입자 내부의 방사형 지점을 지정하는 데 사용되는 좌표이다. 세 개의 공간 차원을 갖는 연속체 모델에 이런 의사 차원을 하나 더 추가하면 의사 4차원 모델을 만들 수 있다. 여기서 다루는 수학은 이 사례를 포괄하기 위해 충분히 일반적이다. 단, 이 책에서는 궁극적으로 하나의 공간 차원에 추가 의사 차원을 더한 모델의 형태로 구체화해 의사 2차원 모델을 생성했다.

먼저 전극의 모든 공간적 위치의 중심에 입자가 있고 그 형태가 구형이며, 입자 내부의 리튬 농도가 구형적으로 대칭 상태라고 가정한다. 체적의 평균을 구하는 것이 아니므로 전극 내에서 질량 보존을 위한 연속체 방정식을 만들기 위해 체적-평균 정리를 사용할 필요가 없다. 대신 이런 가정에 맞게 마이크로스케일 방정식을 특수화했다.

식 (3.2)에서 살펴본 마이크로스케일 모델을 떠올려보자.

$$\frac{\partial c_s}{\partial t} = \nabla \cdot (D_s \nabla c_s) \tag{3.2}$$

벡터장의 발산은 구형 좌표로서 다음과 같이 쓸 수 있다는 것도 기억하자.

$$\nabla \cdot \mathbf{F} = \frac{1}{r^2}\frac{\partial(r^2 F_r)}{\partial r} + \frac{1}{r\sin\theta}\frac{\partial(\sin\theta\, F_\theta)}{\partial\theta} + \frac{1}{r\sin\theta}\frac{\partial F_\phi}{\partial\phi}$$

구형 입자가 있다고 가정하고 θ와 ϕ축을 사용하면 벡터장의 발산은 다음과 같이 감소한다.

$$\nabla \cdot \mathbf{F} = \frac{1}{r^2}\frac{\partial(r^2 F_r)}{\partial r}$$

이를 전극 내부의 질량을 보존하는 식 (3.2)의 우변에 적용하면 다음과 같다.

$$\frac{\partial c_s}{\partial t} = \frac{1}{r^2}\frac{\partial}{\partial r}\left(D_s r^2 \frac{\partial c_s}{\partial r}\right)$$

이제 식 (4.5)를 증명했다.

SECTION 4.8 전해질 내부의 질량 보존

이 절에서는 전해질 내부의 질량 보존을 위한 연속체 스케일의 방정식을 개발할 것이다. 마이크로스케일 식 (3.3)에서부터 시작하자.

$$\frac{\partial c_s}{\partial t} = \nabla \cdot (D_e \nabla c_e) - \frac{\mathbf{i}_e \cdot \nabla t_+^0}{F} - \nabla \cdot (c_e \mathbf{v}_0) \tag{3.3}$$

일반적으로 $\nabla t_+^0 = 0$과 $\mathbf{v}_0 = 0$으로 가정하면 식을 즉시 구체화해 고려할 수 있다.[9] 만약 위상이 변형되지 않는다고 가정하면 $\mathbf{v}_{se} = 0$이다.

체적-평균 정리 Ⅲ와 Ⅱ를 사용해 각각 식 (4.15)의 좌변과 우변에 대한 본질적인 체적-평균을 구하면 다음과 같다.

9 일반적이지 않다면 이런 항의 정의를 고려해야 한다. 관련 논문을 참고하라(Xue, K-H, and Plett, G.L., "A Convective Transport Theory for High Rate Discharge in Lithium Ion Batteries," *Electrochimica Acta*, 87, 2013, pp. 575-590).

$$\overline{\left[\frac{\partial c_e}{\partial t}\right]} = \frac{1}{\varepsilon_e}\left(\frac{\partial(\varepsilon_e \bar{c}_e)}{\partial t}\right)$$

$$\overline{\nabla \cdot (D_e \nabla c_e)} = \frac{1}{\varepsilon_e}\left(\nabla \cdot \left(\varepsilon_e \overline{D_e \nabla c_e}\right) + \frac{1}{V}\iint_{A_{se}} D_e \nabla c_e \cdot \hat{\mathbf{n}}_e \, dA\right) \tag{4.15}$$

먼저 식 (4.16)의 우변의 적분을 구해보자. 식 (3.48)의 경계 조건에서 $\hat{\mathbf{n}}_e \cdot (D_e \nabla c_e) = (1 - t_+^0)j$ 임을 유념하고 전극 내부의 전하 보존과 동일한 접근 방식을 사용해 전극-전해질 계면에 걸쳐 균일한 선속을 가정한 뒤 다음과 같이 작성한다.

$$\begin{aligned}\frac{1}{V}\iint_{A_{se}} D_e \nabla c_e \cdot \hat{\mathbf{n}}_e \, dA &= \frac{1}{V}\iint_{A_{se}} (1 - t_+^0)\, j(c_s, c_e, \phi_s, \phi_e)\, dA \\ &= \frac{A_{se}}{V}(1 - t_+^0)\bar{j} \\ &= a_s (1 - t_+^0)\bar{j}\end{aligned}$$

따라서 식 (4.15)의 우변에 대한 본질적인 체적-평균은 다음과 같다.

$$\overline{\nabla \cdot (D_e \nabla c_e)} = \frac{1}{\varepsilon_e}\left(\nabla \cdot \left(\varepsilon_e \overline{D_e \nabla c_e}\right) + a_s(1 - t_+^0)\bar{j}\right)$$

이제 $\nabla \cdot (\varepsilon_e \overline{D_e \nabla c_e})$ 항을 이전과 동일하게 추론해 다음과 같이 작성한다.

$$\nabla \cdot (\varepsilon_e \overline{D_e \nabla c_e}) \approx \nabla \cdot (D_{e,\mathrm{eff}} \nabla \bar{c}_e)$$

이때 유효 확산도는 $D_{e,\mathrm{eff}} = \varepsilon_e D_e \delta / \tau$로 정의되며, $D_{e,\mathrm{eff}} = D_e \varepsilon_e^{\mathrm{brug}}$일 때 종종 brug의 값을 1.5와 같다고 가정한다. 모든 결과를 결합하면 다음과 같다.

$$\frac{1}{\varepsilon_e}\left(\frac{\partial(\varepsilon_e \bar{c}_e)}{\partial t}\right) = \frac{1}{\varepsilon_e}\left(\nabla \cdot (D_{e,\mathrm{eff}} \nabla \bar{c}_e) + a_s(1 - t_+^0)\bar{j}\right)$$

이를 다시 작성하면 전해질에 대한 질량 균형 방정식을 다음과 같이 구할 수 있다.

$$\frac{\partial(\varepsilon_e \bar{c}_e)}{\partial t} = \nabla \cdot (D_{e,\mathrm{eff}} \nabla \bar{c}_e) + a_s(1 - t_+^0)\bar{j} \tag{4.16}$$

이제 식 (4.7)을 증명했다. 이는 물질이 체적 내부로 유입되거나 체적 내 전극에서 전해질로의 국부적 선속이 있다면 농도구배[gradient](그라디언트, 기울기)로 인해 전해질 내부의 리튬의 국부적 체적-평균 농도가 증가할 수 있다는 것을 의미한다.

4.8.1 $(1-t_+^0)$ 항

앞선 절에서 다룬 식의 $(1-t_+^0)$ 항은 약간 이상해 보일 수 있다. 왜 전극에서 전해질로 이동하는 리튬 선속의 일부만이 전해질의 국소 리튬 농도를 높이는 데 기여하는가? 직관적으로 살펴보기 위해 [그림 4-12]와 같이 전극 입자와 전해질 사이에 계면이 있는 체적 요소를 생각해보자. 리튬 선속 밀도 j는 입자의 표면을 나타내는 전극-전해질 경계를 가로질러 입자 밖으로 나온다.

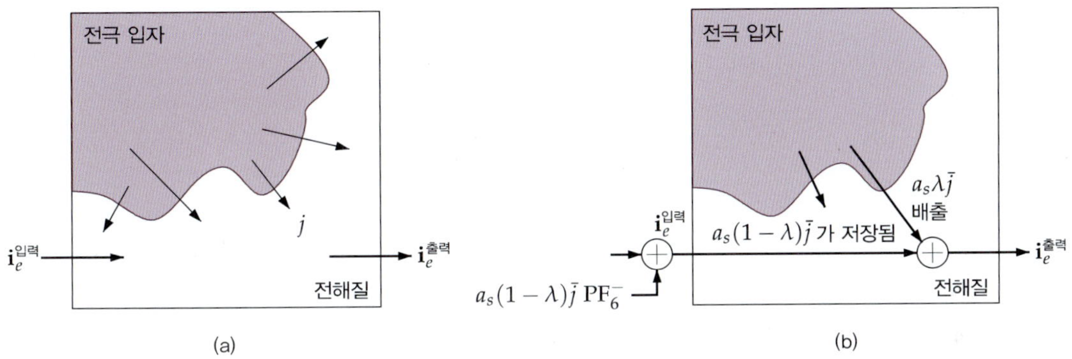

[그림 4-12] $(1-t_+^0)$ 체적 요소

앞서 가정한 바에 따르면 전극에서 전해질까지의 총 체적-평균 리튬 선속 밀도는 다음과 같다.

$$a_s\bar{j} = \frac{1}{V}\iint_{A_{se}} j(c_s, c_e, \phi_s, \phi_e)\,\mathrm{d}A$$

이 총 선속 밀도가 고려 중인 체적 요소에 모두 남아 있는 것은 아니며, 이로 인해 농도가 $a_s\bar{j}$만큼 증가한다. 일부 리튬은 국부적 체적 요소에 인접한 체적 요소로 빠져나간다. 그러나 모든 선속이 체적에서 빠져나가는 것은 아니므로 c_e는 변하지 않는다.

λ는 국부 체적에서 빠져나가는 선속 밀도의 비율^fraction^이고 $1-\lambda$는 국부 체적에 남아 있는 비율로, [그림 4-12(b)]와 같다. λ를 결정하려면 전해질이 거시적 전하 중성을 유지해야 한다. 이를 위해서는 음이온 선속 밀도 $a_s(1-\lambda)\bar{j}$(예 PF_6^- 이온)를 인접 체적에서 국부 체적으로 이동시켜 국부 체적에 저장된, $a_s(1-\lambda)\bar{j}$ 양전하를 띤 리튬 이온의 양이온 선속 밀도의 균형을 맞춰야 한다.

전하 중성을 유지하는 데 필요한 음이온 선속 밀도에 의해 추가된 체적 요소의 전해질 전류 비율은 추가된 선속 밀도의 $(1-\lambda)$배이며, 체적 요소를 떠나는 양이온 선속 밀도에 의해 추가된 체적 요소의 전해질 전류 비율은 추가된 선속 밀도의 λ배이다. 운반율^transference number^ t_+^0는 양이온에 의해 전달되는 전류의 비율로 정의되고 $t_-^0 = 1-t_+^0$는 음이온에 의해 전달되는 전류의 비율로 정의된다. 이때 $\lambda = t_+^0$여야 하므로 국부적 체적에 남아 국부적 농도 변화에 기여하는 리튬의 양은 $a_s(1-t_+^0)\bar{j}$이다.

SECTION 4.9 전해질 내부의 전하 보존

네 번째 연속체 스케일 모델 방정식은 전해질 내부의 전하 보존을 설명하는 방정식이다. 마이크로스케일 식 (3.4)를 떠올려보자.

$$\nabla \cdot \mathbf{i}_e = \nabla \cdot \left(-\kappa \nabla \phi_e - \frac{2\kappa RT}{F} \left(1 + \frac{\partial \ln f_\pm}{\partial \ln c_e} \right) \left(t_+^0 - 1 \right) \nabla \ln c_e \right) = 0 \tag{3.4}$$

앞선 식은 다음과 같이 간단하게 작성할 수 있다.

$$\nabla \cdot \mathbf{i}_e = \nabla \cdot (-\kappa \nabla \phi_e - \kappa_D \nabla \ln c_e) = 0$$

이때 κ_D는 다음과 같이 정의한다.

$$\kappa_D = \frac{2\kappa RT}{F} \left(1 + \frac{\partial \ln f_\pm}{\partial \ln c_e} \right) (t_+^0 - 1)$$

방정식의 좌변에 두 번째 체적-평균 정리를 사용하면 다음과 같이 전개할 수 있다.

$$\overline{\nabla \cdot \mathbf{i}_e} = \frac{1}{\varepsilon_e} \left(\nabla \cdot (\varepsilon_e \bar{\mathbf{i}}_e) + \frac{1}{V} \iint_{A_{se}} \mathbf{i}_e \cdot \hat{\mathbf{n}}_e \, dA \right)$$

계면에서 $\mathbf{i}_e \cdot \hat{\mathbf{n}}_e = -jF$인 식 (3.49)를 생각해보면 적분의 값을 계산할 수 있으므로 적분은 $-a_s F \bar{j}$ 로 근사화한다.

$$\overline{\nabla \cdot \mathbf{i}_e} = \frac{1}{\varepsilon_e} (\nabla \cdot (\varepsilon_e \bar{\mathbf{i}}_e) - a_s F \bar{j}) = 0$$

$$0 = \nabla \cdot (\varepsilon_e \bar{\mathbf{i}}_e) - a_s F \bar{j}$$

이제 $\varepsilon_e \bar{\mathbf{i}}_e = \varepsilon_e \left(\overline{-\kappa \nabla \phi_e} + \overline{-\kappa_D \nabla \ln c_e} \right)$임에 유의해 방정식의 우변을 다음과 같이 근사화한다.

$$-\varepsilon_e \overline{\kappa \nabla \phi_e} \approx -\kappa_{\mathrm{eff}} \nabla \bar{\phi}_e$$

$$-\varepsilon_e \overline{\kappa_D \nabla \ln c_e} \approx -\kappa_{D,\mathrm{eff}} \nabla \ln \bar{c}_e$$

이때 $\kappa_{\mathrm{eff}} = \kappa \varepsilon_e^{\mathrm{brug}}$이고 $\kappa_{D,\mathrm{eff}} = \kappa_D \varepsilon_e^{\mathrm{brug}}$이다. 두 식을 결합하면 다음의 결과를 얻을 수 있다.

$$\varepsilon_e \bar{\mathbf{i}}_e = -\kappa_{\mathrm{eff}} \nabla \bar{\phi}_e - \kappa_{D,\mathrm{eff}} \nabla \ln \bar{c}_e \tag{4.17}$$

$$\nabla \cdot (\kappa_{\mathrm{eff}} \nabla \bar{\phi}_e + \kappa_{D,\mathrm{eff}} \nabla \ln \bar{c}_e) + a_s \bar{j} F = 0$$

이제 식 (4.7)을 증명했다.

SECTION 4.10 전극과 전해질 상에서의 리튬 이동

마지막으로 전극-전해질 계면을 가로지르는 연속체 스케일의 선속 방정식을 구해보자. 완성도를 높이기 위해 앞서 다뤘던 버틀러-볼머 방정식을 다시 활용할 것이다.

$$j = k_0 c_e^{1-\alpha}(c_{\max} - c_{s,e})^{1-\alpha} c_{s,e}^{\alpha}\left\{\exp\left(\frac{(1-\alpha)F}{RT}\eta\right) - \exp\left(-\frac{\alpha F}{RT}\eta\right)\right\} \tag{4.18}$$

이는 모델에 다음과 같이 표시된다.

$$\begin{aligned}\frac{1}{V}\iint_{A_{se}} j(c_s, c_e, \phi_s, \phi_e)\mathrm{d}A &\approx \frac{A_{se}}{V} j(\bar{c}_{s,e}, \bar{c}_e, \bar{\phi}_s, \bar{\phi}_e)\\ &\approx a_s j(\bar{c}_{s,e}, \bar{c}_e, \bar{\phi}_s, \bar{\phi}_e) = a_s \bar{j}\end{aligned}$$

$\bar{\eta} = \bar{\phi}_s - \bar{\phi}_e - U_{\mathrm{ocp}}(\bar{c}_{s,e})$일 때 교환 전류 밀도에 정규화된 단위를 사용하면 다음과 같다.

$$\bar{i}_0 = F\underbrace{k_0 c_{e,0}^{1-\alpha} c_{s,\max}}_{k_{0,\,\mathrm{norm}}}\left(\frac{\bar{c}_e}{c_{e,0}}\right)^{1-\alpha}\left(\frac{c_{s,\max} - \bar{c}_{s,e}}{c_{s,\max}}\right)^{1-\alpha}\left(\frac{\bar{c}_{s,e}}{c_{s,\max}}\right)^{\alpha}$$

$$\bar{j} = \frac{\bar{i}_0}{F}\left\{\exp\left(\frac{(1-\alpha)F}{RT}\bar{\eta}\right) - \exp\left(-\frac{\alpha F}{RT}\bar{\eta}\right)\right\}$$

연속체 모델에서는 입자 표면의 전극-전해질 계면 막^{flim} 층의 이온 저항을 모델링하기 위해 과전위에 항을 추가하는 것이 일반적이다. 따라서 $\bar{\eta}$를 다음의 계산으로 대체한다.

$$\bar{\eta} = \bar{\phi}_s - \bar{\phi}_e - U_{\mathrm{ocp}}(\bar{c}_{s,e}) - FR_{\mathrm{film}}\bar{j}$$

이제 식 (4.8)을 도출했다.

SECTION 4.11 의사 2차원 모델의 경계 조건

마이크로스케일에 대해 도출한 편미분 방정식과 마찬가지로 연속체 스케일 PDE에 대한 경계 조건 역시 지정해야 한다. 이런 경계 조건은 각 영역의 경계에서 전하와 질량의 이동에 대한 물리학적 이해를 바탕으로 정의된다.

4.11.1 전극 내부의 전하 보존

집전체-전극 경계에서 전자는 이동을 통해 집전체와 전극 입자 사이에 전달되지만 집전체와 전해질 사이에서는 전달되지 않는다. 전해질이 이온 전류만 지원하기 때문이다. 따라서 집전체 경계에서 전극을 통과하는 전류는 다음과 같이 셀에 들어오고 나가는 총 전류와 같아야 한다.

$$\varepsilon_s \bar{\mathbf{i}}_s = -\sigma_{\text{eff}} \nabla \bar{\phi}_s = \frac{i_{\text{app}}}{A}$$

이때 i_{app}은 전체 셀의 인가 전류(단위 : 암페어)이며, A는 전류 집전체 면적(단위 : m^2)이다. 앞선 결과와 유사하게 전극-분리막 경계에서 전류는 전극 영역과 분리막 영역 사이의 이온 이동을 통해 전달된다. 이때 전자 전류는 0이고 이온 전류는 $\frac{i_{\text{app}}}{A}$와 같은데, 이를 요약하면 양극의 경우 다음과 같다.

$$\left.\frac{\partial \bar{\phi}_s}{\partial x}\right|_{x=L^{\text{neg}}+L^{\text{sep}}} = 0, \qquad \left.\frac{\partial \bar{\phi}_s}{\partial x}\right|_{x=L^{\text{tot}}} = \frac{-i_{\text{app}}}{A\sigma_{\text{eff}}}$$

음극의 경우 다음과 같다.

$$\left.\frac{\partial \bar{\phi}_s}{\partial x}\right|_{x=L^{\text{neg}}} = 0$$

또한 음극에서는 $\left.\frac{\partial \bar{\phi}_s}{\partial x}\right|_{x=0} = \frac{-i_{\text{app}}}{A\sigma_{\text{eff}}}$ 이지만 배터리 모델의 모든 PDE가 함께 통합되어 있다면 이 조건은 중복되어 구현되지 않는다.

전압은 전위차와 같으므로 모든 내부 셀 전압을 측정할 수 있는 "접지 기준" 지점을 정의해야 한다. 다른 기준 전압을 선택할 수도 있더라도 다음과 같이 정의한다.

$$\left.\bar{\phi}_s\right|_{x=0} = 0$$

4.11.2 전해질 내부의 전하 보존

전극-분리막 경계에서 이온 전류는 셀에 들어오고 나가는 총 전류와 같아야 한다. 이를 식으로 나타내면 다음과 같다.

$$\varepsilon_s \bar{\mathbf{i}}_e = -\kappa_{\text{eff}} \nabla \bar{\phi}_s - \kappa_{D,\,\text{eff}} \nabla \ln \bar{c}_e = \frac{i_{\text{app}}}{A}$$

또한 집전체의 이온 전류는 0이어야 한다. 이는 다음과 같이 쓸 수 있다.

$$\kappa_{\text{eff}} \frac{\partial \bar{\phi}_e}{\partial x} + \kappa_{D,\,\text{eff}} \frac{\partial \ln \bar{c}_e}{\partial x}\bigg|_{x=0} = \kappa_{\text{eff}} \frac{\partial \bar{\phi}_e}{\partial x} + \kappa_{D,\,\text{eff}} \frac{\partial \ln \bar{c}_e}{\partial x}\bigg|_{x=L^{\text{tot}}} = 0$$

이전과 마찬가지로 분리막 계면에는 경계 조건이 있지만 중복되어 구현되지 않는다.

$$-\kappa_{\text{eff}} \frac{\partial \bar{\phi}_e}{\partial x} - \kappa_{D,\,\text{eff}} \frac{\partial \ln \bar{c}_e}{\partial x}\bigg|_{x=L^{\text{neg}}} = -\kappa_{\text{eff}} \frac{\partial \bar{\phi}_e}{\partial x} - \kappa_{D,\,\text{eff}} \frac{\partial \ln \bar{c}_e}{\partial x}\bigg|_{x=L^{\text{neg}}+L^{\text{sep}}} = \frac{i_{\text{app}}}{A}$$

4.11.3 전극 내부의 질량 보존

입자 표면에서 입자 밖으로 빠져나가는 리튬의 선속은 $\bar{j}$로 표시된다. 따라서 다음의 조건을 반드시 충족해야 한다.

$$D_s \frac{\partial c_s}{\partial r}\bigg|_{r=R_s} = -\bar{j}$$

입자 내부의 리튬 농도의 방사형 대칭을 가정했으므로 입자 중심을 통과하는 순 선속은 없을 수도 있다.[10] 이는 다음과 같은 내부 "경계" 조건을 제공한다.

$$\frac{\partial c_s}{\partial r}\bigg|_{r=0} = 0$$

4.11.4 전해질 내부의 질량 보존

셀 경계에서는 전해질을 통과하는 리튬의 흐름이 없어야 한다. 이를 정리하면 다음과 같다.

$$\frac{\partial \bar{c}_e}{\partial x}\bigg|_{x=0} = \frac{\partial \bar{c}_e}{\partial x}\bigg|_{x=L^{\text{tot}}} = 0$$

10 입자 중심을 통과하는 리튬은 입자의 반대편으로 흐른다. 그러나 입자의 방사형 위치가 동일하므로 중심을 통과하는 순 선속은 0이 된다.

SECTION 4.12 셀 수준의 양(정보)

이 절에서는 3장에서 마이크로스케일 모델을 다룰 때 했던 것처럼 연속체 모델에서의 몇 가지 셀 수준의 양인 셀 전압과 총 용량, 충전 상태 등을 추출할 것이다.

4.12.1 셀 전압

셀 전압은 양극 집전체의 전위에서 음극 집전체의 전위를 뺀 값과 같다. 전극의 위상은 집전체와 전기적으로 직접 접촉하므로 셀 전압은 다음과 같이 계산된다.

$$v(t) = \overline{\phi}_s(L^{\text{tot}}, t) - \overline{\phi}_s(0, t)$$

$\overline{\phi}_s(0, t) = 0$으로 정의했으므로 앞선 식은 다음과 같이 단순화할 수 있다.

$$v(t) = \overline{\phi}_s(L^{\text{tot}}, t)$$

4.12.2 셀의 총 용량

셀의 총 용량은 3장과 동일한 방식으로 식 (3.50)과 식 (3.51), 식 (3.52)를 사용해 도출할 수 있다.

$$Q^{\text{neg}} = \frac{AFL^{\text{neg}}\varepsilon_s^{\text{neg}}c_{s,\max}^{\text{neg}}|x_{100\%} - x_{0\%}|}{3600\,\text{Ah}} \tag{3.50}$$

$$Q^{\text{pos}} = \frac{AFL^{\text{pos}}\varepsilon_s^{\text{pos}}c_{s,\max}^{\text{pos}}|y_{100\%} - y_{0\%}|}{3600\,\text{Ah}} \tag{3.51}$$

$$Q = \min(Q^{\text{neg}}, Q^{\text{pos}})\,\text{Ah} \tag{3.52}$$

4.12.3 셀의 충전 상태

셀의 충전 상태 역시 3장과 동일한 방식으로 식 (3.53)과 식 (3.54)를 사용해 도출할 수 있다.

$$z = \frac{c_{s,\text{avg}}^{\text{neg}} / c_{s,\max}^{\text{neg}} - x_{0\%}}{x_{100\%} - x_{0\%}} \tag{3.53}$$

$$= \frac{c_{s,\text{avg}}^{\text{pos}} / c_{s,\max}^{\text{pos}} - y_{0\%}}{y_{100\%} - y_{0\%}} \tag{3.54}$$

SECTION 4.13 모델 시뮬레이션

이제 연속체 스케일 모델 방정식의 전체 세트를 도출하는 단계에 이르렀다. 이 단계는 이 식을 활용해 할 수 있는 것이 없다면 특별히 유용하지 않다. 따라서 이 모델을 시뮬레이션에 활용해 셀이 어떻게 동작하는지 이해하고 이를 바탕으로 셀을 구축하거나 운영하는 방법을 알려주는 데 사용하는 것은 매우 중요한 응용 분야 중 하나이다.

연속적인 현상의 디지털 시뮬레이션은 시간과 공간에서 문제를 이산화하는 것을 필요로 한다. 일반적으로 사용되는 세 가지 수치 해석 방식은 다음과 같다.[11]

- **유한차분**finite difference : 공간과 시간 차원을 작은 구획으로 나누고 이 구획에 대해 오일러의 법칙 등을 사용해 방정식의 미분을 이산화한다(일부 이산화 방법은 다른 방법보다 더 안정적이고 모델링 오류가 적어 더 잘 동작한다). 방정식의 시스템 결과를 작성하고 각 시간 단계에서 선형 대수 솔버solver를 활용해 푼다. 앞서 3.3.3절의 선형 확산 예제에서 이 방법을 다룬 적이 있다.
- **유한체적**finite volume : 시간은 여전히 작은 구획으로 나뉘지만 공간은 체적으로 나뉜다. 이때 체적 경계에서 선속 항을 평가하고 물질 선속을 반영하도록 농도를 업데이트한다. 이 방법은 질량 균형을 강제하는데, 이 방법은 주어진 체적에 들어오는 선속과 인접한 체적에서 나가는 선속이 동일해 보수적이다. 이런 유한체적 방법의 또 다른 장점은 구조화되지 않은 격자mesh를 허용해 쉽게 공식화할 수 있다는 것이다. 이 방법은 많은 계산 유체 동적 상태 패키지에서 사용되며, 앞선 3.11.4절의 구형 확산 예제에서 이 방법을 다뤘다.
- **유한요소**finite element : 시간은 앞선 두 방법과 마찬가지로 이산화된다. 그러나 공간 차원은 $1 \le m \le N$에 대해 N개의 이차quadratic나 선형 기저 또는 **유한요소**finite-element함수 $\psi_m(x)$에 대한 합으로 공식화된다. [그림 4-13]은 유한요소법의 한 가지 예를 나타낸 것으로, 여기서 각 색상은 선형(삼각형 모양) 기저함수를 나타내고 이런 $N=11$ 함수의 합은 모든 x 위치에서 1이 된다. 구해진 변수는 가중 합으로 작성된다. 예를 들어 어떤 변수 $\theta(x,t)$에 관심이 있다면 다음과 같이 작성한다.

$$\theta(x,t) = \sum_{m=1}^{N} \theta_m(t)\psi_m(x)$$

이렇게 하면 $\psi_m(x)$가 고정되므로 문제가 단순해진다. 즉 2차원 문제 $\theta(x,t)$를 N 개의 1차원 문제 $\theta_m(t)$로 변환한 뒤 이 1차원 변수에 대해 벡터 형식으로 PDE를 다시 작성하고 풀어 답을 구할 수 있다. 요소의 모양과 간격은 1로 합산되는 한 특정 영역에서 시뮬레이션의 정확도를 높이기 위해 변경할 수 있다.

---

11 이런 방법은 Rahn과 Wang의 배터리 모델 시뮬레이션 문제에 적용해 더 자세히 논의할 수 있다(Christopher D. Rahn and Chao-Yang Wang, *Battery Systems Engineering*, Wiley, 2013).

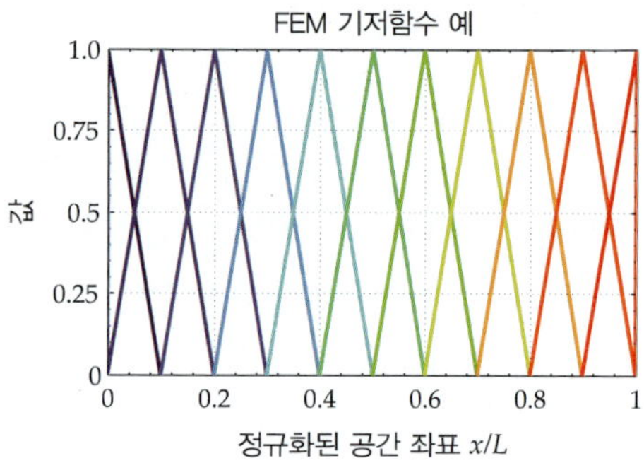

[그림 4-13] 유한요소법의 기저함수 예

이 방법들은 각각 장단점이 있고 배터리 셀 모델을 시뮬레이션하는 데 사용된다.[12] 여기서는 상용 유한요소 다중 물리 솔버 코드인 COMSOL에 대해 살펴볼 것이다. COMSOL은 주로 그래픽 사용자 인터페이스를 통해 구동되며, 모델 방정식을 구현하고 수정하는 것이 간단해 배터리 동적 상태와 여러 응용 분야를 매우 유연하게 탐색할 수 있다.

이 책에서는 COMSOL에서 "의사 2차원" 배터리 모델을 구현해 소개했다. 이 모델은 웹사이트를 통해 다운로드할 수 있지만 COMSOL 소프트웨어 라이센스가 있는 경우에만 활용할 수 있음을 유의해야 한다.[13] 다음 절에서 이 모델에 대해 다룰 것이다.

4.13.1 전극 내부의 전하 보존

시뮬레이션을 위해 COMSOL과 같은 PDE 솔버에 모델을 입력할 때는 먼저 시뮬레이션 대상인 물체의 기하학을 적용해 시뮬레이션을 수행해야 한다. 연속체 모델은 주로 1차원 구조이고 여기서 x는 셀의 단면 차원을 나타낸다. 이 차원은 그 자체로 음극, 분리막, 양극의 세 가지 영역으로 나뉜다.

기하학을 구체화하고 물리적인 길이로 방정식을 적용해 음극이 $x = 0$에서 $x = L^{\mathrm{neg}}$의 범위에 걸치게 하고 분리막은 $x = L^{\mathrm{neg}}$에서 $x = L^{\mathrm{neg}} + L^{\mathrm{sep}}$의 범위에 걸치게 하며, 양극은 $x = L^{\mathrm{neg}} + L^{\mathrm{sep}}$에서 $x = L^{\mathrm{tot}}$의 범위에 걸치게 하면 가장 자연스럽다. 그러나 이런 식으로 모델을 COMSOL에 입력하면 이미 정의된 기하학은 COMSOL에서 크기를 조정할 수 없으므로 다른 차원[dimension]의 셀을 시뮬레이션할 때마다 "처음부터 다시 시작"해야 한다.

---

12 V. Ramadesigan, P.W.C. Northrop, S. De, S. Santhanagopalan, R.D. Braatz and V.R. Subramanian, "Modeling and Simulation of Lithium-Ion Batteries from a Systems Engineering Perspective", *Journal of the Electrochemical Society*, 159(3), 2012, pp. R31–R45.

13 〈http://mocha-java.uccs.edu/BMS1/CH04/LiIon.mph〉를 참고하라.

이런 상황을 피하기 위해 원래의 길이 대신 정규화된 길이를 사용한다. 즉, 정규화된 길이에 대한 위치를 나타내기 위해 기호 $\bar{x}$ 를 사용하고 물리적 위치를 나타내기 위해 x 를 사용한다. 따라서 음극에서는 $\bar{x} = \frac{x}{L^{\text{neg}}}$, 분리막에서는 $\bar{x} = \frac{(x - L^{\text{neg}})}{L^{\text{sep}}}$, 양극에서는 $\bar{x} = \frac{(x - L^{\text{neg}} - L^{\text{sep}})}{L^{\text{pos}}}$ 가 사용된다. 일반적으로 '$\bar{x}_{\text{region}} = \frac{x}{L^{\text{region}}} +$ 상수'이다.

정규화된 변수를 사용하면 L^{neg}, L^{sep}, L^{pos} 의 값과 관계없이 각 영역의 길이가 1.0으로 고정된다. 이렇게 하면 다른 셀 영역의 COMSOL 기하학을 변경하지 않아도 변수variable L^{neg}, L^{sep}, L^{pos} 의 값을 바꿔 유효 치수를 변경할 수 있다. 그러나 이를 위해서는 물리적인 길이가 아닌 정규화된 길이를 사용하도록 방정식을 수정해야 한다. '$\bar{x}_{\text{region}} = \frac{x}{L^{\text{region}}} +$ 상수'에서 시작하면 다음과 같은 식을 구할 수 있다.

$$\frac{\partial(\cdot)}{\partial \bar{x}} = \frac{\partial(\cdot)}{\partial x}\frac{\partial x}{\partial \bar{x}} = L^{\text{region}}\frac{\partial(\cdot)}{\partial x}$$

$$\frac{\partial(\cdot)}{\partial x} = \frac{\partial(\cdot)}{\partial \bar{x}}\frac{\partial \bar{x}}{\partial x} = \frac{1}{L^{\text{region}}}\frac{\partial(\cdot)}{\partial \bar{x}}$$

전극 전하 보존 방정식이라면 다음과 같이 시작한다.

$$\nabla_x \cdot (\sigma_{\text{eff}} \nabla_x \bar{\phi}_s) = a_s F \bar{j}$$

이때 ∇ 연산자의 아래 첨자 x 는 미분을 적용하는 것과 관련된 양을 나타낸다. 이 방정식에서 x 를 $\bar{x}$ 로 다시 작성하면 다음과 같다.

$$\frac{1}{L^{\text{region}}}\nabla_{\bar{x}} \cdot \left(\frac{\sigma_{\text{eff}}}{L^{\text{region}}}\nabla_{\bar{x}}\bar{\phi}_s\right) = a_s F \bar{j}$$

방정식을 정규화된 기하학으로 재조정하는 기계적인 필요성을 넘어 PDE 시뮬레이션을 안정적으로 동작하게 하려면 기술이 필요하다. 결합된 비선형 방정식을 풀기 위해 PDE 솔버는 모든 시간 단계에서 비선형 최적화를 사용해 모든 방정식의 좌변과 우변이 일정한 오차 범위 내에서 최대한 가깝게 일치하게 한다. 이때 값이 매우 큰 방정식과 값이 매우 작은 다른 방정식의 결합은 문제를 일으킬 수 있다. PDE 솔버가 전체 오차를 줄이기 위해 값이 작은 방정식보다 값이 큰 방정식을 일치시키는 데 더 중점을 두는 경향이 있기 때문이다.

a_s 와 F 는 다소 큰 값이고 L 은 다소 작은 값임을 유의하면서 다음의 식을 구현하면 더 나은 수치 성능을 얻을 수 있다.

$$\nabla_{\bar{x}} \cdot \left(\frac{\sigma_{\text{eff}}}{L^{\text{region}}}\nabla_{\bar{x}}\bar{\phi}_s\right) = L^{\text{region}} a_s F \bar{j}$$

COMSOL에서는 이 방정식을 다음과 같이 미리 정의된 PDE 형식으로 입력한다.

$$\nabla\cdot(\texttt{sigma\_eff/L}*\texttt{phi\_sx}) = \texttt{L}*\texttt{as}*\texttt{F}*\texttt{j}$$

이때 앞선 식의 요소들은 다음과 같은 변수로 정의된다.

구분	σ_{eff}	a_s	$\bar{j}$	L^{region}	$\bar{\phi}_s$	F
정의된 변수	sigma_eff	as	j	L	phi_s	F

COMSOL 구문에서 $\texttt{phi_sx} = \frac{\mathrm{d}}{\mathrm{d}x}\texttt{phi_s}$이며, x는 정규화된 차원 $\bar{x}$임을 기억하자.

4.13.2 전극 내부의 질량 보존

전극 내부의 질량 보존은 다음과 같은 방정식으로 설명할 수 있다. 이는 선형 차원 x가 아닌 의사 차원 r에서 동작한다.

$$\frac{\partial}{\partial t}c_s = \frac{1}{r^2}\frac{\partial}{\partial r}\left(D_s r^2 \frac{\partial c_s}{\partial r}\right)$$

즉, 모든 위치 x에서 이런 방사형 방정식의 복사본이 동작해 해당 위치 x의 대표적인 구형 입자의 방사형 대칭 리튬 농도 프로파일을 나타낸다. 이 방정식을 구현하려면 방사형 차원도 정규화해야 한다. $\bar{r} = \frac{r}{R_s}$로 설정한 뒤 $r^2 = \bar{r}^2 R_s^2$와 $\frac{\partial(\cdot)}{\partial r} = \frac{1}{R_s}\frac{\partial(\cdot)}{\partial \bar{r}}$으로 설정하면 PDE를 다시 작성할 수 있다.

$$\frac{\partial}{\partial t}c_s = \left(\frac{1}{\bar{r}^2 R^2{}_s}\right)\frac{1}{R_s}\frac{\partial}{\partial \bar{r}}\left(D_s\left(\bar{r}^2 R_s^2\right)\frac{1}{R_s}\frac{\partial c_s}{\partial \bar{r}}\right)$$

방정식의 양변에 $\bar{r}^2 R_s$를 곱하고 다시 정렬하면 COMSOL에서 구현된 실제 방정식을 얻을 수 있다. 이때 COMSOL은 방사형 좌표의 이름으로 $\bar{r}$ 대신 y를 사용한다는 점을 제외해야 한다.

$$\bar{r}^2 R_s \frac{\partial}{\partial t}c_s + \frac{\partial}{\partial \bar{r}}\left(-D_s\frac{\bar{r}^2}{R_s}\frac{\partial c_s}{\partial \bar{r}}\right) = 0$$

전극 농도는 [그림 4-14]와 같은 이미지로 시각화할 수 있다. 이 그림에서 [그림 4-14(a)]의 수평 차원은 셀 x의 공간 차원을, [그림 4-14(b)]의 수직 차원은 방사형 r의 의사 차원(입자의 표면인 $r = R_s$는 위쪽, 입자의 중심인 $r = 0$은 아래쪽)을 의미한다. 또한 [그림 4-14(a)]는 음극을, [그림 4-14(b)]는 양극을 나타내고 각 그림에서 색은 공간 및 방사형 좌표 위치의 리튬 농도를 나타낸다. 진한 빨간색은 고농도, 진한 파란색은 저농도이다.

(a)

(b)

[그림 4-14] 전극 농도 시각화

이 예에서는 장시간의 방전 **직후**immediately 낮은 충전 상태에 있는 셀의 농도 스냅샷snapshot을 볼 수 있다. 이는 전극 농도가 아직 평형 상태가 되지 못했음을 의미하므로 음극의 입자 표면 농도는 낮지만 입자 내부 농도는 여전히 상대적으로 높다. 이 시뮬레이션에서 양극의 매개변수는 리튬이 전해질을 통해 확산되어 집전체에 가까운 다른 입자를 채우는 것보다 분리막 근처의 입자를 "채우는" 것이 더 쉽다.

수평 차원 x의 전극에는 리튬이 확산되지 않음을 유의하자. 수평 차원에서 리튬은 전해질 내부에서만 확산된다. 전극 내부에서 리튬은 수직 또는 방사형 차원으로만 확산되며, COMSOL에서 내장된 PDE를 다음과 같이 매개변수화한다.

$$\texttt{y\^{}v2} * \texttt{Rs} * \frac{\partial c_s}{\partial t} + \nabla \cdot \left(- \begin{bmatrix} 0, & 0 \\ 0, & \texttt{y\^{}\textbackslash 2} * \texttt{Ds/Rs} \end{bmatrix} * \nabla \texttt{cs} \right) = 0$$

이때 $\nabla = \left[\frac{\partial}{\partial x}, \frac{\partial}{\partial y} \right]$이며, 변수는 다음과 같이 정의된다.

구분	R_s	D_s
정의된 변수	Rs	Ds

4.13.3 전해질 내부의 전하 보존

전해질 내부의 전하 보존은 다음과 같이 구현할 수 있다.

$$\nabla \cdot (\kappa_{\mathrm{eff}} \nabla \bar{\phi}_e + \kappa_{D,\mathrm{eff}} \nabla \ln \bar{c}_e) + a_s F \bar{j} = 0$$

다시 한 번 정규화된 길이를 사용해 앞선 방정식을 다음과 같이 변환한다.

$$\frac{1}{L^{\mathrm{region}}} \nabla \cdot \left(\frac{\kappa_{\mathrm{eff}}}{L^{\mathrm{region}}} \nabla \bar{\phi}_e + \frac{\kappa_{D,\mathrm{eff}}}{L^{\mathrm{region}}} \nabla \ln \bar{c}_e \right) = -a_s F \bar{j}$$

$\nabla \ln \bar{c}_e$를 $\frac{1}{\bar{c}_e} \nabla \bar{c}_e$로 구현하고 (더 나은 수렴을 위해) L^{region}을 양변에 곱하면 실제로 구현된 방정식은 다음과 같다.

$$\nabla \cdot (\texttt{kappa\_eff/L} * (\texttt{phi\_ex} + \texttt{kappa\_D} * \texttt{1/c\_e} * \texttt{c\_ex})) = -\%\texttt{L} * \texttt{as} * \texttt{F} * \texttt{j}$$

이를 통해 다음과 같이 변수가 정의된다.

구분	κ_{eff}	$\kappa_{D,\text{eff}}/\kappa_{\text{eff}}$	a_s	$\bar{j}$	L^{region}	$\bar{\phi}_e$	c_e	F
정의된 변수	kappa_eff	kappa_D	as	j	L	phi_e	c_e	F

다시 한 번 COMSOL 구문에서 phi_ex $= \frac{\mathrm{d}}{\mathrm{d}x}$phi_e이며, c_ex$= \frac{\mathrm{d}}{\mathrm{d}x}$c_e임을 유의하자. 이때 COMSOL의 "$x$"는 정규화된 차원 "$\bar{x}$"이다.

4.13.4 전해질 내부의 질량 보존

우리가 구현하고자 하는 최종 PDE는 전해질 내부의 질량 보존을 다음과 같이 설명한다.

$$\frac{\partial(\varepsilon_e \bar{c}_e)}{\partial t} = \nabla \cdot (D_{e,\text{eff}} \nabla \bar{c}_e) + a_s(1 - t_+^0)\bar{j}$$

다시 한 번 정규화된 길이를 사용해 방정식을 다음과 같이 변환한다.

$$\frac{\partial(\varepsilon_e \bar{c}_e)}{\partial t} = \frac{1}{L^{\text{region}}} \nabla \cdot (D_{e,\text{eff}} \frac{1}{L^{\text{region}}} \nabla \bar{c}_e) + a_s(1 - t_+^0)\bar{j}$$

이를 통해 실제로 구현되는 방정식은 다음과 같다.

$$\texttt{eps\_e} * \texttt{L} * \frac{\partial c_e}{\partial t} + \nabla \cdot (-\texttt{De\_eff/L} * \nabla c_e) = \texttt{L} * \texttt{as} * \texttt{(1-t\_plus)} * \texttt{j}$$

이를 통해 다음과 같이 변수가 정의된다.

구분	$D_{e,\text{eff}}$	t_+^0	a_s	$\bar{j}$	L^{region}	ε_e
정의된 변수	De_eff	t_plus	as	j	L	eps_e

SECTION 4.14 COMSOL 실행

COMSOL이나 다른 배터리 솔버의 사용법을 자세히 설명하는 것은 이 책에서 다루는 범위를 벗어난다. [그림 4-15]는 COMSOL을 실행한 모습으로, 좌측 화면에는 상수와 방정식, 격자[mesh] 등을 정의하는 선택 가능한 요소가 제시되어 있다. 현재 선택된 요소의 세부 사항은 화면 중앙에 표시되며, 우측 화면은 시뮬레이션의 출력을 나타낸다. 즉 정전류 충전 펄스를 가한 뒤 다시 휴지 상태를 거치고 정전류 충전 펄스를 가한 뒤 다시 휴지 상태에 들어가는 셀의 전압 응답을 보여준다.

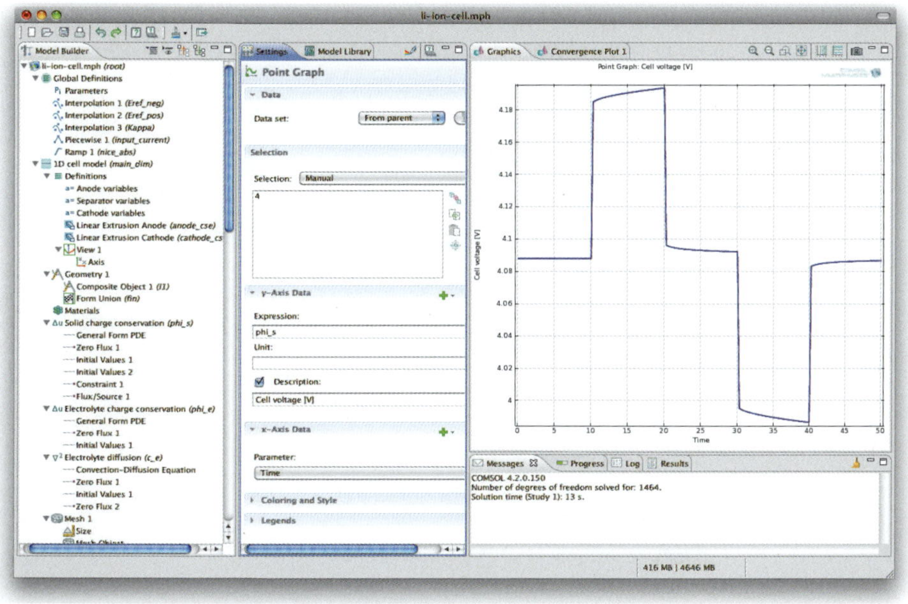

[그림 4-15] COMSOL 사용자 인터페이스 스크린샷

SECTION 4.15 결론 및 향후 방향

이제 셀의 성능과 동작을 쉽게 시뮬레이션할 수 있는 단계에 이르렀다. 그러나 방정식은 배터리 제어에 필요한 실시간 임베디드 시스템에서 구현하기에는 여전히 너무 복잡하다. 따라서 5장과 6장에서는 모델 방정식의 복잡성을 줄이면서 그 이면에 있는 물리학을 유지하는 방법을 살펴볼 것이다.

5장에서는 최종 방정식을 표현하는 방식인 이산시간 상태 공간 모델 형태로 소개하고 라플라스 영역 전이 함수를 이 형태로 변환하는 방법을 배운다. 6장에서는 이 장의 PDE를 전달 함수로 변환하고 연속체 방정식의 축소 차수 버전을 생성한다. 결과 모델은 2장의 등가회로 모델과 계산의 복잡성 측면에서는 유사하지만 셀의 전압뿐만 아니라 셀의 내부 동적 상태도 모두 예측할 수 있다.

종합 용어집 핵심 용어 및 개념

여기에서는 이 장에서 정의된 가장 중요한 변수에 대한 용어집을 제공한다. 단위도 함께 표기하며, 단위가 없는 수량은 [u/l]로 표기한다. 모든 변수는 잠재적인 공간과 시간의 함수라는 점에 유의하자.

기호	의미	참고 페이지
$\langle \psi \rangle$	• 양 ψ의 위상 평균 • ψ와 단위가 동일함	176
$\bar{\psi}$	• 양 ψ의 본질적인 위상 평균 • ψ와 단위가 동일함	177
$a_s(x, y, z, t)\,[\mathrm{m^2\,m^{-3}}]$	• 특정 계면 면적 • 즉 단위체적당 전극과 전해질 사이의 경계 면적	189
$\mathrm{brug}\,[\mathrm{u/l}]$	• 효과적인 물질 특성을 계산하기 위한 브루그만 지수로, 주로 $\mathrm{brug} = 1.5$로 근사화됨	190
$\delta(x, y, z, t)\,[\mathrm{u/l}]$	• 한 지점 근처의 다공성 매질의 수축률($\delta < 1$) • 디랙 델타함수의 기호	172, 190
$\varepsilon_\alpha(x, y, z, t)\,[\mathrm{u/l}]$	• 지점 근처의 α상의 체적 분율	178
$D_{e,\mathrm{eff}}(x, y, z, t)\,[\mathrm{m^2\,s^{-1}}]$	• $D_{e,\mathrm{eff}} \approx D_e \varepsilon_e^{\mathrm{brug}} = D_e \varepsilon_e^{1.5}$의 축약형	194
$\gamma_\alpha(x, y, z, t)\,[\mathrm{u/l}]$	• α상의 지시함수	171
$\kappa_{\mathrm{eff}}(x, y, z, t)\,[\mathrm{S\,m^{-1}}]$	• 전해질의 유효 전도도 • 특정 지점 근처의 다공성 매질에서 전해질 상에 대한 부피 평균 전도도 • 종종 $\kappa_{\mathrm{eff}} \approx \kappa \varepsilon_e^{\mathrm{brug}} = \kappa \varepsilon_e^{1.5}$로 모델링됨	196
$\kappa_{D,\mathrm{eff}}(x, y, z, t)\,[\mathrm{V}]$	• $\kappa_{D,\mathrm{eff}} \approx \kappa_D \varepsilon_e^{\mathrm{brug}} = \kappa_D \varepsilon_e^{1.5}$의 축약형 ($\kappa_D = 2RT\kappa(t_+^0 - 1)/F$)	196
$\sigma_{\mathrm{eff}}(x, y, z, t)\,[\mathrm{S\,m^{-1}}]$	• 유효 전도도(전극 의존적인 매개변수) • 지점 근처의 다공성 매질에서 전극 행렬의 체적-평균 전도도 • 종종 $\sigma_{\mathrm{eff}} \approx \sigma \varepsilon_e^{\mathrm{brug}} = \sigma \varepsilon_e^{1.5}$로 모델링됨	190
$\tau(x, y, z, t)\,[\mathrm{u/l}]$	• 한 지점 부근의 다공성 매체의 비틀림률($\tau \geq 1$)	190

CHAPTER 05

상태 공간 모델과 이산시간 구현 알고리즘

State-Space Models and the Discrete-Time Realization Algorithm

들어가기 전에

이전 장에서 도출한 결합된 PDE 모델은 셀의 동작 방식을 이해하는 데 유용하며, 적절한 실험 설계를 통해 셀의 성능을 제한할 수 있는 설계 요인을 탐색하는 데 사용할 수 있다. 시뮬레이션에서 셀의 형상이나 입자의 크기, 물질 특성을 다양하게 변경하면 수많은 실험용 셀을 제작하지 않아도 셀의 특성을 최적화할 수 있다.

그러나 실시간으로 배터리를 관리하는 것이 목적이라면 이런 모델은 너무 복잡하다. 예를 들어 이런 모델의 차원은 "무한"하다. 즉 모든 시점 t에 대해 풀어야 할 x 및 r차원 변수가 무한히 많다. 따라서 $c_s(x,r,t)$, $\bar{c}_e(x,t)$, $\bar{\phi}_s(x,t)$, $\bar{\phi}_e(x,t)$를 모든 위치 x와 r에 대해 구해야 한다.

이 책에서는 연속체 스케일 PDE의 정확도fidelity를 최대한 유지하면서 무한 차수에서 일부 (작은) 유한 차수로 차수를 줄인 셀 스케일 상미분 방정식(ODE)을 만들고자 한다. 그 결과 2장에서 개발한 등가회로 모델과 계산의 복잡도가 비슷한, 간단하게compact 결합된 ODE 세트가 생성된다. 이를 통해 시뮬레이션을 매우 쉽고 빠르게 할 수 있으며, [그림 3-1]에서 살펴본 물리 기반 모델링 접근법의 마지막 단계가 된다.

이 장에서는 앞으로 개발할 물리 기반 축소 차수 모델의 최종 형태인 이산시간 상태 공간 모델에 대해 소개한다. 그런 다음 관심 있는 변수의 PDE로부터 상태 공간 모델을 생성하기 위해 사용할 접근 방식을 미리 살펴본다. 각 PDE에 대한 전달함수를 생성한 뒤 **이산시간 구현 알고리즘**discrete-time realization algorithm, DRA을 사용해 함수를 상태 공간 형식으로 변환하는 것부터 시작할 것이며, DRA를 개발하고 그 동작을 설명하기 위해 제공되는 중요한 예제를 살펴볼 것이다.

SECTION 5.1 상태 공간 모델 소개

5.1.1 연속시간 LTI 시스템 모델

선형 시불변linear-time-invariant, LTI 시스템의 동역학(동적 상태)은 세 가지의 방법으로 포착할 수 있다. 첫 번째로 디랙 델타 임펄스함수 $\delta(t)$, 즉 연속시간 **임펄스 응답**impulse response에 대한 시스템의 시간 반응 $h(t)$를 알고 있다면 컨볼루션을 통해 어떤 입력 신호 $u(t)$에 해당하는 시스템의 출력을 다음과 같이 계산할 수 있다.

$$y(t) = \int_{-\infty}^{\infty} u(\tau)h(t-\tau)\mathrm{d}\tau \tag{5.1}$$

두 번째로 시스템의 **전달함수**transfer function $H(s)$ 또는 **주파수 응답**frequency response $H(j\omega)$를 알고 있다면 라플라스 또는 푸리에 변환 기법을 통해 출력을 계산할 수 있다. 마지막으로 시스템 동역학을 **상태 공간**state-space 형식으로 작성할 수 있다. 임펄스 응답과 전달함수, 주파수 응답이 시스템의 입·출력 관계mapping만 제공한다면 상태 공간 모델은 입·출력 관계 외에도 시스템 내부inside에서 일어나는 일에 대한 접근 권한을 제공한다. 이런 내부 동역학은 시스템의 상태로 요약할 수 있다.

시점 t_0에서 시스템의 내부 상태는 시점 t_0에서의 최소 정보로 정의한다. 이 정보는 입력 $u(t)$와 함께 $t \geq t_0$에서 시스템의 동작을 모든 $t \geq t_0$에 대해 고유하게 결정한다.[1] 과거의 입력은 식 (5.1)을 사용해 시스템의 출력을 계산할 때처럼 저장할 필요가 없지만 모든 과거 입력의 총 순 효과는 현재 시스템 상태에 의해 포착된다.

상태 공간 모델은 두 개의 결합된 방정식으로 구성된다. 선형 시불변 연속시간 상태 공간 모델은 다음과 같이 정의할 수 있다.

$$\dot{\boldsymbol{x}}(t) = \boldsymbol{A}_c\boldsymbol{x}(t) + \boldsymbol{B}_c\boldsymbol{u}(t) \tag{5.2}$$

$$\boldsymbol{y}(t) = \boldsymbol{C}_c\boldsymbol{x}(t) + \boldsymbol{D}_c\boldsymbol{u}(t) \tag{5.3}$$

앞선 식에서 $\boldsymbol{u}(t) \in \mathbb{R}^m$은 입력, $\boldsymbol{y}(t) \in \mathbb{R}^p$는 출력, $\boldsymbol{x}(t) \in \mathbb{R}^n$은 상태벡터이다.[2] 식 (5.2)는 **상태 방정식**state equation이라고 하며, 입력 $\boldsymbol{u}(t)$가 상태 $\boldsymbol{x}(t)$에 어떻게 영향을 미치는지를 설명한다. 이때 행렬 $\boldsymbol{A}_c$를 **상태 전이 행렬**state transition matrix, 행렬 $\boldsymbol{B}_c$를 **입력 행렬**input matrix이라고 한다. 식 (5.3)은 **출력 방정식**output equation이라고 하며, 상태와 입력이 출력에 직접적으로 어떻게 영향을 미치는지를 설명한다. 이때 행렬 $\boldsymbol{C}_c$를 **출력 행렬**output matrix, 행렬 $\boldsymbol{D}_c$를 **피드스루 행렬**feedthrough matrix이라고 한다.[3]

---

1 이를 통해 상태가 그 자체로 반드시 고유한 것이 아님을 알 수 있다. 일반적으로 한 상태 설명에 대한 다양한 선형 조합은 동일한 정보를 표현(encode)하는 두 번째 상태 설명을 생성한다.

2 벡터일 수도 있는 수량을 나타낼 때는 굵은 소문자가, 행렬일 수도 있는 수량을 나타낼 때는 굵은 대문자가 사용된다.

3 아래 첨자 c는 연속시간 시스템을 나타낸다. 이 첨자는 동일한 시스템의 연속 및 불연속시간 표현에 대해 행렬 $\boldsymbol{A}$, $\boldsymbol{B}$, $\boldsymbol{C}$, $\boldsymbol{D}$가 다름을 강조하기 위해 사용된다.

서로 다른 선형 시스템에는 (시간에 따라 변할 수 있는) 서로 다른 $\boldsymbol{A}_c$, $\boldsymbol{B}_c$, $\boldsymbol{C}_c$, $\boldsymbol{D}_c$ 행렬과 상태 차원 n이 있다.

5.1.2 이산시간 LTI 시스템 모델

이산시간 선형 시불변Linear-time-invariant, LTI 상태 공간 모델은 다음과 같이 정의할 수 있다. 이 모델은 앞서 다룬 연속시간 LTI 시스템 모델과 기본 형태가 매우 유사하다.

$$\boldsymbol{x}[k+1] = \boldsymbol{A}\boldsymbol{x}[k] + \boldsymbol{B}\boldsymbol{u}[k] \tag{5.4}$$

$$\boldsymbol{y}[k] = \boldsymbol{C}\boldsymbol{x}[k] + \boldsymbol{D}\boldsymbol{u}[k] \tag{5.5}$$

앞선 식에서 $\boldsymbol{u}[k] \in \mathbb{R}^m$은 입력, $\boldsymbol{y}[k] \in \mathbb{R}^p$는 출력, $\boldsymbol{x}[k] \in \mathbb{R}^n$은 상태벡터이다. 5.1.1절과 마찬가지로 식 (5.4)는 이산시간 모델의 상태 방정식, 식 (5.5)는 출력 방정식이다. 앞서 살펴본 연속시간 모델과 이산시간 모델의 행렬 $\boldsymbol{A}$와 $\boldsymbol{B}$는 동일한 시스템에 대한 설명이어도 같지 않다는 점을 유의해야 한다. 2장에서 미리 살펴본 것처럼 $\boldsymbol{A}_c^{-1}$이 존재한다면 다음의 요소들을 활용해 연속시간 상태 모델을 이산시간 모델로 변환할 수 있다.[4]

$$\begin{aligned} \boldsymbol{A} &= e^{\boldsymbol{A}_c \Delta t}, \qquad & \boldsymbol{B} &= \boldsymbol{A}_c^{-1}\left(e^{\boldsymbol{A}_c \Delta t} - I\right)\boldsymbol{B}_c \\ \boldsymbol{C} &= \boldsymbol{C}_c, & \boldsymbol{D} &= \boldsymbol{D}_c \end{aligned}$$

지수 연산에서 $\boldsymbol{A}$와 $\boldsymbol{B}$는 행렬 지수이므로 다음과 같이 평가할 수 있다.

$$e^{\boldsymbol{A}_c \Delta t} = \mathcal{L}^{-1}\left[(sI - \boldsymbol{A}_c)^{-1}\right]_{t=\Delta t}$$

즉 행렬함수 $(sI - \boldsymbol{A}_c)^{-1}$을 먼저 계산한 다음 시정수 $t = \Delta t$에서 평가되는 이 함수의 역라플라스 변환을 계산한다. 행렬 지수를 평가하려면 무한급수 확장을 포함해 일반적으로 다변수 제어 시스템 입문서에 잘 설명되어 있는 다양한 방법이 있다.[5] MATLAB에서는 행렬 지수를 평가하기 위해 `expm` 명령이 사용된다.

블록 다이어그램은 신호 흐름을 시각화하는 데 도움이 될 수 있다. [그림 5-1]의 다이어그램에서 z^{-1} 블록은 단위unit 지연을 나타내며, 이 블록에 대한 입력은 $\boldsymbol{x}[k+1] = \boldsymbol{A}\boldsymbol{x}[k] + \boldsymbol{B}\boldsymbol{u}[k]$이고 출력은 $\boldsymbol{y}[k] = \boldsymbol{C}\boldsymbol{x}[k] + \boldsymbol{D}\boldsymbol{u}[k]$를 계산하기 위해 사용되는 $\boldsymbol{x}[k]$이다. MATLAB 시뮬링크 블록 다이어그램은 이산시간 상태 공간 시스템을 구현하기 위해 [그림 5-1]과 똑같이 만들 수 있다. 블록 $\boldsymbol{A}$, $\boldsymbol{B}$, $\boldsymbol{C}$, $\boldsymbol{D}$가 행렬 곱셈 블록이라는 전제 조건만 충족하면 된다.

---

4 그렇지 않다면 $\boldsymbol{B} = \int_0^{\Delta t} e^{\boldsymbol{A}_c \tau} \boldsymbol{B}_c \mathrm{d}\tau$이며, 해결책을 찾기 위해 수동으로 평가되어야 한다.

5 이런 방법에 대한 설명은 관련 논문에서 찾아볼 수 있다(Moler, C., and Van Loan, C., "Nineteen Dubious Ways to Compute the Exponential of a Matrix, Twenty-Five Years Later," *SIAM Review*, 45(1), 2003, pp. 3-49).

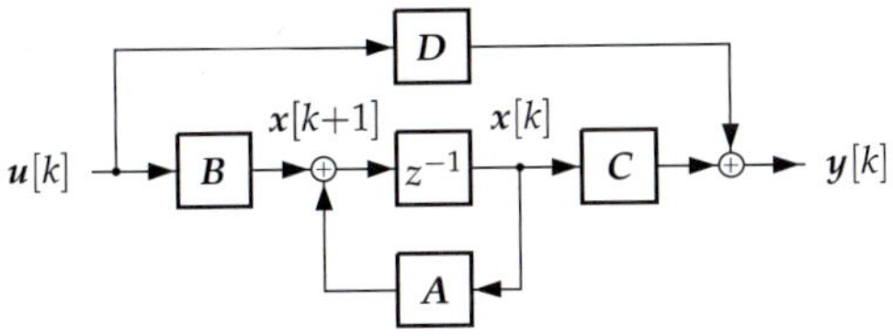

[그림 5-1] 이산시간 상태 공간 시스템을 구현하는 블록 다이어그램

5.1.3 전달함수를 상태 공간으로 변환하기

이제 다양한 이산시간 모델 형식으로 작업하는 예를 생각해보자. 먼저 다음과 같이 단일 입력-단일 출력 차등 방정식을 상태 공간 형식으로 변환하는 방법이 있다.

$$y[k]+a_1y[k-1]+a_2y[k-2]+a_3y[k-3]=b_1u[k-1]+b_2u[k-2]+b_3u[k-3]$$

초기 조건이 0이라고 가정하고 방정식 양변을 z 변환을 해 다음과 같이 정리한다.

$$\left[1+a_1z^{-1}+a_2z^{-2}+a_3z^{-3}\right]Y(z)=\left[b_1z^{-1}+b_2z^{-2}+b_3z^{-3}\right]U(z)$$

이를 재배치하면 다음과 같다.[6]

$$G(z)=\frac{b_1z^2+b_2z+b_3}{z^3+a_1z^2+a_2z+a_3}=\frac{Y(z)}{U(z)} \tag{5.6}$$

이제 방정식 좌변의 전달함수를 $G(z)=G_z(z)G_p(z)$와 같이 두 부분으로 나눈다. 이때 $G_z(z)$는 시스템의 "영점"을, $G_p(z)$는 "극점"을 포함한다. 이를 정리하면 다음과 같다.

$$G_z(z)=b_1z^2+b_2z+b_3$$

$$G_p(z)=\frac{1}{z^3+a_1z^2+a_2z+a_3}$$

$V(z)$를 $G_p(z)U(z)$로 정의하면 다음과 같다.

$$v[k+3]+a_1v[k+2]+a_2v[k+1]+a_3v[k]=u[k]$$

이 방식에서는 모델의 상태벡터로 지금 버전과 $v[k]$의 두 가지 고급 버전을 선택한다.[7]

$$\boldsymbol{x}[k]=\begin{bmatrix} v[k+2] & v[k+1] & v[k] \end{bmatrix}^T$$

---

6 유리 다항식(rational-polynomial) 형태의 전달함수(단위 : z)라고 한다. 변수 z에서 두 다항식의 몫을 구성하기 때문이다.

7 이 선택 외에도 동등하게 유효한 다른 선택들이 존재한다.

그러면 다음과 같이 정리할 수 있다. 이를 상태 선택을 위한 시스템 상태 방정식이라고 한다.

$$\underbrace{\begin{bmatrix} v[k+3] \\ v[k+2] \\ v[k+1] \end{bmatrix}}_{\boldsymbol{x}[k+1]} = \underbrace{\begin{bmatrix} -a_1 & -a_2 & -a_3 \\ 1 & 0 & 0 \\ 0 & 1 & 0 \end{bmatrix}}_{\boldsymbol{A}} \underbrace{\begin{bmatrix} v[k+2] \\ v[k+1] \\ v[k] \end{bmatrix}}_{\boldsymbol{x}[k]} + \underbrace{\begin{bmatrix} 1 \\ 0 \\ 0 \end{bmatrix}}_{\boldsymbol{B}} u[k]$$

이제 시스템의 영점에 대한 설명을 추가한다.

$$Y(z) = G_z(z)\, V(z) = \left[b_1 z^2 + b_2 z + b_3\right] = V(z)$$

이 식은 다음과 같이 나타낼 수도 있다.

$$\boldsymbol{y}[k] = b_1 v[k+2] + b_2 v[k+1] + b_3 v[k] = \underbrace{\begin{bmatrix} b_1 & b_2 & b_3 \end{bmatrix}}_{C} \boldsymbol{x}[k]$$

이를 요약하면 다음과 같은 상태 공간 모델을 얻을 수 있다.

$$\boldsymbol{x}[k+1] = \begin{bmatrix} -a_1 & -a_2 & -a_3 \\ 1 & 0 & 0 \\ 0 & 1 & 0 \end{bmatrix} \boldsymbol{x}[k] + \begin{bmatrix} 1 \\ 0 \\ 0 \end{bmatrix} u[k]$$

$$\boldsymbol{y}[k] = \begin{bmatrix} b_1 & b_2 & b_3 \end{bmatrix} \boldsymbol{x}[k] + \begin{bmatrix} 0 \end{bmatrix} u[k]$$

이 특정 전달함수에 대해 동등하게 유효한 상태 공간 모델이 많다는 점에 유의하자. 곧 이 모델들이 어떻게 연관되어 있는지 살펴볼 것이다. 이 방법은 극점보다 영점의 수가 적은 전달함수에 대한 예제이다. 만약 전달 함수의 영점과 극점의 수가 동일하다면 다항식 장제법long division을 먼저 수행했을 것이다. 다음 식을 통해 예를 들어보자.

$$G(z) = \frac{dz^3 + (da_1 + b_1)z^2 + (da_2 + b_2)z + (da_3 + b_3)}{z^3 + a_1 z^2 + a_2 z + a_3}$$

먼저 다항식 장제법을 수행한 뒤 다음과 같이 정의한다.

$$G(z) = d + \frac{b_1 z^2 + b_2 z + b_3}{z^3 + a_1 z^2 + a_2 z + a_3} = \frac{Y(z)}{U(z)}$$

이 과정은 기본적으로 이전 방법과 동일하게 진행된다.

$$\boldsymbol{x}[k+1] = \begin{bmatrix} -a_1 & -a_2 & -a_3 \\ 1 & 0 & 0 \\ 0 & 1 & 0 \end{bmatrix} \boldsymbol{x}[k] + \begin{bmatrix} 1 \\ 0 \\ 0 \end{bmatrix} u[k]$$

$$\boldsymbol{y}[k] = \begin{bmatrix} b_1 & b_2 & b_3 \end{bmatrix} \boldsymbol{x}[k] + \begin{bmatrix} d \end{bmatrix} u[k]$$

극점과 영점의 수가 같은 시스템은 0이 아닌 상태 공간 행렬 $\boldsymbol{D}$를 가진다. 배터리 모델에서 이런 직접 피드스루 항은 출력에 입력과 즉각적으로 관련된 구성 요소가 있으므로 등가 직렬 저항 항을 나타낸다. 이렇게 직접 계산해 작업하는 것은 유익할 수 있지만 일상적으로 하기에는 번거로운데, MATLAB MathWorks의 제어 시스템 툴박스에서는 `[A, B, C, D] = tf2ss (num, den, Ts)` 명령을 사용하면 유리 다항식 전달함수 형태를 상태 공간 형태로 변환할 수 있다.

5.1.4 상태 공간 형식을 전달함수로 변환하기

앞선 예를 통해 미분 방정식 또는 전달함수를 상태 공간 형태로 매우 쉽게 변환할 수 있다는 것을 확인했다. 이제 그 반대의 변환도 간단하다는 것을 알게 될 것이다. 먼저 상태 공간 방정식을 살펴보자.

$$\begin{aligned}\boldsymbol{x}[k+1] &= \boldsymbol{A}\boldsymbol{x}[k] + \boldsymbol{B}\boldsymbol{u}[k]\\ \boldsymbol{y}[k] &= \boldsymbol{C}\boldsymbol{x}[k] + \boldsymbol{D}\boldsymbol{u}[k]\end{aligned}$$

이제 두 방정식의 양변을 다음과 같이 z 변환한다.

$$\begin{aligned}z\boldsymbol{X}(z) - z\boldsymbol{x}[0] &= \boldsymbol{A}\boldsymbol{X}(z) + \boldsymbol{B}\boldsymbol{U}(z)\\ \boldsymbol{Y}(z) &= \boldsymbol{C}\boldsymbol{X}(z) + \boldsymbol{D}\boldsymbol{U}(z)\end{aligned}$$

상태 방정식을 재배열해 $\boldsymbol{X}(z)$를 풀면 다음과 같다.[8]

$$\begin{aligned}(z\boldsymbol{I} - \boldsymbol{A})\boldsymbol{X}(z) &= \boldsymbol{B}\boldsymbol{U}(z) + z\boldsymbol{x}[0]\\ \boldsymbol{X}(z) &= (z\boldsymbol{I} - \boldsymbol{A})^{-1}\boldsymbol{B}\boldsymbol{U}(z) + (z\boldsymbol{I} - \boldsymbol{A})^{-1}z\boldsymbol{x}[0]\end{aligned}$$

출력 방정식에 $X(z)$를 대입하면 다음과 같다.[9]

$$\boldsymbol{Y}(z) = \underbrace{\left[\boldsymbol{C}(z\boldsymbol{I} - \boldsymbol{A})^{-1}\boldsymbol{B} + \boldsymbol{D}\right]}_{\text{시스템의 전달함수}}\boldsymbol{U}(z) + \underbrace{\boldsymbol{C}(z\boldsymbol{I} - \boldsymbol{A})^{-1}z\boldsymbol{x}[0]}_{\text{초기 조건에 대한 응답}}$$

앞선 정의에 따라 시스템의 전달함수는 초기 조건이 0이라고 가정한다. 이 가정을 위해 다음과 같이 $\boldsymbol{G}(z)$를 다음과 같이 정의한다.

$$\boldsymbol{G}(z) = \frac{\boldsymbol{Y}(z)}{\boldsymbol{U}(z)} = \boldsymbol{C}(z\boldsymbol{I} - \boldsymbol{A})^{-1}\boldsymbol{B} + \boldsymbol{D}$$

이때 $(z\boldsymbol{I} - \boldsymbol{A})^{-1} = \dfrac{\operatorname{adj}(z\boldsymbol{I} - \boldsymbol{A})}{\det(z\boldsymbol{I} - \boldsymbol{A})}$이므로 시스템의 전달함수를 다음과 같이 작성할 수 있다.

---

8 $X(z)$가 나타나는 두 항에서 인수분해를 할 때 z는 스칼라이고 $\boldsymbol{A}$는 행렬이므로 주의해 계산해야 한다. 이때 뺄셈 과정에서 호환되는 치수를 갖도록 $z - \boldsymbol{A}$ 대신 $z\boldsymbol{I} - \boldsymbol{A}$를 써야 한다.

9 종종 $\boldsymbol{U}(z)$를 포함한 첫 번째 항 전체를 영상태(zero-state) 해법, 두 번째 항은 영입력(zero-input) 해법이라고 한다.

$$G(z) = \frac{\boldsymbol{C}\ \mathrm{adj}(z\boldsymbol{I} - \boldsymbol{A})\boldsymbol{B} + \boldsymbol{D}\ \det(z\boldsymbol{I} - \boldsymbol{A})}{\det(z\boldsymbol{I} - \boldsymbol{A})}$$

이를 통해 시스템의 극점은 $\boldsymbol{A}$의 고유값인 $\det(z\boldsymbol{I} - \boldsymbol{A}) = 0$임을 알 수 있다. 극점이 안정성을 결정하므로 응답 특성 및 속도 등을 고려하면 행렬 $\boldsymbol{A}$만으로 시스템 동작에 대해 많은 것을 배울 수 있다.

5.1.5 상태 공간 모델의 변환

앞서 언급한 것처럼 특정 시스템의 동적 상태에 대한 상태 공간 표현은 고유하지 않으며, 상태벡터 $\boldsymbol{x}[k]$의 선택은 다소 임의적이다. 이를 확인하기 위해 식 (5.4)와 식 (5.5)의 변환을 분석해보자. $\boldsymbol{x}[k] = \boldsymbol{T}\boldsymbol{w}[k]$로 정의하고 $\boldsymbol{T}$가 상수 제곱 가역invertible (유사성) 변환 행렬일 때 식 (5.4)와 식 (5.5)는 다음과 같이 변환할 수 있다.

$$\begin{aligned}(\boldsymbol{T}\boldsymbol{w}[k+1]) &= \boldsymbol{A}(\boldsymbol{T}\boldsymbol{w}[k]) + \boldsymbol{B}\boldsymbol{u}[k] \\ \boldsymbol{y}[k] &= \boldsymbol{C}(\boldsymbol{T}\boldsymbol{w}[k]) + \boldsymbol{D}\boldsymbol{u}[k]\end{aligned}$$

첫 번째 방정식에 $\boldsymbol{T}^{-1}$을 곱하면 다음과 같다.

$$\begin{aligned}w[k+1] &= \underbrace{\boldsymbol{T}^{-1}\boldsymbol{A}\boldsymbol{T}}_{\overline{A}}\, w[k] + \underbrace{\boldsymbol{T}^{-1}\boldsymbol{B}}_{\overline{B}}\, u[k] \\ y[k] &= \underbrace{\boldsymbol{C}\boldsymbol{T}}_{\overline{C}}\, w[k] + \underbrace{\boldsymbol{D}}_{\overline{D}}\, u[k]\end{aligned}$$

따라서 상태 $\boldsymbol{w}[k]$와 함께 수정된 이산시간 상태 공간 형식 행렬 $\overline{\boldsymbol{A}}$, $\overline{\boldsymbol{B}}$, $\overline{\boldsymbol{C}}$, $\overline{\boldsymbol{D}}$를 대입해 다음과 같이 정리한다.

$$w[k+1] = \overline{\boldsymbol{A}}\boldsymbol{w}[k] + \overline{\boldsymbol{B}}u[k] \tag{5.7}$$

$$\boldsymbol{y}[k] = \overline{\boldsymbol{C}}\boldsymbol{w}[k] + \overline{\boldsymbol{D}}u[k] \tag{5.8}$$

식 (5.7)의 입력 상태 거동behavior은 식 (5.4)와 다르다. 그러나 식 (5.7)과 식 (5.8)의 전체적으로 결합된 입력 출력 거동은 식 (5.4), 식 (5.5)와 동일하다. 두 식의 전달함수를 계산하면 이를 알 수 있는데, 여기서 $H_1(z)$는 $\boldsymbol{x}$ 상태 시스템의 전달함수를 나타내며, $H_2(z)$는 $\boldsymbol{w}$ 상태 시스템의 전달함수를 나타낸다. 이를 식으로 풀면 다음과 같다.

$$\begin{aligned}H_1(z) &= \boldsymbol{C}(z\boldsymbol{I} - \boldsymbol{A})^{-1}\boldsymbol{B} + \boldsymbol{D} \\ &= \boldsymbol{C}\boldsymbol{T}\boldsymbol{T}^{-1}(z\boldsymbol{I} - \boldsymbol{A})^{-1}\boldsymbol{T}\boldsymbol{T}^{-1}\boldsymbol{B} + \boldsymbol{D} \\ &= (\boldsymbol{C}\boldsymbol{T})[\boldsymbol{T}^{-1}(z\boldsymbol{I} - \boldsymbol{A})\boldsymbol{T}]^{-1}(\boldsymbol{T}^{-1}\boldsymbol{B}) + \boldsymbol{D} \\ &= \overline{\boldsymbol{C}}(z\boldsymbol{I} - \overline{\boldsymbol{A}})^{-1}\overline{\boldsymbol{B}} + \overline{\boldsymbol{D}} = H_2(z)\end{aligned}$$

따라서 유사도 변환에 의해 전달함수는 변경되지 않았다. 이 연습을 통해 입·출력 관계는 동일하지만 서로 다른 행렬($\boldsymbol{A}$, $\boldsymbol{B}$, $\boldsymbol{C}$, $\boldsymbol{D}$)을 갖는 다중 상태 공간 표현에 도달할 수 있다는 결론을 내릴 수 있다. 다음의 네 가지 행렬을 예로 들어보자.

$$\boldsymbol{A}=\begin{bmatrix} -a_1 & -a_2 & -a_3 \\ 1 & 0 & 0 \\ 0 & 1 & 0 \end{bmatrix},\quad \boldsymbol{B}=\begin{bmatrix} 1 \\ 0 \\ 0 \end{bmatrix},\quad \boldsymbol{C}=\begin{bmatrix} b_1 & b_2 & b_3 \end{bmatrix},\quad \boldsymbol{D}=\begin{bmatrix} 0 \end{bmatrix}$$

이 행렬들은 다음 행렬과 함께 변환된다.

$$\boldsymbol{T}=\boldsymbol{T}^{-1}=\begin{bmatrix} 0 & 0 & 1 \\ 0 & 1 & 0 \\ 1 & 0 & 0 \end{bmatrix}$$

만약 T를 식의 우변에 곱하면 원본 항목은 왼쪽에서 오른쪽으로 뒤집히며, 좌변에 곱하면 위에서 아래로 뒤집힘에 유의하자. 이런 변환 행렬은 변환된 상태 전이[transition] 행렬을 먼저 계산한다.

$$\overline{\boldsymbol{A}}=\boldsymbol{T}^{-1}\boldsymbol{A}\boldsymbol{T}=\begin{bmatrix} 0 & 0 & 1 \\ 0 & 1 & 0 \\ 1 & 0 & 0 \end{bmatrix}\begin{bmatrix} -a_1 & -a_2 & -a_3 \\ 1 & 0 & 0 \\ 0 & 1 & 0 \end{bmatrix}\begin{bmatrix} 0 & 0 & 1 \\ 0 & 1 & 0 \\ 1 & 0 & 0 \end{bmatrix}$$

$$=\begin{bmatrix} 0 & 1 & 0 \\ 0 & 0 & 1 \\ -a_3 & -a_2 & -a_1 \end{bmatrix}$$

변환된 입력 행렬 $\overline{\boldsymbol{B}}$와 출력 행렬 $\overline{\boldsymbol{C}}$, 직접 피드스루 항 $\overline{\boldsymbol{D}}$는 다음과 같다.

$$\overline{\boldsymbol{B}}=\boldsymbol{T}^{-1}\boldsymbol{B}=\begin{bmatrix} 0 & 0 & 1 \\ 0 & 1 & 0 \\ 1 & 0 & 0 \end{bmatrix}\begin{bmatrix} 1 \\ 0 \\ 0 \end{bmatrix}=\begin{bmatrix} 0 \\ 0 \\ 1 \end{bmatrix}$$

$$\overline{\boldsymbol{C}}=\boldsymbol{C}\boldsymbol{T}=\begin{bmatrix} b_1 & b_2 & b_3 \end{bmatrix}\begin{bmatrix} 0 & 0 & 1 \\ 0 & 1 & 0 \\ 1 & 0 & 0 \end{bmatrix}=\begin{bmatrix} b_3 & b_2 & b_1 \end{bmatrix}$$

$$\overline{\boldsymbol{D}}=\boldsymbol{D}=0$$

이제 동일한 전달함수에 도달했는지 확인하기 위해 다음과 같이 계산한다.

$$G(z)=\overline{\boldsymbol{C}}(z\boldsymbol{I}-\boldsymbol{A})^{-1}\overline{\boldsymbol{B}}+\overline{\boldsymbol{D}}$$

$$=\begin{bmatrix} b_3 & b_2 & b_1 \end{bmatrix}\left(\begin{bmatrix} z & 0 & 0 \\ 0 & z & 0 \\ 0 & 0 & z \end{bmatrix}-\begin{bmatrix} 0 & 1 & 0 \\ 0 & 0 & 1 \\ -a_3 & -a_2 & -a_1 \end{bmatrix}\right)^{-1}\begin{bmatrix} 0 \\ 0 \\ 1 \end{bmatrix}$$

$$=\begin{bmatrix} b_3 & b_2 & b_1 \end{bmatrix}\left(\begin{bmatrix} z & -1 & 0 \\ 0 & z & -1 \\ a_3 & a_2 & z+a_1 \end{bmatrix}\right)^{-1}\begin{bmatrix} 0 \\ 0 \\ 1 \end{bmatrix}$$

$$= \frac{\begin{bmatrix} b_3 & b_2 & b_1 \end{bmatrix} \begin{bmatrix} z^2 + a_1 z + a_2 & a_1 + z & 1 \\ -a_3 & z^2 + a_1 z & z \\ -a_3 z & -a_2 z - a_3 & z^2 \end{bmatrix} \begin{bmatrix} 0 \\ 0 \\ 1 \end{bmatrix}}{z^3 + a_1 z^2 + a_2 z + a_3}$$

$$= \frac{\begin{bmatrix} b_3 & b_2 & b_1 \end{bmatrix} \begin{bmatrix} 1 \\ z \\ z^2 \end{bmatrix}}{z^3 + a_1 z^2 + a_2 z + a_3} = \frac{b_1 z^2 + b_2 z + b_3}{z^3 + a_1 z^2 + a_2 z + a_3}$$

이를 통해 이 전달함수가 변환 전에 진행했던 식 (5.6)의 전달함수와 동일함을 알 수 있다.

5.1.6 이산시간 마르코프 매개변수

상태 공간 시스템의 이산 단위 펄스 응답은 우리에게 중요한 특별한 형태를 가지고 있다. 단일 입력 상태 공간 시스템의 단위 펄스 응답을 예로 들어 살펴보자.[10] 단위 펄스 입력은 다음과 같이 정의된다.

$$u[k] = \begin{cases} 1, & k = 0 \\ 0, & k \neq 0 \end{cases}$$

단위 펄스 입력에 대한 시스템 응답은 상태 및 출력 방정식을 재귀적으로 계산해 찾을 수 있다.

$$\begin{aligned} \boldsymbol{y}[0] &= \boldsymbol{C}\boldsymbol{x}[0] + \boldsymbol{D}u[0] = \boldsymbol{D} \\ \boldsymbol{y}[1] &= \boldsymbol{C}\boldsymbol{x}[1] + \boldsymbol{D}u[1] = \boldsymbol{CB} \\ \boldsymbol{y}[2] &= \boldsymbol{C}\boldsymbol{x}[2] + \boldsymbol{D}u[2] = \boldsymbol{CAB} \\ &\vdots \\ \boldsymbol{y}[k] &= \boldsymbol{C}\boldsymbol{A}^{k-1}\boldsymbol{B}, \quad k \geq 1 \end{aligned} \qquad \begin{aligned} \boldsymbol{x}[1] &= \boldsymbol{A}\boldsymbol{x}[0] + \boldsymbol{B}u[0] = \boldsymbol{B} \\ \boldsymbol{x}[2] &= \boldsymbol{A}\boldsymbol{x}[1] + \boldsymbol{B}u[1] = \boldsymbol{AB} \\ \boldsymbol{x}[3] &= \boldsymbol{A}\boldsymbol{x}[2] + \boldsymbol{B}u[2] = \boldsymbol{A}^2\boldsymbol{B} \\ &\vdots \end{aligned}$$

이런 펄스 응답 값인 $\{\boldsymbol{D}, \boldsymbol{CB}, \boldsymbol{CAB}, \boldsymbol{CA}^2\boldsymbol{B}, \boldsymbol{CA}^3\boldsymbol{B}, \cdots\}$를 시스템의 **마르코프 매개변수**Markov parameters라고 한다. 이 매개변수는 전달함수를 구현하는 데 매우 중요하며, 다음과 같이 정의한다.

$$g_k = \begin{cases} \boldsymbol{D}, & k = 0 \\ \boldsymbol{C}\boldsymbol{A}^{k-1}\boldsymbol{B}, & k > 0 \end{cases}$$

마르코프 매개변수의 특징은 다음과 같다.

- 단일 입력-단일 출력(SISO) 시스템의 마르코프 매개변수는 스칼라이다.
- 단일 입력-다중 출력(SIMO) 시스템의 마르코프 매개변수는 열벡터이다.

---

10 단위 펄스 응답을 구할 때 $x[0] = 0$이다.

- 각 마르코프 매개변수의 i번째 항목(행)은 입력에서 i번째 출력까지의 단위 펄스 응답을 통해 계산된다.
- 전체 벡터 마르코프 매개변수는 입력에서 벡터 출력까지의 단위 펄스 응답이다.

- 다중 입력-단일 출력(MISO) 시스템은 앞선 결과를 일반화할 수 있으며, 이 시스템의 마르코프 매개변수는 행벡터이다.
  - 각 마르코프 매개변수의 j번째 항목(열)은 j번째 입력에서 출력까지의 단위 펄스 응답을 통해 계산된다.
- 다중 입력-다중 출력(MIMO) 시스템의 마르코프 매개변수는 행렬이다.
  - (i, j)번째 항목은 j번째 입력에서 i번째 출력까지의 단위 펄스 응답을 산출한다.
  - 각 마르코프 매개변수의 j번째 열은 (SIMO처럼) 벡터이며, j번째 입력에서 벡터 출력에 대한 단위 펄스 응답으로 계산된다.

다음과 같이 정의된 상태 공간 시스템에 대한 이산 단위 펄스 응답을 구한다고 가정했을 때 마르코프 매개변수 g_k는 다음과 같이 주어진다.

$$A = \begin{bmatrix} 0.5 & 0 \\ 0 & 1 \end{bmatrix}, \quad B = \begin{bmatrix} 1 \\ 0 \end{bmatrix}, \quad C = \begin{bmatrix} 1 & -1 \end{bmatrix}, \quad D = 0$$

$$\begin{aligned} g_k &= \{\, D,\ CB,\ CAB,\ CA^2B,\ CA^3B,\ \cdots \} \\ &= \{0,\ 1,\ 0.5,\ 0.25,\ \cdots\ \} \end{aligned}$$

이 결과는 (제어 시스템 툴박스에서) MATLAB의 `impulse` 명령을 사용해 다음과 같이 나타내며, [그림 5-2]로 표현할 수 있다.

```
A = [0.5 0; 0 1]; B = [1; 0]; C = [1 -1]; D = 0;
sys = ss(A,B,C,D,-1); % "-1" = discrete-time model with unknown T
[y,k] = impulse(sys,0:15);
stem(k,y,'filled');
```

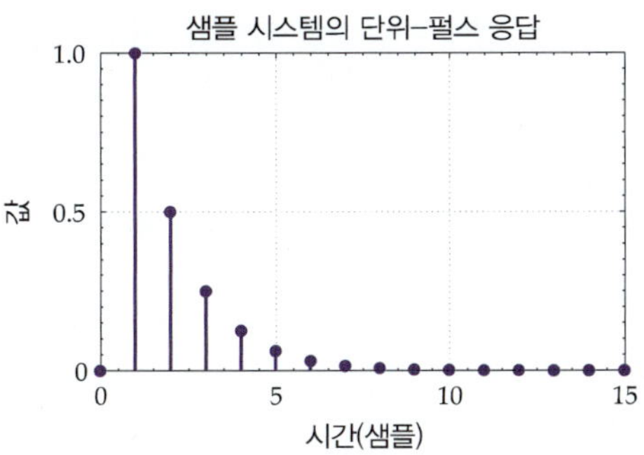

[그림 5-2] 이산 단위 펄스 응답

SECTION 5.2 전극의 동적 상태를 설명하는 방정식

앞서 배터리 모델을 특정한 형태로 표현할 수 있는 방법이 있을 것이라는 주장과 함께 상태 공간 모델을 빠르게 살펴봤다. 이제 그 주장을 바탕으로 관심 있는 변수에 대한 전달함수 모델을 만들 것이다. 이 장에서는 변수 c_s를 전달함수로 표현하는 방법을 살펴본 뒤 다음 장에서 나머지 모델 방정식을 살펴볼 것이다.

3장에서는 오버라인[overline]이 없는 기호를 사용해 관심 있는 변수(c_s, c_e, ϕ_s, ϕ_e, j)의 포인트별 값을 표시했다면 4장에서는 오버라인을 사용해 포인트별 변수의 체적-평균 형태($\bar{c}_e$, $\bar{\phi}_s$, $\bar{\phi}_e$, $\bar{j}$)를 표시했다. 이제부터 방정식이 너무 복잡하기 때문에 구문 분석을 할 수 없으므로 오버라인 표기법을 삭제한다. 단, 여전히 4장의 체적-평균 수량을 논의함을 기억하자.

5.2.1 전달함수 $\widetilde{C}_{s,e}(s)/J(s)$ 구하기

이 절에서는 변수 c_s에 대한 전달함수를 구하기 위해 야콥센[Torben Jacobsen]과 웨스트[Keld West]의 방식을 따른다.[11] 기본 편미분 방정식부터 시작하자.

$$\frac{\partial c_s(r,t)}{\partial t} = \frac{1}{r^2}\frac{\partial}{\partial r}\left(D_s r^2 \frac{\partial c_s(r,t)}{\partial r}\right)$$

이 방정식은 다음의 표준 경계 조건과 초기 평형 농도를 사용한다.

$$D_s \frac{\partial c_s(0,t)}{\partial r} = 0, \qquad D_s \frac{\partial c_s(R_s,t)}{\partial r} = -j(t), \qquad t \geq 0$$

$$c_s(r,0) = c_{s,0}, \qquad 0 \leq r \leq R_s$$

만약 $c_{s,0} \neq 0$이라면 이 PDE를 직접 푸는 데 문제가 됨에 유의하자. 다음으로 균질 PDE를 적용(강제)하기 위해 $\tilde{c}_s(r,t) = c_s(r,t) - c_{s,0}$로 정의한다. "~" 표기는 절대량과 평형 설정점 사이의 차이를 나타내며, 그 결과 **편향된**[debiased] 변수값이 발생한다.

또한 D_s가 상수라고 가정하므로 $\tilde{c}_s$의 미분 방정식은 다음과 같이 쓸 수 있다.

$$\frac{\partial \tilde{c}_s(r,t)}{\partial t} = \frac{D_s}{r^2}\frac{\partial}{\partial r}\left(r^2 \frac{\partial \tilde{c}_s(r,t)}{\partial r}\right)$$

이 방정식은 다음의 경계 조건과 초기 평형 농도를 사용한다.

11 Jacobsen, T. and West, K., "Diffusion Impedance in Planar, Cylindrical and Spherical Symmetry,", *Electrochimica Acta*, 40(2), 1995, pp. 255–62.

$$D_s \frac{\partial \tilde{c}_s(0, t)}{\partial r} = 0, \quad D_s \frac{\partial \tilde{c}_s(R_s, t)}{\partial r} = -j(t), \quad t \geq 0$$

$$\tilde{c}_s(r, 0) = 0, \quad 0 \leq r \leq R_s$$

라플라스 변환을 수행하면 다음과 같이 정의할 수 있다.

$$s\widetilde{C}_s(r, s) - \tilde{c}_s(r, 0) = \frac{D_s}{r^2} \frac{\partial}{\partial r}\left(r^2 \frac{\partial}{\partial r} \widetilde{C}_s(r, s)\right)$$

$$s\widetilde{C}_s(r, s) = \frac{D_s}{r^2}\left(2r \frac{\partial \widetilde{C}_s(r, s)}{\partial r} + r^2 \frac{\partial^2 \widetilde{C}_s(r, s)}{\partial r^2}\right)$$

이는 r의 2차 미분 방정식으로, 다음과 같이 쓸 수 있다.

$$\frac{\partial^2 \widetilde{C}_s(r, s)}{\partial r^2} + \frac{2}{r} \frac{\partial \widetilde{C}_s(r, s)}{\partial r} - \frac{s}{D_s} \widetilde{C}_s(r, s) = 0$$

이 동종 미분 방정식의 해는 다음과 같다. 이때 $\beta(r) = r\sqrt{s / D_s}$로 정의한다. $\beta(r)$은 s의 함수이기도 하지만 간결하게 표기하기 위해 표기법에서 이 의존성을 생략한다.

$$\widetilde{C}_s(r, s) = \frac{A}{r} \exp\left(r\sqrt{\frac{s}{D_s}}\right) + \frac{B}{r} \exp\left(-r\sqrt{\frac{s}{D_s}}\right)$$

$$= \frac{A}{r} \exp(\beta(r)) + \frac{B}{r} \exp(-\beta(r))$$

상수 A와 B는 이 문제의 경계 조건을 만족하도록 선택된 것이다. 먼저 다음과 같이 $r = R_s$에서의 외부 경계 조건을 고려하고 이에 상응하는 라플라스 영역 경계 조건을 확인한다.

$$D_s \frac{\partial \tilde{c}_s(r, t)}{\partial r}\bigg|_{r = R_s} = -j(t), \quad D_s \frac{\partial \widetilde{C}_s(r, s)}{\partial r}\bigg|_{r = R_s} = -J(s)$$

이를 결과에 대입하려면 $\frac{\partial \widetilde{C}_s(r, s)}{\partial r}$를 다음과 같이 계산해야 한다.

$$\frac{\partial \widetilde{C}_s(r, s)}{\partial r} = \frac{A\sqrt{\frac{s}{D_s}}\, r \exp(\beta(r)) - B\exp(-\beta(r))}{r^2}$$

$$- \frac{A \exp(\beta(r)) + B\sqrt{\frac{s}{D_s}}\, r \exp(-\beta(r))}{r^2}$$

$$= \frac{A(\beta(r) - 1) \exp(\beta(r)) - B(1 + \beta(r)) \exp(-\beta(r))}{r^2}$$

이 식에 앞서 구했던 $r = R_s$의 조건과 경계 조건을 대입하면 $J(s)$에 대한 표현식을 얻을 수 있다.

$$\left.\frac{\partial \widetilde{C}_s(r, s)}{\partial r}\right|_{r = R_s} = \frac{A(\beta(R_s) - 1)\exp(\beta(R_s)) - B(1 + \beta(R_s))\exp(-\beta(R_s))}{R_s^2}$$

$$-\frac{J(s)}{D_s} = \frac{A(\beta(R_s) - 1)\exp(\beta(R_s)) - B(1 + \beta(R_s))\exp(-\beta(R_s))}{R_s^2}$$

$$J(s) = -\frac{D_s}{R_s^2}(A(\beta(R_s) - 1)\exp(\beta(R_s)) - B(1 + \beta(R_s))\exp(-\beta(R_s)))$$

$r = 0$일 때 두 번째 경계 조건을 대입하면 0으로 나누는 문제가 발생한다. 따라서 매우 작은 값으로 간주되는 $r = r_\delta$를 대신 대입하고 나중에 극한을 $r_\delta \to 0$으로 취한다.

$$0 = \frac{A(\beta(r_\delta) - 1)\exp(\beta(r_\delta)) - B(1 + \beta(r_\delta))\exp(-\beta(r_\delta))}{r_\delta^2}$$

이를 통해 다음과 같은 관계를 구할 수 있다.

$$\frac{A(\beta(r_\delta) - 1)\exp(\beta(r_\delta))}{r_\delta^2} = \frac{B(1 + \beta(r_\delta))\exp(-\beta(r_\delta))}{r_\delta^2}$$

$$A = B\frac{(1 + \beta(r_\delta))\exp(-\beta(r_\delta))}{(\beta(r_\delta) - 1)\exp(\beta(r_\delta))}$$

극한을 $r_\delta \to 0$으로 취하면 $A = -B$가 된다. 이제 전달함수 $\dfrac{\widetilde{C}_s(r, s)}{J(s)}$를 다음과 같이 계산한다.

$$\frac{\widetilde{C}_s(r, s)}{J(s)} = \frac{-R_s^2}{D_s r}\left[\frac{A\exp(\beta(r)) + B\exp(\beta(r))}{A(\beta(R_s) - 1)\exp(\beta(R_s)) - B(1 + \beta(R_s))\exp(-\beta(R_s))}\right]$$

$$= \frac{-R_s^2}{D_s r}\left[\frac{A}{-A}\right]\left[\frac{\exp(\beta(r)) - \exp(-\beta(r))}{(1 - \beta(R_s))\exp(\beta(R_s)) - (1 + \beta(R_s))\exp(-\beta(R_s))}\right]$$

$$= \frac{R^{2_s}}{D_s r}\left[\frac{\exp(\beta(r)) - \exp(-\beta(r))}{(1 - \beta(R_s))\exp(\beta(R_s)) - (1 + \beta(R_s))\exp(-\beta(R_s))}\right]$$

이 식은 입자 내부의 어느 위치에서든 리튬 농도를 결정하는 데 사용할 수 있다. 그러나 우리는 $r = R_s$인 입자 표면의 농도를 결정하는 데 가장 관심이 있으므로 $r = R_s$를 대입하고 $\widetilde{C}_{s,e}(s) = \widetilde{C}_s(R_s, s)$로 표시한다.

$$\frac{\widetilde{C}_{s,e}(s)}{J(s)} = \frac{R_s}{D_s}\left[\frac{\exp(\beta(R_s)) - \exp(-\beta(R_s))}{(1 - \beta(R_s))\exp(\beta(R_s)) - (1 + \beta(R_s))\exp(-\beta(R_s))}\right]$$

이 식을 더 간단하게 쓰고 싶다면 $\beta(R_s)$를 β로 표기하면 된다.

$$\begin{aligned}\frac{\widetilde{C}_{s,e}(s)}{J(s)} &= \frac{R_s}{D_s}\left[\frac{\exp(\beta)-\exp(-\beta)}{(1-\beta)\exp(\beta)-(1+\beta)\exp(-\beta)}\right] \\ &= \frac{R_s}{D_s}\left[\frac{\dfrac{\exp(\beta)-\exp(-\beta)}{\exp(\beta)-\exp(-\beta)}}{\dfrac{\exp(\beta)-\exp(-\beta)}{\exp(\beta)-\exp(-\beta)}-\beta\dfrac{\exp(\beta)+\exp(-\beta)}{\exp(\beta)-\exp(-\beta)}}\right] \\ &= \frac{R_s}{D_s}\left[\frac{1}{1-\beta\coth(\beta)}\right]\end{aligned}$$

지금까지의 내용을 다시 정리하면 표기법을 확장해 다음과 같이 쓸 수 있다.[12]

$$\widetilde{C}_{s,e}(s) = \frac{R_s}{D_s}\left[\frac{1}{1-R_s\sqrt{s/D_s}\coth(R_s\sqrt{s/D_s})}\right]J(s) \tag{5.9}$$

5.2.2 적분기 극점 제거하기

전달함수를 볼 때에는 바로 알 수 없지만 사실 $\dfrac{\widetilde{C}_{s,e}(s)}{J(s)}$는 불안정하다. 적분 동적 상태에 해당하는 $s=0$에서 극점을 갖기 때문이다. 이러한 사실은 입자에 리튬이 지속적으로 유입되면 입자 내의 리튬 농도가 계속 증가한다는 것을 알고 있으므로 명확하게 알 수 있다. 이는 함수를 상태 공간 모델로 변환하는 방법을 살펴볼 때 중요하다. 안정적인 전달함수를 만들기 위해 $\Delta\widetilde{C}_{s,e}(s)=\widetilde{C}_{s,e}(s)-\widetilde{C}_{s,\text{avg}}(s)$를 정의해보자. 이때 $\widetilde{C}_{s,\text{avg}}(s)$는 전극의 벌크^{bulk}(평균) 농도에서 $c_{s,0}$를 뺀 값이다.

임의의 시간 t_1에 대해 $\tilde{c}_{s,\text{avg}}(t_1)$은 다음과 같이 쓸 수 있다.

$$\tilde{c}_{s,\text{avg}}(t_1) = \int_0^{t_1}\frac{\text{Li의 유입 [mol s}^{-1}]}{\text{입자의 체적 [m}^3]}\,\mathrm{d}t$$

반지름이 R_s인 구의 부피는 $\dfrac{4}{3}\pi R_s^3\,[\mathrm{m}^3]$이고 리튬의 유입량은 $-j(t)\,[\mathrm{mol\ m^{-2}s^{-1}}]$이며, 이 유입은 표면적 $4\pi R_s^2\,[\mathrm{m}^2]$에서 발생한다. 이를 식으로 나타내면 다음과 같다.[13]

$$\tilde{c}_{s,\text{avg}}(t_1) = \int_0^{t_1}\frac{-j(t)\cdot 4\pi R_s^2}{\frac{4}{3}\pi R_s^3}\,\mathrm{d}t = -\frac{3}{R_s}\int_0^{t_1} j(t)\,\mathrm{d}t$$

---

12 $\dfrac{\widetilde{C}_{s,e}(s)}{J(s)}$는 초월(transcendental) 형태 전달함수(단위 : s)라고 한다. 2차 다항식(변수 s에 포함)의 몫으로 표현되지 않기 때문이다. 따라서 이 함수는 유리 다항식 전달함수(rational-polynomial)가 아니다.

13 이는 리튬 농도가 입자 내부에 어떻게 분포되어 있는지에 대한 어떤 가정도 하지 않은, 지극히 일반적인 결과이다.

$$\frac{\mathrm{d}}{\mathrm{d}t}\tilde{c}_{s,\mathrm{avg}}(t) = -\frac{3}{R_3}j(t)$$

라플라스 변환을 이용하면 다음과 같다.

$$\frac{\widetilde{C}_{s,\mathrm{avg}}(s)}{J(s)} = -\frac{3}{R_s}\frac{1}{s}$$

앞선 내용들을 바탕으로 식을 정리하면 다음과 같다.

$$\begin{aligned}
\frac{\Delta\widetilde{C}_{s,e}(s)}{J(s)} &= \frac{\widetilde{C}_{s,e}(s)}{J(s)} - \frac{\widetilde{C}_{s,\mathrm{avg}}(s)}{J(s)} \\
&= \frac{R_s}{D_s}\left[\frac{1}{1-\beta\coth(\beta)}\right] + \frac{3}{R_s s} \\
&= \frac{R_s}{D_s}\left[\frac{1+\frac{3D_s}{sR_s^2}(1-\beta\coth(\beta))}{1-\beta\coth(\beta)}\right] = \frac{R_s}{D_s}\left[\frac{1+\frac{3}{\beta^2}(1-\beta\coth(\beta))}{1-\beta\coth(\beta)}\right] \\
&= \frac{R_s}{D_s}\left[\frac{\beta^2+3(1-\beta\coth(\beta))}{\beta^2(1-\beta\coth(\beta))}\right] = \frac{R_s}{D_s}\left[\frac{(\beta^2+3)-3\beta\coth(\beta)}{\beta^2(1-\beta\coth(\beta))}\right]
\end{aligned}$$

마지막으로 표기법을 확장하면 다음과 같이 쓸 수 있다.

$$\frac{\Delta\widetilde{C}_{s,e}(s)}{J(s)} = \frac{\frac{sR_s^2}{D_s}+3-3R_s\sqrt{\frac{s}{D_s}}\coth\left(R_s\sqrt{\frac{s}{D_s}}\right)}{sR_s\left(1-R_s\sqrt{\frac{s}{D_s}}\coth\left(R_s\sqrt{\frac{s}{D_s}}\right)\right)} \tag{5.10}$$

SECTION 5.3 상태 공간 구현

앞선 과정을 통해 우리는 입력 선속을 평균값 주변에서 리튬 표면 농도의 일시적인 변화와 연관시키는 전달함수 모델을 구했다. 이 특정 사례의 경우 전달함수의 모든 극점과 영점을 간단한 수치 방법으로 계산하고 그 정보를 사용해 이산시간 상태 공간 모델을 만들 수 있다.[14] 그러나 6장에서 다룰 전달함수로는 이를 작업할 수 없으므로 다른 구현 접근법을 사용해야 한다.

14 Smith, K., *Electrochemical Modeling, Estimation and Control of Lithium Ion Batteries*, Ph.D. dissertation, The Pennsylvania State University, 2006.

한 가지 방법은 비선형 최적화nonlinear optimization를 통해 유리 다항식 전달함수의 극점과 영점을 선택해 주파수 응답을 초월 전달함수의 응답과 일치시키는 것이다. 이렇게 하면 유리 다항식 전달함수를 상태 공간 모델로 변환하는 표준 방법을 사용할 수 있다. 그러나 이러한 비선형 최적화 방법은 초기 모델을 추측하는 데 활용하기에는 매우 민감하고 시간과 계산에 제한이 없으며, 전역global 최적에 수렴한다는 보장이 없다는 문제가 있다.

이산시간 상태 공간 근사 모델을 전달함수에서 직접 구할 수 있는 또 다른 접근법이 있다. 상태 공간 시스템에 대한 이런 시스템의 식별 문제는 "구현 문제"라고 부르기도 한다. 즉, 시스템의 동적 상태를 설명하는 구현(행렬 $\boldsymbol{A}$, $\boldsymbol{B}$, $\boldsymbol{C}$, $\boldsymbol{D}$의 집합) 방법을 찾는 것이다. 지금은 전달함수의 마르코프 매개변수를 찾을 수 있다고 가정한다.

여기서 중요한 것은 시스템의 마르코프 매개변수가 주어졌을 때 시스템 차원 n과 유사성 변환에 따른 행렬($\boldsymbol{A}$, $\boldsymbol{B}$, $\boldsymbol{C}$, $\boldsymbol{D}$)을 구하는 것이다.

5.3.1 호-칼만 상태 공간 구현 방법

초기, 아마도 **최초의** 상태 공간 구현 방법은 호B. L. Ho와 칼만R. E. Kalman에 의해 소개되었다.[15] 이 방법은 앞으로 개발할 이산시간 구현 알고리즘의 핵심으로, 이를 도출하기 위해 다음의 행렬들을 함께 곱하면 흥미로운 일이 발생한다.

$$\underbrace{\begin{bmatrix} \boldsymbol{C} \\ \boldsymbol{CA} \\ \boldsymbol{CA}^2 \\ \vdots \\ \boldsymbol{CA}^{n-1} \end{bmatrix}}_{\mathcal{O}} \underbrace{\begin{bmatrix} \boldsymbol{B} & \boldsymbol{AB} & \boldsymbol{A}^2\boldsymbol{B} & \cdots & \boldsymbol{A}^{n-1}\boldsymbol{B} \end{bmatrix}}_{\mathcal{C}} = \begin{bmatrix} \boldsymbol{CB} & \boldsymbol{CAB} & \boldsymbol{CA}^2\boldsymbol{B} & \cdots & \boldsymbol{CA}^{n-1}\boldsymbol{B} \\ \boldsymbol{CAB} & \boldsymbol{CA}^2\boldsymbol{B} & \boldsymbol{CA}^3\boldsymbol{B} & & \\ \boldsymbol{CA}^2\boldsymbol{B} & \boldsymbol{CA}^3\boldsymbol{B} & \boldsymbol{CA}^4\boldsymbol{B} & & \\ \vdots & & & \ddots & \vdots \\ \boldsymbol{CA}^{n-1}\boldsymbol{B} & & & \cdots & \boldsymbol{CA}^{2n-2}\boldsymbol{B} \end{bmatrix}$$

여기서 $\mathcal{O}$와 $\mathcal{C}$는 논의 범위를 벗어나므로 $\mathcal{O}$를 상태 공간 시스템의 가관측성observability matrix 행렬, $\mathcal{C}$를 상태 공간 시스템의 가제어성controllability matrix 행렬이라고 한다.[16]

---

15 Ho, B.L., and Kalman, R.E., "Effective Construction of Linear State Variable Models from Input/Output Functions", *Regelungstechnik*, 14(12), 1966, pp. 545–8.

16 표기가 매우 비슷해 보이지만 가제어성 행렬 $\mathcal{C}$와 출력 행렬 $\boldsymbol{C}$는 서로 다른 양임을 명확히 하자.

$\mathcal{O}$와 $\mathcal{C}$의 곱은 블록 행켈 행렬, 즉 일정한 대각선[skew](사선)을 갖는 행렬이자 거꾸로 된 블록 토플리츠[Toeplitz] 행렬이다. 대각선의 값은 시스템의 마르코프 매개변수이므로($k > 2n-1$일 때 g_0와 g_k 제외) 이를 정리하면 다음과 같다.

$$\mathcal{H} = \mathcal{OC} = \begin{bmatrix} g_1 & g_2 & \cdots & g_n \\ g_2 & g_3 & & \\ \vdots & & \ddots & \vdots \\ g_n & & \cdots & g_{2n-1} \end{bmatrix}$$

호-칼만 방법은 마르코프 매개변수를 알고 있다고 가정하며, g_0에 대한 지식이 있으면 $\boldsymbol{D}$를 직접 구할 수 있다. 나머지 마르코프 매개변수에 대한 지식은 궁극적으로 $\boldsymbol{A}$, $\boldsymbol{B}$, $\boldsymbol{C}$를 산출한다. 이 방법을 사용하려면 먼저 행켈 행렬 $\mathcal{H}$를 생성해야 한다. 다음으로 $\mathcal{H} = \mathcal{OC}$를 성분 $\mathcal{O}$와 $\mathcal{C}$로 인수분해한 뒤 $\mathcal{O}$와 $\mathcal{C}$를 사용해 $\boldsymbol{A}$, $\boldsymbol{B}$, $\boldsymbol{C}$를 구해야 한다. 이 과정에서 고려될 의문을 해결책과 함께 제시했다.

Q1 **n을 모른다. 그러면 애초에 어떻게 $\mathcal{H}$를 생성할 수 있는가? 즉 언제 $\mathcal{H}$에 펄스 응답 값을 추가하는 것을 중단해야 하는가?**

A1 $\mathcal{H}$의 랭크[rank]는 시스템 순서 n과 동일하다. 이 랭크가 증가하지 않을 때까지 데이터를 계속 추가하면 된다.

Q2 **$\mathcal{O}$와 $\mathcal{C}$로부터 A, B, C를 어떻게 계산할 수 있는가?**

A2 $\boldsymbol{C}$의 추정치 $\hat{\boldsymbol{C}}$는 $\mathcal{O}$의 첫 번째 블록 행으로 추출되며, $\boldsymbol{B}$에 대한 추정치 $\hat{\boldsymbol{B}}$는 $\mathcal{C}$의 첫 번째 블록 행으로 추출된다. 곧 $\boldsymbol{A}$의 추정치 $\hat{\boldsymbol{A}}$를 얻는 방법을 살펴볼 것이다.

Q3 **$\mathcal{H}$를 $\mathcal{O}$와 $\mathcal{C}$에 어떻게 인수분해해야 하는가?**

A3 원칙적인 측면에서 이는 중요하지 않다. $\mathcal{OC} = \mathcal{H}$가 되게 하는 어떤 임의의 행렬 $\mathcal{O}$와 $\mathcal{C}$면 된다.

앞선 질의응답, 그 중에서도 세 번째 질문의 특징을 이해하기 위해 상태 공간 모델이 유사성 변환을 거칠 때 $\mathcal{O}$와 $\mathcal{C}$에 어떤 일이 일어나는지 생각해보자. $\overline{\boldsymbol{A}} = \boldsymbol{T}^{-1}\boldsymbol{A}\boldsymbol{T}$이고 $\overline{\boldsymbol{B}} = \boldsymbol{T}^{-1}\boldsymbol{B}$이며, $\overline{\boldsymbol{C}} = \boldsymbol{C}\boldsymbol{T}$임을 떠올려보면 가관측성과 가제어성 행렬을 다음과 같이 새로 쓸 수 있다.

$$\overline{\mathcal{O}} = \begin{bmatrix} \overline{\boldsymbol{C}} \\ \overline{\boldsymbol{C}}\overline{\boldsymbol{A}} \\ \vdots \\ \overline{\boldsymbol{C}}\overline{\boldsymbol{A}}^{n-1} \end{bmatrix} = \begin{bmatrix} \boldsymbol{CT} \\ \boldsymbol{CTT}^{-1}\boldsymbol{AT} \\ \vdots \\ \boldsymbol{CT}(\boldsymbol{T}^{-1}\boldsymbol{AT})^{n-1} \end{bmatrix} = \mathcal{O}\boldsymbol{T}$$

$$\begin{aligned} \overline{\mathcal{C}} &= \begin{bmatrix} \overline{\boldsymbol{B}} & \overline{\boldsymbol{A}}\overline{\boldsymbol{B}} & \cdots & \overline{\boldsymbol{A}}^{n-1}\overline{\boldsymbol{B}} \end{bmatrix} \\ &= \begin{bmatrix} \boldsymbol{T}^{-1}\boldsymbol{B} & \boldsymbol{T}^{-1}\boldsymbol{ATT}^{-1}\boldsymbol{B} & \cdots & (\boldsymbol{T}^{-1}\boldsymbol{AT})^{n-1}\boldsymbol{T}^{-1}\boldsymbol{B} \end{bmatrix} = \boldsymbol{T}^{-1}\mathcal{C} \end{aligned}$$

따라서 $\overline{\mathcal{O}}\,\overline{\mathcal{C}} = (\mathcal{O}T)(T^{-1}\mathcal{C}) = \mathcal{O}\mathcal{C}$이다. $\mathcal{H}$를 한 방향으로 인수분해하면 $\mathcal{O}$와 $\mathcal{C}$의 한 집합을 갖는 표현을 구할 수 있고 다른 방식으로 인수분해하면 $\overline{\mathcal{O}}$와 $\overline{\mathcal{C}}$의 또다른 집합을 갖는 표현을 구할 수 있다. 이런 표현은 유사도 변환 T를 통해 서로 연관된다.

즉 $\mathcal{H}$를 어떻게 인수분해하든 행렬 A, B, C는 다르지만 동일한 입·출력 관계를 갖는다. 이는 전달함수와 단위 펄스 응답이 동일하지만 상태에 대한 설명이 다르다는 것으로, 예를 들어 $\mathcal{O} = I$를 선택하면 $\mathcal{C} = \mathcal{H}$가 된다. 이렇게 하면 **가관측성의 표준 형식**observability canonical form인 A, B, C가 된다. $\mathcal{C} = I$를 선택한 다음 $\mathcal{O} = \mathcal{H}$를 선택할 수도 있는데, 이렇게 하면 **가제어성의 표준 형식**controllability canonical form인 A, B, C가 생성된다.

다시 한 번 이 과정에서 고려될 의문과 해결책을 다음과 같이 정리했다.

Q4 **$\mathcal{H}$를 인수분해하는 "최선의" 방법이 있는가?**

A4 특이값 분해singular value decomposition, SVD를 사용하면 된다. 이제 이를 위한 중요한 툴tool을 살펴볼 것이다.

5.3.2 특이값 분해(SVD)

선형 대수학의 중요한 결과는 $\text{rank}(A) = r$인 모든 직사각형 행렬이 $A \in \mathbb{R}^{m \times n}$이라는 것이다. 이는 다음과 같은 형식으로 인수분해 및 설명할 수 있다.

$$A = U\Sigma V^T \tag{5.11}$$

- $U = [u_1, \cdots, u_m] \in \mathbb{R}^{m \times m}$이고 $U^T U = I$이며, u_i는 A의 **왼쪽**left 또는 **출력 특이벡터**output singular vectors이다.
- $V = [v_1, \cdots, v_n] \in \mathbb{R}^{n \times n}$이고 $V^T V = I$이며, v_i는 A의 **오른쪽**right 또는 **입력 특이벡터**input singular vector이다.
- 행렬 $\Sigma \in \mathbb{R}^{m \times n}$은 행렬 A의 **특이값**singular values σ_i를 포함하는 (0 채우기(제로 패딩zero-padded)) 대각선 행렬이다. 이는 $\sigma_1 \geq \cdots \geq \sigma_r > 0$이고 $i > r$에서 $\sigma_i = 0$일 때 각각 다음과 같다.

$$\Sigma = \begin{bmatrix} \sigma_1 & & 0 & 0 \\ & \ddots & & 0 \\ 0 & & \sigma_m & 0 \end{bmatrix} \quad \text{또는} \quad \Sigma = \begin{bmatrix} \sigma_1 & & 0 \\ & \ddots & \\ 0 & & \sigma_n \end{bmatrix} \quad \text{또는} \quad \Sigma = \begin{bmatrix} \sigma_1 & & 0 \\ & \ddots & \\ 0 & & \sigma_n \\ 0 & 0 & 0 \end{bmatrix}$$

$$(m < n) \qquad\qquad (m = n) \qquad\qquad (m > n)$$

식 (5.11)과 같은 인수분해 형태를 행렬 $\boldsymbol{A}$의 (전체) **특이값 분해**singular value decomposition라고 한다. MATLAB에서 특이값 분해는 svd 또는 svds를 통해 계산된다. 종종 $\boldsymbol{A}$의 랭크 r을 기준으로 행렬 분할을 사용해 전체 SVD를 분할된 형태로 작성하기도 하는데, 이때 $\boldsymbol{A} = \boldsymbol{U}_1 \boldsymbol{\Sigma}_1 \boldsymbol{V}_1^T$를 **간결한**compact SVD라고 한다.

$$\boldsymbol{A} = \left[\begin{array}{c:c} \boldsymbol{U}_1 & \boldsymbol{U}_2 \end{array}\right] \left[\begin{array}{c:c} \boldsymbol{\Sigma}_1 & 0_{r \times (n-r)} \\ \hdashline 0_{(m-r) \times r} & 0_{(m-r) \times (n-r)} \end{array}\right] \left[\begin{array}{c} \boldsymbol{V}_1^T \\ \hdashline \boldsymbol{V}_2^T \end{array}\right]$$

$\boldsymbol{y} = \boldsymbol{A}\boldsymbol{x}$ 연산은 $\boldsymbol{y} = (\boldsymbol{U}\boldsymbol{\Sigma}\boldsymbol{V}^T)\boldsymbol{x}$가 된다. 이를 위해 먼저 ($\boldsymbol{V}^T$ 방향으로 회전하는) 입력 방향 $v_1, \cdots, v_r$을 따라 $\boldsymbol{x}$의 계수를 계산한다. 다음으로 계수를 σ_i(확장)로 스케일링한 뒤 출력 방향 $\boldsymbol{u}_1, \cdots, \boldsymbol{u}_r$을 따라 출력을 재구성한다. 이는 [그림 5-3]에 설명되어 있으며, v_1은 가장 민감한, 즉 가장 높은 이득 입력 방향이고 $\boldsymbol{u}_1$은 가장 높은 이득 출력 방향이다. 이를 통해 $\boldsymbol{A}v_1 = \sigma_1 \boldsymbol{u}_1$으로 정의할 수 있다.

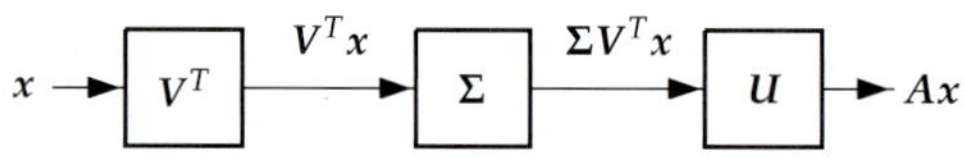

[그림 5-3] 행렬의 SVD를 통한 행렬 곱셈 시각화

여기서 중요한 것은 특이값 자체가 행렬 노름norm과 관련이 있다는 것이다. 특히 행렬의 2-노름은 행렬의 최대 특이값 $\|\boldsymbol{A}\|_2 = \sigma_1$과 같다. 따라서 SVD는 전반적으로 입력/출력 방향의 함수로서 이득을 나타낸다.

예를 들어 $\boldsymbol{\Sigma} = \mathrm{diag}(10,\ 7,\ 0.1,\ 0.05)$인 $\boldsymbol{A} \in \mathbb{R}^{4 \times 4}$를 고려해보자. 방향 v_1과 v_2를 따라 입력 구성 요소는 약 10배 정도 증폭되어 대부분 $\boldsymbol{u}_1$과 $\boldsymbol{u}_2$에 걸쳐 있는 평면을 따라 나온다. 반면 방향 v_3과 v_4를 따라 나오는 입력 구성 요소는 약 10배 감소한다. 이득 $\|\boldsymbol{A}\boldsymbol{x}\|_2 / \|\boldsymbol{x}\|_2$의 범위는 10에서 0.05 사이이며, 이득은 항상 0보다 크므로 $\boldsymbol{A}$는 비특이nonsingular라는 결론을 내릴 수도 있다. 일부 응용 분야에서는 $\boldsymbol{A}$의 랭크를 **사실상**effectively 2라고 할 수 있다.

5.3.3 SVD를 통한 하위 랭크 근사화

$\boldsymbol{A} \in \mathbb{R}^{m \times n}$이 $\mathrm{rank}(\boldsymbol{A}) = r$이고 SVD $\boldsymbol{A} = \boldsymbol{U}\Sigma\boldsymbol{V}^T = \boldsymbol{\Sigma}_{i=1}^{r} \sigma_i \boldsymbol{u}_i \boldsymbol{v}_i^T$라고 가정해보자. $\boldsymbol{A}$를 $\hat{\boldsymbol{A}}$로 근사화하고자 할 때 $\mathrm{rank}(\hat{\mathrm{A}}) \leq p < r$은 $\|\boldsymbol{A} - \hat{\boldsymbol{A}}\|_2$가 최소화되는 의미에서 $\hat{\boldsymbol{A}} \approx \boldsymbol{A}$이다. 그러면 $\boldsymbol{A}$에 근사한 최적 랭크 p는 $\hat{\boldsymbol{A}} = \Sigma_{i=1}^{p} \sigma_i \boldsymbol{u}_i \boldsymbol{v}_i^T$이므로 다음과 같다. σ_{p+1}은 최대로 남은 특이값이기 때문이다.

$$\|\boldsymbol{A}-\hat{\boldsymbol{A}}\|_2=\left\|\sum_{i=p+1}^{r}\sigma_i\boldsymbol{u}_i\boldsymbol{v}_i^T\right\|_2=\sigma_{p+1}$$

앞선 식에서 SVD 양자 관계 $\boldsymbol{u}_i\boldsymbol{v}_i^T$는 중요도 순으로 순위가 매겨진다. 이 중 p를 취해 랭크 p의 근사치를 구하는 방식은 모델을 단순화할 수 있어 매우 유용하다. 예를 들어 $\boldsymbol{A}\in\mathbb{R}^{100\times 30}$일 때 $\boldsymbol{y}=\boldsymbol{Ax}+\boldsymbol{w}$이 10, 7, 2, 0.5, 0.01, $\cdots$, 0.0001의 특이값을 갖는다고 가정해보자. 만약 $\|x\|_2$의 차수가 1이고 알 수 없는 오차나 잡음 $\boldsymbol{w}$가 차수가 0.1인 노름을 갖는다면 $i=5,\cdots,30$에 대한 $\sigma_i\boldsymbol{u}_i\boldsymbol{v}_i^T\boldsymbol{x}$는 잡음 항 $\boldsymbol{w}$보다 훨씬 작으므로 $\boldsymbol{y}=\Sigma_{i=1}^{4}\sigma_i\boldsymbol{u}_i\boldsymbol{v}_i^T\boldsymbol{x}+\boldsymbol{w}$에 의해 대략적으로 훨씬 단순화된 모델 $\boldsymbol{y}=\boldsymbol{Ax}+\boldsymbol{w}$을 얻을 수 있다.

5.3.4 호-칼만 방법 구현하기

상태 공간 구현에 대한 Q1을 떠올려보자. 시스템 상태 n의 차원을 모를 때 행켈 행렬 $\mathcal{H}$를 어떻게 생성할 수 있을까? 이 문제를 해결하려면 다음과 같이 무한한 대각선 행렬 $\mathcal{H}_\infty$를 고려해야 한다.

$$\mathcal{H}_\infty=\begin{bmatrix} g_1 & g_2 & g_3 & g_4 & \cdots \\ g_2 & g_3 & g_4 & g_5 & \cdots \\ g_3 & g_4 & g_5 & g_6 & \cdots \\ g_4 & g_5 & g_6 & g_7 & \cdots \\ \vdots & \vdots & \vdots & \vdots & \ddots \end{bmatrix}$$

이때 항목 g_k는 주어진 시스템의 마르코프 매개변수에 해당한다. 이런 형식을 **무한 행켈 행렬**infinite Hankel matrix 또는 **행켈 연산자**Hankel operator라고 한다. $\mathcal{H}$의 첫 번째 k 블록 행과 l 블록 열에 의해 생성되는 유한 행켈 행렬을 다음과 같이 정의할 수도 있다.

$$\mathcal{H}_{k,l}=\begin{bmatrix} g_1 & g_2 & g_3 & \cdots & g_l \\ g_2 & g_3 & g_4 & \cdots & g_{l+1} \\ g_3 & g_4 & g_5 & \cdots & g_{l+2} \\ \vdots & \vdots & \vdots & & \vdots \\ g_k & g_{k+1} & g_{k+2} & \cdots & g_{k+l-1} \end{bmatrix}$$

앞선 행렬은 $\mathcal{H}_{k,l}=\mathcal{O}_k\mathcal{C}_l$로 인수분해할 수 있다. 이때 $\mathcal{O}_k$와 $\mathcal{C}_l$은 각각 다음과 같다.

$$\mathcal{O}_k=\begin{bmatrix} C \\ CA \\ \vdots \\ CA^{k-1} \end{bmatrix},\ \mathcal{C}_l=\begin{bmatrix} B & AB & A^2B & \cdots & A^{l-1}B \end{bmatrix}$$

이제 우리가 취할 접근 방식은 가설 값 n에 필요한 것보다 더 큰 크기의 $\mathcal{H}_{k,l}$을 만드는 것이다. 즉 $k > n$이고 $l > n$이므로 행렬이 동일한 형태의 일반적인 형식을 가지고 있다고 해도 $\mathcal{O}_k \neq \mathcal{O}$이고 $\mathcal{C}_l \neq \mathcal{C}$이다. 이때 $\mathcal{O}_k$를 **확장된 가관측성 행렬**extended observability matrix이라고 하고 $\mathcal{C}_l$을 **확장된 가제어성 행렬**extended controllability matrix이라고 한다.

이제 SVD를 $\mathcal{H}_{k,l}$에 다음과 같이 적용할 수 있다.

$$
\begin{aligned}
\mathcal{H}_{k,l} &= U\Sigma V^T = U\Sigma^{1/2}\Sigma^{1/2}V^T \\
&= U\Sigma^{1/2}TT^{-1}\Sigma^{1/2}V^T \\
&= \underbrace{(U\Sigma^{1/2}T)}_{\mathcal{O}_k}\underbrace{(T^{-1}\Sigma^{1/2}V^T)}_{\mathcal{C}_l}
\end{aligned}
$$

$\mathcal{H}_{k,l}$을 $\mathcal{O}_k$와 $\mathcal{C}_l$로 인수분해하는 것은 행렬 T의 선택에 따라 달라진다. 그러나 결과 모델의 입·출력 동작은 T에 의존하지 않는다. 이 동작의 유일한 제한은 T를 반전시킬 수 있어야 한다는 것인데, 일반적으로 단순화하기 위해 T를 동일 행렬인 $T = I$로 선택하게 된다. 이렇게 하면 앞서 살펴본 **Q3**와 **Q4**가 해결된다.

시스템 차수 n은 0이 아닌 특이값의 수로 결정할 수 있다. 그러나 (짝수 반올림 노이즈라고 해도) $\mathcal{H}_{k,l}$을 구성하는 단위 펄스 응답 값의 "노이즈"는 SVD에 0이 아닌 특이값을 n개보다 더 많이 유발한다. 따라서 실제로는 처음 몇 개의 특이값을 살펴보고 특이값의 크기가 현저하게 감소하는 지점을 판단해 중요한 특이값과 동일한 수의 상태를 가진 모델을 유지하도록 선택해야 한다.

이제 마지막 질문이 남았다. (A, B, C)를 사용해 어떻게 **Q2**를 해결할 것인가? 이를 해결하기 위해서는 행켈 행렬의 이동shift 특성에 주목해야 한다. 블록 행 하나씩 $\mathcal{H}$를 이동시키면 다음과 같이 $\mathcal{H}^{\uparrow}_{k+1,l} = \mathcal{O}_k A \mathcal{C}_l$이 된다.

$$
\begin{aligned}
\mathcal{H}^{\uparrow}_{k+1,l} &= \begin{bmatrix} g_2 & g_3 & g_4 & \cdots & g_{l+1} \\ g_3 & g_4 & g_5 & \cdots & g_{l+2} \\ \vdots & \vdots & \vdots & & \vdots \\ g_k & g_{k+1} & g_{k+2} & \cdots & g_{k+l-1} \\ g_{k+1} & g_{k+2} & g_{k+3} & \cdots & g_{k+l} \end{bmatrix} \\
&= \begin{bmatrix} CAB & CA^2B & CA^3B & \cdots & CA^lB \\ CA^2B & CA^3B & CA^4B & & CA^{l+1}B \\ \vdots & \vdots & \vdots & \ddots & \vdots \\ CA^{k-1}B & CA^kB & CA^{k+1}B & \cdots & CA^{k+l-2}B \\ CA^kB & CA^{k+1}B & CA^{k+2}B & \cdots & CA^{k+l-1}B \end{bmatrix} \\
&= \mathcal{O}^{\uparrow}_{k+1}\mathcal{C}_l = \mathcal{O}_k\mathcal{C}^{\leftarrow}_{l+1} = \mathcal{O}_k A \mathcal{C}_l
\end{aligned}
$$

이런 관계를 사용하면 $\boldsymbol{A}$의 추정치 $\hat{\boldsymbol{A}}$를 구할 수 있다. 이 행렬 중 하나는 행렬 의사 역연산을 수행하여 $\hat{\boldsymbol{A}} = \mathcal{O}_k^{\dagger} \mathcal{H}_{k+1,l}^{\uparrow} \mathcal{C}_l^{\dagger}$를 제시한다.

MATLAB에서 `Ok`가 확장된 가관측성 행렬이라면 `Cl`은 확장된 가제어성 행렬이다. `HankelUp`은 이동된 행켈 행렬 $\mathcal{H}_{k+1,l}^{\uparrow}$로, 다음 중 하나를 계산할 수 있다.

```
Ahat = pinv(Ok)*HankelUp*pinv(Cl);
```

```
Ahat = (Ok\HankelUp)/Cl;
```

이전과 마찬가지로 확장된 가제어성 행렬 $\mathcal{C}_l$의 첫 번째 블록 열에서 $\boldsymbol{B}$의 추정치 $\hat{\boldsymbol{B}}$를 추출한다. 그리고 확장된 가관측성 행렬 $\mathcal{O}_k$의 첫 번째 블록 행에서 $\boldsymbol{C}$의 추정치 $\hat{\boldsymbol{C}}$를 추출하고 $\boldsymbol{D}$의 추정치 $\hat{\boldsymbol{D}}$를 $\hat{\boldsymbol{D}} = g_0$로 설정하면 된다.

5.3.5 요약 : 호-칼만 방법의 알고리즘 단계

다음은 이산 단위 펄스 응답을 상태 공간 표현으로 변환하는 호-칼만 방법을 요약한 것이다.

❶ 이산 단위 펄스 응답 값을 원래의 유한 행켈 행렬 $\mathcal{H}_{k,l}$과 이동된 버전 $\mathcal{H}_{k+1,l}^{\uparrow}$로 정리한다.

❷ (이동하지 않은) 행켈 행렬 $\mathcal{H}_{k,l}$의 SVD를 계산한 뒤 시스템 차수 n을 "큰" 특이값의 수로 식별한다.

❸ 적절한 크기의 SVD 구성 요소를 사용해 확장된 가관측성 행렬과 가제어성 행렬을 계산한다. 일반적으로 $\boldsymbol{T} = \boldsymbol{I}$를 사용한다.

❹ 시스템 행렬($\boldsymbol{A}$, $\boldsymbol{B}$, $\boldsymbol{C}$)의 추정치($\hat{\boldsymbol{A}}$, $\hat{\boldsymbol{B}}$, $\hat{\boldsymbol{C}}$)를 식별하고 $\boldsymbol{D}$의 추정치 $\hat{\boldsymbol{D}}$를 g_0으로 설정한다.

단일 입력-단일 출력 시스템에 단위 펄스를 입력하면 다음과 같은 응답이 나온다고 가정해보자.

$$y = (0, 1, 1, 2, 3, 5, 8, 13, 21, 34, 55, 89, \cdots)$$

이 출력은 초기 조건이 $g_0 = 0$이고 $g_1 = 1$인 $g_k = g_{k-1} + g_{k-2}$로 생성된 피보나치 수열로 인식한다. 이 수열에 대한 일반적인 구현은 다음과 같은 상태 공간 시스템으로 제공된다.

$$\boldsymbol{A} = \begin{bmatrix} 0 & 1 \\ 1 & 1 \end{bmatrix}, \quad \boldsymbol{B} = \begin{bmatrix} 1 \\ 1 \end{bmatrix}, \quad \boldsymbol{C} = \begin{bmatrix} 1 & 0 \end{bmatrix}, \quad \boldsymbol{D} = 0 \tag{5.12}$$

이제 단위 펄스 응답만을 기반으로 동등한 결과를 구현해보자. MATLAB에서는 이런 상태 공간 시스템을 정의하고 단위 펄스 응답을 다음과 같이 구할 수 있다.

```
% Define true system, compute the Markov parameters as "y"
A = [0 1; 1 1]; B = [1; 1]; C = [1 0]; D = 0; dt = 1;
sysTrue = ss(A,B,C,D,dt);      % "typical" Fibonacci ss model
y = dt*impulse(sysTrue);       % scale by dt to get unit-pulse response
```

다음으로 필요한 행켈 행렬을 다음과 같이 생성한다.

$$\mathcal{H}_{4,4} = \begin{bmatrix} 1 & 1 & 2 & 3 \\ 1 & 2 & 3 & 5 \\ 2 & 3 & 5 & 8 \\ 3 & 5 & 8 & 13 \end{bmatrix}, \quad \mathcal{H}^{\uparrow}_{5,4} = \begin{bmatrix} 1 & 2 & 3 & 5 \\ 2 & 3 & 5 & 8 \\ 3 & 5 & 8 & 13 \\ 5 & 8 & 13 & 21 \end{bmatrix}$$

이 작업은 다음과 같은 MATLAB 코드를 사용해 수행되었다.

```
% Form H{4,4} and shifted H{5,4}. Note: Do not include "zero-th"
% parameter (first element of y), which corresponds to the matrix D.
bigHankel = hankel(y(2:end)); % don't forget to omit h(0) term = y(1)
H = bigHankel(1:4,1:4);       % for this example, keep only 4x4 portion
Hup = bigHankel(2:5,1:4);     % shifted H{5,4}
```

$\mathcal{H}_{4,4}$의 SVD는 다음과 같이 산출된다.

$$\sigma_1 = 54.56, \quad \sigma_2 = 0.43988, \quad \sigma_i = 0, \ i \geq 3$$

이는 $n = 2$임을 나타내며, MATLAB에서 다음과 같이 수행된다.

```
% Compute singular values of Hankel matrix
[U,S,V] = svd(H);

% Identify system order off-line as n = 2 based on values of S
n = 2;
```

이제 $\boldsymbol{U}$와 $\boldsymbol{V}$의 왼쪽 열 두 개를 추출한다.

$$\boldsymbol{U} = \boldsymbol{V} = \begin{bmatrix} -0.1876 & 0.7947 \\ -0.3035 & -0.4911 \\ -0.4911 & 0.3035 \\ -0.7947 & -0.1876 \end{bmatrix}$$

확장된 가제어성 행렬과 가관측성 행렬은 다음과 같이 계산할 수 있다.

$$\mathcal{C}_l = \Sigma^{1/2} V^T = \begin{bmatrix} -0.8507 & -1.3764 & -2.2270 & -3.6034 \\ 0.5257 & -0.3249 & 0.2008 & -0.1241 \end{bmatrix}$$

$$\mathcal{O}_k = U\Sigma^{1/2} = \mathcal{C}_l^T$$

이런 과정들은 MATLAB에서 다음과 같이 수행된다.

```
% Compute extended observability and controllability matrices, sized to
% the order for the system inferred by the singular values.
Us = U(:,1:n); Ss = S(1:n,1:n); Vs = V(:,1:n);
Ok = Us*sqrtm(Ss); Cl = sqrtm(Ss)*Vs';
```

마지막으로 유사도 변환을 포함해 시스템 행렬($\hat{A}$, $\hat{B}$, $\hat{C}$)을 다음과 같이 식별하고 g_0로부터 $\hat{D}$를 구한다.

$$\hat{A} = \mathcal{O}_k^{\dagger} \mathcal{H}_{k+1,l}^{\uparrow} \mathcal{C}_l^{\dagger} = \begin{bmatrix} 1.6180 & 0 \\ 0 & -0.6180 \end{bmatrix}$$

$$\hat{B} = \mathcal{C}_l(1:n,\ 1:m) = \mathcal{C}_l(1:2,\ 1) = \begin{bmatrix} -0.8057 \\ 0.5257 \end{bmatrix}$$

$$\hat{C} = \mathcal{O}_k(1:p, 1:n) = \mathcal{O}_k(1,\ 1:2) = \begin{bmatrix} -0.8057 & 0.5257 \end{bmatrix}$$

$$\hat{D} = g_0 = 0$$

앞선 수치 결과는 다음의 MATLAB 코드를 사용해 계산한 것이다.

```
% Identify system assuming p = m = 1 (SISO), using shifted Hankel matrix
Ahat = (Ok\Hup)/Cl; Bhat = Cl(:,1); Chat = Ok(1,:); Dhat = y(1);
sysEst = ss(Ahat, Bhat, Chat, Dhat, dt);
```

이제 식 (5.12)의 실제 시스템과 추정된 식별 시스템을 비교해보자. [그림 5-4]는 실제 시스템과 추정 시스템의 극점과 영점을 나타낸 것이다. 두 시스템 모두 두 개의 극점과 한 개의 영점을 가지며, 추정 시스템의 동적 상태의 위치는 실제 시스템과 구별할 수 없다.

[그림 5-5]에서는 실제 시스템과 추정 시스템의 단위 펄스 응답을 확인할 수 있다. 다시 말하지만 두 응답은 구별할 수 없다.

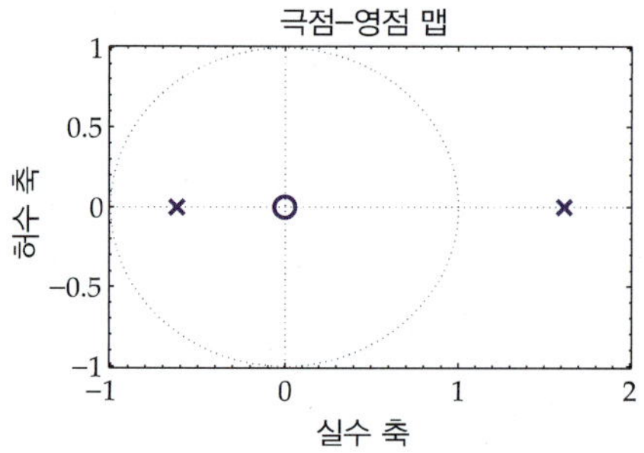

[그림 5-4] 피보나치 예제에 대한 실제 시스템과 추정 시스템의 극점–영점 맵

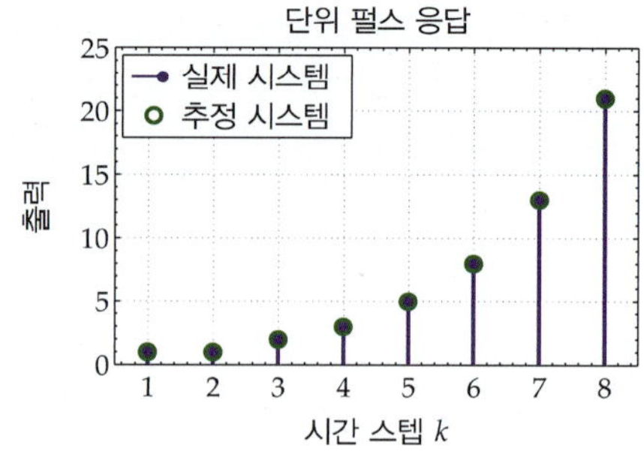

[그림 5-5] 호–칼만 방법을 사용한 피보나치 수열 예시

이때 저장할 적절한 양의 출력 데이터, 즉 "얼마나 큰 $\mathcal{H}$가 필요한가"를 선택하려면 반복이 필요할 수 있다. 일반적으로 $\text{rank}(\mathcal{H}_{k,l}) = \text{rank}(\mathcal{H}_{k-1,l-1})$이 될 때까지는 다음 특이값이 "중요하지 않을 때까지" 데이터를 추가한다.

앞서 진행한 작업에 대해 많은 의문을 해결했지만 아직 남은 의문이 있다. 일반적인 연속시간 전달함수로 시작한다면 g_k는 어디에서 오는 것일까? 이 질문에 대한 답이 배터리 전달함수에 대한 상태 공간 구현을 위해 호–칼만 법칙을 적용하는 열쇠인 것으로 밝혀졌으므로 추후 이를 살펴볼 것이다.

SECTION 5.4 이산시간 구현 알고리즘

$\boldsymbol{Y}(s) = \boldsymbol{H}(s)\boldsymbol{U}(s)$인 라플라스 영역에서 (다중 입력–다중 출력일 수도 있는) 연속시간 전달함수 $\boldsymbol{H}(s)$와 샘플링 주기 T_s가 주어졌을 때는 다음과 같이 축소 차수 이산시간 상태 공간 구현을 도출하려고 한다.

$$\begin{aligned} \boldsymbol{x}[k+1] &= \boldsymbol{A}\boldsymbol{x}[k] + \boldsymbol{B}\boldsymbol{u}[k] \\ \boldsymbol{y}[k] &= \boldsymbol{C}\boldsymbol{x}[k] + \boldsymbol{D}\boldsymbol{u}[k] \end{aligned}$$

이런 방법을 **이산시간 구현 알고리즘**discrete-time realization algorithm, DRA이라고 한다.[17]

DRA가 동작하기 위한 **충분한**sufficient 조건은 $\boldsymbol{H}(s)$가 엄격하게 안정적이고 적절한 시스템을 의미하는 하디 공간Hardy space $\mathscr{H}_\infty$와 같아야 한다는 것이다. 단, 이는 상태 공간 구현을 위한 **필수**necessary 조건은 아니다. 나중에 이 방법을 일반화해 s–평면의 원점에 고립된 극점을 갖는 시스템(적분기)으로 작업할 것이다.

17 이 방법은 Lee, J.L., Chemistruck, A. and Plett, G.L., "Discrete–Time Realization of Transcendental Impedance Functions, with Application to Modeling Spherical Solid Diffusion", Journal of Power Sources, 206, 2012, pp. 367–377에 처음 게재되었다. 이 책에서 개발한 방법은 모든 주요 측면에서 동일하지만 명확성을 높이기 위해 일부 세부 사항이 약간 다르다.

이때 $\boldsymbol{H}(s)$를 라플라스 변수 "s"의 다항식의 몫으로 공식화하는 것을 제한하지 않으며, 이를 통해 이산시간계를 구하는 잘 알려진 방법이 존재함을 유의하자. 이는 식 (5.9)와 식 (5.10)과 같은 초월 전달함수에 대한 구현 방법을 찾을 때 중요하다.

이를 간단히 하면 단일 입력-단일 출력 $H(s)$에 대한 DRA를 설명할 수 있다. 그러나 다음 장에서 다룰 것처럼 다중 입력 및 다중 출력 $\boldsymbol{H}(s)$로 결과를 일반화할 수 있다. 다중 입력-다중 출력 시스템에 대한 추가적인 고려 사항은 앞으로 다룰 예제에서 설명할 것이다.

먼저 연속시간 전달함수 $H(s)$로 시작하는 전체 DRA 프로세스는 다음과 같다.

❶ **1단계** : 주파수 영역에서 연속시간 전달함수 $H(s)$를 빠른 속도로 샘플링하고 샘플의 역이산 푸리에 변환(IDFT)을 수행해 연속시간 임펄스 응답 $h(t)$에 대한 근사치를 구한다.

❷ **2단계** : $h(t)$를 사용해 높은 속도[rate]로 샘플링된 연속시간 스텝 응답 $h_{\mathrm{step}}(t)$를 근사화한다.

❸ **3단계** : 시스템 입력에 연결된 샘플과 홀드 회로를 가정해 연속시간 단계 응답 $h_{\mathrm{step}}(t)$에서 샘플 사이의 주기 T_s로 이산시간 단위 펄스 응답 값 g_k를 계산한다.

❹ **4단계** : 결정론적[deterministic] 호-칼만 알고리즘을 사용해 이산시간 상태 공간을 구현한다. 이 알고리즘은 3단계의 이산시간 단위 펄스 응답 시퀀스[sequence]에서 축소 차수 행렬 $\hat{\boldsymbol{A}}$, $\hat{\boldsymbol{B}}$, $\hat{\boldsymbol{C}}$를 반환한다. 시스템의 차수는 알고리즘의 일부로 계산된 행켈 행렬의 정렬된 특이값에서 결정되며, 행렬 $\hat{\boldsymbol{D}}$는 초기값 정리를 통해 구할 수 있다.

원점에 극점이 있는 전달함수는 엄격하게 안정된 요건을 충족하지 못함을 유의하자. 곧 이 극점을 자동적으로 고려할 수 있음을 설명할 것이다. 샘플 앤 홀드[sample-and-hold] 프레임워크와 호-칼만 방법, 그리고 $s=0$일 때 가능한 극점에 대해 더 자세히 살펴보자.

5.4.1 끝에서부터 시작까지 DRA 구축하기

이제 $\boldsymbol{H}(s)$를 구하기 위해 이산시간 구현 알고리즘을 역순으로 구축해보자. 만약 시스템의 단위 펄스 응답을 알고 있다면 호-칼만 알고리즘을 사용해 상태 공간 표현을 구할 수 있다. 이는 앞서 설명한 전체 DRA 프로세스 중 4단계로, 이제 3단계로 넘어가 단위 펄스 응답을 찾는 데 집중한다.

단위 펄스 응답은 어떻게 구할 수 있을까? 먼저 시스템의 연속시간 스텝 응답 $h_{\mathrm{step}}(t)$를 알고 있다고 가정해보자. 그러면 [그림 5-6]과 같은 단위 펄스 응답을 구할 수 있다. 만약 단위 스텝 입력이 단위 스텝 응답을 초래한다면 (시간의 불변성으로 인해) 시간 이동된 단위 스텝 입력은 시간 이동[time shift]된 단위 스텝 응답을 초래한다는 것을 알 수 있다. 여기서는 최종 이산시간 상태 공간 시스템에서 원하는 샘플링 주기인 T_s와 같은 시간 이동을 고려한다.

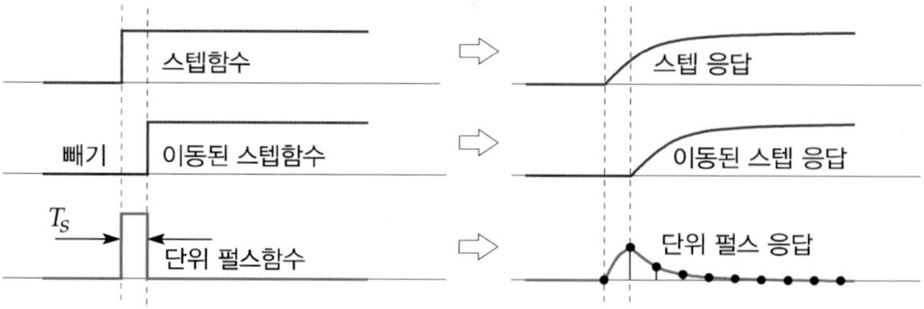

[그림 5-6] 연속시간 스텝 응답을 이산시간 단위 펄스 응답으로 변환하기

단위 스텝함수와 시간 이동된 단위 스텝함수의 차이와 동일한 입력을 사용하면 선형성으로 인해 출력은 단위 스텝 응답과 시간 이동된 단위 스텝 응답의 차이가 된다. 이 수정된 입력은 지속 시간 T_s의 단위 펄스 함수이므로 수정된 출력은 반드시 단위 펄스 응답이어야 한다. 이런 연속시간 단위 펄스 응답을 T_s초마다 샘플링하면 이산시간 단위 펄스 응답을 구할 수 있다.

즉, 길이 T_s초의 단위 펄스에 대한 연속시간 응답은 다음과 같다.

$$h_{\text{pulse}}(t) = h_{\text{step}}(t) - h_{\text{step}}(t - T_s)$$

이산시간 단위 펄스 응답은 $g_k = h_{\text{pulse}}(kT_s)$이다. 이제 DRA 프로세스의 3단계를 마쳤다.

시스템의 연속시간 스텝 응답을 구할 수 있다면 이산시간 상태 공간 구현을 구할 수 있다. 그럼 연속시간 스텝 응답은 어떻게 구할 수 있을까? 연속시간 임펄스 응답 $h(t)$를 알고 있다고 가정하면 $h_{\text{step}}(t)$는 다음과 같다.

$$h_{\text{step}}(t) = \int_0^t h(\tau)\,d\tau$$

사실 DRA는 숫자 알고리즘이므로 연속시간을 직접 처리할 수 없다. 대신 $T_1 = \frac{1}{F_1} \ll T_s$인 빠른 샘플 주파수 F_1을 선택해 미세하게 샘플링된 연속시간 스텝 응답을 다음과 같이 계산한다.

$$h_{\text{step}}(kT_1) = T_1 \sum_{i=0}^{k-1} h(iT_1)$$

이제 DRA 프로세스의 2단계를 마쳤다. 즉, 시스템의 미세하게 샘플링된 연속시간 임펄스 응답을 구할 수 있다면 상태 공간 표현을 구할 수 있다. 그렇다면 그 임펄스 응답은 어떻게 구할 수 있을까? "이산 등가" 방법을 사용하면 연속시간 임펄스 응답을 근사화할 수 있다.[18] 이중 선형 변환을 사용해 원래의 연속시간 전달함수에 대한 빠른 샘플링 속도의 이산시간 근사치를 다음과 같이 작성한다.

18 Franklin, G.F., Powell, J.D., and Workman, M., *Digital Control of Dynbamic Systems*, 3rd ed., Addison-Wesley, 1998, pp. 187-210.

$$H(z) \approx H(s)\big|_{s=\frac{2}{T_1}\frac{z-1}{z+1}}$$

이때 T_1은 이전과 동일한 에뮬레이션emulation(모방) 샘플링 기간이다.[19] 이제 시퀀스의 이산 푸리에 변환(DFT)은 다음과 같은 관계를 통해 z 변환과 관련되어 있음을 알 수 있다. 이때 $0 \le f < N$이다.

$$H[f] = H(z)\big|_{z=\exp(j2\pi f/N)} = H(s)\big|_{s=\frac{2}{T_1}\left[\frac{e^{j2\pi f/N}-1}{e^{j2\pi f/N}+1}\right]} = H(s)\big|_{s=\frac{2j}{T_1}\tan(\pi f/N)}$$

여기서 N은 기본 시퀀스에 대해 선택된 점의 수로, 효율적인 계산을 위해 일반적으로 2의 거듭제곱으로 선택된다. 또한 $H[f]$의 역 DFT는 $h(nT_1)$를 제공하며, 에뮬레이션 샘플링 기간 T_1에서의 연속시간 임펄스 응답인 근사치로 다음과 같이 정의된다.

$$h(nT_1) = \frac{1}{N}\sum_{f=0}^{N-1} H[f]\, e^{j2\pi fn/N}$$

이때 T_1은 $n=0$에서 $n=N-1$까지 색인화index된다. 이제 $H(s)$를 상태 공간 모델로 완전히 변환할 수 있다. 최종 이산시간 상태 공간 행렬 $\boldsymbol{D}$는 첫 번째 마르코프 매개변수이지만 다음과 같은 초기값 정리initial value theorem를 사용하면 수치적으로 더 잘 구할 수 있다.

$$D = g_0 = h[0] = \lim_{s\to\infty} H(s)$$

SECTION 5.5 이산시간 구현 알고리즘의 단계별 예제

이 절에서는 이산시간 구현 알고리즘(DRA)의 동작을 설명하기 위한 세 가지 예제를 살펴볼 것이다. 처음 두 예제는 유리 다항식 전달함수로, DRA가 아닌 다른 방법으로 정확한 해를 계산하고 DRA로 얻은 근사해와 비교할 수 있다. 세 번째 예제는 닫힌 형태(폐루프closed form)의 해는 없지만 1D 포물선-타원parabolic-elliptic 편미분 방정식 솔버를 사용해 DRA로 얻은 해와 비교할 수 있는 거의 정확한 해를 찾을 수 있다. 모든 경우에서 정확한 해와 DRA로 얻은 해 사이의 우수한 일치도를 찾을 수 있다.

19 연속시간 전달함수를 정확하게 측정하려면 샘플링 주파수 $F_1 = 1/T_1$이 시스템의 동적 상태를 포착할 수 있을 만큼 충분히 높아야 한다. 경험상(rule of thumb) 주파수 영역에서 대략적인 근사치를 얻으려면 샘플링 주파수가 시스템 대역폭의 20배 이상이어야 한다. 더 높은 에뮬레이션 샘플링 주파수에서는 더 정확한 결과를 얻을 수 있다.

5.5.1 예제 1 : 유리 다항식 전달함수

먼저 간단한 2차 시스템에 DRA 방법을 다음과 같이 적용한다.

$$H_1(s) = \frac{s^2 + 20s + 80}{s^2 + 2s + 8}$$

이때 샘플링 주기 $T_s = 0.1$인 이산시간 구현이 필요하다. 먼저 $H_1(s)$에 대한 보드 선도Bode plot를 계산해 적절한 빠른 샘플링 속도 T_1을 선택하기 위한 시스템 대역폭을 다음과 같이 추정한다. MATLAB에서는 다음 코드를 사용한다.

```
omega = logspace(-1,3,100);              % create freq. axis in rad/sec
s = 1j*omega;                            % create s = j*omega
H = (s.^2+20*s+80)./(s.^2+2*s+8);        % compute cplx. freq. response
semilogx(omega,20*log10(abs(H)));        % display the magnitude response
```

[그림 5-7]은 $H_1(s)$의 크기magnitude 응답을 나타낸 것으로, 대역폭은 $3\,\mathrm{rad\,s}^{-1}$, 즉 $0.5\,\mathrm{Hz}$ 정도이다.

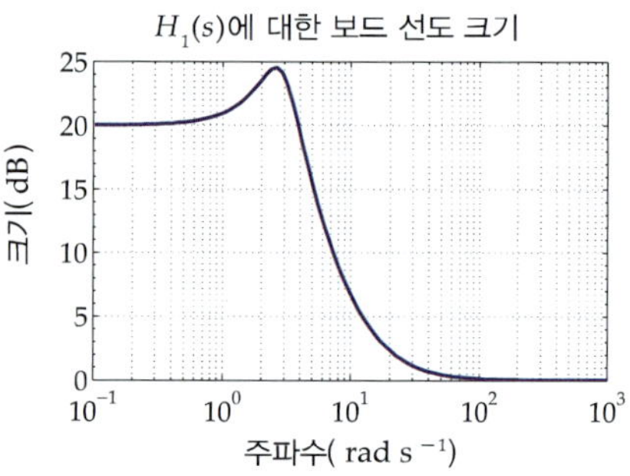

[그림 5-7] $H_1(s)$의 보드 선도 크기

이제 앞 절에서 배웠던 DRA 프로세스를 사용해 다음과 같이 값을 구해보자.

❶ **1단계** : 시스템 대역폭의 20배가 훨씬 넘는 고속 샘플링 주파수 $F_1 = 256\,\mathrm{Hz}$를 선택한다. 다음의 코드는 이산 주파수에서 전달함수를 샘플링하고 역 DFT를 통해 대략적인 연속시간 임펄스 응답을 산출할 수 있다.

```
F1 = 256; T1 = 1/F1;                     % Interp. freq. of 256 Hz
minTlen = 6.5;                           % min. h(t) length in sec.
N = 2^(ceil(log2(minTlen*F1)));          % # of samples at rate F1
f = 0:N-1;                               % normalized freq. vector
s = (2j/T1)*tan(pi*f/N);                 % substitution to get Hd[f]
Hd = (s.^2+20*s+80)./(s.^2+2*s+8);       % Hd[f]
hd = real(ifft(Hd)) * F1;                % approximation to h(t)
```

```
td = T1*(0:N-1);                                    % time vector for h(t)
plot(td,hd,'bx','markersize',8); hold on            % plot h(t)

H1 = tf([1 20 80],[1 2 8]);                         % true transfer function
[himpTrue,timpTrue] = impulse(H1,5);                % true impulse response
plot(timpTrue,himpTrue,'r'); axis([0 5 -8 23]);     % plot on top
```

[그림 5-8]은 역 DFT를 통해 계산된 대략적인 연속시간 임펄스 응답을 $H_1(s)$의 정확한 연속시간 임펄스 응답과 비교한 것이다. 두 해가 일치하는 결과를 통해 DFT 방법이 임펄스 응답에 대한 좋은 근사치를 제공한다는 것을 보여준다.

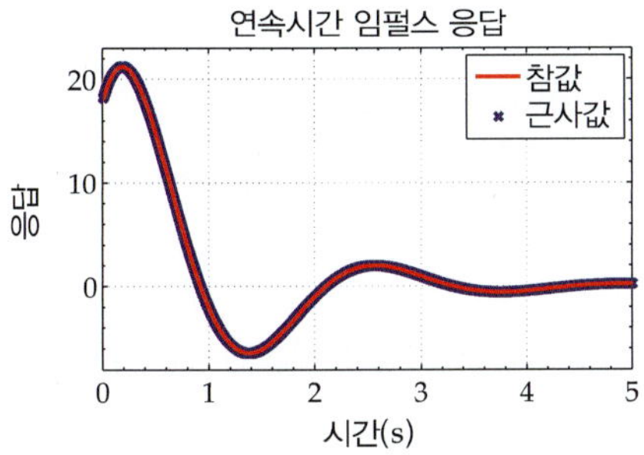

[그림 5-8] (DRA 1단계를 통한) $H_1(s)$에 대한 연속시간 임펄스 응답의 참값 및 근사값

❷ **2단계** : 임펄스 응답의 누적 합계를 수행해 연속시간 스텝 응답에 대한 근사값을 구한다. 이 작업은 다음의 MATLAB 코드를 통해 수행된다.

```
hstep = T1*cumsum(hd);                              % h_s(t)
plot(td,hstep,'bx','markersize',8); hold on         % plot h_s(t)

[hstepTrue,tstepTrue] = step(H1,5);                 % true step resp.
plot(tstepTrue,hstepTrue,'r'); axis([0 5 0 15]);    % plot on top
```

[그림 5-9]는 DRA를 통해 구한 근사한 스텝 응답과 시스템의 실제 스텝 응답을 비교한 것이다. 이를 통해 두 신호 간의 우수한 일치도를 다시 한 번 확인할 수 있다.

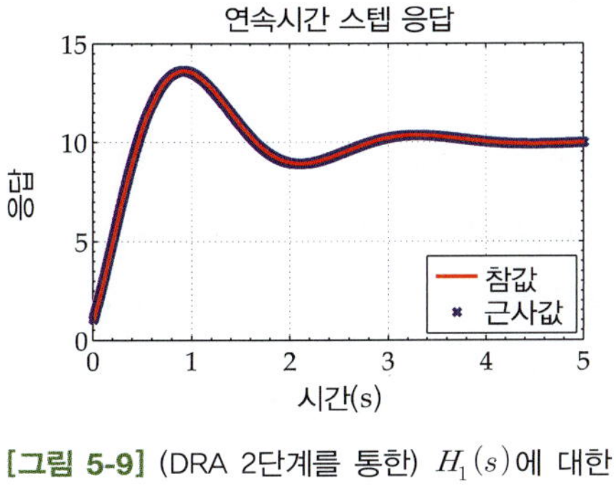

[그림 5-9] (DRA 2단계를 통한) $H_1(s)$에 대한 참값 및 근사값의 연속시간 스텝 응답

❸ **3단계** : 이제 최종 샘플 속도 T_s에 대한 연속시간 근사 스텝 응답을 다시 샘플링하고 이산시간 펄스 응답 $h_{\text{step}}[k] - h_{\text{step}}[k-1]$을 계산한다. MATLAB 코드는 다음과 같이 구성된다.

```
Ts = 0.1; tdisc = 0:Ts:6.5;                          % final time vector
hdisc = [0 diff(interp1(td,hstep,tdisc))];          % h[k]
stem(tdisc,hdisc,'filled'); hold on

[himpDiscTrue,timpDiscTrue] = impulse(c2d(H1,Ts),5);
% next line scales IMPULSE in new MATLAB to give unit-pulse resp.
himpDiscTrue = Ts*himpDiscTrue;
plot(timpDiscTrue,himpDiscTrue,'r.','markersize',8);
axis([-0.01 5 -0.8 2.3]);
```

옛날 버전의 MATLAB에서는 `impulse` 명령이 이산시간 시스템에 대한 단위 펄스 응답을 계산했다. 그러나 최신 버전에서는 연속시간 임펄스 응답을 이산시간으로 근사화하려고 시도하며, 실제 단위 펄스 응답을 얻으려면 샘플링 기간 T_s로 출력을 스케일링해야 한다.

[그림 5-10]은 DRA 근사법에 의해 생성된 단위 펄스 응답과 MATLAB의 정확한 방법을 비교한 것으로, 단일 지점 $t=0$을 제외하고는 우수한 일치도를 보인다. 이는 역 DFT의 일부 특성으로 인해 종종 발생하지만 $t=0$에서의 단위 펄스 응답 값은 3단계의 호-칼만 알고리즘에서 사용되지 않으며, ($t=0$에서의 단위 펄스 응답 값과 동일한) 행렬 $\boldsymbol{D}$이 다음과 같이 $H_1(s)$에서 해석적으로 계산되므로 문제가 되지 않는다.

$$\boldsymbol{D} = g_0 = \lim_{s \to \infty} H_1(s) = 1$$

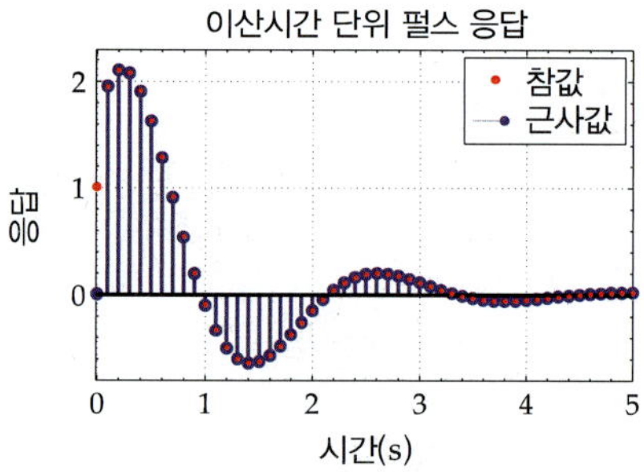

[그림 5-10] (DRA 3단계를 통한) $H_1(s)$에 대한 이산시간 단위 펄스 응답의 참값 및 근사값

❹ **4단계** : 결정론적 호-칼만 알고리즘을 사용해 2단계의 대략적인 이산시간 단위 펄스 응답에서 상태 공간을 구현하는 데 활용한다. 이산시간 단위 펄스 응답의 65개 지점이 사용되므로 최대 행켈 행렬의 크기는 32×32이다(이 행렬은 행렬을 한 행씩 위로 이동하는 경우를 고려한다). 즉 $\mathcal{H}_{32,32}$와 $\mathcal{H}^{\uparrow}_{33,32}$를 생성한 뒤 행켈 행렬 $\mathcal{H}_{32,32}$의 특이값을 플롯한다. [그림 5-11]은 로그 스케일의 특이값과 다음 MATLAB 코드가 계산을 수행하는 것을 나타낸 것이다.

```
bigHankel = hankel(hdisc(2:66));         % don't forget to omit h(0) term!
% for this example, keep only 32x32 portion
Hankel = bigHankel(1:32,1:32);
HankelUp = bigHankel(2:33,1:32);         % shifted Hankel matrix
[U, S, V] = svd(Hankel);                 % compute singular values
plot(log10(diag(S)),'bx','markersize',8); axis([0 33 -20 5]);
```

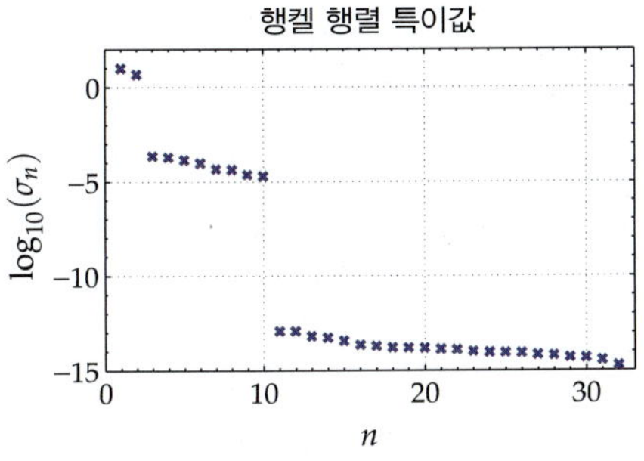

[그림 5-11] $H_1(s)$에 대한 $\mathcal{H}_{32,32}$의 32개 특이값

행켈 행렬의 SVD는 시스템의 차수에 대한 통찰력을 제공한다. 그림을 통해 처음 두 개의 특이값이 세 번째 특이값보다 세 배 이상 큼을 알 수 있으므로 축소 차수 모델 차원 $n = 2$를 선택해 다음과 같이 수행한다.[20]

```
n = 2;                                   % select via singular values
Us = U(:,1:n);                           % Compute extended observability, controllability
Ss = S(1:n,1:n)                          % matrices, sized to the order for the system
Vs = V(:,1:n);                           % inferred by the singular values.
Ok = Us*sqrtm(Ss); Cl = sqrtm(Ss)*Vs';

Ahat = (Ok\HankelUp)/Cl;                 % calculate A from Ok and Cl
Bhat = Cl(1:n,1); Chat = Ok(1,1:n);      % calculate B and C
Dhat = 1;                                % calculated manually
sysDRA = ss(Ahat,Bhat,Chat,Dhat,Ts);     % final DRA state-space sys.
```

처음 두 상태로만 잘라내면[truncate] 호-칼만 알고리즘은 $\hat{A}$, $\hat{B}$, $\hat{C}$와 같은 추정치로 상태 공간을 구현할 수 있다.

$$\hat{A} = \begin{bmatrix} 0.8529 & -0.2375 \\ 0.2375 & 0.8938 \end{bmatrix}, \quad \hat{B} = \begin{bmatrix} -1.53 \\ 0.6254 \end{bmatrix}, \quad \hat{C} = \begin{bmatrix} -1.53 & 0.6254 \end{bmatrix}$$

20 이 예제에서는 시스템 차수가 2라는 것을 알고 있는데 왜 피보나치 예제에서와 같이 $n > 2$의 특이값이 0이 아닐까? DFT 방법을 사용해 이산시간 단위 펄스 응답을 근사화하는데, 이 근사치에 약간의 노이즈가 있기 때문이다. 또한 수치적인 정밀도가 정확하지 않으므로 부동 소수점 수학의 반올림 오류로 인해 계산된 특이값에 약간의 "노이즈 플로어(noise floor)"가 있을 것으로 예상되기 때문이기도 하다. 여기서는 첫 번째 이유가 더 지배적이지만 행켈 행렬의 크기가 크다면 두 번째 이유가 더 중요해질 수도 있다.

행렬 $\boldsymbol{D}$의 추정치는 초기값 정리에서 찾을 수 있는데, 예를 들어 $\hat{\boldsymbol{D}} = \lim_{s \to \infty} H_1(s) = [1]$이다. 0 dB 또는 선형 단위로 1인 [그림 5-7]의 $H_1(s)$에서의 고주파 크기 응답을 검사해 확인한다.

다음의 코드를 사용하면 [그림 5-12]에 플롯된 것처럼 실제 이산시간 단위 펄스 응답과 최종 DRA 모델의 단위 펄스 응답을 살펴봄으로써 DRA로 생성된 모델을 검증할 수 있다.

```
% next line scales IMPULSE in new MATLAB to give unit-pulse resp.
[himpDRA,timpDRA] = impulse(sysDRA,5); himpDRA = Ts*himpDRA;
stem(timpDRA,himpDRA,'filled'); hold on
plot(timpDiscTrue,himpDiscTrue,'r.','markersize',8);
axis([-0.01 5 -0.8 2.3]);
```

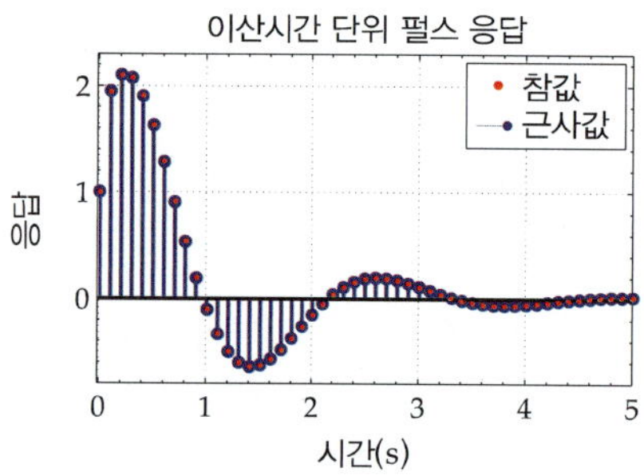

[그림 5-12] (DRA 4단계를 통한) $H_1(s)$에 대한 이산시간 단위 펄스 응답의 참값 및 근사값

그림은 최종 DRA 모델의 단위 펄스 응답이 정확한 단위 펄스 응답과 매우 잘 일치함을 보여준다(4단계에서 행렬 $\hat{\boldsymbol{D}}$의 명시적인 계산으로 $h[0]$이 보정되었음에 유의하자). 단위 펄스 응답이 매우 잘 일치하므로 모든 입력 신호 $u[k]$에 대한 축소 차수 모델의 응답도 정확한 응답과 일치한다.

5.5.2 원점에서 $H(s)$의 극점을 하나 이상 다루기

DRA는 불안정한 시스템에서는 수정[modification] 없이는 동작하지 않는다. 문제는 1단계에 있는데, 연속시간 임펄스 응답이 NT_1 기간에 매우 가까운 0으로 감쇠해야 한다. 그렇지 않으면 역 DFT가 임펄스 응답에 대한 근사치에 심각한 왜곡[alias]을 일으킨다. 따라서 불안정한 시스템이라면 1단계를 진행하기 전에 불안정한 동적 요소를 제거해 안정화해야 한다. 이때 제거한 불안정한 동적 요소는 최종 모델에 다시 추가할 수 있다.

여기서는 $H(s)$가 $s = 0$에서 극점을 갖는 일반적인 경우를 고려한다. 이는 배터리 전달함수의 숫자로 표시되는 통합 동적 상태에 해당한다. 적분 동적 상태에서 $H(s)$는 다음과 같이 씀으로써 안정적인 부분을 분리할 수 있다.

$$H(s) = H^*(s) + \frac{\mathrm{res}_0}{s}$$

앞선 식에서 res_0는 $\mathrm{res}_0 = \lim_{s \to 0} sH(s)$로 구할 수 있다. 이 한계는 종종 분석적으로 찾을 수 있는데, 모든 전달함수를 닫힌 형태로 표현할 수 있으므로 모든 전달함수에 대해서도 찾을 수 있다. 또한 $sH(s)$에 아주 작은 값의 s를 대입해 수치적으로도 구할 수 있다. 이렇게 하면 $H^*(s)$는 더 이상 원점에 극점을 갖지 않고 DRA를 시작 전달함수로 사용해 실행할 수 있다. 그런 다음 DRA에서 $\hat{\boldsymbol{A}}$, $\hat{\boldsymbol{B}}$, $\hat{\boldsymbol{C}}$, $\hat{\boldsymbol{D}}$로 정의된 상태 공간 시스템을 가져와 이전에 제거했던 적분 극점을 설명하는 동적 상태로 보강한다.

적분기에 해당하는 이산시간은 다음과 같이 구현할 수 있다.

$$x_i[k+1] = x_i[k] + T_s u[k]$$

이를 DRA에서 생성한 상태 공간 형태와 다음과 같이 결합한다.

$$\underbrace{\begin{bmatrix} \boldsymbol{x}[k+1] \\ \hdashline x_i[k+1] \end{bmatrix}}_{\boldsymbol{x}_{\mathrm{aug}}[k+1]} = \underbrace{\left[\begin{array}{c:c} \hat{\boldsymbol{A}} & 0 \\ \hdashline 0 & 1 \end{array}\right]}_{\hat{\boldsymbol{A}}_{\mathrm{aug}}} \underbrace{\begin{bmatrix} \boldsymbol{x}[k] \\ \hdashline x_i[k] \end{bmatrix}}_{\boldsymbol{x}_{\mathrm{aug}}[k]} + \underbrace{\begin{bmatrix} \hat{\boldsymbol{B}} \\ \hdashline T_s \end{bmatrix}}_{\hat{\boldsymbol{B}}_{\mathrm{aug}}} \boldsymbol{u}[k]$$

$$\boldsymbol{y}[k] = \underbrace{\left[\begin{array}{c:c} \hat{\boldsymbol{C}} & \mathrm{res}_0 \end{array}\right]}_{\hat{\boldsymbol{C}}_{\mathrm{aug}}} \begin{bmatrix} \boldsymbol{x}[k] \\ \hdashline x_i[k] \end{bmatrix} + \boldsymbol{D}\boldsymbol{u}[k]$$

앞선 식에서 점선은 전체적인 증강 상태 공간 행렬 $\hat{\boldsymbol{A}}_{\mathrm{aug}}$, $\hat{\boldsymbol{B}}_{\mathrm{aug}}$, $\hat{\boldsymbol{C}}_{\mathrm{aug}}$의 블록 하위 행렬 사이 경계를 나타낸다.

5.5.3 예제 2 : 극점이 원점에 있는 유리 다항식 전달함수

이번에는 두 번째 예제를 통해 이 과정을 살펴보자. 여기서는 다음의 연속시간 전달함수를 고려한다.

$$H_2(s) = \frac{1}{s}\left(\frac{1}{s^2 + 6s + 2}\right)$$

이 예제는 첫 번째 예제와 매우 유사하므로 현저하게 다른 단계에 대해서만 MATLAB 코드를 다룰 것이다. 그러나 이 예제는 $s = 0$에서 불안정한 적분 극점을 갖는다는 점에서 첫 번째 예제와 다르다. [그림 5-13]은 $H_2(s)$에 대한 보드 선도 플롯을 나타낸 것으로, 저주파 응답이 일정한 값으로 수렴하지 않는다는 점에서 적분 동적 상태를 관찰할 수 있다.

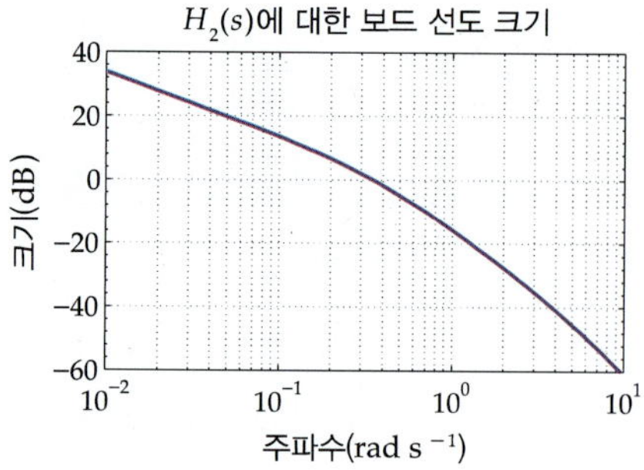

[그림 5-13] $H_2(s)$의 보드 선도 크기

목표는 최종 샘플링 주기가 $T_s = 0.5$인 이산시간 상태 공간 모델을 만드는 것으로, 그러기 위해서는 DRA 1단계 이전에 원점에서 극점을 제거해야 한다. 이 작업은 먼저 이 극점에 대한 잔차residue를 계산해 수행한다. 이 예에서 잔차는 다음과 같이 계산할 수 있다.

$$\text{res}_0 = \lim_{s \to 0} sH(s) = 0.5$$

원점에서 극점이 다시 이동한 상태에서 축소된 전달함수 $H_2^*(s)$는 다음과 같다.

$$H_2^*(s) = \frac{1}{s}\left(\frac{1}{s^2 + 6s + 2}\right) - \frac{0.5}{s} \tag{5.13}$$

[그림 5-14]는 $H_2^*(s)$의 보드 선도의 크기 응답을 나타낸 것이다. 저주파 응답은 적분기가 성공적으로 완전히 제거되었음을 보여준다.

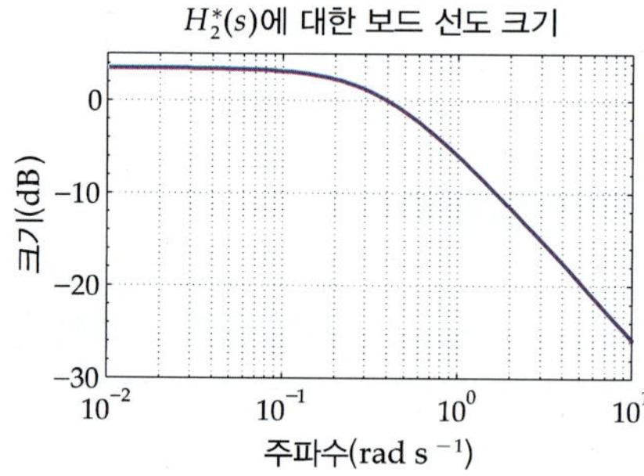

[그림 5-14] $H_2^*(s)$의 보드 선도 크기

이제 앞서 살펴본 DRA 프로세스를 활용해 전개해보자.

❶ **1단계** : $H_2^*(s)$는 시스템 대역폭보다 50배 이상 큰 256 Hz에서 샘플링된다. 이 작업을 수행할 때는 샘플링에 대한 선택권이 있어 식 (5.13)으로 구현하거나 다음과 같이 분석적으로 축소해 구현할 수 있다.

$$H_2^*(s) = \frac{1}{s}\left(\frac{1}{s^2+6s+2}\right) - \frac{0.5}{s}\left(\frac{s^2+6s+2}{s^2+6s+2}\right)$$
$$= \frac{-0.5}{s}\left(\frac{s^2+6s}{s^2+6s+2}\right)$$
$$= -0.5\left(\frac{s+6}{s^2+6s+2}\right) \quad (5.14)$$

앞서 설명한 것처럼 DRA 1단계에서는 $\lim_{s\to 0} H_2^*(s) = -6/64$ 일때 다음의 두 가지 방법 중 하나를 선택해 구현할 수 있다.[21]

```
Hd = 1./(s.^3+6*s.^2+2*s) - 0.5./s;  % Hd[f]
Hd(1) = -6/4;                         % analytic solution
```

```
Hd = -0.5*(s+6)./(s.^2+6*s+2);        % Hd[f]
```

[그림 5-15]는 역 DFT를 통해 계산된 $H_2^*(s)$의 대략적인 연속시간 임펄스 응답과 정확한 연속시간 임펄스 응답을 비교한 것이다. 시간을 $t=0$으로 했을 때를 제외하면 두 솔루션은 일치하며, DFT 방법은 임펄스 응답에 대한 좋은 근사값을 제공한다. 가짜 단일 점(응답의 불연속성이 있을 때의 DFT의 속성)은 2단계의 통합이 편차를 제거하므로 큰 문제가 되지 않는다.

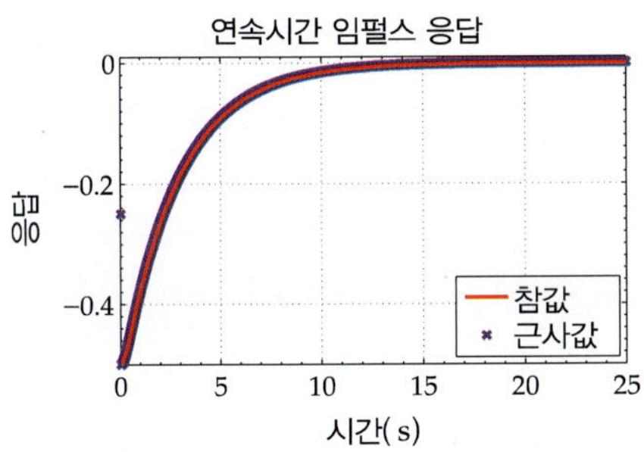

[그림 5-15] (DRA 1단계를 통한) $H_2^*(s)$에 대한 연속시간 임펄스 응답의 참값 및 근사값

❷ **2단계** : 연속시간 스텝 응답에 대한 근사치 $H_2^*(s)$는 첫 번째 예제에서와 같이 계산되어 [그림 5-16]과 같이 나타낸다.

21 첫 번째 방법을 사용하면 벡터의 첫 번째 요소 Hd는 $s=0$일 때 나누면 0이 되므로 NaN(숫자가 아님)이 된다. 이는 Hd(1) = -6/64문으로 구체적으로 수정해야 한다.

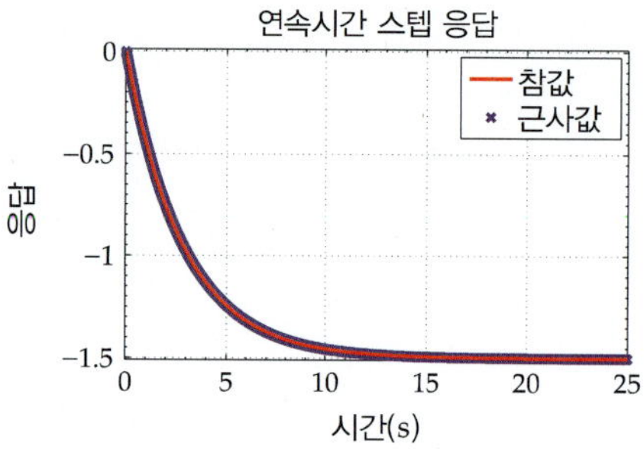

[그림 5-16] (DRA 2단계를 통한) $H_2^*(s)$에 대한 연속시간 임펄스 응답의 참값 및 근사값

❸ **3단계** : 앞서 구한 스텝 응답을 $T_s = 0.1$에서 샘플링한 뒤 [그림 5-17]에 표시된 바와 같이 이산시간 단위 펄스 응답을 생성하도록 차분화한다.

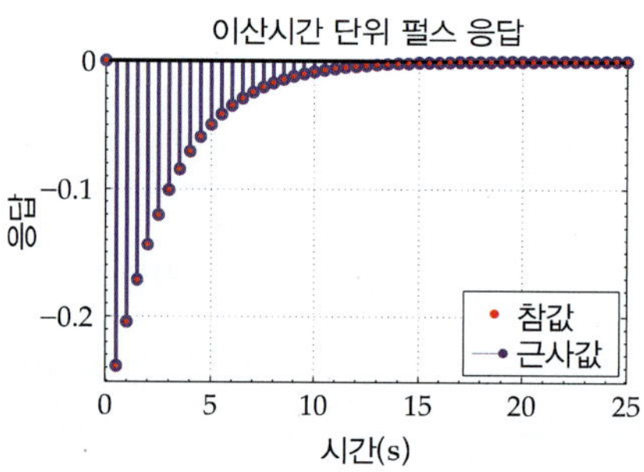

[그림 5-17] (DRA 3단계를 통한) $H_2^*(s)$에 대한 이산시간 단위 펄스 응답의 참값 및 근사값

❹ **4단계** : 3단계에서 찾은 이산시간 단위 펄스 응답으로부터 시스템 행켈 행렬을 생성한다. 64개의 이산시간 포인트가 사용되며, 32×32 행켈 행렬을 만든다. [그림 5-18]은 시스템 행켈 행렬의 32개 특이값을 나타낸 것으로, 처음 두 개의 특이값은 세 번째보다 크기가 큰 두 차수이므로 $H_2^*(s)$가 2차 시스템임을 나타낸다.

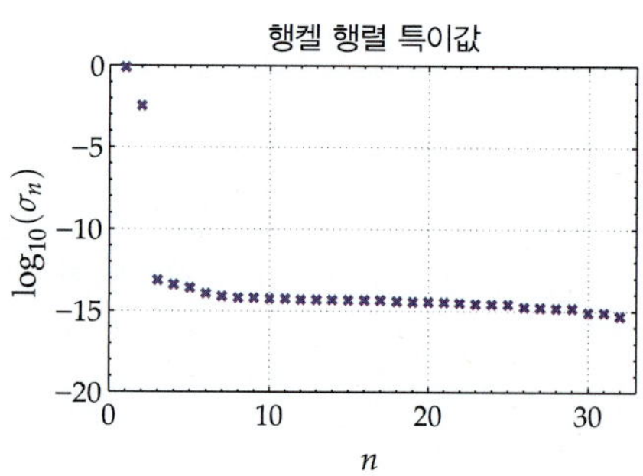

[그림 5-18] $H_2^*(s)$에 대한 $\mathcal{H}_{32,\,32}$의 32개 특이값

호-칼만 알고리즘은 처음 두 상태를 제외한 모든 상태를 잘라낸 뒤 다음과 같은 행렬 $\hat{A}$, $\hat{B}$, $\hat{C}$를 생성한다.

$$\hat{A} = \begin{bmatrix} 0.8394 & 0.03663 \\ -0.03663 & 0.05771 \end{bmatrix}, \quad \hat{B} = \begin{bmatrix} 0.4913 \\ -0.05112 \end{bmatrix}, \quad \hat{C} = \begin{bmatrix} -0.4913 & 0.05112 \end{bmatrix}$$

이 예제에서는 [그림 5-14]의 고주파 응답에서도 쉽게 찾아볼 수 있는 $\hat{D} = \lim_{s\to\infty} H_2^*(s) = 0$을 계산할 수 있다.

$H_2^*(s)$에 대한 이 상태 공간 표현은 원점의 극점을 포함하도록 보강되었으며, MATLAB 코드를 사용해 수행된다.

```
Aaug = [Ahat zeros(n,1); 1 zeros(1,n)];
Baug = [Bhat; Ts];
Caug = [Chat, res0];
sysDRA = ss(Aaug,Baug,Caug,Dhat,Ts)      % final DRA state-space sys.
```

따라서 $H_2(s)$의 이산시간은 다음과 같이 구현된다.

$$\hat{A}_{\text{aug}} = \left[\begin{array}{cc|c} 0.8394 & 0.03663 & 0 \\ -0.03663 & 0.05771 & 0 \\ \hline 0 & 0 & 1 \end{array}\right], \quad \hat{B}_{\text{aug}} = \left[\begin{array}{c} 0.4913 \\ 0.05112 \\ \hline 0.5 \end{array}\right]$$

$$\hat{C}_{\text{aug}} = \left[\begin{array}{cc|c} -0.4913 & 0.05112 & 0.5 \end{array}\right], \quad \hat{D} = [\,0\,]$$

[그림 5-19]는 DRA로 생성된 모델과 정확한 솔루션의 단위 펄스 응답을 면밀히 비교한 것이다.

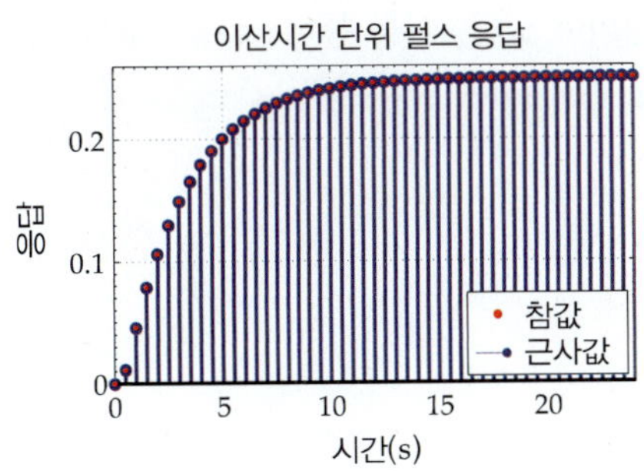

[그림 5-19] (DRA 4단계를 통한) $H_2(s)$에 대한 이산시간 단위 펄스 응답의 참값 및 최종 모델의 근사값

5.5.4 예제 3 : 초월 전달함수

앞의 두 예제에서는 DRA 방법을 통해 유리 다항식 전달함수를 근사화해 그 동작을 설명했다. 이런 예제에서는 시스템의 순서를 **선험적**priori으로 알고 있었기 때문에 정확한 답을 해석적으로 계산할 수 있었다. 이제 무한 차수 분산 매개변수를 사용해 DRA를 증명해보자. 이 방법은 정확한 답을 분석적으로 계산할 수는 없지만 DRA가 잘 동작하는 시스템이다.

보다 구체적으로 설명하면 식 (5.9)의 단일 입자에서 리튬 확산의 야콥센-웨스트Jacobsen-West 전달함수를 모델링할 것이다. 이 전달함수는 식 (5.10)과 같이 해석적으로 제거할 수 있는 원점에 극점이 있으며, 다음과 같이 정의한다.

$$H_3(s) = \frac{\widetilde{C}_{s,e}(s)}{J(s)} = \frac{R_s}{D_s}\left[\frac{1}{1-R_s\sqrt{s/D_s}\coth(R_s\sqrt{s/D_s})}\right]$$

적분기가 제거된 전달함수는 다음과 같다.

$$\begin{aligned} H_3^*(s) &= \frac{\Delta\widetilde{C}_{s,e}(s)}{J(s)} = \frac{\widetilde{C}_{s,e}(s)}{J(s)} - \frac{\widetilde{C}_{s,\mathrm{avg}}(s)}{J(s)} \\ &= \frac{\dfrac{sR_s^2}{D_S} + 3 - 3R_s\sqrt{\dfrac{s}{D_s}}\coth\left(R_s\sqrt{\dfrac{s}{D_s}}\right)}{sR_s\left(1-R_s\sqrt{\dfrac{s}{D_s}}\coth\left(R_s\sqrt{\dfrac{s}{D_s}}\right)\right)} \end{aligned}$$

이때 $\dfrac{\widetilde{C}_{s,\mathrm{avg}}(s)}{J(s)} = \dfrac{-\mathrm{res}_0}{s} = \dfrac{-3/R_s}{s}$ 이다.

이 예제에서 사용된 전달함수의 매개변수 값은 [표 5-1]에 나열되어 있다. 이를 통해 $\mathrm{res}_0 = 3\times 10^5$ 을 계산할 수 있다.

[표 5-1] 예제 3에 사용된 매개변수 값

구분	해석	값
T_s	샘플링 주기	1s
R_s	입자 반지름	8×10^{-6} m
D_s	확산성	$10^{-12}\ \mathrm{m^2 s^{-1}}$
$c_{s,e}(0)$	초기 리튬 농도	10,000 mol $\mathrm{m^{-3}}$

[그림 5-20]은 $H_3(s)$의 보드 선도 크기를 나타낸 것이다. 이 전달함수는 평평한 선으로 수렴하지 않는 저주파 특성에 의해 적분기($s=0$에서 극점)를 가지며, 기울기가 데케이드[decade]당 $-20\,\text{dB}$ 감소한다. 또한 기울기가 데케이드당 $-10\,\text{dB}$인 흥미로운 고주파 동작도 볼 수 있다. 단, 기울기가 모두 데케이드당 $-20\,\text{dB}$인 유한한 수의 극점 또는 기울기가 모두 $+20\,\text{dB}$인 0으로는 기울기를 구현할 수 없다. 대신 데케이드당 $-10\,\text{dB}$인 기울기를 대략적으로 추정하기 위해 계단식 방법으로 합산하는 극점과 영점의 조합을 사용한다.

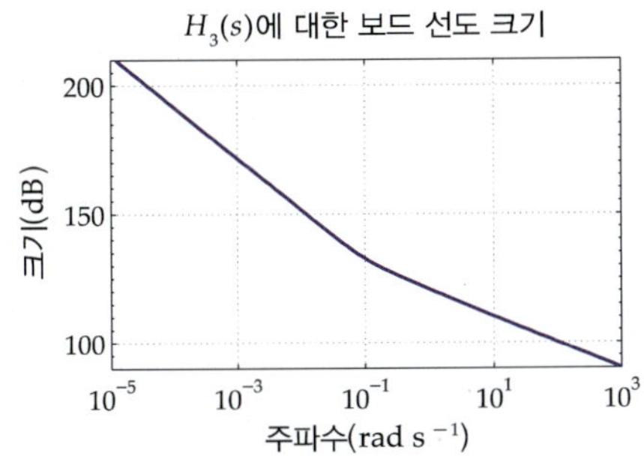

[그림 5-20] $H_3(s)$의 보드 선도 크기

데케이드당 $-10\,\text{dB}$인 기울기는 확산 방정식과 같은 분산형 매개변수 시스템이다. 다음 장에서 리튬 이온 배터리 셀의 전달함수 모델을 개발할 때 이와 관련된 더 많은 예제를 살펴볼 것이다. [그림 5-21]은 $H_3^*(s)$의 보드 선도 크기 플롯을 나타낸 것으로, 고주파 동작은 여전히 데케이드당 $-10\,\text{dB}$의 기울기지만 적분기가 성공적으로 제거되었음을 볼 수 있다.

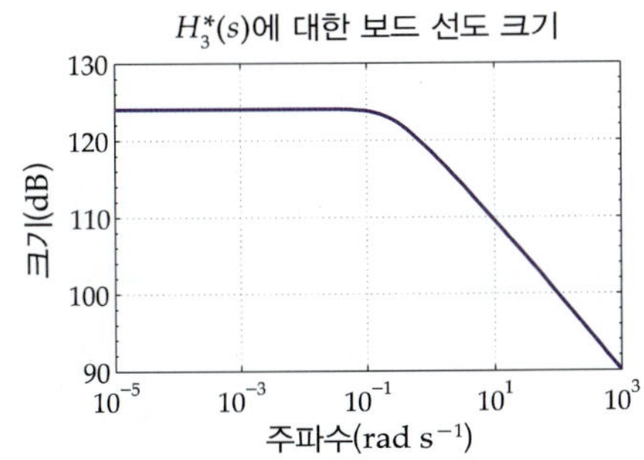

[그림 5-21] $H_3^*(s)$의 보드 선도 크기

❶ **1단계** : 이제 DRA 단계를 적용해보자. 첫 번째 DRA 단계에서는 샘플링 속도를 256 Hz로 선택하고 256초 길이의 대략적인 연속시간 임펄스 응답을 제공하기 위해 $H_3^*(s)$를 샘플링한다. $H_3^*(s)$의 주파수 벡터는 식 (5.9)를 사용해 다음과 같이 계산할 수 있다.

```
beta = Rs*sqrt(s/Ds);
Hd = (Rs/Ds)*(1./(1-beta.*coth(beta))) + (3/Rs)./s;
Hd(1) = -Rs/(5*Ds); % analytic solution
```

이때 MATLAB은 적분기 극점을 수치적으로 제거하거나 식 (5.10)을 사용해 계산한다.

```
beta = Rs*sqrt(s/Ds);
Hd = (beta.^2+3-3*beta.*coth(beta))./(s.*Rs.*(1-beta.*coth(beta)));
Hd(1) = -Rs/(5*Ds); % analytic solution
```

Hd의 두 계산 모두 0을 0으로 나눈 값을 평가하려고 시도하기 때문에 초기에는 $s=0$에 대해 NaN을 생성한다. 이 항목은 분석적으로 계산된 값으로, 다음과 같이 수동으로 대체해야 한다.

$$\lim_{s\to 0} H_3^*(s) = \lim_{s\to 0} \frac{\dfrac{sR_s^2}{D_s} + 3 - 3R_s\sqrt{\dfrac{s}{D_s}}\coth\left(R_s\sqrt{\dfrac{s}{D_s}}\right)}{sR_s\left(1 - R_s\sqrt{\dfrac{s}{D_s}}\coth\left(R_s\sqrt{\dfrac{s}{D_s}}\right)\right)} = -\frac{R_s}{5D_s}$$

이 한계는 직접 계산하면 0/0이 반환되므로 직접 계산하는 것이 매우 어렵다. 원하는 답을 구할 때까지 로피탈의 법칙[l'Hôpital's rule]을 반복해서 사용해야 한다(이 경우에는 다섯 번 반복해야 한다). 따라서 초월 전달함수를 사용할 때는 기호를 조작하기 위해 Mathematica와 같은 컴퓨터 도구를 사용하는 것이 좋다.

[그림 5-22]는 이런 대략적인 연속시간 임펄스 응답을 나타낸 것이다. 이 임펄스 응답은 정확히 풀 수 있는 방법이 없으므로 DRA로 근사화한 응답만 표시할 수 있다.

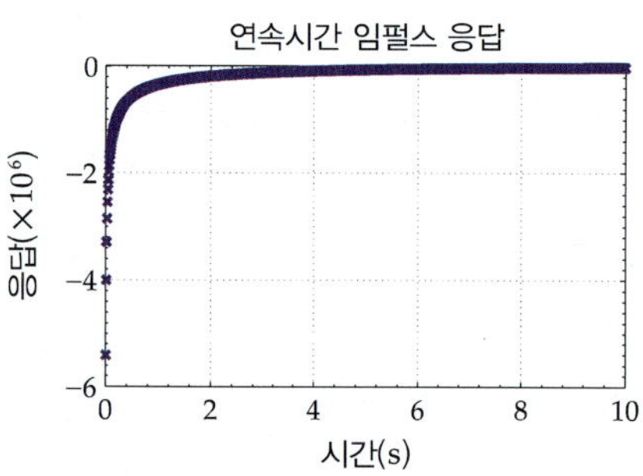

[그림 5-22] $H_3^*(s)$에 대한 DRA 근사 임펄스 응답

❷ **2단계** : 대략적인 연속시간 스텝 응답은 1단계의 임펄스 응답의 누적 합계를 수행해 계산된다. [그림 5-23]은 연속시간 스텝 응답의 근사치를 나타낸 것이다. 다시 말하지만 이 결과를 비교할 수 있는 이 시스템의 연속시간 스텝 응답에 대한 정확한 방법은 알려져 있지 않다.

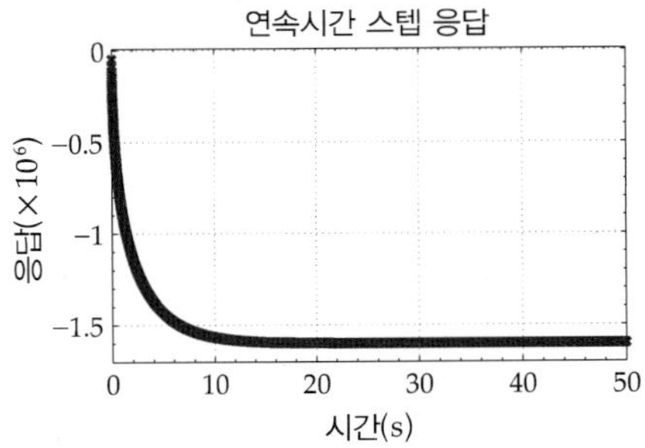

[그림 5-23] $H_3^*(s)$에 대한 DRA 근사 스텝 응답

❸ **3단계** : 대략적인 연속시간 스텝 응답을 $T_s = 1$에서 샘플링하고 [그림 5-24]와 같이 이산시간 단위 펄스 응답을 생성하기 위해 차분한다.

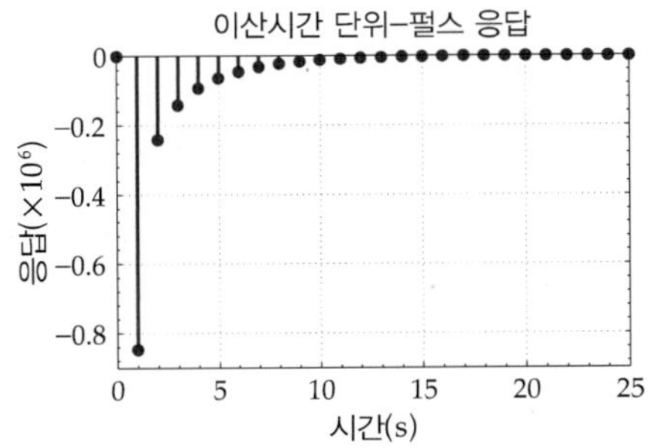

[그림 5-24] $H_3^*(s)$에 대한 DRA 근사 스텝 응답

❹ **4단계** : [그림 5-25]는 행켈 행렬과 그 특이값을 나타낸 것이다. $H_3^*(s)$는 실제로 무한한 수의 극점을 갖는 분산 매개변수 시스템이다. 그러나 이 플롯에서는 몇 개의 극점만 솔루션에 중요하다는 것을 알 수 있다. 특히 축소 차수 모델 차원 $p = 2$를 사용하는데, 이는 솔루션의 복잡성과 정확성 사이의 절충점을 보여준다.

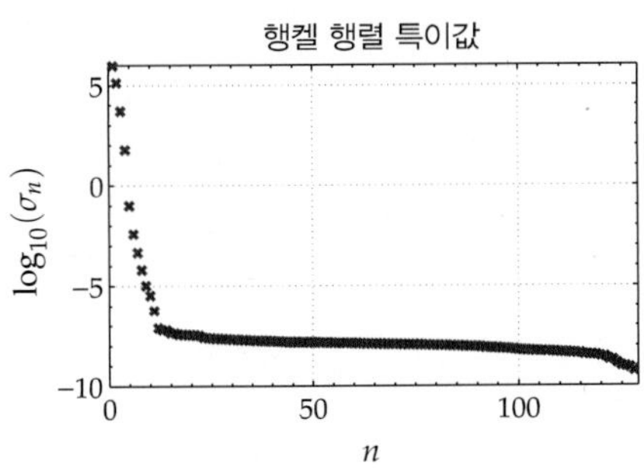

[그림 5-25] $H_3^*(s)$에 대한 $\mathcal{H}_{128,\,128}$의 128개의 특이값

호-칼만 알고리즘은 처음 두 상태를 제외한 모든 상태를 잘라낸 뒤 대략적인 $H_3^*(s)$에 근접하도록 행렬 $\hat{\boldsymbol{A}}$, $\hat{\boldsymbol{B}}$, $\hat{\boldsymbol{C}}$를 다음과 같이 생성한다.

$$\hat{\boldsymbol{A}} = \begin{bmatrix} 0.3808 & 0.3073 \\ 0.3073 & 0.4091 \end{bmatrix}, \quad \hat{\boldsymbol{B}} = \begin{bmatrix} 909.4 \\ -145.3 \end{bmatrix}, \quad \hat{\boldsymbol{C}} = \begin{bmatrix} -909.4 & 145.3 \end{bmatrix}$$

이 예제에서는 [그림 5-21]의 고주파 응답에서도 쉽게 볼 수 있는 $\hat{\boldsymbol{D}} = \lim_{s\to\infty} H_3^*(s) = 0$을 계산한다. 이런 상태 공간 구현은 적분기 상태로 보강되어 확산 방정식 $H_3(s)$의 최종 3차 상태 공간 모델을 제공하며, 최종적으로 다음과 같이 구현된다.

$$\hat{\boldsymbol{A}}_{\text{aug}} = \left[\begin{array}{cc|c} 0.3808 & 0.3073 & 0 \\ 0.3073 & 0.4091 & 1 \\ \hline 0 & 0 & 1 \end{array}\right], \qquad \hat{\boldsymbol{B}}_{\text{aug}} = \left[\begin{array}{c} 909.4 \\ -145.3 \\ \hline 1 \end{array}\right],$$

$$\hat{\boldsymbol{C}}_{\text{aug}} = \left[\begin{array}{cc|c} -909.4 & 145.3 & -3.75\times 10^5 \end{array}\right], \qquad \hat{\boldsymbol{D}} = [\,0\,]$$

(입자를 빠져나가는) 표면 리튬 선속이 $j = 1\times 10^{-5}\ \text{mol m}^{-2}\text{s}^{-1}$인 10초간의 방전 펄스와 10초간의 휴식을 취하는 것을 시뮬레이션함으로써 DRA로 생성된 모델의 정확성을 입증한다. 증강(보강) 상태 공간 모델은 이 입력으로 시뮬레이션되어 $\tilde{c}_{s,e}[k]$를 생성하며, $c_{s,e}[k] = \tilde{c}_{s,e}[k] + c_{s,0}$로 계산된다. 이 과정에는 다음과 같은 MATLAB 코드가 사용된다.

```
cs0 = 10000;
uk = 1e-5*[ones(1,10),zeros(1,10)];
[cseTilde,tk] = lsim(sysDRA,uk);
cse = cseTilde + cs0;
```

이렇게 구한 대략적인 결과를 MATLAB의 1차원 포물선-타원 편미분 방정식 솔버를 통해 미분 방정식을 시뮬레이션해 도출한 “실제” 결과와 비교해보자. 이 과정에는 다음과 같은 코드가 사용된다.

```
function [cse,t] = simCsePDE
  dr = 0.1e-6;      % Radial resolution = 0.1 micro-meter
  dt = 0.001;       % Time step in simulation, s
  Tfinal = 20;      % Length of simulation, s
  Rp = 8e-6;        % Radius of particle = 10 micro-meters
  Ds = 1e-12;       % Solid diffusivity, m^2/s
  j = 1e-5;         % mol/m^2/s

  x = 0:dr:Rp;      % locations for solution
  t = 0:dt:Tfinal; % time steps for solution

  options = odeset('RelTol',1e-8,'AbsTol',1e-10);
  sol = pdepe(2,@csefun,@cseic,@csebc,x,t,options);
  cse = sol(:,end,1);
```

```
  function[c,f,s] = csefun(~,~,~,DuDx)
    c = 1/Ds; f = DuDx; s = 0;
  end

  function u0 = cseic(~,~)
    c0 = 10000; u0 = c0;
  end

  function[pl,ql,pr,qr] = csebc(~,~,~,~,t)
    pl = 0; ql = 1; qr = Ds; pr = 0;
    if t<Tfinal/2, pr=j; end
  end

end
```

이 코드는 중첩 함수로 구성되어 있으며, 메인 함수는 변수를 초기화하고 중첩된 헬퍼helper(도우미) 함수에 대한 포인터(함수 핸들)를 사용해 MATLAB의 솔버를 호출한다. 이때 `csefun`은 PDE의 매개변수 값을, `cseic`는 초기 조건을, 그리고 `csebc`는 경계 조건을 구현한다. PDE 솔버는 미세한 시간 스텝을 사용할 때만 좋은 결과를 얻을 수 있다. 여기서는 1 ms 의 스텝 크기를 사용했으며, 이로 인해 PDE 솔버가 DRA로 생성된 모델보다 훨씬 느리게 실행된다.

[그림 5-26]은 정확한 PDE 해를 DRA 모델 해와 비교한 것이다. 여기에서는 3차 DRA 모델 결과가 샘플링 지점에서의 PDE 해와 매우 밀접하게 일치하는 것을 볼 수 있다. 단, 행켈 행렬에서 더 많은 특이값을 유지하면 DRA 모델에서 더 높은 정확도를 얻을 수 있지만 최종 모델의 계산 복잡도는 높아짐을 유의해야 한다.

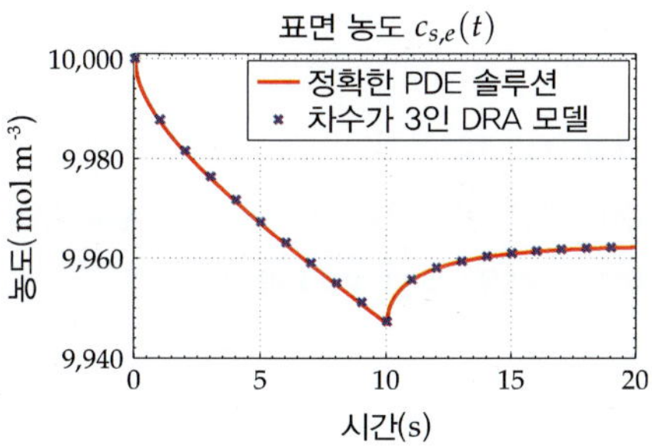

[그림 5-26] 축소 차수 DRA 최종 모델과 정확한 PDE 시뮬레이션 비교

SECTION 5.6 고유 시스템 구현 알고리즘

앞서 DRA가 연속시간 전달함수를 근사하게 축소된 차수의 이산시간 상태 공간 모델로 변환할 수 있는 매우 효과적인 방법이라는 것을 살펴보았다. T_1, N, T_s, 그리고 호-칼만 방법에 의해 유지되는 특이값의 수를 선택하는 연습을 통해 이산시간 모델은 원래의 연속시간 모델과 구별할 수 없는 결과를 생성할 수 있다.

그러나 일부 상황에서는 필요한 최종 샘플링 기간 T_s가 모델링 중인 시스템의 임펄스 응답 기간에 비해 매우 작다는 것을 알 수 있다. 따라서 3단계의 보간[interpolation]이 정확하려면 T_1도 비슷하게 작아야 하며, 임펄스 응답의 지속 시간을 확보하려면 N이 커야 한다. 이로 인해 4단계에서 생성된 행켈 행렬이 **매우** 커질 수 있고 이동하지 않은 행켈 행렬의 특이값을 구하는 과정이 어려워질 수 있다.

이 문제는 행켈 행렬의 특이값을 찾을 때 MATLAB에서 `svd` 명령 대신 `svds` 명령어를 사용하면 부분적으로 완화할 수 있다. `svd`가 대부분 버리게 되더라도 행렬의 모든 특이값을 찾는다면 `svds`는 가장 중요한 n개의 특이값만 찾는다. 이때 n은 사용자가 지정한 매개변수로, 이렇게 하면 관심 있는 최대 모델 크기에 대한 아이디어를 선험적으로 알고 있을 때 동작 속도가 크게 빨라진다.

다만 이 수정은 여전히 충분하지 않을 수 있다. 즉, MATLAB은 단일 값을 계산할 때 메모리가 부족하거나 계산을 추적하는 것이 너무 오래 걸릴 수 있다. 이 문제에 대한 해결책은 호-칼만 방법의 확장에서 찾을 수 있다. 호-칼만 방법은 후앙[Jer-nan Juang]과 파파[Richard S. Pappa]에 의해 유연 구조의 동적 상태를 식별하는 데 처음 적용되었다.[22] 이론이 적용된 응용 분야에서 그들은 구현($\hat{A}$, $\hat{B}$, $\hat{C}$, $\hat{D}$)을 식별하고자 했으며, 모드의 연속시간 모델(연속시간 행렬 $\hat{A}$의 고유값)을 결정하고자 했다. 이 알고리즘은 시스템에 대한 모달[modal] 설명, 즉 고유 시스템을 생성하므로 **고유 시스템 구현 알고리즘**[Eigensystem Realization Algorithm, ERA]이라고 부른다. 보통 알고리즘 전체를 ERA로 칭하며, 일부만 다룰 경우에는 ERA로 부르지 않지만 이 책에서는 알고리즘의 첫 번째 부분인 구현 부분에 관심을 두고 ERA라고 한다.

우리가 관심이 있는 ERA의 주요 특징은 결함이 있는 센서나 불완전한 단위 펄스 응답 데이터를 처리할 수 있다는 것이다. 후앙과 파파는 센서의 포화, 통신 링크의 데이터 탈락[dropout], 간헐적인 비트 오류 또는 일시적으로 시스템에서 측정한 데이터에 영향을 미치는 외부 노이즈 소스로 인해 측정된 단위 펄스 응답이 손상된 경우를 염려했다. ERA는 여전히 호-칼만과 매우 유사한 행켈 행렬 접근법을 사용하지만 이 접근법은 행켈 행렬에서 “불량” 데이터에 해당하는 행과 열을 제거할 수 있다. 이 책에서는 손상된 단위 펄스 응답 데이터를 제거할 필요가 없지만 ERA를 사용하면 많은 정보를 포함하지 않는 단위 펄스 응답의 긴 세그먼트를 행켈 행렬에서 제거할 수 있음을 참고하자. 이를 통해 행렬의 크기를 크게 줄이고 계산이 가능해진다.

---

22 Juang, J.N. and Pappa, R.S., “Eigensystem Realization Algorithm for Modal Parameter Identification and Model Reduction”, *Journal of Guidance, Control, and Dynamics*, 8(5), 1985, pp. 620–27

ERA를 정의하기 위해 행켈 행렬에서 생성된 $r \times s$를 생성하는 것부터 시작해보자.

$$\mathcal{H}_{r,s}[k-1] = \begin{bmatrix} g_k & g_{k+t_1} & \cdots & g_{k+t_{s-1}} \\ g_{j_1+k} & g_{j_1+k+t_1} & \cdots & g_{j_1+k+t_{s-1}} \\ \vdots & \vdots & & \vdots \\ g_{j_{r-1}+k} & g_{j_{r-1}+k+t_1} & \cdots & g_{j_{r-1}+k+t_{s-1}} \end{bmatrix}_{rp \times ms}$$

이때 $j_k(k = 1, \cdots, r-1)$이고 $t_k(k = 1, \cdots, s-1)$은 임의의 정수이다. "불량" 데이터가 있는 모든 블록[block] 행과 모든 블록 열을 삭제했다는 점을 제외하면 호-칼만 방식에서 사용하는 행켈 행렬과 동일하다는 점을 유의하자. 여기에서는 (g_1으로 시작하는) $\mathcal{H}_{r,s}[0]$과 (g_2로 시작하는) $\mathcal{H}_{r,s}[1]$은 사용할 수 있다고 가정한다.

이제 일반화된 가제어성 및 가관측성 행렬을 다음과 같이 정의한다.

$$\mathcal{C}_s = \begin{bmatrix} \boldsymbol{B}, & \boldsymbol{A}^{t_1}\boldsymbol{B}, & \cdots, & \boldsymbol{A}^{t_{s-1}}\boldsymbol{B} \end{bmatrix}_{n \times ms}, \quad \mathcal{O}_r = \begin{bmatrix} \boldsymbol{C} \\ \boldsymbol{CA}^{j_1} \\ \vdots \\ \boldsymbol{CA}^{j_r - 1} \end{bmatrix}_{rp \times n}$$

이를 통해 $\mathcal{H}_{r,s}[k] = \mathcal{O}_r \boldsymbol{A}^k \mathcal{C}_s$ 임을 알았다. 정확하게는 $\mathcal{H}_{r,s}[0] = \mathcal{O}_r \mathcal{C}_s$ 이고 $\mathcal{H}_{r,s}[1] = \mathcal{O}_r \boldsymbol{A} \mathcal{C}_s$ 이다. ERA에서의 구현 방법은 호-칼만 방식과 유사한데, $\mathcal{H}_{r,s}[0]$의 간결한 SVD를 다음과 같이 정의하는 것부터 시작한다.

$$\mathcal{H}_{r,s}[0] = \boldsymbol{U\Sigma V}^T$$

여기서 $\boldsymbol{U} \in \mathbb{R}^{rp \times n}$, $\boldsymbol{V} \in \mathbb{R}^{ms \times n}$, $\boldsymbol{\Sigma} = \mathrm{diag}(\sigma_1, \cdots, \sigma_n)$이다. 호-칼만 방법과 마찬가지로 $\mathcal{O}_r = \boldsymbol{U\Sigma}^{1/2}$, $\mathcal{C}_s = \boldsymbol{\Sigma}^{1/2}\boldsymbol{V}^T$로 설정한다. 그다음 $\hat{\boldsymbol{B}}$를 $\mathcal{C}_s$의 왼쪽 블록 열로, $\hat{\boldsymbol{C}}$를 $\mathcal{O}_r$의 상단 블록 행, $\hat{\boldsymbol{D}}$를 g_0로 설정한다. 마지막으로 $\hat{\boldsymbol{A}} = \mathcal{O}_r^\dagger \mathcal{H}_{r,s}[1] \mathcal{C}_s^\dagger$로 설정한다.

앞서 다뤘던 피보나치 수열을 예로 들어 다시 생각해보자. 이번에는 펄스 응답 실험을 통해 다음과 같은 결과를 얻었다.

$$y = (0, 1, 1, 2, 32.12, 724.1, 87.4, 13, 21, 34, 55, 89, 144, 233, 377, 610 \cdots)$$

y_4, y_5, y_6 항목은 정수인 다른 항목들과 달리 부동 소수점 값을 가지므로 값이 "의심스럽다". 따라서 이를 삭제하고 $*$로 표기한 뒤 다음과 같이 정의한다.

$$y = (0, 1, 1, 2, *, *, *, 13, 21, 34, 55, 89, 144, 233, 377, 610 \cdots)$$

$\hat{D} = g_0$이므로 $g_k, k > 0$에서 7×9 행켈 행렬을 다음과 같이 생성할 수 있다.

$$\mathcal{H}_{7,9} = \begin{bmatrix} 1 & 1 & 2 & * & * & * & 13 & 21 & 34 \\ 1 & 2 & * & * & * & 13 & 21 & 34 & 55 \\ 2 & * & * & * & 13 & 21 & 34 & 55 & 89 \\ * & * & * & 13 & 21 & 34 & 55 & 89 & 144 \\ * & * & 13 & 21 & 34 & 55 & 89 & 144 & 233 \\ * & 13 & 21 & 34 & 55 & 89 & 144 & 233 & 377 \\ 13 & 21 & 34 & 55 & 89 & 144 & 233 & 377 & 610 \end{bmatrix}$$

의심스러운 데이터를 제거하려면 2~6번 행과 3~6번 열을 삭제하면 된다. 이는 색인(인덱스) 세트 $j_k = \{6, 7, 8\}$ 및 $t_k = \{1, 6, 7\}$에 해당한다. 이렇게 하면 4×4 행켈 행렬이 된다.[23]

$$\mathcal{H}_{r,s}[0] = \begin{bmatrix} g_1 & g_2 & g_7 & g_8 \\ g_7 & g_8 & g_{13} & g_{14} \\ g_8 & g_9 & g_{14} & g_{15} \\ g_9 & g_{10} & g_{15} & g_{16} \end{bmatrix} = \begin{bmatrix} 1 & 1 & 13 & 21 \\ 13 & 21 & 233 & 377 \\ 21 & 34 & 377 & 610 \\ 34 & 55 & 610 & 987 \end{bmatrix}$$

$$\mathcal{H}_{r,s}[1] = \begin{bmatrix} g_2 & g_3 & g_8 & g_9 \\ g_8 & g_9 & g_{14} & g_{15} \\ g_9 & g_{10} & g_{15} & g_{16} \\ g_{10} & g_{11} & g_{16} & g_{17} \end{bmatrix} = \begin{bmatrix} 1 & 2 & 21 & 34 \\ 21 & 34 & 377 & 610 \\ 34 & 55 & 610 & 987 \\ 55 & 89 & 987 & 1{,}597 \end{bmatrix}$$

다음의 MATLAB 코드도 이런 행렬을 생성한다.

```
% Store the Markov parameters
y = [0,1,1,2,32.12,724.1,87.4,13,21,34,55,89,144,233,377,610,987,1597];

% Form modified Hankel matrices.
% Note: Do not include "zero-th" parameter (first element of y).
%       Corresponds to the matrix D.
j = [0 6 7 8]; % Pad "j" and "t" with "0" at front to make loop
t = [0 1 6 7]; % that makes Hankel matrices easier to code
H0 = zeros(length(j),length(t)); H1 = H0;
for ind1 = 1:length(t)
  for ind2 = 1:length(j)
    H0(ind2,ind1) = y(t(ind1)+j(ind2)+2);
    H1(ind2,ind1) = y(t(ind1)+j(ind2)+3);
  end
end
```

수정된 행켈 행렬이 생성되면 앞선 MATLAB 코드는 다음과 같이 처리된다.

```
% Step 1: Compute singular values of Hankel matrix
[U,S,V] = svd(H0);
```

23 $\mathcal{H}^{\uparrow}_{r+1,s}[0] \neq \mathcal{H}_{r,s}[1]$임을 기억하자. 따라서 호-칼만 방법을 설명할 때 사용한 행켈 행렬의 표기 방식을 변경해야 한다.

```
% [Identify system order off-line as n = 2 based on values of S]
n = 2;

% Step 2: Compute extended observability and controllability matrices,
% sized to the order for the system inferred by the singular values.
Us = U(:,1:n); Ss = S(1:n,1:n); Vs = V(:,1:n);
Or = Us*sqrtm(Ss); Cs = sqrtm(Ss)*Vs';

% Step 3: Identify the system assuming p = m = 1 (SISO), using the
% shifted Hankel matrix
Ahat = (Or\H1)/Cs; Bhat = Cs(:,1); Chat = Or(1,:); Dhat = y(1);
```

이 코드가 실행되면 $\mathcal{H}_{r,s}[0]$의 SVD는 다음과 같은 결과를 산출한다.

$$\sigma_1 = 1{,}436.6, \quad \sigma_2 = 0.326, \quad \sigma_i = 0, \quad i \geq 3$$

이는 $n = 2$임을 나타낸다. SVD 크기의 분할이 크게 변경되었음에 유의하자. 이제 $\boldsymbol{U}$와 $\boldsymbol{V}$의 왼쪽 열 두 개를 다음과 같이 추출한다. 다시 말하지만 $\boldsymbol{U}$는 더 이상 $\boldsymbol{V}$와 같지 않다.

$$\boldsymbol{U} = \begin{bmatrix} -0.0172 & 0.9976 \\ -0.3090 & 0.0450 \\ -0.4999 & -0.0516 \\ -0.8089 & -0.0066 \end{bmatrix}, \quad \boldsymbol{V} = \begin{bmatrix} -0.0293 & 0.8493 \\ -0.0473 & -0.5249 \\ -0.5249 & 0.0473 \\ -0.8493 & -0.0293 \end{bmatrix}$$

일반화된 가관측성 및 가제어성 행렬은 다음과 같다.

$$\mathcal{O}_r = \boldsymbol{U}\Sigma^{1/2} = \begin{bmatrix} -0.6526 & 0.5696 \\ -11.7109 & 0.0257 \\ -18.9487 & -0.0294 \\ -30.6596 & -0.0037 \end{bmatrix}$$

$$\mathcal{C}_s = \Sigma^{1/2}\boldsymbol{V}^T = \begin{bmatrix} -1.1090 & 1.7939 & -19.8959 & -32.1922 \\ 0.4849 & -0.2997 & 0.0270 & -0.0167 \end{bmatrix}$$

이 결과를 사용해 시스템 행렬 $\hat{\boldsymbol{A}}$, $\hat{\boldsymbol{B}}$, $\hat{\boldsymbol{C}}$를 식별한다.

$$\hat{\boldsymbol{A}} = \mathcal{O}_r^{\dagger}\mathcal{H}_{r,s}[1]\,\mathcal{C}_s^{\dagger} = \begin{bmatrix} 1.6180 & 0.0012 \\ 2.6275 \times 10^{-7} & -0.6180 \end{bmatrix}$$

$$\hat{\boldsymbol{B}} = \mathcal{C}_s(1:n,\, 1:m) = \mathcal{C}_s(1:2,\, 1) = \begin{bmatrix} -1.1090 \\ 0.4849 \end{bmatrix}$$

$$\hat{\boldsymbol{C}} = \mathcal{O}_r(1:p,\, 1:n) = \mathcal{O}_r(1,\, 1:2) = \begin{bmatrix} -0.6526 & 0.5696 \end{bmatrix}$$

이런 시스템 행렬은 호-칼만 예제에서 계산된 것과는 상당히 다르지만 동일한 전달함수와 단위 펄스 응답, 그리고 극점-영점 매핑mapping을 제공한다. [그림 5-27]에는 실제 시스템과 ERA를 사용한 추정 시스템의 단위 펄스 응답이 그려져 있다. 이 그림은 호-칼만 알고리즘을 사용해 생성된 [그림 5-5]와 구별할 수 없다.

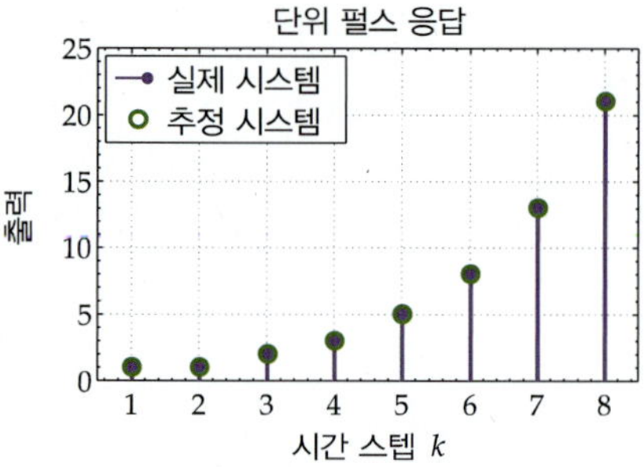

[그림 5-27] ERA 알고리즘을 사용한 피보나치 수열 예시

DRA의 일부로 ERA를 사용할 때 유일하게 변경해야 하는 것은 4단계의 호-칼만 코드를 ERA를 구현하는 코드로 대체하는 것이다. 모든 샘플을 활용하지 않고 단위 펄스 응답의 본질을 포착하려면 색인 벡터 j_k와 t_k를 선택해야 한다. 이는 경험상 응답이 거의 기하급수적인 모양으로 감소할 때까지 모든 첫 번째 샘플을 유지한 다음 응답이 사라질 정도로 작아질 때까지 응답의 짧은 세그먼트segment를 유지하는 것을 의미한다.

SECTION 5.7 결론 및 향후 방향

이 장에서는 배터리 셀의 최종 모델이 취할 형태인 이산시간 상태 공간 형태를 다뤘다. 또한 배터리와 관련된 초월 전달함수의 첫 번째 예제도 살펴보았으며, 연속시간 초월 전달함수를 이산시간 상태 공간 형태로 변환하는 방법으로 ERA를 개발했다. 다음 장에서도 중요하게 다룰 확산 방정식의 예제는 DRA로 생성된 최종 모델이 PDE 해에 매우 정확하게 근사하지만 계산의 복잡도는 훨씬 낮다는 것을 보여준다.

다음 장에서는 관심 있는 모든 셀 변수에 대한 전달함수 모델을 개발하고 DRA를 사용해 이를 셀 전압과 셀 내부 변수를 예측할 수 있는 리튬 이온 셀 모델로 변환할 것이다. 그 다음에는 시뮬레이션을 통해 DRA로 생성된 리튬 이온 셀의 최종적인 축소 차수 모델이 COMSOL에서 시뮬레이션한 전체 차수 모델과 매우 밀접하게 일치한다는 것을 보여줄 것이다.

종합 용어집 핵심 용어 및 개념

여기에서는 이 장에서 정의된 가장 중요한 변수에 대한 용어집을 제공한다.

기호	의미	참고 페이지
$0_{k\times l}$	• k행과 l열로 구성된 행렬(모든 행렬 항목은 0)	–
$\boldsymbol{A}$	• 이산시간 상태 공간 모델 형식의 상태 전이 행렬	212
$\hat{\boldsymbol{A}}$	• $\boldsymbol{A}$의 추정치	–
$\boldsymbol{A}_c$	• 연속시간 상태 공간 모델 형식의 상태 전이 행렬	211
$\boldsymbol{B}$	• 이산시간 상태 공간 모델 형식의 입력 행렬	212
$\hat{\boldsymbol{B}}$	• $\boldsymbol{B}$의 추정치	–
$\boldsymbol{B}_c$	• 연속시간 상태 공간 모델 형식의 입력 행렬	211
$\boldsymbol{C}$	• 이산시간 상태 공간 모델 형식의 출력 행렬	212
$\mathcal{C}$	• 상태 공간 모델 형식의 가제어성 행렬 • 한 개의 블록 행과 n개의 블록 열로 구성(n은 상태벡터 x의 차원)	225
$\hat{\boldsymbol{C}}$	• $\boldsymbol{C}$의 추정치	–
$\boldsymbol{C}_c$	• 연속시간 상태 공간 모델 형식의 출력 행렬	211
$\mathcal{C}_l$	• 상태 공간 모델 형식의 확장된 가제어성 행렬 • 한 개의 블록 행과 l개의 블록 열로 구성 (l은 상태벡터 x의 차원보다 일반적으로 큰 값을 생성)	229
$c_{s,0}$	• 전극 입자 내 리튬 농도에 대한 초기 평형 설정값	220
$\tilde{c}_s(r,t)$	• 편향되지 않은 리튬 농도 • $\tilde{c}_s(r,t)=c_s(r,t)-c_{s,0}$	220
$\boldsymbol{D}$	• 이산시간 상태 공간 모델 형식의 피드스루 행렬	212
$\hat{\boldsymbol{D}}$	• $\boldsymbol{D}$의 추정치	–
$\boldsymbol{D}_c$	• 연속시간 상태 공간 모델 형식의 피드스루 행렬	211
g_k	• 이산시간 상태 공간 모델 형식의 마르코프 매개변수 • 단일 입력-단일 출력 시스템 : 이산시간 펄스 응답 값의 집합으로 구성 • 다중 입력 및/또는 다중 출력 시스템 : 펄스 응답 값의 일반화된 버전을 생성	218
$H(s)$	• 연속시간 선형시간 불변 시스템의 라플라스 영역 전달함수	–
$H(z)$	• 이산시간 선형시간 불변 시스템의 z 도메인 전달함수	–
$\mathcal{H}$	• 상태 공간 모델 형식의 행켈 행렬 • n개의 블록 행과 n개의 블록 열로 구성	226
$\mathcal{H}_{k,l}$	• 상태 공간 모델 형식의 확장된 행켈 행렬 • k개의 블록 행과 l개의 블록 열로 구성	229
$\mathcal{H}_{\infty}$	• 상태 공간 모델 형식의 무한 행렬 또는 행켈 연산자 • 무한한 블록 행과 무한한 블록 열로 구성	229

종합 용어집 핵심 용어 및 개념

기호	의미	참고 페이지
$h(t)$	• 연속시간 시스템의 임펄스 응답	211
$h_{\text{pulse}}(t)$	• 펄스 지속 시간 T_s에 대한 연속시간 시스템의 단위 펄스 응답	236
$h_{\text{step}}(t)$	• 연속시간 시스템의 스텝 응답	236
I	• 고유 행렬 • 항상 정사각형 형태로 생성	–
$\mathcal{O}$	• 상태 공간 모델 형식의 가관측성 행렬 • n개의 블록 행과 한 개의 블록 열로 구성(n은 상태벡터 x의 차원)	225
$\mathcal{O}_k$	• 상태 공간 모델 형식의 확장된 가관측성 행렬 • k개의 블록 행과 한 개의 블록 열로 구성 (k는 일반적으로 상태벡터 x의 차원보다 큼)	229
Σ	• 행렬의 특이값 분해의 특이값을 포함하는 행렬	227
σ_i	• 행렬의 i번째 특이값	227
$\boldsymbol{U}$	• 행렬의 특이값 분해의 왼쪽 또는 출력 특이벡터를 포함하는 행렬	227
u	• 상태 공간 모델 형식에 대한 입력 신호	212
$\boldsymbol{V}$	• 행렬의 특이값 분해의 오른쪽 또는 입력 특이벡터를 포함하는 행렬	227

CHAPTER 06

축소 차수 모델

Reduced-Order Models

들어가기 전에

[그림 3-1]을 다시 살펴보자. 처음 우리는 등가회로 기반의 경험적 모델을 연구했으며, 이는 단순하다는 장점이 있지만 내부 셀 동작에 대해 예측할 수 없다는 단점이 있었다. 이에 우리는 물리 기반 모델링 접근법으로 전환해 마이크로스케일 균질-물질 모델을 개발하고 체적-평균 기법을 사용해 이를 연속체 스케일 결합 PDE 모델로 변환했다.

이런 모델은 임베디드 시스템 유형의 응용 분야에서 사용하기에는 여전히 너무 복잡해 단순화해야 한다. 우리는 앞선 장에서 전달함수를 찾고 이산시간 구현 알고리즘을 활용해 연속시간 및 공간 편미분 방정식(PDE)을 이산시간 상미분 방정식(ODE)으로 변환하는 방법을 배웠다. 이제 이 방법을 사용해 모니터링하고자 하는 모든 내부 셀 동작에 대한 간단한 결합 ODE 모델을 만들어볼 것이다. 따라서 이 장에서는 관심 있는 모든 내부 셀 변수에 대한 전달함수를 개발하고 이 함수에 대해 DRA를 실행한 뒤 결과를 확인할 것이다.

SECTION 6.1 $j^{\text{neg}}(z, t)$의 1차원 모델

5장에서는 해당 지점에서 리튬 선속의 국부적 값인 $j(t)$를 알고 있을 때 단일 입자에 대한 리튬 표면 농도 $c_{s,e}(t)$를 계산할 수 있는 전달함수 $\frac{\widetilde{C}_{s,e}(s)}{J(s)}$를 도출했다. 이 전달함수를 축소 차수 모델에 구현하면 무한 차수 방사형 의사 차원을 작은 유한 차수 ODE로 변환할 수 있다. 그러나 셀의 모든 좌표 x에서 리튬 표면 농도를 계산하려면 여전히 이런 ODE의 무한한 집합이 필요하다.

이 장에서는 1차원 축소 차수 셀 모델을 만드는 방법을 살펴볼 것이다. 이를 통해 셀에서 원하는 모든 위치 x의 집합에서 관심 있는 모든 셀 변수를 계산할 수 있는 작은 유한 차수 ODE를 구할 수 있다. 이를 위해서는 먼저 각 변수에 대한 전달함수를 찾아야 한다. 전달함수가 있으면 DRA를 사용해 이산 시간 축소 차수 상태 공간 시스템으로 변환하는 방법을 이미 알고 있기 때문이다.

이 책에서는 리James L. Lee 등이 처음 제안한 접근 방식[1]을 따르되 표현을 명확히 하기 위해 명명법을 약간 수정했다. 리의 연구는 처음 몇 가지의 관심 변수에 대한 전달함수를 도출한 스미스Kandler A. Smith 등의 선구적인 연구에서 영감을 얻었으며,[2] 스미스가 고려하지 않았던 변수에 대한 추가 전달함수를 개발하고 모든 전달함수가 DRA를 통해 어떻게 구현될 수 있는지 제시했다.

우리는 단일 전극이나 전극의 한 지점이 아닌 전체 셀에 대한 모델을 고려하고 있으므로 특정 결과가 적용되는 셀 영역과 특정 파라미터 값을 가져오는 셀 영역을 지정하는 데 주의를 기울여야 한다. 이 장의 방정식에서는 음극의 수량을 나타낼 때는 "neg", 분리막의 수량을 나타낼 때는 "sep", 그리고 양극의 수량을 나타낼 때는 "pos" 위첨자를 적절하게 사용할 것이다.

처음에는 음극에 대한 셀의 내부 변수를 모델링하는 데 집중하자. 프레젠테이션이 지나치게 복잡해지지 않도록 최종 결과를 얻을 때까지는 위첨자 "neg"를 생략한다. 단, 다음 절의 모든 변수와 상수는 음극의 양을 나타낸다는 것을 이해해야 한다. 결과를 양극으로 일반화하는 것은 매우 간단하다는 것을 곧 알게 될 것이다.

축소 차원 모델을 만들 때 활용하는 두 가지의 기본 가정은 다음과 같다.

❶ 국부적으로 선형적인 동작을 가정한다. 실제 방정식은 비선형이므로 테일러 급수를 사용해 비선형 방정식을 선형화한다.

❷ 전해질 전위 $\phi_e(x, t)$는 주로 반응 선속 밀도 $j(x, t)$의 함수이며, 결과적으로 전해질 농도 $c_e(x, t)$가 $\phi_e(x, t)$에 미치는 영향은 미미하다고 가정한다.

---

1 Lee, J.L., Chemistruck, A. and Plett, G.L., "One-Dimensional Physics-Based Reduced-Order Model of Lithium-Ion Dynamics,", *Journal of Power Sources*, 220, 2012, pp. 430–448.

2 Smith, K., Rahn, C.D., and Wang, C-Y, "Control Oriented 1D Electrochemical Model of Lithium Ion Battery", *Energy Conversion and Management*, 48, 2007, pp. 2,565–78.

이 작업은 버틀러-볼머 운동 관계를 선형화하는 것으로 시작한다. 식 (4.19)를 떠올려보자.

$$j = k_0 c_e^{1-\alpha}(c_{s,\max} - c_{s,e})^{1-\alpha} c_{s,e}^{\alpha}\left\{\exp\left(\frac{(1-\alpha)F}{RT}\eta\right) - \exp\left(-\frac{\alpha F}{RT}\eta\right)\right\} \tag{4.19}$$

이때 $\eta = \phi_s - \phi_e - U_{\text{ocp}}(c_{s,e}) - FR_{\text{film}}\,j$이다. 전극 표면 필름의 이온 저항을 통해 리튬 선속으로 인한 전압 강하를 모델링하는 과전위overpotential 계산의 새로운 항인 $FR_{\text{film}}\,j$에 주목하자. 버틀러-볼머 방정식을 재정렬해 과전위 항을 확장하고 $\phi_{s-e} = \phi_s - \phi_e$로 정의하면 다음과 같다.

$$\begin{aligned} &\frac{j}{k_0(c_e)^{1-\alpha}(c_{s,\max} - c_{s,e})^{1-\alpha}(c_{s,e})^{\alpha}} \\ &\quad = \exp\left(\frac{(1-\alpha)F}{RT}(\phi_{s-e} - U_{\text{ocp}}(c_{s,e}) - FR_{\text{film}}\,j)\right) \\ &\quad\quad - \exp\left(-\frac{\alpha F}{RT}(\phi_{s-e} - U_{\text{ocp}}(c_{s,e}) - FR_{\text{film}}\,j)\right) \end{aligned} \tag{6.1}$$

앞선 식을 통해 식 양변에 j가 있고 우변의 비선형적 특성으로 인해 j를 일반적인 닫힌 형태로 풀 수 없다는 것을 알 수 있다. 이 식의 접근 방식은 식 (6.1)의 양변에 대한 별도의 테일러 급수 확장을 찾은 다음 이를 동일시해 전체 선형 근사치를 만드는 것이다. 선형화 설정값 p^*는 $p^* = \{c_{s,e} = c_{s,0},\ c_e = c_{e,0},\ \phi_{s-e} = U_{\text{ocp}}(c_{s,0}),\ j = 0\}$으로 정의된다. 여기서 $c_{s,0}$는 전극 내부의 리튬의 초기 평형 벌크bulk 평균 농도를 의미하며, $c_{e,0}$는 리튬의 전해질 평균 농도, 그리고 U_{ocp}는 주어진 농도에서 전극 재료의 개방회로-전위 관계를 의미한다.

식 (6.1)의 좌변left-hand side, LHS을 선형화하면 다음과 같다.

$$\begin{aligned} \text{LHS} &\approx \underbrace{\text{LHS}(p^*)}_{0} + \underbrace{\left.\frac{\partial \text{LHS}}{\partial c_{s,e}}\right|_{p^*}}_{0}(c_{s,e} - c_{s,0}) + \underbrace{\left.\frac{\partial \text{LHS}}{\partial c_e}\right|_{p^*}}_{0}(c_e - c_{e,0}) + \left.\frac{\partial \text{LHS}}{\partial j}\right|_{p^*} j \\ &= \frac{1}{k_0(c_{e,0})^{1-\alpha}(c_{s,\max} - c_{s,0})^{1-\alpha}(c_{s,0})^{\alpha}}\,j = \frac{j}{j_0} \end{aligned}$$

상수를 다음과 같이 정의한다.

$$j_0 = k_0(c_{e,0})^{1-\alpha}(c_{s,\max} - c_{s,0})^{1-\alpha}(c_{s,0})^{\alpha}$$

이제 식 (6.1)의 우변right-hand side, LHS을 선형화하면 다음과 같다.

$$\begin{aligned} \text{RHS} &\approx \underbrace{\text{RHS}(p^*)}_{0} + \left.\frac{\partial \text{RHS}}{\partial \phi_{s-e}}\right|_{p^*}(\phi_{s-e} - U_{\text{ocp}}(c_{s,0})) + \left.\frac{\partial \text{RHS}}{\partial c_{s,e}}\right|_{p^*}(c_{s,e} - c_{s,0}) + \left.\frac{\partial \text{RHS}}{\partial j}\right|_{p^*} j \\ &= \frac{F}{RT}(\phi_{s-e} - U_{\text{ocp}}(c_{s,0})) - \frac{F}{RT}\left[\left.\frac{\partial U_{\text{ocp}}}{\partial c_{s,e}}\right|_{c_{s,0}}\right](c_{s,e} - c_{s,0}) - \frac{F^2 R_{\text{film}}}{RT}\,j \end{aligned}$$

선형화된 LHS가 RHS와 같다고 가정하고 편향되지 않은 변수 $\tilde{c}_{s,e} = c_{s,e} - c_{s,0}$와 $\tilde{\phi}_{s,e} = \phi_{s,e} - U_{\text{ocp}}(c_{s,0})$를 정의하면 다음과 같다.

$$\frac{j}{j_0} = \frac{F}{RT}\tilde{\phi}_{s-e} - \frac{F}{RT}\left[\frac{\partial U_{\text{ocp}}}{\partial c_{s,e}}\bigg|_{c_{s,0}}\right]\tilde{c}_{s,e} - \frac{F^2 R_{\text{film}}}{RT} j$$

이 식을 재배치하면 $\tilde{\phi}_{s,e}$를 다음과 같이 구할 수 있다.

$$\begin{aligned}\tilde{\phi}_{s-e} &= \left(\frac{RT}{j_0 F} + FR_{\text{film}}\right) j + \left[\frac{\partial U_{\text{ocp}}}{\partial c_{s,e}}\bigg|_{c_{s,0}}\right]\tilde{c}_{s,e} \\ &= F(R_{\text{ct}} + R_{\text{film}}) j + \left[\frac{\partial U_{\text{ocp}}}{\partial c_{s,e}}\bigg|_{c_{s,0}}\right]\tilde{c}_{s,e} \end{aligned} \tag{6.2}$$

전하 전달 저항charge-transfer resistance R_{ct}를 정의하면 다음과 같다.

$$R_{\text{ct}} = \frac{RT}{j_0 F^2} \tag{6.3}$$

계속 진행하기 전에 R_{ct}의 기능을 살펴볼 수 있는 간단한 전환을 진행해보자. 앞서 구한 식 (6.2)를 재배열하면 다음과 같다.

$$F(R_{\text{ct}} + R_{\text{film}}) j = \phi_s - \phi_e - U_{\text{ocp}}(c_{s,0}) - \left[\frac{\partial U_{\text{ocp}}}{\partial c_{s,e}}\bigg|_{c_{s,0}}\right]\tilde{c}_{s,e}$$

앞선 식의 마지막 두 항은 $U_{\text{ocp}}(c_{s,e})$의 테일러 급수 선형화이므로 다음과 같이 다시 작성한다.

$$\begin{aligned} F(R_{\text{ct}} + R_{\text{film}}) j &= \phi_s - \phi_e - U_{\text{ocp}}(c_{s,e}) \\ FR_{\text{ct}} j &= \phi_s - \phi_e - U_{\text{ocp}}(c_{s,e}) - FR_{\text{film}} j = \eta \end{aligned}$$

따라서 선형화된 모델은 다음과 같다.

$$\eta = FR_{\text{ct}} j \tag{6.4}$$

이는 전하 전달 저항charge-transfer resistance에 대한 용어를 설명하는 데 도움이 된다. 앞선 식에서 η는 전압, Fj는 전류 밀도(단위 : Am^{-2})이며, R_{ct}(단위 : Ωm^2)는 버틀러-볼머 방정식의 활성화 분극에 대한 선형 저항이다. 이 방정식은 전극과 전해질 사이의 계면에서 개방회로 전위로 전압 강화를 모델링한다. j_0는 $c_{s,0}$의 함수이므로 이 저항은 충전 상태에 따른 함수임을 유의하자.

이런 이해를 바탕으로 전체 **전극-전해질 계면 저항**solid-electrolyte interfacial resistance을 다음과 같이 정의할 수 있다.

$$R_{s,e} = R_{\mathrm{ct}} + R_{\mathrm{film}}$$

따라서 식 (6.2)는 다음과 같이 다시 쓸 수 있다.

$$\tilde{\phi}_{s-e} = FR_{s,e}\,j + \left[\left. \frac{\partial U_{\mathrm{ocp}}}{\partial c_{s,e}} \right|_{c_{s,0}} \right] \tilde{c}_{s,e} \tag{6.5}$$

이 결과는 잠시 미뤄두고 먼저 셀 전위 ϕ_s와 ϕ_e를 살펴보자. 첫 번째 단계는 차원이 없는 공간 변수 $z = x/L$를 정의하는 것이다. 여기서 L은 전극의 두께이다.

- 위치 $z = 0$은 집전체의 계면을 나타낸다.
- 위치 $z = 1$은 분리막의 계면을 나타낸다.

이 무차원 변수는 x를 사용할 때보다 방정식을 더 간결하게 하며, 길이 스케일이 0과 1 사이에서 정규화되므로 방정식을 해석하기 쉬워져 L을 기억할 필요가 없다. 따라서 궁극적으로 양극에 대한 방정식을 음극에 대한 방정식과 매우 유사하게 만들 수 있다.

식 (4.4)에서 하나의 공간 차원으로 특화되어 정규화된 변수 z로 변환된 전하 보존 방정식을 떠올려보자.[3]

$$\frac{\sigma_{\mathrm{eff}}}{L^2} \frac{\partial^2}{\partial z^2} \phi_s = a_s F j \tag{6.6}$$

식 (6.6)과 함께 4.11.1절에서 다룬 다음 경계 조건을 사용한다.

$$\left. \frac{\sigma_{\mathrm{eff}}}{L} \frac{\partial \phi_s}{\partial z} \right|_{z=0} = \frac{-i_{\mathrm{app}}}{A}, \quad \left. \frac{\partial \phi_s}{\partial z} \right|_{z=1} = 0$$

이때 i_{app}은 암페어 단위의 셀 인가 전류이다. 식 (4.6)의 전해질 상의 전하 보존 방정식 역시 하나의 공간 차원으로 다음과 같이 특화되고 정규화되는 것을 기억해보자.

$$\frac{\kappa_{\mathrm{eff}}}{L^2} \frac{\partial^2}{\partial z^2} \phi_e + \frac{\kappa_{D,\mathrm{eff}}}{L^2} \frac{\partial^2}{\partial z^2} \ln c_e = -a_s F j$$

4.11.2절의 경계 조건도 함께 사용한다.

$$\left. \kappa_{\mathrm{eff}} \frac{\partial \phi_e}{\partial z} + \kappa_{D,\mathrm{eff}} \frac{\partial \ln c_e}{\partial z} \right|_{z=0} = 0$$

$$\left. \frac{\kappa_{\mathrm{eff}}}{L} \frac{\partial \phi_e}{\partial z} + \frac{\kappa_{D,\mathrm{eff}}}{L} \frac{\partial \ln c_e}{\partial z} \right|_{z=1} = \frac{i_{\mathrm{app}}}{A}$$

---

3 이번 변환에서 변수를 변경해 $\partial(\cdot)/\partial x$를 $(1/L)\partial(\cdot)/\partial z$로 재배치한다. 전극 전체에 걸쳐 σ_{eff}가 균일하다고 추측할 수 있다.

이 절의 앞쪽에서 살펴본, 축소 차원 모델을 만들 때 활용하는 두 번째 가정에 따라 마지막 방정식에서 전해질 농도를 무시해 다음과 같이 계산한다.

$$\frac{\kappa_{\mathrm{eff}}}{L^2}\frac{\partial^2}{\partial z^2}\phi_e = -a_s F j \tag{6.7}$$

식 (6.7)은 다음의 경계 조건을 포함한다.

$$\left.\frac{\partial \phi_e}{\partial z}\right|_{z=0} = 0, \quad \frac{\kappa_{\mathrm{eff}}}{L}\left.\frac{\partial \phi_e}{\partial z}\right|_{z=1} = \frac{i_{\mathrm{app}}}{A}$$

식 (6.6)에서 식 (6.7)을 빼면 위상 전위차 $\phi_{s-e} = \phi_s - \phi_e$에 대한 단일 정적 PDE에 다음과 같이 도달하게 된다.

$$\frac{\partial^2}{\partial z^2}\phi_{s-e} = a_s F L^2\left(\frac{1}{\sigma_{\mathrm{eff}}} + \frac{1}{\kappa_{\mathrm{eff}}}\right)j \tag{6.8}$$

식 (6.8)은 다음의 경계 조건을 포함한다.

$$\frac{\sigma_{\mathrm{eff}}}{L}\left.\frac{\partial \phi_{s-e}}{\partial z}\right|_{z=0} = \frac{-\kappa_{\mathrm{eff}}}{L}\left.\frac{\partial \phi_{s-e}}{\partial z}\right|_{z=1} = -\frac{i_{\mathrm{app}}}{A}$$

이 PDE는 ϕ_{s-e}를 j로 표현한다. 만약 방정식에서 j를 제거할 수 있다면 ϕ_{s-e}에 대한 동종의 PDE를 구해 풀 수 있으며, 이 변수가 나타나는 방정식을 사용해 다른 변수를 풀 수 있다. j를 제거하기 위해 모든 신호가 시간과 공간의 함수라는 점에 주목해 식 (6.5)의 라플라스 변환을 취하고 다음의 식을 얻는다.

$$\widetilde{\Phi}_{s-e}(z, s) = FR_{s,e}J(z, s) + \left[\left.\frac{\partial U_{\mathrm{ocp}}}{\partial c_{s,e}}\right|_{c_{s,0}}\right]\widetilde{C}_{s,e}(z, s)$$

가장 오른쪽 항을 처리하기 위해 다음과 같이 작성한다.

$$\widetilde{C}_{s,e}(z, s) = \frac{\widetilde{C}_{s,e}(z, s)}{J(z, s)}J(z, s)$$

5장에서는 식 (5.9)와 같이 야콥센-웨스트의 논문에서 개발된 PDE를 사용해 단일 공간 위치에 대한 전달함수 $\frac{\widetilde{C}_{s,e}(s)}{J(s)}$를 결정했다. 그러나 전극에서는 확산이 z 차원이 아닌 r 차원을 따라서 일어난다고 가정하므로 어떤 위치에서의 전달함수 $z = z_1$은 다른 위치 $z = z_2$와 동일한 형태를 가진다. 따라서 $\frac{\widetilde{C}_{s,e}(z, s)}{J(z, s)} = \frac{\widetilde{C}_{s,e}(s)}{J(s)}$와 같이 쓸 수 있다. 이는 $\beta = R_s\sqrt{s/D_s}$일 때 다음과 같다.

$$\widetilde{\Phi}_{s-e}(z,s) = \left(FR_{s,e} + \left[\frac{\partial U_{\text{ocp}}}{\partial c_{s,e}} \bigg|_{c_{s,0}} \right] \frac{\widetilde{C}_{s,e}(s)}{J(s)} \right) J(z,s)$$

$$= F\left(R_{s,e} + \left[\frac{\partial U_{\text{ocp}}}{\partial c_{s,e}} \bigg|_{c_{s,0}} \right] \frac{R_s}{FD_s} \left[\frac{1}{1-\beta\coth(\beta)} \right] \right) J(z,s)$$

$\tilde{\phi}_{s,e} = \phi_{s,e} - U_{\text{ocp}}(c_s, 0)$이므로 $\dfrac{\partial^2 \tilde{\phi}_{s-e}}{\partial z^2} = \dfrac{\partial^2 \phi_{s-e}}{\partial z^2}$이다. 따라서 식 (6.8)을 다음과 같이 쓸 수 있다.

$$\frac{\partial^2 \tilde{\phi}_{s-e}(z,t)}{\partial z^2} = a_s F L^2 \left(\frac{1}{\sigma_{\text{eff}}} + \frac{1}{\kappa_{\text{eff}}} \right) j(z,t)$$

$$\frac{\partial^2 \widetilde{\Phi}_{s-e}(z,s)}{\partial z^2} = a_s F L^2 \left(\frac{1}{\sigma_{\text{eff}}} + \frac{1}{\kappa_{\text{eff}}} \right) J(z,s)$$

$$= \frac{a_s L^2 \left(\dfrac{1}{\sigma_{\text{eff}}} + \dfrac{1}{\kappa_{\text{eff}}} \right)}{R_{s,e} + \dfrac{R_s}{FD_s} \left[\dfrac{\partial U_{\text{ocp}}}{\partial c_{s,e}} \bigg|_{c_{s,0}} \right] \left[\dfrac{1}{1-\beta\coth(\beta)} \right]} \widetilde{\Phi}_{s-e}(z,s)$$

이는 다음의 경계 조건을 포함한다.

$$\frac{\sigma_{\text{eff}}}{L} \frac{\partial \widetilde{\Phi}_{s-e}(z,s)}{\partial z} \bigg|_{z=0} = \frac{-\kappa_{\text{eff}}}{L} \frac{\partial \widetilde{\Phi}_{s-e}(z,s)}{\partial z} \bigg|_{z=1} = \frac{-I_{\text{app}}(s)}{A}$$

표기의 편의를 위해 무차원 변수 $\nu^{\text{neg}}(s)$를 다음과 같이 정의한다.[4] 이 변수는 음극의 전달함수를 설명하는 나머지 절에서는 간단히 $\nu(s)$로 지칭한다.

$$\nu^{\text{neg}}(s) = \frac{L^{\text{neg}} \sqrt{\dfrac{a_s^{\text{neg}}}{\sigma_{\text{eff}}^{\text{neg}}} + \dfrac{a_s^{\text{neg}}}{\kappa_{\text{eff}}^{\text{neg}}}}}{\sqrt{R_{s,e}^{\text{neg}} + \dfrac{R_s^{\text{neg}}}{FD_s^{\text{neg}}} \left[\dfrac{\partial U_{\text{ocp}}^{\text{neg}}}{\partial c_{s,e}^{\text{neg}}} \bigg|_{c_{s,0}^{\text{neg}}} \right] \left[\dfrac{1}{1 - R_s^{\text{neg}} \sqrt{s/D_s^{\text{neg}}} \coth\left(R_s^{\text{neg}} \sqrt{s/D_s^{\text{neg}}}\right)} \right]}} \tag{6.9}$$

이는 다음과 같은 동종의 PDE를 제공한다.

4 이는 영어 문자 v가 아닌 그리스 문자 "ν"이다. 이 표기는 스미스 등이 표기법과 일관성을 유지하기 위해 사용한다(각주 2 참고). $\nu^2(s)$는 주파수 종속 비율과 SOC 종속 임피던스로 해석할 수 있다. 여기서 분자는 전극을 가로지르는 x 차원의 임피던스를 나타내며, 분모는 입자로의 확산을 통해 전극-전해질 계면을 가로지르는 r 차원의 임피던스를 나타낸다.

$$\frac{\partial^2 \tilde{\Phi}_{s-e}(z, s)}{\partial z^2} - \nu^2(s)\tilde{\Phi}_{s-e}(z, s) = 0$$

이 PDE에 대한 일반적인 해결책은 다음과 같다.

$$\tilde{\Phi}_{s-e}(z, s) = k_1 \cosh(\nu(s)z) + k_2 \sinh(\nu(s)z)$$

이때 k_1과 k_2는 경계 조건을 만족하도록 선택된다. 경계 조건은 기울기로 표현되므로 다음과 같이 계산한다.

$$\frac{\partial \tilde{\Phi}_{s-e}(z, s)}{\partial z} = k_1 \nu(s) \sinh(\nu(s)z) + k_2 \nu(s) \cosh(\nu(s)z)$$

$z = 0$의 경계 조건에서는 다음과 같다.

$$\frac{\sigma_{\mathrm{eff}}}{L} \frac{\partial \tilde{\Phi}_{s-e}(z, s)}{\partial z}\bigg|_{z=0} = \frac{\sigma_{\mathrm{eff}}}{L} k_2 \nu(s) = \frac{-I_{\mathrm{app}}(s)}{A}$$

$$k_2 = \frac{-I_{\mathrm{app}}(s)L}{A\sigma_{\mathrm{eff}}\nu(s)} \tag{6.10}$$

$z = 1$의 경계 조건에서는 다음과 같이 구할 수 있다.

$$\frac{-\kappa_{\mathrm{eff}}}{L} \frac{\partial \tilde{\Phi}_{s-e}(z, s)}{\partial z}\bigg|_{z=1} = \frac{-\kappa_{\mathrm{eff}}}{L} \left[k_1 \nu(s) \sinh(\nu(s)) - \frac{I_{\mathrm{app}}(s)L}{A\sigma_{\mathrm{eff}}} \cosh(\nu(s)) \right]$$

$$\frac{-I_{\mathrm{app}}(s)}{A} = \frac{-\kappa_{\mathrm{eff}}}{L} \left[k_1 \nu(s) \sinh(\nu(s)) - \frac{I_{\mathrm{app}}(s)L}{A\sigma_{\mathrm{eff}}} \cosh(\nu(s)) \right]$$

$$k_1 \nu(s) \sinh(\nu(s)) = \frac{I_{\mathrm{app}}(s)L}{A\kappa_{\mathrm{eff}}} \left[1 + \frac{\kappa_{\mathrm{eff}}}{\sigma_{\mathrm{eff}}} \cosh(\nu(s)) \right]$$

$$k_1 = \frac{I_{\mathrm{app}}(s)L}{A\nu(s)\sinh(\nu(s))} \left[\frac{1}{\kappa_{\mathrm{eff}}} + \frac{1}{\sigma_{\mathrm{eff}}} \cosh(\nu(s)) \right] \tag{6.11}$$

이런 k_1과 k_2의 값을 $\tilde{\phi}_{s-e}(z, s)$에 대입하면 다음과 같다.

$$\tilde{\Phi}_{s-e}(z, s) = \frac{I_{\mathrm{app}}(s)L}{A\nu(s)\sinh(\nu(s))} \left[\frac{1}{\kappa_{\mathrm{eff}}} + \frac{1}{\sigma_{\mathrm{eff}}} \cosh(\nu(s)) \right] \cosh(\nu(s)z) + \frac{-I_{\mathrm{app}}(s)L}{A\sigma_{\mathrm{eff}}\nu(s)} \sinh(\nu(s)z)$$

$$\frac{\widetilde{\Phi}_{s-e}(z,s)}{I_{\text{app}}(s)}=\frac{L}{A\nu(s)\sinh(\nu(s))}\left[\frac{1}{\kappa_{\text{eff}}}\cosh(\nu(s)z)+\frac{1}{\sigma_{\text{eff}}}(\cosh(\nu(s))\cosh(\nu(s)z)-\sinh(\nu(s))\sinh(\nu(s)z))\right]$$

몇 가지 삼각법trigonometric 조작을 통해 다음과 같은 최종 형태를 얻을 수 있다.

$$\frac{\widetilde{\Phi}^{\text{neg}}_{s-e}(z,s)}{I_{\text{app}}(s)}=\frac{L^{\text{neg}}\left[\sigma^{\text{neg}}_{\text{eff}}\cosh(\nu^{\text{neg}}(s)z)+\kappa^{\text{neg}}_{\text{eff}}\cosh(\nu^{\text{neg}}(s)(z-1))\right]}{A\sigma^{\text{neg}}_{\text{eff}}\kappa^{\text{neg}}_{\text{eff}}\nu^{\text{neg}}(s)\sinh(\nu^{\text{neg}}(s))} \tag{6.12}$$

이때 $\widetilde{\Phi}_{s-e}$의 위첨자 "neg"는 이 전달함수가 음극 영역에만 적용됨을 의미한다.[5] 이를 바탕으로 다음과 같이 작성할 수 있다.

$$\frac{J(z,s)}{I_{\text{app}}(s)}=\frac{J(z,s)}{\widetilde{\Phi}_{s-e}(z,s)}\frac{\widetilde{\Phi}_{s-e}(z,s)}{I_{\text{app}}(s)}=\frac{\nu^2(s)}{a_sFL^2\left(\frac{1}{\kappa_{\text{eff}}}+\frac{1}{\sigma_{\text{eff}}}\right)}\frac{\widetilde{\Phi}_{s-e}(z,s)}{I_{\text{app}}(s)}$$

앞선 식을 확장하면 다음과 같다.

$$\frac{J^{\text{neg}}(z,s)}{I_{\text{app}}(s)}=\nu^{\text{neg}}(s)\frac{\sigma^{\text{neg}}_{\text{eff}}\cosh(\nu^{\text{neg}}(s)z)+\kappa^{\text{neg}}_{\text{eff}}\cosh(\nu^{\text{neg}}(s)(z-1))}{a_s^{\text{neg}}FL^{\text{neg}}A(\kappa^{\text{neg}}_{\text{eff}}+\sigma^{\text{neg}}_{\text{eff}})\sinh(\nu^{\text{neg}}(s))} \tag{6.13}$$

이제 음극에서 임의의 z 위치에서 인가된 셀 전류 $i_{\text{app}}(t)$를 반응 선속 $j(z,t)$와 연관시키는 전달함수를 개발했다. 이전 장의 야콥센-웨스트 전달함수와 매우 유사하게 이 결과는 s의 초월함수를 포함한다. 그러나 이미 DRA가 초월 전달함수의 근사 버전인 높은 충실도의 낮은 차수(저차) 이산시간 ODE를 만들 수 있다는 것을 보았다.

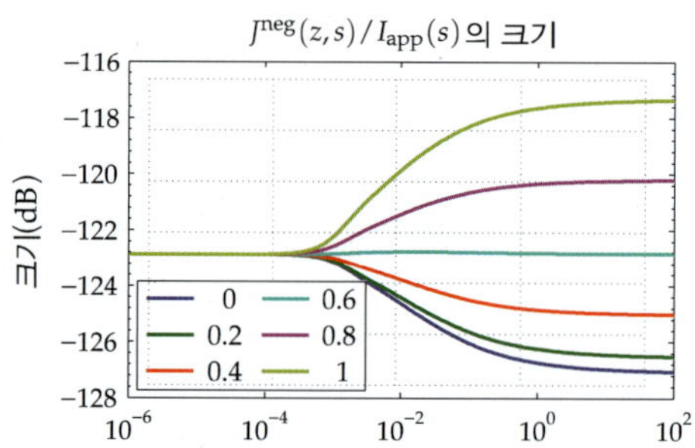

[그림 6-1] 음극을 가로지르는, 여섯 개의 서로 다른 z 위치에서의 $J(z,s)/I_{\text{app}}(s)$ 크기 응답 예시[6]

5 이 장에서 쌍곡선 함수와 관련된 까다로운 삼각법 계산과 적분은 모두 Mathematica를 통해 수행되었다.

6 Lee, J.L., Chemistruck, A. and Plett, G.L., "One-Dimensional Physics-Based Reduced-Order Model of Lithium-Ion Dynamics," Journal of Power Sources, 220, 2012, pp. 430-448의 Fig. 3을 각색했다.

이 장의 뒷부분에서는 이 전달함수 $\dfrac{J(z,\,s)}{I_{\text{app}}(s)}$ 를 기반으로 하는 낮은 차수의 DRA 모델이 전극의 모든 위치에서 반응 선속을 정확하게 예측할 수 있음을 보여주는 예를 살펴볼 것이다. [그림 6-1]은 이것이 가능한 이유를 알아보기 위해 음극에서 정규화된 여러 z 위치에 대한 $\dfrac{J(z,\,s)}{I_{\text{app}}(s)}$ 의 크기 응답을 플롯한 것이다.

이 플롯에서 전달함수에 사용되는 매개변수 값은 이 장의 뒷부분에 나오는 전체 셀 예제에서 사용된 것과 동일하다. 이때 전달함수는 수학적으로 매우 복잡해 보이지만[appear] 실제로는 크기 응답이 매우 단순하다는 점에 유의해야 한다. 그렇기 때문에 낮은 차수의 상태 공간 모델과 밀접하게 연결된 대략적인 동작을 추정할 수 있다.

식 (6.12)의 $\widetilde{\Phi}^{\text{neg}}_{s,e}(z,\,s)$에 대한 전달함수는 적분기 동적 상태($s=0$에서 극점)를 가진다. 식 (6.2)를 다시 참조하면 왜 $\tilde{\phi}^{\text{neg}}_{s,e}(z,\,t)$에 (5장의 세 번째 예제에서) 적분기를 가진 $\tilde{c}_{s,e}(z,\,t)$를 기반으로 하는 요소가 있는지 알 수 있다. 따라서 식 (6.12)로 DRA를 실행할 때는 먼저 다음과 같이 적분기 동적 상태를 빼야 한다.

$$\begin{aligned}\frac{[\widetilde{\Phi}^{\text{neg}}_{s-e}(z,\,s)]^*}{I_{\text{app}}(s)} &= \frac{\widetilde{\Phi}^{\text{neg}}_{s-e}(z,\,s)}{I_{\text{app}}(s)} - \frac{\text{res}_0}{s}\\ &= \frac{\widetilde{\Phi}^{\text{neg}}_{s-e}(z,\,s)}{I_{\text{app}}(s)} + \frac{1}{\varepsilon^{\text{neg}}_s AFL^{\text{neg}} s}\left[\left.\frac{\partial U_{\text{ocp}}}{\partial c_{s,e}}\right|_{c_{s,0}}\right]\end{aligned} \tag{6.14}$$

크기 응답의 결과는 [그림 6-2]에 표시되어 있다. [그림 6-1]과 마찬가지로 플롯은 식 (6.12)의 복잡한 형태에도 불구하고 전달함수의 단순성을 보여준다.

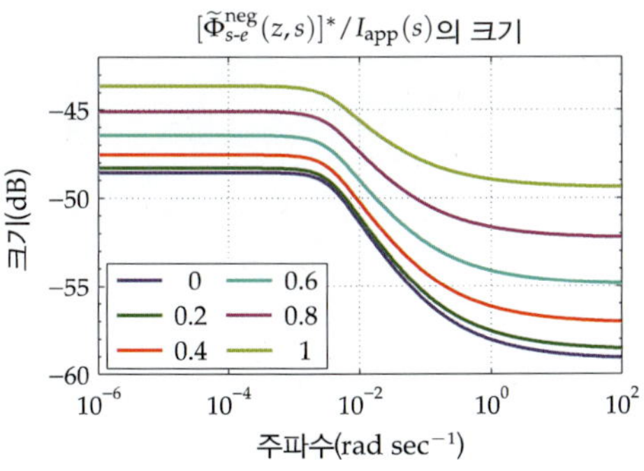

[그림 6-2] 음극을 가로지르는, 여섯 개의 서로 다른 z 위치에서의 $[\widetilde{\Phi}^{\text{neg}}_{s-e}(z,s)]^*/I_{\text{app}}(s)$ 크기 응답 예시

SECTION 6.2 $\tilde{c}_{s,e}^{\text{neg}}(z, t)$의 1차원 모델

이번 절에서는 $\dfrac{J(z, s)}{I_{\text{app}}(s)}$의 전달함수를 사용해 $i_{\text{app}}(t)$를 $\tilde{c}_{s,e}(z, t)$로 연관짓는 전달함수를 개발할 것이다. 먼저 다음과 같이 작성한다.

$$\frac{\widetilde{C}_{s,e}(z, s)}{I_{\text{app}}(s)} = \frac{\widetilde{C}_{s,e}(z, s)}{J(z,s)} \frac{J(z, s)}{I_{\text{app}}(s)}$$

$$= \frac{R_s}{D_s}\left[\frac{1}{1 - R_s\sqrt{s/D_s}\coth(R_s\sqrt{s/D_s})}\right]\frac{J(z, s)}{I_{\text{app}}(s)}$$

앞선 식에 식 (6.13)을 대입하면 최종 형태를 다음과 같이 구할 수 있다.

$$\frac{\widetilde{C}_{s,e}^{\text{neg}}(z, s)}{I_{\text{app}}(s)} = \left[\frac{\sigma_{\text{eff}}^{\text{neg}}\cosh(\nu^{\text{neg}}(s)z) + \kappa_{\text{eff}}^{\text{neg}}\cosh(\nu^{\text{neg}}(s)(z-1))}{a_s^{\text{neg}} FL^{\text{neg}} AD_s^{\text{neg}}(\kappa_{\text{eff}}^{\text{neg}} + \sigma_{\text{eff}}^{\text{neg}})\sinh(\nu^{\text{neg}}(s))}\right]$$
$$\times\left[\frac{R_s^{\text{neg}}\nu^{\text{neg}}(s)}{1 - R_s^{\text{neg}}\sqrt{s/D_s^{\text{neg}}}\coth(R_s^{\text{neg}}\sqrt{s/D_s^{\text{neg}}})}\right] \tag{6.15}$$

이전과 마찬가지로 이것은 극점과 영점의 무한한 수를 가지는 초월 전달함수이다. 그러나 DRA를 통해 이 전달함수를 사용하면 $\tilde{c}_{s,e}(z, t)$의 낮은 차수의 모델을 만들 수 있다. [그림 6-3]은 음극으로 정규화된 여러 z 위치에 대한 $\dfrac{\tilde{c}_{s,e}(z, s)}{I_{\text{app}}(s)}$의 크기 응답을 플롯한 것이다. 전달함수가 매우 복잡해 보이지만 크기 응답은 실제로는 매우 간단함을 다시 한 번 확인할 수 있다.

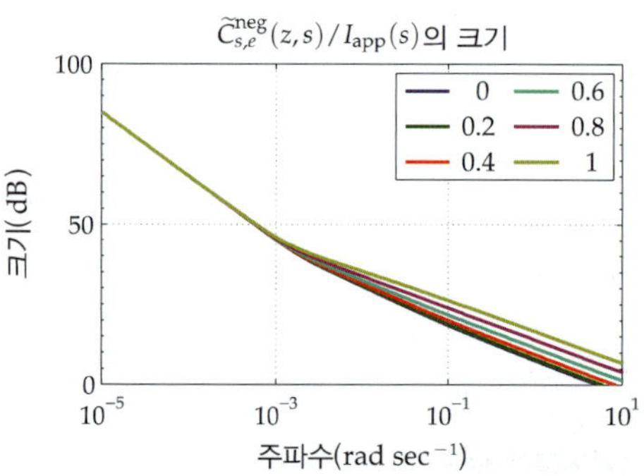

[그림 6-3] 음극을 가로지르는, 여섯 개의 서로 다른 z 위치에서의 $[\widetilde{C}_{s,e}^{\text{neg}}(z,s)]/I_{\text{app}}(s)$ 크기 응답 예시

또한 이런 크기 응답을 통해 이 전달함수에서의 적분기 극점은 $s = 0$임을 알 수 있다. [그림 6-4]는 다음 식을 통해 이 극점을 제거한 상태의 크기 응답이다.

$$\frac{[\widetilde{C}_{s,e}^{\text{neg}}(z,s)]^*}{I_{\text{app}}(s)} = \frac{\widetilde{C}_{s,e}^{\text{neg}}(z,s)}{I_{\text{app}}(s)} - \frac{\text{res}_0}{s}$$

$$= \frac{\widetilde{C}_{s,e}^{\text{neg}}(z,s)}{I_{\text{app}}(s)} + \frac{1}{\varepsilon_s^{\text{neg}} AFL_s^{\text{neg}}} \tag{6.16}$$

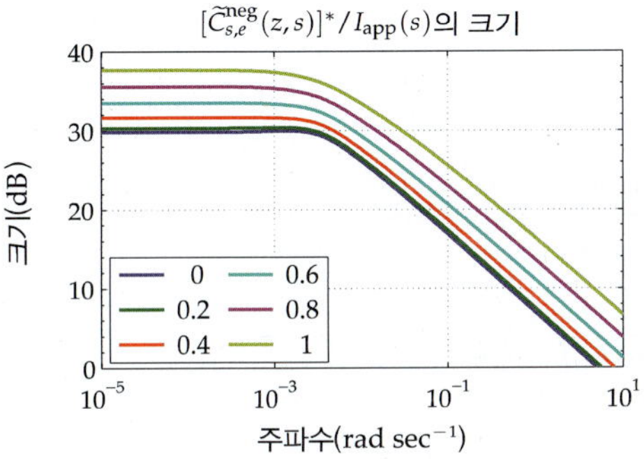

[그림 6-4] 음극을 가로지르는, 여섯 개의 서로 다른 z 위치에서의 $[\widetilde{C}_{s,e}^{\text{neg}}(z,s)]^*/I_{\text{app}}(s)$ 크기 응답 예시[7]

SECTION 6.3 $\widetilde{\phi}_{s,e}^{\text{neg}}(z,t)$의 1차원 모델

이제 $\phi_s(z,t)$에 대한 독립 전달함수를 개발할 것이다. 앞서 배운 방정식 (6.6)을 활용한다.

$$\frac{\sigma_{\text{eff}}}{L^2}\frac{\partial^2}{\partial z^2}\phi_s(z,t) = a_s Fj(z,t) \tag{6.17}$$

이 식을 두 번 적분해 $\phi_s(z,t)$에 대한 전달함수를 구할 것이다. 먼저 식 (4.14)에서 전극을 통해 흐르는 전자 전류 $\mathbf{i}_s$에 대한 정의 $\varepsilon_s \mathbf{i}_s = -\sigma_{\text{eff}}\nabla\phi_s$가 있다는 것을 생각해보자. 이를 1차원의 경우로 특화하면 다음과 같다.

$$\varepsilon_s i_s(x,t) = -\sigma_{\text{eff}}\frac{\partial\phi_s(x,t)}{\partial x} \tag{6.18}$$

변수를 절대 위치 x에서 상대 위치 $z = x/L$로 변경하면 다음과 같다.

$$\varepsilon_s i_s(z,t) = -\frac{\sigma_{\text{eff}}}{L}\frac{\partial\phi_s(z,t)}{\partial z}$$

7 Lee, J.L., Chemistruck, A. and Plett, G.L., "One-Dimensional Physics-Based Reduced-Order Model of Lithium-Ion Dynamics," *Journal of Power Sources*, 220, 2012, pp. 430-448의 Fig. 1을 각색했다.

이를 통해 식 (6.17)을 다음과 같이 다시 쓸 수 있다.

$$-\frac{\varepsilon_s}{L}\frac{\partial i_s(z,t)}{\partial z}=a_s Fj(z,t)$$

이는 $i_s(0,t)=\dfrac{i_{\text{app}}(t)}{(\varepsilon_s A)}$와 $i_s(1,t)=0$의 제한된 경우이다. 라플라스 변환을 취하면 앞선 식은 다음과 같이 계산된다.

$$-\frac{\varepsilon_s}{L}\frac{\partial I_s(z,s)}{\partial z}=a_s FJ(z,s)$$

그런 다음 0에서 z까지 적분해 $I_s(z,s)$에 대한 식을 다음과 같이 구한다.

$$-\frac{\varepsilon_s}{L}\int_0^z\frac{\partial I_s(\zeta,s)}{\partial\zeta}\mathrm{d}\zeta=a_s F\int_0^z J(\zeta,s)\,\mathrm{d}\zeta$$

$$-\frac{\varepsilon_s}{L}(I_s(z,s)-I_s(0,s))=a_s F\int_0^z J(\zeta,s)\mathrm{d}\zeta$$

$$I_s(z,s)=I_s(0,s)-\frac{a_s FL}{\varepsilon_s}\int_0^z J(\zeta,s)\,\mathrm{d}\zeta$$

$$\frac{I_s(z,s)}{I_{\text{app}}(s)}=\frac{1}{\varepsilon_s A}-\frac{a_s FL}{\varepsilon_s}\int_0^z\frac{J(\zeta,s)}{I_{\text{app}(s)}}\mathrm{d}\zeta$$

식 (6.13)에 $\dfrac{J(z,s)}{I_{\text{app}}(s)}$를 대입하고 적분하면 다음과 같다.

$$\frac{I_s(z,s)}{I_{\text{app}}(s)}=\frac{\sigma_{\text{eff}}(\sinh(\nu(s))-\sinh(z\nu(s)))-\kappa_{\text{eff}}\sinh((z-1)\nu(s))}{\varepsilon_s A(\kappa_{\text{eff}}+\sigma_{\text{eff}})\sinh(\nu(s))}$$

이제 $i_s(z,t)$에서 $\phi_s(z,t)$를 구할 것이다. 식 (6.18)의 라플라스 변환부터 시작하자.

$$\frac{\partial\Phi_s(z,s)}{\partial z}=-\frac{\varepsilon_s L}{\sigma_{\text{eff}}}I_s(z,s)$$

그런 다음 0에서 z까지 적분해 $\Phi_s(z,s)$에 대한 식을 다음과 같이 구한다.

$$\frac{\partial\Phi_s(z,s)}{\partial z}=-\frac{\varepsilon_s L}{\sigma_{\text{eff}}}I_s(z,s)$$

$$\int_0^z\frac{\partial\Phi(\zeta,s)}{\partial\zeta}\mathrm{d}\zeta=\frac{-\varepsilon_s L}{\sigma_{\text{eff}}}\int_0^z I_s(\zeta,s)\,\mathrm{d}\zeta$$

$$\Phi(z,s)-\Phi(0,s)=-\frac{\varepsilon_s L}{\sigma_{\text{eff}}}\int_0^z I_s(\zeta,s)\,\mathrm{d}\zeta$$

$\tilde{\phi}_s(z,t) = \phi_s(z,t) - \phi_s(0,t)$로 정의하면 음극에서 다음과 같은 식을 정의할 수 있다.

$$\frac{\tilde{\Phi}^{\text{neg}}(z,s)}{I_{\text{app}}(s)} = -L^{\text{neg}}\left[\frac{\kappa_{\text{eff}}^{\text{neg}}(\cosh(\nu^{\text{neg}}(s)) - \cosh((z-1)\nu^{\text{neg}}(s)))}{A\sigma_{\text{eff}}^{\text{neg}}(\kappa_{\text{eff}}^{\text{neg}} + \sigma_{\text{eff}}^{\text{neg}})\nu^{\text{neg}}(s)\sinh(\nu^{\text{neg}}(s))} + \frac{\sigma_{\text{eff}}^{\text{neg}}(1 - \cosh(z\nu^{\text{neg}}(s)) + z\nu^{\text{neg}}(s)\sinh(\nu^{\text{neg}}(s)))}{A\sigma_{\text{eff}}^{\text{neg}}(\kappa_{\text{eff}}^{\text{neg}} + \sigma_{\text{eff}}^{\text{neg}})\nu^{\text{neg}}(s)\sinh(\nu^{\text{neg}}(s))}\right] \tag{6.19}$$

음극에서는 $\phi_s(0,t) = 0$이라고 정의하므로 $\tilde{\phi}_s(z,t) = \phi_s(z,t)$가 된다. 양극에 대해서는 다음 절에서 살펴보겠지만 다소 복잡하다. [그림 6-5]는 식 (6.19)의 크기 응답을 여러 위치 z에서 나타낸 것이다. 앞서 살펴본 것처럼 전달함수는 매우 복잡하지만 크기 응답은 매우 간단하므로 비교적 간단한 축소 차수 모델로 이어진다.

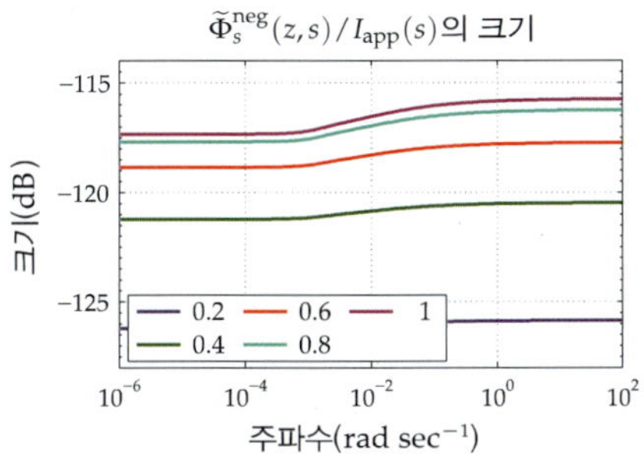

[그림 6-5] 음극을 가로지르는 다섯 개의, 서로 다른 z 위치에서의 $[\tilde{\Phi}_s^{\text{neg}}(z,s)]/I_{\text{app}}(s)$ 크기 응답 예시

SECTION 6.4 양극 변수 $j^{\text{pos}}(z,t)$, $\tilde{c}_{s,e}^{\text{pos}}(z,t)$, $\tilde{\phi}_s^{\text{pos}}(z,t)$

지금까지 음극에 대한 관심 변수인 j, $c_{s,e}$, ϕ_s의 전달함수를 도출하는 데 집중했다. 이제 양극에서 동일한 전달함수를 도출하는 방법을 살펴보자.

$\tilde{\phi}_{s-e}(z,s)$부터 시작하자. 양극에 대한 미분은 다음과 같은 포인트가 변경되지 않은 상태로 유지된다.

$$\frac{\partial^2 \tilde{\Phi}_{s-e}(z,s)}{\partial z^2} - \nu^2(s)\tilde{\Phi}_{s-e}(z,s) = 0$$

여기서 $\nu(s)$는 양극의 변화를 설명한다. 즉 다음의 식에서 $\nu(s) = \nu^{\text{pos}}(s)$이다.

$$\nu^{\text{pos}}(s) = \frac{L^{\text{pos}}\sqrt{\dfrac{a_s^{\text{pos}}}{\sigma_{\text{eff}}^{\text{pos}}} + \dfrac{a_s^{\text{pos}}}{\kappa_{\text{eff}}^{\text{pos}}}}}{\sqrt{R_{s,e}^{\text{pos}} + \dfrac{R_s^{\text{pos}}}{FD_s^{\text{pos}}}\left[\left.\dfrac{\partial U_{\text{ocp}}^{\text{pos}}}{\partial c_{s,e}^{\text{pos}}}\right|_{c_{s,0}^{\text{pos}}}\right]\left[\dfrac{1}{1 - R_s^{\text{pos}}\sqrt{s/D_s^{\text{pos}}}\coth\left(R_s^{\text{pos}}\sqrt{s/D_s^{\text{pos}}}\right)}\right]}} \tag{6.20}$$

그러나 양극의 경계 조건은 음극에서의 경계 조건과는 다르다. 주의하기 위해 z가 아닌 x의 관점에서 작성하자.

$$\sigma_{\text{eff}}\left.\frac{\partial\widetilde{\Phi}_{s-e}(x,s)}{\partial x}\right|_{x=L^{\text{tot}}} = -\kappa_{\text{eff}}\left.\frac{\partial\widetilde{\Phi}_{s-e}(x,s)}{\partial x}\right|_{x=L^{\text{tot}}-L^{\text{pos}}} = \frac{-I_{\text{app}}(s)}{A}$$

음극에서는 $z=0$을 집전체의 위치로 정의하고 $z=1$을 분리막의 경계로 정의한다. 그러면 다음과 같은 관계가 성립한다.

$$x = L^{\text{tot}} - zL^{\text{pos}}$$

이런 경계 조건을 z의 관점에서 다시 작성하려면 다음 사항을 유의해야 한다.

$$\frac{\partial\widetilde{\Phi}_{s-e}}{\partial z} = \frac{\partial\widetilde{\Phi}_{s-e}}{\partial x}\frac{\partial x}{\partial z} = -L^{\text{pos}}\frac{\partial\widetilde{\Phi}_{s-e}}{\partial x}$$

이를 참고하면 앞선 경계 조건은 다음과 같이 작성할 수 있다.

$$\frac{\sigma_{\text{eff}}}{L^{\text{pos}}}\left.\frac{\partial\widetilde{\Phi}_{s-e}(z,s)}{\partial z}\right|_{z=0} = \frac{-\kappa_{\text{eff}}}{L^{\text{pos}}}\left.\frac{\partial\widetilde{\Phi}_{s-e}(z,s)}{\partial z}\right|_{z=1} = \frac{+I_{\text{app}}(s)}{A}$$

앞선 식을 통해 양극의 경계 조건과 부호가 다름을 확인할 수 있을 것이다. 이로 인해 상수 k_1과 k_2가 이전과 크기는 같지만 부호가 반대인 PDE를 풀게 되는데, 이렇게 하면 모든 양극 전달함수가 다음의 특징들을 제외하고 음극 전달함수와 동일한 형태가 된다는 순^{net} 효과가 있다.

- $\nu^{\text{neg}}(s)$ 대신 $\nu^{\text{pos}}(s)$를 사용한다.
- L^{neg}, a_s^{neg}, $\kappa_{\text{eff}}^{\text{neg}}$, $\sigma_{\text{eff}}^{\text{neg}}$ 대신 L^{pos}, a_s^{pos}, $\kappa_{\text{eff}}^{\text{pos}}$, $\sigma_{\text{eff}}^{\text{pos}}$를 사용한다,
- 전달함수에 -1을 곱한다.

이를 반영하면 양극은 다음과 같다.

$$\frac{\widetilde{\Phi}_{s-e}^{\text{pos}}(z,s)}{I_{\text{app}}(s)} = \frac{-L^{\text{pos}}\left[\sigma_{\text{eff}}^{\text{pos}}\cosh(\nu^{\text{pos}}(s)z) + \kappa_{\text{eff}}^{\text{pos}}\cosh(\nu^{\text{pos}}(s)(z-1))\right]}{A\sigma_{\text{eff}}^{\text{pos}}\kappa_{\text{eff}}^{\text{pos}}\nu^{\text{pos}}(s)\sinh(\nu^{\text{pos}}(s))} \tag{6.21}$$

이제 $\Phi^{\text{pos}}_{s-e}(z,s) = \widetilde{\Phi}^{\text{pos}}_{s-e}(z,s) + U^{\text{pos}}_{\text{ocp}}(c^{\text{pos}}_{s,0})$를 계산할 수 있다. 여기에서는 음극 물질이 아닌 양극 물질에 대한 OCP 함수를 고려하며, $c_{s,0}$를 양극의 선형화 설정값[setpoint] 농도로 고려한다. 마찬가지로 지금까지 연구한 모든 전달함수는 $\widetilde{\Phi}_{s-e}(z,s)$에 의존하므로 다음과 같다.

$$\frac{J^{\text{pos}}(z,s)}{I_{\text{app}}(s)} = -\nu^{\text{pos}}(s)\frac{\sigma^{\text{pos}}_{\text{eff}}\cosh(\nu^{\text{pos}}(s)z) + \kappa^{\text{pos}}_{\text{eff}}\cosh(\nu^{\text{pos}}(s)(z-1))}{a^{\text{pos}}_s F L^{\text{pos}} A(\kappa^{\text{pos}}_{\text{eff}} + \sigma^{\text{pos}}_{\text{eff}})\sinh(\nu^{\text{pos}}(s))} \tag{6.22}$$

$$\begin{aligned}\frac{\widetilde{C}^{\text{pos}}_{s,e}(z,s)}{I_{\text{app}}(s)} &= -\left[\frac{\sigma^{\text{pos}}_{\text{eff}}\cosh(\nu^{\text{pos}}(s)z) + \kappa^{\text{pos}}_{\text{eff}}\cosh(\nu^{\text{pos}}(s)(z-1))}{a^{\text{pos}}_s F L^{\text{pos}} A D^{\text{pos}}_s(\kappa^{\text{pos}}_{\text{eff}} + \sigma^{\text{pos}}_{\text{eff}})\sinh(\nu^{\text{pos}}(s))}\right] \\ &\quad\times\left[\frac{R^{\text{pos}}_s \nu^{\text{pos}}(s)}{1 - R^{\text{pos}}_s\sqrt{s/D^{\text{pos}}_s}\coth(R^{\text{pos}}_s\sqrt{s/D^{\text{pos}}_s})}\right]\end{aligned} \tag{6.23}$$

이제 $C^{\text{pos}}_{s,e}(z,s) = \widetilde{C}^{\text{pos}}_{s,e}(z,s) + c^{\text{pos}}_{s,0}$를 계산할 수 있다. 이때 $c^{\text{pos}}_{s,0}$는 양극의 선형화 설정값이다. 최종적으로 정리하면 다음과 같다.

$$\begin{aligned}\frac{\widetilde{\Phi}^{\text{pos}}_s(z,s)}{I_{\text{app}}(s)} &= L^{\text{pos}}\left[\frac{\kappa^{\text{pos}}_{\text{eff}}(\cosh(\nu^{\text{pos}}(s)) - \cosh((z-1)\nu^{\text{pos}}(s)))}{A\sigma^{\text{pos}}_{\text{eff}}(\kappa^{\text{pos}}_{\text{eff}} + \sigma^{\text{pos}}_{\text{eff}})\nu^{\text{pos}}(s)\sinh(\nu^{\text{pos}}(s))}\right. \\ &\quad\left. + \frac{\sigma^{\text{pos}}_{\text{eff}}(1 - \cosh(z\nu^{\text{pos}}(s)) + z\nu^{\text{pos}}(s)\sinh(\nu^{\text{pos}}(s)))}{A\sigma^{\text{pos}}_{\text{eff}}(\kappa^{\text{pos}}_{\text{eff}} + \sigma^{\text{pos}}_{\text{eff}})\nu^{\text{pos}}(s)\sinh(\nu^{\text{pos}}(s))}\right]\end{aligned} \tag{6.24}$$

$\phi^{\text{pos}}_s(0,t)$를 계산하는 방법을 안다면 $\phi^{\text{pos}}_s(z,t) = \widetilde{\phi}^{\text{pos}}_s(z,t) + \phi^{\text{pos}}_s(0,t)$를 계산할 수 있다. 그러나 $\phi^{\text{pos}}_s(0,t) = v(t)$일 때는 전체 셀 전압을 계산하는 방법을 아직 알지 못하므로 6.8절에서 이 계산 방법을 살펴볼 것이다. 그런 다음 양극에서 $\phi_s(z,t) = \widetilde{\phi}_s(z,t) + v(t)$를 계산할 것이다.

SECTION 6.5 $c_e(x,t)$의 1차원 모델

6.5.1 접근 방식 개요

이 절에서 다룰 변수는 전체 셀 너비에 대한 변수 $c_e(x,t)$이다. 이 변수를 구하기 전 먼저 전해질 내부의 리튬 농도의 PDE 방정식에 대한 일반 상미분 방정식의 해를 다음과 같이 구한다.

$$\frac{\partial \varepsilon_e(x)c_e(x,t)}{\partial t} = \nabla\cdot(D_{e,\text{eff}}(x)\nabla c_e(x,t)) + a_s(x)(1-t^0_+)j \tag{6.25}$$

이때 경계 조건은 다음과 같고 초기 분포는 $c_e(x, 0) = c_{e,0}$이다.

$$\frac{\partial c_e(0, t)}{\partial x} = 0, \qquad \frac{\partial c_e(L^{\text{tot}}, t)}{\partial x} = 0$$

이때 $D_{e,\text{eff}}$와 ε_e는 셀의 각 영역에서 일정하고 음극과 분리막, 양극에서 각각 다른 값을 가질 수 있다고 가정한다. $\tilde{c}_e(x, t)$는 $c_e(x, t) - c_{e,0}$로도 정의하며, 식 (6.25)를 전달함수를 통해 풀 수 있는 형태로 다음과 같이 변환한다.

$$\frac{\partial \varepsilon_e(x)\tilde{c}_e(x, t)}{\partial t} = \nabla \cdot (D_{e,\text{eff}}(x) \nabla \tilde{c}_e(x, t)) + a_s(x)(1 - t_+^0)j \tag{6.26}$$

경계 조건은 다음과 같고 초기 분포는 $\tilde{c}_e(x, 0) = 0$이다.

$$\frac{\partial \tilde{c}_e(0, t)}{\partial x} = 0, \qquad \frac{\partial \tilde{c}_e(L^{\text{tot}}, t)}{\partial x} = 0$$

앞선 과정을 통해 도출한 중간 결과를 살펴보자. 축소 차수의 해는 1차 일차 상미분 방정식 '모드[mode]'를 포함하며, 각 모드의 형태는 다음과 같다.

$$\frac{\mathrm{d}}{\mathrm{d}t}\tilde{c}_{e,n}(t) = -\lambda_n \tilde{c}_{e,n}(t) + j_n(t)$$

전해질의 농도는 이런 각 미분 방정식에 대한 용액의 가중치를 더한 것이다.

$$\tilde{c}_e(x, t) = \sum_{n=0}^{\infty} \tilde{c}_{e,n}(t)\Psi(x; \lambda_n)$$

그런 다음 $\tilde{c}_e(x, t)$를 기반으로 전달함수 솔루션인 $\dfrac{\widetilde{C}_e(x, s)}{I_{\text{app}}(s)}$를 도출한다.

6.5.2 스튀름-리우빌 문제와 그린 항등식

이 절에서는 전달함수로 변환할 수 있는 $\tilde{c}_e(x, t)$의 표현법을 찾는 과정에서 식 (6.25)를 유한한 닫힌 간격 $[a, b]$에 걸쳐 다음과 같이 쓸 수 있음을 알게 될 것이다. 이는 일반적인 형태의 상미분 방정식인 **스튀름-리우빌 문제**[Sturm-Liouville problem]의 관점에서 작성된 것이다.

$$\frac{\mathrm{d}}{\mathrm{d}x}\left[p(x)\frac{\mathrm{d}\Psi(x)}{\mathrm{d}x}\right] + q(x)\Psi(x) + \lambda w(x)\Psi(x) = 0 \tag{6.27}$$

여기서는 이 식을 증명하지 않는다. 단, 다음의 사항들을 유의해야 한다.

❶ 스튀름-리우빌 문제에 대한 해는 무한히 많으며, 각 해는 분명한 실수인 고유값 λ로 색인화된다. 해의 집합은 다음과 같이 정렬할 수 있다.

$$\lambda_0 < \lambda_1 < \lambda_2 < \cdots < \lambda_n < \cdots \to \infty$$

❷ 각 고유값 λ_n에 대응하는 고유함수 $\Psi(x;\lambda_n)$은 (a, b) 구간에서 정확히 n개의 영점 교차zero crossings가 된다. 이는 정규화 상수까지 포함하는 고유한 결과이다.

❸ 정규화된 고유함수는 가중치함수 $w(x)$에 대해 다음과 같은 정규 직교orthonormal 기저를 형성한다. 이때 $m \neq n$이라면 $\delta_{mn} = 0$이고 $m = n$이라면 $\delta_{mn} = 1$이다.

$$\int_a^b \Psi(x;\lambda_n)\Psi(x;\lambda_m)w(x)\mathrm{d}x = \delta_{mn} \tag{6.28}$$

또한 **그린 항등식**Green's identity을 빠르게 도출할 수 있어야 한다. 선형 연산자 L을 정의하면 다음과 같다.

$$L \equiv \frac{\mathrm{d}}{\mathrm{d}x}\left[p(x)\frac{\mathrm{d}}{\mathrm{d}x}\right] + q(x)$$

이렇게 하면 스튀름-리우빌 문제를 다음과 같이 다시 작성할 수 있다.

$$L(\Psi(x)) + \lambda w(x)\Psi(x) = 0$$

어떤any 두 함수인 v와 u에 대해서는 다음과 같이 쓸 수 있다.

$$L(v) = \frac{\mathrm{d}}{\mathrm{d}x}\left[p(x)\frac{\mathrm{d}v}{\mathrm{d}x}\right] + q(x)v$$

$$L(u) = \frac{\mathrm{d}}{\mathrm{d}x}\left[p(x)\frac{\mathrm{d}u}{\mathrm{d}x}\right] + q(x)u$$

이렇게 구한 첫 번째 방정식에는 u를, 두 번째 방정식에는 v를 곱한 뒤 두 식을 빼면 다음과 같다.

$$\begin{aligned} uL(v) - vL(u) &= u\frac{\mathrm{d}}{\mathrm{d}x}\left(p\frac{\mathrm{d}v}{\mathrm{d}x}\right) + uqv - v\frac{\mathrm{d}}{\mathrm{d}x}\left(p\frac{\mathrm{d}u}{\mathrm{d}x}\right) - vqu \\ &= u\frac{\mathrm{d}}{\mathrm{d}x}\left(p\frac{\mathrm{d}v}{\mathrm{d}x}\right) - v\frac{\mathrm{d}}{\mathrm{d}x}\left(p\frac{\mathrm{d}u}{\mathrm{d}x}\right) \end{aligned}$$

이렇게 구한 식을 부분별로 통합하면 다음과 같이 쓸 수 있다.

$$\begin{aligned} \int_a^b \left[u\frac{\mathrm{d}}{\mathrm{d}x}\left(p\frac{\mathrm{d}v}{\mathrm{d}x}\right) - v\frac{\mathrm{d}}{\mathrm{d}x}\left(p\frac{\mathrm{d}u}{\mathrm{d}x}\right)\right]\mathrm{d}x &= \int_a^b u\frac{\mathrm{d}}{\mathrm{d}x}\left(p\frac{\mathrm{d}v}{\mathrm{d}x}\right)\mathrm{d}x - \int_a^b v\frac{\mathrm{d}}{\mathrm{d}x}\left(p\frac{\mathrm{d}u}{\mathrm{d}x}\right)\mathrm{d}x \\ &= \left[p\frac{\mathrm{d}v}{\mathrm{d}x}u\Big|_a^b - \int_a^b p\left(\frac{\mathrm{d}u}{\mathrm{d}x}\right)\left(\frac{\mathrm{d}v}{\mathrm{d}x}\right)\mathrm{d}x\right] \\ &\quad - \left[p\frac{\mathrm{d}u}{\mathrm{d}x}v\Big|_a^b - \int_a^b p\left(\frac{\mathrm{d}u}{\mathrm{d}x}\right)\left(\frac{\mathrm{d}v}{\mathrm{d}x}\right)\mathrm{d}x\right] \end{aligned}$$

앞선 식에서 우변의 적분은 상쇄되어 그린 항등식을 다음과 같이 산출한다.

$$\int_a^b [uL(v) - vL(u)]\,\mathrm{d}x = p\left(u\frac{\mathrm{d}v}{\mathrm{d}x} - v\frac{\mathrm{d}u}{\mathrm{d}x}\right)\Bigg|_a^b \tag{6.29}$$

6.5.3 동차 PDE에 대한 해

앞서 기본적인 수학적 결과를 검토했으므로 이제 **변수 분리법**separation of variables을 사용해 전해질 농도 PDE를 풀 수 있다. 먼저 고유함수의 무한급수의 관점에서 해를 구한 뒤 그 해를 잘라내어 확장의 처음 몇 항만 사용한다. 동차 PDE, 즉 $j = 0$을 푸는 것부터 시작하자. 동차 경계값 문제를 풀면 동차 및 비동차 해에 모두 사용될 고유값 λ_n과 고유함수 $\Psi(x;\lambda_n)$을 구할 수 있다. 그런 다음 이 해를 일반화해 강제된 PDE 해를 구한다.

동차 문제는 다음과 같이 주어진다.

$$\frac{\partial \tilde{c}_e(x,t)}{\partial t} = \frac{1}{\varepsilon_e(x)}\frac{\partial}{\partial x}D_{e,\mathrm{eff}}(x)\frac{\partial \tilde{c}_e(x,t)}{\partial x} \tag{6.30}$$

이는 다음의 경계 조건을 포함하며, 초기 조건인 $\tilde{c}_e(x,0) = 0$을 포함한다.

$$\frac{\partial \tilde{c}_e(0,t)}{\partial x} = 0, \qquad \frac{\partial \tilde{c}_e(L^{\mathrm{tot}},t)}{\partial x} = 0$$

경계 조건에는 셀의 세 영역이 결합하는 내부 경계 조건도 있다. 먼저 연속성을 다음과 같이 가정한다.

$$\tilde{c}_e((L^{\mathrm{neg}})^-,t) = \tilde{c}_e((L^{\mathrm{neg}})^+,t)$$

$$\tilde{c}_e((L^{\mathrm{neg}}+L^{\mathrm{sep}})^-,t) = \tilde{c}_e((L^{\mathrm{neg}}+L^{\mathrm{sep}})^+,t)$$

이때 위 첨자 "−"와 "+"는 각각 경계에서 약간 왼쪽 또는 오른쪽으로 함수가 평가됨을 의미한다. 내부 경계 양쪽 농도함수의 기울기에 대해서도 언급할 필요가 있는데, 편미분 방정식의 우변에 곱셈 규칙을 사용하면 어떻게 되는지 살펴보자.

$$\frac{\partial}{\partial x}D_{e,\mathrm{eff}}(x)\frac{\partial \tilde{c}_e(x,t)}{\partial x} = D_{e,\mathrm{eff}}(x)\frac{\partial^2 \tilde{c}_e(x,t)}{\partial x^2} + \left(\frac{\partial \tilde{c}_e(x,t)}{\partial x}\right)\left(\frac{\partial D_{e,\mathrm{eff}}(x)}{\partial x}\right)$$

이 식의 첫 번째 항에는 물리적인 문제가 없지만 두 번째 항은 $D_{e,\mathrm{eff}}(x)$의 불연속성으로 인해 일반적으로 지역(지점) 경계에서 디랙 델타함수를 스케일링해 평가한다. 이는 물리적으로 이해가 되지 않으므로 다음과 같이 델타함수에 0을 곱해 해를 제한한다.

$$\frac{\partial}{\partial x} D_{e,\mathrm{eff}}(x) \frac{\partial \tilde{c}_e(x,t)}{\partial x} = \lim_{x^+ - x^- \to 0} \frac{1}{x^+ - x^-} \left[D_{e,\mathrm{eff}}(x^+) \left[\frac{\partial \tilde{c}_e(x,t)}{\partial x} \bigg|_{x=x^+} \right] - D_{e,\mathrm{eff}}(x^-) \left[\frac{\partial \tilde{c}_e(x,t)}{\partial x} \bigg|_{x=x^-} \right] \right] = 0$$

이는 $x = L^{\mathrm{neg}}$이거나 $x = L^{\mathrm{neg}} + L^{\mathrm{sep}}$인 경계에서 구한다. 이를 정리하면 다음과 같다.

$$D_{e,\mathrm{eff}}^{\mathrm{neg}} \frac{\partial \tilde{c}_e(x,t)}{\partial x} \bigg|_{x=(L^{\mathrm{neg}})^-} = D_{e,\mathrm{eff}}^{\mathrm{sep}} \frac{\partial \tilde{c}_e(x,t)}{\partial x} \bigg|_{x=(L^{\mathrm{neg}})^+}$$

$$D_{e,\mathrm{eff}}^{\mathrm{sep}} \frac{\partial \tilde{c}_e(x,t)}{\partial x} \bigg|_{x=(L^{\mathrm{neg}}+L^{\mathrm{sep}})^-} = D_{e,\mathrm{eff}}^{\mathrm{pos}} \frac{\partial \tilde{c}_e(x,t)}{\partial x} \bigg|_{x=(L^{\mathrm{neg}}+L^{\mathrm{sep}})^+}$$

변수 분리법은 해를 시간의 유일한 함수인 $h(t)$와 위치의 유일한 함수인 $\Psi(x)$의 곱으로 나눌 수 있다고 가정한다.

$$\tilde{c}_e(x,t) = h(t)\Psi(x)$$

이제 $h(t)$와 $\Psi(x)$를 구해야 한다. 앞서 가정된 형태를 원래의 PDE에 대입하면 다음과 같다.

$$\frac{\mathrm{d}h(t)}{\mathrm{d}t}\Psi(x) = \frac{1}{\varepsilon_e(x)} \frac{\partial}{\partial x} D_{e,\mathrm{eff}}(x) h(t) \frac{\partial \Psi(x)}{\partial x}$$

이때 한쪽에는 시간 종속 변수를 배치하고 다른 쪽에는 위치 종속 변수를 배치한다.

$$\frac{1}{h(t)} \frac{\mathrm{d}h(t)}{\mathrm{d}t} = \frac{1}{\varepsilon_e(x)\Psi(x)} \frac{\partial}{\partial x} D_{e,\mathrm{eff}}(x) \frac{\partial \Psi(x)}{\partial x}$$

이때 좌변은 시간만의 함수이고 오른쪽은 위치만의 함수이다. 두 함수는 모든 시간과 모든 위치에 대해 동일하므로 둘 다 상수와 같아야 하며, $-\lambda$로 지정한다.[8]

$$\frac{\mathrm{d}h(t)}{\mathrm{d}t} = -\lambda h(t)$$

$$\frac{\partial}{\partial x} D_{e,\mathrm{eff}} \frac{\partial \Psi(x)}{\partial x} = -\lambda \varepsilon_e(x)\Psi(x)$$

이 방정식을 풀기 위한 λ는 무한히 많으며, λ의 각 고유값은 서로 다른 $h(t)$와 $\Psi(x)$를 산출한다는 점에 유의하자. 따라서 표기법을 $h(t) \mapsto h(t;\lambda)$로 변경한 뒤 $\Psi(t) \mapsto \Psi(t;\lambda)$로 변경한다. 즉 h와 Ψ는 모두 특정 값 λ로 **매개변수화**parameterized 된다. 이를 다시 쓰면 다음과 같다.

---

8 λ는 단위가 s^{-1}이므로 주파수의 일종이다. $\lambda = 0$은 직류, 작은 λ는 저주파, 그리고 큰 λ는 고주파에 해당한다.

$$\frac{\mathrm{d}h(t;\lambda)}{\mathrm{d}t} = -\lambda h(t;\lambda) \tag{6.31}$$

$$\frac{\partial}{\partial x} D_{e,\mathrm{eff}}(x) \frac{\partial \Psi(x;\lambda)}{\partial x} = -\lambda \varepsilon_e(x) \Psi(x;\lambda) \tag{6.32}$$

식 (6.31)의 해는 다음과 같다.

$$h(t;\lambda) = h(0;\lambda) e^{-\lambda t}$$

식 (6.32)의 해는 고유함수 $\Psi(t;\lambda)$를 결정하며, 각 고유함수는 음극과 분리막, 그리고 양극 영역에 대해 각각 세 부분으로 나뉜다. 먼저 음극 영역에 대한 해는 다음과 같다. k_1과 k_2는 λ의 함수이지만 간결성을 위해 이 종속성을 생략했다.

$$\Psi^{\mathrm{neg}}(x;\lambda) = k_1 \cos\left(\sqrt{\lambda \varepsilon_e^{\mathrm{neg}} / D_{e,\mathrm{eff}}^{\mathrm{neg}}}\, x\right) + k_2 \sin\left(\sqrt{\lambda \varepsilon_e^{\mathrm{neg}} / D_{e,\mathrm{eff}}^{\mathrm{neg}}}\, x\right)$$

$x = 0$의 경계 조건은 $\sin(\cdot)$ 항을 제거해 다음과 정리한다.

$$\Psi^{\mathrm{neg}}(x;\lambda) = k_1 \cos\left(\sqrt{\lambda \varepsilon_e^{\mathrm{neg}} / D_{e,\mathrm{eff}}^{\mathrm{neg}}}\, x\right)$$

분리막 영역에 대한 해는 다음과 같다.

$$\Psi^{\mathrm{sep}}(x;\lambda) = k_3 \cos\left(\sqrt{\lambda \varepsilon_e^{\mathrm{sep}} / D_{e,\mathrm{eff}}^{\mathrm{neg}}}\, x\right) + k_4 \sin\left(\sqrt{\lambda \varepsilon_e^{\mathrm{sep}} / D_{e,\mathrm{eff}}^{\mathrm{sep}}}\, x\right)$$

이 영역에서는 $\sin(\cdot)$ 항이 자동으로 제거되지 않으며, 내부 경계 조건이 자동으로 충족되도록 두 함수의 크기를 조정해야 한다. 표기법을 간단히 하기 위해 다음을 정의한다.

$$\omega_1 = L^{\mathrm{neg}} \sqrt{\frac{\lambda \varepsilon_e^{\mathrm{neg}}}{D_{e,\mathrm{eff}}^{\mathrm{neg}}}}, \qquad \omega_2 = L^{\mathrm{neg}} \sqrt{\frac{\lambda \varepsilon_e^{\mathrm{sep}}}{D_{e,\mathrm{eff}}^{\mathrm{sep}}}}$$

그런 다음 연속성을 위해 다음과 같이 작성한다.

$$k_1 \cos(\omega_1) = k_3 \cos(\omega_2) + k_4 \sin(\omega_2)$$

첫 번째 도함수 기준식은 다음과 같다.

$$D_{e,\mathrm{eff}}^{\mathrm{neg}} \left[-k_1 \frac{\omega_1}{L^{\mathrm{neg}}} \sin(\omega_1) \right] = D_{e,\mathrm{eff}}^{\mathrm{sep}} \left[-k_3 \frac{\omega_2}{L^{\mathrm{neg}}} \sin(\omega_2) + k_4 \frac{\omega_2}{L^{\mathrm{neg}}} \cos(\omega_2) \right]$$

이제 두 개의 방정식과 두 개의 미지수(k_3와 k_4)를 얻었다. 이 미지수는 나중에 결정할 미지수 k_1로 풀 수 있다.

$$\begin{bmatrix} \cos(\omega_2) & \sin(\omega_2) \\ -D_{e,\mathrm{eff}}^{\mathrm{sep}}\, \omega_2 \sin(\omega_2) & D_{e,\mathrm{eff}}^{\mathrm{sep}}\, \omega_2 \cos(\omega_2) \end{bmatrix} \begin{bmatrix} k_3 \\ k_4 \end{bmatrix} = k_1 \begin{bmatrix} \cos(\omega_1) \\ -D_{e,\mathrm{eff}}^{\mathrm{neg}}\, \omega_1 \sin(\omega_1) \end{bmatrix}$$

마지막으로 양극 영역에 대한 해는 다음과 같다.

$$\Psi^{\text{pos}}(x;\lambda) = k_5 \cos\left(\sqrt{\lambda\varepsilon_e^{\text{pos}} / D_{e,\text{eff}}^{\text{pos}}}\, x\right) + k_6 \sin\left(\sqrt{\lambda\varepsilon_e^{\text{pos}} / D_{e,\text{eff}}^{\text{pos}}}\, x\right)$$

표기법을 간단히 하기 위해 다음과 같이 정의한다.

$$\omega_3 = (L^{\text{neg}} + L^{\text{sep}})\sqrt{\frac{\lambda\varepsilon_e^{\text{sep}}}{D_{e,\text{eff}}^{\text{sep}}}}, \qquad \omega_4 = (L^{\text{neg}} + L^{\text{sep}})\sqrt{\frac{\lambda\varepsilon_e^{\text{pos}}}{D_{e,\text{eff}}^{\text{pos}}}}$$

그런 다음 연속성을 위해 다음과 같이 작성한다.

$$k_3 \cos(\omega_3) + k_4 \sin(\omega_3) = k_5 \cos(\omega_4) + k_6 \sin(\omega_4)$$

첫 번째 도함수 기준식을 따르면 다음과 같다.

$$\begin{aligned} &D_{e,\text{eff}}^{\text{sep}}\left[-k_3 \frac{\omega_3}{L^{\text{neg}} + L^{\text{sep}}} \sin(\omega_3) + k_4 \frac{\omega_3}{L^{\text{neg}} + L^{\text{sep}}} \cos(\omega_3)\right] \\ &\quad = D_{e,\text{eff}}^{\text{pos}}\left[-k_5 \frac{\omega_4}{L^{\text{neg}} + L^{\text{sep}}} \sin(\omega_4) + k_6 \frac{\omega_4}{L^{\text{neg}} + L^{\text{sep}}} \cos(\omega_4)\right] \end{aligned}$$

다시 두 개의 방정식과 두 개의 미지수(k_5와 k_6)를 얻었으므로 이 방정식은 k_3와 k_4로 풀 수 있다.

$$\begin{aligned} &\begin{bmatrix} \cos(\omega_4) & \sin(\omega_4) \\ -D_{e,\text{eff}}^{\text{pos}}\,\omega_4 \sin(\omega_4) & D_{e,\text{eff}}^{\text{pos}}\,\omega_4 \cos(\omega_4) \end{bmatrix} \begin{bmatrix} k_5 \\ k_6 \end{bmatrix} \\ &\quad = \begin{bmatrix} \cos(\omega_3) & \sin(\omega_3) \\ -D_{e,\text{eff}}^{\text{sep}}\,\omega_3 \sin(\omega_3) & D_{e,\text{eff}}^{\text{sep}}\,\omega_3 \cos(\omega_3) \end{bmatrix} \begin{bmatrix} k_3 \\ k_4 \end{bmatrix} \end{aligned}$$

따라서 k_1을 찾을 수 있다고 가정하면 다음과 같다.

$$\Psi(x;\lambda) = \begin{cases} \Psi^{\text{neg}}(x;\lambda), & 0 \le x < L^{\text{neg}} \\ \Psi^{\text{sep}}(x;\lambda), & L^{\text{neg}} \le x < L^{\text{neg}} + L^{\text{sep}} \\ \Psi^{\text{pos}}(x;\lambda), & L^{\text{neg}} + L^{\text{sep}} \le x \le L^{\text{tot}} \end{cases} \tag{6.33}$$

6.5.2절에서 배운 스튀름-리우빌 이론의 세 번째 속성을 통해 k_1을 구한다. 가중치함수 $\varepsilon_e(x)$에 대해 고유함수가 정규 직교가 되도록 이 값, 즉 k_1을 다음과 같이 선택한다.

$$\int_0^{L^{\text{tot}}} \Psi^2(x;\lambda)\,\varepsilon_e(x)\,\mathrm{d}x = 1$$

최종 경계 조건 $\partial \Psi(L^{\mathrm{tot}};\lambda)/\partial x = 0$은 λ_n에 대한 해를 구할 수 있는 조건을 부여한다. 일반적으로 이 작업은 폐쇄형으로 수행할 수 없으므로 수치적인 방법을 사용해 λ의 함수로써 $\mathrm{d}\Psi(L^{\mathrm{tot}};\lambda)/\mathrm{d}x$의 영점 교차 간격을 검색한다. [그림 6-6]은 이 예시를 나타낸 것으로, 이 예에서 처음 열 개의 근은 다음과 같은 위치에 있다.

$$\lambda_n = \{0,\ 0.0039,\ 0.0106,\ 0.0298,\ 0.0538,\ 0.0782,\ 0.1151,\ 0.1620,\ 0.1936,\ 0.2676\}$$

정렬된 고유값 집합은 $\{\lambda_n\}$으로 표시한다. 다음과 같이 중첩을 하면 동차 문제를 해결할 수 있다.

$$\tilde{c}_e(x,t) = \sum_{n=0}^{\infty} h(0;\lambda)\,\Psi(x;\lambda_n)e^{-\lambda_n t}$$

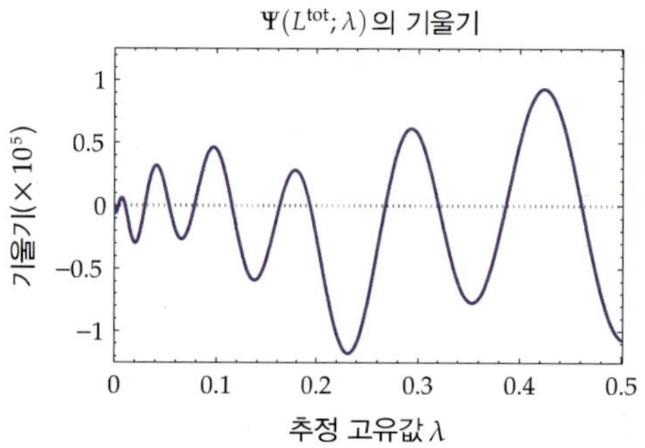

[그림 6-6] 영점 교차를 찾아 고유값을 구하는 방법

6.5.4 강제 PDE에 대한 솔루션

이제 동차homogeneous(균질)인 경우에서 비동차inhomogeneous(불균질)인 경우로 솔루션solution(해)을 일반화해 다음을 해결한다.

$$\frac{\partial \tilde{c}_e(x,t)}{\partial t} = \frac{1}{\varepsilon_e(x)}\frac{\partial}{\partial x} D_{e,\mathrm{eff}}(x)\frac{\partial \tilde{c}_e(x,t)}{\partial x} + \frac{a_s(x)(1-t_+^0)}{\varepsilon_e(x)} j(x,t) \tag{6.34}$$

여기에서 사용하는 접근 방식은 동차 해 $\Psi(x;\lambda_n)$의 고유함수를 기저 집합으로 사용해 $\tilde{c}_e(x,t)$를 급수 확장으로 변환하는 것이다. 이는 구간별로 매끄러운 어떤 함수라도 고유함수 측면에서 확장할 수 있다는 사실에 의존한다.

$$\tilde{c}_e(x,t) = \sum_{n=0}^{\infty} \tilde{c}_{e,n}(t)\,\Psi(x;\lambda_n) \tag{6.35}$$

이때 $\tilde{c}_{e,n}(t)$는 $\tilde{c}_e(x,t)$의 일반화된 푸리에 계수이다. 시간에 대한 식 (6.35)를 편미분하고 이를 원래 PDE에 대입하면 각각 다음과 같다.

$$\frac{\partial \tilde{c}_e(x,t)}{\partial t} = \sum_{n=0}^{\infty} \frac{\mathrm{d}\tilde{c}_{e,n}(t)}{\mathrm{d}t} \Psi(x;\lambda_n) \tag{6.36}$$

$$\sum_{n=0}^{\infty} \frac{\mathrm{d}\tilde{c}_{e,n}(t)}{\mathrm{d}t} \Psi(x;\lambda_n) = \frac{1}{\varepsilon_e(x)} \frac{\partial}{\partial x} D_{e,\mathrm{eff}}(x) \frac{\partial \tilde{c}_e(x,t)}{\partial t} + \frac{a_s(x)(1-t_+^0)}{\varepsilon_e(x)} j(x,t) \tag{6.37}$$

식 (6.37)의 좌변을 단순화하기 위해 양변에 $\Psi(x;\lambda_m)\varepsilon_e(x)$를 곱하고 0에서 L^{tot}까지 적분한다.

$$\begin{aligned} &\int_0^{L^{\mathrm{tot}}} \sum_{n=0}^{\infty} \frac{\mathrm{d}\tilde{c}_{e,n}(t)}{\mathrm{d}t} \Psi(x;\lambda_n)\Psi(x;\lambda_m)\varepsilon_e(x)\mathrm{d}x \\ &\qquad = \int_0^{L^{\mathrm{tot}}} \Psi(x;\lambda_m) \frac{\partial}{\partial x} D_{e,\mathrm{eff}}(x) \frac{\partial \tilde{c}_e(x,t)}{\partial x} \mathrm{d}x \\ &\qquad + \int_0^{L^{\mathrm{tot}}} a_s(x)(1-t_+^0) j(x,t)\,\Psi(x;\lambda_m)\mathrm{d}x \end{aligned}$$

앞선 식은 좌변의 적분인 $\int_0^{\mathrm{tot}} \Psi(x;\lambda_n)\Psi(x;\lambda_m)\varepsilon_e(x)\mathrm{d}x = \delta_{mn}$이 $m=n$일 때만 0이 아니어서 도출된 결과이다. 따라서 앞선 식은 다음과 같이 정의할 수 있다.

$$\begin{aligned} \frac{\mathrm{d}\tilde{c}_{e,n}(t)}{\mathrm{d}t} &= \int_0^{L^{\mathrm{tot}}} \Psi(x;\lambda_n) \frac{\partial}{\partial x} D_{e,\mathrm{eff}}(x) \frac{\partial \tilde{c}_e(x,t)}{\partial t} \mathrm{d}x \\ &+ \int_0^{L^{\mathrm{tot}}} a_s(x)(1-t_+^0) j(x,t)\,\Psi(x;\lambda_n)\mathrm{d}x \end{aligned} \tag{6.38}$$

우변의 첫 번째 항을 단순화하려면 그린의 항등식을 사용하면 된다. $\Psi(x;\lambda)$는 $p(x)=1$, $q(x)=0$, $w(x)=\varepsilon_e(x)$인 스튀름-리우빌 문제에 대한 해이다. 이제 첫 번째 항 $\int_0^{L^{\mathrm{tot}}} \Psi(x;\lambda_n) \frac{\partial}{\partial x} D_{e,\mathrm{eff}}(x) \frac{\partial \tilde{c}_e(x,t)}{\partial x} \mathrm{d}x$에 다시 집중하자. $v=\Psi(x)$, $u=\tilde{c}_e(x,t)$, $p=D_{e,eff}(x)$와 그린의 항등식을 사용해 다음과 같이 작성한다.

$$\begin{aligned} &\int_0^{L^{\mathrm{tot}}} \left[\tilde{c}_e(x,t) \frac{\partial}{\partial x} D_{e,\mathrm{eff}}(x) \frac{\partial \Psi(x)}{\partial x} - \Psi(x;\lambda_n) \frac{\partial}{\partial x} D_{e,\mathrm{eff}}(x) \frac{\partial \tilde{c}_e(x,t)}{\partial x} \right] \mathrm{d}x \\ &\qquad = D_{e,\mathrm{eff}}(x) \left(\tilde{c}_e(x,t) \frac{\partial \Psi(x;\lambda_n)}{\partial x} - \Psi(x;\lambda_n) \frac{\partial \tilde{c}_e(x,t)}{\partial x} \right) \Bigg|_0^{L^{\mathrm{tot}}} \end{aligned} \tag{6.39}$$

이 식에서 우변은 다음의 경계 조건으로 인해 0이 된다.

$$\left. \frac{\partial \Psi(x;\lambda_n)}{\partial x} \right|_{x \in \{0, L^{\mathrm{tot}}\}} = \left. \frac{\partial \tilde{c}_e(x,t)}{\partial x} \right|_{x \in \{0, L^{\mathrm{tot}}\}} = 0$$

따라서 이 식을 정리하면 다음과 같다.

$$\int_0^{L^{\mathrm{tot}}} \tilde{c}_e(x,t)\frac{\partial}{\partial x}D_{e,\mathrm{eff}}(x)\frac{\partial \Psi(x)}{\partial x}\mathrm{d}x = \int_0^{L^{\mathrm{tot}}} \Psi(x;\lambda_n)\frac{\partial}{\partial x}D_{e,\mathrm{eff}}(x)\frac{\partial \tilde{c}_e(x,t)}{\partial x}\mathrm{d}x$$

앞선 식에서 좌변은 식 (6.32)를 통해 다음과 같이 정의된다.

$$\int_0^{L^{\mathrm{tot}}} \tilde{c}_e(x,t)\frac{\partial}{\partial x}D_{e,\mathrm{eff}}(x)\frac{\partial \Psi(x)}{\partial x}\mathrm{d}x = -\lambda_n\int_0^{L^{\mathrm{tot}}} \tilde{c}_e(x,t)\Psi(x;\lambda_n)\varepsilon_e(x)\mathrm{d}x \tag{6.40}$$

이를 대체하면 다음과 같다.

$$\int_0^{L^{\mathrm{tot}}} \Psi(x)\frac{\partial}{\partial x}D_{e,\mathrm{eff}}(x)\frac{\partial \tilde{c}_e(x,t)}{\partial x}\mathrm{d}x = -\lambda_n\int_0^{L^{\mathrm{tot}}} \tilde{c}_e(x,t)\Psi(x;\lambda_n)\varepsilon_e(x)\mathrm{d}x$$

이 식을 식 (6.38)에 사용하면 $j_n(t)$가 $\tilde{c}_{e,n}(t)$에 대한 모달[modal] 입력일 때 다음과 같다.

$$\begin{aligned}\frac{\mathrm{d}\tilde{c}_{e,n}(t)}{\mathrm{d}t} &= -\lambda_n\int_0^{L^{\mathrm{tot}}} \tilde{c}_e(x,t)\Psi(x;\lambda_n)\varepsilon_e(x)\mathrm{d}x \\ &\quad + \int_0^{L^{\mathrm{tot}}} a_s(x)(1-t_+^0)j(x,t)\Psi_n(x)\,\mathrm{d}x \\ &= -\lambda_n\tilde{c}_{e,n}(t) + \underbrace{\int_0^{L^{\mathrm{tot}}} a_s(x)(1-t_+^0)j(x,t)\Psi_n(x)\,\mathrm{d}x}_{j_n(t)}\end{aligned} \tag{6.41}$$

6.5.5 고유함수 방법을 사용한 $\tilde{c}_e(x,t)$ 예제

지금까지의 결과를 설명하기 위해 다음과 같은 속성을 가진 셀을 예로 들어보자.

$$\begin{aligned} L^{\mathrm{neg}} &= 128\,\mu\mathrm{m} & \varepsilon_e^{\mathrm{neg}} &= 0.357 & D_{e,\mathrm{eff}}^{\mathrm{neg}} &= 1.60\times 10^{-11}\,\mathrm{m}^2/\mathrm{s} \\ L^{\mathrm{sep}} &= 76\,\mu\mathrm{m} & \varepsilon_e^{\mathrm{sep}} &= 0.724 & D_{e,\mathrm{eff}}^{\mathrm{sep}} &= 4.62\times 10^{-11}\,\mathrm{m}^2/\mathrm{s} \\ L^{\mathrm{pos}} &= 190\,\mu\mathrm{m} & \varepsilon_e^{\mathrm{pos}} &= 0.444 & D_{e,\mathrm{eff}}^{\mathrm{pos}} &= 2.22\times 10^{-11}\,\mathrm{m}^2/\mathrm{s} \end{aligned}$$

초기 농도가 $1{,}000\,\mathrm{mol\,m}^{-3}$에서 균일하고 3초 동안 $10\,\mathrm{A}$의 스텝 전류가 셀에 적용되었을 때 위치 함수로서 전해질 농도의 솔루션을 찾아보자. 이때 j는 각 전극 영역에서 균일하며, 분리막에서는 0이라고 가정한다.

먼저 고유함수를 구해보자. [그림 6-7]은 $\Psi(x;\lambda_0)$부터 $\Psi(x;\lambda_5)$까지의 여섯 개의 함수를 나타낸 것으로, 각 고유함수의 영점 교차zero crossings 수를 세어 옳은 것을 찾았는지 빠르게 확인할 수 있다(검색 매개변수가 좋은 초기 추측으로 초기화되지 않았다면 λ_n을 찾기 위한 수적 검색은 일부 누락될 수 있음). 6.5.2절의 스튀름-리우빌 이론의 두 번째 특성에 따라 $\Psi(x;\lambda_0)$는 영점 교차가 없어야 하며, $\Psi(x;\lambda_1)$은 하나의 영점 교차를 가져야 한다. 또한 모든 고유함수의 기울기는 두 셀의 경계에서 모두 0이어야 한다. [그림 6-7]은 이런 조건들이 실제로 적용된 것이다.

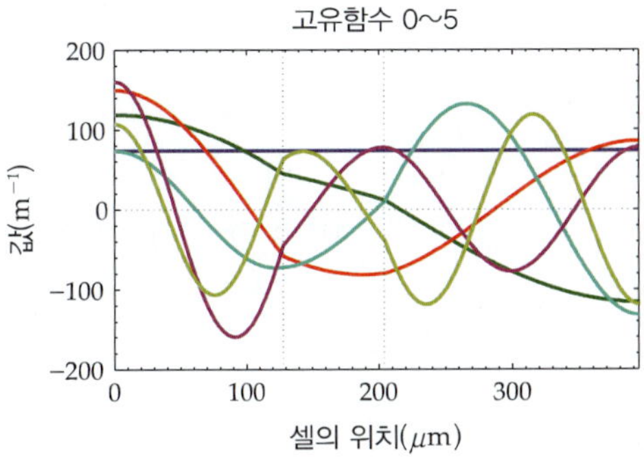

[그림 6-7] 고유함수 예시[9]

다음으로 고유함수를 식별한 뒤 식 (6.41)과 함께 사용해 $0 \le n \le 10$ 범위의 일반화된 푸리에 계수Fourier coefficients $\tilde{c}_{e,n}(t)$를 푼다. 마지막으로 식 (6.35)를 사용해 $\tilde{c}_e(x,t)$를 계산한다. [그림 6-8]은 앞선 과정을 통해 도출한 결과이다. 빨간색 선은 정확한 PDE 해, 파란색 선은 0에서 10까지의 고유함수를 사용한 대략적인 해다. 추가적인 고유함수를 사용해 해를 개선할 수 있지만 해가 점차 감소하는 지점은 존재한다(이 예제의 MATLAB 코드는 6.15절에 나와 있다).

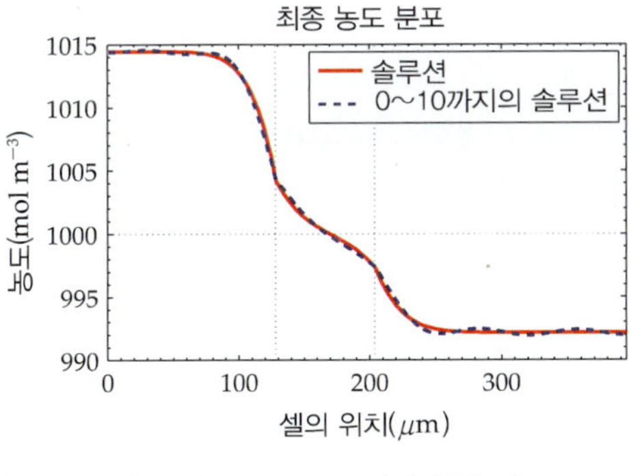

[그림 6-8] 전해질 농도를 구하기 위한 해

9 Lee, J.L., Chemistruck, A. and Plett, G.L., "One-Dimensional Physics-Based Reduced-Order Model of Lithium-Ion Dynamics," *Journal of Power Sources*, 220, 2012, pp. 430-448의 Fig. 4에서 발췌했다.

6.5.6 $\tilde{c}_{e,n}(x, t)$의 전달함수 모델

전달함수 방법을 통해 $\tilde{c}_e(x, t)$를 계산하려면 $\tilde{c}_e(x, t)$는 $\tilde{c}_{e,n}(t)$ 항의 합으로 구성된다는 점에 유의해야 한다. 따라서 $\tilde{c}_{e,n}(t)$를 알고 있다면 $\tilde{c}_e(x, t)$를 계산할 수 있으므로 이 절에서는 $\tilde{c}_{e,n}(t)$에 대한 전달함수를 구하는 방식으로 진행한다.

먼저 식 (6.41)의 라플라스 변환을 다음과 같이 재작성한다.

$$\frac{\mathrm{d}}{\mathrm{d}t}\tilde{c}_{e,n}(t) = -\lambda_n \tilde{c}_{e,n}(t) + j_n(t)$$

$$s\widetilde{C}_{e,n}(s) - \tilde{c}_{e,n}(0) = -\lambda_n \widetilde{C}_{e,n}(s) + J_n(s)$$

편향되지 않은 변수 $\tilde{c}_e(x, t)$의 초기 값은 0으로, $\tilde{c}_{e,n}(t)$의 초기 값 역시 0이므로 앞선 식은 다음과 같다.

$$s\widetilde{C}_{e,n}(s) = -\lambda_n \widetilde{C}_{e,n}(s) + J_n(s)$$

$$\frac{\widetilde{C}_{e,n}(s)}{I_{\mathrm{app}}(s)} = \frac{1}{s+\lambda_n}\frac{J_n(s)}{I_{\mathrm{app}}(s)}$$

이 문제를 해결하려면 $j_n(t)$에 대한 전달함수를 구해야 한다. 다음과 같이 $j_n(t)$를 작성하는 것부터 시작하자.

$$\begin{aligned}
j_n(t) &= \int_0^{L^{\mathrm{tot}}} a_s(x)(1-t_+^0)\, j(x,t)\,\Psi(x;\lambda_n)\mathrm{d}x \\
&= \int_0^{L^{\mathrm{neg}}} a_s^{\mathrm{neg}}(1-t_+^0)\, j^{\mathrm{neg}}(x,t)\,\Psi(x;\lambda_n)\mathrm{d}x \\
&\quad + \int_{L^{\mathrm{neg}}+L^{\mathrm{sep}}}^{L^{\mathrm{neg}}} a_s^{\mathrm{pos}}(1-t_+^0)\, j^{\mathrm{pos}}(x,t)\,\Psi(x;\lambda_n)\mathrm{d}x \\
&= j_n^{\mathrm{neg}}(t) + j_n^{\mathrm{pos}}(t)
\end{aligned}$$

먼저 음극 항에 대한 식을 살펴보자.

$$j_n^{\mathrm{neg}}(t) = a_s^{\mathrm{neg}}(1-t_+^0)\int_0^{L^{\mathrm{neg}}} j^{\mathrm{neg}}(x,t)\,\Psi(x;\lambda_n)\mathrm{d}x$$

$$\frac{J_n^{\mathrm{neg}}(s)}{I_{\mathrm{app}}(s)} = a_s^{\mathrm{neg}}(1-t_+^0)\int_0^{L^{\mathrm{neg}}} \frac{J^{\mathrm{neg}}(x/L^{\mathrm{neg}}, s)}{I_{\mathrm{app}}(s)}\,\Psi(x;\lambda_n)\mathrm{d}x$$

이때 적분은 $z = x / L^{\text{neg}}$에서 식 (6.13)의 $\dfrac{J^{\text{neg}}(z, s)}{I_{\text{app}}(s)}$를 앞선 식과 같이 평가한다. $w_n^{\text{neg}} = L^{\text{neg}}\sqrt{\lambda_n \varepsilon_e^{\text{neg}} / D_{e,\text{eff}}^{\text{neg}}}$ 일 때 Mathematica에서 계산된 전달함수는 다음과 같다.

$$\frac{J_n^{\text{neg}}(s)}{I_{\text{app}}(s)} = \frac{k_1(1-t_+^0)\omega_n^{\text{neg}}\sin(\omega_n^{\text{neg}})\left(\kappa_{\text{eff}}^{\text{neg}} + \sigma_{\text{eff}}^{\text{neg}}\cosh(\nu^{\text{neg}}(s))\right)\nu^{\text{neg}}(s)}{AF(\kappa_{\text{eff}}^{\text{neg}} + \sigma_{\text{eff}}^{\text{neg}})\left((\omega_n^{\text{neg}})^2 + (\nu^{\text{neg}}(s))^2\right)\sinh(\nu^{\text{neg}}(s))} + \frac{k_1(1-t_+^0)\left(\kappa_{\text{eff}}^{\text{neg}} + \sigma_{\text{eff}}^{\text{neg}}\cos(\omega_n^{\text{neg}})\right)(\nu^{\text{neg}}(s))^2}{AF(\kappa_{\text{eff}}^{\text{neg}} + \sigma_{\text{eff}}^{\text{neg}})\left((\omega_n^{\text{neg}})^2 + (\nu^{\text{neg}}(s))\right)} \tag{6.42}$$

이제 양극에 대한 식을 살펴보자.

$$j_n^{\text{pos}}(t) = a_s^{\text{pos}}(1-t_+^0)\int_{L^{\text{tot}}-L^{\text{pos}}}^{L^{\text{neg}}} j^{\text{pos}}(x,t)\,\Psi(x;\lambda_n)\text{d}x$$

$$\frac{J_n^{\text{pos}}(s)}{I_{\text{app}}(s)} = a_s^{\text{pos}}(1-t_+^0)\int_{L^{\text{tot}}-L^{\text{pos}}}^{L^{\text{neg}}} \frac{J^{\text{pos}}((L^{\text{tot}}-x)/L^{\text{pos}}, s)}{I_{\text{app}}(s)}\Psi(x;\lambda_n)\text{d}x$$

이때 적분은 $z = (L^{\text{tot}} - x)/L^{\text{pos}}$에서 식 (6.22)의 $\dfrac{J^{\text{pos}}(z, s)}{I_{\text{app}}(s)}$를 앞선 식과 같이 평가한다. $w_n^{\text{pos}} = L^{\text{pos}}\sqrt{\varepsilon_e^{\text{pos}}\lambda_n / D_{e,\text{eff}}^{\text{pos}}}$ 이고 $w_n^{\text{tot}} = L^{\text{tot}}\sqrt{\varepsilon_e^{\text{pos}}\lambda_n / D_{e,\text{eff}}^{\text{pos}}}$, $w_n^{\text{sep}} = w_n^{\text{tot}} - w_n^{\text{pos}}$일 때 Mathematica에서 계산된 전달함수는 다음과 같다.

$$\begin{aligned}\frac{J_n^{\text{pos}}(s)}{I_{\text{app}}(s)} =\ & \frac{k_5(1-t_+^0)\omega_n^{\text{pos}}\sin(\omega_n^{\text{sep}})\left(\kappa_{\text{eff}}^{\text{pos}} + \sigma_{\text{eff}}^{\text{pos}}\cosh(\nu^{\text{pos}}(s))\right)\nu^{\text{pos}}(s)}{AF(\kappa_{\text{eff}}^{\text{pos}} + \sigma_{\text{eff}}^{\text{pos}})\left((\omega_n^{\text{pos}})^2 + (\nu^{\text{pos}}(s))^2\right)\sinh(\nu^{\text{pos}}(s))} \\ & - \frac{k_5(1-t_+^0)\omega_n^{\text{pos}}\sin(\omega_n^{\text{tot}})\left(\sigma_{\text{eff}}^{\text{pos}} + \kappa_{\text{eff}}^{\text{pos}}\cosh(\nu^{\text{pos}}(s))\right)\nu^{\text{pos}}(s)}{AF(\kappa_{\text{eff}}^{\text{pos}} + \sigma_{\text{eff}}^{\text{pos}})\left((\omega_n^{\text{pos}})^2 + (\nu^{\text{pos}}(s))^2\right)\sinh(\nu^{\text{pos}}(s))} \\ & - \frac{k_5(1-t_+^0)\left(\sigma_{\text{eff}}^{\text{pos}}\cos(\omega_n^{\text{sep}}) + \kappa_{\text{eff}}^{\text{pos}}\cos(\omega_n^{\text{tot}})\right)(\nu^{\text{pos}}(s))^2}{AF(\kappa_{\text{eff}}^{\text{pos}} + \sigma_{\text{eff}}^{\text{pos}})\left((\omega_n^{\text{pos}})^2 + (\nu^{\text{pos}}(s))^2\right)} \\ & + \frac{k_6(1-t_+^0)\omega_n^{\text{pos}}\cos(\omega_n^{\text{tot}})\left(\sigma_{\text{eff}}^{\text{pos}} + \kappa_{\text{eff}}^{\text{pos}}\cosh(\nu^{\text{pos}}(s))\right)\nu^{\text{pos}}(s)}{AF(\kappa_{\text{eff}}^{\text{pos}} + \sigma_{\text{eff}}^{\text{pos}})\left((\omega_n^{\text{pos}})^2 + (\nu^{\text{pos}}(s))^2\right)\sinh(\nu^{\text{pos}}(s))} \\ & - \frac{k_6(1-t_+^0)\omega_n^{\text{pos}}\cos(\omega_n^{\text{sep}})\left(\kappa_{\text{eff}}^{\text{pos}} + \sigma_{\text{eff}}^{\text{pos}}\cosh(\nu^{\text{pos}}(s))\right)\nu^{\text{pos}}(s)}{AF(\kappa_{\text{eff}}^{\text{pos}} + \sigma_{\text{eff}}^{\text{pos}})\left((\omega_n^{\text{pos}})^2 + (\nu^{\text{pos}}(s))^2\right)\sinh(\nu^{\text{pos}}(s))} \\ & - \frac{k_6(1-t_+^0)\left(\sigma_{\text{eff}}^{\text{pos}}\sin(\omega_n^{\text{sep}}) + \kappa_{\text{eff}}^{\text{pos}}\sin(\omega_n^{\text{tot}})\right)(\nu^{\text{pos}}(s))^2}{AF(\kappa_{\text{eff}}^{\text{pos}} + \sigma_{\text{eff}}^{\text{pos}})\left((\omega_n^{\text{pos}})^2 + (\nu^{\text{pos}}(s))^2\right)}\end{aligned} \tag{6.43}$$

앞선 식들을 바탕으로 정리하면 다음과 같이 쓸 수 있다.

$$\frac{\widetilde{C}_{e,n}(s)}{I_{\text{app}}(s)} = \frac{1}{s+\lambda_n}\left[\frac{J_n^{\text{neg}}(s)}{I_{\text{app}}(s)} + \frac{J_n^{\text{pos}}(s)}{I_{\text{app}}(s)}\right] \tag{6.44}$$

잘 살펴보면 이 식은 엉망이다. 그러나 이 혼란을 아주 잘 처리할 수 있는 툴을 곧 개발할 것이다.

6.5.7 $\tilde{c}_e(x, t)$의 전달함수 모델

마지막으로 6.5절에서 지금까지 개발한 결과를 $\tilde{c}_e(x, t)$의 전달함수로 변환할 것이다. 다음 사항을 기억하자.

$$\tilde{c}_e(x, t) = \sum_{n=0}^{\infty} \tilde{c}_{e,n}(t)\Psi(x;\lambda_n) \tag{6.35}$$

이 해의 첫 번째 모드인 $n=0$은 dc 항이며, $\tilde{c}_{e,0}=0$이므로 0이다. 계산할 수 있는 근사 결과를 얻기 위해 합계를 M 항으로 더 잘라내면 다음과 같다.

$$\tilde{c}_e(x, t) \approx \sum_{n=1}^{M} \tilde{c}_{e,n}(t)\Psi(x;\lambda_n)$$

그런 다음 셀의 원하는 위치 x에 대한 다음의 전달함수에 도달할 수 있다.

$$\frac{\widetilde{C}_e(x, s)}{I_{\text{app}}(s)} = \sum_{n=1}^{M} \frac{\widetilde{C}_{e,n}(s)}{I_{\text{app}}(s)}\Psi(x;\lambda_n) \tag{6.45}$$

$\dfrac{\widetilde{C}_{e,n}(s)}{I_{\text{app}}(s)}$는 식 (6.44)에 정의되어 있다. M의 값은 계산과 정확도 사이의 절충안[tradeoff]으로 선택되지만 합산은 DRA 프로세스의 일부로 $\dfrac{\widetilde{C}_e(x, s)}{I_{\text{app}}(s)}$가 계산될 때만 수행되며, 최종 ODE가 실행되는 동안에는 수행되지 않는다. 따라서 M 항은 DRA 알고리즘을 실행할 때 큰 지연을 일으키지 않고 상당히 큰 값으로 선택할 수 있다. 즉, M 항은 최종 ODE에서 실시간 처리 지연이 발생하지 않는 범위 내에서 임의의 값으로 선택할 수 있다.

[그림 6-9]는 전달함수 $\dfrac{\widetilde{C}_e(x, s)}{I_{\text{app}}(s)}$에 대한 크기-응답 플롯의 예시를 나타낸 것이다. 함수의 유도와 관련된 수학적 복잡성이 남아 있지만 함수의 단순성에 먼저 주목하자.

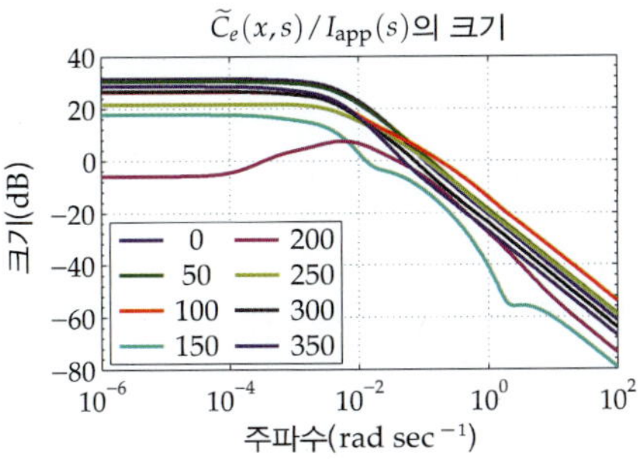

[그림 6-9] 셀을 가로지르는, 여덟 개의 서로 다른 위치 x에서의 $\tilde{C}_e(x,s)/I_{app}(s)$ 크기 플롯 예시

SECTION 6.6 $\tilde{\phi}_e(x, t)$의 1차원 모델

이제 $\phi_e(x, t)$에 대한 독립적인 전달함수를 개발할 것이다. 먼저 ϕ_e를 다루는 미분 방정식인 식 (4.6)을 다시 생각해보자. 1차원에서 이 방정식은 다음과 같다.

$$\kappa_{\mathrm{eff}}\frac{\partial^2}{\partial x^2}\phi_e(x, t)+\kappa_{D,\mathrm{eff}}\frac{\partial^2}{\partial x^2}\ln\tilde{c}_e(x, t) = -a_sFj(x, t) \tag{6.46}$$

이 식을 두 번 적분하면 $\phi_e(x, t)$의 전달함수에 도달할 수 있다. 먼저 식 (4.18)에서 전해질을 통해 흐르는 이온 전류 $\mathbf{i}_e$에 대한 정의 $\varepsilon_e\mathbf{i}_e = -\kappa_{\mathrm{eff}}\nabla\phi_e - \kappa_{D,\mathrm{eff}}\nabla\ln c_e$를 떠올려보자. 이를 1차원으로 특수화하면 다음과 같다.

$$\varepsilon_e i_e(x, t) = -\kappa_{\mathrm{eff}}\frac{\partial}{\partial x}\phi_e(x, t) - \kappa_{D,\mathrm{eff}}\frac{\partial}{\partial x}\ln c_e(x, t) \tag{6.47}$$

이를 통해 식 (6.46)을 다음과 같이 쓸 수 있다.

$$\varepsilon_e\frac{\partial}{\partial x}i_e(x, t) = a_sFj(x, t)$$

0에서 x까지 적분하고 $i_e(0, t) = 0$일 때 다음과 같다.

$$i_e(x, t) = \begin{cases} \displaystyle\int_0^x \frac{a_s^{\mathrm{neg}}F}{\varepsilon_e^{\mathrm{neg}}}j^{\mathrm{neg}}(\xi, t)\mathrm{d}\xi & 0 \le x \le L^{\mathrm{neg}} \\ \displaystyle\frac{i_{\mathrm{app}}(t)}{\varepsilon_e^{\mathrm{sep}}A}, & L^{\mathrm{neg}} \le x \le L^{\mathrm{neg}}+L^{\mathrm{sep}} \\ \displaystyle\frac{i_{\mathrm{app}}(t)}{\varepsilon_e^{\mathrm{pos}}A}+\int_{L^{\mathrm{neg}}+L^{\mathrm{sep}}}^x \frac{a_s^{\mathrm{pos}}F}{\varepsilon_e^{\mathrm{pos}}}j^{\mathrm{pos}}(\xi, t)\mathrm{d}\xi, & L^{\mathrm{neg}}+L^{\mathrm{sep}} \le x \le L^{\mathrm{tot}} \end{cases}$$

음극의 경우 $i_e(x, t)$에 대한 전달함수는 다음과 같다.

$$\frac{I_e(x, s)}{I_{\text{app}}(s)} = \frac{a_s^{\text{neg}} F}{\varepsilon_e^{\text{neg}}} \int_0^x \frac{J^{\text{neg}}(\xi / L^{\text{neg}}, s)}{I_{\text{app}}(s)} \mathrm{d}\xi,$$

$$= \frac{\kappa_{\text{eff}}^{\text{neg}} \left(\sinh(\nu^{\text{neg}}(s)) - \sinh\left(\frac{(L^{\text{neg}} - x)\nu^{\text{neg}}(s)}{L^{\text{neg}}} \right) \right)}{\varepsilon_e^{\text{neg}} A(\kappa_{\text{eff}}^{\text{neg}} + \sigma_{\text{eff}}^{\text{neg}})\sinh(\nu^{\text{neg}}(s))}$$

$$+ \frac{\sigma_{\text{eff}}^{\text{neg}} \sinh\left(\frac{x\nu^{\text{neg}}(s)}{L^{\text{neg}}} \right)}{\varepsilon_e^{\text{neg}} A(\kappa_{\text{eff}}^{\text{neg}} + \sigma_{\text{eff}}^{\text{neg}})\sinh(\nu^{\text{neg}}(s))}$$

분리막의 경우 $i_e(x, t)$에 대한 전달함수는 다음과 같다.

$$\frac{I_e(x, s)}{I_{\text{app}}(s)} = \frac{1}{\varepsilon_e^{\text{sep}} A}$$

마지막으로 양극의 경우 $i_e(x, t)$에 대한 전달함수는 다음과 같다.

$$\frac{I_e(x, s)}{I_{\text{app}}(s)} = \frac{1}{\varepsilon_e^{\text{pos}} A} + \frac{a_s^{\text{pos}} F}{\varepsilon_e^{\text{pos}}} \int_{L^{\text{neg}} + L^{\text{sep}}}^{L^{\text{neg}}} \frac{J^{\text{pos}}((L^{\text{tot}} - \xi) / L^{\text{pos}}, s)}{I_{\text{app}}(s)} \mathrm{d}\xi$$

$$= \frac{\kappa_{\text{eff}}^{\text{pos}} \left(\sinh(\nu^{\text{pos}}(s)) - \sinh\left(\frac{(x - L^{\text{neg}} - L^{\text{sep}})}{L^{\text{pos}}} \nu^{\text{pos}}(s) \right) \right)}{\varepsilon_e^{\text{pos}} A(\kappa_{\text{eff}}^{\text{pos}} + \sigma_{\text{eff}}^{\text{pos}})\sinh(\nu^{\text{pos}}(s))}$$

$$+ \frac{\sigma_{\text{eff}}^{\text{pos}} \sinh\left(\frac{(L^{\text{tot}} - x)}{L^{\text{pos}}} \nu^{\text{pos}}(s) \right)}{\varepsilon_e^{\text{pos}} A(\kappa_{\text{eff}}^{\text{pos}} + \sigma_{\text{eff}}^{\text{pos}})\sinh(\nu^{\text{pos}}(s))}$$

이제 식 (6.47)을 0에서 x까지 적분해 ϕ_e를 다음과 같이 구한다.

$$\phi_e(x, t) - \phi_e(0, t) = \int_0^x \frac{-\varepsilon_e i_e(\xi, t)}{\kappa_{\text{eff}}} + \frac{2RT}{F}(1 - t_+^0) \frac{\partial \ln c_e(\xi, t)}{\partial \xi} \mathrm{d}\xi$$

$\tilde{\phi}_e(x, t)$를 $\phi_e(x, t) - \phi_e(0, t)$로 정의한다. 그러면 $\tilde{\phi}_e(x, t)$는 다음과 같은 두 부분으로 구성된다.

$$[\tilde{\phi}_e(x, t)]_1 = \int_0^x \frac{-\varepsilon_e i_e(\xi, t)}{\kappa_{\text{eff}}} \mathrm{d}\xi$$

$$[\tilde{\phi}_e(x,t)]_2 = \int_0^x \frac{2RT}{F}(1-t_+^0)\frac{\partial \ln c_e(\xi,t)}{\partial \xi}\,d\xi$$

첫 번째 부분인 $[\tilde{\phi}_e(x,t)]_1$은 전달함수를 통해 결정할 수 있으며, 두 번째 부분인 $[\tilde{\phi}_e(x,t)]_2$는 $c_e(x,t)$를 통해 결정할 수 있다. 첫 번째 부분을 계속 살펴보자. 음극에서 식은 다음과 같이 쓸 수 있다.

$$\frac{[\tilde{\Phi}_e(x,s)]_1}{I_{\text{app}}(s)} = \int_0^x \frac{-\varepsilon_e^{\text{neg}}\, I_e(\xi,s)}{\kappa_{\text{eff}}^{\text{neg}}\, I_{\text{app}}(s)}\,d\xi$$
$$= -\frac{L^{\text{neg}}\,\sigma_{\text{eff}}^{\text{neg}}\left(\cosh\left(\frac{x}{L^{\text{neg}}}\nu^{\text{neg}}(s)\right)-1\right)}{A\kappa_{\text{eff}}^{\text{neg}}(\kappa_{\text{eff}}^{\text{neg}}+\sigma_{\text{eff}}^{\text{neg}})\nu^{\text{neg}}(s)\sinh(\nu^{\text{neg}}(s))} - \frac{x}{A(\kappa_{\text{eff}}^{\text{neg}}+\sigma_{\text{eff}}^{\text{neg}})}$$
$$-\frac{L^{\text{neg}}\,\kappa_{\text{eff}}^{\text{neg}}\left(\cosh\left(\frac{(L^{\text{neg}}-x)}{L^{\text{neg}}}\nu^{\text{neg}}(s)\right)-\cosh(\nu^{\text{neg}}(s))\right)}{A\kappa_{\text{eff}}^{\text{neg}}(\kappa_{\text{eff}}^{\text{neg}}+\sigma_{\text{eff}}^{\text{neg}})\nu^{\text{neg}}(s)\sinh(\nu^{\text{neg}}(s))} \tag{6.48}$$

음극/분리막 경계에서 앞선 식은 다음과 같이 주어진다.

$$\frac{[\tilde{\Phi}_e(L^{\text{neg}},s)]_1}{I_{\text{app}}(s)} = -\frac{L^{\text{neg}}\left((\sigma_{\text{eff}}^{\text{neg}}-\kappa_{\text{eff}}^{\text{neg}})\tanh\left(\frac{\nu^{\text{neg}}(s)}{2}\right)\right)}{A\kappa_{\text{eff}}^{\text{neg}}(\kappa_{\text{eff}}^{\text{neg}}+\sigma_{\text{eff}}^{\text{neg}})\nu^{\text{neg}}(s)} - \frac{L^{\text{neg}}}{A(\kappa_{\text{eff}}^{\text{neg}}+\sigma_{\text{eff}}^{\text{neg}})}$$

분리막에서 첫 번째 부분에 대한 식은 다음과 같다.

$$\frac{[\tilde{\Phi}_e(x,s)]_1}{I_{\text{app}}(s)} = -\frac{L^{\text{neg}}\left((\sigma_{\text{eff}}^{\text{neg}}-\kappa_{\text{eff}}^{\text{neg}})\tanh\left(\frac{\nu^{\text{neg}}(s)}{2}\right)\right)}{A\kappa_{\text{eff}}^{\text{neg}}(\kappa_{\text{eff}}^{\text{neg}}+\sigma_{\text{eff}}^{\text{neg}})\nu^{\text{neg}}(s)}$$
$$-\frac{L^{\text{neg}}}{A(\kappa_{\text{eff}}^{\text{neg}}+\sigma_{\text{eff}}^{\text{neg}})} - \frac{x-L^{\text{neg}}}{A\kappa_{\text{eff}}^{\text{sep}}} \tag{6.49}$$

분리막/양극 경계에서 첫 번째 부분에 대한 식은 다음과 같다.

$$\frac{[\tilde{\Phi}_e(L^{\text{neg}}+L^{\text{sep}},s)]_1}{I_{\text{app}}(s)} = -\frac{L^{\text{neg}}\left((\sigma_{\text{eff}}^{\text{neg}}-\kappa_{\text{eff}}^{\text{neg}})\tanh\left(\frac{\nu^{\text{neg}}(s)}{2}\right)\right)}{A\kappa_{\text{eff}}^{\text{neg}}(\kappa_{\text{eff}}^{\text{neg}}+\sigma_{\text{eff}}^{\text{neg}})\nu^{\text{neg}}(s)}$$
$$-\frac{L^{\text{neg}}}{A(\kappa_{\text{eff}}^{\text{neg}}+\sigma_{\text{eff}}^{\text{neg}})} - \frac{L^{\text{sep}}}{A\kappa_{\text{eff}}^{\text{sep}}}$$

양극에서 첫 번째 부분에 대한 식은 다음과 같다.

$$\begin{aligned}\frac{[\widetilde{\Phi}_e(x,s)]_1}{I_{\text{app}}(s)} =& -\frac{L^{\text{neg}}\left((\sigma_{\text{eff}}^{\text{neg}}-\kappa_{\text{eff}}^{\text{neg}})\tanh\left(\frac{\nu^{\text{neg}}(s)}{2}\right)\right)}{A\kappa_{\text{eff}}^{\text{neg}}(\kappa_{\text{eff}}^{\text{neg}}+\sigma_{\text{eff}}^{\text{neg}})\nu^{\text{neg}}(s)} - \frac{L^{\text{neg}}}{A(\kappa_{\text{eff}}^{\text{neg}}+\sigma_{\text{eff}}^{\text{neg}})}\\ & -\frac{L^{\text{sep}}}{A\kappa_{\text{eff}}^{\text{sep}}} - \frac{L^{\text{pos}}\left(1-\cosh\left(\frac{(L^{\text{neg}}+L^{\text{sep}}-x)}{L^{\text{pos}}}\nu^{\text{pos}}(s)\right)\right)}{A(\kappa_{\text{eff}}^{\text{pos}}+\sigma_{\text{eff}}^{\text{pos}})\sinh(\nu^{\text{pos}}(s))\nu^{\text{pos}}(s)}\\ & -\frac{L^{\text{pos}}\sigma_{\text{eff}}^{\text{pos}}\left(\cosh(\nu^{\text{pos}}(s))-\cosh\left(\frac{(L^{\text{tot}}-x)}{L^{\text{pos}}}\nu^{\text{pos}}(s)\right)\right)}{A\kappa_{\text{eff}}^{\text{pos}}(\kappa_{\text{eff}}^{\text{pos}}+\sigma_{\text{eff}}^{\text{pos}})\sinh(\nu^{\text{pos}}(s))\nu^{\text{pos}}(s)}\\ & -\frac{(x-L^{\text{neg}}-L^{\text{sep}})}{A(\kappa_{\text{eff}}^{\text{pos}}+\sigma_{\text{eff}}^{\text{pos}})}\end{aligned} \tag{6.50}$$

셀 경계에서 첫 번째 부분에 대한 식은 다음과 같다.

$$\begin{aligned}\frac{[\widetilde{\Phi}_e(L^{\text{tot}},s)]_1}{I_{\text{app}}(s)} =& -\frac{L^{\text{neg}}\left((\sigma_{\text{eff}}^{\text{neg}}-\kappa_{\text{eff}}^{\text{neg}})\tanh\left(\frac{\nu^{\text{neg}}(s)}{2}\right)\right)}{A\kappa_{\text{eff}}^{\text{neg}}(\kappa_{\text{eff}}^{\text{neg}}+\sigma_{\text{eff}}^{\text{neg}})\nu^{\text{neg}}(s)} - \frac{L^{\text{neg}}}{A(\kappa_{\text{eff}}^{\text{neg}}+\sigma_{\text{eff}}^{\text{neg}})}\\ & -\frac{L^{\text{sep}}}{A\kappa_{\text{eff}}^{\text{sep}}} - \frac{L^{\text{pos}}\left((\sigma_{\text{eff}}^{\text{pos}}-\kappa_{\text{eff}}^{\text{pos}})\tanh\left(\frac{\nu^{\text{pos}}(s)}{2}\right)\right)}{A\kappa_{\text{eff}}^{\text{pos}}(\kappa_{\text{eff}}^{\text{pos}}+\sigma_{\text{eff}}^{\text{pos}})\nu^{\text{pos}}(s)}\\ & -\frac{L^{\text{pos}}}{A(\kappa_{\text{eff}}^{\text{pos}}+\sigma_{\text{eff}}^{\text{pos}})}\end{aligned}$$

[그림 6-10]은 이처럼 셀을 가로지르는 다양한 위치 x에서의 크기 응답 예시를 나타낸 것이다.

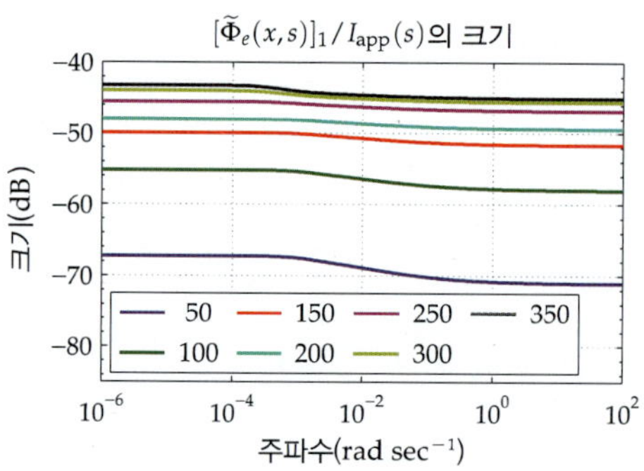

[그림 6-10] 셀을 가로지르는, 일곱 개의 서로 다른 위치 x에서의 $[\widetilde{\Phi}_e(x,s)]_1/I_{\text{app}}(s)$ 크기 응답 예시

이제 $\tilde{\phi}_e(x, t)$의 두 번째 항에 집중하자.

$$[\tilde{\phi}_e(x, t)]_2 = \frac{2RT(1-t_+^0)}{F}\int_0^x \frac{\partial \ln c_e(\xi, t)}{\partial \xi}\,\mathrm{d}\xi$$
$$= \frac{2RT(1-t_+^0)}{F}[\ln c_e(x, t) - \ln c_e(0, t)]$$

$\tilde{\phi}_e(x, t)$를 계산하려면 반드시 앞서 구한 두 부분을 계산해 더해야 하며, $\tilde{\phi}_e(x, t)$에서 $\phi_e(x, t)$를 복구하려면 $\phi_e(0, t)$를 다음과 같이 계산해야 한다.

$$\phi_e(0,t) = \phi_s^{\text{neg}}(0,t) - \phi_{s-e}^{\text{neg}}(0,t)$$
$$= 0 - (\tilde{\phi}_{s-e}^{\text{neg}}(0,t) + U_{\text{ocp}}^{\text{neg}}(c_{s,0}))$$

$$\phi_e(x,t) = \tilde{\phi}_e(x,t) - \tilde{\phi}_{s-e}^{\text{neg}}(0,t) - U_{\text{ocp}}^{\text{neg}}(c_{s,0})$$

SECTION 6.7 전달함수 요약

이제 선형화된 의사pseudo 2차원 다공성 전극 모델의 모든 전달함수를 정의했다. 이는 수학적으로 매우 복잡하고 힘든 과정이었다. 계속 진행하기 전에 모델의 전달함수를 요약해보자. 집전체에서는 0의 값을, 전극/분리막 계면interface에서는 1의 값을 갖는 z는 전극에서 정규화된 단위가 없는 공간 변수이다. x는 셀 전체의 공간 변수이며, 음극 집전체에서는 0, 양극 집전체에서는 L^{tot}의 값을 갖는다. 전극 영역의 전달함수는 z의 항으로 작성되고 셀 전체의 전달함수는 x의 항으로 작성된다. 이는 [그림 6-11]과 같다.

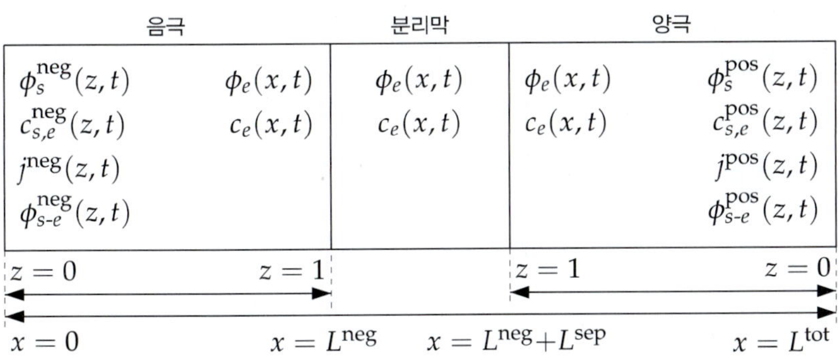

[그림 6-11] 축소 차수 모델에서 셀 변수를 설명하는 표기법 요약[10]

10 Lee, J.L., Chemistruck, A. and Plett, G.L., "One-Dimensional Physics-Based Reduced-Order Model of Lithium-Ion Dynamics," *Journal of Power Sources*, 220, 2012, pp. 430-448의 Fig. 4에서 발췌했다.

모든 전달함수에 공통적으로 적용되는 무차원dimensionless 함수 $\nu(s)$는 음극에 대한 식 (6.9)와 양극에 대한 식 (6.20)에 나와 있다. 앞으로 5장의 이산시간 실현 알고리즘을 사용해 초월 전달함수를 이산시간 다중 출력 상태 공간 모델로 변환한 다음 해당 시간 영역의 양을 실시간으로 계산할 수 있다고 가정한다. 이런 전달함수의 대부분은 개발 과정에서 (상수 오프셋을 제거함으로써) 선형화되고 비편향되었으므로 다음의 논의에서는 계산된 신호에 올바른 편향bias을 다시 추가하는 방법도 설명한다.

- **반응 선속**reaction flux : 국부적 반응 선속 전달함수 $\dfrac{J(z,s)}{I_{\text{app}}(s)}$는 음극일 때 식 (6.13), 양극일 때 식 (6.22)로 주어진다.
- **전극 표면 농도**solid surface concentration : 전극 내부의 리튬 농도는 $c_s(r, z, t)$로 표시된다. 여기에서는 입자 표면의 리튬 농도만 고려하며, 이는 반응 속도와 셀 전압을 결정하는 기준이 된다. 표면 농도는 $c_{s,e}(z, t)$로 표시되고 평형 농도를 뺀 비편향된 표면 농도는 $\tilde{c}_{s,e}(z, t) = c_{s,e}(z, t) - c_{s,0}$로 정의한다. 비편향된 표면 농도의 전달함수 $\dfrac{\widetilde{C}_{s,e}(z,s)}{I_{\text{app}}(s)}$는 음극에서는 식 (6.15)로, 양극에서는 식 (6.23)으로 주어진다. 비편향된 표면 농도가 계산되면 실제 표면 농도는 $c_{s,e}(z, t) = \tilde{c}_{s,e}(z, t) + c_{s,0}$로 구할 수 있다.
- **전극 내부의 전위**potential in solid : 전극 내부의 전위는 $\phi_s(z, t)$로 표시되며, $z = 0: \tilde{\phi}_s(z, t) = \phi_s(z, t) - \phi_s(0, t)$일 때 전극의 집전체에서 전위를 뺀 편향된 전극 전위를 정의한다. 비편향된 전극 전위의 전달함수 $\dfrac{\widetilde{\Phi}_s(z,s)}{I_{\text{app}}(s)}$는 음극일 때 식 (6.19)로, 양극일 때 식 (6.24)로 주어진다. 음극 집전체의 전위를 0이라고 가정하므로 음극에서 $\phi_s(z, t) = \tilde{\phi}_s(z, t)$가 된다. 양극에서는 $\phi_s(z,t) = \tilde{\phi}_s(z,t) + v(t)$이며, $v(t)$는 셀 전압이고 6.8절에서 설명한 대로 구할 수 있다.
- **전해질 내부의 전위**potential in electrolyte : 전해질 내부의 전위는 $\phi_e(x, t)$로 표시되며, $x = 0: \tilde{\phi}_e(x, t) = \phi_e(x, t) - \phi_e(0, t)$일 때 음의 집전체에서 전위를 빼는 비편향된 전해질 전위를 정의한다. 또한 $\tilde{\phi}_e(x, t)$를 $\tilde{\phi}_e(x, t) = [\tilde{\phi}_e(x, t)]_1 + [\tilde{\phi}_e(x, t)]_2$와 같이 두 부분으로 나눈다. 음극의 위치 x에서의 전달함수 $\dfrac{[\widetilde{\Phi}_e(x,t)]_1}{I_{\text{app}}(s)}$은 식 (6.48)로 주어지고 분리막의 위치 x에서의 전달함수는 식 (6.49)로, 양극의 위치 x의 전달함수는 식 (6.50)으로 주어진다.

적절한 $[\tilde{\phi}_e(x,t)]_1$이 계산되면 다음과 같이 추가로 계산한다.

$$\tilde{\phi}_e(x, t) = [\tilde{\phi}_e(x, t)]_1 + \frac{2RT(1-t_+^0)}{F}\ln\left(\frac{c_e(x,t)}{c_e(0,t)}\right)$$

이때 $c_e(x, t)$는 "전해질 내부의 농도"를 요약한 항목에 설명된 대로 계산된다. 최종 식은 다음과 같다.

$$\begin{aligned}\phi_e(x, t) &= \tilde{\phi}_e(x, t) + \phi_e(0, t)\\ &= \tilde{\phi}_e(x, t) - \phi_{s-e}^{\text{neg}}(0, t)\end{aligned}$$

이때 $x = 0$에서의 비편향된 $\tilde{\phi}_{s-e}(0, t)$는 식 (6.12)의 전달함수를 통해 구할 수 있다. 전달함수 $\dfrac{\tilde{\Phi}_{s-e}^{\text{neg}}(z, s)}{I_{\text{app}}(s)}$는 원점에 극점이 있는데, 이는 DRA를 사용하기 전에 제거되어 식 (6.14)의 $\dfrac{[\tilde{\Phi}_{s-e}^{\text{neg}}(z, s)]^*}{I_{\text{app}}(s)}$ 전달함수를 제공한다.

적분기 응답은 $\tilde{\phi}_{s-e}(t) = \tilde{\phi}_{s-e}^*(t) + (\tilde{\phi}_{s-e}^{\text{res0}})x_i(t)$에서 $x_i(t)$가 DRA 모델의 적분기 상태일 때 수동으로 다시 추가할 수 있다. 그러나 실제로 일어나는 일을 자세히 살펴보면 더 나은 성능을 얻을 수 있다. $c_{s,\text{avg}}(t) = \left(\tilde{c}_{s,e}^{\text{res0}}\right)x_i(t) + c_{s,0}$일 때 다음과 같은 관계임에 유의하라.

$$\tilde{\phi}_{s-e}^{\text{res0}} = \left.\frac{\partial U_{\text{ocp}}}{\partial c_{s,e}}\right|_{c_{s,0}} \times \tilde{c}_{s,e}^{\text{res0}}$$

이를 바탕으로 다음과 같이 작성할 수 있다.

$$\phi_{s-e}^{\text{neg}} = [\tilde{\phi}_{s-e}^{\text{neg}}]^* + \left(U_{\text{ocp}}^{\text{neg}}(c_{s,0}^{\text{neg}}) + \left[\left.\frac{\partial U_{\text{ocp}}^{\text{neg}}}{\partial c_{s,e}^{\text{neg}}}\right|_{c_{s,0}^{\text{neg}}}\right](\tilde{c}_{s,\text{avg}}^{\text{neg}} - c_{s,0}^{\text{neg}})\right)$$

이때 우변의 두 번째 항은 시작 평균 농도 $c_{s,0}^{\text{neg}}$ 주위의 $U_{\text{ocp}}^{\text{neg}}(c_{s,\text{avg}}^{\text{neg}})$의 테일러 급수가 확장된 처음 두 항과 같다. 따라서 $\dfrac{[\tilde{\Phi}_{s-e}^{\text{neg}}(z, s)]^*}{I_{\text{app}}(s)}$를 구현해 계산하면 더 정확한 결과를 얻을 수 있다.

$$\phi_{s-e}^{\text{neg}}(0, t) = [\tilde{\phi}_{s-e}^{\text{neg}}(0, t)]^* + U_{\text{ocp}}^{\text{neg}}(c_{s,\text{avg}}^{\text{neg}}(t))$$

최종 식은 다음과 같다.

$$\phi_e(x, t) = \tilde{\phi}_e(x, t) - [\tilde{\phi}_{s-e}^{\text{neg}}(0, t)]^* - U_{\text{ocp}}^{\text{neg}}(c_{s,\text{avg}}^{\text{neg}}(t))$$

- **전해질 내부의 농도**concentration in electrolyte : 전해질 내부의 리튬 농도는 $c_e(x, t)$로 표시되고 평균 농도를 뺀 비편향된 전해질 농도는 $\tilde{c}_e(x, t) = c_e(x, t) - c_{e,0}$로 정의한다. 고유함수 확장을 사용해 $\tilde{c}_e(x, t)$의 전달함수를 구할 수 있으며, 식 (6.45)에 따라 M 항은 적어도 예상되는 축소 차수 모델 시스템 차수만큼 크다. 고유함수 $\Psi(x; \lambda_k)$를 구하는 자세한 내용은 6.5.3절에 나와 있다. 개별 부분 전달함수는 식 (6.44)로 표현되는데, 이 전달함수의 두 부분은 식 (6.42)와 식 (6.43)에서 찾아볼 수 있다.

SECTION 6.8 셀 전압 계산하기

셀 모델의 가장 중요한 응용 분야 중 하나는 입력 전류의 변화에 대한 셀 전압 반응을 예측하는 것이다. 셀 단자 전압은 (좌표 z에서) $v(t) = \phi_s^{\text{pos}}(0, t) - \phi_s^{\text{neg}}(0, t)$로 쓸 수 있다. 그러나 이 방정식을 구현하려면 $\phi_s^{\text{pos}}(0, t)$를 계산해야 하며, $\hat{\phi}_s^{\text{pos}}(0, t)$을 비편향화하기 위해 $v(t)$를 알고 있어야 한다.

이 딜레마에 대한 해결책은 국부 과전위를 $\eta = \phi_s - \phi_e - U_{\text{ocp}} - FR_{\text{film}}\, j$로 작성하는 것이다. 따라서 (좌표 x와 좌표 z를 적절히 혼합하고 η를 z-좌표 변수로 취급하면) 다음과 같이 쓸 수 있다.

$$\begin{aligned} v(t) &= \eta^{\text{pos}}(0, t) + \phi_e^{\text{pos}}(L^{\text{tot}}, t) + U_{\text{ocp}}^{\text{pos}}(c_{s,e}^{\text{pos}}(0, t)) + FR_{\text{film}}^{\text{pos}}\, j^{\text{pos}}(0, t) \\ &\quad - \eta^{\text{neg}}(0, t) - \phi_e^{\text{neg}}(0, t) - U_{\text{ocp}}^{\text{neg}}(c_{s,e}^{\text{neg}}(0, t)) - FR_{\text{film}}^{\text{neg}}\, j^{\text{neg}}(0, t) \end{aligned}$$

대부분의 항을 계산하는 방법을 이미 알고 있으므로 이는 개선된 식이다. 그러나 $\eta(z, t)$는 논의한 적이 없다. 이 값을 계산할 수 있는 한 가지 방법은 식 (6.4)를 사용해 다음과 같이 구하는 것이다.

$$\begin{aligned} \eta^{\text{pos}}(z, t) &= FR_{\text{ct}}^{\text{pos}}\, j^{\text{pos}}(z, t) \\ \eta^{\text{neg}}(z, t) &= FR_{\text{ct}}^{\text{neg}}\, j^{\text{neg}}(z, t) \end{aligned}$$

이는 적절한 소신호[small-signal] 근사치일 수 있지만 과전위의 진정한 비선형 특성은 버틀러-볼머 방정식을 통해 가장 쉽게 확인할 수 있다. 다음을 생각해보자.

$$\begin{aligned} j &= k_0 c_e^{1-\alpha}(c_{s,\max} - c_{s,e})^{1-\alpha} c_{s,e}{}^{\alpha} \\ &\quad \times \left(\exp\left(\frac{(1-\alpha)F}{RT}\eta\right) - \exp\left(-\frac{\alpha F}{RT}\eta\right)\right) \end{aligned}$$

전하 전달 계수를 $\alpha = 0.5$라고 가정하면 다음과 같이 작성할 수 있다.

$$j = 2k_0\sqrt{c_e(c_{s,\max} - c_{s,e})c_{s,e}}\,\sinh\left(\frac{F}{2RT}\eta\right)$$

이를 다음과 같이 반전시키면 과전위 문제를 해결할 수 있다.

$$\eta = \frac{2RT}{F}\,\text{asinh}\left(\frac{j}{2k_0\sqrt{c_e(c_{s,\max} - c_{s,e})c_{s,e}}}\right) \tag{6.51}$$

식 (6.51)을 선형화하면 식 (6.4)가 된다. 그러나 식 (6.51)의 비선형 관계를 사용해 과전위를 직접 계산하면 전압을 더 정확하게 예측할 수 있다. 이는 구체적으로 다음과 같다.

$$\eta^{\text{pos}}(z,t) = \frac{2RT}{F}\,\text{asinh}\left(\frac{j^{\text{pos}}(z,t)}{2k_0^{\text{pos}}\sqrt{c_e(z,t)(c_{s,\max}^{\text{pos}} - c_{s,e}^{\text{pos}}(z,t))c_{s,e}^{\text{pos}}(z,t)}}\right)$$

$$\eta^{\text{neg}}(z,t) = \frac{2RT}{F}\,\text{asinh}\left(\frac{j^{\text{neg}}(z,t)}{2k_0^{\text{neg}}\sqrt{c_e(z,t)(c_{s,\max}^{\text{neg}} - c_{s,e}^{\text{neg}}(z,t))c_{s,e}^{\text{neg}}(z,t)}}\right)$$

이런 정의 중 하나를 사용하면 셀 전압을 다음과 같이 정의할 수 있다.

$$\begin{aligned} v(t) = {} & F[R_{\text{film}}^{\text{pos}} j^{\text{pos}}(0,t) - R_{\text{film}}^{\text{neg}} j^{\text{neg}}(0,t)] + [\tilde{\phi}_e(L^{\text{tot}},t)]_1 \\ & + [\eta^{\text{pos}}(0,t) - \eta^{\text{neg}}(0,t)] + [\tilde{\phi}_e(L^{\text{tot}},t)]_2 \\ & + [U_{\text{ocp}}^{\text{pos}}(c_{s,e}^{\text{pos}}(0,t)) - U_{\text{ocp}}^{\text{neg}}(c_{s,e}^{\text{neg}}(0,t))] \end{aligned} \tag{6.52}$$

이때 식 (6.52)의 첫 번째 줄은 전압 방정식의 선형 부분, 다음 두 줄은 선형 모델 출력의 비선형 함수로 계산된 항으로 구성된다.

SECTION 6.9 주파수 응답 및 셀 임피던스

전압 방정식은 임피던스 스펙트럼의 음수인 셀의 선형화된 소신호 주파수 응답을 형성하도록 조작할 수도 있다. 선형화된 과전위를 사용한 식 (6.52)로 시작해보자. 나머지 비선형 항은 $[\tilde{\phi}_e(L^{\text{tot}},t)]_2$, $\left[U_{\text{ocp}}^{\text{pos}}(c_{s,e}^{\text{pos}}(0,t)) - U_{\text{ocp}}^{\text{neg}}(c_{s,e}^{\text{neg}}(0,t))\right]$이다.

첫 번째 항은 다음과 같이 작성할 수 있다.

$$[\tilde{\phi}_e(L^{\text{tot}},t)]_2 = \frac{2RT(1-t_+^0)}{F}\left[\ln(c_e(L^{\text{tot}},t) - \ln(c_e(0,t))\right]$$

테일러 급수 확장을 통해 로그를 선형화하면 다음과 같은 결과를 얻을 수 있다.

$$\begin{aligned} \ln(c_e) &\approx \ln(c_{e,0}) + \left[\frac{\partial \ln c_e}{\partial c_e}\bigg|_{c_{e,0}}\right](c_e - c_{e,0}) \\ &= \ln(c_{e,0}) + \left(\frac{c_e - c_{e,0}}{c_{e,0}}\right) = \ln(c_{e,0}) + \frac{\tilde{c}_e}{c_{e,0}} \end{aligned}$$

이를 앞서 정의한 첫 번째 항에 대입하면 다음과 같다.

$$[\tilde{\phi}_e(L^{\text{tot}},t)]_2 = \frac{2RT(1-t_+^0)}{F}\left[\frac{\tilde{c}_e(L^{\text{tot}},t) - \tilde{c}_e(0,t)}{c_{e,0}}\right]$$

유사한 방법을 사용하면 개방회로-전위 관계를 다음과 같이 선형화할 수 있다.

$$\begin{aligned} U_{\text{ocp}}(c_{s,e}) &\approx U_{\text{ocp}}(c_{s,0}) + \left[\frac{\partial U_{\text{ocp}}(c_{s,e})}{\partial c_{s,e}} \bigg|_{c_{s,0}} \right] (c_{s,e} - c_{s,0}) \\ &= U_{\text{ocp}}(c_{s,0}) + \left[\frac{\partial U_{\text{ocp}}(c_{s,e})}{\partial c_{s,e}} \bigg|_{c_{s,0}} \right] \tilde{c}_{s,e} \end{aligned}$$

따라서 셀 전압의 선형화 모델은 다음과 같다.

$$\begin{aligned} v(t) \approx\; & FR_{s,e}^{\text{pos}} j^{\text{pos}}(0,t) - FR_{s,e}^{\text{neg}} j^{\text{neg}}(0,t) + \left[\tilde{\phi}_e(L^{\text{tot}},t)\right]_1 \\ &+ \frac{2RT(1-t_+^0)}{F} \left[\frac{\tilde{c}_e(L^{\text{tot}},t) - \tilde{c}_e(0,t)}{c_{e,0}} \right] \\ &+ \left[U_{\text{ocp}}^{\text{pos}}(c_{s,0}^{\text{pos}}) - U_{\text{ocp}}^{\text{neg}}(c_{s,0}^{\text{neg}}) \right] \\ &+ \left[\frac{\partial U_{\text{ocp}}^{\text{pos}}(c_{s,e}^{\text{pos}})}{\partial c_{s,e}^{\text{pos}}} \bigg|_{c_{s,0}^{\text{pos}}} \right] \tilde{c}_{s,e}^{\text{pos}}(0,t) - \left[\frac{\partial U_{\text{ocp}}^{\text{neg}}(c_{s,e}^{\text{neg}})}{\partial c_{s,e}^{\text{neg}}} \bigg|_{c_{s,0}^{\text{pos}}} \right] \tilde{c}_{s,e}^{\text{pos}}(0,t) \end{aligned}$$

이제 비편향된 전압을 다음과 같이 정의한다.

$$\tilde{v}(t) = v(t) - \left[U_{\text{ocp}}^{\text{pos}}(c_{s,0}^{\text{pos}}) - U_{\text{ocp}}^{\text{neg}}(c_{s,0}^{\text{neg}}) \right]$$

그러면 인가된 전류에서 평형 설정점 근처의 (개방회로 전압 오프셋이 제거된 상태의) 셀 전압 변화에 대한 전달함수를 다음과 같이 구할 수 있다. 개별 전달함수는 이 장의 앞부분에 정의된 것과 같다.

$$\begin{aligned} \frac{\widetilde{V}(s)}{I_{\text{app}}(s)} =\; & FR_{s,e}^{\text{pos}} \frac{J^{\text{pos}}(0,s)}{I_{\text{app}}(s)} - FR_{s,e}^{\text{neg}} \frac{J^{\text{neg}}(0,s)}{I_{\text{app}}(s)} + \frac{\widetilde{\Phi}_e(L^{\text{tot}},s)]_1}{I_{\text{app}}(s)} \\ &+ \frac{2RT(1-t_+^0)}{Fc_{e,0}} \left[\frac{\widetilde{C}_e(L^{\text{tot}},s)}{I_{\text{app}}(s)} - \frac{\widetilde{C}_e(0,s)}{I_{\text{app}}(s)} \right] \\ &+ \left[\frac{\partial U_{\text{ocp}}^{\text{pos}}(c_{s,e}^{\text{pos}})}{\partial c_{s,e}^{\text{pos}}} \bigg|_{c_{s,0}^{\text{pos}}} \right] \frac{\widetilde{C}_{s,e}^{\text{pos}}(0,s)}{I_{\text{app}}(s)} - \left[\frac{\partial U_{\text{ocp}}^{\text{neg}}(c_{s,e}^{\text{neg}})}{\partial c_{s,e}^{\text{neg}}} \bigg|_{c_{s,0}^{\text{neg}}} \right] \frac{\widetilde{C}_{s,e}^{\text{neg}}(0,s)}{I_{\text{app}}(s)} \end{aligned} \tag{6.53}$$

이때 셀 전압은 다음과 같이 개방회로 전압에서 전류와 일반화된 임피던스를 곱한 값을 뺀 것과 같음에 주의해야 한다.

$$v(t) = \text{OCV}(z(t)) - Zi_{\text{app}}(t)$$

$\tilde{v}(t) = -Zi_{\text{app}}(t)$이고 $Z(s) = -\dfrac{\widetilde{V}(s)}{I_{\text{app}}(s)}$이다. 이 관계는 임피던스 스펙트럼을 생성하며, 실험실 전기화학 임피던스 분광법electrochemical impedance spectroscopy, EIS 테스트의 결과와 비교할 수 있다.

SECTION 6.10 다중 출력 DRA

이제 리튬 이온 셀의 내부 동적 상태를 모델링하는 데 필요한 모든 연속시간 전달함수를 도출했다. 이 절에서는 다음과 같이 축소 차수 이산시간 상태 공간 모델을 사용해 전달함수를 근사화하는 것을 목표로 한다.[11]

$$\boldsymbol{x}[k+1] = \widehat{\boldsymbol{A}}\boldsymbol{x}[k] + \widehat{\boldsymbol{B}} i_{\text{app}}[k]$$
$$\boldsymbol{y}[k] = \widehat{\boldsymbol{C}}\boldsymbol{x}[k] + \widehat{\boldsymbol{D}} i_{\text{app}}[k]$$

6장의 전달함수에서 상태 공간 행렬을 구하기 위해 5장의 DRA를 사용할 것이다. 지금까지 살펴본 DRA 사용의 유일한 예시는 단일 입력-단일 출력 시스템에 대한 것이었다. 그러나 DRA는 다중 입력-단일 출력이나 단일 입력-다중 출력, 다중 입력-다중 출력 전달함수에서도 동작할 수 있다. 여기서는 단일 입력 $i_{\text{app}}(t)$와 다중 출력의 경우를 고려하며, 출력은 사용자가 구현하고자 하는 전달함수 집합으로 구성된다. 이 경우 DRA가 구현하는 전체 다중 출력 전달함수는 모든 단일 출력 하위 전달함수의 수직 연쇄가 된다. 예를 들어 사용자가 $j^{\text{neg}}(0, t)$와 $c_{s,e}^{\text{pos}}(1, t)$를 결정하고자 할 때 전반적인 전달함수는 다음과 같다.

$$\boldsymbol{H}(s) = \begin{bmatrix} \dfrac{J^{\text{neg}}(0, s)}{I_{\text{app}}(s)} \\ \dfrac{\widetilde{C}_{s,e}^{\text{pos}}(1, s)}{I_{\text{app}}(s)} \end{bmatrix}$$

DRA 1단계를 구현하기 전에 $\boldsymbol{H}(s)$는 엄격하게 안정적이어야 한다. 예를 들어 적분 동적 상태를 의미하는 $s=0$에서 극점을 포함하지 않아야 한다. $s=0$에서 극점을 가진다면 이 극점을 먼저 제거해야 $\boldsymbol{H}^*(s)$가 된다.[12] 최종 상태 공간 표현에서는 DRA의 극점 제거를 설명하기 위해 적분기 상태로 구현을 보강한다. 보강된 이산시간 상태 공간 모델을 통해 원래 시스템에 대한 축소 차수 근사치는 다음과 같다. 이때 $\textbf{res}_0$는 원점에 극점이 있는 전달함수의 잔차값^residues^을 포함하는 열^column^벡터이다.

$$\underbrace{\begin{bmatrix} \boldsymbol{x}[k+1] \\ \hline x_i[k+1] \end{bmatrix}}_{\boldsymbol{x}_{\text{aug}}[k+1]} = \underbrace{\left[\begin{array}{c:c} \widehat{\boldsymbol{A}} & 0 \\ \hdashline 0 & 1 \end{array}\right]}_{\widehat{\boldsymbol{A}}_{\text{aug}}} \underbrace{\begin{bmatrix} \boldsymbol{x}[k] \\ \hdashline x_i[k] \end{bmatrix}}_{\boldsymbol{x}_{\text{aug}}[k]} + \underbrace{\begin{bmatrix} \widehat{\boldsymbol{B}} \\ \hdashline T_s \end{bmatrix}}_{\widehat{\boldsymbol{B}}_{\text{aug}}} i_{\text{app}}[k]$$

$$\boldsymbol{y}[k] = \underbrace{\left[\begin{array}{c:c} \widehat{\boldsymbol{C}} & \textbf{res}_0 \end{array}\right]}_{\widehat{\boldsymbol{C}}_{\text{aug}}} \begin{bmatrix} \boldsymbol{x}[k] \\ \hdashline x_i[k] \end{bmatrix} + \boldsymbol{D} i_{\text{app}}[k]$$

11 상태 행렬의 "모자"를 쓴 것 같은 기호는 DRA가 축소된 차수의 근사화(approximate)된 시스템 설명을 무한차수의 이상적인 설명으로 제공한다는 것을 상기시킨다.

12 이 장에서 도출된 두 개의 전달함수 중 $c_{s,e}$와 ϕ_{s-e}는 $s=0$에서 극점을 갖는다. "별" 표시된, 적분기가 제거된 형태의 이런 전달함수는 그 함수가 파생된 장에서 다룬다.

출력 벡터의 길이는 사용자가 평가를 위해 선택한 것에 따라 달라진다. 즉, 전극 도메인 속성은 위치 z의 수에, 셀 스케일 속성은 위치 x의 수에 따라 출력 벡터의 길이가 달라진다. 예를 들어 여섯 개의 변수 $[\tilde{\phi}_{s-e}]^*$, j, $\tilde{c}_{s,e}$, $\tilde{\phi}_s$, $[\tilde{\phi}_e]_1$, $\tilde{c}_e$를 네 개의 공간 위치(예 양쪽 집전체와 양쪽 전극 분리막 계면)에서 풀면 총 24개의 출력이 생성된다. 이때 출력 $y(t)$의 구조는 다음과 같다.

$$\boldsymbol{y}(t) = \begin{bmatrix} \tilde{\boldsymbol{\phi}}_{s-e}(z,t)]^* \\ \boldsymbol{j}(z,t) \\ \tilde{\boldsymbol{c}}_{s,e}(z,t) \\ \tilde{\boldsymbol{\phi}}_s(z,t) \\ [\tilde{\boldsymbol{\phi}}_e(x,t)]_1 \\ \tilde{\boldsymbol{c}}_e(x,t) \end{bmatrix} \tag{6.54}$$

이때 각 변수는 평가된 네 개의 공간 위치에 해당하는 네 개의 벡터이다.[13]

DRA 1단계에서는 고속 샘플링 주파수 F_1을 사용해 연속시간 시스템의 임펄스 응답을 근사화할 수 있다. 결과는 F_1의 영향을 그다지 받지 않지만 잘린 임펄스 반응의 지속 시간이 모델에서 느린 시정수를 포착할 수 있을 만큼 충분히 길어야 한다는 것을 알 수 있다.

DRA의 출력벡터 $\boldsymbol{y}(t)$의 요소는 물리적인 의미를 갖지만 상태벡터 $\boldsymbol{x}(t)$ 내의 유일한 상태 변수는 독립적인 물리적 해석을 갖는 적분 상태이다. 이 상태가 $x_i(t)$라면 전극 내부의 리튬의 평균 농도는 다음과 같다는 것을 알 수 있다.

$$c_{s,\text{avg}}(t) = c_{s,0} + \left(\tilde{c}_{s,e}^{\text{res}_0}\right) x_i(t)$$

식 (6.16)을 통해 앞선 식을 두 전극에서 다음과 같이 쓸 수 있다.

$$c_{s,\text{avg}}^{\text{neg}}(t) = c_{s,0}^{\text{neg}} - \left(\frac{1}{\varepsilon_s^{\text{neg}} AFL^{\text{neg}}}\right) x_i(t)$$

$$c_{s,\text{avg}}^{\text{pos}}(t) = c_{s,0}^{\text{pos}} + \left(\frac{1}{\varepsilon_s^{\text{pos}} AFL^{\text{pos}}}\right) x_i(t)$$

전극의 평균 리튬 농도는 아핀affine 변환을 통한 전극의 충전 상태와 관련이 있으므로 적분기 상태의 값은 셀 충전 상태를 추정하는 데 핵심적인 요소이다.

---

13 세심한 독자라면 모든 과정을 계산할 필요가 없다는 것을 알 수 있을 것이다. (두 집전체 모두에서) $\tilde{\phi}_s(0,t) = 0$이고 $[\tilde{\phi}_e(0,t)]_1$도 0이다. $\boldsymbol{y}(t)$를 21개의 벡터로 줄여도 여전히 동일한 수량을 계산할 수 있다.

[그림 6-12]는 셀 동적 상태의 선형화된 상태 공간 모델을 생성하는 과정을 나타낸 것이다. 3장과 4장에서는 PDE 모델을 도출했고 이 장에서는 모델을 선형화해 전달함수를 생성하는 방법을 설명했다. 5장의 DRA는 이런 전달함수를 사용해 상태 공간 모델을 생성할 수 있다.

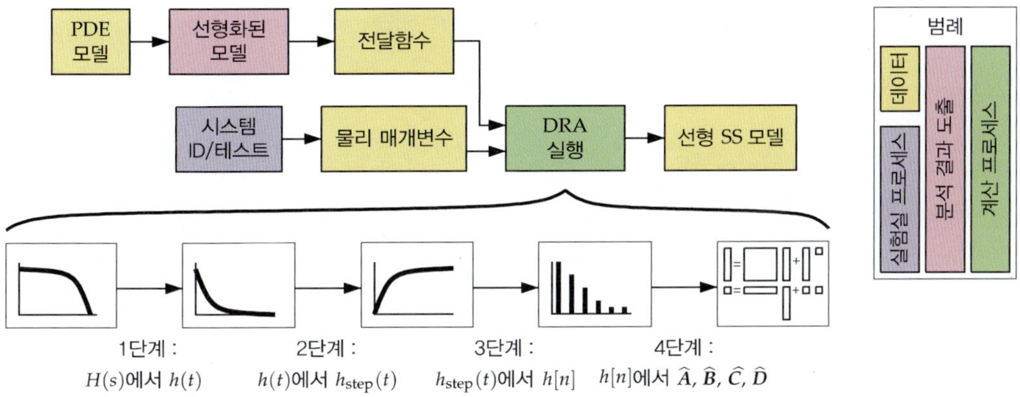

[그림 6-12] 선형화 및 비편향된 변수의 선형 상태 공간 모델 계산에 사용되는 절차적 단계[14]

[그림 6-12]를 [그림 2-27]과 같은 등가회로 모델을 생성하기 위한 다이어그램과 비교하면 상당한 차이가 있음을 알 수 있다. 등가회로 모델은 비선형 최적화와 전류-전압 셀 테스트 데이터를 통해 생성된다. 반면 물리 기반 축소 차수 모델은 전달함수를 도출하기 위해 상당한 (일회성의) 수학적인 작업을 거쳐 선형 대수 최적 축소 차수 방법론에 의해 생성된다.

SECTION 6.11 전체 셀 모델

DRA에서 생성된 상태 공간 모델은 표준 형식으로 변환하기 위해 몇 가지 수학적 변환을 거칠 수 있다. 6.13.2절에서는 변환이 필요한 상황에서 이를 진행하는 방법을 설명할 것이므로 지금은 단순히 DRA 출력을 대각선 행렬 $\hat{\boldsymbol{A}}$와 단위값으로만 구성된 행렬 $\hat{\boldsymbol{B}}$를 갖는 상태 공간 시스템으로 변환하는 것이 가능하다고 가정한다.

또한 적분기 상태가 $\boldsymbol{x}_{\text{aug}}[x]$ 벡터의 맨 아래 항목이 되도록 행렬 $\hat{\boldsymbol{A}}$의 대각선을 정렬한다. 이를 통해 모델 상태 방정식을 네 개의 상태와 적분기 상태를 가진 모델을 보여주는 [그림 6-13]과 같이 시각화할 수 있다. 실제 상황에서 매우 잘 동작하는 이 구성을 사용하면 상태 업데이트가 네 번의 곱셈(적분기 상태라면 1을 곱할 필요가 없음)과 다섯 번의 덧셈으로 수행되므로 계산이 매우 빨라진다.

---

14 Lee, J.L., Aldrich, L., Stetzel, K., and Plett, G.L., "Extended Operating Range for Reduced-Order Model of Lithium-Ion Cells," *Journal of Power Sources*, 255, 2014, pp. 85-100의 Fig. 1에서 발췌했다.

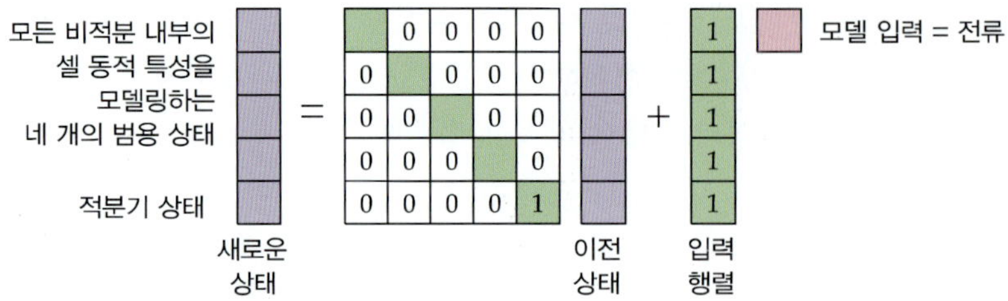

[그림 6-13] 상태 방정식 시각화

선형 출력 방정식은 [그림 6-14]와 같이 시각화할 수 있다. $\boldsymbol{y}[k]$의 행 수는 사용자가 DRA에 생성하도록 요청한 전달함수의 수에 따라 달라진다. 식 (6.54)는 24개의 출력을 가지므로 행렬 $\widehat{C}$의 크기는 24×5가 된다. 행렬 $\widehat{C}$는 적분기 상태와 연관된 열이 적분 구성 요소가 있는 출력 외에는 0이라는 것을 알고 있다는 점을 제외하면 일반적으로 구조 없이 꽉 차 있다. 이렇게 0을 곱하는 작업은 구현 과정에서 건너뛸 수 있다. 또한 행렬 $\widehat{D}$는 일반적으로 가득 차 있지만 $\tilde{c}_{s,e}$ 또는 $\tilde{c}_e$을 계산하는 출력에 해당하는 행은 항목이 0이므로 이런 곱셈을 건너뛸 수 있다.

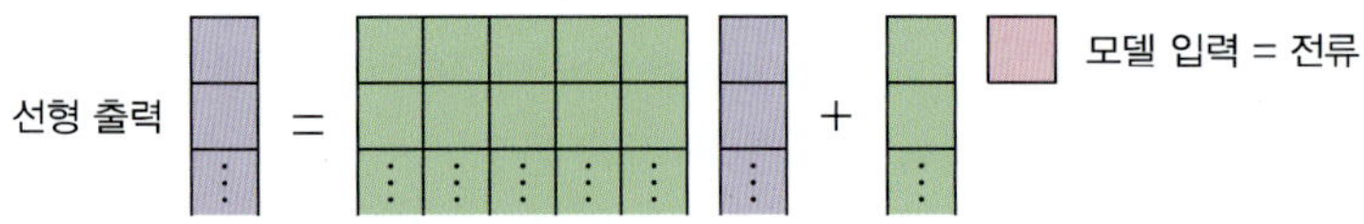

[그림 6-14] 출력 방정식 시각화

전체적으로 축소 차수 모델을 시뮬레이션하는 과정은 [그림 6-15]와 같다. 이는 [그림 2-28]의 등가회로 모델보다 다소 복잡하다. 그러나 등가회로 모델이 셀 전압만 계산할 수 있다면 축소 차수 모델은 셀 전압 외에도 모든 셀 내부 변수를 계산할 수 있다는 큰 장점을 가지고 있다.

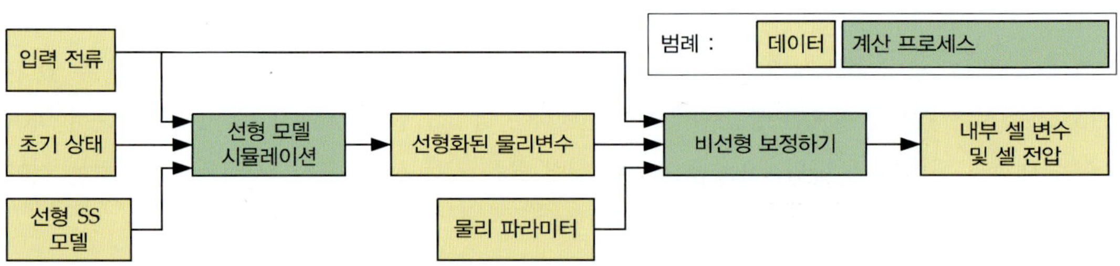

[그림 6-15] 물리 기반 축소 차수 모델을 시뮬레이션하는 데 사용되는 절차적 단계[15]

15 Lee, J.L., Aldrich, L., Stetzel, K., and Plett, G.L., "Extended Operating Range for Reduced-Order Model of Lithium-Ion Cells," *Journal of Power Sources*, 255, 2014, pp. 85-100의 Fig. 2에서 발췌했다.

SECTION 6.12 시뮬레이션 예제

이 절에서는 시뮬레이션을 사용해 다공성porous 전극 모델을 설명하는 전체 차수 PDE와 비교해 축소 차수 모델의 성능을 확인한다. 시뮬레이션되는 셀의 파라미터는 마크 도일Mark Doyle 등이 발표한 파라미터를 사용하며, [표 6-1]에 정리되어 있다.[16] 시뮬레이션을 위한 셀의 입력 전류는 미국 환경 보호국의 도시 동력계 운전 일정Urban Dynamometer Driving Schedule, UDDS(경량 차량의 도시 주행 조건을 나타내기 위해 개발됨)을 기반으로 한다. [그림 6-16]은 최대 절대 속도 2C를 달성하도록 스케일링된 전류 대 시간의 UDDS 프로파일을 나타낸 것으로, 시뮬레이션되는 셀은 41 A에 해당한다.

[표 6-1] 시뮬레이션을 위한 셀 파라미터[17]

기호	단위	음극	분리막	양극
L	μm	128	76	190
R_s	μm	12.5	–	8.5
A	m^2	1	1	1
σ	$S\,m^{-1}$	100	–	3.8
ε_s	$m^3\,m^{-3}$	0.471	–	0.297
ε_e	$m^3\,m^{-3}$	0.357	0.724	0.444
brug	–	1.5	–	1.5
$c_{s,\max}$	$mol\,m^{-3}$	26,390	–	22,860
$c_{e,0}$	$mol\,m^{-3}$	2,000	2,000	2,000
$\theta_{\min}$	–	0.05	–	0.78
$\theta_{\max}$	–	0.53	–	0.17
D_s	$m^2\,s^{-1}$	3.9×10^{-14}	–	1.0×10^{-13}
D_e	$m^2\,s^{-1}$	7.5×10^{-11}	7.5×10^{-11}	7.5×10^{-11}
t_+^0	–	0.363	0.363	0.363
k	$mol^{-1/2}\,m^{5/2}\,s^{-1}$	1.94×10^{-11}	–	2.16×10^{-11}
α	–	0.5	–	0.5
R_{film}	Ωm^2	0.0	–	–

이 표를 바탕으로 $\sigma_{\text{eff}}=\sigma\varepsilon_s^{\text{brug}}$, $\kappa_{\text{eff}}=\kappa\varepsilon_e^{\text{brug}}$, $D_{e,\text{eff}}=D_e\varepsilon_e^{\text{brug}}$을 계산해보자. 전해질에서 전도도는 농도의 함수로, 다음과 같다.

16 Doyle, M., Newman, J., Gozdz, A.S., Schmutz, C.N., and Tarascon, J-M, "Comparison of Modeling Predictions with Experimental Data from Plastic Lithium Ion Cells,", *Journal of the Electrochemical Society*, 143, 1996, pp. 1890–1903.

17 Doyle, M., Newman, J., Gozdz, A.S., Schmutz, C.N., and Tarascon, J-M, "Comparison of Modeling Predictions with Experimental Data from Plastic Lithium Ion Cells", *Journal of the Electrochemical Society*, 143, 1996, pp. 1890–1903.

$$\kappa(c_e) = 4.1253 \times 10^{-2} + 5.007 \times 10^{-4} c_e - 4.7212 \times 10^{-7} c_e^2$$
$$+ 1.5094 \times 10^{-10} c_e^3 - 1.6018 \times 10^{-14} c_e^4$$

음극에서의 개방회로 전위함수는 다음과 같다.

$$U_{\text{ocp}}^{\text{neg}}(\theta) = -0.16 + 1.32\exp(-3.0\theta) + 10.0\exp(-2{,}000.0\theta)$$

마지막으로 양극에서의 개방회로 전위함수는 다음과 같다.

$$U_{\text{ocp}}^{\text{pos}}(\theta) = 4.19829 + 0.0565661\tanh(-14.5546\theta + 8.60942)$$
$$- 0.0275479\left[\frac{1}{(0.998432 - \theta)^{0.4924656}} - 1.90111\right]$$
$$- 0.157123\exp(-0.04738\theta^6) + 0.810239\exp[-40(\theta - 0.133875)]$$

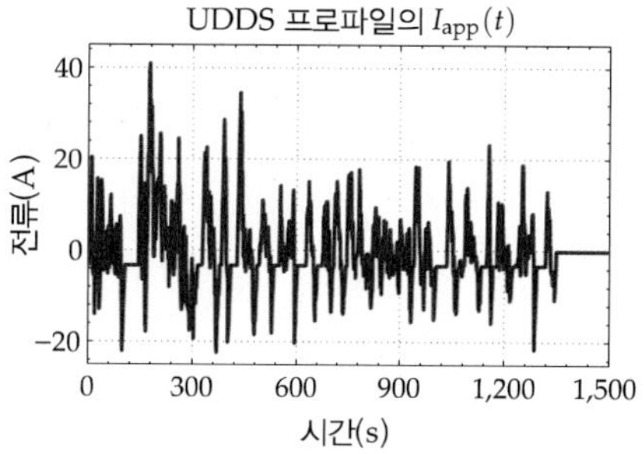

[그림 6-16] UDDS 사이클에 대한 셀 전류 대 시간 프로파일

이제 ROM 결과를 COMSOL Multiphysics에서 구현한 의사 2D 다공성 전극 모델의 전체 차수 모델 full-order model, FOM 시뮬레이션과 비교해보자. 모든 경우에서 시뮬레이션은 60%의 셀 SOC로 초기화된다. 집전체와 전극/분리막 계면에서 셀의 네 가지 공간 위치에서의 다섯 가지 주요 셀 변수(j, $c_{s,e}$, c_e, ϕ_s, ϕ_e)에 대한 DRA 출력과 PDE 출력을 계산한다. 따라서 축소 차수 상태 공간 모델에는 한 개의 입력(셀 전류)과 18개의 선형 출력이 있다. $[\tilde{\phi}_{s-e}(0, t)]$일 때 한 개, 0이 아닌 전달함수 $\tilde{\phi}_s(1, t)$일 때 두 개, 0이 아닌 전달함수 $[\tilde{\phi}_e(x, t)]_1$일 때 세 개이며, 다른 각각의 경우 네 개를 갖는다.

전해질의 농도를 근사화할 때는 $k = 1, \cdots, 10$에 대해 고유값/고유함수 쌍 λ_k와 $\Psi(x;\lambda_k)$를 사용한다. 여기에서 활용된 시뮬레이션에서 DRA 고속 샘플링 주파수는 $F_1 = 2\,\text{Hz}$로 선택되며, 계산된 이산시간 축소 차수 모델의 샘플링 주기는 $T_s = 1$초로 선택된다. DRA를 실행하기 위해 요구되는 계산 복잡도 및 결과로 얻어진 축소 차수 모델 예측 정확도는 이런 매개변수 중 그 어떤 것에도 큰 영향을 받지 않는다. 상태벡터 $x_{\text{aug}}(t)$에는 정확히 다섯 개의 상태 변수가 있는 ROM을 사용한다.

고유 시스템 구현 알고리즘[eigensystem realization algorithm, ERA]은 (호-칼만 알고리즘 대신) DRA의 4단계에서 사용된다. j_k 인덱스[index](색인) 세트는 $t_k = j_k$와 함께 다음과 같이 구성된다.

$$\begin{aligned} j_k = \{&0 \ldots 4{,}000,\ 5{,}000 \ldots 5{,}100,\ 6{,}000 \ldots 6{,}050,\ 7{,}000 \ldots 7{,}050, \\ &8{,}000 \ldots 8{,}050,\ 10{,}000 \ldots 10{,}050,\ 12{,}000 \ldots 12{,}050, \\ &14{,}000 \ldots 14{,}050,\ 16{,}000 \ldots 16{,}050,\ 18{,}000 \ldots 18{,}050, \\ &19{,}000 \ldots 19{,}050,\ 20{,}000 \ldots 20{,}050\} \end{aligned}$$

이 세트는 최적화되지는 않았지만 단위 펄스 응답에서 초기 시간 샘플에 중점을 두면서도 느린 시정수를 포착하기 위해 상당한 시간 지연이 있는 시간 샘플도 일부 포함하도록 하고 있다. 이렇게 큰 인덱스 세트의 경우 DRA에는 (SVD를 계산하는 데) 메모리 리소스와 시간이 상당히 소요된다. 더 짧은 인덱스 집합을 사용하면 메모리와 요구되는 시간을 줄일 수 있지만 그렇게 하면 정확도는 약간 떨어질 수 있다.

[그림 6-17]은 전극/분리막 계면에서 선속 밀도에 대한 ROM의 예측을 FOM의 예측과 비교한 결과이다. 전극/분리막 계면에서의 전기화학적 반응은 집전체보다 더 동적이므로 ROM을 일치시키는 것이 더 어렵다. 그럼에도 ROM과 FOM 결과는 매우 잘 일치한다.

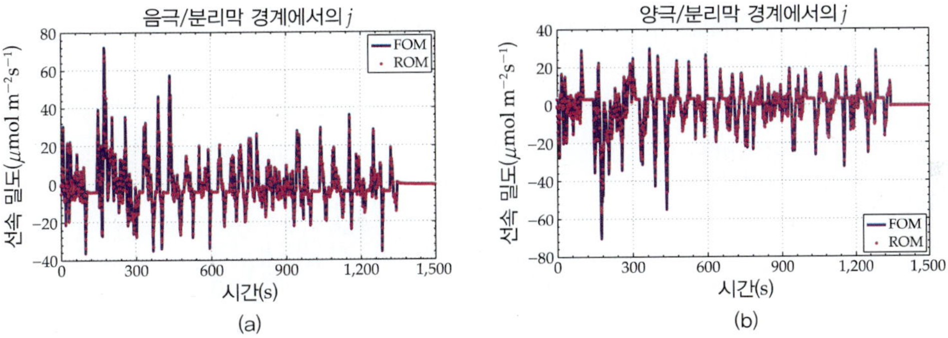

[그림 6-17] 전극/분리막 경계에서의 버틀러-볼머 선속[18]

[그림 6-18]은 내부 셀 전위에 대한 ROM과 FOM을 비교한 것이다. 이 또한 [그림 6-17]과 마찬가지로 잘 일치한다.

18 Lee et al., *Journal of Power Sources*, 220, 2012, pp. 430-448의 Fig. 8에서 발췌했다.

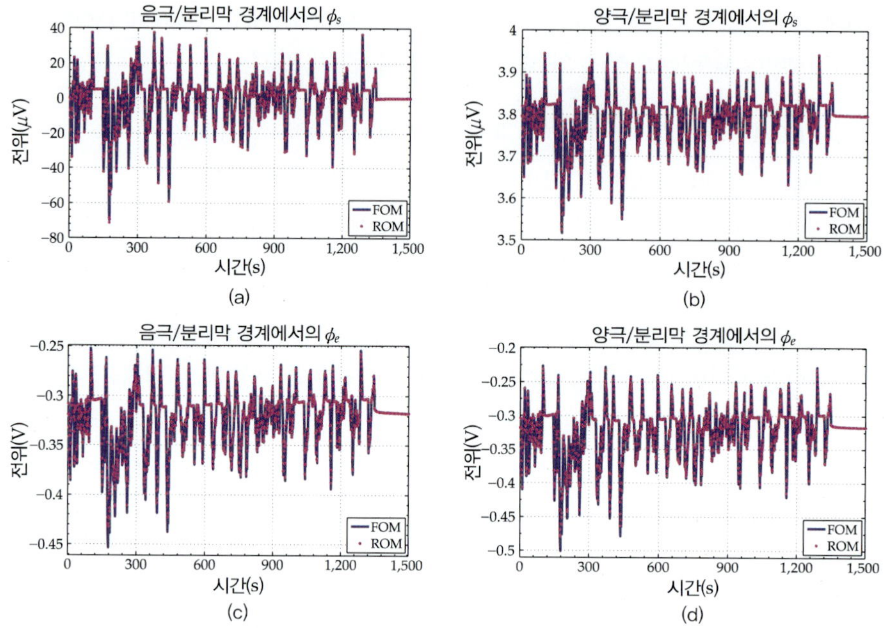

[그림 6-18] 전극과 전해질 상의 전위[19]

마지막으로 [그림 6-19]는 내부 농도에 대한 ROM과 FOM을 비교한 것이다. 앞서 살펴본 다른 변수들만큼 잘 일치하지는 않지만 활용하기 좋은 정도로는 잘 일치한다.

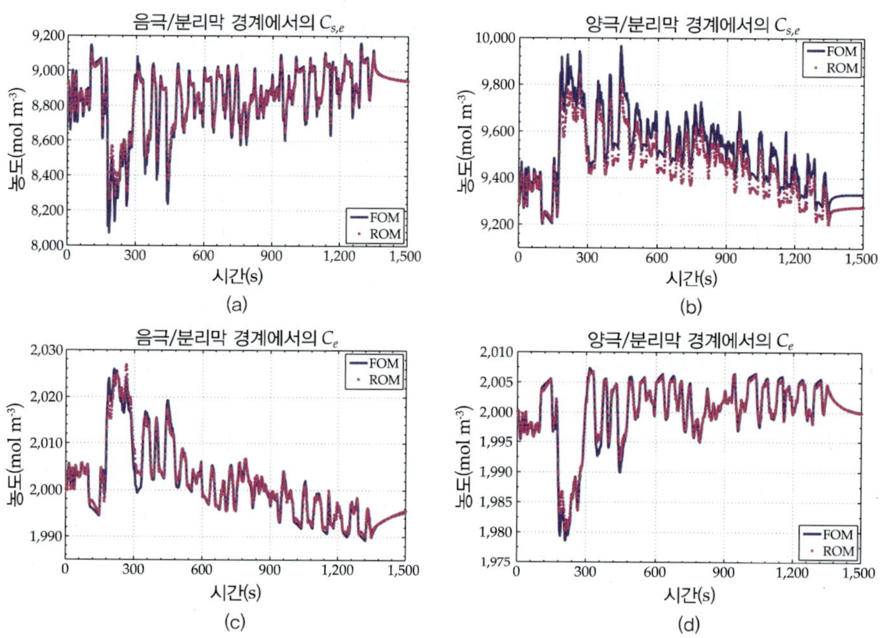

[그림 6-19] 전극 표면과 전해질 상의 리튬 농도[20]

---

19 Lee et al., *Journal of Power Sources*, 220, 2012, 220, 2012, pp. 430–448의 Fig. 8에서 발췌했다.

20 Lee, J.L., Chemistruck, A. and Plett, G.L., "One-Dimensional Physics-Based Reduced-Order Model of Lithium-Ion Dynamics," *Journal of Power Sources*, 220, 2012, pp. 430–448의 Fig. 8과 Fig. 9에서 발췌했다.

ROM의 출력 셀 전압은 식 (6.52)를 사용해 전기화학적 변수로부터 계산된다. [그림 6-20]은 5차 ROM과 엄밀한[rigorous] PDE 모델의 결과로, FOM과 ROM 사이의 셀 전압 RMS 오차는 약 1 mV이다. [그림 6-20(b)]는 불일치가 가장 큰 기간 동안의 시뮬레이션을 자세히 나타낸다.

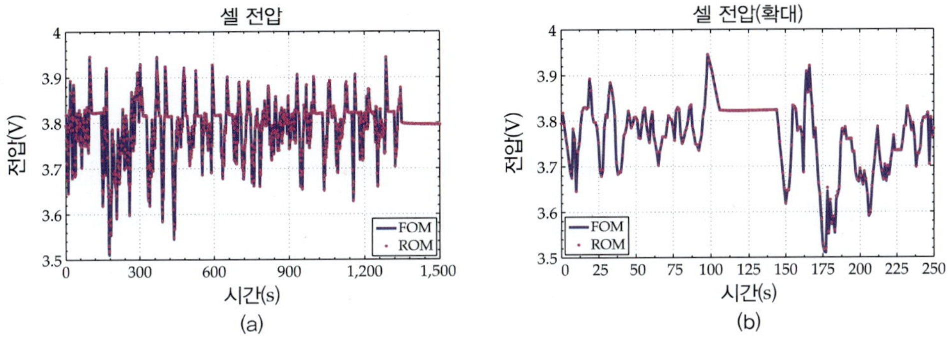

[그림 6-20] UDDS 테스트의 셀 전압[21]

SECTION 6.13 혼합 모델

지금까지 개발한 ROM은 특정한 동작 설정값을 중심으로 의사 2D 다공성 전극 PDE 모델을 선형화해 도출한 것이다. 그러나 모델 동적 상태는 온도와 SOC에 따라 달라질 수 있으므로 단일 모델만으로는 충분하지 않은 경우가 많다. 따라서 광범위한 온도와 SOC에 걸쳐 셀을 모델링하기 위해 혼합 모델[model-blending]을 사용한다.[22] 혼합 모델의 기본 아이디어는 여러 충전 상태 및 온도 설정값에서 ROM을 미리 계산한 뒤 동작하는 중에 이를 사용해 현재의 순간적인 SOC와 온도에 특화된 최상의 "평균" ROM을 생성하는 것이다.

특정한 SOC와 온도 설정값에서 ROM을 생성하는 데 필요한 계산 요구 사항은 많지만 미리 계산된 ROM을 평균화하는 계산 요구 사항은 적다는 것에 유의하자. 이는 동작 중에 실시간으로 ROM을 생성하기 위해 DRA를 실행하지 않아도 되기 때문이다. 이 장에서는 혼합 모델을 사용해 ROM의 유용한 SOC 동작 범위를 확장하고자 한다. 7장에서는 온도의 함수에 따라 모델이 어떻게 변하는지에 대해 살펴볼 것으로, 지금은 특정한 SOC 및 온도 선형화 설정점 근처에서 동작하는 ROM을 생성할 수 있다고 가정한다.

---

21 Lee, J.L., Chemistruck, A. and Plett, G.L., "One-Dimensional Physics-Based Reduced-Order Model of Lithium-Ion Dynamics" *Journal of Power Sources*, 220, 2012, pp. 430-448의 Fig. 10에서 발췌했다.

22 이 절은 Lee, J.L., Aldrich, L., Stetzel, K. and Plett, G.L., "Extended Operating Range for Reduced-Order Model of Lithium-Ion Cells," *Journal of Power Sources*, 255, 2014, pp. 85-100을 기반으로 작성되었다.

혼합 모델은 임시적인 방법으로 간주되지만 비선형 시스템을 모델링하는 데 가장 널리 사용되는 접근 방식 중 하나이다. 이 방법은 일반적으로 셀 SOC, 온도와 같이 스케줄링(계획^{scheduling})변수가 운용 중에 느리게 변화할 때 잘 동작한다. 마찬가지로 스케줄링 변수의 변화에 대해 모델 매개변수 값이 완만하게 변화할 때도 잘 동작한다.

6.13.1 모델 혼합

개별적인 축소 차수 모델은 예상되는 온도와 충전 상태의 동작 범위에 대해 DRA를 사용해 **선험적**^{priori}으로 생성된다. 즉 설정값이 온도 벡터와 SOC 벡터의 데카르트 곱집합$^{\text{Cartesian product}}$으로 생성되어 직사각형 모양의 그리드에 놓인다고 가정한다.

이렇게 사전 계산된 모델은 [그림 6-21]에 표시된 것처럼 이중 선형보간을 사용해 실시간으로 혼합되어 시간에 따라 변화하는 상태 공간 모델을 생성한다. 사전 계산된 모델 중 셀의 현재 동작 중인 SOC 값보다 작거나 같은 가장 가까운 SOC 설정값을 SOC_0으로 정의하고 셀의 현재 동작 중인 SOC 값을 초과하는 가장 가까운 SOC 설정값을 SOC_1으로 정의한다.

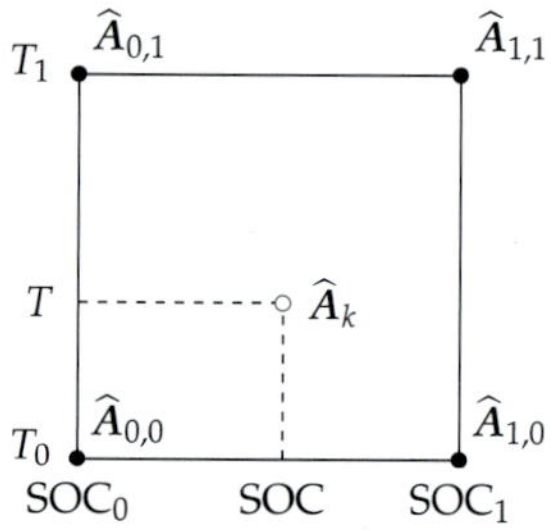

[그림 6-21] 행렬 $\hat{A}$의 이중 선형보간[23]

마찬가지로 T_0를 셀의 현재 동작 온도보다 낮거나 같은 사전 계산된 모델 중 가장 가까운 온도 설정값으로 정의하고 T_1을 셀의 현재 동작 온도를 초과하는 가장 가까운 온도 설정값으로 정의한다. 다음으로 혼합 계수 θ_z 및 θ_T를 다음과 같이 정의한다.

$$\theta_z = \frac{\text{SOC} - \text{SOC}_0}{\text{SOC}_1 - \text{SOC}_0}, \qquad \theta_T = \frac{T - T_0}{T_1 - T_0}$$

시변 혼합 행렬 $\hat{\boldsymbol{A}}_k$의 값은 다음 식으로부터 찾을 수 있다.[24]

$$\hat{\boldsymbol{A}}_k = (1-\theta_T)\Big((1-\theta_z)\hat{\boldsymbol{A}}_{0,0} + \theta_z\hat{\boldsymbol{A}}_{1,0}\Big) + \theta_T\Big((1-\theta_z)\hat{\boldsymbol{A}}_{0,1} + \theta_z\hat{\boldsymbol{A}}_{1,1}\Big)$$

23 Lee, J.L., Aldrich, L., Stetzel, K., and Plett, G.L., "Extended Operating Range for Reduced-Order Model of Lithium-Ion Cells," *Journal of Power Sources*, 255, 2014, pp. 85-100의 Fig. 3에서 발췌했다.

24 모든 행렬과 벡터가 적분기 상태가 필요할 때 확장된 시스템에 대응한다고 가정하면 "aug" 첨자를 삭제한다.

여기서 $\hat{A}_{0,0}$는 SOC_0와 T_0에서 사전 계산된 모델의 행렬 $\hat{A}$이며, $\hat{A}_{0,1}$은 SOC_0와 T_1에서, $\hat{A}_{1,0}$은 SOC_1와 T_0, $\hat{A}_{1,1}$은 SOC_1와 T_1에서 사전 계산된 모델의 행렬 $\hat{A}$이다. 시간 가변 혼합 행렬인 $\hat{B}_k$, $\hat{C}_k$, $\hat{D}_k$는 (다음 절에서 몇 가지의 단순화를 통해 $\hat{B}_k$를 혼합할 필요가 없더라도) 동일하다. 그런 다음 상태 공간 방정식은 이런 시간 가변 혼합 행렬로 수정되어 다음과 같아진다.

$$x[k+1] = \hat{A}_k x[k] + \hat{B}_k i_{\text{app}}[k] \tag{6.55}$$

$$y[k] = \hat{C}_k x[k] + \hat{D}_k i_{\text{app}}[k] \tag{6.56}$$

[그림 6-22]는 전체 모델 혼합 방법의 실제 측면을 나타낸 것이다. 동작 중에 현재 셀 SOC와 온도는 혼합된 상태 공간 행렬을 생성하는 데 사용된다. 이때 모델 상태벡터 $x[k]$는 이런 시간 가변 행렬을 사용해 업데이트되며, 업데이트된 상태벡터로부터 선형화된 출력 $y[k]$가 계산된다. 내부 상태로부터 각 시간 단계에서 계산된 SOC는 이 혼합 프로세스의 입력으로 선형 모델에 다시 피드백된다.

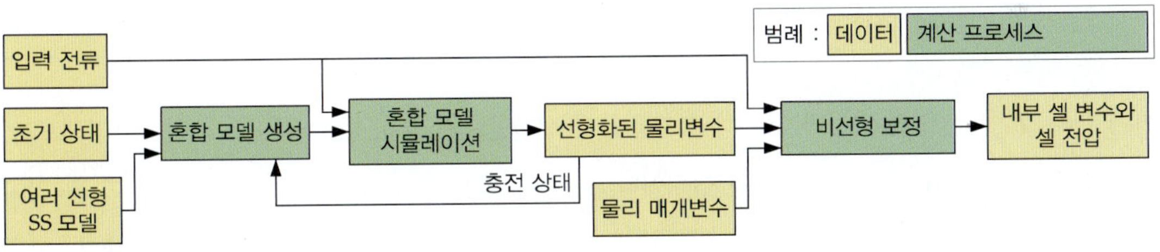

[그림 6-22] 혼합 모델 방법을 사용한 셀 시뮬레이션[25]

6.13.2 모델 정렬

혼합 모델 체계를 구현할 때의 복잡한 점은 상태 공간 모델이 고유하지 않다는 사실로부터 발생한다. 서로 다른 상태를 설명하는 무한한 수와 그에 대응하는 $\{\hat{A}, \hat{B}, \hat{C}, \hat{D}\}$는 입력-출력 관계가 동일하다. 이는 행렬 $\hat{A}_{0,0}$의 모든 요소가 동작하기 위해서는 행렬 $\hat{A}_{1,0}$, $\hat{A}_{0,1}$, $\hat{A}_{1,1}$의 해당 요소와 일치해야 하므로 혼합 모델 사용 시 잠재적인 문제가 발생할 수도 있다. 만약 일치하지 않는다면 관련 없는 요소가 함께 평균화되어 의미 없는 결과가 도출될 수 있다. DRA 자체는 서로 다른 온도와 SOC 설정값에서 생성된 모델이 일관된 상태 공간 설명을 나타낼 것이라고 보장하지 않는다.

그러나 미리 계산된 모든 모델을 공통 프레임워크로 변환하는 간단한 해결책이 있다. 다음과 같은 변환을 통해 문제를 해결해보자. 먼저 DRA에 의해 생성된 선형 이산시간 상태 공간 모델의 형태가 다음과 같다고 가정한다.

25 Lee, J.L., Aldrich, L., Stetzel, K. and, Plett G.L., "Extended Operating Range for Reduced-Order Model of Lithium-Ion Cells," *Journal of Power Sources*, 255, 2014, pp. 85-100의 Fig. 4에서 발췌했다.

$$\boldsymbol{x}^{(0)}[k+1] = \widehat{\boldsymbol{A}}^{(0)}\boldsymbol{x}^{(0)}[k] + \widehat{\boldsymbol{B}}^{(0)} i_{\text{app}}[k]$$

$$\boldsymbol{y}[k] = \widehat{\boldsymbol{C}}^{(0)}\boldsymbol{x}^{(0)}[k] + \widehat{\boldsymbol{D}} i_{\text{app}}[k]$$

모델 항의 위첨자 "(0)"은 해당 행렬과 신호가 DRA에서 직접 생성된, 변환되지 않은 모델에서 발생했음을 의미한다. 다음 작업부터는 모델 변환의 여러 단계를 나타내기 위해 위첨자 "(1)", "(2)", "(3)"을 사용할 것이다.

첫 번째 변환에서는 새로운 상태벡터 $\boldsymbol{x}^{(1)}[k]$를 정의해 $\boldsymbol{x}^{(0)}[k] = \boldsymbol{T}^{(1)}\boldsymbol{x}^{(1)}[k]$이 되게 한다. 이때 $\boldsymbol{T}^{(1)}$은 임의의 정사각형 역변환 행렬이다. 다음과 같이 작성한다면 $i_{\text{app}}[k]$와 $\boldsymbol{y}[k]$ 사이의 입력-출력 관계는 동등해진다.

$$\boldsymbol{x}^{(1)}[k+1] = \underbrace{(\boldsymbol{T}^{(1)})^{-1}\widehat{\boldsymbol{A}}^{(0)}\boldsymbol{T}^{(1)}}_{\widehat{\boldsymbol{A}}^{(1)}}\boldsymbol{x}^{(1)}[k] + \underbrace{(\boldsymbol{T}^{(1)})^{-1}\widehat{\boldsymbol{B}}^{(0)}}_{\widehat{\boldsymbol{B}}^{(1)}} i_{\text{app}}[k]$$

$$\boldsymbol{y}[k] = \underbrace{(\widehat{\boldsymbol{C}}^{(0)})\boldsymbol{T}^{(1)}}_{\widehat{\boldsymbol{C}}^{(1)}}\boldsymbol{x}^{(1)}[k] + \widehat{\boldsymbol{D}} i_{\text{app}}[k]$$

변환 행렬 $\boldsymbol{T}^{(1)}$은 반전 가능하기만 하면 자유롭게 선택할 수 있다. 먼저 $\boldsymbol{T}^{(1)} = \boldsymbol{V}$를 고려해보자. 여기서 $\boldsymbol{V}$는 열이 $\widehat{\boldsymbol{A}}^{(0)}$의 고유벡터인 행렬이다. 이렇게 하면 행렬 $\widehat{\boldsymbol{A}}^{(1)}$의 결과는 대각선이 될 것이다.[26] 이러한 $\widehat{\boldsymbol{A}}^{(1)}$의 대각선 요소들은 시스템의 극점[pole]이라고 하며, 동적 시정수를 나타낸다. 이미 이 첫 번째 변환을 통해 모델에서 몇 가지 물리적 의미를 발견했다. 변환된 모델의 저장 요구 사항은 $n\times n$ 차원 행렬 $\widehat{\boldsymbol{A}}^{(1)}$이 (대각선에서) 0이 아닌 값을 갖는 것처럼 감소하며, 행렬 $\widehat{\boldsymbol{A}}$의 대각선 요소만 혼합하면 되고 $\widehat{\boldsymbol{A}}^{(0)}\boldsymbol{x}^{(0)}[k]$를 구현하는 것보다 $\widehat{\boldsymbol{A}}^{(1)}\boldsymbol{x}^{(1)}[k]$를 구현할 때 필요한 곱셈 수가 적어 계산 요구 사항이 줄어든다.

고유벡터는 스케일링(조정[scaling]) 계수까지만 고유하므로 이 남은 자유도를 사용해 행렬을 더 단순화할 수 있다. 여기서는 행렬 $\widehat{\boldsymbol{B}}$가 단위값 요소를 갖도록 정규화할 것이다. 이는 물론 시스템을 완전히 제어할 수 있을 때 행렬 $\widehat{\boldsymbol{B}}$에 0인 요소가 없다는 것을 전제로 한다. DRA에 사용되는 호-칼만 알고리즘은 항상 최소한의 상태 공간 설명을 생성하므로 이를 보장할 수 있다.

따라서 두 번째 변환을 적용해 $\boldsymbol{T}^{(2)} = \text{diag}(\widehat{\boldsymbol{B}}^{(1)})$을 선택한다. 변환된 모델에서 $\widehat{\boldsymbol{B}}^{(2)}$는 모든 요소가 1로 구성되며, $\widehat{\boldsymbol{A}}^{(2)}$는 $\widehat{\boldsymbol{A}}^{(1)}$과 동일하게 유지된다. 이 변환에는 모두 일관된 방식으로 스케일링되는 행렬 $\widehat{\boldsymbol{B}}^{(2)}$와 $\widehat{\boldsymbol{C}}^{(2)}$가 있다. 또한 $\widehat{\boldsymbol{B}}^{(2)}$가 항상 1로 구성되어 저장할 필요가 없으므로 저장 요구

26 이를 가능하게 하려면 행렬 $\widehat{\boldsymbol{A}}^{(0)}$는 대각화할 수 있어야 하며, $\boldsymbol{V}$의 고유벡터가 선형적으로 독립적이어야 한다. 그러나 경험상 DRA의 출력은 항상 대각화할 수 있는 행렬 $\widehat{\boldsymbol{A}}^{(0)}$를 생성하지만 이를 보장할 수 있는 방법은 없다. 만약 선형 고유벡터가 선형적으로 종속적이라면 변환을 선택해 행렬 $\widehat{\boldsymbol{A}}^{(1)}$을 대신 수행되어야 하는 조르당 표준형(Jordan form)으로 항상 변환할 수 있다.

사항이 감소한다. 그리고 행렬 $\hat{B}$는 (모두 동일하므로) 혼합될 필요가 없고 곱셈 $\hat{B}_k i_{\text{app}}[k]$은 곱셈 없이 요소의 단순 반복이므로 해야 하는 계산 역시 줄어든다.

마지막으로 $\hat{A}^{(2)}$의 요소들을 치환하여 $\hat{A}^{(3)}$가 대각으로 유지되면서 그 요소들이 크기 순으로 배열되도록 세 번째 변환 행렬 $T^{(3)}$를 선택한다. 행렬 $\hat{B}^{(3)}$는 모든 요소가 1로 유지된다. 이제 특정한 온도와 SOC 설정값에 대해 최종적으로 스케일링되고 정렬된, 사전 계산된 모델을 $\hat{A} = \hat{A}^{(3)}$, $\hat{B} = \hat{B}^{(3)} = 1_{n \times 1}$, $\hat{C} = \hat{C}^{(3)}$으로 정의한다. 모델 행렬 $\hat{D}$는 DRA에서 제작한 것과는 달리 변경되지 않는다.

6.13.3 혼합 모델의 안정성

혼합 모델 체계와 관련해 해결해야 할 또 다른 문제는 이 방법이 안정적인 시간 가변 모델을 보장하는지 확인하는 것이다. '안정적인' 시불변 시스템들의 선형 가변 조합이 안정적이어야 한다는 것은 직관적으로 봤을 때 매력적이지만 이는 시스템 연결 방식에 따라 달라진다.

우리가 제안하는 방법을 사용하면 혼합 모델을 통해 항상 안정적인 시스템을 만들 수 있다. 이를 위해서는 혼합 모델은 이중 선형보간을 사용해 가장 가까운 네 개의 DRA 행렬의 가중치 합을 통해 계산됨을 고려해야 한다. 상태 공간 모델은 다음과 같이 작성할 수 있다.

$$\begin{aligned} \boldsymbol{x}[k+1] &= \hat{A}_k \boldsymbol{x}[k] + \hat{B}_k i_{\text{app}}[k] \\ \boldsymbol{y}[k] &= \hat{C}_k \boldsymbol{x}[k] + \hat{D}_k i_{\text{app}}[k] \end{aligned}$$

$\hat{A}_k$는 적분기 극점이 $a_{ii} = 1$일 때를 제외하면 대각선 항목이 $0 \le a_{ii} < 1$인 대각선이다. 각 ROM의 행렬 $\hat{B}_k$는 $[\,1\ 1\ \cdots\ 1\,]^T$이다. 상태벡터 $\boldsymbol{x}[k]$는 $k < 0$인 경우 $\hat{A}_k \equiv I$일 때 다음과 같다.

$$\boldsymbol{x}[k] = \left(\prod_{j=0}^{k-1} \hat{A}_{k-1-j}\right)\boldsymbol{x}[0] + \sum_{i=0}^{k-1}\left(\prod_{j=0}^{k-i-2} \hat{A}_{k-1-j}\right)\hat{B}_i i_{\text{app}}[i]$$

삼각 부등식을 사용하면 상태벡터의 무한 노름은 다음과 같다.

$$\|\boldsymbol{x}[k]\|_\infty \le \left\| \left(\prod_{j=0}^{k-1} \hat{A}_{k-1-j}\right)\boldsymbol{x}[0] \right\|_\infty + \left\| \sum_{i=0}^{k-1}\left(\prod_{j=0}^{k-i-2} \hat{A}_{k-1-j}\right)\hat{B}_i i_{\text{app}}[i] \right\|_\infty \qquad (6.57)$$

BIBO라고도 하는 유한 입력-유한 출력 출력[bounded-input bounded-output] 안정성을 입증하려면 입력이 유한해야 한다. γ가 임의의 유한한 값일 때 $\|i_{\text{app}}[k]\|_\infty < \gamma < \infty$이다.

6.13.2절에서 수행한 연산으로 인해 행렬 $\hat{\boldsymbol{A}}_k$의 대각화[diagonalization](대각선화)는 개별적인 상태의 분리를 야기하였다. 특히 모든 모델은 $a_{ii} = 1$일 때 정확히 동일한 적분기 극점 값을 가지므로 모델 간 혼합이 필요하지 않다. 시변 모델이 안정적으로 유지되려면 $0 \leq a_{ii} < 1$일 때의 비적분기 동적 상태만 살펴볼 필요가 있다.

유한한 입력이 항상 유한한 출력을 초래한다는 것을 보여주기 위해 식 (6.57)의 우변에 있는 항을 살펴보자. 모든 행렬 $\hat{\boldsymbol{A}}_k$를 대각화했다는 사실을 이용하면 첫 번째 항은 $\max_\mathrm{a} = \max_{i,k}(\mathrm{a}_{k,ii}) < 1$일 때 다음과 같이 유한해진다.

$$\left\| \left(\prod_{j=0}^{k-1} \hat{\boldsymbol{A}}_{k-1-j} \right) \boldsymbol{x}[0] \right\|_\infty \leq (\max_\mathrm{a})^k \| \boldsymbol{x}[0] \|_\infty$$

따라서 이 항은 $\| \boldsymbol{x}_0 \|_\infty < \infty$일 때 항상 유한하다. 식 (6.57)의 우변의 두 번째 항은 다음과 같다.

$$\left\| \sum_{i=0}^{k-1} \left(\prod_{j=0}^{k-i-2} \hat{\boldsymbol{A}}_{k-1-j} \right) \hat{\boldsymbol{B}}_i i_\mathrm{app}[i] \right\|_\infty \leq \sum_{i=0}^{k-1} \left\| \left(\prod_{j=0}^{k-i-2} \hat{\boldsymbol{A}}_{k-1-j} \right) \right\|_\infty \left\| \hat{\boldsymbol{B}}_i i_\mathrm{app}[i] \right\|_\infty \tag{6.58}$$

행렬 $\hat{\boldsymbol{A}}$의 모든 값이 1보다 작으므로 다음과 같이 작성할 수 있다.

$$\left\| \left(\prod_{j=0}^{k-i-2} \hat{\boldsymbol{A}}_{k-1-j} \right) \right\|_\infty \leq (\max_\mathrm{a})^{k-i-1}$$

식 (6.58)은 다음과 같이 단순화된다.

$$\left\| \sum_{i=0}^{k-1} \left(\prod_{j=0}^{k-i-2} \hat{\boldsymbol{A}}_{k-1-j} \right) \hat{\boldsymbol{B}}_i i_\mathrm{app}[i] \right\|_\infty \leq \gamma (\max_\mathrm{a})^{k-1} \sum_{i=0}^{k-1} \left(\frac{1}{\max_\mathrm{a}} \right)^i$$

여기에서 기하급수 공식은 다음의 식을 도출하기 위해 사용된다.

$$\begin{aligned}
\left\| \sum_{i=0}^{k-1} \left(\prod_{j=0}^{k-i-2} \hat{\boldsymbol{A}}_{k-1-j} \right) \hat{\boldsymbol{B}}_i i_\mathrm{app}[i] \right\|_\infty &\leq \gamma (\max_\mathrm{a})^{k-1} \left[\frac{1 - \left(\frac{1}{\max_\mathrm{a}} \right)^k}{1 - \left(\frac{1}{\max_\mathrm{a}} \right)} \right] \\
&\leq \gamma \left[\frac{(\max_\mathrm{a})^{k-1} - \left(\frac{1}{\max_\mathrm{a}} \right)}{1 - \frac{1}{\max_\mathrm{a}}} \right] < \infty
\end{aligned}$$

식 (6.57) 우변의 두 항은 모두 유한하므로 $\| \boldsymbol{x}[k] \|_\infty < \infty$이다. 출력 방정식의 무한 노름은 다음과 같이 정의된다.

$$\|\boldsymbol{y}[k]\|_\infty = \left\|\hat{\boldsymbol{C}}_k \boldsymbol{x}[k] + \hat{\boldsymbol{D}}_k i_{\text{app}}[k]\right\|_\infty$$

BIBO 안정성을 나타내려면 이 노름은 유한해야 한다. 삼각 부등식을 사용하면 다음과 같다.

$$\begin{aligned}\|\boldsymbol{y}[k]\|_\infty &\le \left\|\hat{\boldsymbol{C}}_k \boldsymbol{x}[k]\right\|_\infty + \left\|\hat{\boldsymbol{D}}_k i_{\text{app}}[k]\right\|_\infty \\ &\le \left\|\hat{\boldsymbol{C}}_k\right\|_\infty \|\boldsymbol{x}[k]\|_\infty + \left\|\hat{\boldsymbol{D}}_k\right\|_\infty \|i_{\text{app}}[k]\|_\infty\end{aligned}$$

$\|\boldsymbol{x}[k]\|_\infty < \infty$ 이고 행렬 $\hat{\boldsymbol{C}}_k$와 $\hat{\boldsymbol{D}}_k$가 유한하므로 $\|\boldsymbol{y}[k]\|_\infty < \infty$ 이다. 이는 BIBO 안정성을 나타낸다.

6.13.4 모델 행렬 대 SOC의 평활도

혼합 모델 접근 방식이 동작하려면 축소 차수 상태 공간 모델 행렬은 매개변수가 예상 SOC 범위에 걸쳐 원활하게 변화해야 한다. 그런 다음 특정한 운영 SOC에 대한 설정점 간의 보간을 통해 모델 값을 혼합하면 DRA를 통해 해당 SOC에서 전용 ROM이 사전에 계산되었을때의 결과와 가까운 수치 결과를 계산할 수 있다. 사실상 모델 매개변수의 평활도에 따라 혼합 모델에서 시스템의 변화하는 동적 상태를 정확하게 포착하는 데 필요한, 사전 계산된 설정점 ROM의 수가 결정된다.

설정점 모델 행렬은 충분히 매끄럽게 변화한다. 이는 [표 6-1]에서 설명한 셀에 대한 [그림 6-23]에 나와 있다. 각 설정값 ROM에 대해 대각선 행렬 $\hat{\boldsymbol{A}}$에는 하나의 적분 항("극점"은 모든 경우에 1.0)이 있으며, 나머지 네 개의 "극점"의 값은 첫 번째 프레임에 SOC의 함수로 분포되어 있다. 이런 극점들은 모두 부드러운 변화를 보여주므로 모델 혼합을 통해 저장된 사전 계산된 모델 사이에 좋은 중간 모델을 생성할 수 있을 거라고 예상할 수 있다. 모델 행렬 $\hat{\boldsymbol{C}}$와 행렬 $\hat{\boldsymbol{D}}$ 값에 대한 유사한 결과가 그림에 나와 있다.[27]

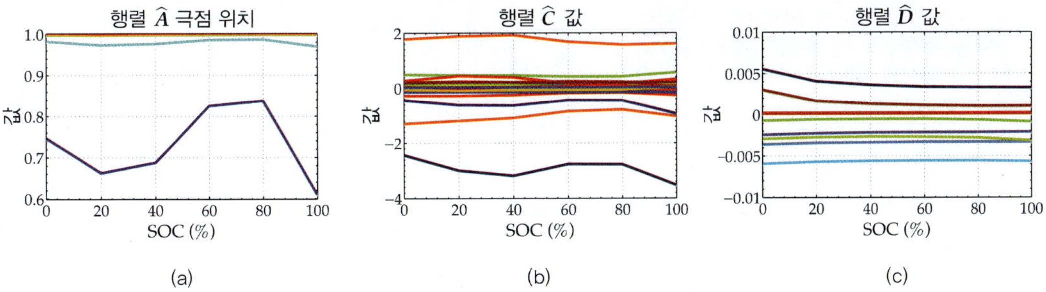

[그림 6-23] SOC 종속 모델 값

27 두 개의 $\hat{\boldsymbol{D}}$ 행렬 값은 낮은 SOC에서 눈에 띄게 값이 크다. 혼합 모델은 등가 직렬 저항 항의 SOC 의존성을 포착한다.

6.13.5 혼합 모델의 결과

이 절에서는 SOC 변화의 영향에 대한 통찰력을 제공하기 위해 시뮬레이션 결과를 제시한다.[28] 이 시나리오에서는 셀 SOC를 약 5.5% 감소시키는 충전 부족charge-depleting UDDS 사이클을 사용한다. 셀은 [그림 6-24(a)]와 같이 이 충전 부족 UDDS 사이클을 10회 연속 반복해 실행된다. 시뮬레이션 중에 셀의 SOC는 80%에서 약 25%로 방전된다. [그림 6-24(b)]는 셀 전압의 ROM과 FOM 예측을 나타낸 것으로, 평균 제곱근 오차root-mean-squared error, RMSE는 2.47 mV 이다.

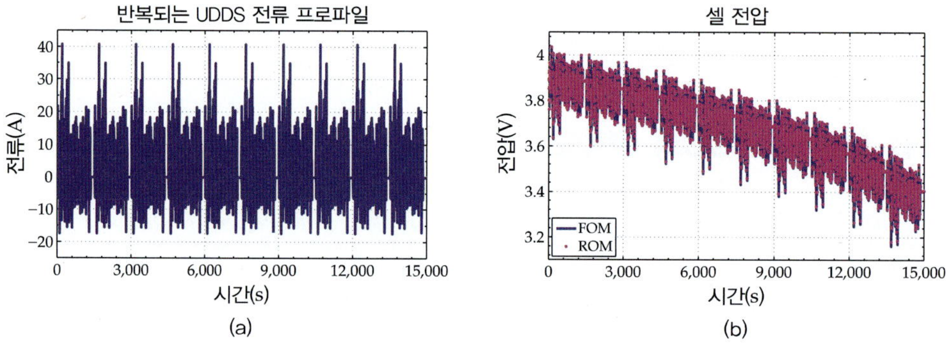

[그림 6-24] UDDS 테스트를 위한 셀 전압[29]

이 절에서는 이 시뮬레이션을 위한 셀 내부 변수도 표시한다. [그림 6-25]는 전극/분리막 계면에서의 반응 선속 밀도를 나타낸 것으로, 전극/분리막 계면에서의 전기화학적 반응은 집전체보다 더 동적이므로 ROM을 일치시키기가 더 어렵다. 그럼에도 불구하고 ROM과 FOM의 결과는 매우 잘 일치한다.

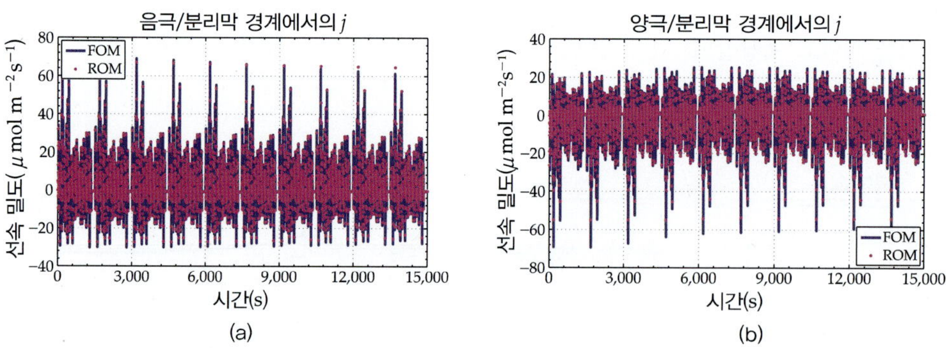

[그림 6-25] 전극/분리막 경계에서의 버틀러-볼머 선속 밀도

[그림 6-26]은 내부 셀 전위에 대한 ROM과 FOM을 비교한 것으로, 이 결과 또한 잘 일치한다.

---

28 이 결과를 재현하려면 〈http://mocha-java.uccs.edu/BMS1/CH06/ROM.zip〉를 참조하라.

29 Lee, J.L., Aldrich, L., Stetzel, K. and Plett, G.L., "Extended Operating Range for Reduced-Order Model of Lithium-Ion Cells," *Journal of Power Sources*, 255, 2014, pp. 85-100의 Fig. 10에서 발췌했다.

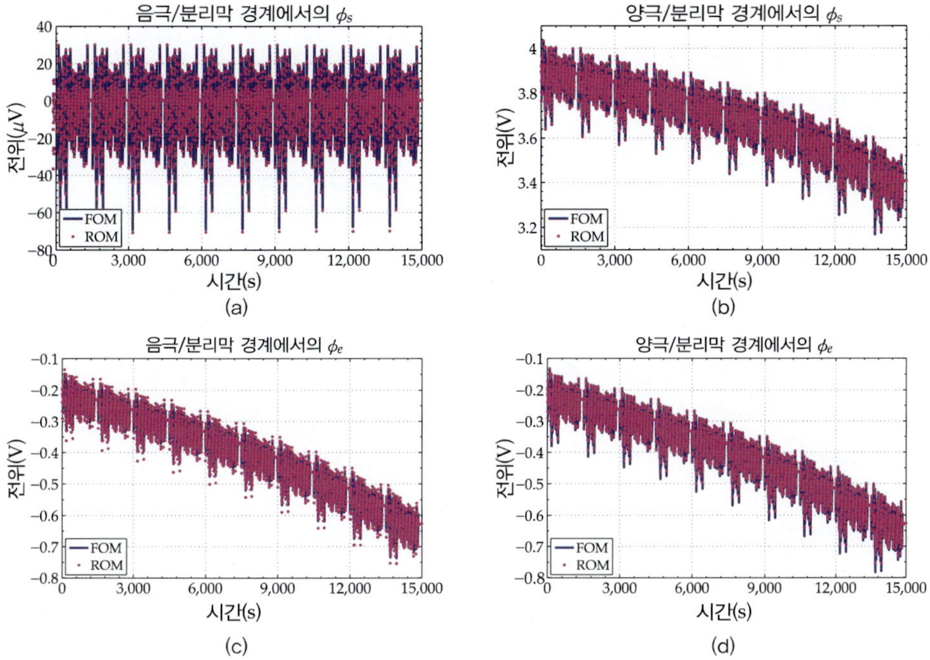

[그림 6-26] 전극과 전해질 상의 전위

마지막으로 [그림 6-27]은 내부 농도에 대한 ROM과 FOM을 비교한 것이다. 앞서 살펴본 다른 변수만큼 잘 일치하지는 않지만 활용하기 좋은 정도로는 잘 일치한다. 가령 축소 차수 모델에 열 상태를 추가해 다섯 개에서 열 개로 늘리더라도 전해질 농도를 제외한 어떤 결과에도 큰 영향을 미치지 않는다.

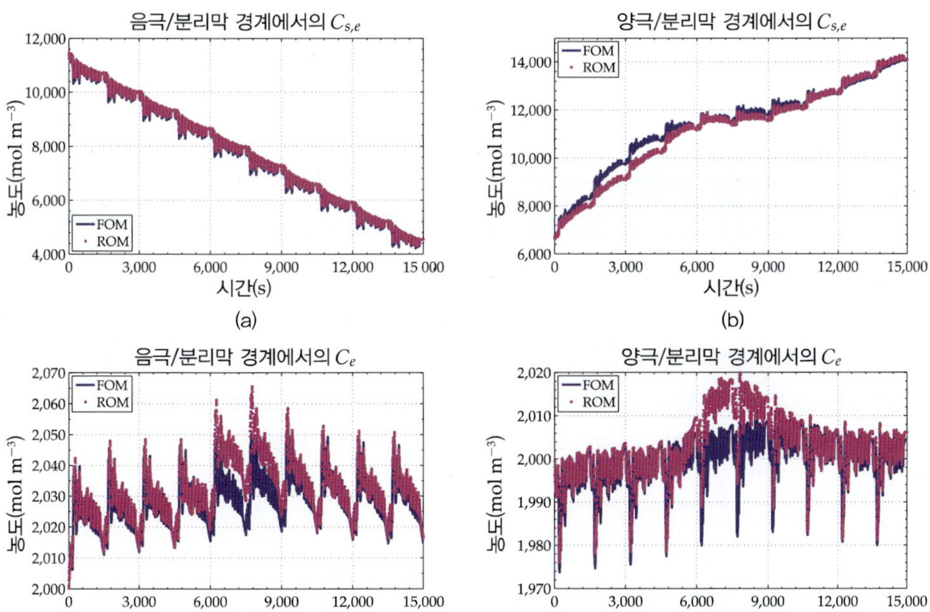

[그림 6-27] 전극 표면과 전해질 상의 리튬 농도

마지막으로 [그림 6-28]은 이런 변수에 대한 시뮬레이션으로, 시뮬레이션의 중앙 부분에서 결과가 [그림 6-27] 대비 크게 개선되었다. 그러나 이런 개선에도 불구하고 전해질 농도는 크게 영향을 주는 변수가 아니므로 셀 전압 예측과 오차는 거의 동일하게 유지된다.

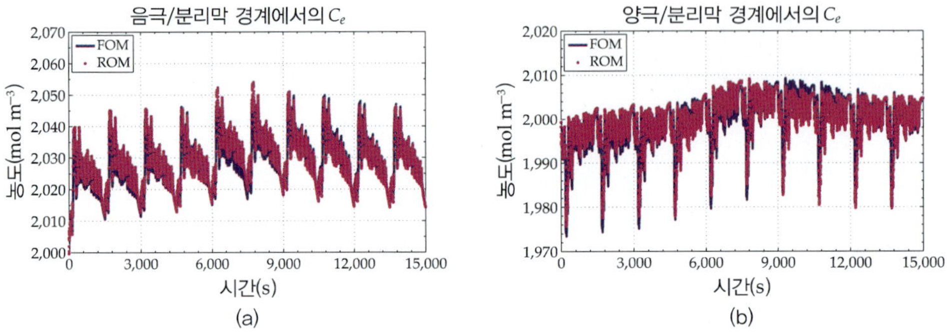

[그림 6-28] ROM에 대한 전해질 상의 리튬 농도(상태 열 개)

SECTION 6.14 결론 및 향후 방향

이제 연속체 스케일의 예측과 매우 밀접하게 일치하는, 축소 차수의 물리 기반 셀 동적 상태 모델을 얻었다. 이 모델은 매우 합리적인 시간 내에 실행되며, 오직 다섯 개의 상태를 갖는다. 그러나 이 모델은 단일 온도 설정점 주변에서만 동작하므로 리튬 이온 셀에 대한 열 모델이 필요하다. 이 내용을 7장에서 살펴볼 것이다.

SECTION 6.15 모달 솔루션 코드

전달함수를 개발하고 이해할 때 가장 어려운 것은 전해질 내부의 리튬 농도에 대한 전달함수일 것이다. 이 절에는 [그림 6-6]을 생성하는 고유값과 [그림 6-7]을 생성하는 고유함수, 그리고 [그림 6-8]을 생성하는 단순화된 균일 반응 선속 밀도를 가정한 솔루션을 구하기 위한 MATLAB 코드가 포함되어 있다. 여기서는 코드 설명에 많은 지면을 할애하지는 않지만 6장의 방정식과 비교해 살펴보는 데 도움이 되기를 바란다.

```matlab
function eigenFunctions
% ----------------------------------------------------------------------
% Simulate electrolyte concentration equation:

% Declare simulation parameters
Tfinal = 10; % total length of current pulse [s]
dt = 0.001;  % time step for PDE solution [s]
i_app = 10;  % cell applied current [A]
modes = 10;  % number of eigenvalue terms in modal solution

% Declare cell parameters (Doyle cell)
La = 128; Ls = 76; Lc = 190; L = La+Ls+Lc; % widths, in micro-meters
dx = 1e-6; % 1 micro-meter
La_abs = La*dx; Lc_abs = Lc*dx; Ls_abs = Ls*dx; L_abs = L*dx;
L1 = La_abs; L2 = La_abs+Ls_abs;
A = 1; % cell area of 1 m^2
eps1 = 0.357; eps2 = 0.724; eps3 = 0.444; % vol frac, D per region
D = 7.5e-11; D1 = D*eps1^1.5; D2 = D*eps2^1.5; D3=D*eps3^1.5;
tplus = 0.363; % transference number [u/l]
c0 = 1000; % initial electrolyte concentration [mol/m3]
Far = 96485; % Faraday's constant

% ----------------------------------------------------------------------
% First, simulate PDE solution using built-in MATLAB solver
x = 0:dx:L_abs; t = 0:dt:Tfinal;
ce = pdepe(0,@pdepde,@pdeic,@pdebc,x,t);

% ----------------------------------------------------------------------
% Now, find eigenfns: Compute y3prime(lambda) at x=L to find lambda
lambda = 0:1e-4:0.5;
y3prime = lambdaFn(lambda); % get derivative of y3prime at x=L

% Search for the roots of y3prime == 0: Initialize 'theRoots' to known
% eigenvalue of zero, search for eigenvalues k=2 and following
theRoots = 0; k = 2; dL=0.0001;
while 1,
  if lambdaFn((k-1)*dL)*lambdaFn(k*dL)<0, % sign change!
    theRoots = [theRoots,fzero(@lambdaFn,[(k-1)*dL k*dL])]; %#ok<AGROW>
    if length(theRoots)>modes, break; end
  end
  k = k+1;
end

% compute the eigenfunctions for these eigenvalues, then normalize
Psi = eigenFunction(theRoots(1:modes+1)');
epsX = zeros(1,L+1); epsX((0:La)+1) = eps1;
epsX((La:La+Ls)+1) = eps2; epsX((La+Ls:L)+1) = eps3;
for k = 1:modes+1, % normalize
  Psi(k,:) = Psi(k,:)/sqrt(trapz((0:L)*dx,Psi(k,:).^2.*epsX));
end

% ----------------------------------------------------------------------
% Next, find the modal solution
c_en = zeros([modes+1 Tfinal/dt+1]);
Afact = theRoots(1:modes+1)'; Bfact = 0*Afact;
```

```
for k = 1:length(Afact),
  v1 = zeros(size(epsX));
  v1((0:La)+1) = (1-tplus)/(Far*A*La_abs);
  v1((La+Ls:L)+1) = -(1-tplus)/(Far*A*Lc_abs);
  Bfact(k) = trapz((0:L)*dx,Psi(k,:).*v1);
end
c_en(1,1) = c0*trapz((0:L)*dx,Psi(1,:).*epsX);

% Simulate the c_{e,n} ODEs using Euler's forward method
for t = 2:size(c_en,2),
  c_en(:,t) = c_en(:,t-1) + dt*(-Afact.*c_en(:,t-1)) + dt*i_app*Bfact;
end

tstep = size(c_en,2); % time step at which to examine solution
modeApprox = c0 + c_en(2:end,tstep)'*Psi(2:modes+1,:);

% ------------------------------------------------------------------
% Plot results
figure(1); clf; plot(lambda,y3prime/1e5,'-',[0 0.5],[0 0],'k:');
title('Slope of PSI(Ltot,L)');
xlabel('Eigenvalue guess L'); ylabel('Slope (x1e5)');

figure(2); clf; plot(0:L,c0+ce(tstep,:),'r',0:L,modeApprox,'b--');
yl = ylim; xlim([0 L]); hold on;
title('Final concentration profile');
xlabel('Position across cell (um)'); ylabel('Conc. (mol/m3)');
legend('PDE solution',sprintf('Solution for modes 0:%d',modes));
plot([0 L],[1000 1000],'k:',[La La],yl,'k:',[La+Ls La+Ls],yl,'k:');

if modes > 5,
  figure(3); clf; plot(0:L,Psi(1:6,:)'); yl = ylim; xlim([0 L]);
  title('Eigenfunctions 0 through 5'); hold on;
  xlabel('Position across cell (um)'); ylabel('Value (m^{-1})');
  plot([La La],yl,'k:',[La+Ls La+Ls],yl,'k:'[0 L],[0 0],'k:');
end

  % -------------------------------------------------------------
  % Eigenfunction solver helper functions
  function y3prime = lambdaFn(lambda)
    % "k" values solved symbolically based on normalizing constant k1
    k1 = 1; sle1 = sqrt(lambda*eps1/D1);
    sle2 = sqrt(lambda*eps2/D2); sle3 = sqrt(lambda*eps3/D3);
    k3 = k1.*(cos(sle1*L1).*cos(sle2*L1) + ...
         D1*sle1.*sin(sle1*L1).*sin(sle2*L1)./(D2*sle2));
    k4 = k1.*(cos(sle1*L1).*sin(sle2*L1) - ...
         D1*sle1.*cos(sle2*L1).*sin(sle1*L1)./(D2*sle2));

    k5 = k3.*(cos(sle2*L2).*cos(sle3*L2) + ...
         D2*sle2.*sin(sle2*L2).*sin(sle3*L2)./(D3*sle3)) + ...
         k4.*(sin(sle2*L2).*cos(sle3*L2) - ...
         D2*sle2.*cos(sle2*L2).*sin(sle3*L2)./(D3*sle3));
    k6 = k3.*(cos(sle2*L2).*sin(sle3*L2) - ...
         D2*sle2.*sin(sle2*L2).*cos(sle3*L2)./(D3*sle3)) + ...
         k4.*(sin(sle2*L2).*sin(sle3*L2) + ...
```

```
        D2*sle2.*cos(sle2*L2).*cos(sle3*L2)./(D3*sle3));
  y3prime = -k5.*sle3.*sin(sle3*L_abs) + k6.*sle3.*cos(sle3*L_abs);
  y3prime(lambda == 0) = 0;
end

function Psi = eigenFunction(lambda)
  % "k" values solved symbolically based on normalizing constant k1
  k1 = 1; sle1 = sqrt(lambda*eps1/D1);
  sle2 = sqrt(lambda*eps2/D2); sle3 = sqrt(lambda*eps3/D3);
  k3 = k1.*(cos(sle1*L1).*cos(sle2*L1) + ...
       D1*sle1.*sin(sle1*L1).*sin(sle2*L1)./(D2*sle2));
  k4 = k1.*(cos(sle1*L1).*sin(sle2*L1) - ...
       D1*sle1.*cos(sle2*L1).*sin(sle1*L1)./(D2*sle2));

  k5 = k3.*(cos(sle2*L2).*cos(sle3*L2) + ...
       D2*sle2.*sin(sle2*L2).*sin(sle3*L2)./(D3*sle3)) + ...
       k4.*(sin(sle2*L2).*cos(sle3*L2) - ...
       D2*sle2.*cos(sle2*L2).*sin(sle3*L2)./(D3*sle3));
  k6 = k3.*(cos(sle2*L2).*sin(sle3*L2) - ...
       D2*sle2.*sin(sle2*L2).*cos(sle3*L2)./(D3*sle3)) + ...
       k4.*(sin(sle2*L2).*sin(sle3*L2) + ...
       D2*sle2.*cos(sle2*L2).*cos(sle3*L2)./(D3*sle3));
  Psi = zeros(length(lambda),L+1);
  x = 0:La;
  Psi(:,x+1) = k1.*cos(sle1*x*dx);
  x = La:La+Ls;
  Psi(:,x+1) = k3(:,ones(size(x))).*cos(sle2*x*dx) + ...
               k4(:,ones(size(x))).*sin(sle2*x*dx);
  x = La+Ls:L;
  Psi(:,x+1) = k5(:,ones(size(x))).*cos(sle3*x*dx) + ...
               k6(:,ones(size(x))).*sin(sle3*x*dx);
  Psi(lambda == 0,:) = k1;
end

% --------------------------------------------------------------
% PDE solver helper functions
function [c,f,s] = pdepde(x,~,~,DuDx)
  if x <= La_abs,
    c = eps1; f = D1*DuDx; s = (1-tplus)*i_app/(Far*A*La_abs);
  elseif x <= La_abs+Ls_abs,
    c = eps2; f = D2*DuDx; s = 0;
  else
    c = eps3; f = D3*DuDx; s = -(1-tplus)*i_app/(Far*A*Lc_abs);
  end
end

function u0 = pdeic(~) % initial conditions
  u0 = 0; % initialize to 0, and add in c0 later for better numerics
end

function [pl,ql,pr,qr] = pdebc(~,~,~,~,~) % boundary conditions
  pl = 0; ql = 1; pr = 0; qr = 1;
end
end
```

종합 용어집 핵심 용어 및 개념

여기에서는 이 장에서 정의된 가장 중요한 변수에 대한 용어집을 제공한다.

기호	의미	참고 페이지
$c_{e,0}$ [mol m^3]	• 셀이 정지 상태일 때 전해질 내 리튬의 정상 상태 농도	264
$\tilde{c}_e(x,t)$ [mol m^3]	• 전해질 내 리튬의 비편향된 농도 • $\tilde{c}_e = c_e - c_{e,0}$	278
$c_{s,\mathrm{avg}}(t)$ [mol m^3]	• 전극 내 리튬의 평균 농도	296, 297
$c_{s,0}(t)$ [mol m^3]	• 특정한 설정값 셀 충전 상태에서 전극 입자 내 리튬의 정상 상태 농도	264
$\tilde{c}_{s,e}(x,t)$ [mol m^3]	• 전극 입자의 비편향된 전극 표면 농도 • $\tilde{c}_{s,e} = c_{s,e} - c_{s,0}$	265
$[\tilde{c}_{s,e}(x,t)]^*$ [mol m^3]	• 적분 항을 제거한 전극 입자의 비편향된 표면 농도	272
$h(t;\lambda)$ [mol m^{-2}]	• 변수 분리 PDE 솔루션의 시변 부분	281
$i_{\mathrm{app}}(t)$ [A]	• 셀 인가 전류	266
j_0 [mol m^{2}s^{-1}]	• 셀이 휴지 상태일 때 전극과 전해질 사이의 리튬의 정상 상태 교환 선속 밀도	264
$j_n(t)$ [mol m^{-3}s^{-1}]	• $\tilde{c}_{e,n}(t)$에 대한 모달 입력	286
λ [s^{-1}]	• 변수 분리 PDE 솔루션에서 사용되는 스튀름-리우빌 문제의 한 솔루션과 관련된 고유값	281
$\nu(s)$ [u/l]	• 모든 전기화학적 변수 전달함수에 공통으로 적용되는 제곱근 임피던스 비율	268
$\tilde{\phi}_e(x,t)$ [V]	• 비편향된 전해질 전위 • $\tilde{\phi}_e(x,t) = \phi_e(x,t) - \phi_e(0,t)$	292
$[\tilde{\phi}_e(x,t)]_1$ [V]	• $\tilde{\phi}_e(x,t)$의 선형 부분	293
$[\tilde{\phi}_e(x,t)]_2$ [V]	• $\tilde{\phi}_e(x,t)$의 비선형 부분	293
$\tilde{\phi}_s(x,t)$ [V]	• 비편향된 전극 전위 • $\phi_s(0)$이 집전체 계면에서의 전극의 전위일 때 $\tilde{\phi}_s = \phi_s - \phi_s(0)$, $\phi_s^{\mathrm{neg}}(0) = 0$, $\phi_s^{\mathrm{pos}}(0) = v(t)$	275
$\phi_{s-e}(x,t)$ [V]	• 전극-전해질의 전위차	264
$\tilde{\phi}_{s-e}(x,t)$ [V]	• 비편향된 전극-전해질의 전위차 • $\tilde{\phi}_{s-e} = \phi_{s-e} - U_{\mathrm{ocp}}(c_{s,0})$	265
$[\tilde{\phi}_{s-e}(x,t)]^*$ [V]	• 적분 항이 제거된 비편향된 전극-전해질의 전위차	272, 273
$\Psi(x;\lambda)$ [m^{-1}]	• 변수 분리 PDE 솔루션의 공간적으로 변화하는 부분	282
R_{ct} [Ωm^2]	• 전극 입자의 전하 이동 저항	265
R_{film} [Ωm^2]	• 전극 입자의 표면 필름 저항	264
$R_{s,e}$ [Ωm^2]	• 전극 입자의 총 전극-전해질 계면 저항	266
z [u/l]	• 전극의 공간적 위치를 나타내는 0과 1 사이의 무차원 값 • 집전체에서 $z = 0$, 전극/분리막 계면에서 $z = 1$	266

CHAPTER 07

열적 모델링

Thermal Modeling

들어가기 전에

지금까지 학습한 장에서는 모델링하는 셀이 일정한 온도에 있다고 가정했다. 그러나 실제로 그런 경우는 거의 없다. 따라서 셀의 열적인 측면을 고려할 때는 셀을 사용해 열이 어떻게 생성 또는 흡수되는지 살펴봐야 한다. 또한 열의 생성이나 소비, 셀 내부에서의 열의 흐름, 셀 경계에서 환경으로의 열의 흐름 또는 환경으로부터 경계로의 열의 흐름에 따라 국부적인 온도가 어떻게 변하는지 살펴봐야 한다. 셀의 온도에 따라 셀의 동작 파라미터가 어떻게 변하는지도 고려해야 한다.

이 장에서는 배터리 셀 성능의 열적 측면을 고려해 축소 차수를 가지는 전기화학-열 모델을 개발한다. 먼저 몇 가지 중요한 기본 항을 정의한 다음 마이크로스케일 열 모델을 고안한다. 이를 위해서는 이 책에서 다루고자 하는 것보다 훨씬 더 많은 개발이 필요하므로 3장에서 했던 것처럼 첫 번째 원리로 돌아가지는 않을 것이다. 대신 기본적인 열 물리학에 도움이 될 수 있는 참고 문헌을 언급할 것이다.

이 장에서는 먼저 마이크로스케일에서 단일 위상(상) k의 열적 활동을 설명하는 다음의 방정식을 도출한다.

$$\rho_k c_{P,k} \frac{\partial T_k}{\partial t} = \nabla \cdot (\lambda_k \nabla T_k) - \mathbf{i}_k \cdot \nabla \phi_k \tag{7.1}$$

그런 다음 체적-평균 기법을 사용해 다음과 같이 모델링되는 연속체 스케일에서의 열적 활동을 설명한다. 열생성에 대한 항에 대해서는 이후 자세히 다룰 것이다.

$$\frac{\partial (\rho c_P T)}{\partial t} = \nabla \cdot (\lambda \nabla T) + q \tag{7.2}$$

이런 PDE 모델을 도출한 뒤에는 5장과 6장에서 이미 살펴본 것과 동일한 기법을 활용해 열생성 항의 축소 차수 모델을 만드는 방법을 살펴보고 입력으로 q를 사용하는 식 (7.2)의 축소 차수 모델을 만드는 방법을 배운다. 마지막으로 넓은 온도 범위에서 동작하는 동역학 셀 모델을 만드는 방법을 살펴볼 것이다.

SECTION 7.1 사전 정의

열역학 이론에 따르면 **온도**temperature는 물체가 주변 환경에 자발적으로 에너지를 방출하는 경향을 측정하는 척도이다. 두 물체가 열적인 접촉 상태에 있다면 자발적으로 에너지를 방출하는 경향이 있는 물체의 온도가 더 높다.[1] 정확하게는 다음과 같이 쓸 수 있으며, 입자의 수와 체적이 일정할 때 온도 T를 엔트로피 S와 내부 에너지 U와 관련지을 수 있다.

$$\frac{1}{T} = \left(\frac{\mathrm{d}S}{\mathrm{d}U}\right)_{n,\,V}$$

온도를 더 간단하게, 그러나 조금 덜 정확하게 정의한다면 시스템 내부의 원자 또는 분자의 무질서한 미세 이동과 관련된 병진운동에너지와 연관지을 수 있다(시스템의 위치에너지는 고려하지 않는다). 이런 **운동 온도**kinetic temperature 정의에 따르면 다음과 같다. 여기서 k는 볼츠만 상수이다.

$$\left[\frac{1}{2}mv^2\right]_{\text{average}} = \frac{3}{2}kT$$

온도에 대한 이런 개념적 정의에는 몇 가지 문제가 있지만 이 장을 이해하는 데는 문제가 없을 것이다.

열은 "이동 중인 열에너지"로 정의할 수 있다.[2] **열유속**heat flux은 열에너지가 한 장소에서 다른 장소로 이동하면서 출발지와 도착지의 온도를 변화시키는 경향을 의미한다. **열생성**heat generation은 열에너지가 시스템에 추가되어 온도를 높이는 경향이 있음을, **열싱크**heat sink는 열에너지가 시스템에서 제거되어 온도가 낮아지는 경향이 있음을 의미한다.

열에너지가 이동할 수 있는 메커니즘에는 전도, 대류, 복사 등이 있다. **전도**conduction는 한 분자가 이웃 분자에게 에너지를 전달하는 것처럼 시스템 내부에서 분자 단위의 열에너지를 전달하는 것이다. 조리용 금속 냄비를 불 위에 올려놓으면 냄비는 복사에너지의 전달을 통해 불꽃에서 나오는 에너지를 흡수한다. 에너지를 흡수한 분자는 더 빠르게 진동하며, 옆에 있는 분자와 부딪히고 에너지를 증가시킨다. 이 과정이 계속되면서 열은 불 바로 윗부분에서 냄비의 끝부분으로 전달된다.

물질의 열전도 능력은 물질의 거시적이고 미시적인 구조에 따라 달라진다. 스티로폼 컵과 이중창은 스티로폼 비즈beads에 의해 포집된 공기주머니와 유리창 사이의 가스주머니가 열을 잘 전달하지 못하므로 좋은 단열재이다. 반면 금속은 원자가 내부적으로 단단하게 결합되어 있어 열전도성이 뛰어나다. 금속판을 만졌을 때 차갑게 느껴지는 이유도 손에서 금속판으로 체온이 빠르게 전도되었기 때문이다.

---

1 Schroeder, D., *An Introduction to Thermal Physics*, Addison Wesley, Chap. 1, 2000.

2 Blundell, S.J., and Blundell, K.M., *Concepts in Thermal Physics*, Oxford University Press, 2d, Chap. 2, 2010.

대류convention는 압력구배gradient로 인해 발생하는 유체(액체 또는 기체)의 질량 이동으로 인한 열에너지가 전달되는 것이다. **자연대류**natural convection는 밀도의 함수로, 따뜻한 유체는 차가운 유체보다 밀도가 낮으므로 따뜻한 유체는 상승하고 차가운 유체는 하강하는 경향이 있다. **강제대류**forced convection는 팬이나 펌프를 사용해 자연적인 압력구배를 증가시켜 유체의 이동 속도를 높인다. 앞서 다뤘던 예에서 불 위에 올려놓은 금속 냄비 안의 물은 대류를 통해 움직이기 시작해 열을 전달한다.

물체와 접촉하는 유체의 얇은 층이 전도를 통해 가열되면 물체는 대류를 통해 냉각된다. 그러나 유체는 일반적으로 열에너지의 전도도가 낮으므로 전도만으로는 냉각을 설명할 수 없다. 대신 전도에 의해 가열된 얇은 유체 층은 대류를 통해 시스템에서 열을 방출하며, 이 사이클은 새로운 냉각 유체 층이 그 자리를 대신할 때 반복된다. 유체마다 열을 제거하는 능력이 다른데, 일반적으로 액체가 기체보다 용량이 더 크다.

마지막으로 **복사**radiation는 전자기파를 통해 열에너지를 전달하는 것이다.[3] 복사는 전도와 대류처럼 열원과 가열된 물체 사이의 접촉에 의존하지 않는다. 복사 과정에서는 질량이 교환되지 않으며, 매체가 필요하지 않아 빈 공간을 통해 열을 전달할 수 있다. 복사에너지는 에너지의 파동이 물체와 만날 때 흡수된다. 예를 들어 태양으로부터 피부로 이동하는 에너지는 흡수되면서 피부를 따뜻하게 한다.

SECTION 7.2 마이크로스케일 열 모델

7.2.1 엔탈피

마이크로스케일 열 모델을 도출하기 전에 **엔탈피**enthalpy의 개념에 대해 추가적으로 살펴볼 필요가 있다. 엔탈피는 시스템의 **열역학적 전위**thermodynamic potential로 알려진 네 가지 물리량 중 하나로 3장에서 다룬 바 있다. 엔탈피는 열로 방출될 수 있는 시스템에 저장된 에너지의 총량으로 생각할 수 있어 이 장에서 활용하기 특히 유용하다.

엔탈피 H가 증가하면 $\Delta H > 0$이 되고 시스템은 열로 방출될 수 있는 에너지를 받는다. 반대로 엔탈피가 감소하면 $\Delta H < 0$이 되고 시스템은 열의 형태로 에너지를 방출한다. 즉, ΔH는 열 Δq로 인한 내부 에너지의 변화에 비례한다.

다음과 같은 열역학 제1법칙에 따르면 엔탈피는 내부 에너지와 관련이 있지만 내부 에너지와 완전히 동일하지는 않다.

$$\Delta U = \Delta q + \Delta w \neq \Delta q$$

3 "빨갛게 달궈질 정도로 매우 뜨거운" 수준이 아닌 일반적인 온도에서의 복사는 전자기 스펙트럼의 적외선 영역에 속한다.

Δw 항을 제거하기 위해 엔탈피는 $H \equiv U + pV$로 정의되며, 일정한 압력을 계산할 때 가장 유용하다. 이는 많은 화학 반응이 (일정한) 대기압 조건 하에서 발생하는 것으로 고려될 수 있으므로 일정한 압력 프로세스와 같이 간주할 수 있어 큰 문제가 되지 않는다.

화학 반응으로 인한 엔탈피의 변화는 다음과 같이 반응으로 인해 방출되는 열로 볼 수 있다.

$$
\begin{aligned}
\mathrm{d}H &= \mathrm{d}U + \mathrm{d}(pV) = \mathrm{d}U + p\,\mathrm{d}V + V\mathrm{d}p = \mathrm{d}U + p\,\mathrm{d}V \\
&= \text{đ}q + \text{đ}w + p\,\mathrm{d}V = \text{đ}q - p\,\mathrm{d}V + p\,\mathrm{d}V = \text{đ}q
\end{aligned}
$$

7.2.2 일반적인 열에너지 방정식

이제 구W. B. Gu와 왕C. Y. Wang의 논문을 기반으로 나머지 도출을 진행할 준비가 되었다.[4] 첫 번째 원칙에 따라 (전극 및 전해질 상과 전자 및 이온 종이 있는 배터리 셀의) 여러 상phase에서 다종multiple species을 고려하는 열에너지 균형에 대한 일반적인 미분 방정식의 결과를 살펴보는 것부터 시작하자.[5]

$$
\rho_k c_{P,k}\left(\frac{\partial T_k}{\partial t} + \mathbf{v}_k \cdot \nabla T_k\right) = \nabla \cdot (\lambda_k \nabla T_k) - \sum_{\text{species } i} \mathbf{j}_{k,i} \cdot \nabla H_{k,i} \tag{7.3}
$$

열생성은 상과 상 사이의 경계에서 일어나는 화학 반응으로 인해 발생하는 현상이므로 이 PDE에는 존재하지 않는다. 이 영향은 연속체 스케일 모델에서 경계 조건을 고려할 때 소개할 것이다.

식 (7.3)의 좌변 첫 번째 항은 상 k의 에너지 저장을 온도의 증가로 모델링한다. ρ_k는 상 k의 **밀도**density이고 $c_{P,k}$는 상 k의 **비열**specific heat, T_k는 상 k의 온도이다. 식 (7.3)의 좌변 두 번째 항은 대류 항으로, 더 따뜻하거나 더 차가운 물질이 관심 영역으로 유입되기 때문에 국부 에너지가 변화한다. $\mathbf{v}_k$는 혼합물의 평균 속도이다.

우변 첫 번째 항은 열의 확산으로 인한 열유속을 모델링하며, λ_k는 상 k의 **열전도도**thermal conductivity를 나타낸다. [그림 7-1]은 일부 물질의 전도성을 나타낸 것으로, 배터리 물질의 일반적인 열전도도는 약 $5\,\mathrm{W\,m^{-1}K^{-1}}$이다.

우변의 두 번째 항은 물질의 선속으로 인한 열유속을 모델링하며, $\mathbf{j}_{k,i}$는 상 k에서 종 i의 이동과 확산으로 인한 몰 선속 밀도로, 혼합물의 평균 속도 $\mathbf{v}_k$에 대한 상대적인 값이다. H_k는 $H_k = U_k + pV_k$일 때 상 k에서 종 i의 부분 몰 엔탈피이다.

---

4 Gu, W.B., and Wang, C.Y., "Thermal-Electrochemical Modeling of Battery Systems," *Journal of the Electrochemical Society*, 147(8), 2000, pp. 2910-2922

5 Bird, R.B., Stewart, W.E., and Lightfoot, E.N., *Transport Phenomena*, 2d, John Wiley and Sons, 2002. 이 결과는 Bird의 책에 있는 Table 19.2-4의 항목 (F)를 Gu와 Wang의 논문에서 도출한 Bird 19.3-6와 결합한 것이다.

상 내 대류를 무시할 수 있는 수준이라고 가정하고 방정식에서 빼면 앞선 식은 다음과 같다.[6]

$$\rho_k c_{P,k}\left(\frac{\partial T_k}{\partial t}\right) = \nabla \cdot (\lambda_k \nabla T_k) - \sum_{\text{species } i} \mathbf{j}_{k,i} \cdot \nabla H_{k,i}$$

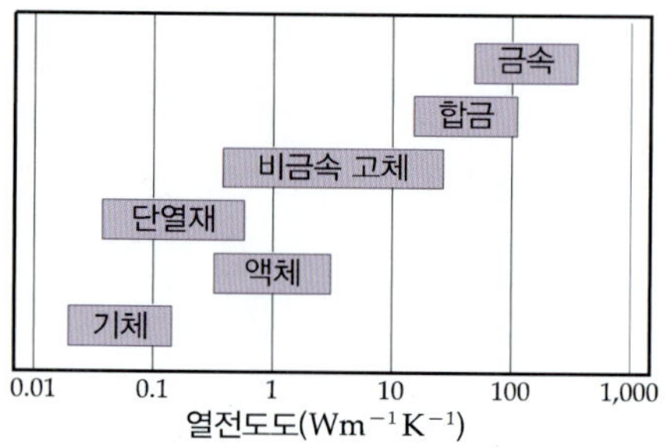

[그림 7-1] 다양한 종류의 물질에 대한 열전도도의 범위

7.2.3 부분 몰 엔탈피 항 평가하기

계속 진행하려면 H_k 항으로 작업할 수 있어야 한다. [표 3-1]을 참고해 부분 몰 엔탈피의 정의부터 다음과 같이 작성한다.

$$H_{k,i} = \left(\frac{\mathrm{d}H}{\mathrm{d}n_{k,i}}\right)_{T,p,n_{j\neq k,i}} = \left(\frac{\mathrm{d}(G+TS)}{\mathrm{d}n_{k,i}}\right)_{T,p,n_{j\neq k,i}}$$

$$= \left(\frac{\mathrm{d}G}{\mathrm{d}n_{k,i}}\right)_{T,p,n_{j\neq k,i}} + T\left(\frac{\mathrm{d}S}{\mathrm{d}n_{k,i}}\right)_{T,p,n_{j\neq k,i}}$$

첫 번째 항은 전기화학적 전위 $\bar{\mu}_i$와 같다는 것을 기억하자. 두 번째 항을 계산하려면 식 (3.15)를 기반으로 한 깁스–듀헴 방정식이 필요하다.

$$S\mathrm{d}T - V\mathrm{d}p = -\sum_{i=1}^{r} n_i \mathrm{d}\bar{\mu}_i \tag{3.15}$$

$$S = V\frac{\mathrm{d}p}{\mathrm{d}T} - \sum_{i=1}^{r}\frac{n_i \mathrm{d}\bar{\mu}_i}{\mathrm{d}T}$$

$$\left(\frac{\mathrm{d}S}{\mathrm{d}n_{k,i}}\right)_{T,p,n_{j\neq k,i}} = -\frac{\mathrm{d}\bar{\mu}_{k,i}}{\mathrm{d}T}$$

6 여기서 고려되는 대류의 유형은 압력구배로 인해 배터리 셀 내부의 특정한 위상 내에서 발생하는 종의 이동이다. 셀의 경계면에서 발생하는 대류 열전달과는 다른데, 나중에 이에 대해 설명할 것이다.

이 식들을 결합하면 다음과 같다.

$$H_{k,i} = \overline{\mu}_{k,i} - T\left(\frac{\mathrm{d}\overline{\mu}_{k,i}}{\mathrm{d}T}\right)_{p,n_j}$$

이제 식 (3.13)과 식 (3.17)을 통해 전기화학적 전위의 한 가지 정의를 생각해보자.

$$\overline{\mu}_k = RT\ln(\lambda_k) + z_k F\phi_k$$

$$\begin{aligned}
H_{k,i} &= RT\ln(\lambda_{k,i}) + z_{k,i}F\phi_{k,i} - T\frac{\mathrm{d}(RT\ln(\lambda_{k,i}) + z_{k,i}F\phi_{k,i})}{\mathrm{d}T} \\
&= RT\ln(\lambda_{k,i}) + z_{k,i}F\phi_{k,i} - T\frac{\mathrm{d}RT\ln(\lambda_{k,i})}{\mathrm{d}T} - z_{k,i}FT\frac{\mathrm{d}\phi_{k,i}}{\mathrm{d}T} \\
&= RT\ln(\lambda_{k,i}) - T\left(R\ln(\lambda_{k,i}) + RT\frac{\mathrm{d}\ln(\lambda_{k,i})}{\mathrm{d}T}\right) + z_{k,i}F\left(\phi_{k,i} - T\frac{\mathrm{d}\phi_{k,i}}{\mathrm{d}T}\right) \\
&= -RT^2\frac{\mathrm{d}\ln(\lambda_{k,i})}{\mathrm{d}T} + z_{k,i}F\left(\phi_{k,i} - T\frac{\mathrm{d}\phi_{k,i}}{\mathrm{d}T}\right)
\end{aligned}$$

필요한 그라디언트 항을 계속 사용하면 앞선 식은 다음과 같다.

$$\nabla H_{k,i} = -R\nabla\left(T^2\frac{\mathrm{d}\ln(\lambda_{k,i})}{\mathrm{d}T}\right) + z_{k,i}F\nabla\left(\phi_{k,i} - T\frac{\mathrm{d}\phi_{k,i}}{\mathrm{d}T}\right)$$

첫 번째 항은 혼합 엔탈피와 밀접한 관련이 있고 실제 상황에서는 일반적으로 무시된다. 또한 위상 전위의 온도 의존성도 무시하므로 다음과 같이 근사화할 수 있다.

$$\nabla H_{k,i} = z_{k,i}F\nabla\phi_k$$

이를 7.2.2절에서 구한 관계에 대입하면 다음과 같이 작성할 수 있다.

$$\rho_k c_{P,k}\left(\frac{\partial T_k}{\partial t}\right) = \nabla\cdot(\lambda_k\nabla T_k) - \sum_{\mathrm{species}\ i} z_{k,i}F\mathbf{j}_{k,i}\cdot\nabla\phi_k$$

k상을 통과하는 전류는 다음과 같은 전기적인 중성을 가정했을 때 상에서 이온 종의 확산 및 이동으로 인해 발생한다는 점에 주목해야 한다.

$$\mathbf{i}_k = \sum_{\mathrm{species}\ i} z_{k,i}F\mathbf{j}_{k,i}$$

이를 바탕으로 앞선 관계를 다시 작성하면 다음과 같이 식 (7.1)을 도출할 수 있다.

$$\rho_k c_{P,k}\left(\frac{\partial T_k}{\partial t}\right) = \nabla\cdot(\lambda_k\nabla T_k) - \mathbf{i}_k\cdot\nabla\phi_k$$

7.2.4 경계 조건

앞서 살펴본 바와 같이 어떤 PDE든 동적 상태를 시뮬레이션하기 위해 적절한 경계 조건을 수반해야 한다. 이 절에서는 전해질과 전극 상 사이의 경계를 고려한다. 자명하지 않은nontrivial 도출을 통해 다음과 같이 나타낼 수 있다.[7]

$$\lambda_e \nabla T_e \cdot \hat{\mathbf{n}}_e + \lambda_s \nabla T_s \cdot \hat{\mathbf{n}}_s = Fj\eta + Fj\Pi \tag{7.4}$$

이때 $\hat{\mathbf{n}}_e$는 전해질로부터 경계의 전극으로 향하는 단위 법선벡터이며, $\hat{\mathbf{n}}_s$는 전극으로부터 경계의 전해질로 향하는 단위 법선벡터이다. 각각의 항에서 아래첨자 'e'는 전해질을 나타내고 아래첨자 's'는 전극을 나타낸다. 항 j와 η는 앞서 살펴본 바와 같이 버틀러–볼머 선속 밀도와 버틀러–볼머 과전위이고 Π는 **펠티에 계수**Peltier coefficient로, 다음과 같이 정의한다.

$$\Pi_j = T\frac{\partial U_{\text{ocp},j}}{\partial T}$$

부분 몰 엔트로피partial molar entropy 항 $\frac{\partial U_{\text{ocp},j}}{\partial T}$는 온도 변화에 따른 개방회로 전위의 변화와 관련이 있다. 리튬화lithiation의 여러 단계에서 리튬화에 의해 더 많거나 적은 정도가 정해지므로 열이 생성되거나 소멸된다. [그림 7-2]는 다양한 물질에 대한 몇 가지 대표적인 곡선을 나타낸 것이다.

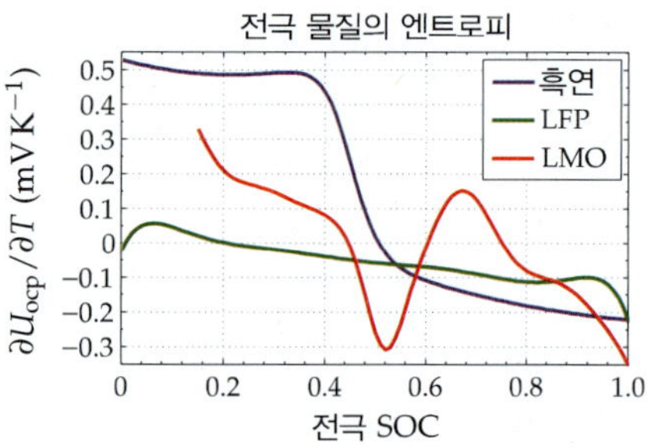

[그림 7-2] 일반적인 전극 물질의 부분 몰 엔트로피

식 (7.4)의 좌변은 전극과 전해질로 들어가는 열유속의 합이다. 이 열은 반드시 전극–전해질 계면에서 발생해야 한다. 항 $j\eta$는 계면에서의 화학 반응으로 인한 비가역적 열생성을 모델링하며, 항상 양수이다. 항 $j\Pi$는 가역적 열생성을 모델링하며, 양수일 수도 있고 음수일 수도 있다. 다음 절에서 이런 항을 계산하는 방법을 확인할 것이다.

---

7 Newman, J., "Thermoelectric Effects in Electrochemical Systems," *Industrial & Engineering Chemical Research*, 24, 1995, pp. 3208–3216.

SECTION 7.3 연속체 스케일 열 모델

이제 마이크로스케일 열 모델을 개발했으므로 다음 목표는 상에 대한 체적-평균을 사용해 연속체 스케일 모델을 개발하는 것이다. 식 (7.1)에서 시작해 4장에서 다뤘던 체적-평균 정리 Ⅲ를 방정식의 좌변에 사용한다. 전극-전해질 상 경계가 움직이지 않는다고 가정하고 다음과 같은 식을 얻는다.

$$\rho_k c_{P,k}\overline{\left[\frac{\partial T_k}{\partial t}\right]} = \frac{1}{\varepsilon_k}\rho_k c_{P,k}\frac{\partial(\varepsilon_k \overline{T}_k)}{\partial t}$$

그런 다음 방정식의 우변 첫 번째 항에 체적-평균 정리 Ⅱ를 사용한다.

$$\overline{\nabla\cdot(\lambda_k\nabla T_k)} = \frac{1}{\varepsilon_k}\left[\nabla\cdot(\varepsilon_k\overline{\lambda_k\nabla T_k}) + \frac{1}{V}\int_{A_{se}}(\lambda_k\nabla T_k)\cdot\hat{\mathbf{n}}_k\,\mathrm{d}A\right]$$

$\lambda_{\mathrm{eff},k} = \lambda_k\varepsilon_k^{\mathrm{brug}}$일 때 $\varepsilon_k\overline{\lambda_k\nabla T_k} \approx \lambda_{\mathrm{eff},k}\nabla\overline{T}_k$를 모델링하고 적분은 작은 체적 V 내에서 일정하다고 가정하면 다음과 같이 계산할 수 있다.

$$\begin{aligned}\overline{\nabla\cdot(\lambda_k\nabla T_k)} &\approx \frac{1}{\varepsilon_k}\left[\nabla\cdot(\lambda_{\mathrm{eff},k}\nabla\overline{T}_k) + \frac{A_{se}(\lambda_k\nabla T_k)\cdot\hat{\mathbf{n}}_k}{V}\right]\\ &= \frac{1}{\varepsilon_k}\left[\nabla\cdot(\lambda_{\mathrm{eff},k}\nabla\overline{T}_k) + a_s(\lambda_k\nabla T_k)\cdot\hat{\mathbf{n}}_k\right]\end{aligned}$$

식 (7.1)의 우변에 있는 두 번째 항은 체적-평균 정리가 도움이 되지 않으므로 계산하기 더 까다롭다. 구$^{\text{W. B. Gu}}$와 왕$^{\text{C. Y. Wang}}$은 "완전제곱"하는 방법으로 이를 처리했다. 다음과 같이 생각해보자.

$$(\mathbf{i}_k - \overline{\mathbf{i}}_k)\cdot(\nabla(\phi_k - \overline{\phi}_k)) = [\mathbf{i}_k\cdot\nabla\phi_k] - [\mathbf{i}_k\cdot\nabla\overline{\phi}_k] - [\overline{\mathbf{i}}_k\cdot\nabla\phi_k] + [\overline{\mathbf{i}}_k\cdot\nabla\overline{\phi}_k]$$

이를 통해 관심 있는 항을 다음과 같이 작성할 수 있다.

$$[\mathbf{i}_k\cdot\nabla\phi_k] = [\mathbf{i}_k\cdot\nabla\overline{\phi}_k] + [\overline{\mathbf{i}}_k\cdot\nabla(\phi_k - \overline{\phi}_k)] + (\mathbf{i}_k - \overline{\mathbf{i}}_k)\cdot(\nabla(\phi_k - \overline{\phi}_k))$$

이제 방정식의 각 항별 체적-평균을 구해보자. $\nabla\overline{\phi}_k$는 상수이므로 첫 번째 항의 체적-평균은 다음과 같다.

$$\begin{aligned}\overline{[\mathbf{i}_k\cdot\nabla\overline{\phi}_k]} &= \frac{1}{V_k}\int_{V_k}[\mathbf{i}_k\cdot\nabla\overline{\phi}_k]\,\mathrm{d}V\\ &= \left(\frac{1}{V_k}\int_{V_k}\mathbf{i}_k\,\mathrm{d}V\right)\cdot\nabla\overline{\phi}_k = \overline{\mathbf{i}}_k\cdot\nabla\overline{\phi}_k\end{aligned}$$

방정식의 두 번째 항에는 체적-평균 정리 I을 사용한다.

$$\overline{[\bar{\mathbf{i}}_k \cdot \nabla(\phi_k - \bar{\phi}_k)]} = \underbrace{\bar{\mathbf{i}}_k \cdot \nabla(\bar{\phi}_k - \bar{\phi}_k)}_{0} + \bar{\mathbf{i}}_k \cdot \frac{1}{V}\int_{A_{se}} (\phi_k - \bar{\phi}_k)\hat{\mathbf{n}}_k \mathrm{d}A$$

앞선 식에서 구와 왕은 적분 항이 다른 항에 비해 작아 이 식 전체를 삭제했음을 참고하자. 마지막으로 세 번째 항에는 체적-평균의 정의를 사용한다.

$$\overline{(\mathbf{i}_k - \bar{\mathbf{i}}_k) \cdot (\nabla(\phi_k - \bar{\phi}_k))} = \frac{1}{V_k}\int_{V_k} (\mathbf{i}_k - \bar{\mathbf{i}}_k) \cdot (\nabla(\phi_k - \bar{\phi}_k))\mathrm{d}V$$

구와 왕은 이 항을 계산하는 방법에 대한 어떠한 조언도 제공하지 않았지만 이를 무시할 수 있는 수준이라고 판단해 최종 결과에서 이 항을 생략했다. 지금까지 다룬 모든 결과를 합산하면 다음과 같다.

$$\frac{1}{\varepsilon_k}\rho_k c_{pk}\frac{\partial(\varepsilon_k \bar{T}_k)}{\partial t} = \frac{1}{\varepsilon_k}\left[\nabla \cdot (\lambda_{\mathrm{eff},k}\nabla \bar{T}_k) + a_s(\lambda_k \nabla T_k) \cdot \hat{\mathbf{n}}_k\right] - \bar{\mathbf{i}}_k \cdot \nabla \bar{\phi}_k$$

이제 시스템 내에 국부적인 열평형이 존재한다고 가정한다. 이는 $\bar{T}_s = \bar{T}_e = T$이며, $\rho c_P = \sum_{k \in \{s,e\}} \varepsilon_k \rho_k c_{P,k}$이고 $\lambda = \sum_{k \in \{s,e\}} \lambda_{\mathrm{eff},k}$임을 고려해 앞선 방정식을 전극과 전해질 상에 걸쳐 합하면 앞서 살펴봤던 식 (7.2)가 된다.

$$\frac{\partial(\rho c_P T)}{\partial t} = \nabla \cdot (\lambda \nabla T) + q \tag{7.2}$$

이때 **열생성**heat generation 항 q는 다음과 같다.

$$q = \sum_{\text{reaction } j} a_s F\bar{j}(\bar{\eta}_j + \bar{\Pi}_j) - \sum_{\text{species } k} \varepsilon_k \bar{\mathbf{i}}_k \cdot \nabla \bar{\phi}_k$$

식 (4.18)에서 전해질 상에 대한 체적-평균 전류 밀도 $\varepsilon_e \bar{\mathbf{i}}_e = -\kappa_{\mathrm{eff}}\nabla\bar{\phi}_e - \kappa_{D,\mathrm{eff}}\nabla \ln \bar{c}_e$였으며, 식 (4.14)에서 전극의 상을 통과하는 체적-평균 전류 밀도 $\varepsilon_s \bar{\mathbf{i}}_s = -\sigma_{\mathrm{eff}}\nabla\bar{\phi}_s$였다는 것을 기억하자.

모델에서 고려할 수 있는 열생성 항을 요약하면, 그리고 표기법을 정리하기 위해 체적-평균 물리량에서 오버라인overline을 제거하면 다음과 같다. 이때 사용하는 단위는 $\mathrm{W\,m^{-3}}$이다.

- **화학 반응으로 인한 비가역적 열생성**에서 $q_i = a_s F j_j \eta_j$는 계면에서 일어나는 각 화학 반응 j이다.
- **엔트로피 변화로 인한 가역적 열생성**에서 $q_r = a_s F j_j T \frac{\partial U_{\mathrm{ocp},j}}{\partial T}$는 계면에서 일어나는 각 화학 반응 j이다.
- **전극 내부의 전기적 전위구배**gradient**로 인한 줄 가열**에서 $q_s = \sigma_{\mathrm{eff}}(\nabla\phi_s \cdot \nabla\phi_s)$이다.
- **전해질 내부의 전기화학적 전위구배로 인한 줄 가열**에서 $q_e = \kappa_{\mathrm{eff}}(\nabla\phi_e \cdot \nabla\phi_e) + \kappa_{D,\mathrm{eff}}(\nabla \ln c_e \cdot \nabla\phi_e)$이다.

때로는 접촉 저항으로 인한 열생성 $q_c = i_{\text{app}}^2 R_{\text{contact}}$ 도 모델의 고려 사항에 포함된다.[8] 알루미늄이나 구리 시트의 전기저항으로 집전체 내부에서의 열생성은 작지만 접촉저항과 함께 통합함으로써 포함할 수 있다.

7.3.1 경계에서의 열전달

셀 경계에서 열이 셀 안팎으로 전도될 수 있는 방법에는 대류, 전도, 복사가 있다. 먼저 전도는 표면에 지정된 고정 온도로 모델링할 수 있으며, 1차원에서는 다음과 같이 쓸 수 있다.

$$T(x,t)|_{x=0} = T_0, \qquad T(x,t)|_{x=L} = T_L$$

이는 표면에 고정된 열유속으로 모델링할 수도 있다.

$$-\lambda \frac{\partial T(x,t)}{\partial x}\bigg|_{x=0} = \mathbf{q}_0, \qquad \lambda \frac{\partial T(x,t)}{\partial x}\bigg|_{x=L} = \mathbf{q}_L$$

여기서 도함수의 부호는 $x = L$에서 반전되어 표면으로 유입되는 열유속의 양을 반영한다. 특별한 경우는 다음과 같이 단열된[adiabatic](또는 절연된[insulated]) 표에 대한 경우이다.

$$\frac{\partial T(x,t)}{\partial x}\bigg|_{x=0} = 0 \quad \text{그리고/또는} \quad \frac{\partial T(x,t)}{\partial x}\bigg|_{x=L} = 0$$

경계 조건의 두 번째 유형인 대류는 표면을 오가는 열유속을 표면 온도와 주변 유체 온도 사이의 차이에 비례하여 T_∞ 로 나타낸다. 이때 h는 **열전달**[heat-transfer](또는 대류) 계수이다. h의 값은 표면과 접촉하는 유체의 흐름 조건에 대한 속성이지만 표면 자체의 속성은 아니다.

$$-\lambda \frac{\partial T(x,t)}{\partial x}\bigg|_{x=0} = h\left(T_\infty - T(0,t)\right)$$

$$\lambda \frac{\partial T(x,t)}{\partial x}\bigg|_{x=L} = h\left(T_\infty - T(L,t)\right)$$

경계 조건의 마지막 유형인 복사는 표면 온도가 상대적으로 높을 때 중요해질 수 있다. 복사를 통한 표면으로의 열전달은 다음과 같다. ϵ(단위 없음)은 표면 방사율[emissivity]이고 $\sigma = 5.670373 \times 10^{-8}$ W m^{-2}K^{-4}는 스테판–볼츠만 상수이다.

---

8 q_c의 단위는 W m^{-2}이므로 단위가 다름에 유의해야 한다. 이 열생성 항은 집전체와 전극 접촉 영역에만 적용되며, 단위체적이 아닌 단위면적에 따라 지정된다.

$$-\lambda^{\text{eff}} \frac{\partial T(x, t)}{\partial x}\bigg|_{x=0} = \epsilon\sigma\left(T_\infty^4 - T^4(0, t)\right)$$

$$\lambda^{\text{eff}} \frac{\partial T(x, t)}{\partial x}\bigg|_{x=L} = \epsilon\sigma\left(T_\infty^4 - T^4(L, t)\right)$$

단, 이런 경계 조건은 온도가 4차 거듭제곱이므로 온도 T에서 비선형적인 문제를 야기하고 분석적인 해를 찾을 수 있는 희망이 사라진다는 문제가 있다. 이 문제를 해결하기 위한 한 가지 방법은 일차 테일러 급수 확장을 통해 복사율 법칙radiation rate law을 선형화해 다음과 같이 구하는 것이다. 여기서 T_s는 두 표면의 온도를 나타낸 것이며, 수량 $4\epsilon\sigma T_\infty^3$는 이제 h_{rad}로 표시되는, 선형화된 복사 열전달 계수로 볼 수 있다.

$$T_\infty^4 - T_s^4 \approx 4T_\infty^3(T_\infty - T_s)$$

SECTION 7.4 파라미터 온도 변화

지금까지 개발한 셀 모델의 많은 파라미터에는 온도 의존성을 가지는 값이 있다. 이는 주로 현재 온도 T에서 셀의 일부 속성인 $\Phi(T)$를 **활성화 에너지**activation energy E_0를 통해 **기준 온도**reference temperature T_{ref}, Φ_{ref}에서의 해당 속성과 연관시키는 (경험적) 아레니우스Arrhenius 관계로 모델링된다.

$$\Phi(T) = \Phi \exp\left[\frac{E_0}{R}\left(\frac{1}{T_{\text{ref}}} - \frac{1}{T}\right)\right] \tag{7.5}$$

SECTION 7.5 축소 차수 모델

축소 차수 열 모델을 생성하려면 다음 절에서 다룰 세 작업을 수행할 수 있어야 한다.[9]

❶ 7.3절에서 다룬 네 가지 열생성 항을 정확하게 근사화해 총 열생성 항 q를 구한다.
❷ 식 (7.2)의 근사치에서 예측된 q 값을 사용해 셀 평균 온도 변화를 모델링한다.
❸ 서로 다른 온도 설정값에서 생성된 모델을 혼합해 식 (7.5)에 의해 결정된 파라미터를 갖는 실제 모델의 근사치를 구한다.

9 축소 차수 모델 방정식의 개발과 검증을 돕고 예제에 대한 데이터를 제공해 주신 매튜 알드리치(Matt Aldrich)에게 특별히 감사를 표한다.

SECTION 7.6 그라디언트 전달함수

열생성 항의 축소 차수 모델을 찾기 위한 첫 번째 접근 방식은 적용된 전류와 얻고자 하는 양 사이의 전달함수를 찾아서 DRA를 사용해 상태 공간 모델을 생성하는 것이다. 그러나 이 접근 방식에는 네 가지 열생성 항이 모두 비선형이어서 전달함수가 존재하지 않는다는 근본적인 문제가 있다. 또한 이들은 $i_{\mathrm{app}}(t)$의 함수 항의 곱으로, 본질적으로 $i_{\mathrm{app}}^2(t)$의 함수이며, 테일러 급수 확장을 생략해 줄이는 것은 유용한 선형화된 모델을 제공하지 않는다.

효과적인 접근 방식은 열생성을 예측하기 위해 궁극적으로 함께 곱해지는 양을 개별적으로 계산하는 것이다. 우리는 이미 $j(z,t)$와 $\eta(z,t)$의 축소 차수의 추정치를 계산하는 방법을 알고 있다. 열생성을 예측하려면 추가로 $\nabla\phi_s(z,t)$, $\nabla\ln c_e(x,t)$, $\nabla\phi_e(x,t)$를 계산할 수 있어야 하는데, 이는 다음 절에서 살펴볼 전달함수 방식을 통해 확인할 수 있다.

7.6.1 $\phi_s(z,t)$의 그라디언트

6장에서 $\tilde{\phi}_s(z,t)=\phi_s(z,t)-\phi_s(0,t)$로 정의한 것을 떠올리면 $\phi_s(0,t)$는 공간 차원의 함수가 아니므로 공간 좌표 z에 대한 그라디언트gradient는 다음과 같이 쓸 수 있다.

$$\nabla_z\tilde{\phi}_s(z,t)=\nabla_z\phi_s(z,t)-\nabla_z\phi_s(0,t)$$

$$\nabla_z\phi_s(z,t)=\nabla_z\tilde{\phi}_s(z,t)$$

따라서 $\nabla_z\tilde{\phi}_s(z,t)$에 대한 전달함수를 구할 수 있다면 전극에서 줄Joule 열생성을 계산하는 데 필요한 그라디언트를 계산할 수 있다.

6장에서 음극 내부의 $\tilde{\Phi}_s(z,s)$에 대해 도출한 전달함수를 떠올려보자.

$$\frac{\tilde{\Phi}_s^{\mathrm{neg}}(z,s)}{I_{\mathrm{app}}(s)}=-\frac{L^{\mathrm{neg}}\kappa_{\mathrm{eff}}^{\mathrm{neg}}(\cosh(\nu^{\mathrm{neg}}(s))-\cosh((z-1)\nu^{\mathrm{neg}}(s)))}{A\sigma_{\mathrm{eff}}^{\mathrm{neg}}(\kappa_{\mathrm{eff}}^{\mathrm{neg}}+\sigma_{\mathrm{eff}}^{\mathrm{neg}})\nu^{\mathrm{neg}}(s)\sinh(\nu^{\mathrm{neg}}(s))}$$
$$-\frac{L^{\mathrm{neg}}\sigma_{\mathrm{eff}}^{\mathrm{neg}}(1-\cosh(z\nu^{\mathrm{neg}}(s))+z\nu^{\mathrm{neg}}(s)\sinh(\nu^{\mathrm{neg}}(s)))}{A\sigma_{\mathrm{eff}}^{\mathrm{neg}}(\kappa_{\mathrm{eff}}^{\mathrm{neg}}+\sigma_{\mathrm{eff}}^{\mathrm{neg}})\nu^{\mathrm{neg}}(s)\sinh(\nu^{\mathrm{neg}}(s))}$$

z에 대한 이 함수의 도함수를 구하면 다음과 같다.

$$\frac{\nabla_z \widetilde{\Phi}_s^{\text{neg}}(z,s)}{I_{\text{app}}(s)} = \frac{L^{\text{neg}}\sigma_{\text{eff}}^{\text{neg}}(\sinh(z\upsilon^{\text{neg}}(s)) - \sinh(\upsilon^{\text{neg}}(s)))}{A\sigma_{\text{eff}}^{\text{neg}}(\kappa_{\text{eff}}^{\text{neg}} + \sigma_{\text{eff}}^{\text{neg}})\sinh(\nu^{\text{neg}}(s))} + \frac{L^{\text{neg}}\kappa_{\text{eff}}^{\text{neg}}\sinh((z-1)\upsilon^{\text{neg}}(s))}{A\sigma_{\text{eff}}^{\text{neg}}(\kappa_{\text{eff}}^{\text{neg}} + \sigma_{\text{eff}}^{\text{neg}})\sinh(\nu^{\text{neg}}(s))}$$

따라서 x에 대한 그라디언트는 다음과 같이 구할 수 있다.

$$\begin{aligned}
\left.\frac{\nabla_x \widetilde{\Phi}_s^{\text{neg}}(z,s)}{I_{\text{app}}(s)}\right|_{\frac{x}{L}} &= \left(\frac{\partial z}{\partial x}\right)\left(\frac{\nabla_z \widetilde{\Phi}_s^{\text{neg}}(x/L^{\text{neg}},s)}{I_{\text{app}}(s)}\right) \\
&= \frac{1}{L^{\text{neg}}}\left(\frac{\nabla_z \widetilde{\Phi}_s^{\text{neg}}(x/L^{\text{neg}},s)}{I_{\text{app}}(s)}\right) \\
&= \left[\frac{\sigma_{\text{eff}}^{\text{neg}}(\sinh(z\upsilon^{\text{neg}}(s)) - \sinh(\upsilon^{\text{neg}}(s)))}{A\sigma_{\text{eff}}^{\text{neg}}(\kappa_{\text{eff}}^{\text{neg}} + \sigma_{\text{eff}}^{\text{neg}})\sinh(\nu^{\text{neg}}(s))}\right. \\
&\quad \left.+ \frac{\kappa_{\text{eff}}^{\text{neg}}\sinh((z-1)\upsilon^{\text{neg}}(s))}{A\sigma_{\text{eff}}^{\text{neg}}(\kappa_{\text{eff}}^{\text{neg}} + \sigma_{\text{eff}}^{\text{neg}})\sinh(\nu^{\text{neg}}(s))}\right|_{\frac{x}{L^{\text{neg}}}}
\end{aligned}$$

양극에서 $\widetilde{\Phi}_s(z,s)$에 대한 전달함수에 -1을 곱해야 하고 x에 대한 그라디언트에도 -1을 곱해야 하므로 순 효과는 0[nil]이 된다. 동일한 기본 전달함수는 양쪽 전극에 모두 사용되며, 각 전극에 적절한 상수를 대입하고 양극에 $z = \dfrac{(L^{\text{tot}} - x)}{L^{\text{pos}}}$를 대입한다.

7.6.2 $\ln c_e(x,t)$의 그라디언트

q_e를 구하려면 $\nabla \ln c_e(x,t)$를 계산할 수 있어야 한다. 다음 식을 살펴보자.

$$\nabla \ln c_e(x,t) = \frac{\nabla c_e(x,t)}{c_e(x,t)}$$

이미 ROM의 출력으로 $c_e(x,t)$를 계산했으므로 $\nabla c_e(x,t)$를 계산하는 방법만 알면 된다. $c_e(x,t) = \tilde{c}_e(x,t) + c_{e,0}$를 생각해보면 $\nabla c_e(x,t) = \nabla \tilde{c}_e(x,t)$이다. 이미 $\tilde{c}_e(x,t)$에 대한 전달함수를 다음과 같이 도출했다.

$$\frac{\widetilde{C}_e(x,\, s)}{I_{\text{app}}(s)} = \sum_{n=1}^{M} \frac{\widetilde{C}_{e,\, n}(s)}{I_{\text{app}}(s)} \boldsymbol{\Psi}(x\,;\lambda_n)$$

이 합계에서 고유함수만 x의 함수이므로 그라디언트는 다음과 같이 구할 수 있다.

$$\frac{\nabla\, \widetilde{C}_e(x,\, s)}{I_{\text{app}}(s)} = \sum_{n=1}^{M} \frac{\widetilde{C}_{e,\, n}(s)}{I_{\text{app}}(s)} (\nabla\, \boldsymbol{\Psi}(x\,;\lambda_n))$$

$\widetilde{C}_{e,\, n}(s)$를 계산하는 모든 방법은 재사용될 수 있다. 유일한 변경 사항은 고유함수가 아니라 원래 고유함수의 그라디언트를 합계에 곱해야 한다는 점이다. 고유함수는 식 (6.33)에 의해 다음과 같이 정의되었다는 것을 기억하자.

$$\boldsymbol{\Psi}(x\,;\lambda) = \begin{cases} \boldsymbol{\Psi}^{\text{neg}}(x\,;\lambda), & 0 \le x < L^{\text{neg}} \\ \boldsymbol{\Psi}^{\text{sep}}(x\,;\lambda), & L^{\text{neg}} \le x < L^{\text{neg}} + L^{\text{sep}} \\ \boldsymbol{\Psi}^{\text{pos}}(x\,;\lambda), & L^{\text{neg}} + L^{\text{sep}} \le x \le L^{\text{tot}} \end{cases}$$

이때 각각의 값은 다음과 같다.

$$\boldsymbol{\Phi}^{\text{neg}}(x\,;\lambda) = k_1 \cos\left(\sqrt{\lambda\varepsilon_e^{\text{neg}} / D_{e,\text{eff}}^{\text{neg}}}\, x\right)$$

$$\boldsymbol{\Phi}^{\text{sep}}(x\,;\lambda) = k_3 \cos\left(\sqrt{\lambda\varepsilon_e^{\text{sep}} / D_{e,\text{eff}}^{\text{sep}}}\, x\right) + k_4 \sin\left(\sqrt{\lambda\varepsilon_e^{\text{sep}} / D_{e,\text{eff}}^{\text{sep}}}\, x\right)$$

$$\boldsymbol{\Phi}^{\text{pos}}(x\,;\lambda) = k_5 \cos\left(\sqrt{\lambda\varepsilon_e^{\text{pos}} / D_{e,\text{eff}}^{\text{pos}}}\, x\right) + k_6 \sin\left(\sqrt{\lambda\varepsilon_e^{\text{pos}} / D_{e,\text{eff}}^{\text{pos}}}\, x\right)$$

이제 다음과 같이 정의할 수 있다.

$$\nabla\, \boldsymbol{\Psi}^{\text{neg}}(x\,;\lambda) = -k_1 \sqrt{\frac{\lambda\varepsilon_e^{\text{neg}}}{D_{e,\text{eff}}^{\text{neg}}}} \sin\left(\sqrt{\frac{\lambda\varepsilon_e^{\text{neg}}}{D_{e,\text{eff}}^{\text{neg}}}}\, x\right)$$

$$\nabla\, \boldsymbol{\Psi}^{\text{sep}}(x\,;\lambda) = k_4 \sqrt{\frac{\lambda\varepsilon_e^{\text{sep}}}{D_{e,\text{eff}}^{\text{sep}}}} \cos\left(\sqrt{\frac{\lambda\varepsilon_e^{\text{sep}}}{D_{e,\text{eff}}^{\text{sep}}}}\, x\right) - k_3 \sqrt{\frac{\lambda\varepsilon_e^{\text{sep}}}{D_{e,\text{eff}}^{\text{sep}}}} \sin\left(\sqrt{\frac{\lambda\varepsilon_e^{\text{sep}}}{D_{e,\text{eff}}^{\text{sep}}}}\, x\right)$$

$$\nabla\, \boldsymbol{\Psi}^{\text{pos}}(x\,;\lambda) = k_6 \sqrt{\frac{\lambda\varepsilon_e^{\text{pos}}}{D_{e,\text{eff}}^{\text{pos}}}} \cos\left(\sqrt{\frac{\lambda\varepsilon_e^{\text{pos}}}{D_{e,\text{eff}}^{\text{pos}}}}\, x\right) - k_5 \sqrt{\frac{\lambda\varepsilon_e^{\text{pos}}}{D_{e,\text{eff}}^{\text{pos}}}} \sin\left(\sqrt{\frac{\lambda\varepsilon_e^{\text{pos}}}{D_{e,\text{eff}}^{\text{pos}}}}\, x\right)$$

7.6.3 $\phi_e(x, t)$의 그라디언트

$\phi_e(x, t)$의 그라디언트를 계산하려면 $\tilde{\phi}_e(x, t) = \phi_e(x, t) - \phi_e(0, t)$로 정의했던 것을 기억해야 한다. 따라서 $\nabla\tilde{\phi}_e(x, t) = \nabla\phi_e(x, t) - \nabla\phi_e(0, t)$ 또는 $\nabla\phi_e(x, t) = \nabla\tilde{\phi}_e(x, t)$이다. $\tilde{\phi}_e(x, t)$를 다음과 같이 두 부분으로 나눠 쓴 것을 함께 생각해보자.

$$\tilde{\phi}_e(x, t) = [\tilde{\phi}_e(x, t)]_1 + [\tilde{\phi}_e(x, t)]_2$$

첫 번째 부분인 $[\tilde{\phi}_e(x, t)]_1$은 전달함수를 통해 결정할 수 있으며, 두 번째 부분인 $[\tilde{\phi}_e(x, t)]_2$는 알려진 $c_e(x, t)$를 통해 결정할 수 있다. 마찬가지로 $[\tilde{\phi}_e(x, t)]_1$의 그라디언트는 전달함수를 통해 구할 수 있고 $[\tilde{\phi}_e(x, t)]_2$의 그라디언트를 구하려면 $c_e(x, t)$가 필요하다.

먼저 첫 번째 부분에 대해 계속 살펴보자. 음극에서는 식 (6.48)과 같이 작성했다.

$$\begin{aligned}\frac{[\tilde{\Phi}_e(x, s)]_1}{I_{\mathrm{app}}(s)} &= -\frac{L^{\mathrm{neg}}\sigma_{\mathrm{eff}}^{\mathrm{neg}}\left(\cosh\left(\frac{x}{L^{\mathrm{neg}}}\nu^{\mathrm{neg}}(s)\right)-1\right)}{A\kappa_{\mathrm{eff}}^{\mathrm{neg}}(\kappa_{\mathrm{eff}}^{\mathrm{neg}}+\sigma_{\mathrm{eff}}^{\mathrm{neg}})\nu^{\mathrm{neg}}(s)\sinh(\nu^{\mathrm{neg}}(s))} - \frac{x}{A(\kappa_{\mathrm{eff}}^{\mathrm{neg}}+\sigma_{\mathrm{eff}}^{\mathrm{neg}})} \\ &\quad - \frac{L^{\mathrm{neg}}\kappa_{\mathrm{eff}}^{\mathrm{neg}}\left(\cosh\left(\frac{(L^{\mathrm{neg}}-x)}{L^{\mathrm{neg}}}\nu^{\mathrm{neg}}(s)\right)-\cosh(\nu^{\mathrm{neg}}(s))\right)}{A\kappa_{\mathrm{eff}}^{\mathrm{neg}}(\kappa_{\mathrm{eff}}^{\mathrm{neg}}+\sigma_{\mathrm{eff}}^{\mathrm{neg}})\nu^{\mathrm{neg}}(s)\sinh(\nu^{\mathrm{neg}}(s))}\end{aligned} \tag{6.48}$$

따라서 Mathematica를 사용해 계산된 그라디언트는 다음과 같다.

$$\begin{aligned}\frac{\nabla[\tilde{\Phi}_e(x, s)]_1}{I_{\mathrm{app}}(s)} &= \frac{\kappa_{\mathrm{eff}}^{\mathrm{neg}}\left(\sinh\left(\frac{(L^{\mathrm{neg}}-x)\nu^{\mathrm{neg}}(s)}{L^{\mathrm{neg}}}\right)-\sinh(\nu^{\mathrm{neg}}(s))\right)}{A\kappa_{\mathrm{eff}}^{\mathrm{neg}}(\kappa_{\mathrm{eff}}^{\mathrm{neg}}+\sigma_{\mathrm{eff}}^{\mathrm{neg}})\sinh(\nu^{\mathrm{neg}}(s))} \\ &\quad - \frac{\sigma_{\mathrm{eff}}^{\mathrm{neg}}\sinh\left(\frac{x\nu^{\mathrm{neg}}(s)}{L^{\mathrm{neg}}}\right)}{A\kappa_{\mathrm{eff}}^{\mathrm{neg}}(\kappa_{\mathrm{eff}}^{\mathrm{neg}}+\sigma_{\mathrm{eff}}^{\mathrm{neg}})\sinh(\nu^{\mathrm{neg}}(s))}\end{aligned}$$

분리막에는 식 (6.49)와 같이 작성했다.

$$\begin{aligned}\frac{[\tilde{\Phi}_e(x, s)]_1}{I_{\mathrm{app}}(s)} &= -\frac{L^{\mathrm{neg}}\left((\sigma_{\mathrm{eff}}^{\mathrm{neg}}-\kappa_{\mathrm{eff}}^{\mathrm{neg}})\tanh\left(\frac{\nu^{\mathrm{neg}}(s)}{2}\right)\right)}{A\kappa_{\mathrm{eff}}^{\mathrm{neg}}(\kappa_{\mathrm{eff}}^{\mathrm{neg}}+\sigma_{\mathrm{eff}}^{\mathrm{neg}})\nu^{\mathrm{neg}}(s)} \\ &\quad - \frac{L^{\mathrm{neg}}}{A(\kappa_{\mathrm{eff}}^{\mathrm{neg}}+\sigma_{\mathrm{eff}}^{\mathrm{neg}})} - \frac{x-L^{\mathrm{neg}}}{A\kappa_{\mathrm{eff}}^{\mathrm{sep}}}\end{aligned} \tag{6.49}$$

따라서 분리막에서의 그라디언트는 다음과 같다.

$$\frac{\nabla\,[\widetilde{\Phi}_e(x,\,s)]_1}{I_{\text{app}}(s)} = -\frac{1}{A\kappa_{\text{eff}}^{\text{sep}}}$$

양극에서는 식 (6.50)과 같이 쓸 수 있다.

$$\begin{aligned}
\frac{[\widetilde{\Phi}_e(x,\,s)]_1}{I_{\text{app}}(s)} =& -\frac{L^{\text{neg}}\left((\sigma_{\text{eff}}^{\text{neg}} - \kappa_{\text{eff}}^{\text{neg}})\tanh\left(\frac{\nu^{\text{neg}}(s)}{2}\right)\right)}{A\kappa_{\text{eff}}^{\text{neg}}(\kappa_{\text{eff}}^{\text{neg}} + \sigma_{\text{eff}}^{\text{neg}})\nu^{\text{neg}}(s)} - \frac{L^{\text{neg}}}{A(\kappa_{\text{eff}}^{\text{neg}} + \sigma_{\text{eff}}^{\text{neg}})} \\
& - \frac{L^{\text{sep}}}{A\kappa_{\text{eff}}^{\text{sep}}} - \frac{L^{\text{pos}}\left(1 - \cosh\left(\frac{(L^{\text{neg}} + L^{\text{sep}} - x)}{L^{\text{pos}}}\nu^{\text{pos}}(s)\right)\right)}{A(\kappa_{\text{eff}}^{\text{pos}} + \sigma_{\text{eff}}^{\text{pos}})\sinh(\nu^{\text{pos}}(s))\nu^{\text{pos}}(s)} \\
& - \frac{L^{\text{pos}}\sigma_{\text{eff}}^{\text{pos}}\left(\cosh(\nu^{\text{pos}}(s)) - \cosh\left(\frac{(L^{\text{tot}} - x)}{L^{\text{pos}}}\nu^{\text{pos}}(s)\right)\right)}{A\kappa_{\text{eff}}^{\text{pos}}(\kappa_{\text{eff}}^{\text{pos}} + \sigma_{\text{eff}}^{\text{pos}})\sinh(\nu^{\text{pos}}(s))\nu^{\text{pos}}(s)} \\
& - \frac{(x - L^{\text{neg}} - L^{\text{sep}})}{A(\kappa_{\text{eff}}^{\text{pos}} + \sigma_{\text{eff}}^{\text{pos}})}
\end{aligned} \tag{6.50}$$

따라서 양극에서의 그라디언트는 다음과 같다.

$$\begin{aligned}
\frac{\nabla\,[\widetilde{\Phi}_e(x,\,s)]_1}{I_{\text{app}}(s)} =& \frac{\kappa_{\text{eff}}^{\text{pos}}\left(\sinh\left(\frac{\nu^{\text{pos}}(s)(L^{\text{pos}} - L^{\text{tot}} + x)}{L^{\text{pos}}}\right) - \sinh(\nu^{\text{pos}}(s))\right)}{A\kappa_{\text{eff}}^{\text{pos}}(\kappa_{\text{eff}}^{\text{pos}} + \sigma_{\text{eff}}^{\text{pos}})\sinh(\nu^{\text{pos}}(s))} \\
& - \frac{\sigma_{\text{eff}}^{\text{pos}}\sinh\left(\frac{(L^{\text{tot}} - x)\nu^{\text{pos}}(s)}{L^{\text{pos}}}\right)}{A\kappa_{\text{eff}}^{\text{pos}}(\kappa_{\text{eff}}^{\text{pos}} + \sigma_{\text{eff}}^{\text{pos}})\sinh(\nu^{\text{pos}}(s))}
\end{aligned}$$

이제 $\widetilde{\phi}_e(x,t)$의 두 번째 항과 그 도함수에 초점을 맞춘다.

$$[\widetilde{\phi}_e(x,\,t)]_2 = \frac{2RT(1 - t_+^0)}{F}[\ln c_e(x,\,t) - \ln c_e(0,\,t)]$$

$$\begin{aligned}
\nabla\,[\widetilde{\phi}_e(x,\,t)]_2 &= \frac{2RT(1 - t_+^0)}{F}\left[\frac{\nabla c_e(x,\,t)}{c_e(x,\,t)} - \frac{\nabla c_e(0,\,t)}{c_e(0,\,t)}\right] \\
&= \frac{2RT(1 - t_+^0)}{F}\frac{\nabla c_e(x,\,t)}{c_e(x,\,t)}
\end{aligned}$$

이미 ROM의 출력으로 $c_e(x,\,t)$를 계산했고 $\nabla c_e(x,\,t)$를 계산하는 방법을 살펴봤으므로 $\nabla\,[\widetilde{\phi}_e(x,\,t)]_2$를 계산하는 데 필요한 모든 항을 가지고 있다. 이제 $\nabla\phi_e(x,\,t)$를 계산할 수 있다.

SECTION 7.7 열생성 항

이제 7.3절의 열생성 항에 대한 다양한 축소 차수 근사치를 연구할 준비가 되었다. 응용 분야의 정확도 요구 사항에 따라 계산에 필요한 사항이 다른 다양한 접근 방식을 활용할 수 있다. 따라서 이 절 전체에서는 접근 방식의 장단점을 설명하기 위해 몇 가지 예를 사용해 다양한 접근 방식으로 예측한 결과를 비교할 것이다. 서로 다른 축소 차수 모델은 ROM_1부터 ROM_4까지 분류되어 있으며, [표 7-1]에 그 기초가 되는 방정식을 나타냈다.

[표 7-1] 다양한 열생성 축소 차수 모델을 정의하는 방정식

열생성 항	$\bar{q}_r$	$\bar{q}_i$	$\bar{q}_s$	$\bar{q}_e$
ROM_1	식 (7.6)	식 (7.8)	식 (7.11)	식 (7.13)
ROM_2	식 (7.6)	식 (7.9)	식 (7.11)	식 (7.14)
ROM_3	식 (7.6)	식 (7.10)	식 (7.12)	식 (7.15)
ROM_4	식 (7.7)	식 (7.10)	식 (7.12)	식 (7.15)

이 절에서는 6장의 예제에서 사용된 것과 동일한 기본 셀을 사용하며, [표 6-1]에 이 셀에 대한 파라미터를 정리했다. 열생성 항을 계산하려면 부분 몰 엔트로피 관계도 알아야 한다. 음극의 경우 [그림 7-2]의 흑연 곡선을, 양극의 경우 LMO 곡선을 사용한다. 이런 관계는 다음과 같다.[10]

$$\begin{aligned}\frac{\partial U_{\text{ocp}}^{\text{neg}}(\theta)}{\partial\theta} &= \frac{344.1347148\exp(-32.96332870\theta + 8.316711484)}{1 + 749.0756003\exp(-34.79099646\theta + 8.887143624)}\\ &\quad - 0.85202788050\theta + 0.36229929\theta^2 + 0.2698001697\end{aligned}$$

$$\begin{aligned}\frac{\partial U_{\text{ocp}}^{\text{pos}}(\theta)}{\partial\theta} &= 4.31274309\exp(0.5715365230\theta) - 4.14532933\\ &\quad + 1.281681122\sin(-4.99167390\theta)\\ &\quad - 0.090453431\sin(-20.96696650\theta + 12.5788250)\\ &\quad - 0.0313472974\sin(31.76633380\theta - 22.4295664)\\ &\quad + 8.1471134340\theta - 26.0645810\theta^2 + 12.76601580\theta^3\\ &\quad - 0.184274863\exp\left(-\left(\frac{\theta - 0.5169435168}{0.04628266783}\right)^2\right)\end{aligned}$$

이 절에서 우리가 고려하는 세 가지 예는 다음과 같으며, [그림 7-3]에 이런 프로파일을 나타내었다.

---

10 Srinivasan, V., and Wang, C.Y., "Analysis of Electrochemical and Thermal Behavior of Li-Ion Cells,", *Journal of The Electrochemical Society*, 150(1), 2003, pp. A98-A106

❶ 단순 방전 펄스 이후의 (약 50% 충전 상태에서의) 충전 펄스
❷ 100%에서 시작하는 전체 1C 방전
❸ 약 60%의 충전-중립 UDDS 프로파일(6장에서 사용된 프로파일과 동일).

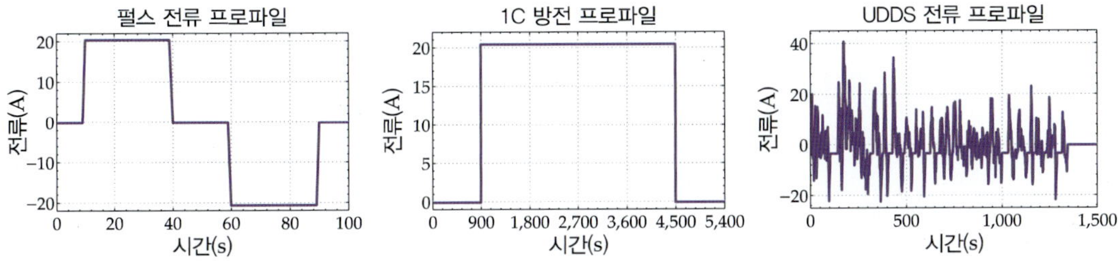

(a) (b) (c)

[그림 7-3] 열 모델 결과를 설명하는 데 사용되는 셀 입력 전류 프로파일

7.7.1 가역적인 열생성 항 $q_r[z, k]$

먼저 전극-전해질 경계에서 발생하는, 단일 화학 반응에 특화된 가역적인 열생성 항을 다음과 같이 고려한다. 이때 온도는 전극 전체에서 비교적 일정하다고 가정한다.

$$q_r[z, k] = a_s FTj[z, k] \frac{\partial U_{\mathrm{ocp}}(c_{s,e}[z, k])}{\partial T}$$

6장에서 이미 $j[z, k]$와 $c_{s,e}[z, k]$에 대한 전달함수를 구했으므로 전극을 가로지르는 평균 가역적인 열생성을 다음과 같이 근사화할 수 있다.

$$\begin{aligned}\bar{q}_r[k] &= \int_0^1 a_s FTj[z, k] \frac{\partial U_{\mathrm{ocp}}(c_{s,e}[z, k])}{\partial T} \mathrm{d}z \\ &\approx a_s FT \sum_i j[z_i, k] \frac{\partial U_{\mathrm{ocp}}(c_{s,e}[z, k])}{\partial T} \Delta z_i \end{aligned} \tag{7.6}$$

즉 전극의 여러 z 위치에서 $j[z, k]$와 $c_{s,e}[z, k]$를 평가하고 각 $c_{s,e}$ 지점에서 엔트로피함수를 평가한 다음 직사각형 적분 합계를 사용해 평균 열생성을 계산하기 위한 적분 근사치를 구한다. 더 나은 근사치를 위해 사다리꼴trapezoidal 적분을 수행할 수 있는데, 이는 모든 z_i 지점에 대해 서로 다른 가중치 상수를 사용하는 것과 같다. 이어지는 시뮬레이션에서는 ROM_1에서 ROM_3까지 분류된 결과에 대해 사다리꼴 적분과 $z_i \in \{0, 0.25, 0.5, 0.75, 1\}$ 집합을 사용한다.

여러 z 위치에서의 $j[z, k]$와 $c_{s,e}[z, k]$의 계산은 $\boldsymbol{Cx}_k + \boldsymbol{D}i_{\text{app}}$ 단계(스텝)에서 상당한 양의 실시간 계산을 초래하는데, $\bar{q}_r$로 더 간단한 근사치를 만들어 필요한 계산량을 줄일 수 있다. 즉, 전극 전체에서 $c_{s,e} \approx c_{\text{avg}}$라고 가정하면 다음과 같다. 이어지는 시뮬레이션에서는 ROM_4로 분류된 결과에서 이 방법을 사용할 것이다.

$$\begin{aligned}\bar{q}_r &= \int_0^1 a_s FTj[z, k]\frac{\partial U_{\text{ocp}}(c_{\text{avg}}[k])}{\partial T}\mathrm{d}z \\ &= a_s FT\frac{\partial U_{\text{ocp}}(c_{\text{avg}}[k])}{\partial T}\int_0^1 j[z, k]\mathrm{d}z \\ &= \frac{i_{\text{app}}[k]T}{A}\frac{\partial U_{\text{ocp}}(c_{\text{avg}}[k])}{\partial T} \qquad (7.7)\end{aligned}$$

[그림 7-4]는 셀 입력 전류가 방전 및 충전 펄스의 순서인 경우의 샘플 결과이다. 실선은 전체 차수 모델의 결과를, 점선은 다른 축소 차수 모델의 결과를 나타낸다. 이 경우 시뮬레이션이 전극의 표면 농도에 상당한 그라디언트가 발생할 만큼 충분히 길지 않았기 때문에 ROM_1과 ROM_4 모두 실제에 매우 근접한 유사한 예측을 제공한다. 만약 그런 그라디언트가 발생했다면 ROM_1이 ROM_4보다 눈에 띄게 더 나은 결과를 보였을 것이다(나중에 이 경우를 살펴볼 것이다). 어떤 ROM을 사용할지는 응용 분야에 따라 다르다.

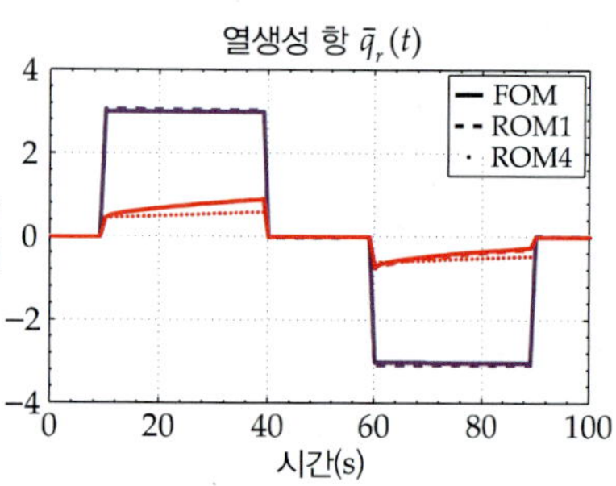

[그림 7-4] 펄스를 통해 발생하는 가역적 열 (파란색 선 : 음극 / 빨간색 선 : 양극)

7.7.2 비가역적인 열생성 항 $q_i[z, k]$

다음으로 전극-전해질 경계에서 발생하는 단일 화학 반응에 특화된 비가역적인 열생성 항을 고려한다.

$$q_i[z, k] = a_s Fj[z, k]\eta[z, k]$$

6장에서 이미 $j[z, k]$에 대한 전달함수를 구했고 비선형 관계에서 $\eta[z, k]$를 계산하는 방법을 살펴봤으므로 전극을 가로지르는 평균 비가역적 열생성을 다음과 같이 대략적으로 구할 수 있다.

$$\bar{q}_i[k] = \int_0^1 a_s FTj[z,\, k]\eta[z,\, k]\mathrm{d}z$$

$$\approx a_s FT\sum_i j[z_i,\, k]\eta[z_i,\, k]\triangle z_i \tag{7.8}$$

마찬가지로 여기에서는 사다리꼴 적분 근사법을 사용할 수도 있다. 이어지는 시뮬레이션에서는 ROM_1으로 분류된 결과에 대해 사다리꼴 적분과 $z_i \in \{0,\, 0.25,\, 0.5,\, 0.75,\, 1\}$ 집합을 사용할 것이다. 정확도를 약간만 떨어뜨리면서 계산의 복잡성을 줄이려면 항 $\eta(z,\, t)$를 선형화하고 $\eta[z,\, k] \approx R_{\mathrm{ct}}\, j[z,\, k]$를 다시 사용해도 된다. 이렇게 하면 앞선 식을 다음과 같이 쓸 수 있다.

$$\bar{q}_i[k] \approx a_s FTR_{\mathrm{ct}}\sum_i j^2[z_i,\, k]\triangle z_i$$

이런 형태의 장점은 완전 선형 전달함수를 통해 찾은 두 항의 곱이라는 것이다. 다른 열생성 조건에서도 이 형태를 찾아볼 수 있으므로 곧 이 형태에 대해 전반적으로 살펴볼 것이다. 먼저 이산시간에서 일반적인 열생성 항을 고려해보자.

$$q[z,\, k] = y_1[z,\, k]\, y_2[z,\, k]$$

이때 $y_1[z,\, k]$와 $y_2[z,\, k]$는 모두 상태 공간 축소 차수 모델에서 출력으로 계산된 순수 선형 항으로, 항에 비선형 보정이 적용되지 않는다. 이제 다음과 같이 작성할 수 있다.

$$\bar{q}[k] = \int_0^1 y_1[z,\, k]\, y_2[z,\, k]\,\mathrm{d}z$$

$$= \int_0^1 [\boldsymbol{C}_1\boldsymbol{x}[k] + \boldsymbol{D}_1 u[k]]\,[\boldsymbol{C}_2\boldsymbol{x}[k] + \boldsymbol{D}_2 u[k]]\,\mathrm{d}z$$

대괄호 안에 작성된 항은 스칼라이므로 자체적인 전치[transpose]와 같다. 따라서 다음과 같이 쓸 수 있다.

$$\bar{q}[k] = \int_0^1 \left[x^T[k]\,\boldsymbol{C}_1^T + u^T[k]\,\boldsymbol{D}_1^T\right]\left[\boldsymbol{C}_2\boldsymbol{x}[k] + \boldsymbol{D}_2 u[k]\right]\mathrm{d}z$$

$$= \boldsymbol{x}^T\underbrace{\left\{\int_0^1 \boldsymbol{C}_1^T\boldsymbol{C}_2\,\mathrm{d}z\right\}}_{\{\boldsymbol{CC}\}}\boldsymbol{x}[k] + u^T[k]\underbrace{\left\{\int_0^1 \boldsymbol{D}_1^T\boldsymbol{D}_2\,\mathrm{d}z\right\}}_{\{\boldsymbol{DD}\}}u[k]$$

$$+\, \boldsymbol{x}^T[k]\underbrace{\left\{\int_0^1 \boldsymbol{C}_1^T\boldsymbol{D}_2 + \boldsymbol{C}_2^T\boldsymbol{D}_1\,\mathrm{d}z\right\}}_{\{\boldsymbol{CD}\}}u[k]$$

$$= \boldsymbol{x}^T[k]\{\boldsymbol{CC}\}\boldsymbol{x}[k] + \boldsymbol{x}^T[k]\{\boldsymbol{CD}\}u[k] + u^T[k]\{\boldsymbol{DD}\}u[k]$$

행렬 $\boldsymbol{C}$와 행렬 $\boldsymbol{D}$는 DRA에 의해 근사 전달함수로부터 생성되며, 적분은 일회성 계산을 통해 이런 행렬들로부터 근사화되고 미리 계산된 행렬 $\{\boldsymbol{CC}\}$, $\{\boldsymbol{CD}\}$, $\{\boldsymbol{DD}\}$를 얻는다.

열생성을 이런 형태로 표현하면 복잡도의 수준에 따라 원래 결과에 대한 여러 가지 근사치를 고려할 수 있다. 먼저 $\boldsymbol{C}_1^T\boldsymbol{C}_2$를 포함하는 적분은 연산이 가장 많이 필요하며, 모든 z 값에서 $n\times n$ 출력을 생성한다. $\boldsymbol{C}_i^T\boldsymbol{D}_j$를 포함하는 적분은 계산 횟수가 상대적으로 적어 모든 z 값에서 $n\times 1$ 벡터를 출력한다. 마지막으로 $\boldsymbol{D}_1^T\boldsymbol{D}_2$를 포함하는 적분은 계산 횟수가 가장 적어 모든 z 값에서 1×1 스칼라가 된다. 만약 충실도[fidelity]를 크게 잃지 않고 근사치로부터 항을 삭제할 수 있다면 열생성 항을 추정하는 데 필요한 실시간 계산 부하를 줄일 수 있다.

앞으로 진행할 시뮬레이션에서 ROM_2로 분류된 결과는 다음과 같은 전체 표현식을 사용한다.

$$\bar{q}_i[k] = \boldsymbol{x}^T[k]\{\boldsymbol{CC}\}\boldsymbol{x}[k] + \boldsymbol{x}^T[k]\{\boldsymbol{CD}\}i_{\text{app}}[k] + \{\boldsymbol{DD}\}i_{\text{app}}^2[k] \qquad (7.9)$$

ROM_3와 ROM_4로 분류된 결과의 계산은 더 간단하다.

$$\bar{q}_i[k] = \{\boldsymbol{DD}\}i_{\text{app}}^2[k] \qquad (7.10)$$

이는 집중[lumped]저항에서 예상할 수 있는 "$i^2\times R$" 유형의 열생성에 해당한다는 점에 유의하자. 다른 시나리오는 분산 시스템인 전극 내부의 열생성에 대해 더 나은 근사치를 제공한다. 비가역적인 열생성 항에 대한 ROM_2부터 ROM_4까지의 결과에서 $y_1[z,k]=y_2[z,k]=j[z,k]$를 선택하고 $\bar{q}_i[k]$에 대한 세 가지의 접근 방식을 사용해 다음과 같이 계산한다.

$$\bar{q}_i[k] \approx a_s FTR_{\text{ct}}\int_0^1 y_1[z,k]\,y_2[z,k]\mathrm{d}z$$

[그림 7-5]는 셀 입력 전류가 방전 및 충전 펄스의 순서일 때의 샘플 결과이다. [그림 7-4]와 마찬가지로 실선은 전체 차수 모델의 결과를 나타내며, 점선은 다른 축소 차수 모델의 결과를 나타낸다.

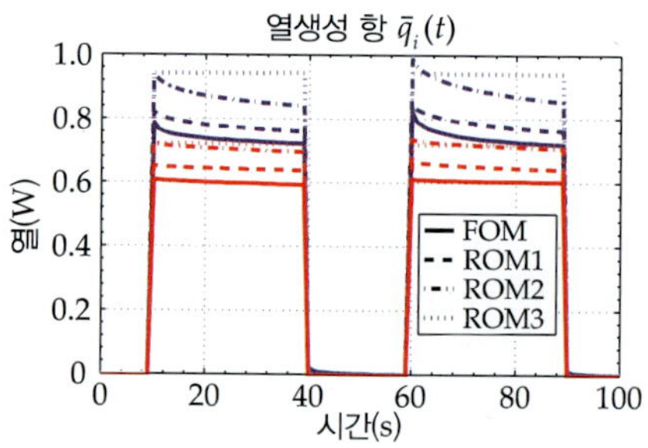

[그림 7-5] 펄스를 통해 발생하는 비가역적 열 (파란색 선 : 음극 / 빨간색 선 : 양극)

이 경우 ROM_1이 ROM_2와 ROM_3보다 훨씬 우수하다. 사용할 ROM은 응용 분야에 요구되는 예측의 충실도에 따라 결정된다.

7.7.3 전극 항 내부의 줄 가열 $q_s[z, k]$

이제 전극 내부에서 줄 가열에 해당하는 열생성 항을 $q_s = \sigma_{\text{eff}}(\nabla\phi_s \cdot \nabla\phi_s)$로 표현할 것이다. 이미 $\nabla\phi_s$를 순수한 선형 전달함수로 표현할 수 있다는 것을 확인했으므로 비가역적인 열생성에 대해 했던 것과 동일한 접근 방식을 사용할 수 있다.

앞으로 진행할 시뮬레이션에서는 $y_1[z, k] = y_2[z, k] = \sqrt{\sigma_{\text{eff}}}\,\nabla\phi_s[z, k]$를 선택해 다음과 같이 계산한다.

$$\bar{q}_s[k] = \int_0^1 y_1[z, k]\, y_2[z, k]\mathrm{d}z$$

이때 ROM_1 또는 ROM_2로 분류된 결과는 다음과 같은 전체 식을 사용한다.

$$\bar{q}_s[k] = \boldsymbol{x}^T[k]\{\boldsymbol{CC}\}\boldsymbol{x}[k] + \boldsymbol{x}^T[k]\{\boldsymbol{CD}\}i_{\text{app}}[k] + \{\boldsymbol{DD}\}i_{\text{app}}^2[k] \tag{7.11}$$

ROM_3와 ROM_4로 분류된 결과의 계산은 더 간단히 수행할 수 있다.

$$\bar{q}_s[k] = \{\boldsymbol{DD}\}i_{\text{app}}^2[k] \tag{7.12}$$

[그림 7-6]은 셀 입력 전류가 방전 및 충전 순서인 경우의 샘플 결과이다. 실선은 전체 차수 모델 결과를, 점선은 다른 축소 차수 모델의 결과를 나타낸다. 이 경우 모든 축소 차수 모델의 결과는 거의 구별할 수 없을 정도이다. 또한 수직 눈금을 자세히 살펴보면 항 $\bar{q}_s[k]$이 가장 작은 열생성 항이므로 총 열생성이 계산된다면 큰 상대 오차라도 중요하지 않음을 알 수 있다. 따라서 대부분의 응용 분야에서는 ROM_3로 충분할 것이다.

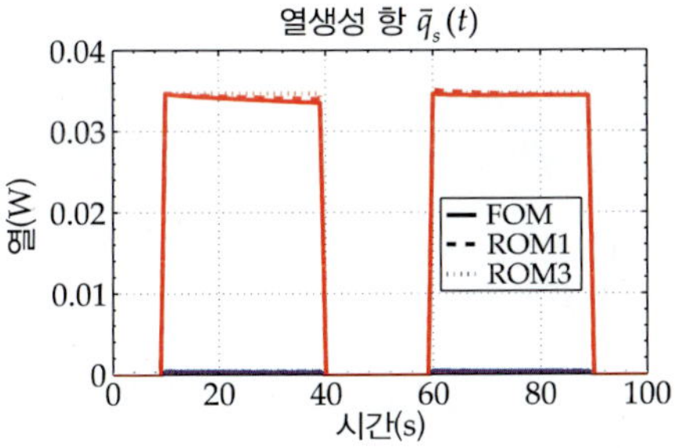

[그림 7-6] 펄스로부터 전극 내부의 줄 가열을 통해 발생하는 열 (파란색 선 : 음극 / 빨간색 선 : 양극)

7.7.4 전해질 항의 줄 가열 $q_e[x, k]$

마지막으로 전해질 내부의 줄 가열에 해당하는 열생성 항을 생각해보자. 이를 원하는 신호의 조합으로 변환하려면 다음과 같은 몇 가지 단계를 거친다.

$$\begin{aligned}
q_e &= \kappa_{\mathrm{eff}}(\nabla \phi_e \cdot \nabla \phi_e) + \kappa_{D,\mathrm{eff}}(\nabla \ln c_e \cdot \nabla \phi_e) \\
&= \kappa_{\mathrm{eff}}\big((\nabla [\tilde{\phi}_e]_1)^2 + 2(\nabla [\tilde{\phi}_e]_1 \nabla [\tilde{\phi}_e]_2 + (\nabla [\tilde{\phi}_e]_2)^2\big) \\
&\quad + \kappa_{D,\mathrm{eff}}\left(\frac{\nabla \tilde{c}_e}{c_e}((\nabla [\tilde{\phi}_e]_1 + \nabla [\tilde{\phi}_e]_2)\right) \\
&= \kappa_{\mathrm{eff}}\left((\nabla [\tilde{\phi}_e]_1)^2 + \frac{4RT(1-t_+^0)}{Fc_e}(\nabla [\tilde{\phi}_e]_1 \nabla \tilde{c}_e) + \left(\frac{2RT(1-t_+^0)}{Fc_e}\right)^2\right) \\
&\quad + \kappa_{\mathrm{eff}}\left(\frac{2RT(t_+^0-1)}{F}\frac{\nabla \tilde{c}_e}{c_e}\left(\nabla [\tilde{\phi}_e]_1 + \frac{2RT(1-t_+^0)\nabla \tilde{c}_e}{Fc_e}\right)\right) \\
&= \kappa_{\mathrm{eff}}(\nabla [\tilde{\phi}_e]_1)^2 - \frac{\kappa_{D,\mathrm{eff}}}{c_e}\nabla [\tilde{\phi}_e]_1 \nabla \tilde{c}_e
\end{aligned}$$

이 결과를 계산하려면 DRA가 셀의 여러 위치에서 $\nabla [\tilde{\phi}_e]_1$과 $\tilde{c}_e$, $\nabla \tilde{c}_e$를 생성할 수 있는 ROM을 생성해 적절한 평균을 얻도록 해야 한다. 최상의 결과를 얻으려면 일반적으로 사용하는 $\kappa_{\mathrm{eff}}(c_{e,0})$ 대신 $\kappa_{\mathrm{eff}}(c_e(x, t))$를 사용해야 하며, 셀의 모든 영역에 대한 $\nabla [\tilde{\phi}_e]_1$의 전달함수의 분모에는 κ_{eff} 항이 포함되어야 한다. DRA로 생성된 ROM은 선형화된 전달함수를 만들 때 $\kappa_{\mathrm{eff}}(c_{e,0})$를 사용한다.

단, 최상의 결과를 얻으려면 κ_{eff}는 c_e에 큰 영향을 받는 함수여야 하며, $\nabla [\tilde{\phi}_e]_1$은 κ_{eff}에 큰 영향을 받는 함수여야 하므로 ROM의 출력에 $\kappa_{\mathrm{eff}}(c_{e,0})/\kappa_{\mathrm{eff}}(c_e(x, t))$를 곱해야 한다. 이를 좀 더 분명하게 작성하면 ROM_1의 결과에 사용된 열생성 항은 다음과 같이 주어진다.

$$q_e[x, k] = \kappa_{\mathrm{eff}}(c_e[x, k])\left(\frac{\kappa_{\mathrm{eff}}(c_{e,0})}{\kappa_{\mathrm{eff}}(c_e[x, k])}\nabla [\tilde{\phi}_e]_1\right)^2 - \frac{\kappa_{D,\mathrm{eff}}}{c_e[x, k]}\nabla [\tilde{\phi}_e]_1 \nabla \tilde{c}_e \qquad (7.13)$$

앞선 결과보다 더 간단한 버전에서는 $c_e[x, k] \approx c_{e,0}$로 가정한다. 따라서 ROM_2에서 ROM_4까지의 결과를 통해 선형화된 결과를 다음과 같이 가정한다.

$$q_e[x, k] = \kappa_{\mathrm{eff}}(\nabla [\tilde{\phi}_e]_1)^2 - \frac{\kappa_{D,\mathrm{eff}}}{c_{e,0}}\nabla [\tilde{\phi}_e]_1 \nabla \tilde{c}_e$$

이제 7.7.2절의 방법을 이 식의 두 부분에 모두 사용할 수 있다. ROM_2의 결과는 전체 선형화된 표현식을 사용하며, ROM_3에서 ROM_4까지의 결과에는 $\{\boldsymbol{DD}\}$ 항만 남는다.

즉, 첫 번째 항에 대해 $y_1[x,k] = y_2[x,k] = \sqrt{\kappa_{\text{eff}}/L^{\text{tot}}}\,\nabla[\tilde{\phi}_e[x,k]]_1$을 선택하고 두 번째 항에 대해서는 $y_3[x,k] = \sqrt{\kappa_{D,\text{eff}}/(c_{e,0}L^{\text{tot}})}\,\nabla[\tilde{\phi}_e[x,k]]_1$과 $y_4[x,k] = \nabla\tilde{c}_e[x,k]$를 선택한 뒤 다음과 같이 계산한다.

$$\bar{q}_e[k] = \frac{\kappa^{\text{eff}}}{L^{\text{tot}}}\int_0^{L^{\text{tot}}} y_1[x,k]\,y_2[x,k]\,\mathrm{d}x - \frac{\kappa_{D,\text{eff}}}{c_{e,0}L^{\text{tot}}}\int_0^{L^{\text{tot}}} y_3[x,k]\,y_4[x,k]\,\mathrm{d}x$$

여기서 ROM_1 또는 ROM_2로 분류된 결과는 다음과 같은 전체 표현식을 사용한다.

$$\begin{aligned}\bar{q}_e[k] &= \boldsymbol{x}^T[k]\{\boldsymbol{CC}_1 - \boldsymbol{CC}_2\}\boldsymbol{x}[k] + \boldsymbol{x}^T[k]\{\boldsymbol{CD}_1 - \boldsymbol{CD}_2\}i_{\text{app}}[k] \\ &\quad + \{\boldsymbol{DD}_1 - \boldsymbol{DD}_2\}i_{\text{app}}^2[k]\end{aligned} \tag{7.14}$$

이때 행렬의 아래 첨자는 계산된 적분을 의미한다. ROM_3 및 ROM_4로 표시된 결과에 대한 계산은 더 간단하다.

$$\bar{q}_e[k] = \{\boldsymbol{DD}_1 - \boldsymbol{DD}_2\}i_{\text{app}}^2[k] \tag{7.15}$$

[그림 7-7]은 셀 입력 전류가 방전 및 충전 펄스 순서인 경우의 샘플 결과이다. 실선은 전체 차수 모델 결과를 나타내며, 점선은 다른 축소 차수 모델의 결과를 나타낸다. 모든 ROM이 서로 상당히 유사한 예측을 제공하지만 ROM_1이 다양한 시뮬레이션 시나리오에서 더 견고한 것으로 나타난다.

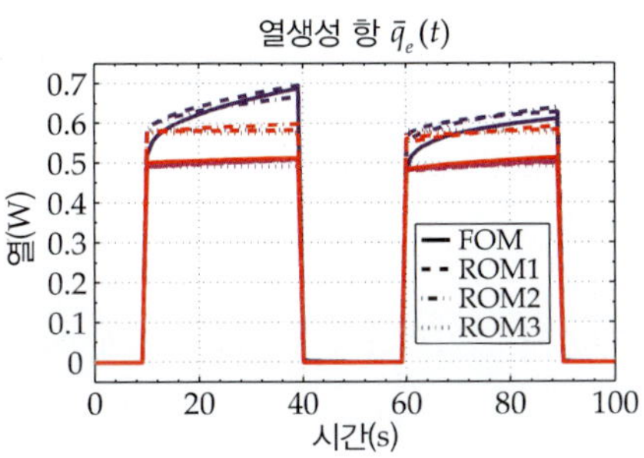

[그림 7-7] 펄스를 통해 전해질 내부의 줄 가열로 발생하는 열 (파란색 선 : 음극 / 자홍색 선 : 분리막 / 빨간색 선 : 양극)

비교를 위해 펄스 및 1C 방전 시나리오에 대한 총 열생성량을 모델링해 [그림 7-8]에 표시했다.[11] 이를 통해 ROM의 예측이 매우 유사하다는 것을 알 수 있다. 유일하게 큰 수준의 불일치는 1C 방전 사례의 ROM_4로, 이 오차는 $\bar{q}_r(t)$의 조잡한 모델에서 기인한다.

11 1C 방전 시뮬레이션은 7.10절에서 간략하게 설명한 대로 혼합 모델을 사용한다. UDDS 시뮬레이션의 결과는 플롯이 너무 "복잡하기" 때문에 표시되지 않지만 모든 ROM은 FOM의 결과와 매우 잘 일치한다.

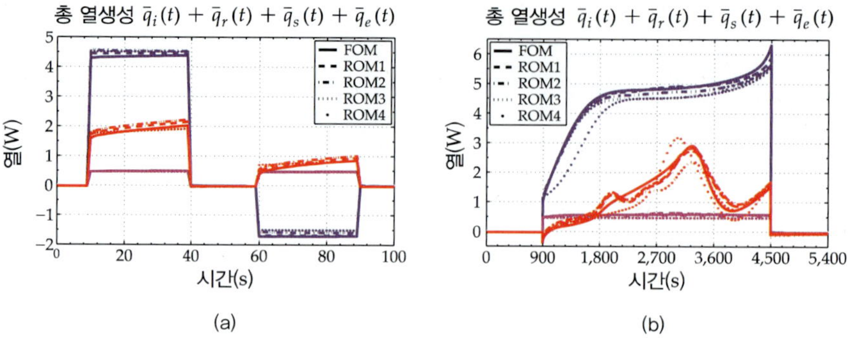

[그림 7-8] 1C 펄스와 1C 전체 방전에서 발생하는 총 열생성 (파란색 선 : 음극 / 자홍색 선 : 분리막 / 빨간색 선 : 양극)

SECTION 7.8 열유속 항

이제 열적 모델의 열생성 항을 근사화하는 방법을 살펴봤으므로 열유속 모델링으로 관심을 돌려 평균 셀 온도에 대한 식을 구할 것이다. 기본적인 PDE로 시작하자.

$$\rho c_P \frac{\partial T(x, t)}{\partial t} = \nabla \cdot (\lambda \nabla T(x, t)) + q(x, t) \tag{7.16}$$

앞선 식은 다음과 같은 대류 경계 조건을 갖는다.

$$-\lambda \frac{\partial T(x, t)}{\partial x}\bigg|_{x=0} = h(T_\infty - T(0, t)) \tag{7.17}$$

$$\lambda \frac{\partial T(x, t)}{\partial x}\bigg|_{x=L} = h(T_\infty - T(L, t)) \tag{7.18}$$

상수 ρ, c_P, λ는 셀의 세 영역에서는 다를 수 있지만 각 영역 내에서 균일homogeneous하다고 가정한다. 또한 복사 경계 조건은 앞서 다룬 식 $T_\infty^4 - T_s^4 \approx 4T_\infty^3(T_\infty - T_s)$를 사용해 근사화할 수 있다. 이 PDE를 풀기 위해서는 6장에서 전해질 내부의 리튬 농도 $c_e(x, t)$를 다루는 PDE를 살펴볼 때와 같이 변수 분리를 사용하는 것을 고려할 수 있다. 그러나 온도는 셀의 x 차원에 걸쳐 상당히 균일한 경향이 있으므로 여기서는 더 간단한 접근 방식을 사용한다. 즉, 원하는 것이 셀의 평균 온도이며, $T(x, t)$의 전체 프로파일의 정확한 모델이 아니라면 더 쉬운 방식을 사용해도 된다.

먼저 $T(x, t)$를 다음과 같이 근사화할 수 있다고 가정한다.

$$T(x, t) \approx T_\infty + a(t) + b(t)\sin\left(\frac{\pi x}{L^{\text{tot}}}\right)$$

이를 통해 전체 차수 모델 시뮬레이션에서 관찰되는 셀 단면에 걸쳐 상당히 평탄한 온도 프로파일을 얻을 수 있지만 식 (7.17)과 식 (7.18)의 경계 조건을 충족하기 위해 필요에 따라 약간의 곡률curvature을 유지한다. $a(t)$ 항은 주로 주변 온도 T_∞에 대한 전체 온도 편차를 모델링하며, $b(t)$항은 단면 위치 x에 대한 온도의 불균일성nonuniformity을 모델링한다.

이렇게 가정된 모델에서 PDE를 푸는 데 필요한 도함수는 다음과 같이 작성할 수 있다.

$$\frac{\partial T(x,t)}{\partial t} = \frac{\mathrm{d}a(t)}{\mathrm{d}t} + \frac{\mathrm{d}b(t)}{\mathrm{d}t}\sin\left(\frac{\pi x}{L^{\mathrm{tot}}}\right)$$

$$\frac{\partial T(x,t)}{\partial x} = \frac{\pi}{L^{\mathrm{tot}}} b(t)\cos\left(\frac{\pi x}{L^{\mathrm{tot}}}\right)$$

$$\frac{\partial^2 T(x,t)}{\partial x^2} = -\left(\frac{\pi}{L^{\mathrm{tot}}}\right)^2 b(t)\sin\left(\frac{\pi x}{L^{\mathrm{tot}}}\right)$$

해를 $x=0$일 때 가정된 형태의 식 (7.17)의 경계 조건에 삽입하면 다음과 같다.

$$-\lambda\frac{\pi}{L^{\mathrm{tot}}} b(t)\cos\left(\frac{\pi x}{L^{\mathrm{tot}}}\right)\Bigg|_{x=0} = h(T_\infty - (T_\infty + a(t)))$$

$$-\lambda\frac{\pi}{L^{\mathrm{tot}}} b(t) = -ha(t)$$

$$b(t) = \frac{hL^{\mathrm{tot}}}{\lambda\pi} a(t)$$

가정된 형태의 해로 식 (7.16)의 PDE를 평가하면 다음과 같다.

$$\rho c_P\left[\frac{\mathrm{d}a(t)}{\mathrm{d}t} + \frac{hL^{\mathrm{tot}}}{\lambda\pi}\frac{\mathrm{d}a(t)}{\mathrm{d}t}\sin\left(\frac{\pi x}{L^{\mathrm{tot}}}\right)\right] = -\lambda\left(\frac{\pi}{L^{\mathrm{tot}}}\right)^2\left(\frac{hL^{\mathrm{tot}}}{\lambda\pi}\right)a(t)\sin\left(\frac{\pi x}{L^{\mathrm{tot}}}\right) + q(x,t)$$

$$\rho c_P\left[1 + \frac{hL^{\mathrm{tot}}}{\lambda\pi}\sin\left(\frac{\pi x}{L^{\mathrm{tot}}}\right)\right]\frac{\mathrm{d}a(t)}{\mathrm{d}t} = -\left(\frac{\pi h}{L^{\mathrm{tot}}}\right)a(t)\sin\left(\frac{\pi x}{L^{\mathrm{tot}}}\right) + q(x,t) \tag{7.19}$$

이렇게 구한 이 함수 형태는 셀의 평균 온도를 구하기 위한 기초로 사용할 것이다. 다음 방정식의 양쪽을 평균화한다.

$$\frac{1}{L^{\mathrm{tot}}}\int_0^{L^{\mathrm{tot}}} \rho c_P\left[1 + \frac{hL^{\mathrm{tot}}}{\lambda\pi}\sin\left(\frac{\pi x}{L^{\mathrm{tot}}}\right)\right]\mathrm{d}x\,\frac{\mathrm{d}a(t)}{\mathrm{d}t} = -\left(\frac{\pi h}{L^{\mathrm{tot}}}\frac{2}{\pi}\right)a(t) + \bar{q}(t)$$

여기서 $\bar{q}(t) = \frac{1}{L^{\mathrm{tot}}}\int_0^{L^{\mathrm{tot}}} q(x,t)\,\mathrm{d}x$이며, 식 $\frac{1}{L^{\mathrm{tot}}}\int_0^{L^{\mathrm{tot}}}\sin\left(\frac{\pi x}{L^{\mathrm{tot}}}\right)\mathrm{d}x = \frac{2}{\pi}$를 사용했다. 이를 다음과 같이 다시 작성한다.

$$\frac{\mathrm{d}a(t)}{\mathrm{d}t} = -\left(\frac{2h}{k_q L^{\mathrm{tot}}}\right)a(t) + \frac{1}{k_q}\bar{q}(t)$$

여기서 상수 k_q는 다음과 같다.

$$k_q = \frac{1}{L^{\text{tot}}} \int_0^{L^{\text{tot}}} \rho c_P \left[1 + \frac{hL^{\text{tot}}}{\lambda \pi} \sin\left(\frac{\pi x}{L^{\text{tot}}}\right)\right] \mathrm{d}x$$

$$= \frac{1}{L^{\text{tot}}} \left[\rho^{\text{neg}} c_P^{\text{neg}} \left(\frac{h(L^{\text{tot}})^2}{\lambda^{\text{neg}} \pi^2}\left(1 - \cos\left(\frac{\pi L^{\text{neg}}}{L^{\text{tot}}}\right)\right)\right)\right.$$

$$+ \rho^{\text{sep}} c_P^{\text{sep}} \left(\frac{h(L^{\text{tot}})^2}{\lambda^{\text{sep}} \pi^2}\left(\cos\left(\frac{\pi L^{\text{neg}}}{L^{\text{tot}}}\right) - \cos\left(\frac{\pi(L^{\text{neg}} + L^{\text{sep}})}{L^{\text{tot}}}\right)\right)\right)$$

$$+ \rho^{\text{pos}} c_P^{\text{pos}} \left(\frac{h(L^{\text{tot}})^2}{\lambda^{\text{pos}} \pi^2}\left(1 + \cos\left(\frac{\pi(L^{\text{neg}} + L^{\text{sep}})}{L^{\text{tot}}}\right)\right)\right)$$

$$\left. + \rho^{\text{neg}} c_P^{\text{neg}} L^{\text{neg}} + \rho^{\text{sep}} c_P^{\text{sep}} L^{\text{sep}} + \rho^{\text{pos}} c_P^{\text{pos}} L^{\text{pos}} \right]$$

이제 다음의 식을 고려해보자.

$$T(x, t) \approx T_\infty + a(t) + b(t) \sin\left(\frac{\pi x}{L^{\text{tot}}}\right)$$

$$= T_\infty + a(t)\left[1 + \frac{hL^{\text{tot}}}{\lambda \pi} \sin\left(\frac{\pi x}{L^{\text{tot}}}\right)\right]$$

이를 바탕으로 다음과 같이 평균 온도를 계산할 수 있다.

$$T_{\text{avg}}(t) = T_\infty + \frac{a(t)}{L^{\text{tot}}} \int_0^{L^{\text{tot}}} 1 + \frac{hL^{\text{tot}}}{\lambda \pi} \sin\left(\frac{\pi x}{L^{\text{tot}}}\right) \mathrm{d}x$$

$$= T_\infty + C_q a(t)$$

여기서 상수 C_q는 다음과 같다.

$$C_q = \frac{1}{L^{\text{tot}}} \int_0^{L^{\text{tot}}} 1 + \frac{hL^{\text{tot}}}{\lambda \pi} \sin\left(\frac{\pi x}{L^{\text{tot}}}\right) \mathrm{d}x$$

$$= \frac{1}{L^{\text{tot}}} \left[\left(L^{\text{neg}} + \frac{h(L^{\text{tot}})^2}{\lambda^{\text{neg}} \pi^2}\left(1 - \cos\left(\frac{\pi L^{\text{neg}}}{L^{\text{tot}}}\right)\right)\right)\right.$$

$$+ \left(L^{\text{sep}} + \frac{h(L^{\text{tot}})^2}{\lambda^{\text{sep}} \pi^2}\left(\cos\left(\frac{\pi L^{\text{neg}}}{L^{\text{tot}}}\right) - \cos\left(\frac{\pi(L^{\text{neg}} + L^{\text{sep}})}{L^{\text{tot}}}\right)\right)\right)$$

$$\left. + \left(L^{\text{pos}} + \frac{h(L^{\text{tot}})^2}{\lambda^{\text{pos}} \pi^2}\left(1 + \cos\left(\frac{\pi(L^{\text{neg}} + L^{\text{sep}})}{L^{\text{tot}}}\right)\right)\right)\right]$$

$$
\begin{aligned}
&= 1 + \frac{hL^{\text{tot}}}{\pi^2}\left[\frac{1}{\lambda^{\text{neg}}}\left(1 - \cos\left(\pi\frac{L^{\text{neg}}}{L^{\text{tot}}}\right)\right)\right. \\
&\quad + \frac{1}{\lambda^{\text{sep}}}\left(\cos\left(\frac{\pi L^{\text{neg}}}{L^{\text{tot}}}\right) - \cos\left(\frac{\pi(L^{\text{neg}} + L^{\text{sep}})}{L^{\text{tot}}}\right)\right) \\
&\quad \left. + \frac{1}{\lambda^{\text{pos}}}\left(1 + \cos\left(\frac{\pi(L^{\text{neg}} + L^{\text{sep}})}{L^{\text{tot}}}\right)\right)\right]
\end{aligned}
$$

2.4절에서 다뤘던 결과를 사용해 이산시간으로 변환하면 셀 평균 온도에 대한 단일 상태 ODE 모델을 구할 수 있다.

$$
\begin{aligned}
a[k+1] &= A_q a[k] + B_q \bar{q}[k] \\
T_{\text{avg}}[k] &= C_q a[k] + T_\infty
\end{aligned}
$$

이는 다음과 같은 조건에서 구현된다.

$$
A_q = \exp\left(-\frac{2h}{k_q L^{\text{tot}}}\Delta t\right), \qquad B_q = \begin{cases} -\dfrac{L^{\text{tot}}}{2h}(A_q - 1), & h \neq 0 \\ \Delta\dfrac{t}{k_q}, & h = 0 \end{cases}
$$

SECTION 7.9 결합되지 않은 모델 결과

이 절에서는 먼저 결합되지 않은 전기화학적-열적 모델을 사용해 열유속 모델을 증명한다. 이 시나리오에서 전기화학적 모델은 (인위적으로) 298.15 K (즉, 25 ℃)의 일정한 온도에서 열적 모델과는 독립적으로 동작한다. 열적 모델은 열생성 항을 계산하고 온도 변화를 예측하지만 온도 변화는 전기화학적 시뮬레이션의 입력이 아니다. 7.10절에서는 대신 전기화학적-열적 모델을 결합한 결과를 살펴볼 것이다.

열속 ROM을 테스트하기 위한 이런 시뮬레이션의 결과는 [그림 7-9] ~ [그림 7-11]에 나와 있다. 각 그림은 세 가지의 시뮬레이션 시나리오를 나타낸다. 각각 대류 계수 $h = 0$(환경으로부터 또는 환경으로의 열전달이 없어 완벽하게 절연되거나 단열된 경우의 모델링), $h = 5$(자연대류 모델링), $h = 25$(강제대류 모델링)로 설정할 수 있다.

[그림 7-9]는 펄스 테스트 결과를 나타낸 것이다. 모든 ROM은 전체 시뮬레이션에 걸쳐 1℃ 이내로 FOM의 결과와 일치한다. ROM_1이 다른 ROM보다 다소 우수하기는 해도 결과는 모두 비슷하다.

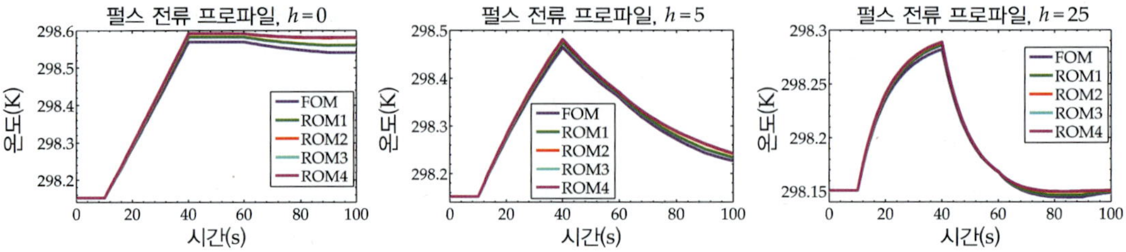

(a) (b) (c)

[그림 7-9] 펄스 프로파일과 여러 대류 계수 h 적용 시 결합되지 않은 FOM 및 ROM에 의해 예측된 셀 평균 온도

[그림 7-10]은 1C 방전 테스트 결과를 나타낸 것이다. 여기에서는 모든 ROM이 꽤 잘 동작하지만 $\bar{q}_r(t)$의 조잡한 근사치로 인해 ROM_4가 다른 ROM보다 결과가 눈에 띄게 나쁜 것을 볼 수 있다.

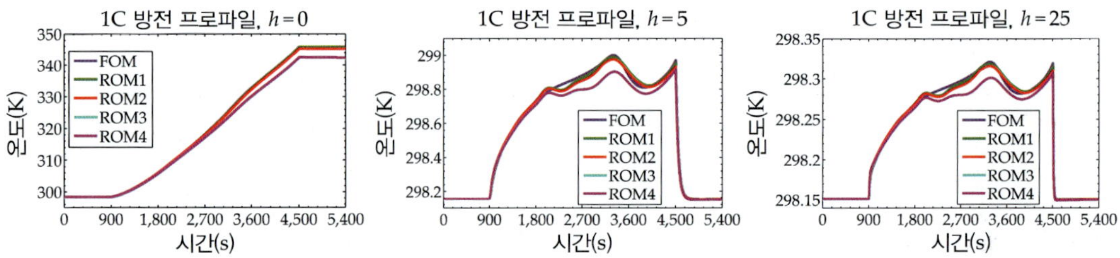

(a) (b) (c)

[그림 7-10] 1C 방전 프로파일과 여러 대류 계수 h 적용 시 결합되지 않은 FOM 및 ROM에 의해 예측된 셀 평균 온도

마지막으로 [그림 7-11]은 균형 충전된 UDDS 테스트의 결과를 나타낸 것이다. 마찬가지로 모든 ROM이 꽤 잘 동작하며, ROM_1은 다른 ROM보다 우수하다. 그러나 이 테스트는 추가적인 복잡성을 정당화하기에는 충분하지 않을 수도 있다.

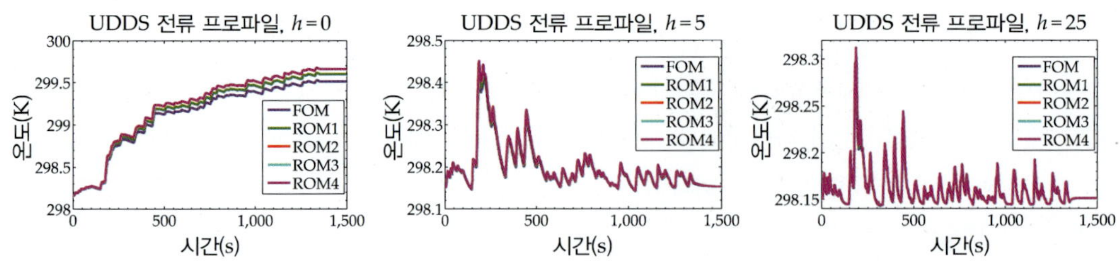

(a) (b) (c)

[그림 7-11] 균형 충전된 UDDS 프로파일과 여러 대류 계수 h 적용 시 결합되지 않은 FOM 및 ROM에 의해 예측된 셀 평균 온도

SECTION 7.10 결합된 모델 결과

이 절에서는 열적 모델의 온도가 샘플 단위로 전기화학적 모델에 피드백되는 전기화학적-열적 모델의 결합을 고려한다. 전기화학적 모델에서 파라미터 값은 식 (7.5)를 통한 아레니우스 관계에 따라 달라진다. 모든 파라미터 값의 기준 온도는 25 ℃ 로 설정되며, 온도 변화량의 기준 값은 [표 6-1]의 표준값이다. 해당 파라미터의 활성화 에너지는 [표 7-2]에 나열되어 있다.

[표 7-2] 결합된 전기화학적-열적 모델 시뮬레이션에 대한 아레니우스 관계의 활성화 에너지

구분	k^{neg}	k^{pos}	D_s^{neg}	D_s^{pos}	D_e	κ
활성화 에너지 $[\text{kJ mol}^{-1}]$	30	30	4	20	10	20

전체 차수 모델의 결과는 COMSOL에서 구현된 전기화학적-열적 결합 모델로부터 도출되었으며, 축소 차수 모델의 결과는 여러 온도-SOC 설정점에서 생성된 ROM을 혼합해 생성되었다. 즉 먼저 식 (7.5)의 아레니우스 방정식을 사용해 다양한 온도 설정점에서 매개변수 값을 찾는다. 그리고 DRA를 오프라인으로 실행해 다양한 충전 상태 및 온도 설정값에서 축소 차수 모델을 생성한다. 그런 다음 셀 모델이 동작하는 동안 전기화학적 모델은 충전 상태를 업데이트하고 열적 모델은 온도를 업데이트한다. 혼합 모델은 실시간으로 사용되는 행렬 $\boldsymbol{A}$, $\boldsymbol{B}$, $\boldsymbol{C}$, $\boldsymbol{D}$를 지속적으로 업데이트한다.

이런 시뮬레이션에 사용된 매개변수 및 프로파일의 경우 대부분의 결합되지 않은 모델 결과와 결합된 결과 간 차이가 거의 없다. 가장 큰 차이는 [그림 7-12]와 같이 전체 1C 방전 프로파일에 대한 단열 ($h = 0$) 케이스에서 나타난다.

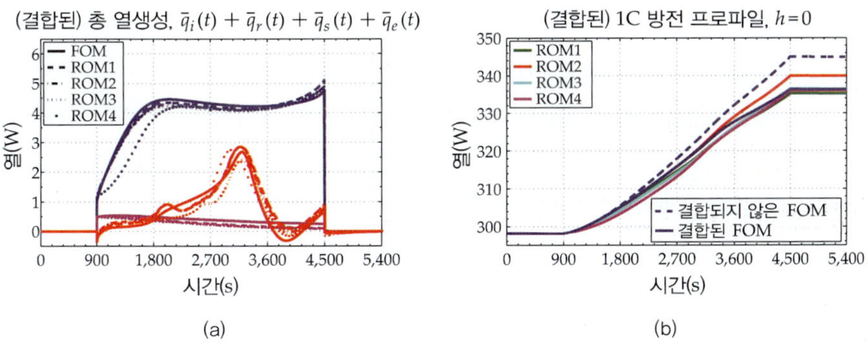

[그림 7-12] 1C 방전 프로파일과 $h = 0$에 대해 결합된 FOM 및 ROM으로 예측된 셀 평균 온도

[그림 7-12(a)]는 결합된 FOM과 ROM의 열생성 사전 예측을 비교한 것이다(결합되지 않은 결과는 [그림 7-8(b)]에 있다). 다시 말하지만 ROM_4를 제외한 모든 ROM이 음극의 열생성을 잘 예측하고 모든 ROM이 분리막의 열생성을 거의 동일하게 예측하며, ROM_1과 ROM_2가 양극의 열생성을 가장 잘 예측한다.

[그림 7-12(b)]는 시간 대비 온도의 변화를 나타낸 것이다(결합되지 않은 결과는 [그림 7-10(a)]에 있다). 이를 통해 두 개의 서로 다른 FOM이 예측한, 결합되지 않은 결과와 결합된 "진실[truth]" 결과 간에 상당한 차이가 있음을 알 수 있다. ROM_1과 ROM_2는 온도 변화를 거의 동일하게 잘 예측하며, ROM_3와 ROM_4는 그다지 우수하지 않더라도 많은 응용 분야에 적합함을 알 수 있다.

SECTION 7.11 결론 및 향후 방향

이제 배터리 모델링에 대한 이 책의 마지막 부분에 도달했다. 앞서 배운 내용들을 정리하며 배터리 모델링에 대한 이해의 폭을 넓혀보자.

- 이 책에서는 경험적인 등가회로 유형 모델을 살펴봤다. 이는 개념적으로나 계산적으로 단순하며, 셀의 입출력 동작을 잘 예측할 수 있다. 또한 모델 학습에 사용된 데이터를 생성한 시나리오와 유사한 시나리오에 대해 셀 전압과 관련된 견고한 시뮬레이션을 제공한다. 표준 배터리 실험실 장비를 사용해 수집한 전압-전류 입출력 데이터를 사용하면 모델 파라미터의 시스템 식별을 똑바로 설정할 수 있다.
- 또한 매우 작은 길이의 스케일에서 리튬 이온 셀의 내부 동적 상태를 설명하는 마이크로스케일의 물리 기반 모델을 도출했다. 이런 모델은 균일한 전극 활성 물질과 전해질에서 질량 및 전하 보존을 각각 시뮬레이션하는 데 직접 적용된다. 이런 모델의 매개변수(예 전도도, 확산도)는 셀을 구성하는 원재료에 대한 전기화학적인 실험을 통해 찾을 수 있다. 다만 마이크로스케일 모델을 사용한 셀 시뮬레이션은 방대한 양의 계산이 필요하므로 실행하기 쉽지 않다.
- 마이크로스케일 모델에서 체적-평균 연속체 스케일 모델을 만드는 방법을 살펴봤다. 이런 모델은 작은 영역에서 전극 및 전해질 내부의 리튬 농도와 전위의 평균 거동(동작[behavior])을 고려한다. 또한 데스크톱 컴퓨터에서 전체 셀을 시뮬레이션하는 데 적합할 정도로 단순화되어 있다. 그러나 임베디드 시스템의 배터리 관리 시스템에서 시뮬레이션을 고려하기에는 여전히 계산적으로 너무 복잡하다.
- 연속체 스케일 모델을 선형화된 전달함수로 변환하는 방법을 살펴보고, 이를 통해 이산시간 구현 알고리즘이 물리 기반의 축소 차수 모델을 계산할 수 있는 방법을 살펴봤다. 이런 모델은 경험적 접근 방식과 물리 기반 접근 방식의 모든 장점이 통합된 것으로, 계산이 간단하고 빠르며 견고하다. 또한 물리학을 사용해 일반적인 동작 체제 밖의 셀 동작을 예측할 수 있고 셀의 전기화학적 내부 변수를 정밀하게 계산할 수 있다. 노화의 예측 및 제어에도 매우 유용하다.
- 마이크로스케일과 연속체 스케일, 그리고 축소 차수 셀 스케일 수준에서 열적인 효과를 연구했다. 물리 기반의 축소 차수 모델은 셀의 열생성 및 온도 변화를 계산하는 데 필요한 모든 조건을 계산할 수 있다. 이는 개루프[open-loop] 시뮬레이션의 충실도를 높이거나 배터리 관리 시스템에서 열 관리 및 제어를 지원하는 데 사용될 수 있다.

이제 이렇게 학습한 이 모델들을 사용할 준비가 되었다. 이번에는 배터리 관리 시스템에 대한 이 시리즈의 두 번째 책에서 다룰 내용에 대해 가볍게 살펴보자. 2권에서는 적절한 배터리 관리 및 제어 문제에 대한 배터리 모델의 실제 적용 사례에 대해 등가회로 유형 모델을 사용하는 방법을 중심으로 학습할 것이다.

- 배터리 관리 시스템과 하드웨어 및 소프트웨어의 요구 사항에 대해 소개한다. 필요한 전자 장치의 종류에 대한 논의도 있지만 소프트웨어 방법 또는 **알고리즘**algorithms에 집중한다.
- 1권에서 살펴본 배터리 셀 모델을 일반화해 상호 연결된 셀로 구성된 배터리 팩을 시뮬레이션하는 방법을 알아본다. 배터리 팩이 연결된 부하를 시뮬레이션하는 방법도 고려한다.
- 셀 모델과 전압-전류-온도 측정 데이터만을 사용해 배터리 팩에 있는 모든 셀의 내부 상태를 추정하는 방법을 살펴본다. 특히 몇 가지의 간단한 방법과 비선형 칼만 필터링에 기반한 몇 가지의 방법을 사용한 충전 상태를 추정하는 것에 집중한다. 실질적인 견고성의 문제와 계산의 복잡성 문제도 다룬다.
- 이 책의 또 다른 절에서는 배터리 팩의 모든 셀에 대한 상태 추정을 고려한다. 저항을 추정하는 것이 "쉬운" 이유와 총 용량을 추정하는 것이 "어려운" 이유를 학습한다. 상태를 추정하는 몇 가지의 간단한 방법을 고려한 다음 총 용량을 추정하기 위한 최적의 방법을 살펴본다.
- 셀 밸런싱, 즉 셀의 균형이 왜 필요하며 어떻게 해야 하는지, 어떤 밸런싱 속도가 필요한지 등을 고려한다.
- 전력 제한 추정에 대해 살펴본다. 먼저 모든 셀을 규정된 전압 동작 범위 내에서 유지하는 것을 기반으로 한 전력 제한을 고려한 뒤 셀 전기화학을 기반으로 한 전력 제한이 어떻게 이런 제한 추정을 크게 개선할 수 있는지 학습한다.

종합 용어집 핵심 용어 및 개념

여기에서는 이 장에서 정의된 가장 중요한 변수에 대한 용어집을 제공한다.

기호	의미	참고 페이지
$c_P\ [\mathrm{J\,kg^{-1}K^{-1}}]$	• 물질의 비열	327
$h\,[\mathrm{W\,m^{-2}K^{-1}}]$	• 경계에서의 열전달을 설명하는 열전달 계수	333
$H_k\ [\mathrm{J\,mol^{-1}}]$	• 물질의 부분 몰 엔탈피	327
$\lambda\,[\mathrm{W\,K^{-1}}]$	• 물질의 열전도도	327
$\Pi\ [\mathrm{V\,K^{-1}}]$	• 물질의 펠티에 계수	330
$q\,[\mathrm{Wm^{-3}}]$	• 열생성 항	332
$\rho\ [\mathrm{kg\,m^{-3}}]$	• 물질의 밀도	327
$T_\infty\ [\mathrm{K}]$	• 주변 온도	333

APPENDIX

슈퍼커패시터

Supercapacitors

SECTION A.1 유사성과 차이점

슈퍼커패시터supercapacitor는 **울트라커패시터**ultracapacitor 또는 전기화학적 이중층 커패시터electrochemical double-layer capacitor, EDLC라고도 하며, 이 책에서 살펴본 리튬 이온 셀과 몇 가지의 유사점을 공유하는 전기화학 에너지 저장장치이다. 슈퍼커패시터는 에너지 밀도가 리튬 이온 셀의 약 10분의 1 수준이지만 전력 밀도는 10배 이상 높다. 또한 대부분의 배터리보다 더 많은 충전과 방전 사이클을 견딜 수 있어 긴 수명과 높은 전력, 낮은 에너지가 필요한 응용 분야에 적합하다.

[그림 A-1]는 슈퍼커패시터의 구조로, 음극과 양극, 집전체, 분리막으로 구성되어 있으며, 리튬 이온 배터리 셀의 구조와 본질적으로 동일하다. 즉, 전극은 작은 입자로 구성되며, 빈 공간은 전해질 용액으로 채워져 있다.

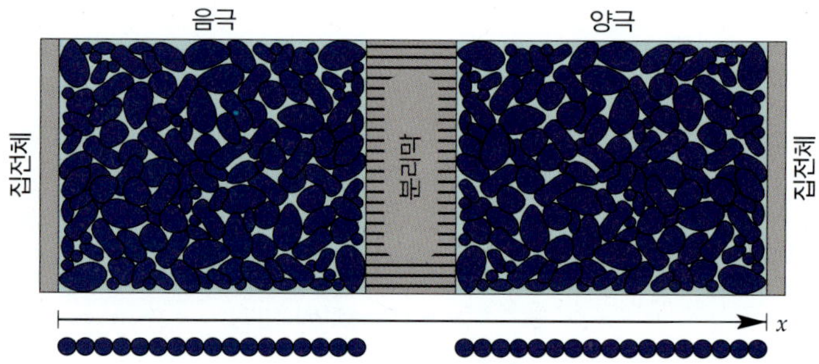

[그림 A-1] 연속체 모델의 관점에서 본 슈퍼커패시터의 개략도

이런 유사성 덕분에 PDE의 전체 차수 모델과 리튬 이온 셀의 이산시간 차수 축소 모델을 개발하기 위해 필요한 수학 공식을 활용할 수 있고 이를 슈퍼커패시터를 이해하는 데에도 적용해 볼 수 있다. 이 부록을 통해 슈퍼커패시터에 대한 추가적인 정보를 배워보자.

SECTION A.2 전하 저장

전하는 두 가지의 메커니즘을 통해 슈퍼커패시터에 저장될 수 있다.

비패러데이 메커니즘

비패러데이nonfaradaic 메커니즘을 사용하면 전하가 전극-전해질 경계를 가로질러 정전기적으로 저장된다. 이때 전극 입자는 양전하 또는 음전하를 띠며, 입자에 매우 근접한 전해질의 이온은 전극 입자와 반대의 전하를 띠게 된다. 입자 표면에서는 화학 반응이 일어나지 않는다.

입자에 인접한 전해질의 영역은 정렬된 전하의 두 개 층을 형성하므로 이 영역을 "이중층"이라고 한다. 전하는 일반적으로 1 nm 미만으로 분리되고 일반적인 커패시터보다 훨씬 작다. 이로 인해 다공성 전극 내부에서 입자의 넓은 표면적과 결합해 매우 높은 정전 용량 값을 제공한다.

[그림 A-2]는 입자와 주변 전해질의 방전 상태와 충전 상태를 나타낸 것이다. 방전된 상태에서는 양전하와 음전하가 무질서하게 흩어져 순전하가 저장되지 않는다. 반면 충전 상태에서는 양전하가 전극 표면에 축적되며, 음전하가 입자 바로 옆의 전해질에 축적된다. 반대의 경우도 마찬가지이다.

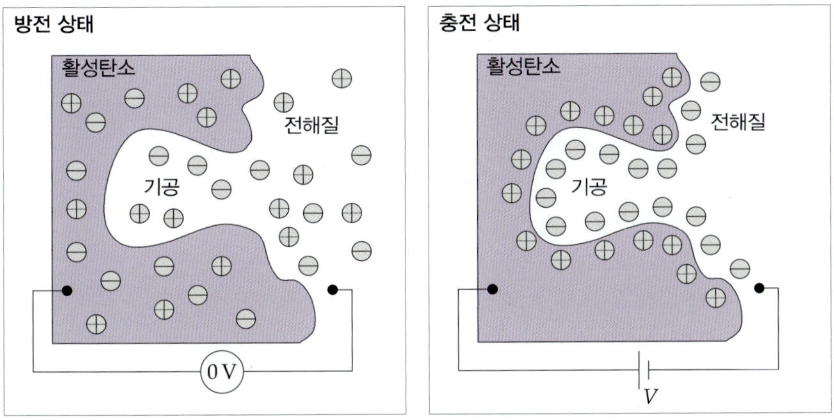

(a) (b)

[그림 A-2] 비패러데이 메커니즘을 통한 전기적 이중층에서의 정전기 전하 저장

패러데이 메커니즘

패러데이faradaic 메커니즘을 사용하면 전하는 전자의 전하 이동을 통해 전기화학적으로 저장된다. 이는 기존 전기화학적 배터리 셀처럼 산화-환원 반응 또는 리튬 이온 배터리 셀처럼 삽입intercalation을 통해 발생할 수 있다. 단, 전하가 정전기적으로 저장되지 않으므로 이는 진정한 커패시터가 아니며, 따라서 이 메커니즘을 **의사 커패시턴스**pseudocapacitance라고 부르기도 한다. 패러데이 메커니즘에서의 슈퍼커패시터는 비패러데이 메커니즘에서의 슈퍼커패시터보다 훨씬 더 많은 전하를 저장할 수 있지만 기대 수명이 짧고 전력 용량이 적다.

현재 판매되는 대부분의 슈퍼커패시터는 전하 저장을 위한 이중층 메커니즘에 의존하는 비패러데이 방식을 사용한다. 일부는 의사 커패시터pseudocapacitor이며, 일부는 하나의 비패러데이 전극과 하나의 패러데이 전극이 있는 하이브리드이다. 일반적으로 양극과 음극은 형태와 구성이 서로 다를 수 있지만 대부분 동일한 경우가 많다. 이중층 커패시터의 전극 입자에 가장 일반적으로 사용되는 물질은 활성탄소이며, 의사 커패시터는 주로 금속 산화물 또는 전도성 폴리머로 구성된 하나 이상의 전극으로 만들어진다.

SECTION A.3 연속체 모델

우리의 목표는 리튬 이온 배터리 셀에서 이미 수행한 것처럼 슈퍼커패시터의 내부 및 외부 동작을 설명하는 방정식을 개발하는 것이다. 마이크로스케일 도출은 생략하고 리튬 이온 배터리 셀에 대한 경험에 유추[analogy]를 적용함으로써 연속체 스케일 모델로 바로 넘어가자. 연속체 모델에서 슈퍼커패시터 내부 변수를 설명하기 위한 전달함수를 개발한 다음 DRA를 사용해 이산시간 상태 공간 근사 모델을 구축할 것이다.

리튬 이온 셀 모델과 마찬가지로 슈퍼커패시터 모델에는 전극 입자의 전위와 전해질의 전위를 설명하는 방정식이 있다. 리튬 이온 배터리 셀과 달리 슈퍼커패시터 모델은 전해질 내부의 전하 운반자의 농도가 일정하다고 가정하므로 전해질 농도 변화 $c_e(x, t)$를 모델링하지 않아도 된다. 삽입을 고려하지 않으므로 전극 농도 $c_{s,e}(x, t)$ 역시 모델링하지 않아도 된다.[1]

이 부록에서 슈퍼커패시터의 연속체 스케일 모델에 대한 유도 방법은 스리니바산[Venkat Srinivasan]과 웨드너[John W. Weidner]의 비패러데이 접근법과 린[Chuan Lin] 등이 고안한 패러데이 접근법의 요소를 결합한다. 단, 이 부록에서는 약간의 차이가 있고 이 책에서 사용한 것과 호환되도록 표기법을 수정하였다.[2] 음극의 양을 먼저 유도한 뒤 양극의 양으로 일반화할 것이므로 먼저 전극을 통과하는 전자 전류와 전해질을 통과하는 이온 전류의 연속체 스케일 모델을 다음과 같이 가정한다.

$$\varepsilon_s^{\text{neg}} \mathbf{i}_s^{\text{neg}}(x, y, z, t) = -\sigma_{\text{eff}}^{\text{neg}} \nabla \phi_s^{\text{neg}}(x, y, z, t) \tag{A.1}$$

$$\varepsilon_e^{\text{neg}} \mathbf{i}_e^{\text{neg}}(x, y, z, t) = -\kappa_{\text{eff}}^{\text{neg}} \nabla \phi_e^{\text{neg}}(x, y, z, t) \tag{A.2}$$

앞선 두 식은 식 (4.14), 식 (4.18)과 유사하다. 그러나 전해질 농도가 균일하다고 가정하므로 농도 구배에 따라 달라지는 식 (4.18)에서 항을 생략한다. 이 식들은 1차원 모델에 특화되어 있으므로 다음과 같이 작성할 수 있다.

$$\varepsilon_s^{\text{neg}} i_s^{\text{neg}}(x, t) = -\sigma_{\text{eff}}^{\text{neg}} \frac{\partial \phi_s^{\text{neg}}(x, t)}{\partial x} \tag{A.3}$$

$$\varepsilon_e^{\text{neg}} i_e^{\text{neg}}(x, t) = -\kappa_{\text{eff}}^{\text{neg}} \frac{\partial \phi_e^{\text{neg}}(x, t)}{\partial x} \tag{A.4}$$

---

1 삽입 패러데이 메커니즘을 가진 의사 커패시터를 고려하려면 6장의 기법을 직접 사용해 모델을 만들 수 있다.

2 비패러데이 접근법과 패러데이 접근법은 각각 관련 문헌을 참고했다. (비패러데이 접근법 : Srinivasan, V., and Weidner, J.W., "Mathematical Modeling of Electrochemical Capacitors", *Journal of the Electrochemical Society*, 146(5), 1999, pp. 1,650-1,658. / 패러데이 접근법 : Lin, C., Ritter, J.A., Popov, B.N., and White, R.E., "A Mathematical Model of an Electrochemical Capacitor with Double-Layer and Faradaic Processes," *Journal of the Electrochemical Society*, 146(9), 1999, pp. 3,168-3,175.)

다음으로 음극에서 정규화된 공간 차원 $z = x / L^{\text{neg}}$를 정의해보자. 먼저 변수를 다음과 같이 변경한다.

$$\varepsilon_s^{\text{neg}} i_s^{\text{neg}}(z, t) = -\frac{\sigma_{\text{eff}}^{\text{neg}}}{L^{\text{neg}}} \frac{\partial \phi_s^{\text{neg}}(z, t)}{\partial z} \tag{A.5}$$

$$\varepsilon_e^{\text{neg}} i_e^{\text{neg}}(z, t) = -\frac{\kappa_{\text{eff}}^{\text{neg}}}{L^{\text{neg}}} \frac{\partial \phi_e^{\text{neg}}(z, t)}{\partial z} \tag{A.6}$$

이때 위치 z의 총 전류는 다음과 같다.

$$\frac{i_{\text{app}}(t)}{A} = \varepsilon_s i_s(z, t) + \varepsilon_e i_e(z, t) \tag{A.7}$$

전극-전류 방정식에는 다음과 같은 경계 조건이 있다.

$$\frac{\sigma_{\text{eff}}^{\text{neg}}}{L^{\text{neg}}} \frac{\partial \phi_s^{\text{neg}}(z, t)}{\partial z}\bigg|_{z=0} = \frac{-i_{\text{app}}(t)}{A}, \qquad \frac{\partial \phi_s^{\text{neg}}(z, t)}{\partial z}\bigg|_{z=1} = 0$$

마찬가지로 전해질-전류 방정식의 경계 조건은 다음과 같다.

$$\frac{\partial \phi_e^{\text{neg}}(z, t)}{\partial z}\bigg|_{z=0} = 0, \qquad \frac{\kappa_{\text{eff}}^{\text{neg}}}{L^{\text{neg}}} \frac{\partial \phi_e(z, t)}{\partial z}\bigg|_{z=1} = \frac{i_{\text{app}}(t)}{A}$$

이제 전극-전해질의 전위차를 $\phi_{s-e}(z, t) = \phi_s(z, t) - \phi_e(z, t)$로 정의하고 경계 조건이 다음과 같음을 확인한다.

$$\frac{\sigma_{\text{eff}}^{\text{neg}}}{L^{\text{neg}}} \frac{\partial \phi_{s-e}^{\text{neg}}(z, t)}{\partial z}\bigg|_{z=0} = \frac{-\kappa_{\text{eff}}^{\text{neg}}}{L^{\text{neg}}} \frac{\partial \phi_{s-e}^{\text{neg}}(z, t)}{\partial z}\bigg|_{z=1} = \frac{-i_{\text{app}}(t)}{A}$$

전해질에서 표면층으로 빠져나가는 전하 선속은 i_n으로 표시되고 균일한 ε_s, ε_e에 대해 다음과 같다.

$$\nabla \cdot (\varepsilon_s i_s) = -a_s i_n \quad \text{또는} \quad \varepsilon_s \frac{\partial i_s}{\partial x} = -a_s i_n \tag{A.8}$$

$$\nabla \cdot (\varepsilon_e i_e) = a_s i_n \quad \text{또는} \quad \varepsilon_e \frac{\partial i_e}{\partial x} = a_s i_n \tag{A.9}$$

i_n은 이중층으로 유입되는 비패러데이 전류 밀도와 표면층의 화학 반응으로 유입되는 패러데이 전류 밀도의 합이다. 이중층은 유추를 적용한 표준 커패시터 방정식을 사용해 다음과 같이 모델링된다.

$$i_{\text{dl}} = C \frac{\partial \phi_{s-e}}{\partial t} \tag{A.10}$$

i_{dl}은 **이중층 전류 밀도**^double-layer current density^이며, C는 활성 물질의 특정 커패시턴스를 나타낸다.

다음으로 패러데이 프로세스를 모델링하기 위해 표면층으로 유입되는 패러데이 전류 밀도 i_f와 표면층에 저장된 **패러데이 전하**faradaic charge Q_f를 정의해 전극 **패러데이 충전 상태**faradaic state of charge θ_f를 다음과 같이 작성한다.

$$\theta_f = \frac{Q_f - Q_{f,0\%}}{Q_{f,100\%} - Q_{f,0\%}}$$

이때 $Q_{f,0\%}$는 완전 방전된, 즉 완전 환원된 전극의 패러데이 전하이고 $Q_{f,100\%}$는 완전 충전된, 즉 완전 산화된 전극의 패러데이 전하이다. 전하량은 $\frac{\partial Q_f}{\partial t} = a_s i_f$에 따라 달라지며, 이때 i_f는 **패러데이 전류 밀도**faradaic current density이다. 이제 버틀러-볼머 방정식을 사용해 i_f의 동적 상태를 모델링한다.

$$i_f = i_0\left[\exp\left(\frac{(1-\alpha)F}{RT}(\phi_{s-e} - U_f(Q_f))\right) - \exp\left(-\frac{\alpha F}{RT}(\phi_{s-e} - U_f(Q_f))\right)\right] \tag{A.11}$$

이때 $U_f(Q_f)$는 패러데이 프로세스의 충전 상태에 따른 휴지 전압을 모델링한다. 모델에서 비패러데이 프로세스가 없다면 C는 0이므로 식 (A.10)에서 $i_{\text{dl}} = 0$이 된다. 마찬가지로 비패러데이 프로세스가 없다면 $i_0 = 0$으로 설정하여 식 (A.11)에서 $i_f = 0$이 되도록 한다.

SECTION A.4 $\tilde{\phi}_{s-e}^{\text{neg}}(z,t)$의 1차원 모델

이 절에서는 슈퍼커패시터의 연속체 PDE 모델에 대한 축소 차수의 이산시간 근사치를 만들고자 한다. 6장에서 사용한 것과 매우 유사한 방식을 사용해 리튬 이온 셀의 ROM을 만들 것이며, PDE를 선형화하고 전달함수를 만드는 것부터 시작할 것이다.

식 (A.11)에서부터 선형화 설정점 $p^* = \{Q_f = Q_0, \phi_{s-e} = \phi_{s-e,0}\}$를 정의하고 다음과 같이 작성한다.

$$i_f \approx \underbrace{i_f(p^*)}_{0} + \left.\frac{\partial i_f}{\partial \phi_{s-e}}\right|_{p^*}(\phi_{s-e} - \phi_{s-e,0}) + \left.\frac{\partial i_f}{\partial Q_f}\right|_{p^*}(Q_f - Q_0)$$

$$i_f \approx \frac{i_0 F}{RT}\tilde{\phi}_{s-e} - \frac{i_0 F}{RT}\left[\left.\frac{\partial U_f}{\partial Q_f}\right|_{Q_0}\right]\tilde{Q}_f$$

이때 $\tilde{\phi}_{s-e} = \phi_{s-e} - \phi_{s-e,0}$ 및 $\tilde{Q}_f = Q_f - Q_0$로 정의한다. 초기 전극-전해질의 전위차는 이중층을 가로지르는 전위와 패러데이 저장으로 인한 전위를 더한 값임을 유의해야 한다. 따라서 $\phi_{s-e,0} = U_{\text{dl},0} + U_f(Q_0)$와 $\tilde{\phi}_{s-e} = \phi_{s-e} - U_{\text{dl},0} - U_f(Q_0)$로 쓸 수 있다.

이제 $\widetilde{\phi}_{s-e}$를 시간 및 라플라스 영역에서 다음과 같이 풀도록 재배열한다.

$$\widetilde{\phi}_{s-e}(z, t) = \frac{RT}{i_0 F} i_f(z, t) + \left[\frac{\partial U_f}{\partial Q_f} \bigg|_{Q_0} \right] \widetilde{Q}_f(z, t)$$

$$\widetilde{\Phi}_{s-e}(z, s) = \frac{RT}{i_0 F} I_f(z, s) + \left[\frac{\partial U_f}{\partial Q_f} \bigg|_{Q_0} \right] \widetilde{Q}_f(z, s)$$

시간 및 라플라스 도메인에는 다음과 같은 조건이 있음을 유의하자.

$$\frac{\partial \widetilde{Q}_f(z, t)}{\partial t} = a_s i_f(z, t), \qquad s \widetilde{Q}_f(z, s) = a_s I_f(z, s)$$

이런 결과들을 결합하면 다음과 같이 작성할 수 있다.

$$\widetilde{\Phi}_{s-e}(z, s) = \left[\frac{RT}{i_0 F} + \frac{a_s}{s} \left[\frac{\partial U_f}{\partial Q_f} \bigg|_{Q_0} \right] \right] I_f(z, s) \tag{A.12}$$

이 방정식에서는 전하 전달 저항 $R_{\text{ct}} = \dfrac{RT}{i_0 F}$를 관찰할 수 있다. 이는 이전에 살펴본 식 (6.3)에서 언급된 리튬 이온 배터리와 전반적인 패러데이 임피던스에 대한 것이다.[3]

$$Z_f = \left[\frac{RT}{i_0 F} + \frac{a_s}{s} \left[\frac{\partial U_f}{\partial Q_f} \bigg|_{Q_0} \right] \right]$$

표면층으로 유입되는 총 전류 밀도는 $i_n(z, t) = i_{\text{dl}}(z, t) + i_f(z, t)$이다. 식 (A.10)과 식 (A.11)을 사용하면 다음과 같이 쓸 수 있다.

$$I_n(z, s) = sC\widetilde{\Phi}_{s-e}(z, s) + \frac{1}{\left[\dfrac{RT}{i_0 F} + \dfrac{a_s}{s} \left[\dfrac{\partial U_f}{\partial Q_f} \bigg|_{Q_0} \right] \right]} \widetilde{\Phi}_{s-e}(z, s) \tag{A.13}$$

식 (A.13)은 전류 분배 방정식이다. 이중층 프로세스의 임피던스는 $Z_{dl} = 1/sC$이며, 패러데이 프로세스의 임피던스는 Z_f이다. 표면층에 유입되는 총 전류 밀도는 앞서 살펴본 두 가지의 메커니즘으로 인해 발생하는 전류 밀도로 나뉜다. 이 결과는 잠시 미뤄두고 식 (A.8)과 식 (A.9)를 다시 살펴보자. 식 (A.9)와 σ_{eff}를 곱한 값에서 식 (A.8)과 κ_{eff}를 곱한 값을 빼면 다음과 같다.

$$a_s(\kappa_{\text{eff}} + \sigma_{\text{eff}}) i_n = -\kappa_{\text{eff}} \varepsilon_s \frac{\partial i_s}{\partial x} + \sigma_{\text{eff}} \varepsilon_e \frac{\partial i_e}{\partial x}$$

---

3 만약 패러데이 프로세스가 없다면 Z_f는 무한하다. 앞으로 살펴볼 방정식에서 극한의 $i_0 = 0$과 $\partial U_f / \partial Q_f = \infty$으로 설정하면 이를 달성할 수 있다.

그런 다음 식 (A.3)과 식 (A.4)에 의해 다음과 같이 쓸 수 있다.

$$a_s(\kappa_{\rm eff}+\sigma_{\rm eff})i_n=\kappa_{\rm eff}\sigma_{\rm eff}\frac{\partial^2\phi_s}{\partial x^2}-\kappa_{\rm eff}\sigma_{\rm eff}\frac{\partial^2\phi_e}{\partial x^2}$$

$$=\kappa_{\rm eff}\sigma_{\rm eff}\frac{\partial^2\tilde{\phi}_{s-e}}{\partial x^2}$$

좌표계 x에서 좌표계 z로 변경하면 앞선 식은 다음과 같이 주어진다.

$$a_s(\kappa_{\rm eff}+\sigma_{\rm eff})i_n=\frac{\kappa_{\rm eff}\sigma_{\rm eff}}{L^2}\frac{\partial^2\tilde{\phi}_{s-e}}{\partial z^2}$$

라플라스 변환을 적용하면 다음과 같은 결과를 얻을 수 있다.

$$a_s(\kappa_{\rm eff}+\sigma_{\rm eff})I_n(z,s)=\frac{\kappa_{\rm eff}\sigma_{\rm eff}}{L^2}\frac{\partial^2\tilde{\Phi}_{s-e}(z,s)}{\partial z^2} \tag{A.14}$$

식 (A.13)과 식 (A.14)를 결합하면 다음과 같다.

$$\frac{a_sL^2(\kappa_{\rm eff}+\sigma_{\rm eff})}{\kappa_{\rm eff}\sigma_{\rm eff}}\left(sC+\left[\frac{RT}{i_0F}+\frac{a_s}{s}\left[\frac{\partial U_f}{\partial Q_f}\bigg|_{Q_0}\right]\right]^{-1}\right)\tilde{\Phi}_{s-e}(z,s)=\frac{\partial^2\tilde{\Phi}_{s-e}(z,s)}{\partial z^2}$$

음극에 대해 정의하면 다음과 같이 쓸 수 있다.[4]

$$\nu^{\rm neg}(s)=L^{\rm neg}\sqrt{\frac{a_s^{\rm neg}}{\kappa_{\rm eff}^{\rm neg}}+\frac{a_s^{\rm neg}}{\sigma_{\rm eff}^{\rm neg}}}$$

$$\times\sqrt{s{\rm C}^{\rm neg}+\left[\frac{RT}{i_0^{\rm neg}F}+\frac{a_s^{\rm neg}}{s}\left[\frac{\partial U_f^{\rm neg}}{\partial Q_f^{\rm neg}}\bigg|_{Q_0^{\rm neg}}\right]\right]^{-1}}$$

그러면 다음과 같다.

$$\frac{\partial^2\tilde{\Phi}_{s-e}(z,s)}{\partial z^2}-\nu^2(s)\tilde{\Phi}_{s-e}(z,s)=0 \tag{A.15}$$

이 PDE에 대한 일반적인 해결책은 다음과 같다. 이때 k_1과 k_2는 경계 조건을 만족하도록 선택된다.

---

4 이 식은 $\nu^2(s)=L^2\left(\frac{a_s}{\kappa_{\rm eff}}+\frac{a_s}{\sigma_{\rm eff}}\right)\Big/\left(\frac{1}{{\rm Z}_{\rm dl}^{-1}+{\rm Z}_f^{-1}}\right)$과 같이 재배치할 수 있다. 우리는 이 식의 분자가 배터리 셀의 $\nu^2(s)$와 같은 형태임을 알아야 한다. 이 식의 분모는 패러데이 프로세스의 임피던스와 병렬로 연결된 커패시터의 일반화된 임피던스이다. 따라서 $\nu^2(s)$는 배터리에 대한 기본 해석이 동일하며, x 차원 전극의 임피던스와 r 차원 전극의 임피던스의 비율(이 경우 이중층/패러데이 프로세스의 충전 임피던스)이다.

$$\widetilde{\Phi}_{s-e}(z,\ s) = k_1 \cosh(\nu(s)z) + k_2 \sinh(\nu(s)z)$$

경계 조건은 그라디언트로 표현되므로 다음과 같이 미분한다.

$$\frac{\partial \widetilde{\Phi}_{s-e}(z,\ s)}{\partial z} = k_1 \nu(s) \sinh(\nu(s)z) + k_2 \nu(s) \cosh(\nu(s)z)$$

이는 $z=0$의 경계 조건에서 다음과 같이 계산된다.

$$\frac{\sigma_{\mathrm{eff}}}{L} \frac{\partial \widetilde{\Phi}_{s-e}(z,\ s)}{\partial z}\bigg|_{z=0} = \frac{\sigma_{\mathrm{eff}}}{L} k_2 \nu(s) = \frac{-I_{\mathrm{app}}(s)}{A}$$

$$k_2 = \frac{-I_{\mathrm{app}}(s)L}{A\sigma_{\mathrm{eff}}\nu(s)}$$

$z=1$의 경계 조건에서는 다음과 같이 계산된다.

$$\frac{-\kappa_{\mathrm{eff}}}{L} \frac{\partial \widetilde{\Phi}_{s-e}(z,\ s)}{\partial z}\bigg|_{z=1} = \frac{-\kappa_{\mathrm{eff}}}{L}\left[k_1 \nu(s) \sinh(\nu(s)) - \frac{I_{\mathrm{app}}(s)L}{A\sigma_{\mathrm{eff}}} \cosh(\nu(s))\right]$$

$$\frac{-I_{\mathrm{app}}(s)}{A} = \frac{-\kappa_{\mathrm{eff}}}{L}\left[k_1 \nu(s) \sinh(\nu(s)) - \frac{I_{\mathrm{app}}(s)L}{A\sigma_{\mathrm{eff}}} \cosh(\nu(s))\right]$$

$$k_1 \nu(s) \sinh(\nu(s)) = \frac{I_{\mathrm{app}}(s)L}{A\kappa_{\mathrm{eff}}}\left[1 + \frac{\kappa_{\mathrm{eff}}}{\sigma_{\mathrm{eff}}} \cosh(\nu(s))\right]$$

$$k_1 = \frac{I_{\mathrm{app}}(s)L}{A\nu(s)\sinh(\nu(s))}\left[\frac{1}{\kappa_{\mathrm{eff}}} + \frac{1}{\sigma_{\mathrm{eff}}} \cosh(\nu(s))\right]$$

이 식들은 배터리에 대한 전개에서 식 (6.10)과 식 (6.11)과 정확히 동일함을 유의하자. k_1과 k_2의 값을 $\widetilde{\Phi}_{s-e}(z,\ s)$에 대입하면 다음과 같다.

$$\widetilde{\Phi}_{s-e}(z,\ s) = \frac{I_{\mathrm{app}}(s)L}{A\nu(s)\sinh(\nu(s))}\left[\frac{1}{\kappa_{\mathrm{eff}}} + \frac{1}{\sigma_{\mathrm{eff}}} \cosh(\nu(s))\right] \cosh(\nu(s)z) + \frac{-I_{\mathrm{app}}(s)L}{A\sigma_{\mathrm{eff}}\nu(s)} \sinh(\nu(s)z)$$

$$\frac{\widetilde{\Phi}_{s-e}(z,\ s)}{I_{\mathrm{app}}(s)} = \frac{L}{A\nu(s)\sinh(\nu(s))}\left[\frac{1}{\kappa_{\mathrm{eff}}} \cosh(\nu(s)z) + \frac{1}{\sigma_{\mathrm{eff}}}(\cosh(\nu(s))\cosh(\nu(s)z) - \sinh(\nu(s))\sinh(\nu(s)z))\right]$$

몇 가지의 삼각법 조작을 통해 다음과 같은 최종 형태를 얻을 수 있다.

$$\frac{\widetilde{\Phi}_{s-e}^{\text{neg}}(z,s)}{I_{\text{app}}(s)} = L^{\text{neg}} \frac{\sigma_{\text{eff}}^{\text{neg}} \cosh(\nu^{\text{neg}}(s)z) + \kappa_{\text{eff}}^{\text{neg}} \cosh(\nu^{\text{neg}}(s)(z-1))}{A\sigma_{\text{eff}}^{\text{neg}} \kappa_{\text{eff}}^{\text{neg}} \nu^{\text{neg}}(s) \sinh(\nu^{\text{neg}}(s))} \tag{A.16}$$

이는 식 (6.12)에서 살펴본 것처럼 리튬 이온 셀과 정확히 같은 형태이지만 $\nu(s)$에 대한 정의는 다르다.

SECTION A.5 $\tilde{\phi}_s^{\text{neg}}(z,t)$의 1차원 모델

$\phi_s^{\text{neg}}(z,t)$의 전달함수를 구하려면 먼저 $i_s^{\text{neg}}(z,t)$에 대한 전달함수를 구해야 한다. 식 (A.5)에 κ_{eff}를 곱하는 것부터 시작하자.

$$\varepsilon_s \kappa_{\text{eff}} i_s(z,t) = -\frac{\kappa_{\text{eff}}\sigma_{\text{eff}}}{L} \frac{\partial \phi_s(z,t)}{\partial z}$$

이제 식 (A.7)에 식 (A.6)을 대입한 뒤 σ_{eff}를 곱하면 다음과 같이 계산된다.

$$\sigma_{\text{eff}} \frac{i_{\text{app}}(t)}{A} = \varepsilon_s \sigma_{\text{eff}} i_s(z,t) - \frac{\kappa_{\text{eff}}\sigma_{\text{eff}}}{L} \frac{\partial \phi_e(z,t)}{\partial z}$$

이 두 방정식을 더하면 다음과 같다.

$$\varepsilon_s(\kappa_{\text{eff}} + \sigma_{\text{eff}}) i_s(z,t) = \sigma_{\text{eff}} \frac{i_{\text{app}}(t)}{A} + \frac{\kappa_{\text{eff}}\sigma_{\text{eff}}}{L} \frac{\partial \phi_{s-e}(z,t)}{\partial z}$$

라플라스 변환을 사용해 다음과 같이 작성한다.

$$\varepsilon_s I_s(z,s) = \frac{\sigma_{\text{eff}}}{\kappa_{\text{eff}} + \sigma_{\text{eff}}} \frac{I_{\text{app}}(s)}{A} + \frac{1}{L}\left(\frac{\kappa_{\text{eff}}\sigma_{\text{eff}}}{\kappa_{\text{eff}} + \sigma_{\text{eff}}}\right) \frac{\partial \widetilde{\Phi}_{s-e}(z,s)}{\partial z}$$

식 (A.16)을 대입하고 Mathematica를 사용해 기호 조작[manipulation]을 수행하면 다음과 같은 전달함수를 얻을 수 있다.

$$\begin{aligned}\varepsilon_s \frac{I_s^{\text{neg}}(z,s)}{I_{\text{app}}(s)} &= \frac{\kappa_{\text{eff}}^{\text{neg}} \sinh(\nu^{\text{neg}}(s)(1-z)) - \sigma_{\text{eff}}^{\text{neg}} \sinh(\nu^{\text{neg}}(s)z)}{A(\kappa_{\text{eff}}^{\text{neg}} + \sigma_{\text{eff}}^{\text{neg}}) \sinh(\nu^{\text{neg}}(s))} \\ &\quad + \frac{\sigma_{\text{eff}}^{\text{neg}}}{A(\kappa_{\text{eff}}^{\text{neg}} + \sigma_{\text{eff}}^{\text{neg}})}\end{aligned} \tag{A.17}$$

이제 식 (A.5)에서 시작하면 다음과 같이 작성할 수 있다.

$$\frac{\partial \phi_s(z, t)}{\partial z} = -\frac{L\varepsilon_s}{\sigma_{\text{eff}}} i_s(z, t)$$

$$\phi_s(z, t) - \phi_s(0, t) = -\frac{L\varepsilon_s}{\sigma_{\text{eff}}} \int_0^z i_s(\zeta, t)\,\mathrm{d}\zeta$$

$\tilde{\phi}_s(z,t) = \phi_s(z, t) - \phi_s(0, t)$로 정의하면 음극에서는 $\phi_s(z, t) = \tilde{\phi}_s(z, t)$이고 양극에서는 $\phi_s(z, t) = \tilde{\phi}_s(z, t) + v(t)$이다.

$$\tilde{\phi}_s(z, t) = -\frac{L\varepsilon_s}{\sigma_{\text{eff}}} \int_0^z i_s(\zeta, t)\,\mathrm{d}\zeta$$

$$\tilde{\Phi}_s(z, s) = -\frac{L\varepsilon_s}{\sigma_{\text{eff}}} \int_0^z I_s(\zeta, s)\,\mathrm{d}\zeta$$

식 (A.17)을 대입하고 단순화하면 다음과 같다.

$$\begin{aligned}\frac{\tilde{\Phi}_s^{\text{neg}}(z, s)}{I_{\text{app}}(s)} &= -L^{\text{neg}} \frac{\sigma_{\text{eff}}^{\text{neg}} + \kappa_{\text{eff}}^{\text{neg}} \cosh(\nu^{\text{neg}}(s)) + z\nu^{\text{neg}}(s)\sigma_{\text{eff}}^{\text{neg}} \sinh(\nu^{\text{neg}}(s))}{A\sigma_{\text{eff}}^{\text{neg}}(\kappa_{\text{eff}}^{\text{neg}} + \sigma_{\text{eff}}^{\text{neg}})\nu^{\text{neg}}(s)\sinh(\nu^{\text{neg}}(s))} \\ &\quad + L^{\text{neg}} \frac{\sigma_{\text{eff}}^{\text{neg}} \cosh(\nu^{\text{neg}}(s)z) + \kappa_{\text{eff}}^{\text{neg}} \cosh(\nu^{\text{neg}}(s)(1-z))}{A\sigma_{\text{eff}}^{\text{neg}}(\kappa_{\text{eff}}^{\text{neg}} + \sigma_{\text{eff}}^{\text{neg}})\nu^{\text{neg}}(s)\sinh(\nu^{\text{neg}}(s))}\end{aligned} \tag{A.18}$$

이는 식 (6.19)에서 살펴본 것처럼 리튬 이온 셀과 정확히 동일한 형태이다. 그러나 $\nu(s)$에 대한 정의는 다름을 유의하자.

SECTION A.6 $\tilde{\phi}_e^{\text{neg}}(z, t)$의 1차원 모델

$\phi_e^{\text{neg}}(z, t)$에 대한 전달함수를 구하려면 먼저 $i_e^{\text{neg}}(z, t)$에 대한 전달함수를 구해야 한다. 식 (A.7)을 재배열하면 $\varepsilon_e i_e(z, t) = \frac{i_{\text{app}}(t)}{A} - \varepsilon_s i_s(z, t)$이며, 정리하면 다음과 같다.

$$\varepsilon_e \frac{I_e^{\text{neg}}(z, s)}{I_{\text{app}}(s)} = \frac{1}{A} - \varepsilon_s \frac{I_s^{\text{neg}}(z, s)}{I_{\text{app}}(s)}$$

식 (A.17)을 대입하고 단순화하면 다음과 같이 쓸 수 있다.

$$\varepsilon_e \frac{I_e^{\text{neg}}(z,s)}{I_{\text{app}}(s)} = \frac{\sigma_{\text{eff}}^{\text{neg}} \sinh(\nu^{\text{neg}}(s)z) - \kappa_{\text{eff}}^{\text{neg}} \sinh(\nu^{\text{neg}}(s)(1-z))}{A(\kappa_{\text{eff}}^{\text{neg}} + \sigma_{\text{eff}}^{\text{neg}})\sinh(\nu^{\text{neg}}(s))} + \frac{\kappa_{\text{eff}}^{\text{neg}}}{A(\kappa_{\text{eff}}^{\text{neg}} + \sigma_{\text{eff}}^{\text{neg}})} \tag{A.19}$$

전극에서 $\phi_e(z,t)$를 구하기 위해 다음과 같이 작성한다.

$$\begin{aligned}\phi_e(z,t) &= \phi_s(z,t) - \phi_{s-e}(z,t) \\ &= \tilde{\phi}_s(z,t) + \phi_s(0,t) - \tilde{\phi}_{s-e}(z,t) - U_{\text{dl},0} - U_f(Q_0)\end{aligned}$$

이제 다음과 같이 식을 정의한다.

$$\tilde{\phi}_e(z,t) = \phi_e(z,t) - \phi_s(0,t) + U_{\text{dl},0} + U_f(Q_0) \tag{A.20}$$

식 (A.20)을 정의했다면 다음과 같이 쓸 있다.

$$\frac{\tilde{\Phi}_e(z,s)}{I_{\text{app}}(s)} = \frac{\tilde{\Phi}_s(z,s)}{I_{\text{app}}(s)} - \frac{\tilde{\Phi}_{s-e}(z,s)}{I_{\text{app}}(s)}$$

식에 대입하고 단순화하면 다음과 같은 결과를 얻을 수 있다.

$$\frac{\tilde{\Phi}_e^{\text{neg}}(z,s)}{I_{\text{app}}(s)} = -L^{\text{neg}} \frac{(\kappa_{\text{eff}}^{\text{neg}})^2 \cosh(\nu^{\text{neg}}(s)) + (\sigma_{\text{eff}}^{\text{neg}})^2 \cosh(\nu^{\text{neg}}(s)z)}{A\sigma_{\text{eff}}^{\text{neg}} \kappa_{\text{eff}}^{\text{neg}} (\kappa_{\text{eff}}^{\text{neg}} + \sigma_{\text{eff}}^{\text{neg}})\nu^{\text{neg}}(s)\sinh(\nu^{\text{neg}}(s))} - L^{\text{neg}} \frac{1 + \cosh(\nu^{\text{neg}}(s)(1-z)) + z\nu^{\text{neg}}(s)\sinh(\nu^{\text{neg}}(s))}{A(\kappa_{\text{eff}}^{\text{neg}} + \sigma_{\text{eff}}^{\text{neg}})\nu^{\text{neg}}(s)\sinh(\nu^{\text{neg}}(s))} \tag{A.21}$$

SECTION A.7 양극 변수 $\tilde{\phi}_{s-e}^{\text{pos}}$, $\tilde{\phi}_s^{\text{pos}}$ 및 $\tilde{\phi}_s^{\text{pos}}$

리튬 이온 셀 모델에 사용한 것과 동일한 접근 방식을 따르면 모든 양극 전하 전달함수는 다음을 제외하고 음극 대응물과 형태가 동일하다.

❶ $\nu^{\text{neg}}(s)$ 대신 $\nu^{\text{pos}}(s)$를 사용한다.

❷ L^{neg}, a_s^{neg}, $\kappa_{\text{eff}}^{\text{neg}}$, $\sigma_{\text{eff}}^{\text{neg}}$ 등 대신 L^{pos}, a_s^{pos}, $\kappa_{\text{eff}}^{\text{pos}}$, $\sigma_{\text{eff}}^{\text{pos}}$ 등을 사용한다.

❸ 전달함수에 -1을 곱한다.

따라서 양극에서의 임피던스 비율과 전달함수는 다음과 같다.

$$\nu^{\text{pos}}(s) = L^{\text{pos}}\sqrt{\frac{a_s^{\text{pos}}}{\kappa_{\text{eff}}^{\text{pos}}} + \frac{a_s^{\text{pos}}}{\sigma_{\text{eff}}^{\text{pos}}}} \times \sqrt{s\text{C}^{\text{pos}} + \left[\frac{RT}{i_0^{\text{pos}}F} + \frac{a_s^{\text{pos}}}{s}\left[\left.\frac{\partial U_f^{\text{pos}}}{\partial Q_f^{\text{pos}}}\right|_{Q_0^{\text{pos}}}\right]\right]^{-1}}$$

$$\frac{\widetilde{\Phi}_{s-e}^{\text{pos}}(z,s)}{I_{\text{app}}(s)} = -L^{\text{pos}}\frac{\sigma_{\text{eff}}^{\text{pos}}\cosh(\nu^{\text{pos}}(s)z) + \kappa_{\text{eff}}^{\text{pos}}\cosh(\nu^{\text{pos}}(s)(z-1))}{A\sigma_{\text{eff}}^{\text{pos}}\kappa_{\text{eff}}^{\text{pos}}\nu^{\text{pos}}(s)\sinh(\nu^{\text{pos}}(s))} \tag{A.22}$$

$$\frac{\widetilde{\Phi}_{s}^{\text{pos}}(z,s)}{I_{\text{app}}(s)} = L^{\text{pos}}\frac{\sigma_{\text{eff}}^{\text{pos}} + \kappa_{\text{eff}}^{\text{pos}}\cosh(\nu^{\text{pos}}(s)) + z\nu^{\text{pos}}(s)\sigma_{\text{eff}}^{\text{pos}}\sinh(\nu^{\text{pos}}(s))}{A\sigma_{\text{eff}}^{\text{pos}}(\kappa_{\text{eff}}^{\text{pos}} + \sigma_{\text{eff}}^{\text{pos}})\nu^{\text{pos}}(s)\sinh(\nu^{\text{pos}}(s))} - L^{\text{pos}}\frac{\sigma_{\text{eff}}^{\text{pos}}\cosh(\nu^{\text{pos}}(s)z) + \kappa_{\text{eff}}^{\text{pos}}\cosh(\nu^{\text{pos}}(s)(1-z))}{A\sigma_{\text{eff}}^{\text{pos}}(\kappa_{\text{eff}}^{\text{pos}} + \sigma_{\text{eff}}^{\text{pos}})\nu^{\text{pos}}(s)\sinh(\nu^{\text{pos}}(s))} \tag{A.23}$$

$$\frac{\widetilde{\Phi}_{e}^{\text{pos}}(z,s)}{I_{\text{app}}(s)} = L^{\text{pos}}\frac{(\kappa_{\text{eff}}^{\text{pos}})^2\cosh(\nu^{\text{pos}}(s)) + (\sigma_{\text{eff}}^{\text{pos}})^2\cosh(\nu^{\text{pos}}(s)z)}{A\sigma_{\text{eff}}^{\text{pos}}\kappa_{\text{eff}}^{\text{pos}}(\kappa_{\text{eff}}^{\text{pos}} + \sigma_{\text{eff}}^{\text{pos}})\nu^{\text{pos}}(s)\sinh(\nu^{\text{pos}}(s))} + L^{\text{pos}}\frac{1 + \cosh(\nu^{\text{pos}}(s)(1-z)) + z\nu^{\text{pos}}(s)\sinh(\nu^{\text{pos}}(s))}{A(\kappa_{\text{eff}}^{\text{pos}} + \sigma_{\text{eff}}^{\text{pos}})\nu^{\text{pos}}(s)\sinh(\nu^{\text{pos}}(s))} \tag{A.24}$$

SECTION A.8 슈퍼커패시터 전압

[그림 A-3]은 장치가 정전류 충전 프로파일을 적용하는 동안의 슈퍼커패시터 내부 전위이다. 슈퍼커패시터의 전압 신호를 계산하기 위해 이미 구현한 식을 어떻게 사용할 수 있는지 확인할 수 있다.

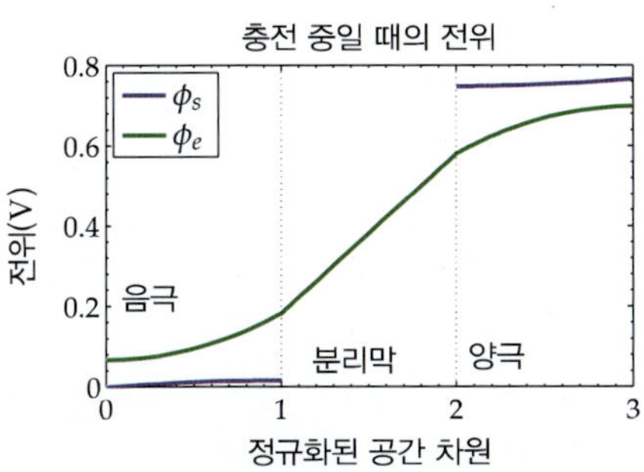

[그림 A-3] 충전하는 동안의 슈퍼커패시터 내부 전위

전체 슈퍼커패시터의 전압은 장치의 모든 영역에 걸친 전압의 합으로 쓸 수 있다는 점에 유의하자. 즉 $v(t) = v^{\text{neg}}(t) + v^{\text{sep}}(t) + v^{\text{pos}}(t)$이며, 다음과 같이 쓸 수 있다.

$$v^{\text{neg}}(t) = \phi_e^{\text{neg}}(1, t) - \underbrace{\phi_s^{\text{neg}}(0, t)}_{0}$$

$$= \widetilde{\phi}_e^{\text{neg}}(1, t) + \underbrace{\phi_s^{\text{neg}}(0, t)}_{0} - U_{\text{dl},0}^{\text{neg}} - U_f^{\text{neg}}(Q_0^{\text{neg}})$$

이는 식 (A.20)을 대입한 것이다. 마찬가지로 식 (A.20)을 다시 대입하면 다음과 같다.

$$v^{\text{pos}}(t) = \phi_s^{\text{pos}}(0, t) - \phi_e^{\text{pos}}(1, t) = -\widetilde{\phi}_e^{\text{pos}}(1, t) + U_{\text{dl},0}^{\text{pos}} + U_f^{\text{pos}}(Q_0^{\text{pos}})$$

마지막으로 분리막에 대한 식은 다음과 같다.

$$v^{\text{sep}}(t) = -i_{\text{app}}(t)\frac{L^{\text{sep}}}{A\kappa_{\text{eff}}^{\text{sep}}}$$

앞선 식들을 정리하면 다음과 같이 $v(t)$를 정의할 수 있다.

$$v(t) = \widetilde{\phi}_e^{\text{neg}}(1, t) - \widetilde{\phi}_e^{\text{pos}}(1, t) - i_{\text{app}}(t)\frac{L^{\text{sep}}}{A\kappa_{\text{eff}}^{\text{sep}}}$$

$$- U_f^{\text{neg}}(Q_0^{\text{neg}}) + U_f^{\text{pos}}(Q_0^{\text{pos}}) - U_{\text{dl},0}^{\text{neg}} + U_{\text{dl},0}^{\text{pos}}$$

비편향된 전압을 정의하면 다음과 같다.

$$\widetilde{v}(t) = \widetilde{\phi}_e^{\text{neg}}(1, t) - \widetilde{\phi}_e^{\text{pos}}(1, t) - i_{\text{app}}(t)\frac{L^{\text{sep}}}{A\kappa_{\text{eff}}^{\text{sep}}}$$

이를 바탕으로 슈퍼커패시터 전압에 대한 전달함수를 만들 수 있다. 이때 전해질 전위를 계산하기 위해 식 (A.21)과 식 (A.24)의 전달함수를 재사용하고 $z = 1$에서 평가한다.

$$\frac{\widetilde{V}(s)}{I_{\text{app}}(s)} = \frac{\widetilde{\Phi}_e^{\text{neg}}(1, s)}{I_{\text{app}}(s)} - \frac{\widetilde{\Phi}_e^{\text{pos}}(1, s)}{I_{\text{app}}(s)} - \frac{L^{\text{sep}}}{A\kappa_{\text{eff}}^{\text{sep}}}$$

SECTION A.9 전체 차수 모델 구현

식 (A.1)부터 식 (A.11)을 떠올려보면 COMSOL 또는 유사한 PDE 솔버에서 구현하기 적합한 PDE를 구성할 수 있다. 식 (A.8)과 식 (A.1)에서부터 시작하자.

$$\nabla \cdot (\varepsilon_s i_s) = -a_s i_n$$

$$\nabla \cdot (\sigma_{\text{eff}} \nabla \phi_s) = a_s i_n$$

식 (A.10)과 식 (A.11)을 통해 $i_n = i_{\text{dl}} + i_f$로 대입하면 다음과 같다.

$$i_n = C\left[\frac{\partial \phi_s}{\partial t} - \frac{\partial \phi_e}{\partial t}\right] + i_0\left[\exp\left(\frac{(1-\alpha)F}{RT}(\phi_{s-e} - U_f(Q_f))\right)\right.$$
$$\left. - \exp\left(-\frac{\alpha F}{RT}(\phi_{s-e} - U_f(Q_f))\right)\right]$$

이는 다음의 전체적인 관계를 산출하기 위함이다. 이때 발산 및 그라디언트 연산자는 정규화된 길이 z에 대한 것이다.

$$\frac{\partial \phi_s}{\partial t} = \frac{\nabla \cdot (\sigma_{\text{eff}} \nabla \phi_s)}{a_s C L^2} + \frac{\partial \phi_e}{\partial t} - \frac{i_0}{C}\left[\exp\left(\frac{(1-\alpha)F}{RT}(\phi_{s-e} - U_f(Q_f))\right)\right.$$
$$\left. - \exp\left(-\frac{\alpha F}{RT}(\phi_{s-e} - U_f(Q_f))\right)\right]$$

이번에는 앞서 진행했던 것과 비슷한 단계를 통해 ϕ_e에 대한 PDE를 구할 것이다. 식 (A.9)와 식 (A.2)로 시작하자.

$$\nabla \cdot (\varepsilon_s i_e) = a_s i_n$$

$$\nabla \cdot (\kappa_{\text{eff}} \nabla \phi_e) = -a_s i_n$$

$i_n = i_{\text{dl}} + i_f$로 대입해 전체적인 관계를 구한다.

$$\frac{\partial \phi_e}{\partial t} = \frac{\nabla \cdot (\kappa_{\text{eff}} \nabla \phi_e)}{a_s C L^2} + \frac{\partial \phi_s}{\partial t} + \frac{i_0}{\mathrm{C}}\left[\exp\left(\frac{(1-\alpha)F}{RT}(\phi_{s-e} - U_f(Q_f))\right)\right.$$
$$\left. - \exp\left(-\frac{\alpha F}{RT}(\phi_{s-e} - U_f(Q_f))\right)\right]$$

발산 및 그라디언트 연산자는 마찬가지로 정규화된 길이 z에 대한 것이다. 음극의 경계 조건에서 집전체에서는 $\frac{i_{\text{app}}(t)}{A} = \varepsilon_s^{\text{neg}} i_s^{\text{neg}}(0, t) = -\sigma_{\text{eff}}^{\text{neg}} \nabla \phi_s^{\text{neg}}(0, t)$임을 알고 있다. 따라서 다음과 같다.

$$\left.\frac{\partial \phi_s^{\text{neg}}(x,t)}{\partial x}\right|_{x=0} = -\frac{i_{\text{app}}(t)}{\sigma_{\text{eff}}^{\text{neg}} A} \quad \text{또는} \quad \left.\frac{\partial \phi_s^{\text{neg}}(z,t)}{\partial z}\right|_{z=0} = -\frac{i_{\text{app}}(t) L^{\text{neg}}}{\sigma_{\text{eff}}^{\text{neg}} A}$$

또한 $\varepsilon_e^{\text{neg}} i_e^{\text{neg}}(0,t) = 0 = -\kappa_{\text{eff}}^{\text{neg}} \nabla \phi_e^{\text{neg}}(0,t)$임을 알고 있으므로 다음과 같다.

$$\left.\frac{\partial \phi_e^{\text{neg}}(x,t)}{\partial x}\right|_{x=0} = \left.\frac{\partial \phi_e^{\text{neg}}(z,t)}{\partial z}\right|_{z=0} = 0$$

분리막의 경계 조건에서는 다음과 같다.

$$\frac{i_{\text{app}}(t)}{A} = \varepsilon_e^{\text{neg}} i_e^{\text{neg}}(L^{\text{neg}},t) = -\kappa_{\text{eff}}^{\text{neg}} \nabla \phi_e^{\text{neg}}(L^{\text{neg}},t)$$

이를 바탕으로 다음의 관계를 도출할 수 있다.

$$\left.\frac{\partial \phi_e^{\text{neg}}(x,t)}{\partial x}\right|_{x=L^{\text{neg}}} = -\frac{i_{\text{app}}(t)}{\kappa_{\text{eff}}^{\text{neg}} A} \quad \text{또는} \quad \left.\frac{\partial \phi_e^{\text{neg}}(z,t)}{\partial z}\right|_{z=1} = -\frac{i_{\text{app}}(t) L^{\text{neg}}}{\kappa_{\text{eff}}^{\text{neg}} A}$$

또한 $\varepsilon_s^{\text{neg}} i_s^{\text{neg}}(L^{\text{neg}},t) = 0 = -\sigma_{\text{eff}}^{\text{neg}} \nabla \phi_s^{\text{neg}}(L^{\text{neg}},t)$이므로 다음 식을 구할 수 있다.

$$\left.\frac{\partial \phi_s^{\text{neg}}(x,t)}{\partial x}\right|_{x=L^{\text{neg}}} = \left.\frac{\partial \phi_s^{\text{neg}}(z,t)}{\partial z}\right|_{z=1} = 0$$

양극에서는 경계 조건에 -1을 곱하고 "neg" 매개변수 및 변수를 "pos" 등가물로 교체해야 한다. 마지막으로 $\phi_s^{\text{neg}}(0,t) = 0$, $\phi_s^{\text{pos}}(z=0,t) = v(t)$로 설정한다.

SECTION A.10 축소 차수 모델 구현

슈퍼커패시터의 어떤 위치 집합에서든 전달함수 집합을 구현하기 위해 DRA를 사용해 축소 차수 모델을 생성할 수 있다. 슈퍼커패시터와 리튬 이온 배터리 셀에 대해 특별히 고려해야 하는 사항은 없다.

SECTION A.11 시뮬레이션 결과

이 절에서는 축소 차수 슈퍼커패시터 모델의 효율성을 입증하기 위해 비패러데이 예제와 패러데이 예제에 대한 결과를 제시한다. 비패러데이 예제의 파라미터는 스리니바산(Venkat Srinivasan)과 웨드너(John W. Weidner)의 문헌에서 가져온 것으로, [표 A-1]에 나열되어 있다.

[표 A-1] 비패러데이 시뮬레이션을 위한 파라미터($A = 1\,\mathrm{m}^2$)[5]

구분	단위	전극	분리막
a_s	$\mathrm{m}^2\,\mathrm{m}^{-3}$	3×10^8	–
C	$\mathrm{F\,m}^{-2}$	0.3	–
L	$\mu\mathrm{m}$	150	100
ε_e	–	0.25	0.7
ε_s	–	0.75	–
κ_{eff}	$\mathrm{S\,m}^{-1}$	8.4	39.2
σ_{eff}	$\mathrm{S\,m}^{-1}$	10^7	–

패러데이 예제의 파라미터는 [표 A–2]에 나열되어 있다. 이는 린Chuan Lin 등의 문헌에서 가져온 것으로, 축소 차수 모델에는 네 개의 동적 상태와 한 개의 적분기 상태가 있다.

[표 A-2] 패러데이 시뮬레이션을 위한 파라미터($A = 1\,\mathrm{m}^2$)[6]

구분	단위	전극	분리막
a_s	$\mathrm{m}^2\,\mathrm{m}^{-3}$	4.5×10^8	–
C	$\mathrm{F\,m}^{-2}$	0.2	–
L	$\mu\mathrm{m}$	50	25
ε_e	–	0.25	0.25
ε_s	–	0.7	–
κ_{eff}	$\mathrm{S\,m}^{-1}$	10	47
σ_{eff}	$\mathrm{S\,m}^{-1}$	10^7	–
i_0	$\mathrm{A\,m}^{-2}$	0.1	–
$Q_{f,0\%}$	$\mathrm{C\,m}^{-3}$	0	–
$Q_{f,100\%}$	$\mathrm{C\,m}^{-3}$	4.51×10^6	–
α	–	0.5	–
$U_f^{\mathrm{neg}}\,(\theta_f)$	V	$0.5\theta_f$	–
$U_f^{\mathrm{pos}}\,(\theta_f)$	V	$0.5(1+\theta_f)$	–

두 경우 모두 초기 슈퍼커패시터 전압은 $0.5\,\mathrm{V}$이다. 이 전압은 비패러데이 상황에서는 $U_{\mathrm{dl}}^{\mathrm{neg}} = -0.25\,\mathrm{V}$, $U_{\mathrm{dl}}^{\mathrm{pos}} = 0.25\,\mathrm{V}$로 설정함으로써 달성되며, 패러데이 상황에서는 $U_{\mathrm{dl}}^{\mathrm{neg}} = U_{\mathrm{dl}}^{\mathrm{pos}} = 0\mathrm{V}$, $\theta_{f,0}^{\mathrm{neg}} = 0.5$, 그리고 $\theta_{f,0}^{\mathrm{pos}} = 0.5$로 설정해 달성된다. 슈퍼커패시터는 처음에는 휴지 상태였다가 1,000 A 충전 펄스로 동작한 뒤 전압 안정화를 위해 잠시 휴식을 취하고 다시 1,000 A 방전 펄스로 동작한다.

5 Srinivasan, V., and Weidner, J.W., "Mathematical Modeling of Electrochemical Capacitors", *Journal of the Electrochemical Society*, 146(5), 1999, pp. 1,650–1,658.

6 Lin, C., Ritter, J.A., Popov, B.N., and White, R.E., "A Mathematical Model of an Electrochemical Capacitor with Double-Layer and Faradaic Processes", *Journal of the Electrochemical Society*, 146(9), 1999, pp. 3,168–3,175

[그림 A-4]는 비패러데이 상황의 결과이며, [그림 A-5]는 패러데이 상황의 결과이다. 두 경우 모두 ROM과 FOM의 결과를 거의 구별할 수 없다. 세부 사항을 확대해보면 전류의 불연속성에서 약간의 부정확성이 있는데, 이는 ROM의 시정수는 유한하지만 FOM의 시정수는 무한하기 때문이다. ROM에 상태를 추가하면 이 문제를 개선할 수 있지만 모델의 형태가 복잡해지는 것이 불가피해진다.

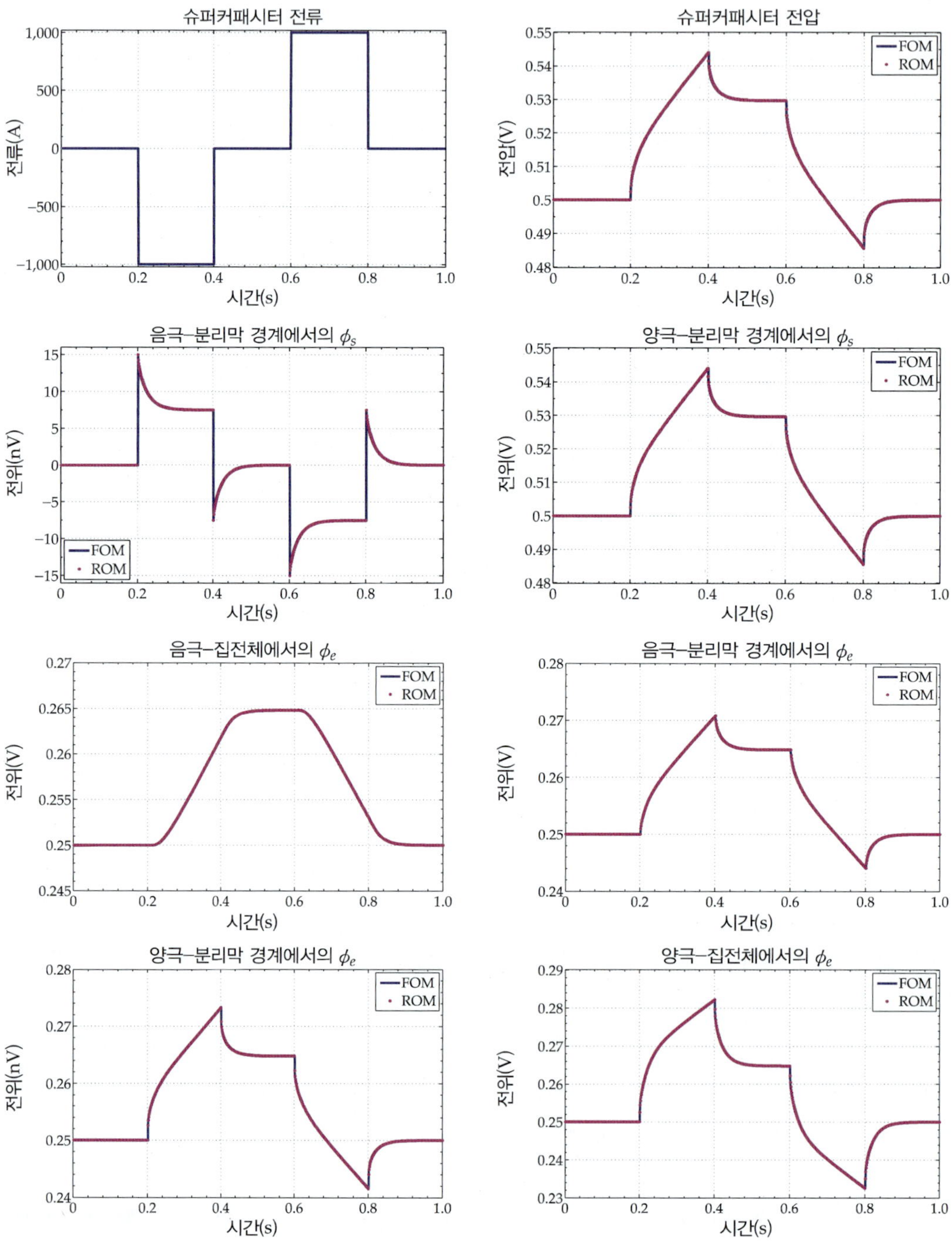

[그림 A-4] 비패러데이 결과

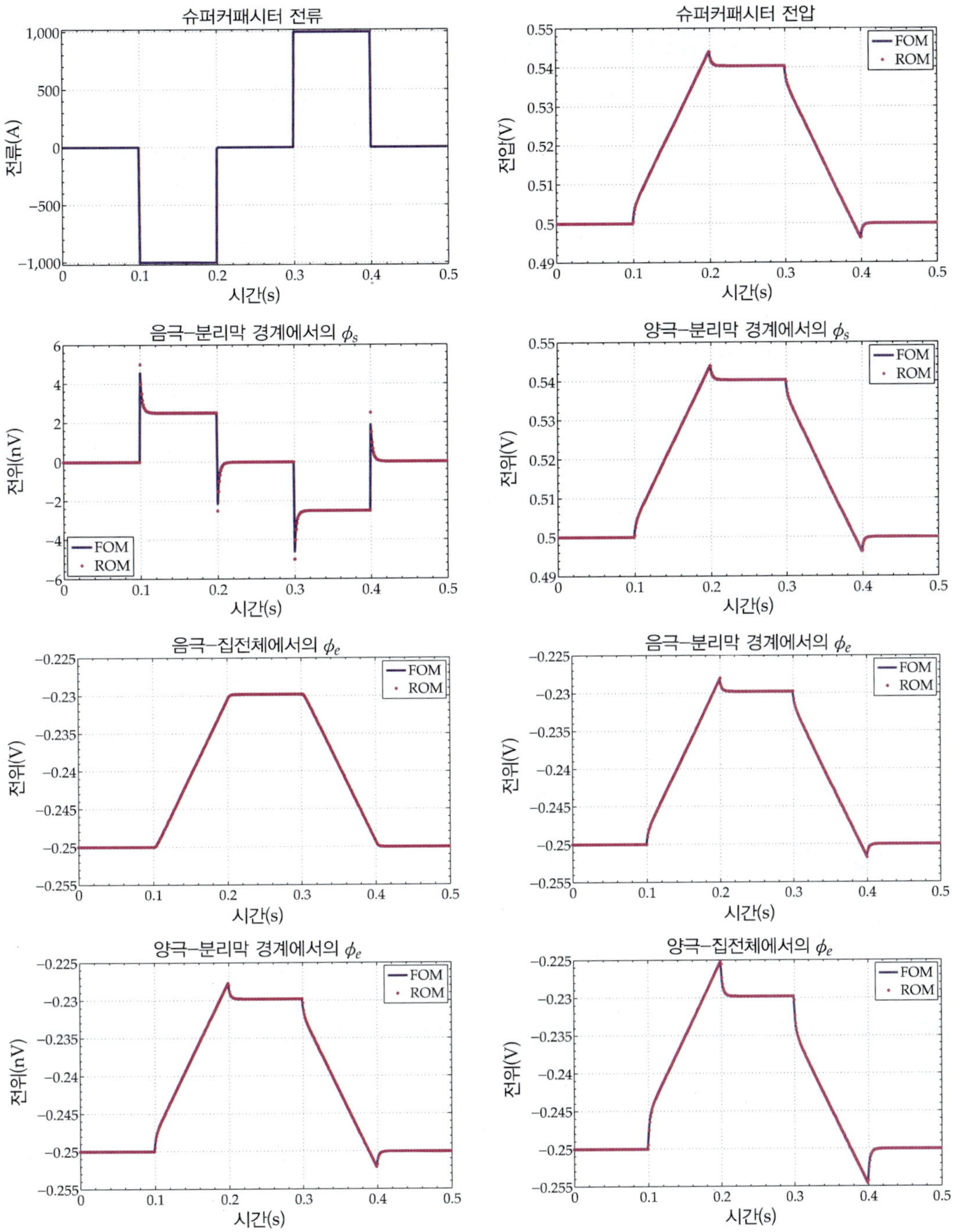
슈퍼커패시터 전류
전류(A)
시간(s)
슈퍼커패시터 전압
전압(V)
FOM
ROM
음극-분리막 경계에서의 ϕ_s
전위(nV)
양극-분리막 경계에서의 ϕ_s
전위(V)
음극-집전체에서의 ϕ_e
음극-분리막 경계에서의 ϕ_e
양극-분리막 경계에서의 ϕ_e
양극-집전체에서의 ϕ_e

[그림 A-5] 패러데이 결과

SECTION A.12 파라미터 식별

이 부록을 마무리하기 전에 전류-전압 입출력 데이터만으로 슈퍼커패시터의 모든 파라미터를 식별할 수 있어야 한다. 예를 들어 비패러데이 슈퍼커패시터에 대해서는 [표 A-1]에 나열된 파라미터를, 패러데이 슈퍼커패시터에 대해서는 [표 A-2]에 나열된 파라미터를 확인하고자 한다. 여기에서는 파라미터의 전체 목록을 제공하지는 않지만 부록에서 고려하는 어떤 전달함수를 계산하는 데 필요한 모든 파라미터를 제공하는 접근 방식을 설명한다.

간결하게 설명하기 위해 이 절에서는 음극과 양극이 동일한 비패러데이 상황만 고려한다. 이렇게 하면 셀 전압은 다음과 같이 쓸 수 있다.

$$\frac{\widetilde{V}(s)}{I_{\text{app}}(s)} = 2\frac{\widetilde{\Phi}_e^{\text{neg}}(1, s)}{I_{\text{app}}(s)} - \frac{L^{\text{sep}}}{A\kappa_{\text{eff}}^{\text{sep}}}$$

그리고 상수를 다음과 같이 정의한다.

$$R^{\text{sep}} = \frac{L^{\text{sep}}}{A\kappa_{\text{eff}}^{\text{sep}}}$$

$$R_0 = \frac{2L^{\text{neg}}}{A(\kappa_{\text{eff}}^{\text{neg}} + \sigma_{\text{eff}}^{\text{neg}})} + R^{\text{sep}}$$

$$R_{ss} = \frac{2L^{\text{neg}}(\kappa_{\text{eff}}^{\text{neg}} + \sigma_{\text{eff}}^{\text{neg}})}{3A(\kappa_{\text{eff}}^{\text{neg}}\sigma_{\text{eff}}^{\text{neg}})} + R^{\text{sep}}$$

$$C_{\text{tot}} = a_s^{\text{neg}} AC^{\text{neg}} L^{\text{neg}}$$

이 값은 [그림 A-6]에 표시된 것과 같이 분리막의 오믹 저항과 스텝 응답 테스트에서 측정할 수 있는 항이다.

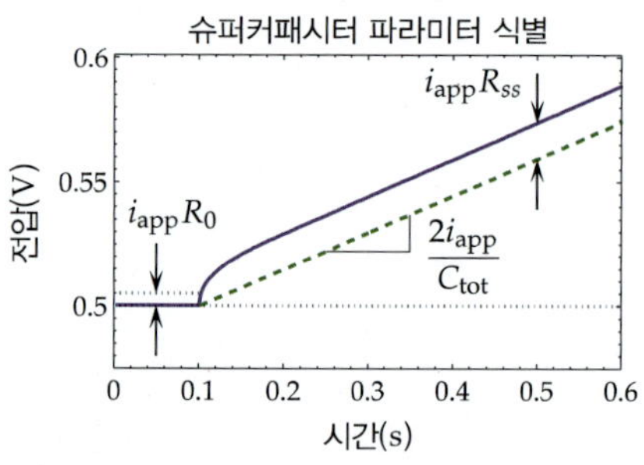

[그림 A-6] 스텝 응답에서의 측정값

R_0는 스텝 입력으로 인한 전압의 순간적인 변화를 설명하는 저항이며, R_{ss}는 스텝 입력에 대한 이상적인 커패시터 응답(녹색 점선)과 실제 응답 사이 전압의 정상 상태 차이를 설명하는 저항이다. 마지막으로 C_{tot}은 슈퍼커패시터에서 하나의 전극에 대한 총 커패시턴스이다. 이를 바탕으로 $\nu^{\text{neg}}(s)$를 다음과 같이 쓸 수 있다.

$$\nu^{\text{neg}}(s) = L^{\text{neg}} \sqrt{s C^{\text{neg}} \left(\frac{a_s^{\text{neg}}}{\kappa_{\text{eff}}^{\text{neg}}} + \frac{a_s^{\text{neg}}}{\sigma_{\text{eff}}^{\text{neg}}} \right)}$$

$$= \sqrt{\frac{3s}{2} C_{\text{tot}} (R_{ss} - R^{\text{sep}})}$$

몇 가지의 추가적인 조작을 수행한 뒤 다음과 같은 식을 작성할 수 있다.

$$\frac{\widetilde{\Phi}_e^{\text{neg}}(1, s)}{I_{\text{app}}(s)} = \left(R_0 - \frac{3}{2} R_{ss} + \frac{1}{2} R^{\text{sep}} \right) \frac{\coth(\nu^{\text{neg}}(s))}{\nu^{\text{neg}}(s)}$$

$$- \frac{1}{2}(R_0 - R^{\text{sep}}) \left(1 + \frac{2}{\nu^{\text{neg}}(s) \sinh(\nu^{\text{neg}})} \right)$$

즉, 셀 전압은 R^{sep}, R_0, R_{ss}, 그리고 C_{tot}으로 고유하게 나타낼 수 있다.

$$\frac{\widetilde{V}(s)}{I_{\text{app}}(s)} = (2R_0 - 3R_{ss} + R^{\text{sep}}) \frac{\coth(\nu^{\text{neg}}(s))}{\nu^{\text{neg}}(s)}$$

$$- (R_0 - R^{\text{sep}}) \left(1 + \frac{2}{\nu^{\text{neg}}(s) \sinh(\nu^{\text{neg}})} \right) - \frac{L^{\text{sep}}}{A \kappa_{\text{eff}}^{\text{sep}}} \tag{A.25}$$

다만 여기에는 문제가 있다. [표 A-1]에는 A를 포함해 슈퍼커패시터의 동적 상태를 결정하는 여덟 개의 독립 파라미터가 나열되어 있지만 전류-전압 측정에서 확인할 수 있는 파라미터는 최대 네 개이다. 스텝 응답 테스트 자체는 그중 세 가지 값만 제공할 수 있고 측정된 주파수 응답을 식 (A.25)에 맞춤으로써 R_{ss}를 결정할 수 있다.

단, 파라미터 그룹을 고려한다면 이 부록의 모든 전달함수를 식별 가능한 네 가지 양으로 다시 작성할 수 있다. 먼저 다음과 같이 정의한다.

$$\kappa_{\text{tot}}^{\text{neg}} = \frac{A}{L^{\text{neg}}} \kappa_{\text{eff}}^{\text{neg}}, \qquad \kappa_{\text{tot}}^{\text{sep}} = \frac{A}{L^{\text{sep}}} \kappa_{\text{eff}}^{\text{sep}}, \qquad \sigma_{\text{tot}}^{\text{neg}} = \frac{A}{L^{\text{neg}}} \sigma_{\text{eff}}^{\text{neg}}$$

그리고 다음과 같이 다시 작성한다.

$$R_0 = \frac{2}{\kappa_{\text{tot}}^{\text{neg}} + \sigma_{\text{tot}}^{\text{neg}}} + R^{\text{sep}} \tag{A.26}$$

$$R_{ss} = \frac{2(\kappa_{\text{tot}}^{\text{neg}} + \sigma_{\text{tot}}^{\text{neg}})}{3(\kappa_{\text{tot}}^{\text{neg}} \sigma_{\text{tot}}^{\text{neg}})} + R^{\text{sep}} \tag{A.27}$$

이 부록의 전달함수는 이런 새로운 변수의 관점에서 작성할 수 있다. 음극을 예로 들어보자.

$$\frac{\widetilde{\Phi}_{s-e}^{\text{neg}}(z,s)}{I_{\text{app}}(s)} = \frac{\sigma_{\text{tot}}^{\text{neg}} \cosh(\nu^{\text{neg}}(s)z) + \kappa_{\text{tot}}^{\text{neg}} \cosh(\nu^{\text{neg}}(s)(z-1))}{\sigma_{\text{tot}}^{\text{neg}} \kappa_{\text{tot}}^{\text{neg}} \nu^{\text{neg}}(s) \sinh(\nu^{\text{neg}}(s))} \tag{A.28}$$

$$\begin{aligned} \frac{\widetilde{\Phi}_{s}^{\text{neg}}(z,s)}{I_{\text{app}}(s)} = &- \frac{\sigma_{\text{tot}}^{\text{neg}} + \kappa_{\text{tot}}^{\text{neg}} \cosh(\nu^{\text{neg}}(s)) + z\nu^{\text{neg}}(s)\sigma_{\text{tot}}^{\text{neg}} \sinh(\nu^{\text{neg}}(s))}{\sigma_{\text{tot}}^{\text{neg}}(\kappa_{\text{tot}}^{\text{neg}} + \sigma_{\text{tot}}^{\text{neg}})\nu^{\text{neg}}(s)\sinh(\nu^{\text{neg}}(s))} \\ &+ \frac{\sigma_{\text{tot}}^{\text{neg}} \cosh(\nu^{\text{neg}}(s)z) + \kappa_{\text{tot}}^{\text{neg}} \cosh(\nu^{\text{neg}}(s)(1-z))}{\sigma_{\text{tot}}^{\text{neg}}(\kappa_{\text{tot}}^{\text{neg}} + \sigma_{\text{tot}}^{\text{neg}})\nu^{\text{neg}}(s)\sinh(\nu^{\text{neg}}(s))} \end{aligned} \tag{A.29}$$

$$\begin{aligned} \frac{\widetilde{\Phi}_{e}^{\text{neg}}(z,s)}{I_{\text{app}}(s)} = &\frac{-(\kappa_{\text{tot}}^{\text{neg}})^2 \cosh(\nu^{\text{neg}}(s)) + (\sigma_{\text{tot}}^{\text{neg}})^2 \cosh(\nu^{\text{neg}}(s)z)}{\sigma_{\text{tot}}^{\text{neg}} \kappa_{\text{tot}}^{\text{neg}}(\kappa_{\text{tot}}^{\text{neg}} + \sigma_{\text{tot}}^{\text{neg}})\nu^{\text{neg}}(s)\sinh(\nu^{\text{neg}}(s))} \\ &- \frac{1 + \cosh(\nu^{\text{neg}}(s)(1-z)) + z\nu^{\text{neg}}(s)\sinh(\nu^{\text{neg}}(s))}{(\kappa_{\text{tot}}^{\text{neg}} + \sigma_{\text{tot}}^{\text{neg}})\nu^{\text{neg}}(s)\sinh(\nu^{\text{neg}}(s))} \end{aligned} \tag{A.30}$$

따라서 네 가지 양으로부터 $\kappa_{\text{tot}}^{\text{neg}}$와 $\sigma_{\text{tot}}^{\text{neg}}$를 도출할 수 있다면 모든 전달함수를 계산할 수 있다. 식 (A.26)과 식 (A.27)을 재배열하면 다음과 같다.

$$\frac{1}{\kappa_{\text{tot}}^{\text{neg}}} + \frac{1}{\sigma_{\text{tot}}^{\text{neg}}} = \frac{3}{2}(R_{ss} - R^{\text{sep}})$$

$$\frac{1}{\kappa_{\text{tot}}^{\text{neg}} + \sigma_{\text{tot}}^{\text{neg}}} = \frac{1}{2}(R_0 - R^{\text{sep}})$$

이 방정식을 결합하면 다음과 같다.

$$(\kappa_{\text{tot}}^{\text{neg}})^2 - c_1 \kappa_{\text{tot}}^{\text{neg}} + c_2 = 0, \quad (\sigma_{\text{tot}}^{\text{neg}})^2 - c_1 \sigma_{\text{tot}}^{\text{neg}} + c_2 = 0$$

이때 $c_1 = \dfrac{2}{R_0 - R^{\text{sep}}}$, $c_2 = \dfrac{2c_1}{3(R_{ss} - R^{\text{sep}})}$이다.

$\kappa_{\rm tot}^{\rm neg}$와 $\sigma_{\rm tot}^{\rm neg}$를 설명하는 방정식은 동일하므로 추가 정보를 사용해 이차 방정식의 두 해를 두 변수에 할당해야 한다. 현실적인 슈퍼커패시터에서는 전자 전도도가 이온 전도도보다 훨씬 높기 때문에 이런 선택을 하게 된다.

따라서 셀 테스트 데이터를 통해 [표 A-1]의 모든 파라미터를 식별할 수는 없었지만 관심 있는 신호를 계산할 수 있는 충분한 양의 하위 집합을 식별했다. [표 A-3]은 추정치를 초기화하기 위해 스텝 응답의 데이터와 추정치를 구체화할 수 있도록 잡음이 없는 주파수 응답의 데이터만 사용한 실제 및 추정 파라미터 값을 나타낸 것이다. 추정된 파라미터 값은 실제 매개변수 값과 큰 자릿수까지 일치한다. 표에 없는 특정 파라미터 값이 필요하다면 슈퍼커패시터를 분해하고 내부에서 독립적인 전기화학적 실험실 측정을 수행해 누락된 정보를 찾아내야 한다.

결론을 내리기 전에 식 (A.26)을 관찰한 결과를 바탕으로 마지막으로 한 가지 의견을 제시하고자 한다. $\sigma_{\rm tot}^{\rm neg}$는 실제로 매우 큰 값이므로 $R_0 \approx R^{\rm sep}$은 소수점 이하 여러 자리까지 되는 경향이 있다. 따라서 이 두 수량을 명확히 구분하기 위해 수집한 주파수 응답 데이터는 매우 정확해야 한다.

[표 A-3] 파라미터 추정 결과

구분	실제값	추정값
$C_{\rm tot}$	1.350000×10^{4}	1.350000×10^{4}
$R_{\rm sep}$	2.548462×10^{-6}	2.548462×10^{-6}
R_{ss}	1.448877×10^{-5}	1.448877×10^{-5}
$R_0 - R_{\rm sep}$	2.999997×10^{-11}	2.999992×10^{-11}
$\kappa_{\rm sep}^{\rm tot}$	3.923936×10^{5}	3.923936×10^{5}
$\kappa_{\rm neg}^{\rm tot}$	5.583333×10^{4}	5.583333×10^{4}
$\sigma_{\rm neg}^{\rm tot}$	6.666667×10^{10}	6.666679×10^{10}

종합 용어집 핵심 용어 및 개념

여기에서는 이 부록에 정의된 가장 중요한 변수에 대한 용어집을 제공하며, 이전 장에서 제공된 정의를 기반으로 한다. 단위도 함께 제공되며, 단위가 없는 양은 [u/l]로 표기된다. 모든 변수는 적어도 잠재적인 공간과 시간의 함수라는 점에 유의하자.

기호	의미	참고 페이지
$C\,[\mathrm{F\,m^{-2}}]$	• 이중층 특정 커패시턴스	361
$C_{\mathrm{tot}}\,[\mathrm{F}]$	• 전극의 총 커패시턴스	376
$i_{\mathrm{dl}}\,[\mathrm{A\,m^{-2}}]$	• 이중층 전류 밀도	361
$i_f\,[\mathrm{A\,m^{-2}}]$	• 패러데이 전류 밀도	362
$Q_f\,[\mathrm{C\,m^{-3}}]$	• 패러데이 전하 밀도	362
$R_0\,[\Omega]$	• 커패시터의 직렬 저항	376
$R_{\mathrm{sep}}\,[\Omega]$	• 분리막 저항	376
$R_{ss}\,[\Omega]$	• 스텝형 입력에 대한 커패시터의 정상 상태 저항	376
$\theta_f\,[\mathrm{u/l}]$	• 전극의 패러데이 충전 상태 • 대칭 셀의 경우 $\theta_f^{\mathrm{neg}} = 1 - \theta_f^{\mathrm{pos}}$	362

찾아보기

찾아보기

ㅈ

ㅊ

ㅋ

찾아보기

D

E

F

O

P

R

S

T